“十二五”普通高等教育本科国家级规划教材
科学出版社“十四五”普通高等教育本科规划教材
南开大学化学系列教材

物理化学

（第七版）（上册）

南开大学化学学院物理化学教研室
朱志昂　阮文娟　郭东升　编著

国家级教学成果奖一等奖
首批天津市高校课程思政优秀教材

科学出版社
北京

内 容 简 介

本书是“十二五”普通高等教育本科国家级规划教材，是“南开大学化学系列教材”之一。本书分上、下两册，上册内容包括：气体、热力学第一定律、热力学第二定律、热力学函数规定值、统计力学基本原理、混合物和溶液、化学平衡，共7章；下册内容包括：相平衡、化学动力学、基元反应速率理论、几类特殊反应的动力学、电化学、界面现象和胶体化学，共7章。本书内容丰富、重点突出，基本概念、基本原理和基本方法阐述清楚。

本书可作为高等学校化学、应用化学、材料化学、分子科学与工程等专业的物理化学教材，也可供工科院校和高等师范院校相关专业参考使用。

图书在版编目(CIP)数据

物理化学：全2册/朱志昂，阮文娟，郭东升编著. —7版. —北京：科学出版社，2023.3

“十二五”普通高等教育本科国家级规划教材　科学出版社“十四五”普通高等教育本科规划教材 · 南开大学化学系列教材

ISBN 978-7-03-075154-6

Ⅰ.①物…　Ⅱ.①朱…　②阮…　③郭…　Ⅲ.①物理化学-高等学校-教材　Ⅳ.①O64

中国国家版本馆CIP数据核字(2023)第044920号

责任编辑：丁　里 / 责任校对：杨　赛

责任印制：张　伟 / 封面设计：陈　敬

科学出版社 出版

北京东黄城根北街16号

邮政编码：100717

http://www.sciencep.com

北京中科印刷有限公司 印刷

科学出版社发行　各地新华书店经销

*

1984年4月第一版　湖南教育出版社出版

1991年8月第二版　湖南教育出版社出版

2004年9月第三版　开本：880×1230　1/16

2008年6月第四版　印张：22

2014年3月第五版　字数：680 000

2018年3月第六版　2023年3月第七版

2024年1月第十五次印刷

定价：168.00元(上、下册)

(如有印装质量问题，我社负责调换)

第七版前言

教材不仅是传授知识的媒介，而且对培养学生的科学思维、分析问题和解决问题的能力、创新能力，甚至对正确世界观的形成都起着重要作用。因此，古今中外许多学者都非常重视教材的编写。党的二十大报告指出："培养什么人、怎样培养人、为谁培养人是教育的根本问题。"新时代高等教育的任务是加快一流大学和一流学科的建设，而教材建设是建设一流大学、培养创新人才的基础，是提高教学质量的基石。

我们编著出版的物理化学教材从 1984 年第一版至今已近 40 年。40 年来，我们与时俱进，紧跟时代步伐，不断学习，不断修订。已出版的六版教材先后被列入普通高等教育"十一五"国家级规划教材、"十二五"普通高等教育本科国家级规划教材；曾获 2009 年国家级教学成果奖一等奖；第六版教材获评 2021 年天津市高校课程思政优秀教材；第七版教材被列入科学出版社"十四五"普通高等教育本科规划教材。

在第六版教材的基础上，本次修订参考了教育部高等学校化学类专业教学指导委员会《高等学校化学类专业物理化学相关教学内容与教学要求建议(2020 版)》。第七版教材增加了以下内容：

(1) 挖掘、提炼专业知识体系中的课程思政元素，将专业内容与课程思政建设有机融合。例如，在绪论视频(扫描二维码即可观看)中回顾历史，激发学生学习激情。人物介绍增加了我国科学家黄子卿对测定水三相点的贡献、电化学之父法拉第，以及因锂离子电池而获得 2019 年诺贝尔化学奖的 97 岁的古迪纳夫。帮助学生牢固树立正确的世界观，引导学生养成优良的道德品质和行为修养，培养学生强烈的爱国主义情怀和高度的社会责任感。

(2) 更加重视物理化学的基本概念、基本原理和基本方法。针对当前国内物理化学教学中有争议的一些问题，如功的正负号意义、可逆过程、自发过程等，第七版教材给出了更加清晰的阐述。

(3) 将物理化学学科前沿领域的新知识穿插于第七版教材内容的基础知识之中，有助于学生了解学科的发展。例如，进一步阐述了化学动力学中交叉分子束实验的基本原理，简单介绍了纳米限域催化、电化学原位谱学方法，以及表面化学和胶体化学中的一些新概念及研究方法。

(4) 增加了"前沿拓展"栏目，体现科教融合。制作了 23 个与课程知识点密切相关的科学前沿案例视频(扫描二维码即可观看)，并配有彩图及文字说明。旨在提升学生的学习兴趣，开拓学生发现问题和解决问题的思路，培养学生的创新意识和能力，从而帮助学生建立深度分析、大胆质疑、勇于创新的思维方式。

此外，第七版教材每页均留有边白，供学生书写阅读心得或问题。边白中不仅放置了"前沿拓展"栏目，还有朱志昂教授的 100 个知识点讲解视频和 10 个专题讲座视频二维码，并配有文字题目，更便于读者选择观看。与第七版教材配套的有《物理化学学习指导(第三版)》《物理化学课程导读》及多媒体电子课件等。

南开大学物理化学教学团队 10 多名教师对教材的修订提出了建设性的意见，并参与了"前沿拓展"栏目的制作，在此一并表示衷心的感谢。

本书的出版得到南开大学教材立项支持，南开大学化学学院也给予了极大的支持和帮助，我们在此一并致以诚挚的谢意。科学出版社化学与资源环境分社领导和丁里编辑为保证本书的质量付出了辛勤的劳动，我们借此机会表示衷心的感谢。

朱志昂　阮文娟　郭东升

2023 年 1 月于南开大学

第六版前言

本书是“南开大学近代化学教材丛书”之一，第四版被评为普通高等教育“十一五”国家级规划教材，第五版被评为“十二五”普通高等教育本科国家级规划教材。本次再版在《物理化学(第五版)》的基础上进行了适当增加。对各章的难点，录制了难点讲解视频。特别是对近几年来国内物理化学教学研讨会上有争议的问题，编者通过不断的学习、研究，撰写了物理化学课程10个疑难点的专题讲座。10个专题的题目为：

1. 准静态过程、可逆过程、不可逆过程和自发过程
2. 变化方向和限度的热力学判据
3. 热力学标准态
4. 化学平衡教学中化学反应的 ΔG，$\Delta_r G_m$，$\Delta_r G_m^\infty$，$\Delta_r G_m^\ominus$ 和 $(\partial G/\partial \xi)_{T,p}$ 的区别及相互关系
5. 平衡常数与平衡移动的关系
6. 化学动力学中不同标准态的艾林公式
7. 光化学的初级过程和次级过程
8. 物理化学课如何讲授统计热力学
9. 胶体化学教学中的几个问题
10. 物理化学课如何讲授非平衡态热力学

在南开大学教务处和科学出版社的大力支持下，这10个专题不仅制作了ppt课件，而且录制了题为“物理化学课程疑难点之讲解”的讲座视频，已放在科学出版社“中科云教育”网站平台，读者可进入平台观看。此外，编者还录制了100个物理化学重点难点讲解小视频，读者只需扫描封底的二维码下载“爱一课”APP，扫描书中相应页码即可观看，也可以直接扫描书中二维码观看视频。每章章首的二维码是本章的视频目录，可以直接点击链接观看。

这些专题的要点均已体现在修改后的第六版中。例如，体系可发生可逆过程为什么可以说体系已达到平衡？能发生的不可逆过程在什么条件下可以说成能自发发生？化学反应的化学势判据能否说成反应组元化学势之和？光化学反应初级过程的定义及量子产率是否一定为1？以及乳状液和微乳状液的区别，胶团与胶束的区别，等等。

各学校不同专业的物理化学课程学时不同，授课教师可根据教育部高等学校化学类专业教学指导委员会制定的《高等学校化学类专业指导性专业规范》中理论教学建议内容对本书内容适当取舍，但要特别注重阐明物理化学的基本概念、基本原理和基本方法，培养学生的创新思维和解决问题的能力。

与本书配套出版的有《物理化学学习指导(第三版)》(2018年，科学出版社)和《物理化学课程导读》(2016年，科学出版社)。

南开大学化学学院对本书的出版给予了极大的支持和帮助，编者在此致以诚挚的谢意。

历年来，很多教师和读者对本书给予了极大的支持和爱护，同时也提出了一些很好的富有建设性的意见，编者在此表示衷心的感谢。

科学出版社化学与资源环境分社的领导和丁里编辑为保证教材的出版质量付出了辛勤的劳动，编者借此机会表示衷心的感谢。

限于编者水平，书中疏漏和不当之处在所难免，恳望读者不吝赐教，以便修改和提高。

朱志昂　阮文娟

2017年11月于南开大学

第五版前言

《近代物理化学(第四版)》(科学出版社,2008)为"南开大学近代化学教材丛书"之一,2009年获国家级教学成果奖一等奖。该教材于2012年被遴选为第一批"十二五"普通高等教育本科国家级规划教材。为适应教学需要,第五版更名为《物理化学》,同时将第四版的上、下两册合并为一册,并采用双色印刷以提高视觉效果。《物理化学(第五版)》仍为"南开大学近代化学教材丛书"之一。

此次修订中,针对目前学生中存在的物理化学难学而又没有什么实际用途的看法,编者在每章章首增加了本章重点、难点及实际应用等内容,其目的是帮助学生学习物理化学课程,了解每章内容在实际工作中的应用,从而提高学生的学习兴趣。此外,对各章的内容作了适当的调整和补充,如增加了化学计量系数和化学计量数,催化剂的循环数、转换数和转换频率等内容。本书内容丰富,重点突出,基本概念、基本原理和基本方法阐述清楚。

编者修订物理化学教材内容的指导思想是:

(1) 在学生已学完大学物理、无机化学等课程的基础上适当压缩物理化学的经典内容。

(2) 简单介绍线性和非线性非平衡态热力学,牢牢抓住在线性和非线性非平衡的敞开体系中如何判别变化的方向和限度的问题,使学生了解处于远离平衡的敞开体系中,变化的方向趋于有序,变化的终点不是热力学平衡态,而是有序的称之为耗散结构的稳定态。

(3) 更新课程内容,介绍物理化学学科前沿领域的新知识,第五版中这部分内容仍以"*"号表示。各学校不同专业的物理化学课程学时不同,授课教师可根据教育部高等学校化学类专业教学指导委员会制定的化学类专业教学内容对本教材内容适当取舍。教师要想方设法激发学生学习物理化学的兴趣和激情,指导学生自学教材中的一些内容。教师要把有限的学时用来讲授物理化学的基本概念、基本原理和基本方法,使讲课起到引导学生入门的作用。

与本书配套出版的有《物理化学学习指导(第二版)》(科学出版社,2012)、《物理化学课程导读》和多媒体电子课件。

南开大学化学学院物理化学课程组的章应辉、郭东升、胡同亮、许秀芳、李悦、李瑞芳等教师对第五版的修订工作提出了许多宝贵的意见,编者在此致以诚挚的谢意。

历年来,很多教师和读者对本书给予了极大的支持和爱护,同时也提出了一些很好的富有建设性的意见,编者在此表示衷心的感谢。

科学出版社刘俊来主任、丁里编辑以及化学与资源环境分社的编辑们为保证教材的出版质量付出了辛勤的劳动。本书得到南开大学教材立项支持。编者借此机会一并表示衷心的感谢。

限于编者水平,书中疏漏和不当之处在所难免,恳望读者不吝赐教,以便修改和提高。

朱志昂　阮文娟

2013年9月于南开大学

第四版前言

本书在2007年被列入普通高等教育"十一五"国家级规划教材。本书第一版1984年在湖南教育出版社出版，书名为《物理化学教程》，1991年(《物理化学教程》，湖南教育出版社)和2004年(《近代物理化学》，科学出版社)分别修订了两次，每次修订都是根据当时教学改革的形势和要求进行的。作者有幸经历了"文化大革命"后教育部高等学校理科化学教材编审委员会、高等学校理科化学指导委员会、化学与化工学科教学指导委员会的各个教学改革历史发展阶段。20世纪90年代，理科化学指导委员会制订了高等学校理科化学专业及应用化学专业的化学教学基本内容，认为不应以统一的课程结构及教学大纲束缚学校的手脚，而应在统一的基本要求基础上，允许各校自主制订各具特色的教学方案，进行教学探索和教材建设。2004年末，教育部高等学校化学与化工学科教学指导委员会进一步修订了《化学专业教学基本内容》(以下简称"基本内容")。所发文件明确指出：本科教学不只是传授基础的、前沿的知识，更要传授获取知识的方法和思想，培养学生的创新意识和科学品质，使学生具备潜在的发展基础和能力(继续学习的能力，表述和应用知识的能力，发展和创造知识的能力)；基础知识必须充分重视，但其内涵也必然与时俱进；课堂教学不是本科基础教学的唯一形式，文件所列"基本内容"不等于课堂讲授内容，应提倡因材施教，课堂内外相辅相成，适当减少课堂讲授，辅以讨论、讲座等丰富多彩的课外活动。

在本次修订中，以"基本内容"为依据对第三版做了适当增减，如删去"混合物和溶液统计力学"、"相平衡统计力学"和"吸附的统计力学"等，增加了"气体分子运动论"(第一版曾经包含这部分内容)，"非平衡态热力学简介"、"不对称催化"、"表面分析技术"和"纳米粒子"等学科前沿内容。本书一些小节前加了"*"号，其中一部分是"基本内容"中加"*"号的内容，大部分属于"基本内容"以外的知识，各学校可根据学时及特点在授课时加以取舍。

附于各章之后的课外参考读物，本次也做了一些补充，可供学生在课程学习撰写学习物理化学课程论文时参考，同时也可激励学生学习的兴趣，扩大学生的知识面，并加深对教学内容的理解。

与本书配套出版的有《物理化学学习指导》(科学出版社，2006年)、多媒体电子课件。

南开大学化学系李瑞芳、许秀芳、胡同亮、郭东生等老师参与了多媒体电子课件的制作。张智慧教授参与了第三版第13、14章的修订工作。

北京大学高盘良教授、复旦大学范康年教授、南京大学姚天扬教授和沈文霞教授等对本书的修订给予了鼓励和大力支持。本书曾得到南开大学教材立项资助。编者在此一并表示衷心的感谢。

限于编者水平，书中错误和不当之处在所难免，恳望读者不吝指正，以便修改和提高。

朱志昂　阮文娟

2008年5月于南开大学

第三版前言

20 世纪的化学取得了辉煌的成就，化学已发展成为一门中心科学，21 世纪的化学面临巨大的机遇和挑战。作为化学学科中的一个重要分支，物理化学承担着建立化学科学基础理论的重要任务。物理化学课在化学人才培养过程中发挥着极其重要的作用。

国外及国内的一些物理化学教材包括物理化学和结构化学两部分。鉴于国内大多数高校将“物理化学”和“结构化学”分两门开设，因此本教材是不含“结构化学”的物理化学教材，但在内容上力图使之互相呼应。并尽可能从分子水平出发，用统计力学基本原理诠释物理化学的宏观物理量及规律性。以期使微观内容和宏观内容在教材中相互结合。

当前化学科学的发展趋势是：①微观和宏观相结合；②静态和动态相结合；③科学的进化由复杂到简单，再由简单到复杂，循环往复，螺旋上升。为适应当前科学的迅猛发展趋势，作为基础课的物理化学在内容上要有所调整和更新，以期做到微观和宏观相结合、理论与应用相结合。本书是在作者编著的《物理化学教程(第二版)》(湖南教育出版社，1991 年)的基础上，参阅了近年来国内外有关物理化学的最新科研和教学成果，并根据作者在南开大学讲授物理化学二十余年的教学经验编写成的。

本书的编写主旨是力求把基本概念、基本定理和基本公式叙述完整、确切和透彻，使整个理论体系脉络清晰，宏观理论与微观理论并重。以百年来有关物理化学的诺贝尔自然科学奖作为本书相关部分的讲述背景，借以启发学生的创新思维和创新能力。本书各章除了安排大量的习题外(习题解答见《物理化学学习指导》，科学出版社)，还提供了近年来有关物理化学教学内容的参考资料，以有利于学生的检索，扩大学生的知识面和加深对教学内容的理解。本书所用的物理化学单位均采用国际单位制(SI)。

本书共十四章，分上、下两册出版。其中第七章由阮文娟执笔，第十三、十四章由张智慧执笔，其余诸章由朱志昂执笔。全书由朱志昂统稿、定稿。

限于编者水平，书中错误和不当之处在所难免，恳望读者不吝指正，以便再版时修改和提高。

朱志昂

2003 年 10 月于南开园

目　录

第1章 气　　体

绪论

本绪论简单介绍物理化学的目的和内容、物理化学的研究方法，以及物理化学课程的学习方法。物理化学研究方法的特点一是将复杂问题简单化、模型化、近似化处理，有一定的适用条件；二是用实验上可测量的物理量求得不能直接测量的物理量，达到解决问题的目的。做物理化学习题是培养解决问题能力的“钥匙”。回顾历史可以激发学生的学习热情。（朱志昂）

扫描右侧二维码观看视频

本章重点、难点

(1) 理想气体的微观本质。

(2) 理想气体状态方程及其应用。

(3) 混合理想气体的分压定律、分体积定律及其应用。

(4) 实际气体的范德华方程及其应用。

(5) 实际气体的液化及临界点特征。

(6) 对应状态原理及压缩因子图。

(7) 热力学第零定律。

本章实际应用

(1) 理想气体是化学、化工研究中常用的最简单的模型体系。

(2) 利用理想气体状态方程或实际气体状态方程可进行气体 p、V、T 之间的换算。

(3) 利用分压定律和分体积定律可计算平衡气体体系的组成。

(4) 实际气体的液化及临界点特征对于气体储存、运输以及超临界流体萃取具有重要的指导意义。

(5) 使用压缩因子图及普遍化状态方程可方便地进行实际气体 p、V、T 之间的换算。

物质的聚集状态主要可以分为三类：气态、液态和固态。气态的特征是其所占体积对温度和压力的变化非常敏感，没有固定的形状，能够充满整个容器。液态与气态相似，也没有固定的形状，其形状依容器而定；但与气态不同，它有一定的表面，能使其限制在它所占空间的范围内；正是这个表面，造成了液体的许多特性。固态与液态、气态相比有显著不同，它本身就有一个确定的形状，其体积随温度和压力的改变没有明显的变化。在这三类聚集状态中，比较而言，气态有最简单的定量描述。我们首先讨论气体的目的在于：①通过我们对周围宏观物质的研究，从获得的实验结果得出一般规律或定律；②建立微观分子模型；③对观察到的宏观现象作出微观本质的解释。除此以外，也为学习热力学和统计力学理论提供一个简单易懂的物质体系。

1.1 理想气体

理想气体是指分子间无相互作用力，分子的体积可视为零的气体。在高温低压下，任何实际气体的行为都很接近理想气体的行为。这里，我们从三个经验定律（波义耳定律、盖·吕萨克定律和阿伏伽德罗定律）来导出理想气体状态方程，它是一切气体在压力趋于零时的最简单的定量描述。

1.1.1 理想气体状态方程

1. 波义耳定律

早在1662年，英国人波义耳(Boyle)做了一系列压力对一定量空气体积的影响实验，得到在恒定温度下，一定量气体的体积与其压力成反比。用数学公式表示，即

$$V \propto \frac{1}{p} \quad 或 \quad pV = K \tag{1-1}$$

式中，p是气体的压力(根据国家标准GB 3102.3—1993《力学的量和单位》，p称为压力或压强)；V是一定量气体的体积；K是比例常数。

2. 盖·吕萨克定律

法国人盖·吕萨克(Gay-Lussac)从1802～1808年详细做了在压力不变的情况下气体体积随温度变化的实验，得到在一定压力下，一定量气体的体积与其热力学温度成正比，即

$$V \propto T \quad 或 \quad \frac{V}{T} = 常数 \tag{1-2}$$

式中，T代表热力学温度，其单位是K，即“开”。T与摄氏温度t的关系为

$$T/\mathrm{K} = t/℃ + 273.15 \tag{1-3}$$

3. 阿伏伽德罗定律

1811年意大利人阿伏伽德罗(Avogadro)提出，在同温同压下，相同体积的不同气体含有相同数目的分子。用数学公式表示，即

$$V \propto n \quad 或 \quad V_{\mathrm{m}} = \frac{V}{n} = 常数(温度和压力恒定) \tag{1-4}$$

式中，n是物质的量，单位是摩尔；V_{m}是摩尔体积，按照阿伏伽德罗定律，在一定温度、压力下，V_{m}应该是一个不依赖于气体化学组成的常数。

摩尔的概念是十分重要的，它经常在物理化学中用到。摩尔(mole)是国际单位制(SI units)中物质的量(amount of substance)的单位，用符号mol表示。物质的量是在量纲上独立的7个基本物理量之一，它不是由其他量导出来的，是化学中极其重要的量。物质的量的定义是，物质体系中指定的基本单元的数目N除以阿伏伽德罗常量N_{A}，用符号n代表，对物质B，有$n_{\mathrm{B}} = N_{\mathrm{B}}/N_{\mathrm{A}}$，$N_{\mathrm{B}}$是物质B中指定的基本单元的数目。在使用物质的量时，基本单元必须指明。基本单元可以是原子、分子、离子、原子团、电子、光子等，或是这些粒子的特定组合。基本单元可以是已知实际存在的或想象存在的，特定组合不限于整数的原子或分子的组合。因此，H、O、OH、H_2、O_2、H_2O、$\frac{1}{2}H_2O$、$(2H_2+O_2)$、Ca^{2+}、$\frac{1}{2}Ca^{2+}$等都可作为基本单元。我们可以说1mol H_2或0.5mol $(2H_2)$，但说1mol氢就不明确了。因此，在具体使用物质的量时，必须用物质B的化学式指明基本单元。一摩尔物质的量是该物质体系中所包含的基本单元数目与0.012kg ^{12}C中^{12}C原子数目相等，这个数目称为阿伏伽德罗数。经各种实验测定的阿伏伽德罗数为$6.022\,136\,7\times10^{23}$。阿伏伽德罗数是一个纯数，没有单位，而阿伏伽德罗常量是有单位的，其单位为

mol^{-1}。最后应指出，物质的量这一量的名称中的物质，绝不是指一般的宏观物体或物，而是指原子、分子等基本单元。

应该指出，在一个广度量 X 名称前的形容词“摩尔(的)”(molar)的意义只限于“除以物质的量 n”，即摩尔量 $X_m \equiv X/n$，如摩尔体积 $V_m \equiv V/n$，摩尔质量$M \equiv m/n$，摩尔热容 $C_m \equiv C/n$等。摩尔量名称中的形容词“摩尔”，不应该理解为物质的量的 SI 单位的摩尔(mole)，不应该将形容词“摩尔”理解为“每摩尔”(mol^{-1})的意思。这是因为任何一个量的定义不应该包含或暗含某个特定单位。根据摩尔量的定义，我们只能够理解为每单位物质的量的意思，至于物质的量选用什么单位，完全是任意的，它不是定义摩尔量的条件。

4. 理想气体状态方程

上述 3 个经验定律总共涉及 4 个变量 p、V、T、n。如果将 3 个定律综合，可以得到

$$V \propto \frac{nT}{p} \quad 或 \quad \frac{pV}{nT} = 常数$$

这是一个各种气体都适用的常数，称为摩尔气体常量，用 R 代表，上式变为

$$pV = nRT \quad 或 \quad pV_m = RT \tag{1-5}$$

若将 n 用 m/M 代替(m 是质量，M 是摩尔质量)，并结合密度的定义 $\rho = m/V$，式(1-5)变换成 $pV = mRT/M$，即得

$$\rho = \frac{m}{V} = \frac{pM}{RT} \tag{1-6}$$

式(1-6)反映了低压下气体密度变化的规律，它表达了质量、体积、温度、压力以及化学组成(表现为摩尔质量 M)之间的函数关系。不同气体的特性(M)在式中也有反映。原来 $pV = nRT$ 是与气体的化学组成无关的，它突出了气体的共性，但转换成 $\rho = pM/RT$，不同气体的特性就显示出来了。

式(1-5)称为理想气体状态方程，它的基础是气体在低压下的经验规律。在高压低温下，由式(1-5)计算所得的结果与实验测定值有较大偏差。为此，我们引入“理想气体(ideal gas)”的概念。在任何压力和温度下均能严格服从式(1-5)的气体称为理想气体。理想气体的概念是一种科学抽象的概念，客观实际中并不存在这种气体。一切实际气体在其压力趋于零时才具有理想气体的性质。理想气体只能看作是实际气体在其压力趋于零时的极限情况，是一切实际气体的共性。从微观分子模型角度来看，实际气体与理想气体的不同在于，前者分子间有相互作用而且分子本身具有一定体积，而后者则没有，分子被当作质点来看待。在低压和压力趋于零的情况下，上述两个因素均可忽略，因此实际气体在低压下均能较好地服从式(1-5)。

1.1.2 摩尔气体常量

摩尔气体常量 R 值的测定在原则上可以通过对一定量气体直接测量其 p、V、T 的数值，然后用 $R = pV/nT$ 来计算得到。但是，实验所用的气体是实际气体，只有当压力趋于零时才服从式(1-5)。当压力很低时，一定量气体的体积就很大，在实验上不易测准。因此采用外推法，在温度不变的条件下，测定一定量气体的 p 和 V，作$\frac{pV}{nT}$-p 图，如图 1-1 所示，然后外推至$p=0$处，得到

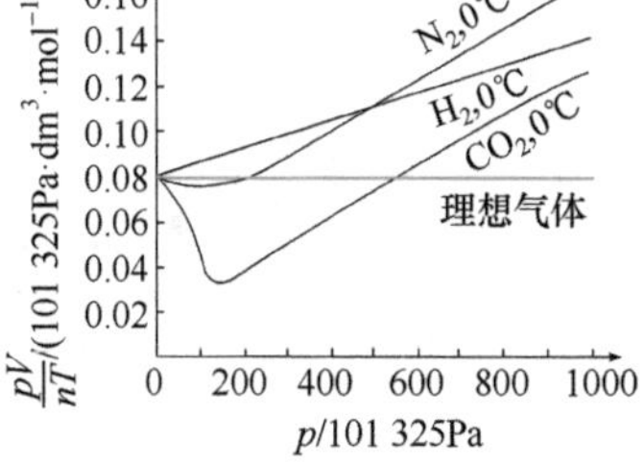

图 1-1 外推法求 R 值

$\lim\limits_{p\to 0}\left(\frac{pV}{nT}\right)$值。用$\lim\limits_{p\to 0}\left(\frac{pV}{nT}\right)$值来计算$R$值,即

$$R=\lim_{p\to 0}\left(\frac{pV}{nT}\right) \tag{1-7}$$

例如,对1mol气体在0℃和不同压力下测定其pV值,然后作图外推至$p=0$处,求得$\lim\limits_{p\to 0}(pV)=22.414\text{atm}\cdot\text{dm}^3$,因此

$$R=\frac{22.414\text{atm}\cdot\text{dm}^3}{1\text{mol}\times 273.15\text{K}}=0.082\ 06\text{atm}\cdot\text{dm}^3\cdot\text{mol}^{-1}\cdot\text{K}^{-1}$$

由此可知,1mol理想气体在0℃和1atm(标准状况STP)下的摩尔体积等于$22.414\text{dm}^3\cdot\text{mol}^{-1}$。

R的数值随p、V、T、n的单位而定,在SI单位中,T用热力学温度(K),n用摩尔(mol),p用牛顿·米$^{-2}$($\text{N}\cdot\text{m}^{-2}$),也称为帕(Pascal,Pa)[$1\text{Pa}=1\text{N}\cdot\text{m}^{-2}$,$1\text{N}\equiv 1\text{kg}\cdot\text{m}\cdot\text{s}^{-2}=(1000\text{g})\times(100\text{cm})\cdot\text{s}^{-2}=10^5\text{dyn}$,$1\text{Pa}=(10^5\text{dyn})/(10^2\text{cm})^2=10\text{dyn}\cdot\text{cm}^{-2}$]。在化学中,习惯上用毫米汞柱(mmHg)作为压力的单位。1mmHg也称为1torr(托),它代表在0℃时1mmHg受重力场作用在单位面积上的向下力,此力等于质量m乘以重力加速度g($g=980.665\text{cm}\cdot\text{s}^{-2}$)。因此,高度为$h$、质量为$m$、横截面积为$\mathscr{A}$、体积为$V$、密度为$\rho$的汞柱所施的压力$p$为

$$p=\frac{mg}{\mathscr{A}}=\frac{\rho Vg}{\mathscr{A}}=\frac{\rho\mathscr{A}hg}{\mathscr{A}}=\rho gh$$

0℃时汞的密度$\rho=13.5951\text{g}\cdot\text{cm}^{-3}$,因此

$$\begin{aligned}1\text{torr}&=1\text{mmHg}\\&=13.5951\text{g}\cdot\text{cm}^{-3}\times 980.665\text{dyn}\cdot\text{g}^{-1}\times 0.1\text{cm}\\&=1333.22\text{dyn}\cdot\text{cm}^{-2}\\&=133.322\text{N}\cdot\text{m}^{-2}\end{aligned}$$

1atm定义为**正好**等于760mmHg:

$$1\text{atm}\equiv 760\text{mmHg}=1.013\ 25\times 10^6\text{dyn}\cdot\text{cm}^{-2}=1.013\ 25\times 10^5\text{N}\cdot\text{m}^{-2}$$

V的单位在SI单位中用m^3(立方米),在非SI单位中用L(升)或mL(毫升)。pV乘积相当于能量,因此也可以用能量的单位。在SI单位中能量的单位是J(焦耳),$1\text{J}\equiv 1\text{N}\cdot\text{m}$。在c.g.s单位中能量的单位是erg(尔格),$1\text{erg}\equiv 1\text{dyn}\cdot\text{cm}$,$1\text{J}=(10^5\text{dyn})\times(10^2\text{cm})=10^7\text{erg}$。因此,当$p$用$\text{dyn}\cdot\text{cm}^{-2}$表示,$V_\text{m}$用$\text{cm}^3\cdot\text{mol}^{-1}$表示时,则

$$\begin{aligned}R&=\frac{pV_\text{m}}{T}\\&=\frac{(1.013\ 25\times 10^6\text{dyn}\cdot\text{cm}^{-2})\times(22.414\times 10^3\text{cm}^3)}{273.15\text{K}\cdot\text{mol}}\\&=8.314\times 10^7\text{ergs}\cdot\text{mol}^{-1}\cdot\text{K}^{-1}\\&=8.314\text{J}\cdot\text{mol}^{-1}\cdot\text{K}^{-1}\end{aligned}$$

或分别用$\text{N}\cdot\text{m}^{-2}$和$\text{m}^3\cdot\text{mol}^{-1}$时,则

$$R = \frac{pV_m}{T}$$

$$= \frac{(1.01325 \times 10^5 \text{N} \cdot \text{m}^{-2}) \times (2.2414 \times 10^{-2} \text{m}^3)}{273.15 \text{K} \cdot \text{mol}}$$

$$= 8.314 \text{N} \cdot \text{m} \cdot \text{mol}^{-1} \cdot \text{K}^{-1}$$

$$= 8.314 \text{J} \cdot \text{mol}^{-1} \cdot \text{K}^{-1}$$

因为 1cal(卡)≡4.184J，所以

$$R = \frac{8.314 \text{J} \cdot \text{mol}^{-1} \cdot \text{K}^{-1}}{4.184 \text{J} \cdot \text{cal}^{-1}} = 1.987 \text{cal} \cdot \text{mol}^{-1} \cdot \text{K}^{-1}$$

各种单位的 R 值如下：

数　值	单　位	数　值	单　位
0.082 06	$\text{L} \cdot \text{atm} \cdot \text{mol}^{-1} \cdot \text{K}^{-1}$	8.314	$\text{J} \cdot \text{mol}^{-1} \cdot \text{K}^{-1}$
82.06	$\text{mL} \cdot \text{atm} \cdot \text{mol}^{-1} \cdot \text{K}^{-1}$	1.987	$\text{cal} \cdot \text{mol}^{-1} \cdot \text{K}^{-1}$
8.314×10^7	$\text{erg} \cdot \text{mol}^{-1} \cdot \text{K}^{-1}$		

注：$1\text{L} = 1\text{dm}^3 = 10^3\text{cm}^3$，$1\text{mL} = 1\text{cm}^3$。

例 1-1　在 0℃时三甲胺的密度 ρ 随压力 p 的变化数据如下：

p/101 325Pa	$\rho/(\text{g} \cdot \text{dm}^{-3})$	p/101 325Pa	$\rho/(\text{g} \cdot \text{dm}^{-3})$
0.2	0.533 6	0.6	1.636 3
0.4	1.079 0	0.8	2.205 4

计算三甲胺的摩尔质量 M。

解

$$\lim_{p \to 0}(pV) = nRT = \frac{m}{M}RT$$

$$M = RT \lim_{p \to 0}\left(\frac{m}{pV}\right) = RT \lim_{p \to 0}\left(\frac{\rho}{p}\right)$$

式中，m 代表质量。以 ρ/p 对 p 作图，用外推法求出 $\lim_{p \to 0}(\rho/p)$ 值。由图 1-2 可知，$\lim_{p \to 0}(\rho/p) = 2.6382 \text{g} \cdot \text{dm}^{-3} \cdot (101\,325 \text{Pa}^{-1})$，因此

$$M = RT \lim_{p \to 0} \frac{\rho}{p}$$

$$= 0.08206 \text{dm}^3 \cdot \text{atm} \cdot \text{mol}^{-1} \cdot \text{K}^{-1} \times 273.15 \text{K} \times 2.6382 \text{g} \cdot \text{dm}^{-3} \cdot \text{atm}^{-1}$$

$$= 59.134 \text{g} \cdot \text{mol}^{-1}$$

理论值为 $59.112 \text{g} \cdot \text{mol}^{-1}$。

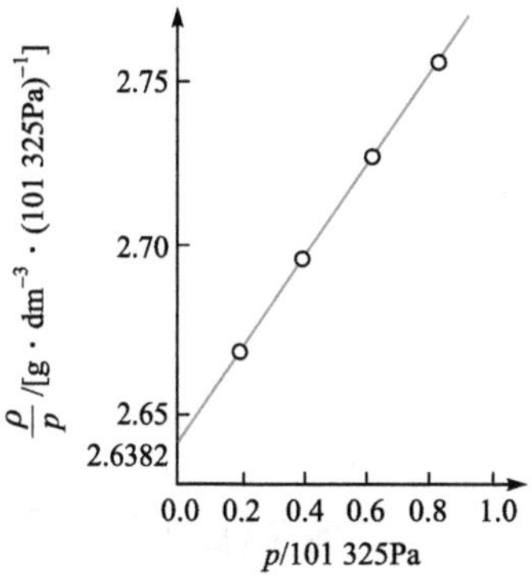

图 1-2　0℃时三甲胺的 $\frac{\rho}{p}$-p 图

1.1.3　混合理想气体定律

以上讨论的仅是纯理想气体的行为，理想气体混合物同样遵守理想气体状态方程

$$pV = \sum_i n_i RT = \frac{m}{\langle M \rangle}RT \tag{1-8}$$

式中，m 是混合气体的质量；$\langle M \rangle$是混合气体的平均摩尔质量。它与各组分的摩尔质量之间的关系为

$$\langle M \rangle = \sum_i x_i M_i \tag{1-9}$$

式中，x_i 是混合气体中第 i 组分的摩尔分数。各组分对混合气体的性质的贡献有多大？从实验上得到低压下气体混合物的两个定律，即道尔顿(Dalton)

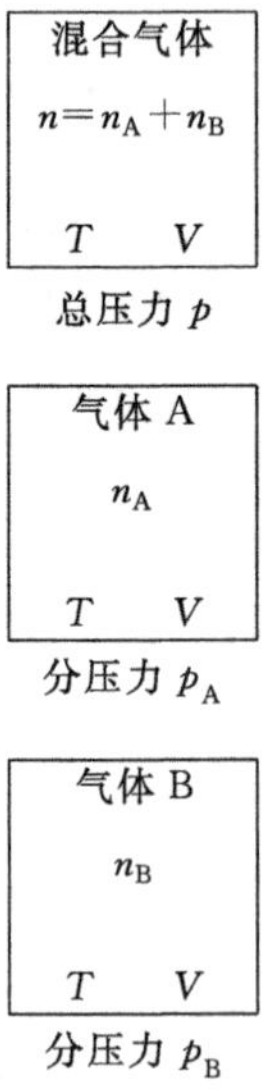

图 1-3 总压力与分压力示意图

分压定律及阿马格(Amagat)分体积定律,简称为分压定律及分体积定律。

1. 分压定律

分压定律可表述为:混合理想气体的总压 p 等于各组分气体的分压 p_i 之和。所谓分压,就是混合气体中的某组分单独存在,并具有与混合气体相同的温度和体积时所产生的压力,即有

$$p = p_1 + p_2 + \cdots + p_i = \sum_i p_i \tag{1-10}$$

总压力与分压力的含义可表示于图 1-3 中。

道尔顿从实验得出结论

$$p = p_A + p_B$$

该实验定律所显示的规律其实是气体具有理想气体行为的必然结果,即

$$p = (n_A + n_B)\frac{RT}{V} = \frac{n_A RT}{V} + \frac{n_B RT}{V} = p_A + p_B$$

低压气体近似服从理想气体行为,所以能够近似服从分压定律。

混合气体中某组分 i 的分压与总压之比可由理想气体状态方程得出,为

$$\frac{p_i}{p} = \frac{\dfrac{n_i RT}{V}}{\sum_i \dfrac{n_i RT}{V}} = \frac{n_i}{\sum_i n_i} = x_i$$

即

$$p_i = x_i p \tag{1-11}$$

式(1-11)表明各组分的分压可由该组分的摩尔分数与总压的乘积获得。

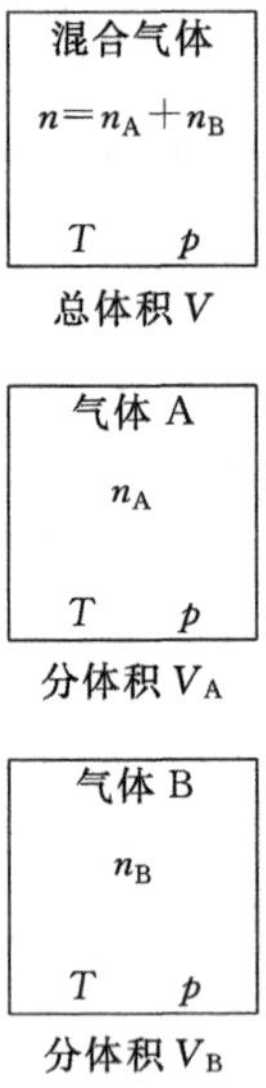

图 1-4 总体积与分体积示意图

2. 分体积定律

阿马格对低压气体的实验测定表明,混合气的总体积等于各组分的分体积之和,即

$$V = \sum_i V_i \tag{1-12}$$

式中,V_i 是组分 i 的分体积,也就是组分 i 气体在与混合气体同温同压下单独存在时所占据的体积,可用图 1-4 表示。

可据此推出分体积定律

$$V = V_A + V_B$$

分体积定律同样是气体具有理想行为时的必然结果。此点留待读者自行推导与分析。

混合气体中某组分 i 的分体积 V_i 与混合气体总体积 V 之比 V_i/V 称为 i 组分的体积分数,也为其摩尔分数

$$\frac{V_i}{V} = \frac{\dfrac{n_i RT}{p}}{\sum_i \dfrac{n_i RT}{p}} = \frac{n_i}{\sum_i n_i} = x_i$$

$$V_i = x_i V \tag{1-13}$$

1.2 实际气体

实际气体分子间有相互作用力，分子本身具有一定的体积。因此，除低压情况下，实际气体一般不服从式(1-5)。下面以理想气体为参考态，讨论实际气体的 p、V、T 行为，实际气体的状态方程，以及实际气体与理想气体偏差程度的压缩因子。

1.2.1 实际气体的 p、V、T 行为

实际气体只有在低压下近似地符合理想气体状态方程。而在高压低温下，一切实际气体均出现明显偏差。不同种的实际气体在 273.15K 时 pV_m 对 p 的等温线如图 1-5 所示。对于理想气体，在任意压力下，pV_m 均应为定值，图中表现为水平的直线。而实际气体则偏离直线，如在 CH_4 的等温线上，随着压力的增加，pV_m 值先是降低，而后是逐渐增大。图 1-5 中 H_2 的等温线上没有出现最低点，但在较低的温度下，氢的曲线形状也会像 CO、CH_4 一样出现最低点。

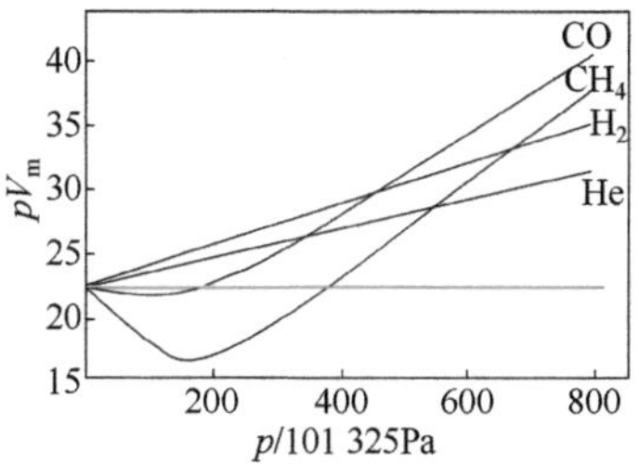

图 1-5 一些实际气体的 pV_m-p 等温线(273.15K)

同一种实际气体在不同温度下 pV_m 对 p 的等温线如图 1-6所示。发现在某一温度(图 1-6 中 T_3)以上，pV_m 随 p 的增大总是增大的。在这一温度以下时，pV_m 随 p 的增大先是下降后是增加。在这一温度时，在几个大气压范围内，pV_m 值接近或等于理想气体的数值，遵守波义耳定律，即有

$$\left(\frac{\partial pV_m}{\partial p}\right)_{T_B}=0$$

这一温度称为波义耳温度(Boyle temperature)，用 T_B 表示。

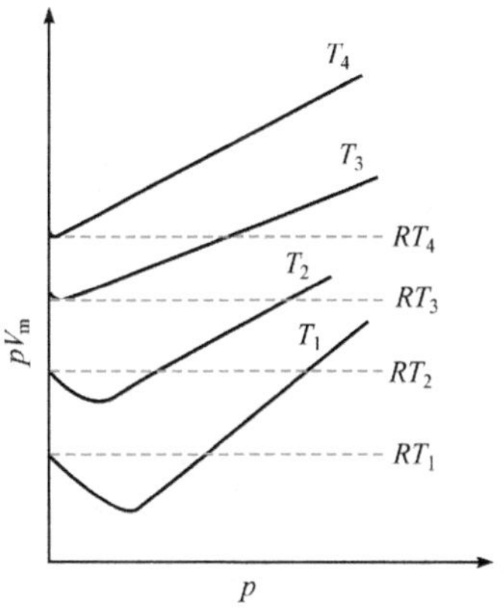

图 1-6 实际气体在不同温度时的 pV_m-p 示意图

1.2.2 实际气体的液化及临界点

对实际气体的 p、V、T 行为作更完整的测定，就能进一步反映出实际气体的液化过程及另一个重要的物理性质——临界点。安德鲁斯(Andrews)在 1869 年根据实验得到 CO_2 的 p-V-T 图，又称为 CO_2 的等温线，如图 1-7 所示，它和理想气体的等温线迥然不同。对理想气体来说，p-V_m 图上的等温线均应为 $pV_m=RT=$常数的曲线，不同温度只是对应的常数不同而已。然而，图 1-7 中 CO_2 的等温线却可以分为 3 种情况，即 $t>31.04℃$、$t=31.04℃$ 和 $t<31.04℃$ 的 3 种等温线。对 CO_2 来说，分类的温度界限 31.04℃称为临界温度，以 t_c 表示。

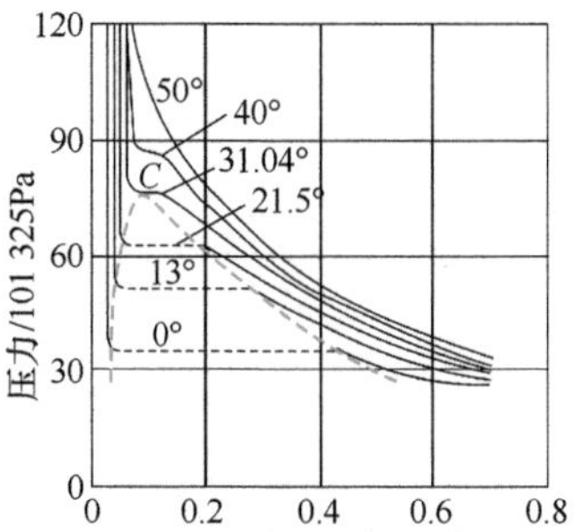

图 1-7 CO_2 的 p-V_m 等温图

1. $t>t_c$ 的等温线

由图 1-7 可知，$t>t_c$ 的每一条等温线都是光滑曲线。实验中发现 CO_2 在 t_c 以上的任何压力下均不出现液化现象，只是在不同条件下偏离理想行为的程度不同。

2. $t<t_c$ 的等温线

温度低于 31.04℃的等温线可分为 3 段，在低压时 p-V_m 关系呈一光滑曲线，实验可观察到各温度下在此压力范围内 CO_2 保持气体状态。第二段是水

平段，压力升高到与温度相对应的某一数值时，曲线出现明显的折点，进而出现一水平段。开始出现折点时对应的压力就是该温度下 CO_2 的饱和蒸气压。水平段右端对应的 V_m 表示该温度下 CO_2 气体刚开始液化时的饱和蒸气摩尔体积，左端对应的 V_m 是 CO_2 刚刚全部液化时的饱和液体摩尔体积。水平段中间则为气、液共存的情况，液体的量自右向左逐渐增多。第三段显示出 p-V_m关系折向一条极陡的曲线，反映了液体很难压缩的特性。

将各个温度下的等温线上水平线段的两端用虚线连起来，如图 1-7 所示。虚线以内是气体与液体在一定温度和压力下平衡共存的状态，虚线以外是气态或液态。在平衡共存的状态下，气体与液体之间有明显的界面。随着温度的升高，水平段的长度缩短，到$t=t_c$时，饱和液体和饱和蒸气的摩尔体积相等，如图1-7中的 C 点所示。

3. $t=t_c$ 的等温线及临界点

$t=t_c$ 的等温线即通过 C 点的等温线。CO_2 的 $t_c=31.04$℃（$T_c=304.19$K），不同的物质有不同的 t_c 值。t_c 实际是气体能够液化所允许的最高温度，故称为临界温度。正如前述，CO_2 气体在超过 31.04℃是无法使其液化的。只有实际气体才能液化，理想气体是不能液化的。由图 1-7 所示 $t=t_c$ 等温线可知，当 CO_2 气体压力升高到 C 点对应的数值时，CO_2 气体才能液化，所以 C 点对应的压力为临界温度下气体液化所需的最小压力，称为临界压力 p_c。CO_2 的 p_c 为 $73.0\times 101\,325$Pa。由于 C 点对应的摩尔体积既是饱和蒸气的数值，也等于饱和液体的数值，故 C 点的 V_m 称为临界摩尔体积 $V_{m,c}$。CO_2 的 $V_{m,c}$为 $0.0957\text{dm}^3\cdot\text{mol}^{-1}$。$t_c$、$p_c$、$V_{m,c}$统称临界参数，它们是各物质的特性常数。某些物质的临界参数可参见附录六。

图 1-7 中 C 点称为临界点。它除表达了物质的临界参数及该点饱和蒸气与饱和液体摩尔体积相等外，还因为通过该点等温线的左侧是一条向上弯的曲线，右侧一段距离内则为一向下弯的曲线，而 C 点正好是水平拐点，所以等温线在该点的一阶、二阶导数应为零，即

$$\left.\begin{aligned}\left(\frac{\partial p}{\partial V_m}\right)_{T_c}&=0 \qquad (1\text{-}14)\\ \left(\frac{\partial^2 p}{\partial V_m^2}\right)_{T_c}&=0 \qquad (1\text{-}15)\end{aligned}\right\}\text{在 } p=p_c,T=T_c \text{ 处}$$

实际气体的液化在气体储存、运输过程中得到广泛的应用。此外，在工业上还应用于超临界流体的萃取。

超临界流体(supercritical fluid，SF)是指温度、压力高于临界温度 T_c 及临界压力 p_c 的流体。超临界流体萃取(supercritical fluid extraction，SFE)是用超临界流体为溶剂，从固体或液体中萃取可溶组分的传质分离操作。超临界流体具有与液体相近的密度以及与气体相近的黏度，又具有比液体大得多的分子扩散系数，故具有较大的萃取容量(单位体积流体能萃取溶质的量)及良好的流动性能和传质性能。溶质在超临界流体中的溶解度随超临界流体的压力的升高而增加，所以超临界流体萃取分离过程的操作方式之一，是先在高压的条件下使超临界流体与物料接触进行萃取，然后分离出萃取了溶质的超临界流体，降低其压力使溶质析出。超临界流体萃取所用的溶剂有二氧

化碳(图 1-8)、烃类、氨和水等。现今开发中的应用有渣油的溶剂脱沥青，从咖啡豆中除去咖啡因，从煤中萃取烃类化工原料，页岩油加工，从天然物质提取油脂、香精、维生素，以及从发酵液中提取乙醇等。

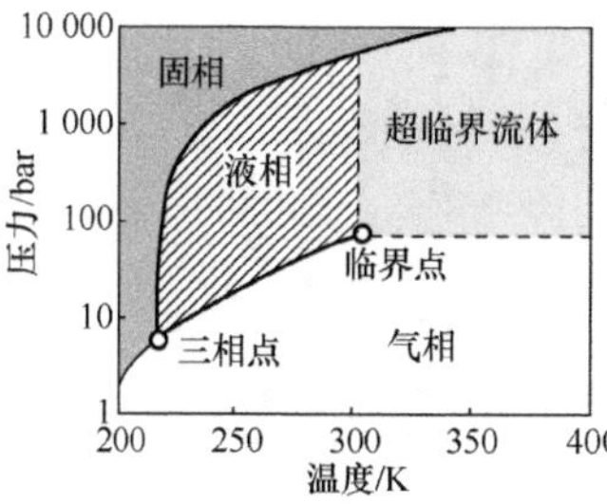

图 1-8　CO_2 的三相相图(p-T)

1.2.3　实际气体的状态方程

实际气体的 p、V、T 关系比较复杂，通常均是经验、半经验、半理论的方程。这类方程已有近 200 种，各有一定的适用范围，现仅介绍几种主要的状态方程。

1. 范德华方程

1879 年，范德华(van der Waals)考虑了实际气体与理想气体模型的区别，从分子间相互作用力和分子本身体积两方面对理想气体状态方程进行了修正，所得的实际气体状态方程称为范德华方程。适用于 1mol 气体的范德华方程可表示为

$$\left(p+\frac{a_0}{V_m^2}\right)(V_m-b_0)=RT \tag{1-16}$$

对物质的量为 n 的气体，将 $V_m=V/n$ 代入式(1-16)，得

$$\left(p+\frac{a_0 n^2}{V^2}\right)(V-nb_0)=nRT \tag{1-17}$$

式中，a_0 和 b_0 称为范德华常数，它们的单位随压力和体积的单位而不同。如果压力和体积的单位分别用 Pa 和 m^3，则 a_0 的单位是($Pa\cdot m^6\cdot mol^{-2}$)，$b_0$ 的单位是($m^3\cdot mol^{-1}$)。不同气体的 a_0 和 b_0 的数值列于附录七中。由 a_0 的数值可以看出，对于易于液化的气体来说，a_0 值都相当大；而对于难以液化的气体来说，a_0 值都相当小。a_0 值的大小反映气体分子间作用力的强弱。a_0 和 b_0 值都与温度有关，当温度相差较大时，其值会有较大的差别。

这个状态方程是对理想气体进行两方面修正而获得的。

1) 分子本身体积引起的修正

由于理想气体模型是将分子视为不具有体积的质点，故理想气体状态方程中的体积项应是气体分子可以自由活动的空间。设 1mol 实际气体的体积为 V_m，由于分子本身具有体积，则分子可以自由活动的空间相应要减少，因此必须从 V_m 中减去一个反映气体分子本身所占有体积的修正量，用 b_0 表示。这样，1mol 实际气体分子可以自由活动的空间为(V_m-b_0)，理想气体状态方程则修正为

$$p(V_m-b_0)=RT$$

式中，修正项 b_0 可通过实验测定，其数值约为 1mol 实际气体分子自身体积的 4 倍。

2) 分子间作用力引起的修正

其次考虑分子间的相互作用。我们可以设想处于气体内部的某个分子受到其周围各个方向的其他分子的相同作用力，不存在某一方向上的净作用力。如果这个分子靠近容器壁，则均匀分布的分子间作用力就被打乱。这个分子的一边是器壁，没有气体分子间的作用力(气体分子与器壁间的作用力可忽略不计)，而其他方向仍有气体分子间的作用力，因此产生一个将这个分子拉向气体内部的净作用力，我们称这个作用力为内压力(internal pressure)。由于内压力的影响，气体分子对器壁所施的压力降低，因此在相同条件下实际气体比理想气体所产生的压力要小。内压力一方面与内部气体分

子数成正比，另一方面又与碰撞器壁的气体分子数成正比。由于分子数正比于密度，在恒定温度下，对1mol定量气体来说，密度又反比于体积，因此

$$内压力 \propto \frac{1}{V_m^2} \quad 或 \quad 内压力 = \frac{a_0}{V_m^2}$$

式中，a_0 是比例常数。因此，实际气体的压力比理想气体的压力在相同条件下要相差这个内压力的数值。若实际气体的压力为 p，则气体分子间无吸引力时的真正压力应为 $\left(p+\frac{a_0}{V_m^2}\right)$。综合上述两项的修正，就可得到范德华方程。用范德华方程计算压力在100MPa以下的实际气体行为，其结果远较理想气体状态方程精确。不过，因为范德华方程所考虑的两修正项过于简单，所以该方程不能在任何情况下都能精确地描述实际气体的 p、V、T 关系。因此，工程上计算实际气体的行为常用精度更高的状态方程。

范德华常数 a_0，b_0 可通过实验测定。但比较方便的是利用它与临界参数的关系，通过测定临界参数(实验上易测定)，从而求得 a_0，b_0。范德华方程[式(1-16)]可表示为

$$p = \frac{RT}{V_m - b_0} - \frac{a_0}{V_m^2}$$

在临界点时

$$\left(\frac{\partial p}{\partial V_m}\right)_{T_c} = 0 = -\frac{RT_c}{(V_{m,c} - b_0)^2} + \frac{2a_0}{V_{m,c}^3} \tag{1-18}$$

$$\left(\frac{\partial^2 p}{\partial V_m^2}\right)_{T_c} = 0 = \frac{2RT_c}{(V_{m,c} - b_0)^3} - \frac{6a_0}{V_{m,c}^4} \tag{1-19}$$

联系式(1-18)及式(1-19)得

$$b_0 = \frac{1}{3}V_{m,c}$$

将 b_0 代入式(1-18)得

$$a_0 = \frac{9}{8}RT_cV_{m,c}$$

将 a_0，b_0 代入临界点的范德华方程

$$\left(p_c + \frac{a_0}{V_{m,c}^2}\right)(V_{m,c} - b_0) = RT_c$$

得

$$R = \frac{8}{3}\,\frac{p_cV_{m,c}}{T_c} \tag{1-19'}$$

由于 $V_{m,c}$ 难以通过实验测定，常以 T_c、p_c 求 a_0、b_0。从 $V_{m,c} = \frac{3RT_c}{8p_c}$ 得

$$b_0 = \frac{1}{3}V_{m,c} = \frac{RT_c}{8p_c} \tag{1-20}$$

$$a_0 = \frac{9}{8}RT_cV_{m,c} = \frac{27}{64}\,\frac{(RT_c)^2}{p_c} \tag{1-21}$$

范德华方程可表示为

$$pV_m = \frac{RTV_m}{V_m - b_0} - \frac{a_0}{V_m}$$

在波义耳温度时

$$\left[\frac{\partial(pV_m)}{\partial p}\right]_{T_B} = \left[\frac{\partial(pV_m)}{\partial V_m}\right]_{T_B}\left(\frac{\partial V_m}{\partial p}\right)_{T_B} = 0$$

得

$$T_B = \frac{a_0}{Rb_0} = \frac{27T_c}{8} \tag{1-22}$$

从式(1-22)可看出，易液化的气体，a_0 较大，T_c 较高，T_B 较大，通常在室温之上；难液化的气体，a_0 较小，T_c 较低，T_B 也较低。例如，氢气 $T_B=110.04\text{K}$，氦气 $T_B=22.64\text{K}$。范德华方程能较好地解释实际气体的 pV_m-p 等温线。

2. 位力方程

卡末林-昂尼斯(Kammerlingh-Onnes)建议把实际气体的 pV_m 表示为

$$pV_m = RT\left(1+\frac{B}{V_m}+\frac{C}{V_m^2}+\frac{D}{V_m^3}+\cdots\right) \tag{1-23}$$

或

$$pV_m = RT(1+B'p+C'p^2+D'p^3+\cdots) \tag{1-24}$$

纯气体的 B、C、D、…，B'、C'、D'、…与温度及气体性质有关(对于气体混合物，还与浓度有关)。这种形式的方程称为位力(virial)方程。B 及 B' 称为第二位力系数，C 及 C' 称为第三位力系数等。位力从拉丁文 *vis* 演变而来，它的原意是"力"，这是指系数 B、C、D 等的大小与分子间力有关。

3. 马丁-侯方程

这是处理实际气体的比较准确的状态方程。它的基本形式为

$$\begin{aligned} p &= \frac{F_1(T)}{V-b}+\frac{F_2(T)}{(V-b)^2}+\frac{F_3(T)}{(V-b)^3}+\frac{F_4(T)}{(V-b)^4}+\frac{F_5(T)}{(V-b)^5} \\ &= \sum_{i=1}^{5}\frac{F_i(T)}{(V-b)^i} \end{aligned} \tag{1-25}$$

式中

$$F_i(T) = A_i + B_i(T) + C_i\exp\frac{-KT}{T_c} \tag{1-26}$$

A_i、B_i、C_i、b、K 均为常数，称为马丁-侯(Martin-侯虞钧)常数。

4. 普遍化的状态方程

对于理想气体，在任何压力下 $pV/nRT=1$。对于实际气体，在 $p\to 0$ 时 $pV/nRT=1$。因此，在各种温度、压力下，实际气体偏离理想气体的程度可以用 pV/nRT 偏离 1 的多少来衡量。令

$$Z \equiv \frac{pV}{nRT} \quad 或 \quad Z \equiv \frac{pV_m}{RT} \tag{1-27}$$

即

$$pV = ZnRT \quad 或 \quad pV_m = ZRT \tag{1-28}$$

式中，Z 称为压缩因子。式(1-28)称为实际气体普遍化的状态方程。

对于理想气体，在各温度、压力下 $Z=1$。

对于实际气体：

(1) $p\to 0$ 时，$Z=1$；一般压力下 $Z\neq 1$。

(2) $Z<1$ 表示实际的 pV 比理想气体状态预计的 $pV(=nRT)$ 要小，即在该 T、p 下，实际气体比理想气体更易压缩。可以推想，这是由于实际气体中分子间存在吸引力。

(3) $Z>1$ 表示在该 T、p 下实际气体比理想气体难压缩，这是由于实际气体中分子本身占有体积。

采用 $pV_m=ZRT$ 表示实际气体的 p-V-T 关系的优点在于保持 $pV_m=RT$ 的简单形式，只要能确定某 p、T 下的 Z，即可代入 $pV_m=ZRT$ 中算出该 p、T 下的 V_m。

1.2.4 对应状态原理及压缩因子图

1. 对应状态原理

由上可知，临界参数的不同反映了不同物质性质的差异。但是，任何物质在临界点时都是气、液不分，所以临界点又反映了各物质的一种共同特性。以临界点为参考点，用临界温度、临界压力和临界摩尔体积去度量温度、压力和体积的数值，可得到式(1-29)所示的一组对比状态参数，分别称为对比温度(T_r)、对比压力(p_r)和对比摩尔体积($V_{m,r}$)。这组数据说明气体离开各自临界状态的倍数，即

$$p_r \equiv \frac{p}{p_c} \qquad T_r \equiv \frac{T}{T_c} \qquad V_{m,r} \equiv \frac{V}{V_{m,c}} \tag{1-29}$$

整理大量实验数据中的对比状态参数可以发现，若实际气体的 p_r、T_r 相等，则对比摩尔体积 $V_{m,r}$ 基本相同。换言之，若不同的气体有两个对比参数彼此相等，则第三个对比状态参数基本上具有相同的数值。这一经验规律称为对应状态原理。当两种实际气体对比状态参数彼此相同时，称此两种气体处于对应状态之下。

2. 压缩因子图

根据式(1-29)，某种气体的 p、V、T 与临界参数及对比参数之间有

$$p=p_r p_c \qquad T=T_r T_c \qquad V_m=V_{m,r}V_c$$

将此关系代入 $pV_m=ZRT$ 中，得

$$(p_r p_c)(V_{m,r}V_c) = ZR(T_r T_c)$$

移项整理后得

$$Z = \frac{p_c V_{m,c}}{RT_c}\frac{p_r V_{m,r}}{T_r}$$

式中，$\frac{p_c V_{m,c}}{RT_c}$用 Z_c 代替，称为临界压缩因子。根据式(1-19′)，对范德华气体均有相同的 Z_c 值，为$\frac{3}{8}$。计算结果，大部分实际气体的 Z_c 大体上相同，为 0.27～0.29，可近似作为常数，并有

$$Z = Z_c\frac{p_r V_{m,r}}{T_r} \tag{1-30}$$

根据对应状态原理，不同气体在相同的对比状态下近似地有相同的 Z 值。因此，将 Z 对 p_r 作图可以得到不同 T_r 的许多曲线。图 1-9 是对 10 种气体(N_2、CO_2、H_2、CH_4、C_2H_6、C_2H_4、C_3H_8、n-C_4H_{10}、i-C_6H_{10}、n-C_5H_{10})在不同温度下进行实验测定，取其平均值描绘成的，称为压缩因子图，又称霍根-沃森(Hougen-Watson)图，能在相当大的压力范围内使用，在化工计算中颇有实用价值。图 1-9 是用 p_r、T_r 两个参数表达的双参数普遍化压缩因子图。若要求某种气体在指定温度、压力下的 Z 值，首先从手册查出该气体的临界温度、临界压力，将温度、压力转换成 T_r 与 p_r 值，然后由图直接查出 Z 值。

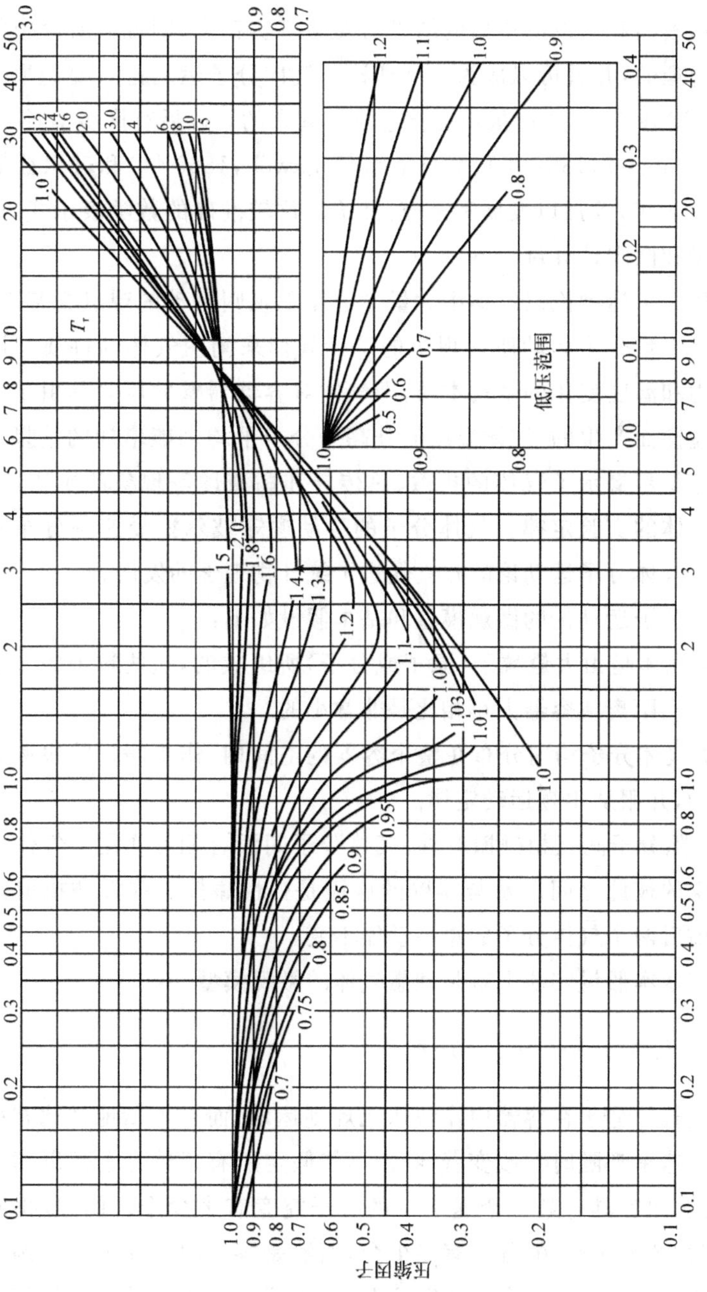

图 1-9 压缩因子图

1.3 气体分子运动论

在 1.1 节和 1.2 节中我们讨论了气体在低压下的行为,并提出了几个著名的定律和公式,也介绍了实际气体偏离理想气体性质的情况。气体为什么会呈现这些宏观现象,必须从气体分子的运动本质来解释。我们可以从已获得的实验事实出发,对气体的分子运动设想一个微观模型,并作一些假设。如果根据模型和假设所得出的结果与实验事实符合,则说明所设想的模型和假设是合理的,并且可以成为一种理论。气体分子运动论主要是根据伯努利(Bernoulli)在 1738 年所提出的概念发展起来的。以后有许多学者,其中有克劳修斯(Clausius,1857 年)、麦克斯韦(Maxwell,1860 年)和玻尔兹曼(Boltzmann,1868 年)等加以发展和补充,并给出比较准确的数学表示式,以联系宏观可测量和微观计算量。

气体分子运动论以气体中大量分子作无规则运动的观点为基础,根据力学定律和大量分子运动所表现出的统计规律来阐明气体的性质。该理论阐明了压力和温度变化的微观本质,即气体对容器器壁的压力是由于大量分子与器壁碰撞而产生的,气体温度的升高是分子平均动能增加的结果。气体分子运动论初步揭示了气体的扩散、热传导和黏滞性等现象的本质,解释了许多关于气体的实验定律。气体分子的运动遵守玻尔兹曼速率分布和能量分布定律。气体分子运动论的建立促进了统计物理学的发展。

气体分子运动论的微观模型和基本假设如下:

(1) 气体是由大量粒子(原子或分子)所组成的,这些粒子的大小与其彼此间的平均距离或容器大小相比是非常小的。

(2) 气体分子均匀分布在整个容器的空间内,作不停顿的快速无规则的直线运动,并服从牛顿运动定律。

(3) 除分子间互相碰撞时外,气体分子间没有相互作用。气体分子在运动中发生的彼此之间以及与器壁的碰撞是弹性碰撞。弹性碰撞就是发生这种碰撞前后两个气体分子的总平动能不变。

这些基本假设实质上就是理想气体的微观模型。

1.3.1 气体分子的速率分布

大量气体分子在容器内作快速无规则运动,而且不断地彼此相碰。每一个分子的速率都随时在改变着,我们不能假定所有气体分子都以相同速率运动,也无法回答具有某一个速率 v 的分子究竟有多少个。例如,我们若问具有速率为 $585\text{m}\cdot\text{s}^{-1}$ 的分子有多少个,回答是零。因为在某一时刻速率正好等于 $585.000\,0\text{m}\cdot\text{s}^{-1}$ 的任何分子的机会是非常小的。我们只能问速率在某一很小范围(如 $585.000\sim585.001\text{m}\cdot\text{s}^{-1}$)内的分子有多少个。这就是本节所要讨论的分子速率分布问题。

我们取无限小的速率变化范围 $\text{d}v$,问速率在 v 到 $v+\text{d}v$ 之间的分子有多少个,这样的问题才有意义。令 $\text{d}N_v$ 为上述问题的答案,$\text{d}N_v$ 与 10^{23} 相比是很小的,但与 1 相比又是非常大的。如果气体分子的总数目为 N,则速率在 v 到 $v+\text{d}v$ 之间的分子数占总分子数的分数为 $\text{d}N_v/N$。这个分数显然与速率变化范围 dv 的大小成正比，同时也与 v 的数值有关。例如，速率为 627.400～627.401m・s^{-1}的分子数不同于速率为 585.000～585.001m・s^{-1}的分子数，因此有

$$\frac{dN_v}{N}=G(v)dv$$

式中，$G(v)$是 v 的某一函数，称为分子速率**分布函数**(distribution function)。分数 dN_v/N 是分子的速率处于 v 到 $v+dv$ 之间的概率，因此 $G(v)dv$ 是概率，$G(v)$也称为**概率密度**(probability density)，因为它是单位速率变化范围($dv=1$)的概率。

麦克斯韦在 1860 年首先导出 $G(v)$表达式，并得到

$$\frac{dN_v}{N}=G(v)dv=\left(\frac{m}{2\pi kT}\right)^{3/2}\exp\frac{-mv^2}{2kT}4\pi v^2dv \tag{1-31}$$

式(1-31)就是著名的麦克斯韦速率分布定律。

自从麦克斯韦在 1860 年导出式(1-31)，直至 1955 年米勒(Miller)和库施(Kusch)首次从实验上准确地验证此分布定律。麦克斯韦在上述推导中没有说明建立气体分子速率分布函数的物理机理。1872 年，玻尔兹曼基于分子间碰撞的物理机理的方法推导出麦克斯韦分布定律。

1.3.2　最概然速率、平均速率和方均根速率

在麦克斯韦速率分布曲线上有一最高点，它所对应的速率称为最概然速率(most probable rate)v_{mp}，是 v 的最概然值。最高点代表速率为 v_{mp} 的分子在总分子中所占的分数最大。根据极大值的性质，令$dG(v)/dv=0$，则有

$$v_{mp}=\left(\frac{2kT}{m}\right)^{1/2}=\left(\frac{2RT}{M}\right)^{1/2} \tag{1-32}$$

根据平均速率(average rate)$\langle v\rangle$的定义有

$$\langle v\rangle\equiv\int_0^\infty vG(v)dv=4\pi\left(\frac{m}{2\pi kT}\right)^{3/2}\int_0^\infty\exp\frac{-mv^2}{2kT}v^3dv$$

由积分表查得

$$\langle v\rangle=\left(\frac{8kT}{\pi m}\right)^{1/2}=\left(\frac{8RT}{\pi M}\right)^{1/2} \tag{1-33}$$

我们定义 $v_{rms}=(\langle v^2\rangle)^{1/2}$，称为方均根速率(root mean square rate)，它是一个可计算的微观量的统计平均值，与各个分子的速率有关。可根据$\langle v^2\rangle$的表达式求出。

$$\langle v^2\rangle=\int_0^\infty v^2G(v)dv$$

由积分表可得

$$\langle v^2\rangle=\frac{3kT}{m}=\frac{3RT}{M}$$

则

$$v_{rms}=\left(\frac{3kT}{m}\right)^{1/2}=\left(\frac{3RT}{M}\right)^{1/2} \tag{1-34}$$

上述三种速率的比值为

$$v_{mp} : \langle v \rangle : v_{rms} = (2)^{1/2} : \left(\frac{8}{\pi}\right)^{1/2} : (3)^{1/2}$$
$$= 1.414 : 1.596 : 1.732$$
$$= 1 : 1.128 : 1.225$$

1.3.3 气体分子的能量分布

从速率分布公式很容易导出能量(实指平动能)的分布公式。

对于每个分子,其平动能为

$$\varepsilon = \frac{1}{2}mv^2 \qquad d\varepsilon = mv\,dv$$

$$v = \left(\frac{2\varepsilon}{m}\right)^{1/2} \qquad dv = \left(\frac{1}{2m}\right)^{1/2}\varepsilon^{-1/2}d\varepsilon$$

将式(1-31)中的 v 和 dv 分别用 ε 和 $d\varepsilon$ 代替,即得麦克斯韦能量分布公式如下:

$$\frac{dN_\varepsilon}{N} = 2\pi\left(\frac{1}{\pi kT}\right)^{3/2}\varepsilon^{1/2}\exp\frac{-\varepsilon}{kT}d\varepsilon \tag{1-35}$$

式中,dN_ε 表示平动能在 ε 和 $\varepsilon+d\varepsilon$ 之间的分子数;dN_ε/N 表示在这一能量间隔范围内的分子分数。如果要知道能量大于某定值 ε_1 的分子分数,则需将式(1-35)积分,积分下限为 ε_1,积分上限为∞,可得到

$$\frac{N_{\varepsilon_1\to\infty}}{N} = \frac{2}{\sqrt{\pi}}\exp\frac{-\varepsilon_1}{kT}\left(\frac{\varepsilon_1}{kT}\right)^{1/2} \tag{1-36}$$

式(1-36)是三维空间的公式。假定分子只在一个平面上运动,从二维空间的速率分布公式导出相应的能量分布公式,其结果为

$$\frac{N_{\varepsilon_1\to\infty}}{N} = \exp\frac{-\varepsilon_1}{kT} \tag{1-37}$$

同理可得

$$\frac{N_{\varepsilon_2\to\infty}}{N_{\varepsilon_1\to\infty}} = \exp\frac{-(\varepsilon_2-\varepsilon_1)}{kT} = \exp\frac{-\Delta\varepsilon}{kT} \tag{1-38}$$

$\frac{N_{\varepsilon_2\to\infty}}{N_{\varepsilon_1\to\infty}}$代表能量超过 ε_2 和能量超过 ε_1 的分子数的比值。

1.3.4 压力和温度的统计概念

1. 压力

气体的压力是由气体分子对容器的碰撞造成的,是作用在单位器壁面积上的力,也是在单位时间内碰撞在单位器壁面积上的气体分子的动量变化,用力学中的数学式表示,即

$$p(\text{压力}) = \frac{F(\text{力})}{\mathscr{A}(\text{面积})} = \frac{ma}{\mathscr{A}} = \frac{m\frac{dv}{dt}}{\mathscr{A}} = \frac{1}{\mathscr{A}}\frac{d(mv)}{dt} \tag{1-39}$$

式中,m 是分子的质量;v 是分子运动速率;a 是加速度;t 是时间。

尽管个别分子与器壁碰撞时,单位面积上所引起的动量变化是起伏不定的,但气体是大量分子的集合,平均压力是一个定值,并且是一个宏观可测的物理量。对于理想气体,可推导出压力 p 与$\langle v^2\rangle$之间的关系如下:

$$p = \frac{mN\langle v^2 \rangle}{3V} \tag{1-40}$$

式中，p 是 N 个分子与器壁碰撞所产生的总效应，具有时间统计平均意义。因为 $mN/V=\rho$（气体密度），所以 $p=\frac{1}{3}\rho\langle v^2\rangle$。式(1-40)是联系宏观可测量 p 和 V 与微观计算量 m、N 和 $\langle v^2\rangle$ 的一个公式。

2. 温度

在热力学中，我们从热平衡来定义温度。

当两个体系彼此处于热平衡时，它们必定有一个共同的热力学性质，这个决定体系热平衡状态的热力学性质定义为**温度**，如同两个体系彼此处于力学平衡时有一个共同的压力一样。温度是体系的性质，只为体系的状态所决定，它也是状态函数。根据温度的定义，两个体系彼此处于热平衡时应有相同的温度。如果两个体系的温度不同，则它们彼此不处于热平衡，此时就有热量传递发生。上面我们只给出温度的定义，而没有给出测量温度的方法。

测量温度的依据是热平衡定律。当两个物体 A 和 B 分别与第三个物体 C 处于热平衡时，则 A 和 B 之间也必定彼此处于热平衡。这是一个客观存在的经验事实，称为**热平衡定律**。由于它的重要性，并因它是在热力学第一和第二定律之后确立的，但在逻辑上却应放在这两个定律之前，故福勒(Fowler)称之为**热力学第零定律**(zeroth law of thermodynamics)。

分子的平均平动能 $\langle\varepsilon\rangle$ 与宏观性质温度 T 之间必定有一依赖关系。体系的温度是分子的平均平动能的某一函数：

$$T = T(\langle\varepsilon\rangle)$$

若选用理想气体温标，则可得到

$$\langle\varepsilon\rangle = \frac{3}{2}kT \tag{1-41}$$

式(1-41)是宏观性质“温度”的微观本质解释，它表明气体分子的无规则运动的平均平动能正比于热力学温度 T，气体分子的平均平动能只与温度有关，在相同温度下，各种气体分子的平均平动能相等。因此，**温度**是气体分子无规则运动的平均平动能的量度。应该指出，温度不是与一个分子的平动能相联系的，而是与大量分子的平均平动能相联系，具有统计平均的含义。在式(1-41)中出现的不是 ε，而是 $\langle\varepsilon\rangle$。只含一个或少数几个分子的体系没有“温度”可言。温度是一个宏观可测量，是大量分子运动剧烈程度的反映，只能对由大量分子所组成的宏观物质体系才有意义。

1.3.5 分子与器壁碰撞和隙流

1. 分子与器壁的碰撞频率

气体分子与器壁的碰撞实际就是气体分子与某一固定表面的碰撞，这与研究气体在固体表面的吸附、多相催化以及隙流等密切有关。根据气体分子速率分布定律，可推导出气体分子在单位时间内与单位面积器壁的碰撞次数[称为碰撞频率(frequency of collisions)]为

$$\frac{1}{\mathscr{A}}\frac{\mathrm{d}N_{\mathrm{W}}}{\mathrm{d}t} = \frac{1}{4}\left(\frac{N}{V}\right)\langle v\rangle = \frac{1}{4}\frac{pL}{RT}\left(\frac{8RT}{\pi M}\right)^{1/2} \tag{1-42}$$

式中,dN_W 是在时间 dt 内碰撞在器壁 W 上的气体分子数;L 是阿伏伽德罗常量。

2. 分子的隙流

假定在容器壁上有一个小孔,孔的面积为 A,容器外面是真空[如果孔不是足够小,则气体分子很快逸出,这样就会破坏麦克斯韦速率分布,式(1-42)就不适用],气体分子碰到小孔就会逸到容器外面,这种现象称为**隙流**(effusion)。气体分子的隙流速率可由式(1-42)求出,即

$$\frac{dN}{dt}=\frac{pLA}{(2\pi MRT)^{1/2}} \tag{1-43}$$

隙流速率与气体的摩尔质量的平方根成反比,这就是**格雷厄姆**(Graham)**隙流定律**。利用隙流速率的不同可以分离同位素,也可以从一种已知气体的摩尔质量,求另一种未知气体的摩尔质量。

测定固体或液体的蒸气压的克努森(Knudsen)法就是基于式(1-43)。此法是将待测样品装在带有一个已知横截面积小孔的容器中,固体或液体的蒸气通过小孔进入真空中,测定一定温度下蒸气分子的隙流速率(实验上是测量容器质量的改变)。因为 p 是蒸气的平衡压力,在一定温度下是一常数,所以 $dN/dt=\Delta N/\Delta t$。测定了 $\Delta N/\Delta t$,可按式(1-43)计算 p。

1.3.6 分子间碰撞和平均自由程

1. 分子间碰撞频率

讨论气体分子间的碰撞过程对于气体的扩散、热传导、黏滞性和化学反应动力学都具有重大的意义。分子间碰撞也是维持麦克斯韦速率分布的原因。假定气体分子是一个直径为 d 的刚性圆球,除碰撞瞬间外不存在分子间相互作用。严格地推导气体分子碰撞频率是比较复杂的,这里只给出结果。

单位气体体积中,单位时间内 A—B 互碰次数 Z_{AB} 为

$$Z_{AB}=\pi(r_A+r_B)^2\left[\frac{8RT}{\pi}\left(\frac{1}{M_A}+\frac{1}{M_B}\right)\right]^{1/2}\left(\frac{N_B}{V}\right)\left(\frac{N_A}{V}\right) \tag{1-44}$$

如果要计算单位气体体积中单位时间内 A—A 互碰次数 Z_{AA},则在上面计算中对每一次 A—A 碰撞都计算了两次,如对 A_1 与 A_2 碰撞计算了一次,对 A_2 与 A_1 碰撞又计算了一次。因此,式(1-44)要除以 2。

$$Z_{AA}=\frac{1}{\sqrt{2}}\pi d_A^2\left(\frac{8RT}{\pi M_A}\right)^{1/2}\left(\frac{N_A}{V}\right)^2 \tag{1-45}$$

2. 平均自由程

气体分子以很高的速度做无规则运动,它们彼此间不断地互碰。分子在每两次连续碰撞之间所走的路程称为自由路程。一个分子与另一个分子互碰后其运动速度的方向和大小都发生改变,它的运动轨迹是呈折线形的。因此,自由路程也是不断地无规则改变着,它们的平均值称为**平均自由程**(mean free path),以符号 λ 表示。在 A 和 B 的混合气体中,λ_A 不同于 λ_B。每一种气体分子有其本身的速率分布。一个特定的 A 分子的速率由于分子间互碰,在一定时间内发生许多次变化。在时间 t 内,一个特定的 A 分子的平均速率为

$\langle v_A \rangle$，所走的路程为$\langle v_A \rangle t$，互碰次数为$(Z'_{AA}+Z'_{AB})t$。因此，A 分子在每两次连续碰撞之间所走的平均路程 $\lambda_A=\langle v_A \rangle t/(Z'_{AA}+Z'_{AB})t=\langle v_A \rangle/(Z'_{AA}+Z'_{AB})$。在纯气体中，没有 A—B 互碰。$Z'_{AB}=0$，因此

$$\lambda_A=\frac{\langle v_A \rangle}{Z'_{AA}}=\frac{1}{\sqrt{2}\pi d_A^2\dfrac{N_A}{V}}=\frac{1}{\sqrt{2}\pi d_A^2}\frac{RT}{pL} \tag{1-46}$$

式中，Z'_{AA}是单位时间内一个特定 A 分子与其余 A 分子的碰撞次数；Z_{AA}是单位体积中单位时间内 A—A 互碰的总次数；Z'_{AB}是单位时间内一个特定 A 分子与所有 B 分子的碰撞次数；Z_{AB}是单位体积中单位时间内 A—B 互碰的总次数；N_A 和 N_B 分别是容器内的 A 和 B 的分子数。

对于 25℃和 101 325Pa 下的 O_2 分子来说，有

$$\lambda_{O_2}=\frac{4.44\times10^4\,\text{cm}\cdot\text{s}^{-1}}{2.8\times10^9\,\text{s}^{-1}}=1.6\times10^{-5}\,\text{cm}=1600\,\text{Å}$$

O_2 分子的两次连续碰撞之间的平均时间为

$$\frac{\lambda}{\langle v \rangle}=\frac{1}{Z'_{AA}}=4\times10^{-10}\,\text{s}$$

由此可知，在 101 325Pa 下气体分子的 λ 与容器的宏观尺寸(1cm)相比是非常小的，所以分子间互碰与对器壁碰撞相比是十分频繁的。λ 与分子大小(10^{-8}cm)相比又是非常大的，所以一个分子与其他分子互碰之前必须走许多倍分子直径的路程。

1.3.7　气体分子在重力场中的分布

在重力场中，气体分子受到两种相反的作用。无规则的热运动使气体分子均匀分布于它们能达到的空间，而重力的作用则使气体分子向下聚集。达到平衡时，气体分子在空间中并非均匀的分布，密度随高度的增加而减小，并遵守玻尔兹曼分布定律。

气体的压力随高度的增高而降低。假定在 $0\sim h$ 的高度范围内温度不变，则有

$$p=p_0\exp\left(-\frac{Mgh}{RT}\right) \tag{1-47}$$

式(1-47)即为大气压公式。

在同一温度下，某种气体的密度与压力成正比，与单位体积内该种气体的分子数成正比，即

$$\frac{p}{p_0}=\frac{\rho}{\rho_0}=\frac{n}{n_0}$$

则式(1-47)可写为

$$\rho=\rho_0\exp\left(-\frac{Mgh}{RT}\right) \tag{1-48}$$

$$n=n_0\exp\left(-\frac{Mgh}{RT}\right) \tag{1-49}$$

利用上述几个公式，可近似地估算在不同高度处的大气压，或根据压力估算高度。应强调指出，在上述公式的推导中，均将温度看作常数，只有在高度相差不太大的范围内，计算结果才与实际情况相符。

在混合气体中，每一种气体 i 有其摩尔质量 M_i，因此有它随高度而变的气

压分布或密度分布。M_i 较大(较重)的气体 i,其 p_i 和 ρ_i 随高度 z 的增加而较快地降低。因此,较轻的气体(如 H_2 和 He)在高空中的浓度比在地面上大。换言之,大气的组成在地面上和在高空中是不同的。

习　题

1-1　两种理想气体 A 和 B,气体 A 的密度是气体 B 的密度的两倍,气体 A 的摩尔质量是气体 B 的摩尔质量的一半。两种气体处于相同温度。计算气体 A 与气体 B 的压力比。

〔答案:4〕

1-2　在 11dm^3 容器内含有 20g Ne 和未知质量的 H_2。0℃时混合气体的密度为 $0.002\ \text{g}\cdot\text{cm}^{-3}$。计算混合气体的平均摩尔质量和压力以及 H_2 的质量。

〔答案:$11\text{g}\cdot\text{mol}^{-1}$,412 392.75Pa,2g〕

1-3　在含有 10g 氢气的气球内需要加入多少摩尔氩气,才能使气球停留在空气中(气球的质量等于相同体积的空气的质量)?假定混合气体是理想气体,气球本身的质量可忽略不计。已知空气的平均摩尔质量为 $29\text{g}\cdot\text{mol}^{-1}$。

〔答案:12.2mol〕

1-4　当 2g 气体 A 被通入 25℃的真空刚性容器内时产生 10^5Pa 压力。再通入 3g 气体 B,则压力升至 1.5×10^5Pa。假定气体为理想气体,计算两种气体的摩尔质量比 M_A/M_B。

〔答案:$\frac{1}{3}$〕

1-5　当 n mol 的氮气被通入温度为 T 的 2dm^3 容器时产生 0.5×10^5Pa 压力。再通入 0.01 mol 氧气后,需要使气体的温度冷却至 10℃,才能维持气体压力不变。计算 n 和 T。

〔答案:0.032mol,375.87K〕

1-6　两个相连的体积相等的容器内都含有氮气。当它们同时被浸入沸水中时,气体的压力为 0.5×10^5Pa。如果一个容器被浸在冰和水的混合物中,而另一个仍浸在沸水中,则气体的压力为多少?

〔答案:0.423×10^5 Pa〕

1-7　25℃时,纯氮气在高度为 0 处的压力等于 1×10^5Pa,在高度为 1000m 处的压力等于 9×10^4Pa。含 80%氮气的空气中氮的分压在高度为 0 处等于 8×10^4Pa。计算:(1) 空气中氮在高度为 1000m 处的分压;(2) 空气中氧在高度为 1000m 处的分压,两种情况的温度均为 25℃。

〔答案:(1) 7.2×10^4Pa;(2) 1.8×10^4Pa〕

1-8　某气体的状态方程为 $p(V_m-b)=RT$,推导出该气体的 $\mathrm{d}p/\mathrm{d}z$ 的表示式,式中,p 是气压,z 是高度。

〔答案:$\mathrm{d}p/\mathrm{d}z=-Mgp/(bp+RT)$〕

1-9　氧气钢瓶最高能耐压为 150×10^5Pa。在 20dm^3 的该氧气钢瓶中含 1.6kg 氧气,氧气的温度最高可达多少才不致使钢瓶破裂?

〔答案:721.67K〕

1-10　两个相连的容器,一个体积为 1dm^3,内装氮气,压力为 $1.6\times10^5\text{N}\cdot\text{m}^{-2}$;另一个体积为 4dm^3,内装氧气,压力为 $0.6\times10^5\text{N}\cdot\text{m}^{-2}$。当打开连通旋塞后,两种气体充分均匀地混合。试计算:(1) 混合气体的总压;(2) 每种气体的分压和摩尔分数。

〔答案:(1) $0.8\times10^5\text{N}\cdot\text{m}^{-2}$;(2) $p_{N_2}=0.32\times10^5\text{N}\cdot\text{m}^{-2}$,
$p_{O_2}=0.48\times10^5\ \text{N}\cdot\text{m}^{-2}$,$x_{N_2}=0.4$,$x_{O_2}=0.6$〕

1-11　试证明服从 Dieterici 方程的气体的临界压缩因子 Z_c 与气体的种类无关,其值

等于 $2/e^2$。

〔答案：略〕

1-12　假定已知在空气中 N_2 和 O_2 的体积分数分别为 79%和 21%。试求当相对湿度(在该温度时水蒸气的分压与饱和蒸气压之比)为 60%时，在 298.15K、101 325Pa 下潮湿空气的密度。298.15K 时水的饱和蒸气压为3167.68Pa。

〔答案：$1.171 g\cdot dm^{-3}$〕

1-13　(1) 根据 CO_2 的临界常数，计算 a_0 和 b_0 值；(2) 在313.15K 下，在体积为 $0.005m^3$ 的容器中含有 CO_2 0.1kg，用范德华方程计算气体的压力；(3) 若用理想气体状态方程计算气体的压力，应为多少？

〔答案：(1) $0.366 Pa\cdot m^6\cdot mol^{-2}$，$4.29\times10^{-5} m^3\cdot mol^{-1}$；

(2) $11.3\times10^5 Pa$；(3) $11.8\times10^5 Pa$〕

1-14　定义恒压热膨胀系数 $\alpha=\dfrac{1}{V}\left(\dfrac{\partial V}{\partial T}\right)_p$，(1) 列式表示理想气体的 α；(2) 列式表示范德华气体的 α。

$$\left[答案：(1)\ \frac{1}{T}；(2)\ \frac{RV^2(V-nb_0)}{RTV^3-2na_0(V-nb_0)^2}\right]$$

1-15　NO 和 CCl_4 两种气体的临界温度分别为 177K 和 550K，临界压力分别为 $64\times10^5 Pa$ 和 $45\times10^5 Pa$。(1) 哪种气体的 a_0 值较小？(2) 哪种气体的 b_0 值较小？(3) 哪种气体的临界体积较大？

〔答案：(1) NO；(2) NO；(3) CCl_4〕

1-16　用范德华方程和压缩因子图，求 348.15K 和 $15.90\times10^5 Pa$ 下 0.3kg 氨的体积，并比较用哪种方法计算出来的体积较符合实际数值。已知在该情况下氨体积的实验值为 $28.5dm^3$。$T_c=405.6K$，$p_c=111.5\times10^5 Pa$，$a_0=0.423 Pa\cdot m^6\cdot mol^{-2}$，$b_0=0.0371\times10^{-3} m^3\cdot mol^{-1}$。

〔答案：$29.98dm^3$，$29.52dm^3$〕

课外参考读物

陈六平，童叶翔. 2001. 物理化学. 北京：科学出版社
陈学民. 1985. 著名美国化学家 G. N. 路易斯. 化学通报，8：56
陈雪英. 1987. 诺贝尔奖与诺贝尔奖获得者. 化学教育，5：59
陈懿，楼南泉. 1989. 智慧，勤奋，谦虚，热诚——访 1986 年诺贝尔化学奖获得者李远哲教授. 大学化学，5：23
程迺乾. 1989. 1988 年诺贝尔化学奖的启示. 大学化学，4：7
戴安邦. 1989. 全面的化学教育和实验室教学. 大学化学，1：1
范康年，周鸣飞. 2021. 物理化学. 3 版. 北京：高等教育出版社
范康年. 2005. 物理化学. 2 版. 北京：高等教育出版社
傅献彩. 1986. 对物理化学改革的看法. 教材通讯，4：4
傅献彩. 1986. 三十年来我国物理化学课程的变迁及对今后改革的几点看法. 物理化学教学文集. 北京：高等教育出版社
傅献彩，侯文华. 2022. 物理化学. 6 版. 北京：高等教育出版社
傅献彩，沈文霞，姚天扬，等. 2005. 物理化学. 5 版. 北京：高等教育出版社
傅鹰. 1963. 化学热力学导论. 北京：科学出版社
傅玉普. 1987. 从物理化学教材的编写浅谈教材内容的严谨性. 教材通讯，5：13
甘道初. 1986. 当代化学的前沿之一瞬间态. 百科知识，3：204
高执棣. 2006. 化学热力学基础. 北京：北京大学出版社
苟清泉. 1959. 气体动力论的基本概念. 物理通报编委会编. 物理通讯丛书：力学、热学、分子物理学问

题介绍.北京:中国科学技术出版社
顾惕人.1989.Irving Langmuir——当代最杰出的表面化学大师.大学化学,6:52
顾翼东.1991.物理化学教课的一些回忆.物理化学教学文集(二).北京:高等教育出版社
郭础.1989.揭示光合作用原初过程奥秘的物质基础——1988年化学奖简介.化学通报,12:47
郭东升,阮文娟,朱志昂.2021."四结合"立体化教学模式——南开大学物理化学一流课程建设探索.化学教育,18:70
国家计量局.1985.中华人民共和国法定计算单位使用方法.化学教育,6:48
国家技术监督局单位制办公室.1989.量和单位国家标准宣传资料.北京:科学技术文献出版社
韩德刚,高执棣,高盘良.2009.物理化学.2版.北京:高等教育出版社
韩德刚,高执棣.1997.化学热力学.北京:高等教育出版社
胡英,吕瑞东,刘国杰,等.1999.物理化学.4版.北京:高等教育出版社
胡英,叶汝强,吕瑞东,等.2003.物理化学参考.北京:高等教育出版社
华彤文.2002.忆傅老的教学风范.褚德莹.怎样学习化学和研究化学——纪念大学时代第一位老师傅鹰先生.北京大学隆重纪念傅鹰先生诞辰100周年论文.大学化学,17(6):55,57
克洛兹I M,罗森伯格R M.1981.化学热力学.鲍银堂,苏企华译.北京:人民教育出版社
李慎安.1985.物理化学与分子物理学的一贯单位制.SI知识与资料,(总21期)5:1
李慎安,陈维新.1986.法定计量单位实用指南.北京:中国计量出版社
李志伟.1988.物理化学中的非线性回归问题.大学化学,3:32
梁毅,陈杰.1996.非理想气体和实际气体.大学化学,11(2):58
刘国杰,黑恩成.2008.物理化学导读.北京:科学出版社
刘国杰,黑恩成.2010.物理化学释疑.北京:科学出版社
刘国杰,黑恩成.2015.物理化学——理解·释疑·思考.北京:科学出版社
刘天和.1983.化学中的量和单位讲座.化学通报,9:56;10:54;11:45
刘天和.1985.国际单位制在物理化学中应用的一些问题.SI知识与资料,(总17期)1:19
刘天和.1987.关于国家标准GB 310218-86物理化学和分子物理量学的量和单位.SI知识与资料,(总31期)3:31
陆大洪.1984.零压极限下真实气体行为的讨论.化学通报,7:52
门甫.1982.范德瓦耳斯方程中的b和斥压强.大学物理,10:14
潘毓刚.1981.几位著名化学家谈教学与科研的关系.化学教育,2:1
庞天海.1965.实际气体状态方程式.化学通报,12:52
彭笑刚.2012.物理化学讲义.北京:高等教育出版社
屈德宇.1997.标准压力不再用101 325Pa.大学化学,12(3):8
沈慧君.1985.范德瓦耳斯方程的前前后后.大学物理,1:30
沈慧君.1986.麦克斯韦是怎样推导速度分布的?物理,5:323
孙世刚.2008.物理化学.厦门:厦门大学出版社
唐敖庆.1986.现代化学的发展趋势.物理化学教学文集.北京:高等教育出版社
唐敖庆.1991.物理化学教学中的几个问题.物理化学教学文集(二).北京:高等教育出版社
唐有祺.2000.展望未来的化学.大学化学,15(6):1
万洪文,詹正坤.2002.物理化学.北京:高等教育出版社
王德胜.1988.化学哲学研究概况.化学通报,5:62
王夔.1988.化学教学中知识与能力的综合评价.大学化学,4:14
王竹溪.1957.热力学.2版.北京:北京大学出版社
翁长武.1992.压缩因子图和分子位能曲线的对应关系.化学通报,4:53
吴敢.1989.麦克斯韦速度分布定律几种证明方法的比较.大学物理,12:9
吴奇.2019.热力学简明教程.北京:高等教育出版社
吴征铠.1986.物理化学教学中的点滴体会.物理化学教学文集.北京:高等教育出版社
徐光宪.2002.21世纪化学的展望.大学化学,16(1):1
徐光宪.2002.今日化学何去何从.大学化学,18(1):1
徐光宪.2004.我对素质教育的认识.大学化学,19(3):1

徐国林，蒋栋成. 1983. 苏联物理化学教材及其发展. 教材通讯，1：41

徐抗成，邱之元. 1985. 化学的三个前沿领域——化学反应性能，化学催化作用和生命过程的化学（Ⅰ）、（Ⅱ）. 化学通报，6：69；7：65

许海涵. 1987. 浅释 GB 的逸度与活度的意义. 化学通报，4：51

杨时祥. 1981. 关于"逸度""活度"问题的几点浅见. 化学通报，9：53

印永嘉. 1988. 介绍一本较好的物理化学参考书. 大学化学，3：64

印永嘉，奚正楷，张树永，等. 2007. 物理化学简明教程. 4 版. 北京：高等教育出版社

张国鼎. 1993. 法定计量单位及其在化学中的应用. 西安：西北大学出版社

张江树，张文姝. 1991. 关于学习和讲授物理化学的几个问题. 物理化学教学文集（二）. 北京：高等教育出版社

张树永，李金林，范楼珍，等. 2021. 高等学校化学类专业物理化学相关教学内容与教学要求建议（2020 版）. 大学化学，36（1）：1

郑克祥，赵洁. 1987. Gibbs 对化学势的贡献. 大学化学，6：55

周秋蓉. 1988. 化学研究中的归纳方法. 化学通报，2：46

朱清时. 2000. 如何培养学生的创新意识. 大学化学. 15（4）：1

朱志昂，阮文娟，郭东升. 2021. 紧跟时代步伐建设高水平的物理化学教材. 化学教育，42（18）：88

朱志昂. 2012. 物理化学课程教学内容和教学方法的改革. 大学化学，27（5）：9

朱自强. 2003. 超临界流体技术——原理和应用. 北京：化学工业出版社

Atkins P W. 1988. 物理化学课程的新趋势. 赵慕愚译. 大学化学，3：61

Atkins P W. 2014. Physical Chemistry. 10th ed. London：Oxford University Press

Atkins P，de Paula J，Keeler J. 2021. 物理化学. 11 版. 侯文华等译. 北京：高等教育出版社

Levine Ira N. 1987. 物理化学. 褚德萤，李芝芬，张玉芬译. 韩德刚校. 北京：北京大学出版社

Levine Ira N. 2008. Physical Chemistry. 6th ed. New York：McGraw-Hill Book Company

第2章 热力学第一定律

本章重点、难点

(1) 可逆过程是从实际过程趋于极限的情况下抽象出来的理想过程，它是一个实际上不可能真正实现的过程。实际过程总是不可逆的，但它可以非常接近却永远达不到可逆过程。可逆过程是物理化学中的一个重要概念。

(2) 可逆过程与恒压过程体积功的计算。

(3) 热力学第一定律的数学表达式及其在理想气体中的应用。

(4) 状态函数法，即“体系状态函数的变化值仅与体系的始、末状态有关，与变化的具体途径无关”。利用这一方法，可通过设计途径解决待求过程相应状态函数变化值的计算问题。因此，这是一个必须掌握的方法。

(5) 求算过程的热和功时不能随意设计途径，必须根据实际发生的过程进行求算。只有在特定条件下，Q、W 才与状态函数的改变量相关联(如封闭体系恒压、无非体积功时，$Q_p=\Delta H$ 等)，而与途径无关。这是学习中容易混淆的问题。

(6) 简单 p、V、T 变化过程的 Q、W、ΔU、ΔH 的求算。

(7) 可逆相变及不可逆相变过程的 Q、W、ΔU、ΔH 的求算。

(8) 反应进度 ξ(或 $\Delta\xi$)的定义及求算。

(9) 规定焓 $H_m^\ominus(\mathrm{B},T)$ 及标准摩尔反应焓 $\Delta_r H_m^\ominus(T)$ 的定义及物理意义。

(10) 根据手册数据 $\Delta_f H_m^\ominus(\mathrm{B},298.15\mathrm{K})$、$\Delta_c H_m^\ominus(\mathrm{B},298.15\mathrm{K})$、平均键焓求化学反应的 $\Delta_r H_m^\ominus(298.15\mathrm{K})$ 及 $\Delta_r U_m^\ominus(298.15\mathrm{K})$。

(11) 从化学反应的 $\Delta_r H_m^\ominus(298.15\mathrm{K})$ 求任一温度 T 下化学反应的 $\Delta_r H_m^\ominus(T)$。若在温度 T 至 298.15K 区间内有相变发生，则需分段处理。

(12) 非恒温非恒压条件下化学反应热的估算。

本章实际应用

(1) 根据热力学第一定律(能量守恒定律)可进行能量转换的计算。

(2) 从手册数据求算化学反应 $\Delta_r H_m^\ominus(T)$ 的方法广泛应用于化学热力学的研究。

(3) 热力学第一定律是各种量热计的理论基础。

(4) 通过热力学第一定律的计算可以估算绝热反应体系所能达到的最高温度或最高压力。

(5) 根据反应体系的恒压变温热、相变热、化学反应热的总和与实际消耗的热量(锅炉蒸汽供热或电加热)的比值可以估算出热的利用率。

(6) 焦耳-汤姆孙效应可应用于工业上气体的液化和制冷技术。目前工业上制氧就是应用节流膨胀装置使空气中的氧先液化,以达到氧、氮分离的目的。

(7) 生产中为了有效地控制反应,使其在预定的最佳条件下进行(如控制一定的反应温度),通常需要及时供给体系或从体系中取出能量。对生产装置进行准确的能量衡算,是工艺过程及设备设计的基本内容之一。而能量衡算则是在能量守恒原理的基础上进行的。

2.1 引　　言

热力学是研究宏观世界中力现象与热现象之间关系的科学。经典热力学是研究处于热力学平衡态的宏观物体。不可逆过程热力学是研究处于非平衡态的宏观物体。我们将主要讨论经典热力学,有时简称热力学。热力学的内容是从大量实验和自然现象的观察总结出的,并经过长期实验验证是正确的规律。其主要内容有热力学第零定律、热力学第一定律、热力学第二定律、热力学第三定律。热力学研究的目的是用热力学定律判别过程的方向和限度,以及过程中能量的转换和利用。热力学的研究方法是宏观方法,其特点是通过测量宏观性质的变化了解宏观物体状态的变化,只要知道变化的始、末态,无需知道变化的细节和时间,也不涉及物质的内部结构。热力学的威力在于,无论实际过程多么复杂,只要始、末态相同,可设计一个简单过程来计算宏观性质的变化。而且可以通过宏观性质之间的热力学关系式,用易测量的物理量来表示不易测量的物理量。热力学的局限性在于不能作微观说明;没有时间概念;经典热力学给出的否定结论是确定的,而给出的肯定结果并非都是确定的,即给出的是必要条件而不是充分条件,只给出可能性,如何变为现实性,尚需化学动力学等其他方面的知识。

热力学第零定律是测量温度的依据。当两个物体 A 和 B 分别与第三个物体 C 处于热平衡时,则 A 和 B 之间也必定彼此处于热平衡。这是一个客观存在的经验事实,称为热平衡定律。由于它的重要性,并因它是在热力学第一和第二定律之后确立的,但在逻辑上却应放在这两个定律之前,故福勒称之为热力学第零定律。

热力学第一定律是力学的机械守恒原理的发展。早在 1693 年 Leibnitz 就已证明,在一个孤立机械体系中动能和势能之和是固定不变的,这就是力学的能量守恒原理。将这个原理扩充成为一个精确而普遍的定律——热力学第一定律,其间经历了约一个半世纪的时间,其关键在于人们如何将热能和机械能互助转换的设想变成社会生产实践。焦耳(Joule)进行了大量实验来测定热和功的转换当量[称为热功当量(mechanical equivalent of heat)],1849 年他给出热功当量为 4.154J · cal^{-1}。焦耳的工作为能量守恒原理建立了可靠的实验基础,彻底粉碎了当时占统治地位的“热质说”。直到 1850 年科学界才公认能量守恒及转换定律,认为在自然界中一切物质都具有不同形式的能量,能量可以从一种形式转换成另一种形式,但在转换中能量既不消灭,也不产生,总量不变。热力学第一定律是能量守恒及其转换的定量描述;它是人类长期生产实践和大量实验事实的总结,不能从任何其他原理推导出来。热力学第一定律对能量在形式上的转换并未作任何限制，只要求能量在转换前后的总量不变。

2.2 热力学术语和某些基本概念

2.2.1 体系和环境

在热力学中为了明确讨论的对象，我们将所研究的一部分物质称为体系，而将体系以外与它密切相关的其余部分物质和空间称为环境。在体系与环境之间总有一个实际存在的或想象中的界面(boundary)存在。例如，一钢瓶气体，若将气体作为体系，则界面就是钢瓶的内壁，而环境就是包括钢瓶壁在内的其他物质和空间。这样的内壁界面是具体存在的。但若将一团正在大气中上升的云彩作为体系，则界面就要加以想象了。应该指出，体系与环境的区分(界面的选取)完全是人为的，取决于研究问题的方便，但一经选定后，在讨论问题的过程中就不能任意更改了。体系与环境是共存的，缺一不可，当我们考虑体系的问题时，不能忘了环境的存在。

人们根据体系与环境之间通过界面交换物质和能量的情况的不同，将体系分为三种：

(1) **孤立体系**(isolated system)。体系与环境之间既没有物质交换，也没有能量交换，体系与环境彼此不影响。

(2) **封闭体系**(closed system)。体系与环境之间可以通过界面交换能量，而没有物质的交换。但是，这并不意味着体系内部不能因发生化学反应而改变其组分。

(3) **敞开体系**(open system)。体系与环境之间可以通过界面交换能量和物质。

应当指出，上述体系的分类完全是由界面的性质不同造成的，而不是体系本身有本质上的不同。同一体系用不同性质的界面与环境分开，就可以得到不同名称的体系。根据界面性质的不同，可以有下列不同名称的壁(wall)：

(1) **刚性壁**(rigid wall)。界面的形状和位置是固定不变的，如钢瓶的金属壳体。

(2) **可移动壁**(movable wall)。界面的位置是可以移动的或形状是可以改变的，如气缸中可移动的活塞或气、液之间的分界面。

(3) **透热壁**(thermally conducting wall)。界面可以允许热量以任何方式通过，如玻璃板、金属板等(关于热量的定义见 2.2.5)。

(4) **绝热壁**(adiabatic wall)。界面不允许热量以任何方式通过。完全绝热的界面在客观实际中是很难实现的，只能说接近绝热，或对于所考虑的问题所引起的影响可忽略不计。

(5) **半透壁**(semipermeable wall)。界面只允许某种或几种物质透过，而不允许其他物质透过，如生物细胞膜。

一个体系若用刚性、绝热和不渗透任何物质的壁与环境隔开，并且与环境没有任何相互作用，则这个体系就是孤立体系。这里所谓没有任何相互作用，包括没有任何力场的影响，目前还没有一种材料可以隔离重力场的作用。

因此，只能认为所讨论的问题与重力场无关，在以后的热力学讨论中我们均不考虑重力场的影响。

在热力学中，孤立体系完全是一个理想化的体系，客观上并不存在，而且对一个孤立体系，我们根本无法加以考察，更谈不上进行实验测定工作了。但是，孤立体系的概念在热力学中是一个不可缺少的非常重要的概念，这将在以后讨论中遇到。在热力学中，有时将体系与环境加和在一起，组成一个新体系，称为总体(universe，也称“宇宙”)。总体可以作为孤立体系来对待，这也是人为的，是研究问题的需要。

2.2.2　体系的性质和状态

在经典力学中，一个体系在每一时刻的状态由它所含的各个质点的空间位置和速度来确定。若体系包含 N 个质点，则就需要 $6N$ 个变量才能确定体系的状态。因此，若将力学中关于体系状态的定义照搬到热力学所考虑的体系中，则很不方便。例如，在标准状况下，每立方厘米气体含 2.7×10^{19} 个气体分子，每个分子有三个位置坐标和三个动量分量，要确定 $1cm^3$ 气体分子的状态就需要 1.6×10^{20} 个变量。在热力学中，不考虑体系内部的微观结构，而是将体系中所含大量质点作为一个整体来考虑，以研究其表现出来的各种宏观性质(macroscopic property)。体系的各种宏观性质，如体积、压力、温度、密度、黏度、表面张力、比热容等都是可以从实验直接测定的。通常用这些宏观性质来描述体系的状态及其变化。这些宏观性质称为热力学变量(thermodynamic variables)，它们可以分为两大类：

(1) **广度性质**(extensive property)。此种性质的数值与体系中物质的数量成正比，如质量、体积、能量等。在一定条件下广度性质具有加和性，即整个体系的某一广度性质是体系中各部分的该性质之和。例如，若将体系分为两部分，则体系的体积是这两部分体积之和。

(2) **强度性质**(intensive property)。此种性质的数值与体系中物质的数量无关，如密度、温度、压力、表面张力、黏度等。这种性质不具有加和性。例如，从 25℃水中取出一滴水，此滴水的温度也是 25℃。

体系的某一广度性质除以体系的总物质的量或总质量，就变成体系的强度性质。例如，体积和热容量是广度性质，但摩尔体积和比热容是强度性质。

如果体系内各部分的每一种强度性质都有相同的数值，则此体系是均匀的。若体系是不均匀的，则它就含有许多个(至少有两个)均匀部分。体系中每一个这样的均匀部分称为相(phase)。含一个相的体系称为均相体系(homogeneous system)，含两个相以上的体系称为非均相体系(heterogeneous system)，也称多相体系。例如，NaCl 不饱和水溶液是一个均相体系，而 NaCl 饱和水溶液和其中过剩的 NaCl 晶体所组成的体系就是一个非均相体系，其中一相是 NaCl 饱和水溶液，另一相是 NaCl 晶体。

应当指出，经典热力学是研究处于平衡状态(equilibrium state)的体系。什么是平衡状态？在力学中，平衡状态是一个单纯的静止问题。在热力学中，平衡状态不但要求体系没有宏观位移，而且要求孤立体系中各部分的所有宏观性质都不随时间而变。非孤立体系的平衡状态必须同时满足下列两个条件：①体系中各部分的所有宏观性质都不随时间而变；②当体系与环境

知识点讲解视频

热力学平衡态和稳定态的区别

(朱志昂)

完全隔离开后,体系中各部分的所有宏观性质都不发生变化。有这样一种体系,其中各部分的一个或几个强度性质表现出连续均匀的变化,但都不随时间而变,这样的状态称为稳态(steady state),它虽能满足上述第一个条件,但不符合第二个条件,因为当体系与环境完全隔离开后,体系各部分的性质将发生变化,而趋于均匀一致,变成平衡状态。上述体系称为连续体系(continuous system)或稳态体系(steady system)。例如,一根金属棒的一端与50℃的大热源接触,另一端与0℃的大热源接触。将这根金属棒选作体系,它的温度从一端到另一端是连续均匀变化的(从50℃变化到0℃)。在稳态下,这根金属棒的各部分的温度虽都不随时间而变,但若将这根金属棒从两大热源取走,完全与环境隔离开后,其各部分的温度立即发生变化而趋于均匀一致。稳态体系与均相平衡体系的不同在于,前者各部分的性质是不同的,而后者却是相同的。稳态体系与非均相平衡体系的不同在于,前者各部分性质的变化是连续均匀的,而后者却是飞跃式突变的,即不连续的,处于平衡状态的体系称为热力学平衡体系(以后简称平衡体系)。热力学平衡必须同时包括下列三种平衡:

(1) **力学平衡**(mechanical equilibrium)。在不考虑重力场的影响下,体系内各部分之间以及与环境之间没有不平衡力存在。在以非刚性壁为界面的情况下,界面不发生相对移动。如果体系与环境被一个刚性壁隔开,即使双方压力不等,体系仍处于力学平衡。

(2) **热平衡**(thermal equilibrium)。体系内各部分之间以及与环境之间的温度相等。如果界面是绝热壁,则可以不考虑体系的温度是否与环境的温度相同。

(3) **物质平衡**(material equilibrium)。体系内既没有物质从一部分到另一部分的净迁移,又没有净化学反应发生,亦即体系内各部分的物质组成均匀一致,且不随时间而变。物质平衡包括相平衡和化学平衡。

在经典热力学中,所谓体系的性质就是体系处于平衡状态下的宏观性质,其数值具有统计平均意义。假设有两个体系A和B,体系A中所测得的每一个宏观性质的数值都等于体系B中的相应性质的测定值,我们说这两个体系处于相同的平衡状态。因此,一个体系的平衡状态(以后简称状态)为其宏观性质的一定数值所确定。反之,若一个体系处于一定的状态,则该体系的每一个宏观性质都有一个确定的数值。因此,这些宏观性质也称为状态函数(state function),因为宏观性质的数值是体系状态的单值函数。热力学性质、热力学变量和状态函数都是同义词。

状态函数的一个重要特征就是其数值只取决于体系当时的状态,而与体系是如何形成的以及将来是怎样变化的无关。例如,测得101 325Pa、25℃下,10g纯水的各种性质的数值都与这纯水是如何形成的无关,无论此纯水是由水蒸气冷凝而形成的,还是由冰融化而形成的。正是由于状态函数的这一特征,体系由一个状态变到另一个状态的同一性质的改变值只与这两个状态有关,而与体系在这两个状态之间变化所经历的具体细节无关。例如,一定量的气体的压力为101 325Pa,温度为25℃,若变化到压力仍为101 325Pa,温度为100℃,则这个气体的温度改变值为75℃。至于该气体的温度是如何从25℃变为100℃的,可以不必考虑;或许是在101 325Pa下先被冷却到 0℃，再从 0℃加热升温至 100℃；或许是在101 325Pa下直接从25℃加热升温至 150℃，再从 150℃冷却到 100℃，这两种情况下的温度改变值都是 75℃。

体系的性质有许多个，只要其中一个发生了变化，体系的状态也就随之而变。反之，在特定条件下，可以人为地使体系的某一个（或几个）性质维持不变，而使体系的状态发生变化，此时体系的其他未固定的性质就要随之而变。那么，是否只有当体系的所有性质都确定后，体系的状态才能确定呢？并非如此。实际上体系的诸性质之间并不是独立无关的，而是有一定的依赖关系。所有性质中只有几个是独立的，只要这几个独立性质确定后，其余性质也就随之而定，体系的状态也就确定了。应该指出，体系的任何一个性质都可以作为独立性质，通常选取实验上容易测定的或比较方便的性质作为独立性质。至于至少需要几个独立性质才能确定一个体系的状态，这只能由实验来决定，热力学是不能断定的。

2.2.3　状态方程

确定体系状态的热力学变量之间的定量关系式称为状态方程。从热力学定律推导不出体系的状态方程，只能用实验来确定；也就是说，只能从实验上来确定至少需要几个独立变量才能确定体系的状态，同时确定其他热力学变量与独立变量之间的关系。我们已从实验得到理想气体的状态方程为$pV=nRT$，式中 p 是压力，T 是热力学温度，V 是体积，n 是物质的量（单位为 mol），R 是摩尔气体常量。实验表明，一个纯物质均相体系的体积在一定 T 和 p 下正比于 n。因此，任一纯物质均相体系的状态方程通常可写成

$$V=nK(T,p) \tag{2-1}$$

式中，函数 K 取决于物质的性质。因为 V 与 n 的函数关系对任何纯物质都是相同的，而且对于一个封闭体系来说，n 是固定不变的，所以习惯上消去 n，将状态方程写成仅是强度性质作为独立变量的方程。为此，我们定义纯物质均相体系的摩尔体积 V_m 为

$$V_m \equiv \frac{V}{n} \tag{2-2}$$

这样 V_m 是 T 和 p 的函数，状态方程可写成

$$V_m=K(T,p) \tag{2-3}$$

例如，对于理想气体，$V_m=RT/p$。因此，纯物质均相封闭体系以 T、p、V_m 三个变量表示的状态方程也可写成

$$p=G(V_m,T) \tag{2-4}$$

式中，函数 G 也取决于物质的性质（不同物质有不同的 G）。

由于存在上述的状态方程，三个变量中只有两个是独立的，确定了其中任意两个变量，第三个也就随之而定。我们可用三维立体图表示状态方程，x、y、z 三个互相垂直的轴分别代表 T、p、V_m。三维空间中任一点代表体系的一个状态。为方便起见，通常保持一个变量不变，其他两个变量的关系可用

平面图来表示。例如,固定 T 不变,可以得到 p 与 V_m 的关系图,所得曲线称为等温线(isotherm);固定 p 不变,可以得到 V_m 与 T 的关系图,所得曲线称为等压线(isobar),固定 V_m 不变,可以得到 p 与 T 的关系图,所得曲线称为等容线(isochore)。

以后我们会发现体系的许多热力学性质可用 p、V_m、T 的彼此偏微商表示。因为这些偏微商在实验上很容易测量,所以很有用。p、V_m、T 之间有六个偏微商,即

$$\left(\frac{\partial V_m}{\partial T}\right)_p \quad \left(\frac{\partial V_m}{\partial p}\right)_T \quad \left(\frac{\partial p}{\partial V_m}\right)_T \quad \left(\frac{\partial p}{\partial T}\right)_{V_m} \quad \left(\frac{\partial T}{\partial V_m}\right)_p \quad \left(\frac{\partial T}{\partial p}\right)_{V_m}$$

根据偏微商的性质,可将它们写成三个倒易关系

$$\left(\frac{\partial T}{\partial p}\right)_{V_m}=\frac{1}{\left(\frac{\partial p}{\partial T}\right)_{V_m}} \qquad \left(\frac{\partial T}{\partial V_m}\right)_p=\frac{1}{\left(\frac{\partial V_m}{\partial T}\right)_p}$$

$$\left(\frac{\partial p}{\partial V_m}\right)_T=\frac{1}{\left(\frac{\partial V_m}{\partial p}\right)_T} \tag{2-5}$$

并且有循环关系式

$$\left(\frac{\partial p}{\partial V_m}\right)_T\left(\frac{\partial V_m}{\partial T}\right)_p\left(\frac{\partial T}{\partial p}\right)_{V_m}=-1 \tag{2-6}$$

以及

$$\left(\frac{\partial p}{\partial T}\right)_{V_m}=-\left(\frac{\partial p}{\partial V_m}\right)_T\left(\frac{\partial V_m}{\partial T}\right)_p=-\frac{\left(\frac{\partial V_m}{\partial T}\right)_p}{\left(\frac{\partial V_m}{\partial p}\right)_T} \tag{2-7}$$

由此可知,只有两个偏微商是独立的。通常选取 $(\partial V_m/\partial T)_p$ 和 $(\partial V_m/\partial p)_T$ 为独立的,因为这两项容易测量,其余四个无需测量,可以间接算得。

我们定义物质的恒压热膨胀系数(isobaric thermal expansivity)α 和恒温压缩系数(isothermal compressibility)κ 为

$$\alpha(T,p)\equiv\frac{1}{V}\left(\frac{\partial V}{\partial T}\right)_{p,n}=\frac{1}{V_m}\left(\frac{\partial V_m}{\partial T}\right)_p \tag{2-8}$$

$$\kappa(T,p)\equiv-\frac{1}{V}\left(\frac{\partial V}{\partial p}\right)_{T,n}=-\frac{1}{V_m}\left(\frac{\partial V_m}{\partial p}\right)_T \tag{2-9}$$

通常 α 是正值。但是液态水在 0～4℃、101 325Pa下体积随温度升高而减小,α 为负值。从热力学定律可以证明 κ 总是正值。式(2-7)可以写成

$$\left(\frac{\partial p}{\partial T}\right)_{V_m}=\frac{\alpha}{\kappa} \tag{2-10}$$

对于理想气体来说,$V_m=RT/p$,因此

$$\alpha=\frac{1}{V_m}\left(\frac{\partial V_m}{\partial T}\right)_p=\frac{1}{V_m}\left[\frac{\partial}{\partial T}\left(\frac{RT}{p}\right)\right]_p=\frac{1}{V_m}\left(\frac{R}{p}\right)=\frac{1}{T} \tag{2-11}$$

$$\kappa=-\frac{1}{V_m}\left(\frac{\partial V_m}{\partial p}\right)_T=-\frac{1}{V_m}\left[\frac{\partial}{\partial p}\left(\frac{RT}{p}\right)\right]_T=\frac{1}{V_m}\left(\frac{RT}{p^2}\right)=\frac{1}{p} \tag{2-12}$$

$$\left(\frac{\partial p}{\partial T}\right)_{V_m}=\left[\frac{\partial}{\partial T}\left(\frac{RT}{V_m}\right)\right]_{V_m}=\frac{R}{V_m}=\frac{p}{T}=\frac{\alpha}{\kappa} \tag{2-13}$$

得到与式(2-10)相同的结果。

固体的 α 值为 $10^{-5}\sim10^{-4}\,K^{-1}$，液体的 α 值为 $10^{-3.5}\sim10^{-3}\,K^{-1}$（$\alpha=10^{-3}\,K^{-1}$ 意味着温度升高 10℃，体积增大 1%）。气体的 α 值可用理想气体的 α 值来估计理想气体的 $\alpha=\frac{1}{T}$，温度为 100～1000K 时，α 值为 $10^{-2}\sim10^{-3}\,K^{-1}$。

固体的 κ 值为 $10^{-5}\sim10^{-6}$ (101 325Pa)$^{-1}$，液体的 κ 值约为 10^{-4} (101 325Pa)$^{-1}$，理想气体在压力为 1 和10(101 325Pa)时，其 κ 值分别为 1 和 0.1(101 325Pa)$^{-1}$。由此可知，固体和液体是很难压缩的。

应该强调指出，上述状态方程是对纯物质均相封闭体系而言的。对均相多组分封闭体系，状态方程中除 p、V_m、T 变量外，还要加上表示体系组成的变量。

2.2.4　过程和途径

体系处于平衡状态是有条件的，这个条件就是外界条件（环境）不变和体系的性质不随时间而变。如果外界条件或体系的性质发生了变化，则体系的状态就会随之而变。体系状态的变化称为过程。完成指定始态和末态的过程的具体步骤称为途径。根据发生过程时体系所处情况的不同，可将过程分别命名如下：

(1) 恒温（或称等温）过程(isothermal process)。在整个过程中，体系的温度始终保持不变。

(2) 恒压（或称等压）过程(isobaric process)。在整个过程中，体系的压力始终保持不变。

(3) 恒容（或称等容）过程(isochoric process)。在整个过程中，体系的体积始终保持不变。

(4) 绝热过程(adiabatic process)。在整个过程中，体系与环境没有热量交换。

(5) 循环过程(cyclical process)。体系经历许多途径后回到原始状态。

完成体系从一个状态变到另一个状态的过程可有许多个不同的途径。例如，一定量的气体，温度为 25℃，压力为 10×101 325Pa，在保持气体温度不变的情况下，气体膨胀到压力为101 325Pa。这是一个恒温过程。完成这个过程的途径可有许多个。例如，采用下列两个途径：①一步完成——气体（体系）反抗恒定外压（环境的压力）101 325Pa，一次膨胀到末态；②分两步完成——气体先反抗恒定外压5×101 325Pa，膨胀到中间状态，然后反抗恒定外压101 325Pa，再膨胀到末态。上述两种不同途径如下所示：

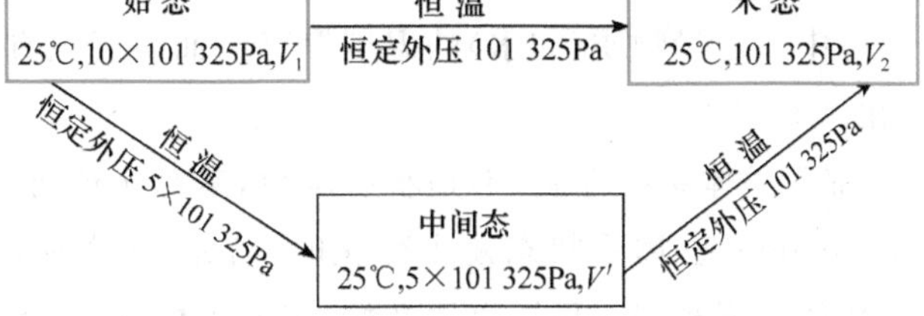

尽管气体状态变化的途径不同，但其始、末态是相同的。因此，体系状态函数的改变值不会因途径不同而有差别，即 $\Delta p = p_2 - p_1 = -9\times 101\ 325\text{Pa}$，$\Delta V = V_2 - V_1$。状态函数的这个重要特性可以使问题大大简化。实际的变化过程往往是十分复杂的，由实际途径计算状态函数的改变值可能比较困难。但是根据上述状态函数的特性，我们可以设计出比较简单的途径来计算状态函数的改变值，其结果与实际发生过程的一样。热力学方法之所以简便就基于此。

2.2.5 功和热

当体系的状态发生变化时，通常与环境有能量交换。在热力学中，体系与环境交换能量的方式分为两种：一种称为功，另一种称为热。

功的定义是，在体系状态发生变化时，通过体系与环境之间的界面流动的能量，并且此能量总是可以通过适当装置当量地转变成环境中某一重物的升降。功用符号 W 表示。热力学中经常遇到的是在反抗外力的作用下体系体积变化而与环境交换的功，称为体积功(p-V 功)。除体积功外还有其他的功，如电功、表面功、磁功等，称为非体积功，用 W' 表示。功伴随着质点的定向移动，功的本质是分子的有序运动，体系与环境之间功的交换引起组成体系的分子的能级改变。

热的定义是，在体系与环境之间由于存在温度差而引起体系状态发生变化时，通过体系与环境之间的界面流动的能量，并且此能量总是从高温点自动流向低温点。热用符号 Q 表示。热的本质是体系与环境间因内部质点无序运动平均强度不同而交换的能量。

功和热的正、负号有不同的规定，本书采用下列标准：

体系得功　$W>0$；

体系对外做功　$W<0$；

体系吸热　$Q>0$；

体系放热　$Q<0$。

功与热的单位与能量的单位相同，在 SI 制中都是焦耳(Joule，符号 J)。

在上述两个定义中，我们必须特别注意以下几点：

(1) 功和热只出现在体系状态变化中，只存在于体系与环境之间的界面上。它们是与过程与途径联系在一起的，一旦过程终止，就无功和热可言。它们一旦离开界面，就进入体系或环境中，成为体系或环境的能量。因此，说体系或环境有多少功和(或)热是没有意义的。功和热都是被交换的能量，只存在于体系和环境能量交换的过程中。从微观角度来说，功是大量质点以有序运动的方式传递的能量，热是大量质点以无序运动的方式传递的能量。

(2) 功和热必须由环境受到的影响来显示。判断过程中是否有功和热量是基于环境是否受到影响的观察结果[对功来说，是环境中重物的升降高度；对热来说，是环境中一定量物质(如水)的温度升降]，而不能只看体系的状态是否发生了变化。

(3) 功和热都不是体系的性质，不是状态函数，是对途径而言的，它们是途径函数(pathfunction)。体系状态发生变化时，若始、末态相同，而途径不同，则功或热的数值也不相同。只知道体系始、末态的性质，而不知道具体途径，是无法求算功和热的数值的。

2.2.6　体积功的计算

因体系体积变化而引起的体系与环境间交换的功称为体积功。经典力学中，功等于力乘以力方向上发生的位移。若位移变化为 dx，则所做的微功为

$$\delta W = F(x)\mathrm{d}x$$

在热力学中，功总是引起环境状态的变化，总是可以通过适当装置转变为环境中某重物的上升或下降，所以体积功中的力是外力 F_{ex}。体系反抗外力做功是膨胀功，体积是增加的，功为负值。外力对体系做功时，体系体积减小，是压缩功，功为正值。

热力学中膨胀功

$$\delta W = -F_{ex}\mathrm{d}x \tag{2-14}$$

设想有一横截面为 A 的带活塞无摩擦的圆筒，筒内装有流体，作用在活塞上的外压为 p_{ex}，流体反抗外力 $F_{ex}=p_{ex}A$ 作用下活塞缓慢移动了 dl 距离，则流体对环境的微功为

$$\delta W = -F_{ex}\mathrm{d}l = -p_{ex}A\mathrm{d}l = -p_{ex}\mathrm{d}V \tag{2-15}$$

式(2-15)是膨胀体积功计算的依据。

对体积不连续变化的有限过程，整个过程的膨胀功为

$$W = -\sum_i p_{ex,i}\Delta V_i \tag{2-16}$$

对体积连续变化的过程，膨胀功为

$$W = -\int_1^2 p_{ex}\mathrm{d}V \tag{2-17}$$

这是线积分，与途径有关。式中，p_{ex}是环境对体系作用的压力，称为外压。计算功值时必须知道具体过程，否则无法计算，因为功是途径函数。下面举例说明几个简单过程的体积功的计算。

(1) 向真空自由膨胀。$p_{ex}=0$，根据式(2-16)，$W=0$。

(2) 反抗恒外压 p_{ex}膨胀。

$$W = -\sum_i p_{ex,i}\Delta V_i = -p_{ex}\sum_i \Delta V_i = -p_{ex}(V_2-V_1) = -p_{ex}\Delta V$$

(3) 恒压过程。

$$p_{ex}=p=\text{常数} \qquad W=-p(V_2-V_1)$$

(4) 可逆膨胀。

下面讨论从同一始态出发，经不同步骤达到同一终态的等温膨胀过程。

(1) 反抗恒外压一次膨胀。

$$W_1 = -p_{ex}(V_2-V_1) = -p_2(V_2-V_1)$$

功值如图 2-1 中的阴影面积。

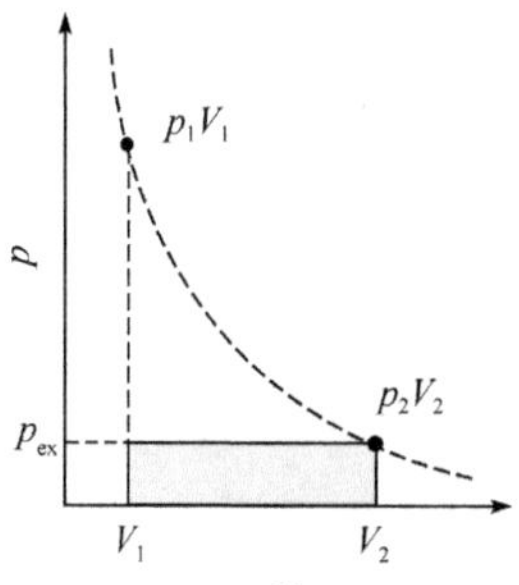

图 2-1　一次膨胀

(2) 二次膨胀。

$$W_2 = -[p'_{ex}(V'-V_1) + p''_{ex}(V_2-V')]$$

功值如图 2-2 中的阴影面积，可看出$|W_2|>|W_1|$。

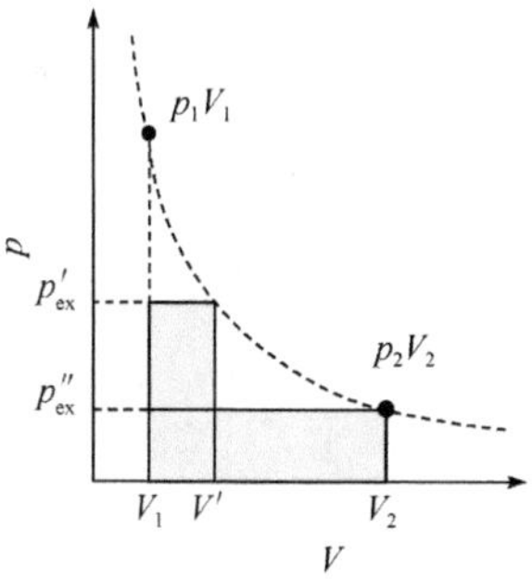

图 2-2　二次膨胀

(3) 无数次膨胀(可逆膨胀)。

每次膨胀时 $p_{ex}=p-\mathrm{d}p$，外压比体系压力 p 小一个无限小量 dp。

$$W_3=-\int_1^2 p_{ex}\mathrm{d}V=-\int_1^2 p\mathrm{d}V+\int_1^2 \mathrm{d}p\mathrm{d}V\approx-\int_1^2 p\mathrm{d}V \tag{2-18}$$

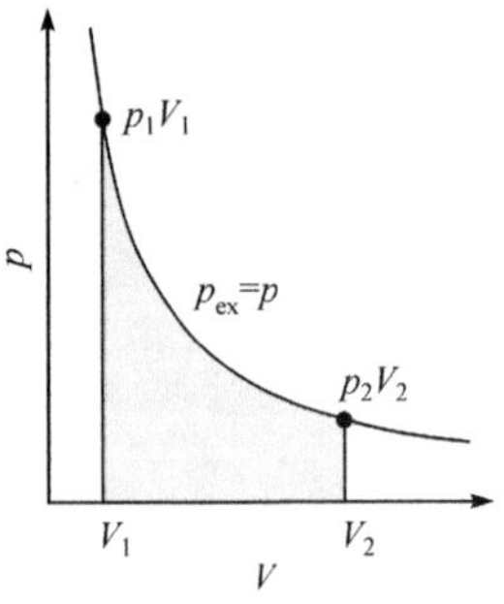

图 2-3 无数次膨胀

功值如图 2-3 中的阴影面积。与过程①、②相比,在恒温条件下,无数次膨胀过程体系对环境做功($-W$)为最大。由于每次膨胀的推动力为无穷小,过程的进展无限慢,体系与环境无限趋近于热平衡。此类过程是由一连串无限邻近且无限接近平衡的状态构成的,称为准静态过程。无摩擦的准静态过程称为可逆过程。可逆膨胀过程体系对环境做的功最大,可逆压缩过程,环境对体系做的功最小。可逆过程的效率最高。

对于理想气体恒温可逆膨胀过程,则有

$$-W=\int_1^2 p\mathrm{d}V=\int_1^2 \frac{nRT}{V}\mathrm{d}V=nRT\ln\frac{V_2}{V_1} \tag{2-19}$$

体积功的计算只限于可逆过程、恒外压或恒压的不可逆过程。其他不可逆过程的体积功无法计算。

知识点讲解视频

可逆过程和平衡态

(朱志昂)

2.2.7 可逆过程和不可逆过程

显然,在可逆过程中体系由始态变到末态所经历的时间是无限长,实际上我们不可能真正实现可逆的状态变化。**因此,可逆过程仅存在于我们的想象和思维之中,客观上是不存在的。实际过程总是不可逆过程,它可以非常接近,但永远达不到可逆程度。**

在热力学中,可逆过程是一个非常重要的概念,虽然它实际上不可能真正实现,但因为恒温可逆过程的功是最大或最小,所以它给某一实际过程所做的功指定了一个极限值。从实用的观点来看,可逆过程是最经济的、效率最高的过程,将实际过程与理想可逆过程作比较,我们可以确定提高实际过程效率的可能性和途径。

可逆过程和不可逆过程的概念也适用于体系与环境之间以热量方式交换能量的状态变化,此时在可逆过程中体系与环境之间的温度差是无限小。总之,热力学可逆过程有以下特点:

(1) 在可逆过程中,体系的状态以无限小的变化进行,其一连串中间状态无限接近平衡态,整个过程进行的速度是无限慢,所经历的时间是无限长。

(2) 促使体系状态发生变化的推动力是无限小。例如,在体积变化中外压与体系压力差为一个无限小量 $\mathrm{d}p$;在热量交换中体系与环境之间的温度差为无限小量 $\mathrm{d}T$。若改变此推动力的方向,就能使过程沿原来相同途径反向进行,体系和环境也都能同时恢复其原始状态。

不具有以上特点的一切实际过程都是热力学不可逆过程。应该指出,不能将不可逆过程理解为根本不能逆向进行的过程。一个不可逆过程发生后,也可以设法使体系恢复原状。但当体系回到原始状态后,环境必定发生了某些变化,不能同时也恢复原状。关于这个问题我们将在热力学第二定律中再详细加以讨论。

可逆过程是在接近平衡状态下进行的。在 p-V 状态图上,从始态可逆地变到终态可用连续的曲线表示,而不可逆过程只能用不连续的曲线表示。

2.2.8 热力学能

热力学能又称内能(internal energy)。它主要指体系内部分子之间相互吸引或排斥的能量(分子间的势能),分子的平动、转动及分子内部各原子间的振动、电子运动、核的运动能量等。热力学能就是体系内部所有各种运动的能量的总和,它不包括体系的宏观动能和宏观势能。热力学能以符号 U 表示,它是广度性质的,单位是焦耳(J)。摩尔热力学能 U_m 是强度性质,单位是 $J \cdot mol^{-1}$。由于对分子内部的运动形式的认识并没有终止,因此热力学能的绝对值不能确定,只能知道它的变化值。

热力学能 U 是状态函数,它只与体系的始、末态有关,而与途径无关。它具有状态函数的一切特性:

(1) $\oint dU = 0$,而功、热不是状态函数,$\oint \delta Q \neq 0$,$\oint \delta W \neq 0$。

(2) 对于组成恒定的封闭体系,确定体系的状态只需 2 个独立变量,我们选择 T、V,则 U 的全微分形式为

$$dU = \left(\frac{\partial U}{\partial T}\right)_V dT + \left(\frac{\partial U}{\partial V}\right)_T dV \tag{2-20}$$

2.3　热力学第一定律

2.3.1　热力学第一定律的文字表述

热力学第一定律是能量守恒和转换定律,可表述为:“孤立体系的能量是守恒的”或“一个体系处于确定状态时,体系的热力学能具有单一确定数值,体系状态发生变化时,体系热力学能的变化完全取决于体系的始态与终态而与状态变化的途径无关”。热力学第一定律的另一种说法是“第一永动机不可能实现”。所谓第一永动机是只对外界做功而不消耗任何形式能量的机器,这是违背能量守恒原理的。

2.3.2　封闭体系第一定律的数学式

封闭体系是只与环境有能量交换而无物质交换的体系。体系从始态 1 变至末态 2 的热力学能变化量来源于环境传递给体系的功和热。

$$\Delta U = Q + W \tag{2-21}$$

将热力学第一定律应用于封闭体系,根据中华人民共和国国家标准《热学的量和单位》(GB 3102.4—1993)及国际纯粹与应用化学联合会(IUPAC) 2007 年的规定,对于热力学封闭体系,热力学第一定律的数学表达式如式(2-21)所示(敞开流动体系的热力学第一定律的数学表达式可参阅化工热力学教材)。式中,Q 是环境传给体系的热;W 是环境对体系所做的功,并规定均为正值。

若体系状态变化为无限小量时,式(2-21)写成

$$dU = \delta Q + \delta W \tag{2-22}$$

以上两式是封闭体系热力学第一定律的数学表达式。式(2-21)及式(2-22)中的 Q、W 的正、负号如前所述,均以体系实际得失来确定,即体系从环境获得热与功,Q、W 的数值规定为正,使体系的热力学能增加;反之,则 Q、W 的数值规定为负,使体系的热力学能减少,因而热力学能增加为正,减少为负。**应该强调指出,Q 和 W 的数值,人为规定的“+”或“−”符号仅表示能量**

传送的方向，不是数学意义上的正值或负值，做功能力的大小还需按绝对值进行比较。

2.3.3 焓 H

$$H \equiv U + pV \tag{2-23}$$

定义这个新函数是因为它在许多实际过程，特别是恒压过程和敞开体系稳流过程中表现出有用的性质。对于微小的变化

$$\mathrm{d}H = \mathrm{d}U + \mathrm{d}(pV) = \mathrm{d}U + V\mathrm{d}p + p\mathrm{d}V \tag{2-24}$$

对于有限的变化

$$\Delta H = \Delta U + \Delta(pV) = \Delta U + (p_2V_2 - p_1V_1) \tag{2-25}$$

由于 U 的绝对值不能求，故 H 的绝对值也不能求。H 是状态函数，属于广度性质，具有状态函数的一切特征。对组成恒定的封闭体，H 的全微分可表示为

$$\mathrm{d}H = \left(\frac{\partial H}{\partial T}\right)_p \mathrm{d}T + \left(\frac{\partial H}{\partial p}\right)_T \mathrm{d}p \tag{2-26}$$

2.3.4 恒压热 Q_p 与 ΔH

将热力学第一定律数学表达式(2-22)代入式(2-24)，得

$$\mathrm{d}H = \delta Q + \delta W + V\mathrm{d}p + p\mathrm{d}V \tag{2-27}$$

式(2-27)对热力学封闭体系是普遍适用的。在恒压只做体积功($W'=0$)的条件下，因为 $\delta W = -p\mathrm{d}V$，且 $\mathrm{d}p=0$，式(2-27)简化为

$$\mathrm{d}H = \delta Q_p \tag{2-28}$$

对于有限变化过程

$$\Delta H = Q_p \tag{2-29}$$

式(2-28)及式(2-29)的适用条件是封闭体系只做体积功恒压条件下的任一变化过程，可以是简单 p、V、T 变化，可以是相变化，也可以是化学变化。式(2-28)和式(2-29)表明，在上述条件下，体系吸收的热全部用于使体系的焓值增加，并且只与体系的始、末态有关，而与具体途径无关。

2.3.5 恒容热 Q_V 与 ΔU

根据式(2-22)有

$$\mathrm{d}U = \delta Q + \delta W = \delta Q - p_{\mathrm{ex}}\mathrm{d}V + \delta W'$$

在封闭体系只做体积功($W'=0$)且恒容条件下，因为 $\mathrm{d}V=0$，$\delta W'=0$，所以

$$\mathrm{d}U = \delta Q_V \tag{2-30}$$

对于有限变化

$$\Delta U = Q_V \tag{2-31}$$

同理，式(2-30)和式(2-31)适用于封闭体系只做体积功恒容条件下任一变化过程。

2.4 热　容

封闭体系在无相变化、无化学变化、恒压或恒容、不做非体积功的条件下，体系因温度的改变而与环境交换的热称为显热。在一定温度、压力只做体积功的封闭体系发生相变时与环境交换的热称为相变热或潜热。还有在恒压或恒容只做体积功的封闭体系内，发生化学反应时与环境交换的热称为化学反应热。本节讨论如何用基础热数据 $C_{V,\mathrm{m}}$ 和 $C_{p,\mathrm{m}}$ 计算显热。

2.4.1　恒容热容 C_V

对无相变化、无化学变化、不做非体积功的恒容条件下的封闭体系，C_V 的定义为

$$C_V \equiv \frac{\delta Q_V}{\mathrm{d}T} \equiv \left(\frac{\partial U}{\partial T}\right)_V \tag{2-32}$$

对纯物质而言，物质的量为 1mol 时，其摩尔恒容热容 $C_{V,\mathrm{m}} = C_V/n$。人们从实验测出物质的 $C_{V,\mathrm{m}}$，作为基础热数据，列成手册以供查用。

2.4.2　恒压热容 C_p

对无相变化、无化学变化、$W'=0$、恒压条件的封闭体系，C_p 的定义为

$$C_p \equiv \frac{\delta Q_p}{\mathrm{d}T} \equiv \left(\frac{\partial H}{\partial T}\right)_p \tag{2-33}$$

对纯物质而言，其摩尔恒压热容记为 $C_{p,\mathrm{m}}$。常用的是标准摩尔恒压热容 $C_{p,\mathrm{m}}^{\ominus}$。它是物质的特性，并随聚集状态而变。上标"$\ominus$"表示在标准态下，压力规定为 $p^{\ominus}$，早期 $p^{\ominus} = 1\mathrm{atm} = 101\ 325\mathrm{Pa}$，现在规定 $p^{\ominus} = 10^5\mathrm{Pa}$。手册上查得的 $C_{p,\mathrm{m}}^{\ominus}$ 往往表达为温度的多项式，即

$$C_{p,\mathrm{m}}^{\ominus} = a + bT + cT^2 + dT^3 \tag{2-34}$$

或

$$C_{p,\mathrm{m}}^{\ominus} = a + bT + c'T^{-2} + d'T^{-3} \tag{2-35}$$

式中，a、b、c、c'、d、d' 是经验常数，由各物质的特性决定，查用数据时要注意数据适用的温度范围。

2.4.3　C_p 与 C_V 的关系

C_p 和 C_V 在化学中是最重要的两个物理量，并且它们的数值一般不相等，因此有必要找出它们之间的关系，从而由实验易测得的 C_p 值求出 C_V 值。具体推导如下：

$$\begin{aligned} C_p - C_V &= \left(\frac{\partial H}{\partial T}\right)_p - \left(\frac{\partial U}{\partial T}\right)_V \\ &= \left[\frac{\partial(U+pV)}{\partial T}\right]_p - \left(\frac{\partial U}{\partial T}\right)_V \\ &= \left(\frac{\partial U}{\partial T}\right)_p + p\left(\frac{\partial V}{\partial T}\right)_p - \left(\frac{\partial U}{\partial T}\right)_V \end{aligned} \tag{2-36}$$

$$\mathrm{d}U = \left(\frac{\partial U}{\partial T}\right)_V \mathrm{d}T + \left(\frac{\partial U}{\partial V}\right)_T \mathrm{d}V$$

$$\left(\frac{\partial U}{\partial T}\right)_p=\left(\frac{\partial U}{\partial T}\right)_V+\left(\frac{\partial U}{\partial V}\right)_T\left(\frac{\partial V}{\partial T}\right)_p \tag{2-37}$$

将式(2-37)代入式(2-36),得

$$C_p-C_V=\left[p+\left(\frac{\partial U}{\partial V}\right)_T\right]\left(\frac{\partial V}{\partial T}\right)_p \tag{2-38}$$

式(2-38)是 C_p 与 C_V 的一般关系式,适用于无相变化、无化学变化、$W'=0$ 的任何恒定组成均相封闭体系。

在恒容升温过程中,不需做体积功,体系从环境吸收的所有热都变成热力学能,成为分子无规则的热运动,反映在体系温度的升高上。在恒压升温过程中,体系从环境吸收的热变成三部分能量。

(1) $p\left(\frac{\partial V}{\partial T}\right)_p$。这是体系温度升高 1K,由于体积增大反抗外压而对环境所做的功,这部分能量还给环境。

(2) $\left(\frac{\partial U}{\partial V}\right)_T\left(\frac{\partial V}{\partial T}\right)_p$。这是由于温度升高,体积增大,要克服内聚力所做的内功。$\left(\frac{\partial U}{\partial V}\right)_T$ 称为内压力。这部分能量虽然留在体系中,但并不用来升高温度,而是变成了分子间的势能。

(3) C_V。从环境吸收的热变为体系的热力学能,用于升高温度。因此,使体系的温度升高 1K,恒压过程所需吸收的热多于恒容过程所需吸收的热,即 $C_p>C_V$。由此可知,若体系在恒压升温和恒容升温两过程中分别吸收相同的热,即 $\delta Q_p=\delta Q_V$,则恒容升温过程中体系温度的升高大于恒压升温过程中体系温度的升高,即 $(\mathrm{d}T)_V>(\mathrm{d}T)_p$。

2.4.4 单纯变温过程的热的计算

在无相变化、无化学变化、$W'=0$、恒压或恒容条件下,体系仅因温度改变而与环境交换的热可用下列公式进行计算:

恒压过程

$$Q_p=\Delta H=\int_1^2 nC_{p,\mathrm{m}}\mathrm{d}T \tag{2-39}$$

若 n、$C_{p,\mathrm{m}}$ 为常数,则式(2-39)可简化为

$$Q_p=\Delta H=nC_{p,\mathrm{m}}(T_2-T_1) \tag{2-40}$$

恒容过程

$$Q_V=\Delta U=\int_1^2 nC_{V,\mathrm{m}}\mathrm{d}T \tag{2-41}$$

若 n、$C_{V,\mathrm{m}}$ 为常数,则

$$Q_V=\Delta U=nC_{V,\mathrm{m}}(T_2-T_1)$$

2.5 热力学第一定律应用于理想气体

2.5.1 焦耳实验

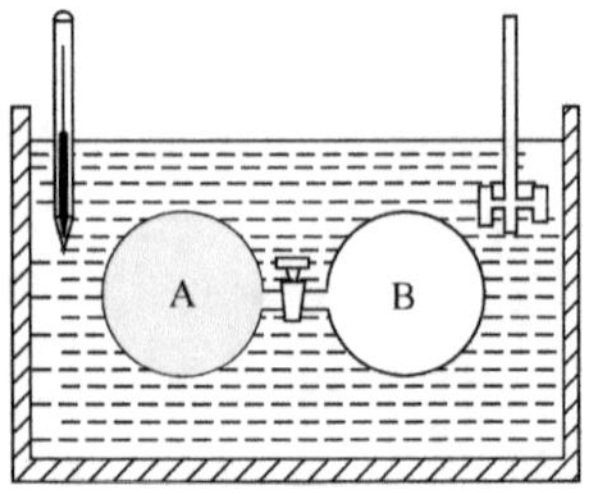

图 2-4 焦耳向真空膨胀实验装置

1845 年焦耳做实验来测定气体的 $\left(\frac{\partial U}{\partial V}\right)_T$,他测量气体向真空膨胀(自由膨胀)后气体温度的变化,实验装置如图 2-4 所示。用一个旋塞将一个盛有

气体的圆瓶 A 与一个抽成真空的圆瓶 B 连接起来。将这两个连接着的圆瓶置于外壁绝热的水槽中，与水达成热平衡，所处的温度为 T。打开旋塞，A 中气体向真空瓶 B 膨胀，平衡时气体均匀地充满 A 和 B 两个圆瓶。焦耳观察到槽中水的温度没有变化。

我们来分析一下上述实验。确定气体为体系。在未打开旋塞前，界面为圆瓶 A 的内壁。打开旋塞后，此包含气体(体系)的界面将通过旋塞孔向真空瓶 B 内扩张，因为反抗的外压是零，所以体系在膨胀过程中没有对环境做体积功(过程中有无功出现，要以环境是否受到影响，即某重物的升降来判断，而不能只看体系的状态是否发生了变化)。因此，封闭体系只做体积功的热力学第一定律表达式变为 $dU=\delta Q$。又因为作为环境的槽中水的温度未变(通过插在水中的温度计来观察水温)，所以体系与环境之间没有热量交换(过程中没有出现热量，这也是以环境是否受到影响的观察结果作为判断依据的)。因此，$dU=0$。因为体系(气体)与环境(水)是处于热平衡(因为界面是透热的)，所以气体的温度也未变，即 $dT=0$。在这种情况下，式(2-20)变为

$$dU=\left(\frac{\partial U}{\partial V}\right)_T dV=0$$

因为气体的体积在打开旋塞前后发生了变化(打开旋塞前气体充满瓶 A，打开旋塞后气体充满瓶 A 和瓶 B)，所以 $dV\neq 0$。因此

$$\left(\frac{\partial U}{\partial V}\right)_T=0 \tag{2-42}$$

式(2-42)的物理意义是，在温度恒定情况下，气体的热力学能与体积无关；换言之，气体的热力学能只是温度的函数，这就是焦耳实验的结论。

在焦耳实验中，气体的热力学能没有改变，是一个等能过程(isoenergetic process)。焦耳实验实际上是测量$\left(\frac{\partial T}{\partial V}\right)_U$，我们定义

$$\mu_J\equiv\left(\frac{\partial T}{\partial V}\right)_U \tag{2-43}$$

式中，μ_J 称为焦耳系数。$\left(\frac{\partial T}{\partial V}\right)_U$ 与 $\left(\frac{\partial U}{\partial V}\right)_T$ 这两个偏微商中的三个变量均是 T、V 和 U。这三个变量都是体系的状态函数，故有

$$\left(\frac{\partial T}{\partial U}\right)_V\left(\frac{\partial U}{\partial V}\right)_T\left(\frac{\partial V}{\partial T}\right)_U=-1$$

$$\begin{aligned}\left(\frac{\partial U}{\partial V}\right)_T&=-\left[\left(\frac{\partial V}{\partial T}\right)_U\right]^{-1}\left[\left(\frac{\partial T}{\partial U}\right)_V\right]^{-1}\\&=-\left(\frac{\partial T}{\partial V}\right)_U\left(\frac{\partial U}{\partial T}\right)_V=-C_V\mu_J\end{aligned} \tag{2-44}$$

焦耳实验的结果是 $\mu_J=0$，因此$\left(\frac{\partial U}{\partial V}\right)_T=0$($C_V$ 一般总是大于零)。但是后来的精确实验表明，焦耳实验是不精确的，$\left(\frac{\partial U}{\partial V}\right)_T$ 的数值很小，但并不等于零。在焦耳的实验装置中，由于水的热容量大，气体的热容量小，故不易反映出水温的变化。气体在极低压力下，其$\left(\frac{\partial U}{\partial V}\right)_T$ 才接近于零。若气体具有理想气体

性质(压力趋于零)，则$\left(\frac{\partial U}{\partial V}\right)_T=0$。因此，式(2-42)也可以作为理想气体的定义式。理想气体没有分子间作用力，在其体积变化中(分子间距离发生变化)，不需做内功(克服分子间的引力所做的功称为内功，这种功对环境不产生影响，在热力学中不称为功)；实际气体则不然，体积改变，需要做内功，引起热力学能的改变，故实际气体的$\left(\frac{\partial U}{\partial V}\right)_T$不等于零。

从焦耳实验的结果得到，对于理想气体

$$\left(\frac{\partial U}{\partial V}\right)_T=0 \tag{2-45}$$

在恒温时，pV=常数，故有

$$\left(\frac{\partial U}{\partial p}\right)_T=0 \tag{2-46}$$

因为 $H=U+pV$，对理想气体恒温条件下 $\mathrm{d}(pV)=0$，故有

$$\left(\frac{\partial H}{\partial p}\right)_T=0 \qquad \left(\frac{\partial H}{\partial V}\right)_T=0 \tag{2-47}$$

因此，理想气体的热力学能与焓只是温度的函数，与压力和体积无关。这与理想气体分子之间无作用力的微观本质是一致的。

2.5.2 理想气体的 C_p 与 C_V 之差

对于理想气体，由焦耳实验可知$\left(\frac{\partial U}{\partial V}\right)_T=0$，则式(2-38)变为

$$C_p-C_V=p\left(\frac{\partial V}{\partial T}\right)$$

将 $V=nRT/p$ 代入得

$$C_p-C_V=nR \tag{2-48}$$

$$C_{p,\mathrm{m}}-C_{V,\mathrm{m}}=R \tag{2-49}$$

因为固体和液体的 C_p 和 C_V 差别较小，所以有时可以近似地取为 $C_p\approx C_V$。从实验角度来说，C_p 远比 C_V 易测定。通过 C_p 与 C_V 的关系式，可以从 C_p 求算 C_V，因此在一般化学手册中均列出物质的 C_p 值。此外，对于理想气体，在第 5 章将推导出

单原子分子理想气体 $C_{V,\mathrm{m}}=\frac{3}{2}R$ $\quad C_{p,\mathrm{m}}=\frac{5}{2}R$

双原子分子理想气体 $C_{V,\mathrm{m}}=\frac{5}{2}R$ $\quad C_{p,\mathrm{m}}=\frac{7}{2}R$

2.5.3 理想气体的恒温过程

对于理想气体的等温过程，由于热力学能和焓仅是温度的函数，因此 $\Delta U=0$，$\Delta H=0$，$Q=-W$。

(1) 等温可逆过程。由于 pV=常数，因此根据可逆体积功的定义，该过程的功有

$$W_{\mathrm{R}}=-\int_1^2 p\mathrm{d}V=-nRT\ln\frac{V_2}{V_1}=-nRT\ln\frac{p_1}{p_2} \tag{2-50}$$

(2) 等温恒外压膨胀过程(p_{ex}=常数)。

$$W=-p_{\mathrm{ex}}(V_2-V_1)$$

(3) 等温自由膨胀过程。该过程的外压为零($p_{ex}=0$),所以

$$W=0 \qquad Q=-W=0$$

在所有恒温过程中,恒温可逆膨胀过程体系做功最大,所以恒温可逆功反映了体系在始、末态之间进行恒温过程时具有的最大做功能力。

2.5.4 理想气体的绝热过程

1. 一般特征

在绝热条件下体系状态发生微小变化,$\delta Q=0$。此时,封闭体系的热力学第一定律表达式为

$$\mathrm{d}U=\delta W \quad 或 \quad \Delta U=W$$

这意味着体系对环境做功必须消耗热力学能。如果体系只做体积功,不做其他功,则 $\delta W=-p_{ex}\mathrm{d}V$,因此

$$\mathrm{d}U=-p_{ex}\mathrm{d}V$$

显然,体系膨胀时,$\mathrm{d}V>0$,$\mathrm{d}U<0$,反映在体系温度的下降;反之,体系压缩时,$\mathrm{d}V<0$,$\mathrm{d}U>0$,反映在体系温度的升高。

2. 绝热可逆过程

如果体系是理想气体,则 $\mathrm{d}U=C_V\mathrm{d}T$,因为理想气体的 $\left(\frac{\partial U}{\partial V}\right)_T=0$,由式(2-20)即可得出此式。对于非理想气体,此式只适用于恒容过程。但是对于理想气体,可适用于没有相变化和化学变化的任何变温过程,并不只限于恒容过程。因此,对于理想气体应有

$$C_V\mathrm{d}T=\mathrm{d}U=-p_{ex}\mathrm{d}V \tag{2-51}$$

由式(2-51)可知,理想气体经历绝热过程后其 $\mathrm{d}T$ 和 $\mathrm{d}V$ 具有相反的符号。对于一定的体积增大来说,温度下降的多少正比于 p_{ex} 的大小。p_{ex} 的极限值是接近气体的压力 p($p_{ex}\approx p$)。因此,对于一定的体积增大来说,在绝热可逆膨胀过程中,体系的温度下降最大,对环境所做的功也为最大。反之,对于一定体积缩小来说,在绝热可逆压缩过程中,体系的温度上升最小,环境所消耗的功也为最小。

在绝热过程中,体系与环境无热量交换(但可以有功交换,体系做功必然要消耗其热力学能,降低其温度),故绝热过程中体系的 p、V、T 都在改变。因此,有必要知道理想气体在可逆绝热过程中 p、V、T 的关系,然后才能积分求可逆绝热功。下面我们推导理想气体在绝热可逆过程中的 p、V、T 关系式。在可逆过程中 $p_{ex}\approx p$,因此式(2-51)变成

$$C_V\mathrm{d}T=-p_{ex}\mathrm{d}V=-p\mathrm{d}V \tag{2-52}$$

式(2-52)的适用条件是理想气体封闭体系没有相变化和化学变化的只做体积功的绝热可逆过程。对于理想气体,$p=nRT/V$,所以

$$C_V\mathrm{d}T=-nRT\frac{\mathrm{d}V}{V} \quad 或 \quad C_{V,\mathrm{m}}\mathrm{d}T=-RT\frac{\mathrm{d}V}{V}$$

积分得

$$\int_1^2 C_{V,\mathrm{m}}\frac{\mathrm{d}T}{T}=-R\int_1^2\frac{\mathrm{d}V}{V}$$

理想气体的 C_V 是常数,因此

$$C_{V,\mathrm{m}}\ln\frac{T_2}{T_1}=-R\ln\frac{V_2}{V_1} \tag{2-53}$$

因为对于理想气体，$R=C_{p,\mathrm{m}}-C_{V,\mathrm{m}}$，令 $\gamma\equiv C_p/C_V$，所以 $R/C_{V,\mathrm{m}}=(C_{p,\mathrm{m}}/C_{V,\mathrm{m}})-1=\gamma-1$。因此，式(2-53)可写成

$$\ln\frac{T_2}{T_1}=-(\gamma-1)\ln\frac{V_2}{V_1}$$

或

$$\frac{T_2}{T_1}=\left(\frac{V_1}{V_2}\right)^{\gamma-1} \qquad T_1V_1^{\gamma-1}=T_2V_2^{\gamma-1} \qquad TV^{\gamma-1}=\text{常数} \tag{2-54}$$

若以 $T=pV/nR$ 代入式(2-54)，则得

$$pV^{\gamma}=\text{常数} \tag{2-55}$$

若以 $V=nRT/p$ 代入式(2-55)，则得

$$p^{1-\gamma}T^{\gamma}=\text{常数} \tag{2-56}$$

式(2-54)～式(2-56)都是理想气体在绝热可逆过程中的 p、V、T 关系式，称为过程方程(equation of process)。

有了绝热可逆过程的 p、V 关系式[式(2-55)]，就可以求算理想气体在绝热可逆过程中所做的绝热功如下：

$$\begin{aligned}W_{\mathrm{ad}}&=-\int_1^2 p\mathrm{d}V=-\int_1^2\frac{K}{V^{\gamma}}\mathrm{d}V=\left.\frac{-K}{(1-\gamma)V^{\gamma-1}}\right|_{V_1}^{V_2}\\&=\frac{-K}{(1-\gamma)V_2^{\gamma-1}}+\frac{K}{(1-\gamma)V_1^{\gamma-1}}\\&=\frac{1}{(\gamma-1)}(p_2V_2-p_1V_1)=\frac{nR(T_2-T_1)}{\gamma-1}\end{aligned} \tag{2-57}$$

3. 绝热不可逆过程

对于理想气体封闭体系只做体积功的绝热不可逆过程，式(2-54)～式(2-56)都不适用，但求算其功值仍可应用式(2-57)。这是因为在绝热(可逆和不可逆)过程中，$\delta Q=0$，体积功为

$$-p_{\mathrm{ex}}\mathrm{d}V=\mathrm{d}U=C_V\mathrm{d}T$$

积分得

$$W=-\int_1^2 p_{\mathrm{ex}}\mathrm{d}V=C_V(T_2-T_1)=\frac{-nR}{1-\gamma}(T_2-T_1)=\frac{1}{\gamma-1}(p_2V_2-p_1V_1)$$

得到与式(2-57)相同的式子。绝热功(可逆与否却无关)等于体系热力学能的改变，其值只取决于体系的始、末态，而与途径的可逆与否无关。但是应该指出，体系从同一始态出发，分别经历绝热可逆过程和绝热不可逆过程，不可能达到同一末态，否则就会违背热力学第一定律。换言之，在指定始、末态之间只能有一条绝热途径(可逆的或不可逆的)。但是在指定始、末态之间可以有功值不同的多条恒温途径(可逆的和不可逆的)，这是因为恒温过程的功是途径函数。

若知道体系的始、末态温度，则可以利用 $\Delta U=C_V(T_2-T_1)=W_{\mathrm{ad}}$ 求算理想气体在绝热(可逆和不可逆)过程中所做的功以及 $\Delta H=C_p(T_2-T_1)$。前面已经指出过，不可逆过程的体积功只限于恒压或恒外压条件下才能利用式(2-16)求算。因此，若知道绝热体系在某一恒外压条件下的始、末态体积变化，也可以利用 $p_{\mathrm{ex}}(V_2-V_1)$ 求出体积功。

理想气体若从同一始态出发，分别经绝热可逆膨胀过程和恒温可逆膨胀过程达到同一V_2的末态，则气体的末态T_2和p_2必不相同，而且T_2'（绝热）必小于T_2'（恒温），p_2'（绝热）必小于p_2（恒温），绝热可逆膨胀过程所做的膨胀功必小于恒温可逆膨胀过程所做的膨胀功，如图 2-5 所示。由过程方程可知，对绝热可逆过程来说，对$pV^\gamma=K$求偏微商，绝热线的斜率为$\left(\frac{\partial p}{\partial V}\right)_S=-\gamma\frac{p}{V}$；而对恒温可逆过程来说，对$pV=K$求偏微商，恒温线的斜率为$\left(\frac{\partial p}{\partial V}\right)_T=-\frac{p}{V}$。显然，$\left|\left(\frac{\partial p}{\partial V}\right)_S\right|>\left|\left(\frac{\partial p}{\partial V}\right)_T\right|$，即绝热线 AC 的斜率大于恒温线 AB 的斜率。这是因为在恒温膨胀过程中只有体积增大的一个因素使体系的压力降低，而在绝热膨胀过程中还有温度降低的另一个因素使体系的压力降低，所以p_2'（绝热）$<p_2$（恒温）。

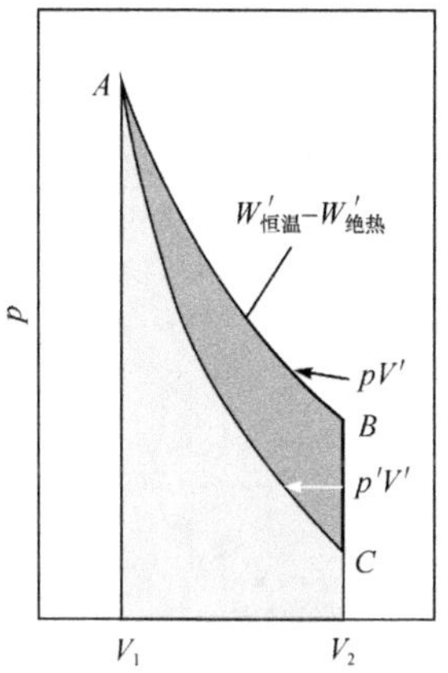

图 2-5 恒温可逆膨胀（AB 线）和绝热可逆膨胀（AC 线）

2.6 热力学第一定律应用于实际气体

2.6.1 焦耳-汤姆孙实验

焦耳实验测量了$\left(\frac{\partial T}{\partial V}\right)_U$，得到$\left(\frac{\partial T}{\partial V}\right)_U=0$，从而证明理想气体的$\left(\frac{\partial U}{\partial V}\right)_T=0$，$\left(\frac{\partial H}{\partial p}\right)_T=0$。其实焦耳实验是不精确的，因为水的热容比气体大，$T$ 的变化太小而不易测出。

实际气体的$\left(\frac{\partial H}{\partial p}\right)_T$的数值可以通过实验求得。焦耳和汤姆孙（Thomson，即以后的 Kelvin）两人在 1853 年做了多孔塞实验（也称节流膨胀实验），其实验装置如图 2-6 所示。一股稳流气体缓慢地通过绝热圆管（图 2-6 中箭头表示流动方向），管的某一位置上装有多孔固定刚性绝热塞 A（也可以是只有一个小孔的绝热隔板或喷嘴）。由于多孔固定塞的存在，因此气体在通过活塞时压力会突然降低，这可以由塞两边的压力计 M 的读数显示出来。气体流经多孔塞后，其温度的变化可用两边的温度计 t 测定。在多孔塞的左边圆管中任意选取一个界面（如图 2-6 中虚线所示），这个界面与多孔塞之间所包含的一定量气体就是我们所选取的体系，其质量在气体流经多孔塞时不改变（换言之，多孔塞与气体不发生物理作用或化学反应），即体系是恒定组成封闭体系。如果此体系内气体的数量为 1mol，全部从塞的左边流经多孔塞进入右边（体系的界面也跟着体系内的气体移动，左边圆管中的界面虚线移到多孔塞上，多孔塞的界面虚线移到右边圆管中，如图 2-6 所示），则 1mol 体积$V_{m,1}$的气体（左边虚线以内的气体）被其后面的气体（虚线以外作为环境的气体）推进而流经多孔塞，所受的压力为恒定外压 p_1。因此，做功为 $p_1V_{m,1}$的气体进入塞右边的圆管后，体积由 $V_{m,1}$变为 $V_{m,2}$，压力降至 p_2，这部分作为体系的气体（右边虚线以内的气体）推动前面作为环境的气体（右边虚线以外的气体）在管中流动时反抗的压力为恒定外压 p_2，故做功为 $-p_2V_{m,2}$。这样净功为

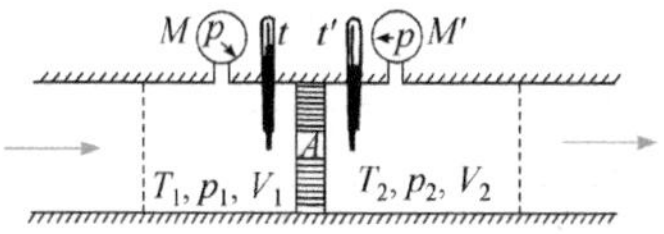

图 2-6 焦耳-汤姆孙实验

$$W=p_1V_{m,1}-p_2V_{m,2}$$

因为圆管是绝热的，所以 $Q=0$。因此

$$\Delta U_m=U_{m,2}-U_{m,1}=Q+W=0+(p_1V_{m,1}-p_2V_{m,2})$$

重排后得

$$U_{m,2}+p_2V_{m,2}=U_{m,1}+p_1V_{m,1}$$

$$H_{m,2}=H_{m,1} \quad 或 \quad \Delta H=0$$

这说明在气体的节流膨胀过程中，气体的焓不变，是一个等焓过程(isenthalpic process)，这就是焦耳-汤姆孙实验的结论。应该指出，在节流膨胀过程中体系的焓所以不变，并非只是由于 $Q=0$。虽然固定多孔塞两边的压力各自保持恒定不变，但是此过程不是一个恒压过程(体系的压力降突然发生在多孔塞上)，因此 $Q\neq\Delta H$(因为 Q 不是 Q_p)。我们应将多孔塞两边的气体在节流过程中均视作平衡状态，塞的左边是始态(p_1, $V_{m,1}$, T_1)，塞的右边是末态(p_2, $V_{m,2}$, T_2)。在节流膨胀过程中，体系的焓由温度改变而引起的变化值正好等于由压力改变而引起的变化值(正、负号相反)，即

$$0=dH=\left(\frac{\partial H}{\partial T}\right)_p dT+\left(\frac{\partial H}{\partial p}\right)_T dp \tag{2-58}$$

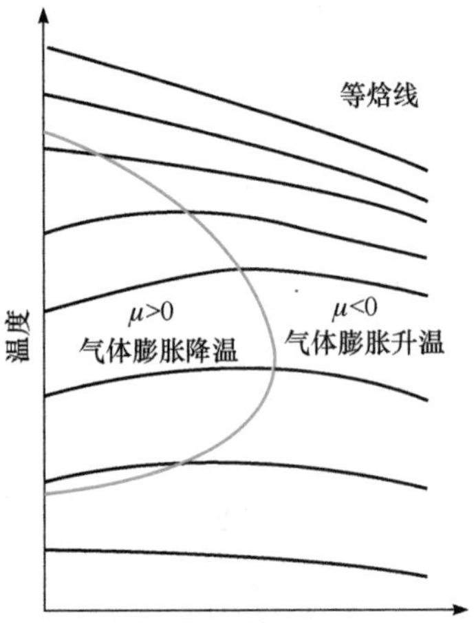

图 2-7 等焓曲线图

2.6.2 焦耳-汤姆孙系数

当 Δp 趋于无限小值 dp 时，实验测得的温度降低与压力降低的比值 $\left(\frac{\Delta T}{\Delta p}\right)_H$ 的极限值 $\left(\frac{\partial T}{\partial p}\right)_H\equiv\mu_{J-T}$，称为焦耳-汤姆孙系数，焦耳-汤姆孙实验实际上是测量 $\left(\frac{\partial T}{\partial p}\right)_H$。

μ_{J-T} 与气体的性质，气体所处的 T、p 有关。一些实际气体的 μ_{J-T} 可查手册。实验结果指出，大多数气体在室温附近 $\mu_{J-T}>0$，这表明该气体节流膨胀时温度下降——致冷效应，因此不用预先冷却，可以通过节流膨胀使该气体液化，这是实际气体液化的科学基础。当 $\mu_{J-T}<0$，节流膨胀时气体温度上升——致热效应，如图 2-7 所示。He、H_2 气等在室温下 $\mu_{J-T}<0$，只有预先将温度降到 202K 以下，这时 $\mu_{J-T}>0$，才可以通过节流膨胀使其液化。对理想气体，$\mu_{J-T}=0$，所以理想气体不存在液化问题。

2.6.3 实际气体的 $\left(\frac{\partial H}{\partial p}\right)_T$ 及 $\left(\frac{\partial U}{\partial V}\right)_T$

物理化学中常用易测量的物理量来表示难以测量的物理量。我们已学过的易测量物理量有

$$C_V=\left(\frac{\partial U}{\partial T}\right)_V \qquad C_p=\left(\frac{\partial H}{\partial T}\right)_p$$

$$\alpha=\frac{1}{V}\left(\frac{\partial V}{\partial T}\right)_p \qquad \kappa=-\frac{1}{V}\left(\frac{\partial V}{\partial p}\right)_T \qquad \mu_{J-T}=\left(\frac{\partial T}{\partial p}\right)_H$$

根据 $\left(\frac{\partial H}{\partial p}\right)_T\left(\frac{\partial p}{\partial T}\right)_H\left(\frac{\partial T}{\partial H}\right)_p=-1$，有

$$\left(\frac{\partial H}{\partial p}\right)_T=-\frac{1}{\left(\frac{\partial p}{\partial T}\right)_H\left(\frac{\partial T}{\partial H}\right)_p}=-C_p\mu_{J-T} \tag{2-59}$$

并有

$$\left[\frac{\partial(U+pV)}{\partial p}\right]_T=-C_p\mu_{\text{J-T}}$$

$$\left(\frac{\partial U}{\partial p}\right)_T=-C_p\mu_{\text{J-T}}-\left[\frac{\partial(pV)}{\partial p}\right]_T \tag{2-60}$$

$$\left(\frac{\partial U}{\partial p}\right)_T=\left(\frac{\partial U}{\partial V}\right)_T\left(\frac{\partial V}{\partial p}\right)_T=-V\kappa\left(\frac{\partial U}{\partial V}\right)_T$$

故

$$\left(\frac{\partial U}{\partial V}\right)_T=\frac{1}{V\kappa}\left[C_p\mu_{\text{J-T}}+\left(\frac{\partial(pV)}{\partial p}\right)_T\right] \tag{2-61}$$

2.7　相变过程的 Q、W、ΔU、ΔH 的计算

体系中物理性质和化学性质完全相同的均匀部分称为相。物质从一种相变成另一相称为相变化。当相变过程是在无限接近两相平衡时的压力、温度下进行时，称为可逆相变。例如，在水、水蒸气两相平衡的 $p^\ominus$、100℃下，$p^\ominus$、100℃的液态水变成 $p^\ominus$、100℃下的气态水蒸气。在指定温度下，压力不是饱和蒸气压，或在指定压力，温度不是与其相应的温度条件下的相变称为不可逆相变。例如，在 $p^\ominus$、−5℃下，$p^\ominus$、−5℃的水变成 $p^\ominus$、−5℃的冰。

2.7.1　可逆相变化

由于可逆相变化满足封闭体系、$W'=0$、恒压条件，因此相变热等于相变焓。可逆相变焓是物质的特性，随温度而变，是可通过测量得到的基础热数据，简称相变焓。手册数据列出的是标准摩尔相变焓，单位常用 kJ · mol^{-1}，常用符号 $\Delta_\alpha^\beta H_\mathrm{m}^\ominus$表示。

标准摩尔蒸发焓

$$\Delta_{\text{vap}}H_\mathrm{m}^\ominus\equiv H_\mathrm{m}^\ominus(\mathrm{g})-H_\mathrm{m}^\ominus(\mathrm{l}) \tag{2-62}$$

标准摩尔熔化焓

$$\Delta_{\text{fus}}H_\mathrm{m}^\ominus\equiv H_\mathrm{m}^\ominus(\mathrm{l})-H_\mathrm{m}^\ominus(\mathrm{s}) \tag{2-63}$$

标准摩尔升华焓

$$\Delta_{\text{sub}}H_\mathrm{m}^\ominus\equiv H_\mathrm{m}^\ominus(\mathrm{g})-H_\mathrm{m}^\ominus(\mathrm{s}) \tag{2-64}$$

式中，下标 vap、fus、sub 分别指蒸发、熔化、升华。不言而喻，标准摩尔冷凝焓为$-\Delta_{\text{vap}}H_\mathrm{m}^\ominus$，标准摩尔结晶焓为$-\Delta_{\text{fus}}H_\mathrm{m}^\ominus$，标准摩尔凝华焓为$-\Delta_{\text{sub}}H_\mathrm{m}^\ominus$。

$$Q_p=\Delta H=n\Delta_\alpha^\beta H_\mathrm{m}^\ominus$$

$$W=-\int_1^2 p\mathrm{d}V=-p(V_2-V_1)$$

对蒸发过程有

$$W=-p(V_\mathrm{g}-V_\mathrm{l})\approx-pV_\mathrm{g}\approx-nRT$$

$$\Delta U=Q_p+W$$

2.7.2 恒温、恒压不可逆相变

例如，$p^\ominus$、268K 的过冷水变成 $p^\ominus$、268K 的冰。

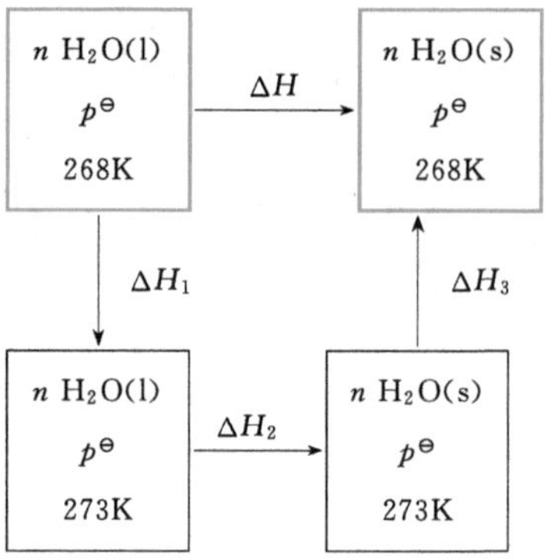

$$\Delta H = \Delta H_1 + \Delta H_2 + \Delta H_3$$

$$= \int_{268\text{K}}^{273\text{K}} nC_{p,\text{m}}(\text{H}_2\text{O},\text{l})\text{d}T + n\Delta_\text{l}^\text{s} H_\text{m}^\ominus(\text{H}_2\text{O}) + \int_{273\text{K}}^{268\text{K}} nC_{p,\text{m}}(\text{H}_2\text{O},\text{s})\text{d}T$$

$$Q_p = \Delta H$$

$$W = -p_\text{ex}(V_\text{s} - V_\text{l}) = -p(V_\text{s} - V_\text{l})$$

$$\Delta U = Q_p + W$$

2.8 热 化 学

将热力学第一定律应用于化学反应，求算化学反应的热效应，称为热化学。通常气相反应是在恒容反应器中进行的，体积功 $W=0$。由于满足封闭体系、$W'=0$、恒容条件，因此 $Q_V=\Delta U$。液相或固相反应通常是在敞开容器中(恒压)进行的，由于凝聚体系反应前后体积变化较小，体积功可忽略不计。同理，有 $Q_p=\Delta H$。所以热化学的核心问题是如何从基础热数据求算恒容反应热或恒压反应热。德国的能斯特(Nernst)因热化学的研究成果而获得 1920 年诺贝尔化学奖。

2.8.1 化学反应热

化学反应热是对指定化学计量方程，当体系中发生化学变化后，反应物温度回到反应前原始物质的温度，体系放出或吸收的热称为该反应的反应热。

1. 恒压反应热

在封闭体系、$W'=0$、恒压条件下，$Q_p=\Delta_\text{r}H$，单位为 J。

2. 恒容反应热

在封闭体系、$W'=0$、恒容条件下，$Q_V=\Delta_\text{r}U$，单位为 J。

3. 赫斯定律

早在 19 世纪中叶热力学第一定律被确认之前，俄国科学家赫斯(Hess)

已从实验中总结出“一个化学反应不管是一步完成还是分几步完成，反应的热效应总是相同的”的结论，故此规律称为赫斯定律。其实这只是恒容热与恒压热的性质而已，是热力学第一定律的必然结论。

4. 反应进度

知识点讲解视频

反应进度的物理意义及求算（朱志昂）

为了比较不同反应的热效应的大小，必须采用统一尺寸度，即均取反应进度为 1mol。

1）定义

例如，反应 $3H_2+N_2 = 2NH_3$ 可表示为

$$0 = 2NH_3 - 3H_2 - N_2$$

$$0 = \nu_{NH_3} NH_3 + \nu_{H_2} H_2 + \nu_{N_2} N_2$$

$$0 = \sum_B \nu_B B \tag{2-65}$$

式中，ν_B 是反应体系中组元 B 的化学计量系数(stoichiometric coefficient)，是没有单位的纯数，对产物取正，对反应物取负。在上面的反应例子中，$\nu_{NH_3} = 2$，$\nu_{H_2} = -3$，$\nu_{N_2} = -1$。反应进度定义为

$$\xi = \frac{n_B(\xi) - n_B(0)}{\nu_B} \tag{2-66}$$

$$\Delta n_B = n_B(\xi) - n_B(0) = \nu_B \xi \tag{2-67}$$

或

$$\Delta n_B = n_B(\xi_2) - n_B(\xi_1) = \nu_B \Delta\xi \tag{2-68}$$

$$dn_B = \nu_B d\xi \tag{2-69}$$

$\Delta\xi$=1mol 或 ξ=1mol 的物理意义是化学计量系数摩尔的反应物完全反应变成化学计量系数摩尔的产物，或理解为按化学计量方程进行单位反应。若 $\Delta\xi$=0.1mol，意指 0.1 倍化学计量系数摩尔的反应物完全反应，变成 0.1 倍化学计量系数摩尔的产物。

2）如何求 $\Delta\xi$

$$\Delta\xi = \frac{\Delta n_B}{\nu_B} \tag{2-70}$$

例如，对上述反应，当 $\Delta n(NH_3)$ = 2mol，$\Delta n(H_2)$ = −3mol，$\Delta n(N_2)$ = −1mol时，则

$$\Delta\xi = \frac{2\text{mol}}{2} = \frac{-3\text{mol}}{-3} = \frac{-1\text{mol}}{-1} = 1\text{mol}$$

可以看出反应体系中，从任一组元求算反应进度，其结果都是相同的。

5. 反应的摩尔焓变 $\Delta_r H_m$ 和摩尔热力学能变 $\Delta_r U_m$

$$\Delta_r H_m = \frac{\Delta_r H}{\Delta\xi} \tag{2-71}$$

$$\Delta_r U_m = \frac{\Delta_r U}{\Delta\xi} \tag{2-72}$$

例 2-1 实验测得 0.5320g C_6H_6(l)在 298.15K 恒容条件下充分燃烧时，放出 22.23kJ 热，燃烧最终产物为 CO_2(g)和 H_2O(l)。求下列反应的 $\Delta_r U_m$。

$$C_6H_6(l) + 7\frac{1}{2}O_2(g) \longrightarrow 6CO_2(g) + 3H_2O(l) \qquad \text{(i)}$$

$$2C_6H_6(l) + 15O_2(g) \longrightarrow 12CO_2(g) + 6H_2O(l) \qquad \text{(ii)}$$

解 C_6H_6(l)的摩尔质量为 $78.11\times10^{-3}\,kg\cdot mol^{-1}$

$$\Delta n(C_6H_6) = \frac{\Delta m}{M} = \frac{-0.5320\times10^{-3}\,kg}{78.11\times10^{-3}\,kg\cdot mol^{-1}} = -6.811\times10^{-3}\,mol$$

对反应(i)，$\nu(C_6H_6) = -1$

$$\Delta\xi = \frac{\Delta n(C_6H_6)}{\nu(C_6H_6)} = \frac{-6.811\times10^{-3}\,mol}{-1} = 6.811\times10^{-3}\,mol$$

因为是封闭体系、$W'=0$、恒容，所以

$$\Delta_r U = Q_V = -22.23kJ$$

$$\Delta_r U_m = \frac{\Delta_r U}{\Delta\xi} = \frac{-22.23kJ}{6.811\times10^{-3}\,mol} = -3.264\times10^{3}\,kJ\cdot mol^{-1}$$

对反应(ii)，$\nu(C_6H_6) = -2$

$$\Delta\xi = \frac{\Delta n(C_6H_6)}{\nu(C_6H_6)} = \frac{-6.811\times10^{-3}\,mol}{-2} = 3.406\times10^{-3}\,mol$$

$$\Delta_r U_m = \frac{\Delta_r U}{\Delta\xi} = \frac{-22.23kJ}{3.406\times10^{-3}\,mol} = -6.527\times10^{3}\,kJ\cdot mol^{-1}$$

应该强调指出的是，求算 $\Delta_r U_m$、$\Delta_r H_m$ 时，必须指明化学计量方程。

6. 恒容反应热 $\Delta_r U$ 与恒压反应热 $\Delta_r H$ 的关系

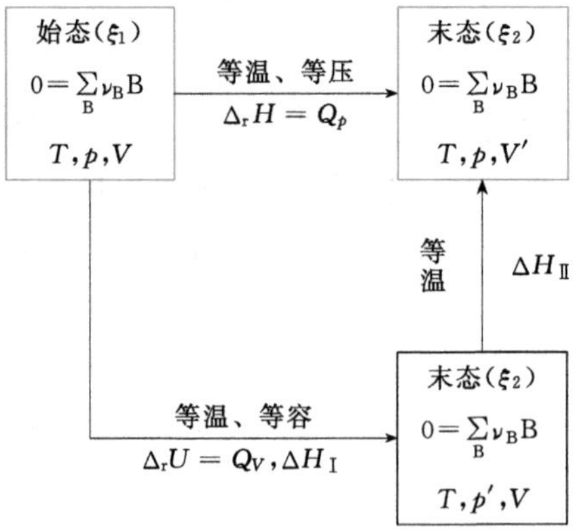

$$\Delta_r H = \Delta H_{\text{I}} + \Delta H_{\text{II}}$$

如果参加反应的物质是理想气体，则 $\Delta H_{\text{II}} = 0$。如果参加反应的物质为液体或固体，则

$$\Delta H_{\text{II}} = \int_1^2 \left(\frac{\partial H}{\partial p}\right)_T dp \approx 0$$

所以

$$\Delta_r H = \Delta H_{\text{I}} = \Delta_r U + (p'V - pV)$$

如果忽略固体及液体体积，且气体为理想气体，则

$$p'V = \sum_B n_B(g,\xi_2)RT$$

$$pV = \sum_B n_B(g,\xi_1)RT$$

$$\Delta_r H = \Delta_r U + RT\sum_B [n_B(g,\xi_2) - n_B(g,\xi_1)]$$
$$= \Delta_r U + RT\sum_B \Delta n_B(g) \quad 单位为\ J \tag{2-73}$$

7. 恒容摩尔反应热 $\Delta_r U_m$ 与恒压摩尔反应热 $\Delta_r H_m$ 的关系

将式(2-73)除以 $\Delta\xi$，得

$$\frac{\Delta_r H}{\Delta\xi} = \frac{\Delta_r U}{\Delta\xi} + RT\sum_B \frac{\Delta n_B(g)}{\Delta\xi}$$
$$\Delta_r H_m = \Delta_r U_m + RT\sum_B \nu_B(g) \quad 单位为\ J\cdot mol^{-1} \tag{2-74}$$

例 2-2 计算例 2-1 中反应(i)的 $\Delta_r H$ 和 $\Delta_r H_m$。

解 已求得反应(i) $\Delta\xi = 6.811\times10^{-3}$ mol

$$\Delta_r H = \Delta_r U + RT\sum_B \Delta n_B(g)$$
$$= Q_V + RT\sum_B \nu_B(g)\Delta\xi$$
$$= Q_V + RT\Delta\xi[\nu(CO_2) + \nu(O_2)]$$
$$= -22.23\times10^3 J + 8.314 J\cdot mol^{-1}\cdot K^{-1}\times298.15K\times6.811\times10^{-3} mol\times(6-7.5)$$
$$= -22.26 kJ$$
$$\Delta_r H_m = \Delta_r U_m + RT\sum_B \nu_B(g)$$
$$= -3.264\times10^6 J\cdot mol^{-1} + 8.314 J\cdot mol^{-1}\cdot K^{-1}\times298.15K\times(6-7.5)$$
$$= -3.268\times10^3 kJ\cdot mol^{-1}$$

2.8.2 物质的标准态和标准摩尔反应焓

1. 物质的标准态

化学反应体系一般是混合物，同一物质的某热力学状态函数在不同反应体系中数值不同。这是由于不同反应体系组成不同，分子作用力不同，同一物质的某一状态函数在不同反应体系中可能有不同数值。为此，热力学规定了一个公共的参考态——标准态(standard state)，以使同一物质在不同的化学反应中具有同一数值。

纯气体的标准态：温度为 T、压力为 p 的纯气体选取温度为 T，在标准压力 $p^\ominus$ 下，且具有理想气性质的该纯气体状态为标准态。

纯液体、纯固体的标准态：温度为 T、压力为 p 的纯液体、纯固体的标准态规定为 T、$p^\ominus$ 下的纯液体、纯固体状态。

标准态仅与物质特性及温度有关，压力已规定为 $p^\ominus$。$p^\ominus$ 的数值规定为 10^5 Pa(过去规定为 101.325kPa)。1mol 物质 B 在标准态时所具有的焓值称为标准摩尔焓，以 $H_m^\ominus(B,T)$ 表示。$U_m^\ominus(B,T)$ 称为物质 B 的标准摩尔热力学能。

2. 标准摩尔反应焓

$$aA(\alpha) + bB(\beta) \xrightarrow{\Delta_r H_m^\ominus(T)} cC(\gamma) + dD(\delta)$$

$$0 = \sum_{B} \nu_B B$$

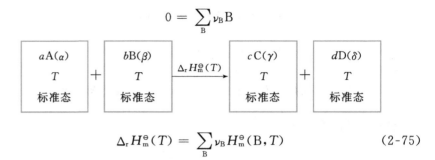

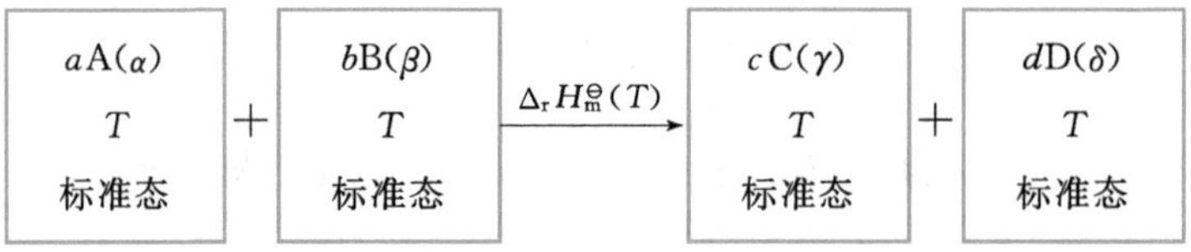

$$\Delta_r H_m^\ominus(T) = \sum_{B} \nu_B H_m^\ominus(B, T) \tag{2-75}$$

标准摩尔反应焓(standard molar enthalpy of reaction)$\Delta_r H_m^\ominus(T)$的定义为,从各自单独处于温度为 T 的标准态下化学计量系数摩尔的纯反应物,完全反应后生成各自单独处于温度也为 T 的标准态下化学计量系数摩尔的纯产物的过程的焓变,即反应物和产物均处于标准态而且反应进度为 1mol 的过程的焓变。

2.8.3 规定焓

在热力学中,我们只能通过实验求算两个不同状态的热力学函数的变化值,而无法求得一定状态的热力学函数绝对值。于是人们规定热力学函数的零点作为计算热力学函数的基线。在化学热力学中,人们规定稳定单质在 298.15K 标准态下的摩尔焓为零,即

$$H_m^\ominus(\text{稳定单质}, 298.15\text{K}) \equiv 0 \tag{2-76}$$

必须强调指出,稳定纯单质的标准摩尔焓等于零,其温度必须是 298.15K,其他温度下稳定纯单质的标准摩尔焓不等于零。式(2-76)仅适用于稳定纯单质,而不适用于化合物,即化合物的 $H_m^\ominus(298.15\text{K}) \neq 0$。

某些纯单质的固体有两种以上的晶态。例如,碳单质有石墨和金刚石两种晶态。人们规定 298.15K 和 $p^\ominus$ 时最稳定的石墨 $H_m^\ominus(\text{石墨}, 298.15\text{K}) = 0$,而金刚石的 $H_m^\ominus(298.15\text{K}) \neq 0$。稳定纯单质在任一温度 T 和 $p^\ominus$ 时规定焓可通过下式计算:

$$\begin{aligned} H_m^\ominus(\text{稳定单质}, T) &= H_m^\ominus(\text{稳定单质}, 298.15\text{K}) + \int_{298.15\text{K}}^{T} C_{p,m}^\ominus \, dT \\ &= \int_{298.15\text{K}}^{T} C_{p,m}^\ominus \, dT \end{aligned} \tag{2-77}$$

在 298.15K 时化合物的标准摩尔焓等于该化合物在 298.15K 时标准摩尔生成焓,即

$$H_m^\ominus(B, 298.15\text{K}) = \Delta_f H_m^\ominus(B, 298.15\text{K}) \tag{2-78}$$

定义纯物质在温度 298.15K 时的标准摩尔生成焓(standard molar enthalpy of formation)或标准摩尔生成热(standard molar heat of formation)为从各自单独处于温度为 298.15K 的标准态下的相应稳定单质生成单独处于温度也为 298.15K 的标准态下的 1mol 纯物质 B 的过程的焓变,用符号 $\Delta_f H_m^\ominus(B, 298.15\text{K})$表示。例如,液体水的 $\Delta_f H_m^\ominus(H_2O, l, 298.15\text{K})$是下列假想的恒温恒压过程的焓变:

$$H_2(\text{理想气体}, 298.15\text{K}, p^\ominus) + \frac{1}{2}O_2(\text{理想气体}, 298.15\text{K}, p^\ominus) \longrightarrow$$

H_2O(液体,298.15K,$p^\ominus$)

$$\Delta_f H_m^\ominus(H_2O,l,298.15K)=H_m^\ominus(H_2O,l,298.15K)-H_m^\ominus(H_2,298.15K)-\frac{1}{2}H_m^\ominus(O_2,298.15K)$$

根据式(2-76)的规定,应有

$$H_m^\ominus(H_2,298.15K)=0=H_m^\ominus(O_2,298.15K)$$

因此,应有

$$\Delta_f H_m^\ominus(H_2O,l,298.15K)=H_m^\ominus(H_2O,l,298.15K)$$

任一纯物质(化合物)均有类似于上式的等式。显然,任一稳定单质的 $\Delta_f H_m^\ominus(T)$ 根据定义均应为零,而温度却是任意的,不只限于 298.15K。

因为焓 H 是状态函数,所以任一化合物在 25℃ 和 10^5Pa 的标准摩尔生成焓 $\Delta_f H_m^\ominus$(298.15K)或标准摩尔焓 $H_m^\ominus$(298.15K)是下列各过程的焓变之和:

(1) 若在 25℃ 和 10^5Pa 下的稳定纯单质是气体,则首先要计算出在 25℃ 和 10^5Pa 下的每一种相应的理想气体单质转变为 25℃ 和 10^5Pa 下的实际气体单质的焓变 ΔH_1。

(2) 实验测量出相应纯单质在恒温恒压(25℃ 和 10^5Pa)下混合过程的焓变 $\Delta H_2(Q_p)$。

(3) 利用 $\Delta H=\int_1^2 C_p\mathrm{d}T+\int_1^2(V-TV\alpha)\mathrm{d}p$,计算出将 25℃ 和 10^5Pa 的单质混合物转变为生成该化合物的反应条件 T 和 p 的单质混合物的焓变 ΔH_3。

(4) 实验测量单质混合物在恒温 T 和恒压 p 下反应生成化合物的反应热 $\Delta H_4(Q_p)$。

(5) 再利用 H 与 T 和 p 的关系式,将化合物在 T 和 p 下的 H 换算成在 25℃ 和 10^5Pa 下的 $H_m^\ominus$(298.15K)。如果化合物在 25℃ 和 10^5Pa 下是气体,则还需要利用下式计算对理想气体的校正:

$$H_{m,id}^\ominus(T)-H_{m,r}^\ominus(T)=\int_0^{p^\ominus}(T\alpha V_m-V_m)\mathrm{d}p$$

化合物在 25℃ 的标准摩尔生成焓 $\Delta_f H_m^\ominus$(298.15K)或标准摩尔焓 $H_m^\ominus$(298.15K)就是上述五个步骤的 ΔH 之和。在这五个步骤中,第(4)步的 ΔH_4 对 $\Delta_f H_m^\ominus$(298.15K)的贡献最大。在近似工作中,往往把在 25℃ 和 10^5Pa 下恒温恒压生成化合物的反应热当作化合物的标准摩尔生成焓 $\Delta_f H_m^\ominus$(298.15K)(或许也由于这个原因,在某些物理化学教材中,将化合物的标准生成热定义为由稳定单质在 25℃ 和 10^5Pa 下反应生成 1mol 化合物的反应热)。但是必须注意,在一般热力学数据表中所列的纯物质(单质和化合物)的标准生成热数值是本书所介绍的定义的数值。

2.8.4 标准摩尔反应焓的求算

1. 由标准摩尔生成焓计算标准摩尔反应焓

化合物的标准摩尔生成焓作为基础热数据可从手册上查到。根据式(2-75)和式(2-78)可得

$$\Delta_r H_m^\ominus(298.15K)=\sum_B \nu_B\Delta_f H_m^\ominus(B,298.15K) \tag{2-79}$$

式(2-79)说明，在 298.15K 下任一反应的标准摩尔反应焓 $\Delta_r H_m^\ominus(298.15K)$ 等于产物的标准摩尔生成焓之和减去反应物的标准摩尔生成焓之和。

2. 标准摩尔燃烧焓

标准摩尔生成焓的数据只有一部分可由实验直接测定，相当数量的数据不能直接测定，特别是有机化合物的数据需要通过其他实验数据间接计算得到。最常用的其他数据是标准摩尔燃烧焓。人们定义物质的标准燃烧焓(standard enthalpy of combustion)或称标准燃烧热(standard heat of combustion)为 1mol 物质与氧气在各自单独处于温度为 T 的标准态下，完全燃烧后生成各自单独处于温度也为 T 的标准态下的产物的焓变，用符号 $\Delta_c H_m^\ominus(B,T)$ 表示。作为基础热数据从手册上查到的是 298.15K 时的 $\Delta_c H_m^\ominus(B,298.15K)$。燃烧后的产物必须同时被指定，如 C 变为 $CO_2(g)$，H 变为 $H_2O(l)$，N 变为 $N_2(g)$，S 变为 $SO_2(g)$，Cl 变为 HCl(aq)，P 变为 $H_3PO_4(cr)$ 等。对燃烧后的产物可有不同的指定，因此在使用燃烧热数据时，应该注意数据表中的说明。上述这些被指定的燃烧产物不一定都是实际燃烧过程的产物，它们是人为地规定的，目的是在计算时有一个基准。

3. 从标准摩尔燃烧焓计算标准摩尔反应焓

由物质的标准燃烧焓 $\Delta_c H_m^\ominus(B,298.15K)$ 求任一反应在同温度下的标准摩尔焓 $\Delta_r H_m^\ominus(298.15K)$ 的依据，仍然是利用状态函数的特点，通式如下：

$$\Delta_r H_m^\ominus(298.15K) = -\sum \nu_B \Delta_c H_m^\ominus(B,298.15K) \tag{2-80}$$

即标准摩尔反应焓等于反应物的标准摩尔燃烧焓之和减去产物的标准摩尔燃烧焓之和。

4. 平均键焓

化学反应实质上是反应物的原子或原子团重排组合成产物，是一个旧化学键的断开和新化学键形成的过程。因此，化学反应的热效应从本质上说，就是这些化学键在断开和形成过程中所引起的能量变化(断开化学键需要供给能量，形成化学键释放出能量)。如果我们知道各种化学键的强度(bond strength)，就能估算化合物的生成热。

考虑一个反应，它是气态分子 AB 解离成原子 A 和原子 B 的解离反应，也是原子 A 和原子 B 之间的 A—B 键的断开过程：

$$\text{A—B(g)} \longrightarrow \text{A(g)} + \text{B(g)}$$

此反应的热效应反映了 A—B 键的强度。关于键强度的量度有不同的名称和定义。在热化学中，采用键焓(bond enthalpy)来表示键强度，用符号 $\Delta H^\ominus$ 表示。它是将孤立的气态分子(如 AB)断开成两个孤立的气态"碎片"(fragment)(如原子 A 和原子 B)所引起的焓变。"碎片"也可以是原子团，如 $C_2H_6 \longrightarrow CH_3 + CH_3$ 或 $H_2O \longrightarrow H + OH$ 等。这里应该注意"孤立"一词，意指粒子彼此处于无限远，没有相互作用。在热力学中，为了便于比较，各物种(原子、分子、原子团等)均处于其 25℃ 的标准态(25℃、100kPa 的理想气体)。在结构化学中，采用键的解离能(或键能——有的书上指平均解离能)(dissociation energy of bond 或 bond energy)来表示键强度，它是上述解离反应的热力学能变化，用符号 $\Delta U^\ominus$ 表示。$\Delta H^\ominus$ 与 $\Delta U^\ominus$ 的关系为 $\Delta H_T^\ominus = \Delta U_T^\ominus + \Delta\nu RT$。

应该强调指出，对于某一个化学键来说，其键焓或解离能的数值与它所处的给定化合物分子中的指定位置有关。例如，对于 CH_4 分子，有下列四个不同解离过程的 C—H 键的键焓值：

(i) $CH_4(g) \longrightarrow CH_3(g) + H(g)$

$\Delta H_m^\ominus(298.15K) = 430kJ \cdot mol^{-1}$

(ii) $CH_3(g) \longrightarrow CH_2(g) + H(g)$

$\Delta H_m^\ominus(298.15K) = 473kJ \cdot mol^{-1}$

(iii) $CH_2(g) \longrightarrow CH(g) + H(g)$

$\Delta H_m^\ominus(298.15K) = 422kJ \cdot mol^{-1}$

(iv) $CH(g) \longrightarrow C(g) + H(g)$

$\Delta H_m^\ominus(298.15K) = 339kJ \cdot mol^{-1}$

上述四个不同解离过程的 C—H 键的键焓值之所以彼此不同，是由于每一个解离过程发生后，留下的多原子"碎片"（原子团）重新进行电子结构的排布，这就使键不同于原始分子中的键。在结构化学计算中需要某一个具体键的解离能的数值。CH_4 分子是由一个碳原子和四个氢分子组合成的，其中四个 C—H 键是等同的。因此，可以取上列四个不同键焓值的平均值，即 $\frac{1}{4} \times (430+473+422+339) = 416(kJ \cdot mol^{-1})$，称为平均键焓。C—H 键的平均键焓的数值在不同的碳氢化合物中也是略有差别的。因此，对许多碳氢化合物的数值取平均值，此平均键焓值对某一个化合物来说，只是一个近似值。某些化学键的平均键能和键焓值列于表 2-1中。

表 2-1　某些化学键的平均键能和键焓

化学键	$\Delta U_m^\ominus(298.15K)$ /$(kJ \cdot mol^{-1})$	$\Delta H_m^\ominus(298.15K)$ /$(kJ \cdot mol^{-1})$	化学键	$\Delta U_m^\ominus(298.15K)$ /$(kJ \cdot mol^{-1})$	$\Delta H_m^\ominus(298.15K)$ /$(kJ \cdot mol^{-1})$
H—H	432.0	435.9	N—H	386	354
C—C	337	342	O—H	458	463
C═C	607	613	F—H(在 HF 中)	565	568.2
C≡C	828	845	Cl—H(在 HCl 中)	428.0	432.0
N—N	155	85	Br—H(在 HBr 中)	362.3	366.1
N≡N(在 N_2 中)	941.7	945.4	I—H(在 HI 中)	204.6	298.3
O—O	142	139	Si—H	318	326
O═O(在 O_2 中)	493.6	498.3	S—H	304	339
F—F(在 F_2 中)	154.8	158.0	C—O		343
Cl—Cl(在 Cl_2 中)	239.7	243.3	C═O		707
Br—Br(在 Br_2 中)	190.2	192.9	C—N		293
I—I(在 I_2 中)	149.0	151.2	C≡N		379
C—H	411	416	C—Cl	326	328

摘自：Berry-Rice-Ross. 1980. Physical Chemistry，p564。

5. 从平均键焓计算标准摩尔反应焓

利用化学键的平均键焓，可按式(2-81)求算只含气态物质化学反应的

$\Delta_r H_m^\ominus(298.15K)$：

$$\Delta_r H_m^\ominus(298.15\text{K}) = \sum_B |\nu_B| \Delta_{at} H_m^\ominus(\text{气态反应物}) - \sum_B \nu_B \Delta_{at} H_m^\ominus(\text{气态产物}) \tag{2-81}$$

式中，$\Delta_{at} H_m^\ominus$(气态化合物)是气态化合物转变成气态单原子的过程(气态化合物的标准原子化过程)的焓变，它是该化合物中所有化学键的平均键焓之和。

2.8.5 反应热与温度的关系

1. 基尔霍夫定律

已知温度 T_1 时的某一反应的标准摩尔反应热 $\Delta_r H_m^\ominus(T_1)$，欲求温度 T_2 时的 $\Delta_r H_m^\ominus(T_2)$，可将式(2-75)对 T 微分得

$$\frac{d\Delta_r H_m^\ominus}{dT} = \sum_B \nu_B \frac{dH_m^\ominus}{dT} = \sum_B \nu_B C_{p,m}^\ominus(B) \equiv \Delta C_p^\ominus$$

式中，$C_{p,m}^\ominus(B)$是物质 B 在温度 T 的标准态的恒压摩尔热容；$\Delta C_p^\ominus$ 是产物的标准恒压热容之和减去反应物的标准恒压热容之和。积分得

$$\Delta_r H_m^\ominus(T_2) - \Delta_r H_m^\ominus(T_1) = \int_{T_1}^{T_2} \Delta C_p^\ominus dT \tag{2-82}$$

式(2-81)及式(2-82)就是基尔霍夫(Kirchhoff)定律。

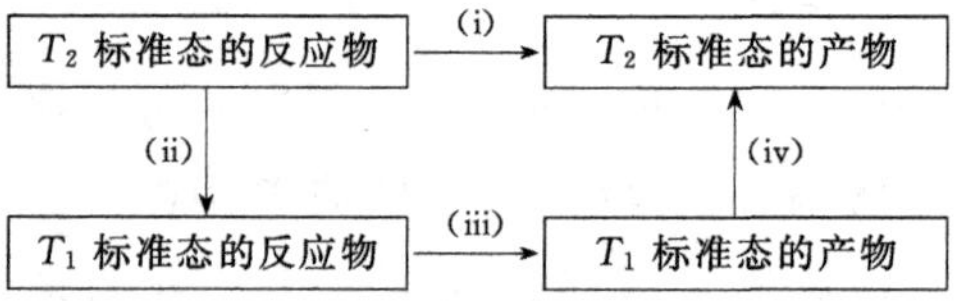

由上可知，在 T_2 时由反应物变为产物，可由途径(i)来完成，也可由途径(ii)+(iii)+(iv)来完成。因为焓是状态函数，其改变值与途径无关，所以

$$\Delta H_a^\ominus = \Delta H_b^\ominus + \Delta H_c^\ominus + \Delta H_d^\ominus$$

式中，$\Delta H_b^\ominus$ 和 $\Delta H_d^\ominus$ 可由 $\Delta H^\ominus = \int_{T_1}^{T_2} C_p^\ominus(T) dT$ 求出。若知道 $\Delta H_c^\ominus$，即 $\Delta H_m^\ominus(T_1)$，则可利用上式求出 $\Delta H_a^\ominus$，即 $\Delta_r H_m^\ominus(T_2)$。这就证明式(2-82)是正确的。

欲利用式(2-82)，必须知道 $C_{p,m}^\ominus$与 T 的具体函数关系。一般在一定温度变化范围内具有以下函数关系式：

$$C_{p,m}^\ominus = a + bT + cT^2$$

式中，a、b、c 均为经验常数，与物质的种类和温度有关。例如，在低压 101 325Pa下，O_2、CO 和 CO_2 的标准恒压摩尔热容在 300～1500K 的 a、b、c 常数如下：

物 质	$a/(J\cdot mol^{-1}\cdot K^{-1})$	$b\times10^3/(J\cdot mol^{-1}\cdot K^{-2})$	$c\times10^7/(J\cdot mol^{-1}\cdot K^{-3})$
O_2	25.35	13.61	−42.56
CO	26.54	7.68	−11.72
CO_2	26.76	42.65	−147.83

由热力学函数表查得，O_2、CO 和 CO_2 的 $\Delta_f H_m^\ominus(298.15K)$ 分别为 0、

$-110\ 524.54\text{J}\cdot\text{mol}^{-1}$ 和 $-393\ 509.38\text{J}\cdot\text{mol}^{-1}$，因此下列反应：$2CO+O_2 \!=\!=\!= 2CO_2$ 的 $\Delta_r H_m^{\ominus}(298.15\text{K})$是

$$\begin{aligned}\Delta_r H_m^{\ominus}(298.15\text{K}) &= 2\times(-393\ 509.38\text{J}\cdot\text{mol}^{-1})\\ &\quad -2\times(-110\ 524.54\text{J}\cdot\text{mol}^{-1})-0\\ &= -565\ 969.68\text{J}\cdot\text{mol}^{-1}\end{aligned}$$

将 $\Delta C_p^{\ominus}$代入式(2-82)，并积分得

$$\Delta_r H_m^{\ominus}(T_2)-\Delta_r H_m^{\ominus}(T_1)=\Delta a(T_2-T_1)+\frac{1}{2}\Delta b(T_2^2-T_1^2)+\frac{1}{3}\Delta c(T_2^3-T_1^3)$$

$$\begin{aligned}\Delta a &= 2a(CO_2)-2a(CO)-a(O_2)\\ &= (2\times 26.76-2\times 26.54-25.35)\text{J}\cdot\text{mol}^{-1}\cdot\text{K}^{-1}\\ &= -24.91\text{J}\cdot\text{mol}^{-1}\cdot\text{K}^{-1}\end{aligned}$$

$$\Delta b = 56.320\times 10^{-3}\text{J}\cdot\text{mol}^{-1}\cdot\text{K}^{-2}$$

$$\Delta c = -229.672\times 10^{-7}\text{J}\cdot\text{mol}^{-1}\cdot\text{K}^{-3}$$

令 $T_1=298.15\text{K}$，则

$$\begin{aligned}\Delta_r H_m^{\ominus}(T_2) &= -565\ 969.68\text{J}\cdot\text{mol}^{-1}-24.91\text{J}\cdot\text{mol}^{-1}\cdot\text{K}^{-1}(T_2-298.15\text{K})\\ &\quad +\frac{1}{2}\times 56.320\times 10^{-3}\text{J}\cdot\text{mol}^{-1}\cdot\text{K}^{-2}\times[T_2^2-(298.15\text{K})^2]\\ &\quad -\frac{1}{3}\times 229.672\times 10^{-7}\text{J}\cdot\text{mol}^{-1}\cdot\text{K}^{-3}\times[T_2^3-(298.15\text{K})^3]\end{aligned}$$

若 $T_2=1000\text{K}$，则

$$\Delta_r H_m^{\ominus}(1000\text{K}) = -565\ 350.44\text{J}\cdot\text{mol}^{-1}$$

由上例可知，从热力学函数表中查得任一反应体系中物质 B 的标准摩尔生成热 $\Delta_f H_m^{\ominus}(\text{B},298.15\text{K})$和标准恒压摩尔热容 $C_{p,m}^{\ominus}(\text{B},T)$的数值，就可利用式(2-79)和式(2-82)，求算该反应在任一温度的标准摩尔反应热 $\Delta_r H_m^{\ominus}(T)$。应强调指出，用式(2-82)，由$\Delta_r H_m^{\ominus}(298.15\text{K})$求 $\Delta_r H_m^{\ominus}(T)$时，在 298.15K～$T$K 没有相变化。若有相变化，则在相变点积分要断开，同时还要加相变热。

2. 非恒温过程 Q_p 的计算

实际应用中常遇到的是体系进行反应后温度将升高或降低，还有工业与国防上需要某种物质在某些特定条件下(如绝热、恒压)燃烧能达到的最高火焰温度，或者爆炸反应所能达到的最高温度和最高压力等数据，这些均属于非恒温过程化学反应热的计算。

解决非恒温过程的化学反应热计算最根本的方法就是利用状态函数的特点，即始、末态决定后，状态函数变化值只取决于始、末态，而与所经历途径无关。

3. 反应体系最高反应温度或最高压力的计算

反应体系的最高反应温度或是物质燃烧的最高温度，通常是在绝热条件下某物质完全氧化时产物所能达到的温度，即达到最高燃烧温度。只有反应

体系绝热，反应所释放出的能量才能全部用来升高产物温度。由于反应在恒压、$W'=0$、绝热条件下进行，故有

$$Q_p=\Delta H=0$$

若反应是在一绝热密封容器中(绝热、恒容条件下)进行，因为体系的温度、压力升高，可能发生爆炸。在发生爆炸瞬间所产生的压力以及对应的温度称为爆炸反应达到的最高压力和最高温度。在 $W'=0$、绝热、恒容条件下进行反应，有

$$Q_V=\Delta U=0$$

解决这两类问题所采用的原则与前面完全相同。

例 2-3 在一绝热的带活塞气缸中放有 25℃ 的 1mol $CH_4(g)$ 与空气[$O_2(g)$ ∶ $N_2(g)=1∶4$]，在恒定 10^5 Pa 压力下进行反应并认为反应进行完全，求反应产物的最高温度。

解 反应在恒压、绝热条件下进行

$$Q_p=\Delta H=0$$

$CH_4(g)$会按化学计量比与空气中的氧完全反应。设反应产物达到的最高温度为 T，参加反应的气体均近似当作理想气体。在始、末态之间设计两条反应途径。

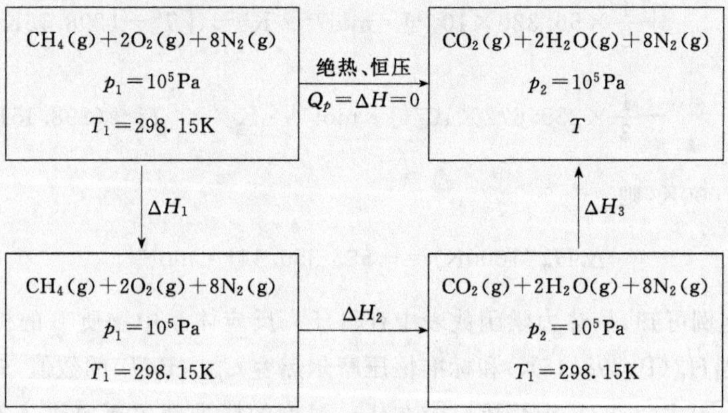

$$\Delta H=\Delta H_1+\Delta H_2+\Delta H_3=0$$

$$\Delta H_1=0$$

$$\Delta H_2=\Delta_r H_m^\ominus(298.15\text{K})=\sum_B \nu_B \Delta_f H_m^\ominus(\text{B},298.15\text{K})$$

$$=\Delta_f H_m^\ominus(CO_2,g,298.15\text{K})+2\Delta_f H_m^\ominus(H_2O,g,298.15\text{K})-\Delta_f H_m^\ominus(CH_4,g,298.15\text{K})$$

$$=(-393.51\text{kJ}\cdot\text{mol}^{-1})+2\times(-241.82\text{kJ}\cdot\text{mol}^{-1})-(-74.81\text{kJ}\cdot\text{mol}^{-1})$$

$$=-802.34\text{kJ}\cdot\text{mol}^{-1}$$

$$\Delta H_3=[C_{p,m}(CO_2,g)+2C_{p,m}(H_2O,g)+8C_{p,m}(N_2,g)](T-298.15\text{K})$$

$$=(49.96\text{J}\cdot\text{mol}^{-1}\cdot\text{K}^{-1}+2\times41.84\text{J}\cdot\text{mol}^{-1}\cdot\text{K}^{-1}+8\times31.38\text{J}\cdot\text{mol}^{-1}\cdot\text{K}^{-1})\times(T-298.15\text{K})$$

$$=384.68\text{J}\cdot\text{mol}^{-1}\cdot\text{K}^{-1}(T-298.15\text{K})$$

因 $\Delta H_2+\Delta H_3=0$，即

$$-802\,340\text{J}\cdot\text{mol}^{-1}+384.68\text{J}\cdot\text{mol}^{-1}\cdot\text{K}^{-1}(T-298.15\text{K})=0$$

$$T=\frac{802\,340\text{J}\cdot\text{mol}^{-1}}{384.68\text{J}\cdot\text{mol}^{-1}\cdot\text{K}^{-1}}+298.15\text{K}=2383.88\text{K}$$

习　题

2-1　1mol 理想气体在 0℃时由始态 20×10^5 Pa 恒温反抗 10^5 Pa 恒定外压达到平衡末态，试计算气体所做的体积功。

〔答案：−2.157kJ〕

2-2　在 10^5 Pa 下，金属与酸发生化学反应，产生 35dm³ 氢气，试计算此过程的体积功。

〔答案：−3.5kJ〕

2-3　1mol 理想气体，始态体积 $V_1=25\text{dm}^3$，末态体积 $V_2=100\text{dm}^3$，在恒温 100℃下分别经历下列四个恒温途径：(1) 向真空膨胀；(2) 外压恒定在气体末态压力下膨胀至末态；(3) 先在外压恒定为气体体积等于 50dm³ 时的气体平衡压力下膨胀至中间态，然后在外压恒定为气体体积等于 100dm³ 时的气体平衡压力下膨胀至末态；(4) 恒温可逆膨胀。试计算上列各恒温途径的体积功。

〔答案：(1) 0；(2) −2326.8J；(3) −3102.4J；(4) −4300.8J〕

2-4　一电热丝浸于绝热容器内的已沸腾的液态苯中，此电热丝的电阻为 50Ω，通以 1.34A 电流，经 5min 37s 后，液态苯气化 78.1g。试求气化 1mol 液态苯所需吸收的热量。

〔答案：30.256kJ〕

2-5　试计算 10^5 Pa、100℃的 1mol 水蒸气恒压加热至 10^5 Pa、400℃所需吸收的热量。水蒸气的 $C_{p,\text{m}}$ 与 T 的函数关系式为

$$C_{p,\text{m}}/(\text{J}\cdot\text{mol}^{-1})=30.00+10.71\times10^{-3}T/\text{K}+0.34\times10^5(T/\text{K})^{-2}$$

〔答案：10 721.49J〕

2-6　实验测得 MnO_2 在 298～780K 恒压吸热与温度的关系为

$$Q_p/(\text{J}\cdot\text{mol}^{-1})=69.45T/\text{K}+5.10\times10^{-2}(T/\text{K})^2+1\ 623\ 392(T/\text{K})^{-1}-26\ 568.4$$

试求 MnO_2 在此温度范围内的 C_p 与 T 的关系式。

〔答案：$C_{p,\text{m}}/(\text{J}\cdot\text{mol}^{-1}\cdot\text{K}^{-1})=69.45+0.102(T/\text{K})-1\ 623\ 392(T/\text{K})^{-2}$〕

2-7　某高压容器的容积为 20dm³，其中含有氢气，在 17℃时压力为 1.2×10^5 Pa。若对此容器加热，使内部氢气压力升高至 6×10^5 Pa，则此时氢气的温度为多少开？需供热多少？已知 H_2 的 $C_{V,\text{m}}=29.92\text{J}\cdot\text{mol}^{-1}\cdot\text{K}^{-1}$，并假定氢气为理想气体，且容器的体积不变。

〔答案：1450K，24 155.88J〕

2-8　1mol 理想气体，始态压力为 p、体积为 V、温度为 T，连续依次做下列三个过程：(1) 恒压加热，使气体温度升高 1K；(2) 恒温可逆压缩至原始体积；(3) 恒容冷却，使气体温度降低 1K。试用表格形式，分别列出各过程的始、末态的压力、体积和温度，以及 Q、W、ΔU 和 ΔH。利用本题的结果，证明理想气体的 $C_{p,\text{m}}-C_{V,\text{m}}=R$。

〔答案：略〕

2-9　某高压容器中含有未知气体，可能是氮气或氩气。在 25℃时，取出一些样品气体，从 5dm³ 绝热可逆膨胀至 6dm³，气体温度降低了 21℃。能否判断容器中是何种气体？假定单原子分子气体的 $C_{V,\text{m}}=\frac{3}{2}R$，双原子分子气体的 $C_{V,\text{m}}=\frac{5}{2}R$。

〔答案：氮气〕

2-10　20g 乙醇在其正常沸点时气化为气体。已知乙醇的正常气化热为 857.72J·g⁻¹，乙醇蒸气的质量体积为 607cm³·g⁻¹。试求此过程的 Q、W、ΔU 和 ΔH(液体乙醇的体积可忽略不计)。

〔答案：17 154.4J，−1230.1J，15 924.3J，17 154.4J〕

2-11　1mol 单原子分子理想气体的始态为 0℃和 22.4dm³，末态为 273℃和 11.2dm³，分别经历下列两个过程：(1) 先经历恒压，再经历恒容过程达到上述末态；(2) 先

经历恒温可逆，再经历恒压过程达到上述末态。试分别计算过程(1)和(2)的 Q、W、ΔU 和 ΔH，并说明 Q 和 W 是途径函数，U 和 H 是状态函数。

〔答案：(1) 2269.74J，1134.84J，3404.58J，5674.33J；
(2) 2527.80J，876.82J，3404.62J，5674.305J〕

2-12 将 100℃、0.5×10^5 Pa 的水蒸气 $100dm^3$ 恒温可逆压缩至 10^5 Pa(此时仍为水蒸气)，再继续在 10^5 Pa 下部分液化到体积为 $10dm^3$ 为止(此时气、液平衡共存)。试计算此过程的 Q、W、ΔU 和 ΔH。假定凝结水的体积可忽略不计，水蒸气可视作理想气体。已知水的气化热为 $2259.36J\cdot g^{-1}$。

〔答案：−55972.5J，7466.44J，−48506.06J，−52506.06J〕

2-13 (1) 1g 水在 100℃ 和 10^5 Pa 下气化为水蒸气(假设为理想气体)，吸热 2259.36J，求此过程的 Q、W、ΔU 和 ΔH；(2) 将 100℃ 和 10^5 Pa 的 1g 水在恒定外压 0.5×10^5 Pa 下恒温气化为水蒸气，然后将此水蒸气慢慢加压变为 100℃ 和 10^5 Pa 的水蒸气，求此过程的 Q、W、ΔU 和 ΔH；(3) 将100℃ 和 10^5 Pa 的 1g 水突然放到恒温 100℃ 的真空箱中，水蒸气立即充满整个真空箱，测得其压力为 10^5 Pa，求此过程的 Q、W、ΔU 和 ΔH。

〔答案：(1) 2259.36J，−172.21J，2087.15J，2259.36J；(2) 2139.99J，−52.84J，
2087.15J，2259.36J；(3) 2087.15J，0，2087.15J，2259.36J〕

2-14 1mol 氧气始态为 200℃、$20dm^3$，绝热不可逆膨胀反抗恒定外压 10^5 Pa 至内外压力相等。计算此过程的体积功。假定氧气为理想气体。

〔答案：−1372.85J〕

2-15 在 0℃时将 10g 铜的压力从 10^5 Pa 升至 1000×10^5 Pa，需做多少功？已知铜的密度是 $8.93g\cdot cm^{-3}$，其恒温压缩系数 κ 为 $0.77\times10^{-5}cm^2\cdot N^{-1}$，铜的体积在铜的压力变化时可视作不变。

〔答案：4.31J〕

2-16 1mol 理想气体经绝热可逆膨胀至其体积增加 1 倍，而其温度从 298.15K 降至 248.44K。试求此理想气体的 $C_{V,m}$ 值。

〔答案：$31.6J\cdot mol^{-1}\cdot K^{-1}$〕

2-17 1mol 单原子分子理想气体其始态为 2×10^5 Pa 和 25℃，现分别经历下列三种过程均使其体积增大至原体积的两倍：(1) 恒温可逆膨胀；(2) 绝热可逆膨胀；(3) 沿可逆途径 $p/(10^5 Pa)=0.1[V_m/(dm^3\cdot mol^{-1})+b]$ 膨胀，式中，b 是常数。试计算每种过程的末态压力以及 Q、W 和 ΔU，并画出每种过程的 p-V 图。

〔答案：(1) 10^5 Pa，1718.19J，−1718.19J，0；(2) 62 996.05Pa，0，−1375.93J，−1375.93J；
(3) 3.239×10^5 Pa，11 567.71J，−3245.56J，8321.15J〕

2-18 1mol 单原子分子理想气体分别经历下列两种过程：(i) 从始态 10×10^5 Pa 和 $2dm^3$ 恒温可逆膨胀至末态压力为 5×10^5 Pa；(ii) 从相同始态绝热可逆膨胀至相同末态压力 5×10^5 Pa。(1) 计算上列两过程的 Q、W、ΔU 和 ΔH；(2) 画出每一过程的 p-V 图；(3) 现在有过程(iii)，它在 p-V 图上呈水平直线，气体经历过程(ii)后，再经历过程(iii)可达到与过程(i)相同的末态，请问过程(iii)是何种过程？

〔答案：(1) (i) 1386.31J，−1386.31J，0，0，
(ii) 0，−727.56J，−727.56J，−1212.6J；(2)、(3) 略〕

2-19 1mol 单原子分子理想气体，始态为 0℃和 10^5 Pa(标准状况)，现沿 pT=常数的途径可逆压缩至 2×10^5 Pa。(1) 试计算气体的末态温度和体积，此过程的 Q、W、ΔU 和 ΔH；(2) 画出此过程的 p-V 图。

〔答案：(1) 136.58K，$5.68dm^3$，−3974.2J，2270.97J，−1703.23J，−2838.61J；(2) 略〕

2-20 空气在 25℃左右和 $0\sim50\times10^5$ Pa 的 $\mu_{J\text{-}T}$ 是 $0.2K\cdot(10^5 Pa)^{-1}$。试计算 58g 空气在 25℃和 50×10^5 Pa 下经历节流膨胀后至 10^5 Pa 的最后温度。

〔答案：15℃〕

2-21　某一单原子固体的状态方程为

$$pV + nG = BU$$

式中，G 是只与摩尔体积($V_m \equiv V/n$)有关的函数；B 是常数。试证明

$$B = \frac{\alpha V}{\kappa C_V}$$

式中，α 是恒压热膨胀系数；κ 是恒温压缩系数。

〔答案：略〕

2-22　导出下式：

$$\mu_{J\text{-}T} = -\left(\frac{V}{C_p}\right)(\kappa C_V \mu_J - \kappa p + 1)$$

$\left[\text{提示：先取 } H=U+pV \text{ 的} \left(\frac{\partial}{\partial p}\right)_T\right]$

〔答案：略〕

2-23　导出下式：

$$\left(\frac{\partial U}{\partial T}\right)_p = C_p - p\left(\frac{\partial V}{\partial T}\right)_p \qquad \left(\frac{\partial U}{\partial T}\right)_p = C_V + \alpha V\left(\frac{\partial U}{\partial V}\right)_T$$

〔答案：略〕

2-24　导出下式：

$$C_p - C_V = -\left(\frac{\partial p}{\partial T}\right)_V\left[\left(\frac{\partial H}{\partial p}\right)_T - V\right]$$

〔答案：略〕

2-25　导出下列范德华气体的 α 和 κ 的表示式，并证明

$$R\kappa = \alpha(V_m - b_0)$$

$$\alpha = RV_m^2(V_m - b_0)/[RTV_m^3 - 2a_0(V_m - b_0)^3]$$

$$\kappa = V_m^2(V_m - b_0)^2/[RTV_m^3 - 2a_0(V_m - b_0)^2]$$

〔答案：略〕

2-26　导出下式：

(1) $\left(\frac{\partial U}{\partial V}\right)_p = C_p\left(\frac{\partial T}{\partial V}\right)_p - p$

(2) $\left(\frac{\partial U}{\partial p}\right)_V = C_V\left(\frac{\partial T}{\partial p}\right)_V$

〔答案：略〕

2-27　范德华气体的 $\mu_{J\text{-}T}$ 可用下式表示：

$$\mu_{J\text{-}T} = [(2a_0/RT) - b_0]/C_{p,m}$$

氮气的 $a_0 = 140.8\times10^{-3}\ Pa\cdot m^6\cdot mol^{-2}$，$b_0 = 39.13\times10^{-6}\ m^3\cdot mol^{-1}$，其正常沸点为 $-196℃$，$C_{p,m} = 29.92 J\cdot mol^{-1}\cdot K^{-1}$。如果氮气经一次节流膨胀后其温度从 25℃降至其正常沸点(最终压力为 10^5 Pa)，其原始压力为多少？如果是氨(正常沸点为 $-34℃$，$C_{p,m} = 35.564 J\cdot mol^{-1}\cdot K^{-1}$，$a_0 = 422.5\times10^{-3}\ Pa\cdot m^6\cdot mol^{-2}$，$b_0 = 37.07\times10^{-6}\ m^3\cdot mol^{-1}$)，则其原始压力为多少？

〔答案：475.1×10^5 Pa，62.5×10^5 Pa〕

2-28　定义：恒压热膨胀系数 $\alpha \equiv \frac{1}{V}\left(\frac{\partial V}{\partial T}\right)_p$；恒温压缩系数 $\kappa \equiv -\frac{1}{V}\left(\frac{\partial V}{\partial p}\right)_T$；恒容压力系数 $\beta \equiv \frac{1}{p}\left(\frac{\partial p}{\partial T}\right)_V$。

证明：(1) 理想气体的 $(\alpha+\beta)\kappa = \frac{2}{Tp}$；(2) $\alpha = \beta\kappa p$；(3) $\alpha = -\frac{1}{\rho}\left(\frac{\partial \rho}{\partial T}\right)_p$ (ρ 为密度)。

〔答案：略〕

2-29　试导出范德华气体的 α 和 κ 的表达式。

〔答案:略〕

2-30 在 150℃和 10^5 Pa 下,将 1mol NH_3 等温压缩到体积等于 $10dm^3$,最少需做功多少? (1) 假定是理想气体;(2) 假定是范德华气体。

〔答案:(1) 4425.45J;(2) 4338.71J〕

2-31 10mol 理想气体,压力为 10×10^5 Pa,温度为 27℃,分别求出恒温下下列过程的功:(1) 在 10^5 Pa 空气中,体积膨胀 $1dm^3$;(2) 在 10^5 Pa 空气中,膨胀到气体的压力也为 10^5 Pa;(3) 恒温可逆膨胀到气体的压力为 10^5 Pa。

〔答案:(1) -100J;(2) -22447.8J;(3) -57431.08J〕

2-32 指出下列说法是否正确,并阐述理由:

(1) 一杯水与一桶水蒸气,通过透热壁接触达到热平衡,由于气体分子热运动比液体分子热运动剧烈,因此水蒸气的温度比液体水的温度高;

(2) 高温物体包含的热比低温物体的要多,因此热从高温物体自动流向低温物体;

(3) 1mol $H_2O(l)$ 与 1mol $H_2O(g)$ 处于气-液两相平衡时,两相的温度和压力都相等,由于两相都是纯物质,各相的状态都可用 T、p、n 描述,今知两相的这三个量均相同,故两相的体积也一定相同,而且 $\Delta U=0$,$\Delta H=0$;

(4) 在恒压下用酒精灯加热某物质,使其温度由 T_1 上升到 T_2,则该物质吸的热量为

$$Q=\int_{T_2}^{T_1} C_p \mathrm{d}T$$

在此条件下应存在 $\Delta H=Q_p$ 的关系;

(5) $\mathrm{d}U=\left(\frac{\partial U}{\partial V}\right)_T \mathrm{d}V+\left(\frac{\partial U}{\partial T}\right)_V \mathrm{d}T$,由于 $\left(\frac{\partial U}{\partial V}\right)_V=C_V$,故 $\mathrm{d}U=\left(\frac{\partial U}{\partial V}\right)_T \mathrm{d}V+C_V\mathrm{d}T$。又因为 $C_V\mathrm{d}T=\delta Q$,前式又可写作 $\mathrm{d}U=\delta Q+\left(\frac{\partial U}{\partial V}\right)_T \mathrm{d}V$,将此式与 $\mathrm{d}U=\delta Q-p\mathrm{d}V$ 比较,则应有 $\left(\frac{\partial U}{\partial V}\right)_T=-p$,这个结论是错误的,试说明原因;

(6) 一个绝热气缸带有一个理想的无摩擦、无质量的绝热活塞,缸内装有理想气体,缸内壁绕有电炉丝。当通电时,气体慢慢膨胀。因为是一个恒压过程,$Q_p=\Delta H$,又因为是绝热体系 $Q_p=0$,所以 $\Delta H=0$。这个结论错在哪里? 如何正确计算 ΔH?

〔答案:略〕

2-33 1mol 单原子理想气体,始态为 2×10^5 Pa、$11.2dm^3$,经 $pT=$常数的可逆过程,压缩到末态为 4×10^5 Pa。已知 $C_{V,m}=(3/2)R$。试求算末态的 T 和 V,过程的 W、ΔU 和 ΔH。

〔答案:134.72K,$2.8dm^3$,2239.96J,-1679.97J,-2800.28J〕

2-34 氮气由 0℃、5×10^5 Pa、$10dm^3$,(1) 经过一个绝热可逆过程膨胀到 10^5 Pa;(2) 反抗恒定外压为 10^5 Pa,绝热膨胀到 10^5 Pa。分别计算上述两过程的 Q、W、ΔU 和 ΔH。计算结果说明了什么?

〔答案:(1) 0,-4604.25J,-4604.25J,-6445.95J;

(2) 0,-2854.74J,-2854.74J,-3996.63J〕

2-35 在 10^5 Pa 下,把一个极微小的冰粒投入 100g、-5℃的过冷水中,结果使体系的温度变为 0℃,并有一定量的水凝结成冰。由于过程进行很快,可以看作是绝热过程。已知冰的熔化热为 $333.5kJ\cdot kg^{-1}$,在 $-5\sim0$℃水的比热容为 $4.21kJ\cdot kg^{-1}\cdot K^{-1}$。(1) 写出体系物态的变化,并求出 ΔH;(2) 求算析出多少克冰。

〔答案:(1) 0;(2) 6.312g〕

2-36 (1) 在空气中有一个真空绝热箱,其体积为 V_0。今在箱上刺一小孔,空气就会慢慢流入箱中。箱外空气的温度和压力分别为 T_0 和 p。假设空气为理想气体,再将它的热容近似当作常数。试证明当箱内外压力相等时,箱内空气的温度为

$$T=\gamma T_0$$

式中，$\gamma \equiv C_p/C_V$，并求出流入箱内空气的物质的量 n。

(2) 如果原来箱中已有 n_0 的空气，其温度也为 T_0，但压力 $p_0 < p$。试证明当箱内外压力相等时，箱内空气的温度为

$$T = \left(\frac{n_0 + n'\gamma}{n_0 + n'}\right) T_0$$

式中，n'是流入箱内空气的物质的量，并导出计算 n'的公式。

〔答案：略〕

2-37 (1) 利用热力学函数中的标准摩尔生成热 $\Delta_f H_m^\ominus$(298.15K)数据，计算下列反应的标准摩尔反应热 $\Delta_r H_m^\ominus$(298.15K)：

(i) $Fe_2O_3(s) + CO(g) \longrightarrow CO_2(g) + 2FeO(s)$

(ii) $2H_2S(g) + SO_2(g) \longrightarrow 3S(s) + 2H_2O(g)$

(iii) $2Fe_2O_3(s) + 3C$(石墨)$\longrightarrow 4Fe(s) + 3CO_2(g)$

(iv) $C_2H_4(g) + H_2(g) \longrightarrow C_2H_6(g)$

(2) 利用物质的标准摩尔燃烧热 $\Delta_c H_m^\ominus$(298.15K)数据，计算下列反应的标准摩尔反应热$\Delta_r H_m^\ominus$(298.15K)：

(i) $3C_2H_2(g) \longrightarrow C_6H_6(l)$

(ii) $C_2H_4(g) + H_2(g) \longrightarrow C_2H_6(g)$

(iii) $C_4H_{10}(g) \longrightarrow C_4H_6 + 2H_2(g)$

〔答案：(1) (i) $-2.78 kJ \cdot mol^{-1}$，(ii) $65.47 kJ \cdot mol^{-1}$，(iii) $467.87 kJ \cdot mol^{-1}$，(iv) $-136.94 kJ \cdot mol^{-1}$；(2) (i) $-631.30 kJ \cdot mol^{-1}$，(ii) $-38.98 kJ \cdot mol^{-1}$，(iii) $-444.34 kJ \cdot mol^{-1}$〕

2-38 萘($C_{10}H_8$)的 $\Delta_c H_m^\ominus$(298.15K)为 $-5154.69 kJ \cdot mol^{-1}$，试求萘的 $\Delta_f H_m^\ominus$(298.15K)。

〔答案：$76.27 kJ \cdot mol^{-1}$〕

2-39 $CS_2(l)$在 25℃时燃烧成 $CO_2(g)$和 $SO_2(g)$的 $\Delta_c H_m^\ominus$(298.15K)为$-1076.96 kJ \cdot mol^{-1}$。试求$CS_2(l)$的 $\Delta_f H_m^\ominus$(298.15K)。

〔答案：$89.79 kJ \cdot mol^{-1}$〕

2-40 已知下列反应的标准摩尔反应热$\Delta_r H_m^\ominus$(298.15K)：

(1) $Fe_2O_3(s) + 3C$(石墨)$\longrightarrow 2Fe(s) + 3CO(g)$ $\Delta_r H_m^\ominus$(298.15K)$= 489.53 kJ \cdot mol^{-1}$

(2) $FeO(s) + C$(石墨)$\longrightarrow Fe(s) + CO(g)$ $\Delta_r H_m^\ominus$(298.15K)$= 154.81 kJ \cdot mol^{-1}$

(3) $2CO(g) + O_2(g) \longrightarrow 2CO_2(g)$ $\Delta_r H_m^\ominus$(298.15K)$= -564.84 kJ \cdot mol^{-1}$

(4) C(石墨)$+ O_2(g) \longrightarrow CO_2(g)$ $\Delta_r H_m^\ominus$(298.15K)$= -393.30 kJ \cdot mol^{-1}$

试计算 $FeO(s)$的 $\Delta_f H_m^\ominus$(298.15K)。

〔答案：$-265.69 kJ \cdot mol^{-1}$〕

2-41 根据下列反应的标准摩尔反应热，求算 $AgCl(s)$的标准摩尔生成热 $\Delta_f H_m^\ominus$(298.15K)：

(1) $Ag_2O(s) + 2HCl(g) \longrightarrow 2AgCl(s) + H_2O(l)$ $\Delta_r H_m^\ominus$(298.15K)$= -324.9 kJ \cdot mol^{-1}$

(2) $\frac{1}{2}H_2(g) + \frac{1}{2}Cl_2(g) \longrightarrow HCl(g)$ $\Delta_r H_m^\ominus$(298.15K)$= -92.31 kJ \cdot mol^{-1}$

(3) $H_2(g) + \frac{1}{2}O_2(g) \longrightarrow H_2O(l)$ $\Delta_r H_m^\ominus$(298.15K)$= -285.83 kJ \cdot mol^{-1}$

(4) $2Ag(s) + \frac{1}{2}O_2(g) \longrightarrow Ag_2O(s)$ $\Delta_r H_m^\ominus$(298.15K)$= -30.57 kJ \cdot mol^{-1}$

〔答案：$-127.13 kJ \cdot mol^{-1}$〕

2-42 已知环丙烷、石墨和氢的标准摩尔燃烧热$\Delta_c H_m^\ominus$(298.15K)分别为$-2092 kJ \cdot mol^{-1}$、$-393.8 kJ \cdot mol^{-1}$和$-285.84 kJ \cdot mol^{-1}$；丙烯(g)的标准摩尔生成热$\Delta_f H_m^\ominus$(298.15K)为 $20.5 kJ \cdot mol^{-1}$。试求算：(1) 环丙烷的$\Delta_f H_m^\ominus$(298.15K)；(2) 环丙烷异构化

变成丙烯的标准摩尔反应热 $\Delta_r H_m^\ominus(298.15K)$。

〔答案:(1) 53.08kJ · mol^{-1};(2) −32.58kJ · mol^{-1}〕

2-43 已知下列物质的热力学数据:

物 质	$\Delta_f H_m^\ominus(298.15K)$ /(kJ · mol^{-1})	$\Delta_c H_m^\ominus(298.15K)$ /(kJ · mol^{-1})	$C_{p,m}^\ominus$ /(J · mol^{-1} · K^{-1})
石墨		−393.51	$17.15+4.27\times10^{-3}T$
$H_2(g)$		−285.84	$26.88+4.347\times10^{-3}T$
$C_6H_6(g)$	82.93		81.67
$C_6H_6(l)$		−3267.6	163.7

液态苯的正常沸点为 80.1℃。计算:(1) 在 25℃和 10^5 Pa 下 1mol 液态苯变为 1mol 气态苯的 $\Delta_{vap}H_m^\ominus(298.15K)$;(2) 1mol C_6H_6(l,80.1℃,10^5 Pa)在外压为 10^5 Pa 下气化为 1mol C_6H_6(g,80.1℃,10^5 Pa)这一过程的 Q、W、ΔU 和 ΔH。

〔答案:(1) 33.91kJ · mol^{-1};(2) 29.39kJ,−2.94kJ,26.45kJ,29.39kJ〕

2-44 已知丙烯腈、石墨和氢气的标准摩尔燃烧热$\Delta_c H_m^\ominus(298.15K)$分别为−1760.71kJ · mol^{-1}、−393.51kJ · mol^{-1}和−285.85kJ · mol^{-1};HCN(g)和 $C_2H_2(g)$的标准摩尔生成热$\Delta_f H_m^\ominus(298.15K)$分别为 129.70kJ · mol^{-1}和 226.73kJ · mol^{-1};丙烯腈的正常凝固点为−82℃,正常沸点为 78.5℃,标准摩尔气化热$\Delta_{vap}H_m^\ominus(298.15K)$为 32.84kJ · mol^{-1}。试求算下列反应的标准摩尔反应热 $\Delta_r H_m^\ominus(298.15K)$:

$$C_2H_2(g)+HCN(g)=\!=\!=CH_2=CH-CN(g)$$

〔答案:−172.17kJ · mol^{-1}〕

2-45 已知下列反应的标准摩尔反应热$\Delta_r H_m^\ominus(291.15K)$为−49.45kJ · mol^{-1}:

$$H_2(g)+I_2(s)=\!=\!=2HI(g)$$

$I_2(s)$在熔点 113.5℃的标准摩尔熔化热为 16.74kJ · mol^{-1},$I_2(l)$在沸点 184.3℃的标准摩尔气化热为 42.68kJ · mol^{-1},$I_2(s)$在 18～113.5℃的平均标准恒压摩尔热容为 55.65J · mol^{-1} · K^{-1},$I_2(l)$在 113.5～184.3℃的平均标准恒压摩尔热容为 62.76J · mol^{-1} · K^{-1}。求算上述生成HI(g)反应的 200℃标准摩尔反应热 $\Delta_r H_m^\ominus(473.15K)$。已知下列数据:

$$C_{p,m}^\ominus(H_2,g)/(J\cdot mol^{-1}\cdot K^{-1}) = 29.07-8.36\times10^{-4}\,T/K$$

$$C_{p,m}^\ominus(HI,g)/(J\cdot mol^{-1}\cdot K^{-1}) = 26.32+5.94\times10^{-3}\,T/K$$

$$C_{p,m}^\ominus(I_2,g)/(J\cdot mol^{-1}\cdot K^{-1}) = 36.9$$

〔答案:−114.01kJ · mol^{-1}〕

2-46 已知下列物质的标准恒压摩尔热容如下:

$$C_{p,m}^\ominus(CH_4,g)/(J\cdot mol^{-1}\cdot K^{-1})=31.38+2.09\times10^{-2}\,T/K$$

$$C_{p,m}^\ominus(O_2,g)/(J\cdot mol^{-1}\cdot K^{-1})=27.20+4.184\times10^{-3}\,T/K$$

$$C_{p,m}^\ominus(N_2,g)/(J\cdot mol^{-1}\cdot K^{-1})=27.20+4.184\times10^{-3}\,T/K$$

$$C_{p,m}^\ominus(H_2O,g)/(J\cdot mol^{-1}\cdot K^{-1})=34.10+2.09\times10^{-3}\,T/K$$

$$C_{p,m}^\ominus(CO_2,g)/(J\cdot mol^{-1}\cdot K^{-1})=32.19+2.22\times10^{-2}\,T/K$$

如果 $CH_4(g)$和空气在燃烧之前都预热至 200℃,假定 100%$CH_4(g)$发生反应,计算下列绝热燃烧反应的最终温度:

$$CH_4(g)+2O_2(g)=\!=\!=CO_2(g)+2H_2O(g)$$

$$\Delta_r H_m^\ominus(298.15K)=-691.20kJ\cdot mol^{-1}$$

〔答案:2412K〕

2-47 利用键焓数据,估算下列反应的标准摩尔反应热 $\Delta_r H_m^\ominus(298.15K)$:

$$CH_3CH_2OH(g)=\!=\!=CH_3OCH_3(g)$$

〔答案:46kJ · mol^{-1}〕

课外参考读物

蔡寿辉，冯义. 1985. 气相离子生成焓及其应用. 化学通报，6：40

池酒书. 1988. 生成热与化学键类型. 大学化学，3(3)：20

范崇正. 1988. 过程热量等于过程焓变量的准确压力条件应该是什么？化学通报，5：63

伏义路，赵叔晞. 1989. 等压条件是 $\Delta H=Q_p$ 一式压力条件的严格描述与发展. 化学通报，6：62

高崇伊. 1987. 任意循环过程的效率和致冷系数. 大学物理，7：12

高执棣. 1991. 相变及化学反应体系的热容. 物理化学教学文集(二). 北京：高等教育出版社

高执棣. 1992. 广度量与强度量. 大学化学，7(1)：26

高执棣. 2006. 化学热力学基础. 北京：北京大学出版社

韩梅. 1988. 焦耳-汤姆孙系数和实际气体液化的关系. 大学化学，3：44

何法信. 1989. 离子的相对生成焓和绝对生成焓. 大学化学，2：50

何应森. 1989. 热力学的新进展. 化学通报，4：35

胡若芬. 1987. 对隔离体系问题的讨论. 教材通讯，4：45

胡一飞. 1981. 试谈热力学第一定律的实质及其应用. 徽州师专学报，2：17

化学工学协会. 1963～1972. 物性定数. 东京：丸善株式会社

邝生鲁，贡长生. 1983. 自由基热化学. 化学通报，7：6

李鸿寅. 1987. 理想气体任意准静态过程的吸热和放热研究. 大学物理，1：17

李湘桂. 1987. 关于生成函数法基本定理. 化学通报，8：70

廖晓恒. 1983. 热化学循环制氢的热力学基础. 化学通报，3：35

林紫英. 1988. 对隔离体系问题的一点注释. 教材通讯，6：46

刘子祥. 1988. 热化学闭路循环制 H_2 和 O_2 的新进展. 化学通报. 6：25

卢焕章. 1982. 石油化工基础数据手册. 北京：化学工业出版社

潘传智. 1988. 关于状态性质的加和性. 大学化学，1：14

屈德宇. 1997. 标准压力不再用 101.325kPa. 大学化学，12(3)：8

王军民，刘芸. 1988. 在热化学教学中引入反应进度的概念. 大学化学，3(5)：16

王乐珊. 1985. 无机热化学数据库. 化学通报，6：58

王正烈. 1987. 国际蒸气表卡和热化学卡. 化学通报，7：10

吴征铠. 1986. 热力学的几个问题. 物理化学教学文集. 北京：高等教育出版社

谢昌礼，徐桂端，宋昭华，等. 1991. 微量热化学及其应用. 物理化学教学文集(二). 北京：高等教育出版社

谢乃贤，高倩雷. 1989. 功，热概念的新介绍. 化学通报，8：48

许海涵. 1991. 生物活性的热力学. 物理化学教学文集(二). 北京：高等教育出版社

严济慈. 1966. 热力学第一和第二定律. 北京：人民教育出版社

严子浚. 1985. 关于焦耳效应与焦汤效应的关系. 物理，4：256

严子浚. 1986. 关于气体的热力学能、焦耳-汤姆孙系数与理想气体的讨论. 大学物理，11：12

杨绍宗. 1986. 焦耳效应与焦耳-汤姆孙效应的分析比较. 物理通报，8：3

杨玉顺. 1989. 比热容定义之我见. 教材通讯，6：34

朱志昂，张智慧. 1990. 在物理化学中如何讲授反应进度这一概念. 大学化学教学文集. 北京：北京大学出版社

Freemen R D. 1986. 热力学数据中新的标准压力. 方锡义译. 大学化学，1(2)：31

Herman E. 1987. 热力学第一定律中的热力学能. 郑全泽译. 大学物理，4：18

Mc Glashan M L. 1989. 化学热力学. 刘天和，刘芸译. 胡日恒校. 北京：中国计量出版社

Treptow R S. 1999. How thermodynamic data and equilibrium constants changed when the standard pressure became 1 bar. J Chem Educ，76：212

Wagman D D，等. 1998. NBS 化学热力学性质表 SI 单位表示的无机物质和 C_1 与 C_2 有机物质选择值. 刘天和，赵梦月译. 北京：中国标准出版社

第3章 热力学第二定律

本章重点、难点

(1) 卡诺循环及卡诺定理。

(2) 自发过程与不可逆过程的区别。

(3) 克劳修斯不等式。

(4) 热力学第二定律的表述。

(5) 各种变化(简单 p、V、T 变化，相变化，化学变化)过程的方向和限度的各类热力学判据(熵判据、亥姆霍兹自由能判据、吉布斯自由能判据和化学势判据)、适用条件及其应用。

(6) 组成恒定、只做体积功的封闭体系的热力学基本方程及适用条件。

(7) 组成变化、只做体积功的封闭体系的热力学基本方程及适用条件。

(8) 运用麦克斯韦关系式，用易测量的物理量(如 α、κ、C_p)求算简单 p、V、T 变化过程的难以直接测量的物理量的变化值(如 ΔU、ΔH、ΔS、ΔA、ΔG 等)。

(9) 借助偏微商变换关系，证明热力学函数间的关系。

(10) 根据过程条件(如简单 p、V、T 变化，相变化或化学变化)准确选择相应公式，或设计相应途径计算过程的 ΔS、ΔA 或 ΔG 等。

(11) 理想气体及实际气体的化学势表达式。

(12) 气体的标准态。

(13) 状态方程法求算实际气体的逸度。

本章实际应用

(1) 根据卡诺定理可以估算热机或制冷机的最大效率并进行相关计算。工业上有一种称为热泵的机器，其工作原理与制冷机相同，但目的不是制冷，而是将低温热源(如大气、大海)的热用泵传至高温物体，使高温物体的温度更高。目前广泛使用的冷暖空调就是一种集制冷机和热泵的功能于一体的空调器。

(2) 在设计合成某一新化合物时，可首先使用热力学判据判别所设计的反应是否可能；如果可能，则可用热力学的方法计算其理论产率。

(3) 在需要使用不能直接测量的热力学状态函数的变化值时可借助热力学关系，用易测量的物理量进行求算。

(4) 根据逸度系数图求算实际气体的逸度，用于处于化学平衡的实际气体体系的相关计算。

(5) 根据热力学第二定律，从可逆性判据的拓展可得到有效能和有效能效率概念。

(6) 在化工领域，利用对有效能的分析可以找到降低能耗的途径。近年来，节能的热力学或热经济学方法已得到迅速发展。

(7) 熵的概念在信息学、气象学、土壤学、生命科学和社会学等领域均有应用。

3.1 引 言

热力学第一定律解决的是能量在转化过程中的守恒问题。它不能告诉我们在一定的条件下过程能否进行，进行到什么限度。19 世纪，蒸汽机的发明大大促进了工业生产的迅速发展。但如何提高蒸汽机的效率？其效率能否达到 100%，即热能不能全部变为功？热力学第二定律就是在这样的历史背景下，通过大量的实验总结，结合自发过程的特征确立的。其研究对象仍然是宏观物体，目的是判别变化的方向和限度。其方法是引出新的状态函数熵(S)、亥姆霍兹自由能(A)、吉布斯自由能(G)、化学势(μ)。并用状态函数的变化值 ΔS、ΔA、ΔG、$\Delta\mu$ 来判别过程的方向和限度。

热力学第二定律的发展史是从 1824 年卡诺(Carnot)对热机的研究提出卡诺定理开始的。1850 年克劳修斯，1851 年开尔文(Kelvin)在证明卡诺定理时，提出了热力学第二定律的经典表述。1865 年克劳修斯在卡诺工作的基础上，提出状态函数熵。1876 年玻尔兹曼得到熵与热力学概率 Ω 关系的玻尔兹曼熵定理 $S=k\ln\Omega$。1909 年 Caratheodory 提出第二定律的公理化表述，用数学分析方法得到熵函数。1945 年普里高津(Prigogine)提出熵产生的概念，使热力学第二定律推广到任意体系，建立了不可逆过程热力学，并因此在 1977 年获得诺贝尔化学奖。我们将按历史顺序简单讨论热力学第二定律。

3.2 卡诺定理

尽管化学家对热机不感兴趣，但是对热机(heat engine)的研究却能得到化学家感兴趣的判断化学反应在指定条件下自发进行的方向和化学平衡位置的标准。研究热机的效率是同热转变为功的限度密切相关的。我们在 3.1 节中所提出的“热可否全部转变为功，而不留下任何其他变化”的问题，也是热机效率能否等于 1 的问题。

将热能(“热”)转变为机械能(“功”)的装置称为热机。最早的热机是蒸汽机，它利用锅炉中用燃料燃烧后放出的热，将水加热气化为水蒸气。水蒸气进入机器推动机械装置做出机械功，做完功后的水蒸气在机器外冷凝为水。工作物质是水，它可以取作热力学体系，它经历一个循环过程后恢复原状。总的结果是，燃料燃烧后放出的热量，一部分转变为功，其余部分传给了机器周围的环境。

蒸汽机的循环过程大致如下：蒸汽机内的工作物质(如水)从高温热源 H(如煤燃烧后的热空气)吸热 Q_H，恒温气化为高温高压水蒸气。此水蒸气进入气缸，经绝热膨胀过程做功 $-W$，此时水蒸气由高温高压变为低温低压。然后水蒸气在冷凝器中恒温液化为水，并放热 Q_C 传给低温热源 C(如冷却水)。最后用给水泵绝热压缩为高压水进入锅炉内循环使用。这样工作物质(水)经历了一个循环过程后恢复原状。由此可知，蒸汽机中水经历的循环过程由下列四个途径完成：①恒温气化；②绝热膨胀；③恒温液化；④绝热压缩。借工作物质水将热量从高温热源 H 传至低温热源 C，同时做出净功 $-W$。热机的效率 η 定义为

$$\eta=\frac{\text{所做的功}}{\text{从高温热源吸收的热}}=\frac{-W}{Q_H} \tag{3-1}$$

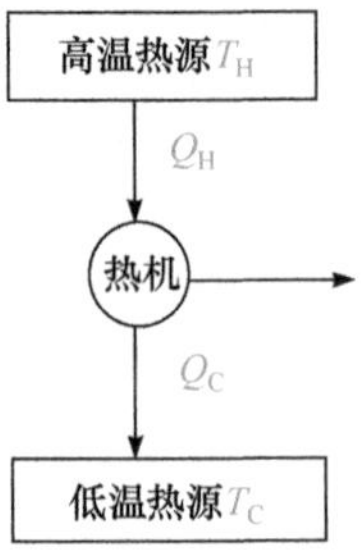

图 3-1 热机示意图

根据热力学第一定律，$\Delta U=Q+W$。对于循环过程来说，$\Delta U=0$，因此

$$-W=Q=Q_H+Q_C$$

$$\eta=\frac{-W}{Q_H}=\frac{Q_H+Q_C}{Q_H}=1+\frac{Q_C}{Q_H} \tag{3-2}$$

根据对 Q 的正、负号的规定，Q_H 为正值，Q_C 为负值，且 $|Q_H|>|Q_C|$。因此，$\eta<1$。图 3-1 表示热机在两个热源间工作的示意图。

1824 年，法国工程师卡诺专门研究热转变为功的规律。他设想了一个体系的循环过程，现在称为卡诺循环，按照这种循环过程制造的热机，现在称为卡诺热机。卡诺认为这种热机将热转变为功的效率为最大。

制冷机冷冻系数

$$\beta=\frac{Q'_C}{W}=\frac{Q'_C}{-(Q'_H+Q'_C)}=\frac{\dfrac{Q'_C}{Q'_H}}{-\left(1+\dfrac{Q'_C}{Q'_H}\right)}$$

式中，W 是环境对制冷机所做的功；Q'_C 是制冷机从低温热源吸收的热；Q'_H 是传给高温热源的热。

卡诺循环是一个由两个不同温度下的恒温可逆过程和两个绝热可逆过程所组成的可逆循环。工作物质(体系)不一定是理想气体，虽然我们取理想气体作为工作物质，但是所得结论与工作物质的本性无关(下面我们将证明其正确性)。虽然用理想气体绝对温标来标志热源的温度，但是任何温标对我们所讨论的热机效率问题均无关紧要。

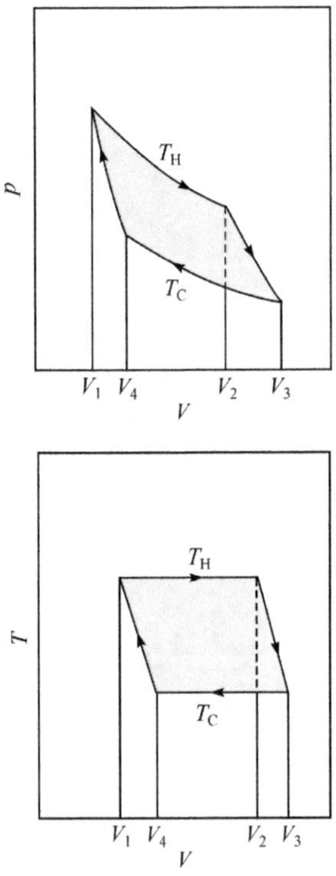

图 3-2 卡诺循环过程的 p-V 图和 T-V 图

以理想气体作为工作物质的卡诺热机从温度为 T_H 的高温热源 H 吸热 Q_H，向温度为 T_C 的低温热源 C 放热 Q_C，并对外做功 $-W$。体系(理想气体)经历由以下四个可逆过程组成的可逆循环后恢复原状，此可逆循环过程的 p-V图和 T-V 图如图 3-2 所示。

(1) 恒温可逆膨胀。用活塞密封在圆筒内的一定量理想气体，在 T_H 温度下(将此圆筒浸在温度为 T_H 的恒温浴内)，从状态 1(p_1,V_1,T_1)经恒温可逆膨胀变为状态 2(p_2,V_2,T_2)。因为是恒温过程，所以 $T_1=T_2=T_H$。

(2) 绝热可逆膨胀。将上述圆筒从恒温浴中取出，在绝热情况下经可逆膨胀从状态 2 变为状态 3(p_3,V_3,T_3)，气体的温度为 T_2 降至 T_3。因为是绝热过程，所以 $Q=0$。

(3) 恒温可逆压缩。将除去绝热壁的上述圆筒浸入温度为 T_C 的恒温浴中，在 T_C 温度下经恒温可逆压缩从状态 3 变为状态 4(p_4,V_4,T_4)。因为是恒温过程，所以 $T_3=T_4=T_C$。

(4) 绝热可逆压缩。再将上述圆筒从恒温浴中取出，在绝热情况下经可逆压缩从状态 4 变为状态 1，气体的温度由 T_4 升回至 T_1。因为是绝热过程，所以 $Q=0$。

因为用理想气体作为热机的工作物质，而且质量固定，只做体积功，不做其他功，所以对可逆过程来说($p_{ex}\approx p$)，封闭体系的热力学第一定律的表达式为

$$dU = \delta Q - pdV$$

因为理想气体的 $dU=C_V dT$，$pV=nRT$，所以上式可写为

$$C_V dT = \delta Q - nRT\frac{dV}{V}$$

等式两边同除以 T，并对整个卡诺循环进行闭合回路的曲线积分，得到

$$\oint C_V\frac{dT}{T} = \oint\frac{\delta Q}{T} - nR\oint\frac{dV}{V} \tag{3-3}$$

式(3-3)中的每一个环积分都是卡诺循环中的四个可逆过程的线积分的总和。因此

$$\oint C_V\frac{dT}{T} = \int_1^2 C_V\frac{dT}{T} + \int_2^3 C_V\frac{dT}{T} + \int_3^4 C_V\frac{dT}{T} + \int_4^1 C_V\frac{dT}{T} \tag{3-4}$$

因为 $T_1=T_2=T_H$，$T_3=T_4=T_C$，所以

$$\int_1^2 C_V\frac{dT}{T} = 0 \qquad \int_3^4 C_V\frac{dT}{T} = 0$$

因此，式(3-4)变为

$$\oint C_V\frac{dT}{T} = \int_2^3 C_V\frac{dT}{T} + \int_4^1 C_V\frac{dT}{T} \tag{3-5}$$

式中

$$\int_2^3 C_V\frac{dT}{T} = \int_{T_H}^{T_C} C_V\frac{dT}{T} = -\int_{T_C}^{T_H} C_V\frac{dT}{T}$$

$$\int_4^1 C_V\frac{dT}{T} = \int_{T_C}^{T_H} C_V\frac{dT}{T}$$

代入式(3-5)，得

$$\oint C_V\frac{dT}{T} = 0 \tag{3-6}$$

式(3-6)是很容易理解的。因为$\left[\frac{C_V(T)}{T}\right]dT$ 是状态函数的全微分，即 T 的某一函数 $f(T)$，其导数是$\frac{df(T)}{dT}=\frac{C_V(T)}{T}$，$df(T)=\left[\frac{C_V(T)}{T}\right]dT$，所以根据全微分的性质，应有式(3-6)。

同理，$\frac{dV}{V}$是状态函数 $\ln V$ 的全微分，即$\frac{dV}{V}=d\ln V$，故有

$$nR\oint\frac{dV}{V} = nR\oint d\ln V = 0 \tag{3-7}$$

将式(3-6)和式(3-7)代入式(3-3)，得

$$\oint\frac{\delta Q}{T} = 0 \tag{3-8}$$

因为

$$\oint\frac{\delta Q}{T} = \int_1^2\frac{\delta Q}{T} + \int_2^3\frac{\delta Q}{T} + \int_3^4\frac{\delta Q}{T} + \int_4^1\frac{\delta Q}{T}$$

过程(2)和(4)都是绝热的，$\delta Q=0$，过程(1)和(3)都是恒温的，$T_1=T_2=T_H$，$T_3=T_4=T_C$，故有

$$\int_1^2\frac{\delta Q}{T} = \frac{1}{T_H}\int_1^2\delta Q = \frac{Q_H}{T_H}$$

$$\int_3^4\frac{\delta Q}{T} = \frac{1}{T_C}\int_3^4\delta Q = \frac{Q_C}{T_C}$$

$$\oint \frac{\delta Q}{T} = \frac{Q_H}{T_H} + \frac{Q_C}{T_C} = 0$$

$$\frac{Q_C}{Q_H} = -\frac{T_C}{T_H} \tag{3-9}$$

因此,卡诺热机的效率 η_R 为

$$\eta_R = 1 + \frac{Q_C}{Q_H} = 1 - \frac{T_C}{T_H} \tag{3-10}$$

式(3-10)表明,卡诺热机的效率 η_R 与两个热源的温度有关,低温热源的温度 T_C 越低或高温热源的温度 T_H 越高,则 η_R 越接近于 1。当 $T_C \to 0$ 或 $T_H \to \infty$ 时,$\eta_R \to 1$,但是这种情况是不可能达到的,因为热力学第三定律告诉我们,绝对零度不能实现(关于热力学第三定律将在第 4 章中叙述)。因此,即使是由可逆过程组成的理想热机,其效率也不可能等于 1,这就是说"热"不可能全部转变为"功"而不引起任何其他变化。实际热机在工作中都存在过程的不可逆性,只是不同实际热机的不可逆性在程度上有差异而已。例如,较好的蒸汽机的锅炉温度为 600℃(在相应的高压下),冷凝器温度为 40℃,如果用卡诺热机在这两个高低温热源之间工作,其 $\eta_R = 1 - \frac{313}{873} = 64\%$,实际热机在这两个高低温热源之间工作,效率小于 64%,一般为 10%~40%。

卡诺认为,所有工作于相同温度的高温热源和相同温度的低温热源之间的热机,其效率不可能超过可逆热机的效率,或者说,可逆热机的效率为最大,这就是著名的卡诺定理。从这个定理出发,还可推得一个重要结论:在两个热源之间工作的所有可逆热机的效率与热机内的工作物质的性质无关,只取决于两个热源的温度。即所有可逆热机,无论其中工作物质是什么,只要工作在相同温度的高温热源和相同温度的低温热源之间,其效率都相同。当时卡诺用"热质说"和能量守恒原理来证明其定理,但这样的证明方法是错误的。1840~1850 年,开尔文和克劳修斯两人重新审查了卡诺的工作结果并指出,欲证明卡诺定理,必须依据一个新的原理,或者说,卡诺定理中包含着一个新原理,这就是开尔文和克劳修斯两人提出热力学第二定律的历史背景。由此可见,从卡诺定理到热力学第二定律的产生和熵函数的引出,其间还需经过曲折的道路,而卡诺循环在历史发展中确实起了一个良好的桥梁作用。

对可逆制冷机,冷冻系数为

$$\beta = \frac{Q'_C}{W'} = \frac{Q'_C}{-(Q'_C + Q'_H)} = \frac{\dfrac{Q'_C}{Q'_H}}{-\left(1 + \dfrac{Q'_C}{Q'_H}\right)}$$

则

$$\beta = \frac{-\dfrac{T_C}{T_H}}{-\left(1 - \dfrac{T_C}{T_H}\right)} = \frac{T_C}{T_H - T_C}$$

3.3 热力学第二定律的经典表述

卡诺定理是正确的,但他的证明受热质说影响却是错误的。在 1850 年左右,克劳修斯和开尔文在证明卡诺定理的过程中,结合自然自发过程的特

征，提出了热力学第二定律的经典表述。

3.3.1　自发过程

知识点讲解视频

不可逆过程和自发过程（朱志昂）

在自然界中存在许多朝一定方向自发进行的自然过程（natural process）。自发进行的自然过程或称为自然自发过程（可简称为自发过程 spontaneous process），就是听其自然，无需人为地施加任何外力，就能自动发生的过程。在热力学第二定律中，有时将在不需要环境对体系做功的指定温度 T、指定压力 p 的条件下，能自动发生的不可逆过程也称为自发过程。自发过程具有以下特征：

（1）自发过程的方向性和限度。自发过程的始态是非平衡态，自发过程是单方向的，方向趋于平衡，是一去不复返的，是不可逆的，逆过程不能自动进行。限度是达到平衡为止。

（2）自发过程的后果（痕迹）不会自动消除。例如，热传导的方向总是从高温传向低温，限度是两物体的温度相等，后果是 Q 焦耳的热从高温传到低温，后果不会自动消除，即不会自动地有 Q 焦耳的热从低温传到高温。又如，水自动地从高处流向低处，直至水面的高度相同为止，其后果是高处的水减小了一定的量，而低处的水增加了一定的量。后果不能自动消除，注意“自动”二字并不是后果不能消除。可用抽水机将低处的水打到高处，但此时环境对体系做了功，又产生了新的后果。

（3）自发过程都有一定的做功能力。有无对外做功能力也可作为过程自发性的判据。自发过程一定是不可逆的，但不可逆过程却不一定是自发的，如不可逆压缩过程就是非自发的过程。

专题讲座视频

准静态过程、可逆过程、不可逆过程和自发过程（朱志昂）

在热力学第一定律中我们初步介绍了热力学可逆过程和不可逆过程的概念。但是要深刻理解和区别这两个概念，还需要借助于热力学第二定律。一个体系经历某一过程后，体系和环境的状态都发生了变化，如果无论用什么方法都不能使体系和环境同时恢复原状，而不再引起任何其他变化，则原来的过程称为不可逆过程。反之，如果能设法使体系和环境同时恢复原状，而不引起任何其他变化，则原来的过程称为可逆过程。换言之，不可逆过程所产生的后果在不再引起任何其他变化的条件下是无法消除的，而可逆过程所产生的后果是可以设法消除的。这里应该特别注意“不再引起任何其他变化”一语。理想气体的恒温不可逆膨胀过程，$\Delta U=0$，$Q=-W$，虽然气体可以将从环境吸收的热全部变成对环境所做的功，但留下了体系（气体）体积变化的后果。若将气体在恒温下压缩至原来体积，但环境却多消耗了功，留下了无法消除的后果。

3.3.2　第二定律的经典表述

自然界中自发的不可逆过程种类很多，但其特征均是后果不会自动消除。这一普遍原理就是热力学第二定律，有人称为后果不可消除原理。自然界不可逆过程种类很多，我们可任选一不可逆过程来说明这一原理，因此热力学第二定律的这种形式的说法很多，但最早的是以下几种说法：

（1）克劳修斯表述。1854 年，克劳修斯选用的角度是热传导过程的后果不能消除。“热不可能自动地从低温热源传至高温热源”或“不可能以热的形式将低温物体的能量传递给高温物体，而不引起其他变化”。

(2) 开尔文表述。1851 年开尔文选用的是摩擦生热过程后果不可消除。“不可能从单一热源将热全部变为功而不发生其他变化”。从热力学第一定律看，热与功是等价的，可进行能量衡算。从热力学第二定律看，热和功是不等价的。功能无条件地 100%转变为热。热不能无条件地 100%转变为功。

(3) 奥斯特瓦尔德(Ostwald)表述。“第二永动机是不能制成的”。所谓第二永动机是一种能够从单一热源吸热，并将吸收的热全部变为功而无其他变化的机器。第二永动机并不违背热力学第一定律，但是经验告诉我们，这种机器不可能制造出来。

以上这三种说法是等价的，如果一个不成立，其他的也不成立。

3.4 热力学第二定律的熵表述

判别一过程可逆与否看其后果能否自动消除，后果不能自动消除的为不可逆过程，后果能自动消除的为可逆过程。过程不同其后果也不同，能否找出一个体系的状态函数来判断过程可逆与否？克劳修斯在卡诺循环的基础上，提出一个状态函数——熵。

3.4.1 熵函数

对卡诺循环有

$$\oint \frac{\delta Q_R}{T} = 0 \tag{3-11}$$

式中，δQ_R 是可逆循环过程中的一个无限小部分体系与环境交换的可逆热；T 是可逆循环过程中进行热交换时热源温度，即环境温度，由于是可逆过程，环境温度等于体系温度。$\frac{\delta Q_R}{T}$是可逆过程的热温商。对任一可逆循环过程可证明也有式(3-11)。证明的方法是：第一步，任一可逆过程可用两个绝热可逆过程和一个恒温可逆过程代替；第二步，任一可逆循环可看作无数个小的卡诺循环所组成。

既然$\frac{\delta Q_R}{T}$沿任何可逆循环的积分为零，则$\frac{\delta Q_R}{T}$必定是一个状态函数的全微分。线积分 $\int_1^2 \frac{\delta Q_R}{T}$ 的数值与从状态 1 变到状态 2 的途径无关，只取决于始态 1 和末态 2。克劳修斯在 1854 年称这个状态函数为熵(entropy)，用符号 S 表示：

$$\mathrm{d}S = \frac{\delta Q_R}{T} \tag{3-12}$$

从状态 1 到状态 2 的任意可逆过程中体系的熵变化可由式(3-12)积分求得

$$\Delta S = S_2 - S_1 = \int_1^2 \frac{\delta Q_R}{T} \tag{3-13}$$

值得指出的是，虽然 δQ_R 本身不是一个全微分，但$\frac{\delta Q_R}{T}$却是一个全微分(这里$\frac{1}{T}$称为积分因子)，就如 δQ 和 δW 都不是全微分，但($\delta Q + \delta W$)却是全微分。

两者的区别在于，$\frac{\delta Q_R}{T}$是全微分，只对可逆过程而言，对于不可逆过程也有$\frac{\delta Q}{T}$，但不是全微分；而($\delta Q+\delta W$)是全微分，对可逆和不可逆过程均适用。

应该着重指出，因为熵 S 是状态函数，所以无论体系沿什么途径从状态 1 变到状态 2，其熵变 ΔS 均相同，与过程可逆与否无关，这是任何状态函数的特征，熵函数也不例外。问题在于，只有可逆过程的$\frac{\delta Q_R}{T}$的定积分才等于体系的熵变，不可逆过程的$\frac{\delta Q}{T}$的求和不等于体系的熵变。如何求算不可逆过程的体系的熵变待 3.5 节讨论。

关于熵函数的特性可归纳如下：

(1) 熵是一个状态函数，是体系的一种性质，可用状态参数 p、V、T 等表示。

(2) 熵是一个广度性质。为证明这一点，可设想将一个处于平衡态的体系分为两部分，这两部分的温度当然彼此相等，均为 T。如果在某一可逆过程中，1 部分和 2 部分分别吸热 δQ_1 和 δQ_2，则根据式(3-12)，两部分的熵变分别为

$$\mathrm{d}S_1=\frac{\delta Q_1}{T} \qquad \mathrm{d}S_2=\frac{\delta Q_2}{T}$$

但整个体系的熵变是

$$\mathrm{d}S=\frac{\delta Q_R}{T}=\frac{\delta Q_1+\delta Q_2}{T}=\frac{\delta Q_1}{T}+\frac{\delta Q_2}{T}=\mathrm{d}S_1+\mathrm{d}S_2$$

积分上式得

$$\Delta S=(\Delta S)_1+(\Delta S)_2$$

因此

$$S=S_1+S_2$$

(3) 熵的单位在 SI 中是 $\mathrm{J\cdot K^{-1}}$。在化学文献中，$\mathrm{cal\cdot K^{-1}}$也称为熵单位(entropy unit)，以 eu 表示。熵的单位虽然与热容的单位相同，但两者有本质区别，切勿混为一谈。

(4) 热力学第二定律只给出熵变 $\mathrm{d}S$ 或 ΔS 的定义式[式(3-12)或式(3-13)]，因此我们只能计算体系状态变化后，其熵的改变值。热力学第二定律只发现体系有一状态函数——熵的存在，但无法知道体系在某一给定状态下的熵的绝对值。因为熵既是体系的性质，所以体系在一定状态下必有一个确定数值的熵，只是无法知道其绝对值而已。

热力学是宏观理论，与任何物质结构理论无关。因此，问“熵是什么”，热力学是无法作出令人满意的答案的。根据式(3-12)，只能回答熵是体系状态的单值函数，是体系的一个广度性质。$\mathrm{d}S$ 是全微分。利用熵函数的变化方向，可以判断孤立体系中状态变化的方向和限度。我们将在第 5 章中详细叙述熵的微观本质和统计意义。

3.4.2 克劳修斯不等式

根据卡诺定理,如果任意热机是一个不可逆热机 I,则 $\eta_{\mathrm{I}}<\eta_{\mathrm{R}}$。因为

$$\eta_{\mathrm{I}}=1+\frac{Q_{\mathrm{C}}}{Q_{\mathrm{H}}} \qquad \eta_{\mathrm{R}}=1-\frac{T_{\mathrm{C}}}{T_{\mathrm{H}}}$$

所以

$$1+\frac{Q_{\mathrm{C}}}{Q_{\mathrm{H}}}<1-\frac{T_{\mathrm{C}}}{T_{\mathrm{H}}}$$

移项后得

$$\frac{Q_{\mathrm{C}}}{T_{\mathrm{C}}}+\frac{Q_{\mathrm{H}}}{T_{\mathrm{H}}}<0$$

对于任意不可逆循环来说,若体系在此循环过程中与许许多多个不同温度 T_i 的热源接触,每一个微小热交换量为 δQ_i,则上式可以推广为适用于任意不可逆循环过程的表示式

$$\sum_i \frac{\delta Q_i}{T_i}<0 \tag{3-14}$$

试考虑下列不可逆循环过程:体系从状态 1 不可逆地变到状态 2,然后可逆地从状态 2 返回到状态 1。任何一个循环过程,只要其中有一步骤(途径)是不可逆的,则整个循环是不可逆循环。根据式(3-14)应有

$$\left(\sum_i \frac{\delta Q_i}{T_i}\right)_{1\to 2}+\int_2^1 \frac{\delta Q_{\mathrm{R}}}{T}<0$$

$$\left(\sum_i \frac{\delta Q_i}{T_i}\right)_{1\to 2}-\int_1^2 \frac{\delta Q_{\mathrm{R}}}{T}<0$$

$$\left(\sum_i \frac{\delta Q_i}{T_i}\right)_{1\to 2}-\int_1^2 \mathrm{d}S<0$$

$$\frac{\delta Q_{\mathrm{I}}}{T_i}-\mathrm{d}S<0$$

$$\mathrm{d}S>\frac{\delta Q_{\mathrm{I}}}{T_i}$$

对可逆循环应有“=”号,故有

$$\mathrm{d}S\geqslant\frac{\delta Q}{T_{环}} \tag{3-15}$$

或

$$\Delta S\geqslant\left(\sum \frac{\delta Q}{T_{环}}\right)_{1\to 2} \tag{3-16}$$

式(3-15)和式(3-16)称为克劳修斯不等式,可作为热力学第二定律的数学表达式。它说明封闭体系内任一过程,若熵差与该过程的热温熵之和相等,则该过程为可逆过程。若熵差大于该过程的热温商之和,则该过程为不可逆过程。根本不能发生 $\Delta S<\left(\sum \frac{\delta Q}{T_{环}}\right)_{1\to 2}$ 的过程,否则违背卡诺定理,可逆热机效率就会小于不可逆热机效率,这是不可能的。

知识点讲解视频

从克劳修斯不等式到熵增加原理(朱志昂)

3.4.3 熵增加原理

1. 绝热封闭体系的熵增加原理

对于绝热封闭体系,由于 $\delta Q=0$,克劳修斯不等式[式(3-16)]将变为

$$\Delta S_{绝热} \geqslant 0 \quad 或 \quad \left(\frac{\partial S}{\partial \xi}\right)_{绝热} \geqslant 0$$

在绝热封闭体系中可用熵变来判别过程可逆与否。

$$\Delta S_{绝热}\begin{cases} >0,此过程能发生,且是绝热不可逆的 \\ =0,此过程能发生,且是绝热可逆的,体系已达平衡 \\ <0,此过程不能发生 \end{cases}$$

在绝热封闭体系中，若发生一绝热不可逆过程，体系的熵增加，直至最大不变为止，体系达到新的平衡状态。绝热封闭体系不可能发生熵减小的过程。这就是熵增加原理，也是热力学第二定律的熵表述。需强调指出的是，绝热不可逆过程不一定是自发过程。例如，绝热不可逆压缩就是一需环境做功的过程，是一非自发过程，但其熵变仍大于零。

2. 孤立体系的熵增加原理

现在把上一结果推广至孤立体系。

$$\Delta S_{孤立} \geqslant 0 \quad 或 \quad \left(\frac{\partial S}{\partial \xi}\right)_{U,V,N} \geqslant 0$$

与绝热封闭体系类似。

$$\Delta S_{孤立}\begin{cases} >0,能发生不可逆过程,且是自发过程 \\ =0,能发生可逆过程,已达平衡 \\ <0,根本不能发生 \end{cases}$$

孤立体系中，若发生一不可逆过程，一定是自发的，自发过程向熵增大的方向进行，当达到平衡态时，熵值达到最大。或者说“一孤立体系的熵永不减小”。这是熵增加原理的另一种表述，也是热力学第二定律熵表述的另一种形式。应该指出的是，孤立体系中自发过程的始态一定是非平衡态，在过程中体系的熵不断增大，直至最大值不变为止，体系达到新的平衡态。在 $\Delta S_{孤立}$ 等于零时，只能发生可逆过程。当体系从状态 1 以可逆方式变到状态 2 时，由于可逆过程变化速度无限慢、时间无限长，是在无限接近平衡状态下进行的，因此可将状态 1 和状态 2 看作处于平衡状态。

3. 任意封闭体系的熵增加原理

任意封闭体系加环境可当作孤立体系，称为总体。

$$\Delta S_{总体} = \Delta S_{体系} + \Delta S_{环境}$$

$$\Delta S_{总体}\begin{cases} >0,能发生不可逆过程 \\ =0,能发生可逆过程,体系已达平衡 \\ <0,根本不能发生 \end{cases}$$

封闭体系中发生一不逆过程，则 $\Delta S_{总体}$ 必大于零，即总体熵必须是增加。封闭体系不可能发生总体熵减少的过程，达到平衡时，总体熵达到最大。

应该强调指出，判别封闭体系中过程的方向和限度时，不能只用 $\Delta S_{体系}$，而必须加上环境熵变。封闭体系中的不可逆过程，$\Delta S_{总体}$ 一定大于零，但 $\Delta S_{体系}$ 不一定，有可能小于零。封闭体系中的不可逆过程不一定是自发过程。

3.5 熵变计算

3.5.1 体系熵变 ΔS 的计算

热力学讨论的体系如不加注明，均为封闭体系。计算体系的熵变，首先是确定体系状态变化的始、末态。对于可逆过程，直接应用式(3-13) $\Delta S = \int_1^2 \frac{\delta Q_R}{T}$。对于不可逆过程，$\Delta S \neq \int_1^2 \frac{\delta Q_I}{T}$。这是因为 $dS = \frac{\delta Q_R}{T}$ 仅对可逆过程适用，对于不可逆过程 $dS \neq \frac{\delta Q_I}{T}$。因为熵是体系的状态函数，只取决于体系的始、末态，其改变值与体系所经历的变化途径无关，所以体系从状态 1 变到状态 2 的不可逆过程的熵变，可从状态 1 与状态 2 之间假想设计的一个可逆过程的 $\Delta S = \int_1^2 \frac{\delta Q_R}{T}$ 求得体系的熵变 ΔS。

3.5.2 环境熵变 $\Delta S_{环}$ 的计算

$$\Delta S_{环} = \int_1^2 \frac{\delta Q_{环,R}}{T_{环}}$$

环境可当作大的恒温源($T_{环}$ = 常数)，大的物质源，环境体积的变化可忽略不计，在只做体积功的条件下，$\delta W_{环} = 0$，则 $\delta Q_{环} = dU_{环}$。这说明环境吸热、放热无论其方式可逆与否均有 $\delta Q_{环,R} = \delta Q_{环,I} = dU_{环}$。所以可用实际过程中环境吸收或放出的热 $\delta Q_{环}$ 代替 $\delta Q_{环,R}$，其数值又等于 $-\delta Q_{体系}$。故有

$$\Delta S_{环} = \int_1^2 \frac{\delta Q_{环}}{T_{环}} = \frac{1}{T_{环}} \int_1^2 \delta Q_{环} = \frac{Q_{环}}{T_{环}} = \frac{-Q_{体系}}{T_{环}} \tag{3-17}$$

3.5.3 熵变计算举例

1. 没有相变化、没有化学变化的简单 p、V、T 状态变化

1) 恒压变温

对可逆恒压变温过程

$$\Delta S = \int_1^2 \frac{\delta Q_R}{T} = \int_1^2 \frac{\delta Q_p}{T} = \int_1^2 \frac{nC_{p,m}dT}{T} \tag{3-18}$$

若 $C_{p,m}$ 为常数，则有

$$\Delta S = nC_{p,m}\ln\frac{T_2}{T_1} \tag{3-19}$$

$$\Delta S_{环} = \int_1^2 \frac{\delta Q_{环}}{T_{环}} = \int \frac{-\delta Q_R}{T} = \int_1^2 \frac{-nC_{p,m}dT}{T}$$

$$\Delta S_{总体} = \Delta S + \Delta S_{环} = 0$$

对不可逆恒压变温过程，设计可逆恒压变温过程求 ΔS。

$$\Delta S = \int_1^2 \frac{\delta Q_R}{T} = \int_1^2 \frac{\delta Q_p}{T} = \int_1^2 \frac{nC_{p,m}dT}{T}$$

$$\Delta S_{环} = \int_1^2 \frac{\delta Q_{环}}{T_{环}} = \frac{Q_{环}}{T_{环}} = \frac{-Q_I}{T_{环}} = \frac{-Q_p}{T_{环}} = \frac{-\int_1^2 nC_{p,m}dT}{T_{环}}$$

$$\Delta S_{总体} = (\Delta S + \Delta S_{环}) > 0$$

2) 恒容变温

对可逆恒容变温过程

$$\Delta S = \int_1^2 \frac{\delta Q_R}{T} = \int_1^2 \frac{\delta Q_V}{T} = \int_1^2 \frac{nC_{V,m}dT}{T} \tag{3-20}$$

若 $C_{V,m}$ 为常数，则有

$$\Delta S = nC_{V,m}\ln\frac{T_2}{T_1}$$

$$\Delta S_{环} = \int_1^2 \frac{\delta Q_{环}}{T_{环}} = \int_1^2 \frac{-\delta Q_V}{T} = \int_1^2 \frac{-nC_{V,m}dT}{T}$$

$$\Delta S_{总体} = \Delta S + \Delta S_{环} = 0$$

对不可逆恒容变温过程，设计可逆恒容变温过程求体系熵变。

$$\Delta S = \int_1^2 \frac{nC_{V,m}dT}{T} = nC_{V,m}\ln\frac{T_2}{T_1} \quad (C_{V,m}\ 为常数) \tag{3-21}$$

$$\Delta S_{环} = \frac{Q_{环}}{T_{环}} = \frac{-Q_I}{T_{环}} = \frac{-Q_V}{T_{环}} = \frac{-\int_1^2 nC_{V,m}dT}{T_{环}}$$

$$\Delta S_{总体} = (\Delta S + \Delta S_{环}) > 0$$

3) 理想气体恒温过程

设计恒温可逆变容过程求体系熵变 ΔS。

$$\Delta S = \int_1^2 \frac{\delta Q_R}{T} = \frac{Q_R}{T} = \frac{-W_R}{T} = \frac{\int_1^2 p dV}{T} = nR\ln\frac{V_2}{V_1} \tag{3-22}$$

$$\Delta S_{环} = \frac{Q_{环}}{T_{环}} = \frac{-Q_{体}}{T_{环}}$$

4) 理想气体的状态变化

设计可逆过程求 ΔS。

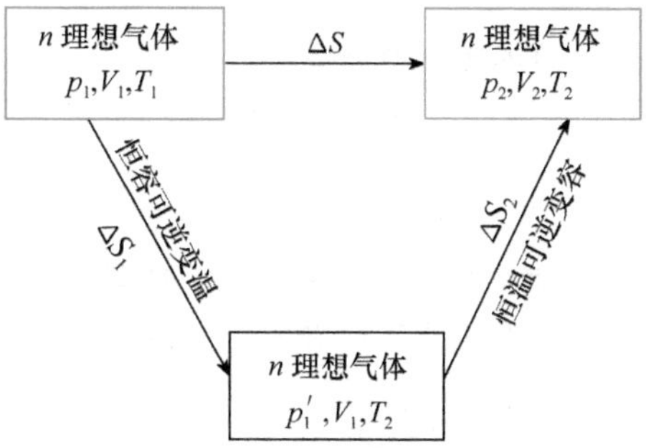

$$\Delta S = \Delta S_1 + \Delta S_2$$

$$\Delta S = nC_{V,m}\ln\frac{T_2}{T_1} + nR\ln\frac{V_2}{V_1} \tag{3-23}$$

将 $\frac{V_2}{V_1}=\frac{p_1T_2}{p_2T_1}$ 代入式(3-23)得

$$\Delta S = nC_{p,m}\ln\frac{T_2}{T_1} + nR\ln\frac{p_1}{p_2} \tag{3-24}$$

将 $\frac{T_2}{T_1}=\frac{V_2p_2}{V_1p_1}$ 代入式(3-24)得

$$\Delta S = nC_{p,\mathrm{m}}\ln\frac{V_2}{V_1} + nC_{V,\mathrm{m}}\ln\frac{p_2}{p_1} \tag{3-25}$$

式(3-23)～式(3-25)是等效的，对理想气体的可逆、不可逆过程均适用。

求 $\Delta S_{环}$ 必须知道具体过程。对可逆过程

$$\Delta S_{环} = \int_1^2 \frac{\delta Q_{环}}{T_{环}} = \int_1^2 \frac{-\delta Q_{\mathrm{R}}}{T} = -\Delta S$$

$$\Delta S_{总体} = \Delta S + \Delta S_{环} = 0$$

对不可逆过程

$$\Delta S_{环} = \frac{Q_{环}}{T_{环}} = \frac{-Q_{\mathrm{I}}}{T_{环}}$$

$$\Delta S_{总体} = \Delta S + \Delta S_{环} > 0$$

5）绝热可逆过程

绝热可逆 $\delta Q_{\mathrm{R}}=0$，所以 $\Delta S=0$，绝热可逆过程是一等熵过程。$\delta Q_{环}=0$，$\Delta S_{环}=0$。

6）绝热不可逆过程

设计可逆过程求 ΔS。要特别指出的是，不可能设计一步绝热可逆过程达到同一末态，通常要设计两步可逆过程来实现状态的变化。例如，理想气体绝热不可逆膨胀过程如图 3-3 所示。

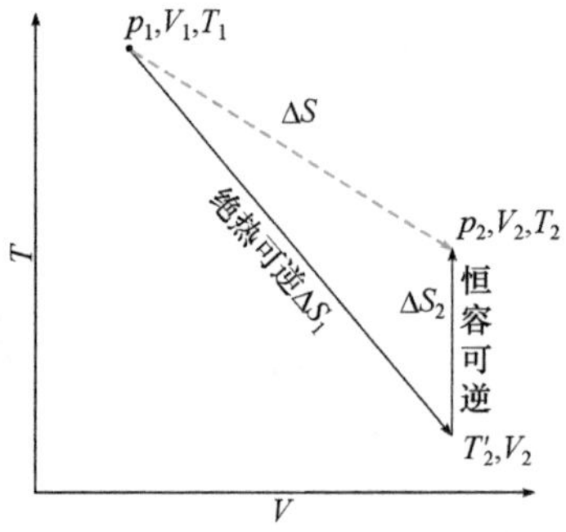

图 3-3 理想气体绝热不可逆膨胀过程

$$\Delta S = \Delta S_1 + \Delta S_2$$

$$\Delta S_1 = 0$$

$$\Delta S_2 = nC_{V,\mathrm{m}}\ln\frac{T_2}{T_2'}$$

$$T_2'V_2^{\gamma-1} = T_1V_1^{\gamma-1}$$

$$\Delta S = nC_{V,\mathrm{m}}\ln\frac{T_2}{T_1} + nR\ln\frac{V_2}{V_1}$$

$\Delta S_{环}=0$，ΔS 一定大于零。

2. 热从高温向低温的不可逆热传导

1）恒温热传导

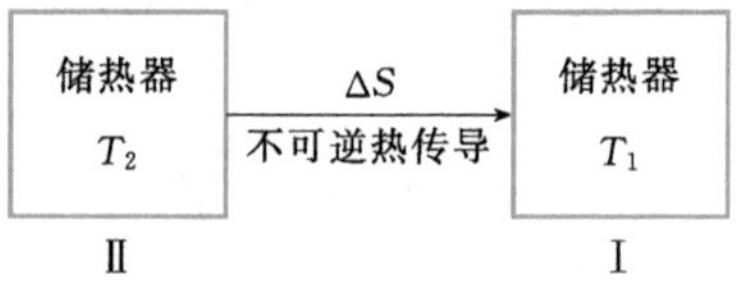

$T_2>T_1$，有热 Q 从Ⅱ不可逆传导到Ⅰ，T_2、T_1 各自保持温度不变。将(Ⅱ+Ⅰ)当作绝热封闭体系，$Q_{环}=0$，$\Delta S_{环}=0$。

设计可逆过程求体系熵变 ΔS。第一步，将温度为 T_2 的理想气体与部分Ⅱ接触，令理想气体恒温可逆膨胀从Ⅱ吸热 Q，则Ⅱ的熵变为

$$\Delta S_2 = \int_1^2 \frac{-\delta Q_{\mathrm{R}}}{T_2} = -\frac{Q}{T_2}$$

第二步，将该理想气体与Ⅱ脱离，绝热可逆膨胀至温度为 T_1，此步的 $\Delta S'=0$。

第三步，将温度为 T_1 的理想气体与Ⅰ接触，进行恒温可逆压缩直至将 Q

的热传给 I，则 I 的熵变为

$$\Delta S_1 = \int_1^2 \frac{\delta Q_R}{T_1} = \frac{Q}{T_1}$$

$$\Delta S = \Delta S_2 + \Delta S' + \Delta S_1 = -\frac{Q}{T_2} + \frac{Q}{T_1} \tag{3-26}$$

因为 $T_2 > T_1$，所以 $\Delta S > 0$。

2）变温热传导

这是两个温度不同的有限物体相接触，最后达到热平衡的过程。这类过程的特点是两物体始态温度不同，而末态温度相同。

$$
\begin{array}{|c|c|}
\hline
\text{A} & \text{B} \\
T_2 & T_1 \\
C_{p,2} & C_{p,1} \\
\hline
\end{array}
\xrightarrow[\substack{绝热恒压\\ T_2>T_1}]{\Delta S}
\begin{array}{|c|c|}
\hline
\text{A} & \text{B} \\
T & T \\
C_{p,2} & C_{p,1} \\
\hline
\end{array}
$$

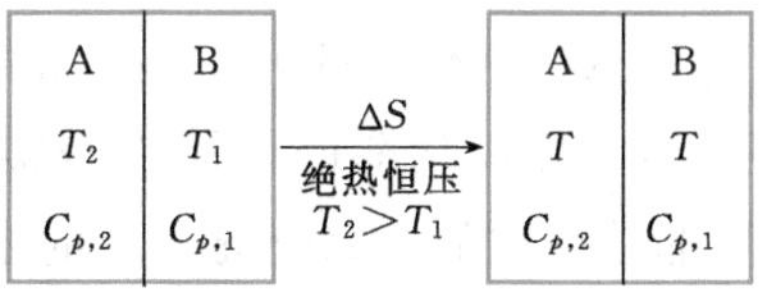

先求末态温度 T，若 C_p 为常数，根据热衡算

$$-C_{p,2}(T-T_2) = C_{p,1}(T-T_1)$$

$$T = \frac{C_{p,1}T_1 + C_{p,2}T_2}{C_{p,1}+C_{p,2}}$$

设计恒压可逆变温求体系熵变 ΔS

$$\Delta S = \Delta S_A + \Delta S_B = \int_{T_2}^T \frac{C_{p,2}\mathrm{d}T}{T} + \int_{T_1}^T \frac{C_{p,1}\mathrm{d}T}{T} = C_{p,2}\ln\frac{T}{T_2} + C_{p,1}\ln\frac{T}{T_1}$$

$$\tag{3-27}$$

3. 在恒温恒压下不同惰性理想气体的混合过程

封闭体系内几种不同纯气体在不发生化学变化情况下的混合过程是一个在恒温恒压下由各自单独处于纯态变成混合态的过程。设有 n_a 的惰性理想气体 a 和 n_b 的惰性理想气体 b 用隔板分开，彼此所处的温度和压力均相同。惰性理想气体的混合意味着在混合时不发生化学变化，如图 3-4 所示。在混合前后分子间均无相互作用，温度不变，故体系热力学能不变。拿走隔板后，气体混合是一个不可逆自发过程。该自发混合过程的始态是拿走隔板的瞬间，这是一非平衡态，但用离它很近的隔板存在时平衡态的状态函数代替这一非平衡态。为了求算混合过程中体系的 ΔS，可设计下列可逆过程来达到相同的状态变化。

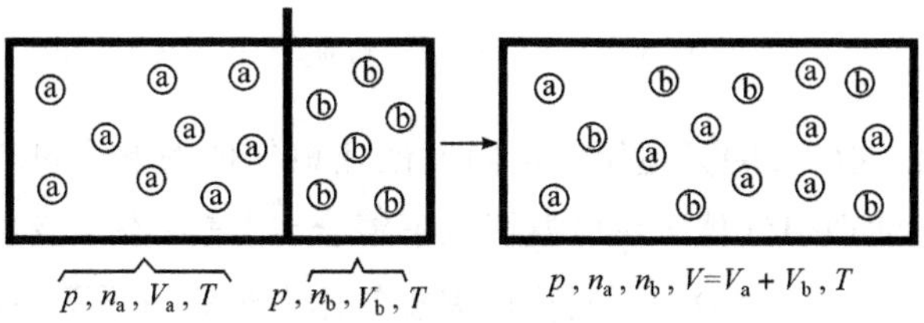

图 3-4　恒温恒压理想气体的混合

(1) 将每一种气体在恒温 T 下分别进行可逆恒温膨胀，使每一种气体的体积均为末态体积 V。应该指出，此可逆恒温膨胀不是绝热的，每一种气体吸收的热量正好等于气体对外做的功。因为熵是广度性质，所以第一步的可逆过程的熵变是两种气体的熵变之和，即

$$\Delta S_1 = \Delta S_a + \Delta S_b = n_a R\ln\frac{V}{V_a} + n_b R\ln\frac{V}{V_b}$$

(2) 将分别膨胀后的两种气体进行可逆恒温混合。设有两种半透膜，一种只允许气体 a 透过，另一种只允许气体 b 透过。两种气体在混合前的状态如图 3-5(a)所示。无限慢地移动半透膜 A 和不透膜 C，而半透膜 B 固定不动，图 3-5(b)是体系的中间状态。由于膜的移动是无限慢的，可以认为膜是处于平衡态，即在 A 半透膜两边气体 a 的分压是相等的，在 B 半透膜两边气体 b 的分压也是相等的。任一中间状态是平衡态，仅需要一个无限小的力就能使膜移动，因此每一步都是可逆的。完全混合后的末态如图 3-5(c)所示。因为理想气体的热力学能只是温度的函数，所以 $\Delta U=0$。又因为作用在膜上的外力是无限小，所以 $W=0$。根据 $Q=\Delta U-W=0$，可知第二步可逆混合过程是绝热可逆过程，因此 $\Delta S_2=0$。两个可逆过程的熵变之和等于不可逆混合过程的 ΔS，即

$$\Delta S = \Delta S_1 + \Delta S_2 = n_a R\ln\frac{V}{V_a} + n_b R\ln\frac{V}{V_b}$$

根据波义耳定律，$pV_a = p_a V$，$\frac{V}{V_a}=\frac{p}{p_a}$。又知摩尔分数 $x_a=\frac{p_a}{p}=\frac{n_a}{(n_a+n_b)}$，所以

$$\frac{V}{V_a}=\frac{1}{x_a}=\frac{n_a+n}{n_a} \qquad \frac{V}{V_b}=\frac{1}{x_b}=\frac{n_a+n_b}{n_a}$$

因此

$$\Delta S=-n_a R\ln x_a - n_b R\ln x_b \tag{3-28}$$

式(3-28)表明，此混合过程的熵变全部由每一种气体的体积变化所引起，而可逆混合(第二步)的熵变为零(这是可以理解的，因为对于每一种气体来说，p、V、T 均未变，分子间没有相互作用力，纯态与混合态一样，所以状态未变，S 也不变)。

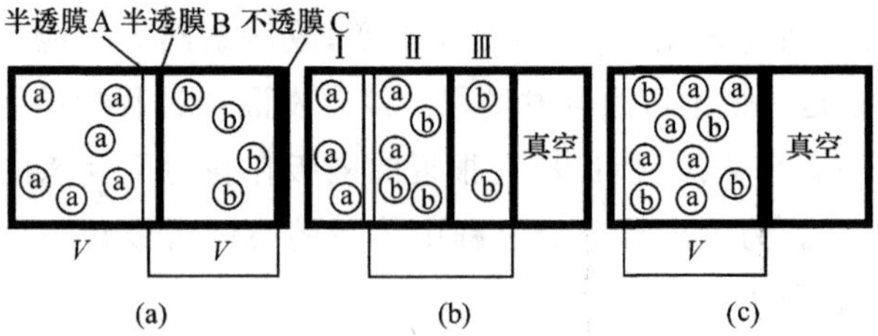

图 3-5　气体的恒温可逆混合

应该指出，式(3-28)只适用于不同惰性理想气体的混合过程。如果两部分是同一种惰性理想气体 i 在恒温恒压下混合，则其状态不变(仍然是纯态，$x_i=1$)，$\Delta S=0$。式(3-28)中不同惰性理想气体在恒温恒压下的混合过程，即

$$\Delta S=-R\sum n_i \ln x_i \tag{3-29}$$

式中，n_i 和 x_i 分别是第 i 种惰性理想气体的物质的量和摩尔分数。

前沿拓展：麦克斯韦妖与分子机器

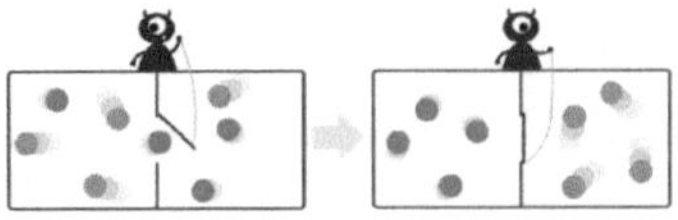

附图 3-1　光质分子信息棘轮的模型箱子

热力学第二定律指出，在绝热封闭系统中只能发生熵增大或不变的过程。1871 年，英国物理学家麦克斯韦为了说明违反热力学第二定律的可能性，提出了一种假想模型——麦克斯韦妖。麦克斯韦设想这种“妖”可以探测并控制单个分子的运动，能按照某种秩序和规则将做随机热运动的微粒分配到一定箱格中。随着研究的逐渐深入，美国科学家兰道尔指出信息擦除过程一定伴随着熵增，麦克斯韦妖在控制分子运动的过程中需要进行信息擦除，从而这一过程总熵变大于零，并未违反热力学第二定律。来自英国的利(Leigh)教授报道了一种光质分子信息棘轮(附图 3-1；Nature，2007，445：523)。该模型箱子左侧分子吸收光能将信息传递给麦克斯韦妖控制阀门打开，而右侧分子吸收光子后无法传递信息，结果造成了分子定向运动。由于信息传递过程消耗了光能，因此不做功就可以改变分子分布的麦克斯韦妖依然是一个悖论。(张瀛溟)

扫描右侧二维码观看视频

4. 相变过程

1) 恒温恒压条件下的可逆相变过程

因为是恒温可逆过程，所以式(3-13)可写成

$$\Delta S = \frac{1}{T}\int_1^2 \delta Q_R = \frac{Q_R}{T}$$

式中，Q_R 是相变热(潜热)。又因为 p 是常数，体系只做体积功，所以 $Q_R = \Delta H$。因此

$$\Delta S = \frac{\Delta H}{T} \tag{3-30}$$

式中，ΔH 是相变过程中体系的焓变。

$$\Delta S_{环} = -\frac{\Delta H}{T}$$

$$\Delta S_{总体} = 0$$

2) 恒温恒压不可逆相变

例 3-1　在 $-10℃$、10^5 Pa 下，1mol 过冷的液体水凝固成 $-10℃$、10^5 Pa 下的 1mol 冰，是一个不可逆的自发相变过程。因为中间状态是 $-10℃$、10^5 Pa 下的水和冰混合物，这是一个非平衡态体系，而且 $-10℃$ 的冰吸收无限小的热量后，不可能使冰回到 $-10℃$ 的过冷液体水。为了求此不可逆相变过程的 ΔS，需要设计下列可逆过程来完成这个不可逆相变过程，如下所示。

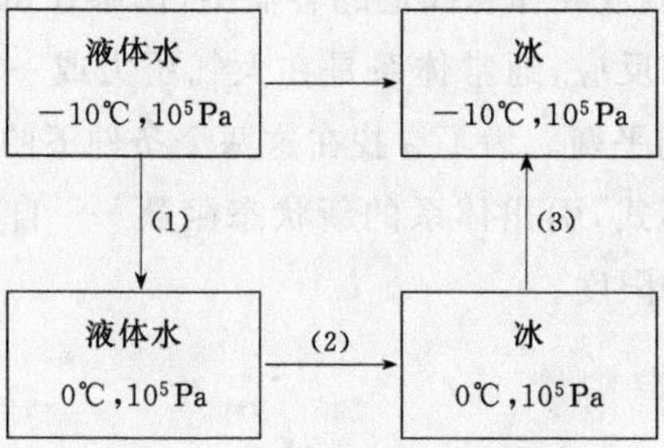

(1) 将过冷的 $-10℃$ 水在 10^5 Pa 下恒压可逆加热至 0℃ 和 10^5 Pa，用式(3-19)求算 ΔS_1；

(2) 在 0℃ 和 10^5 Pa 下，将 0℃ 水恒温恒压可逆地凝固成 0℃ 冰，用式(3-30)求算 ΔS_2；

(3) 将 0℃ 和 10^5 Pa 的冰恒压可逆冷却至 $-10℃$ 和 10^5 Pa，用式(3-19)求算 ΔS_3。

不可逆相变过程的熵变是上述三个可逆过程的熵变之和，即

$$\Delta S = \Delta S_1 + \Delta S_2 + \Delta S_3$$

解　$\Delta S_1 = nC_{p,m}(水)\ln\frac{T_2}{T_1} = 1\text{mol}\times 75.3\text{J}\cdot\text{mol}^{-1}\cdot\text{K}^{-1}\times\ln\frac{273\text{K}}{263\text{K}} = 2.81\text{J}\cdot\text{K}^{-1}$

$$\Delta S_2 = \frac{n\Delta_l^s H_m^\ominus(H_2O,273K)}{T} = \frac{1\text{mol}\times(-6020\text{J}\cdot\text{mol}^{-1})}{273\text{K}} = -22.1\text{J}\cdot\text{K}^{-1}$$

$$\Delta S_3 = nC_{p,m}(冰)\ln\frac{T_2}{T_1} = 1\text{mol}\times 37.6\text{J}\cdot\text{mol}^{-1}\cdot\text{K}^{-1}\times\ln\frac{263\text{K}}{273\text{K}} = -1.40\text{J}\cdot\text{K}^{-1}$$

$$\Delta S = \Delta S_1 + \Delta S_2 + \Delta S_3 = -20.69\text{J}\cdot\text{K}^{-1}$$

$$\Delta S_{环} = \frac{Q_{环}}{T_{环}} = \frac{-n\Delta_l^s H_m^\ominus(H_2O,263K)}{T_{环}} = \frac{5619\text{J}}{263\text{K}} = 21.37\text{J}\cdot\text{K}^{-1}$$

$$\Delta S_{总体} = \Delta S + \Delta S_{环} = 0.68\text{J}\cdot\text{K}^{-1}$$

从计算可看出，对这一不可逆过程，体系的 ΔS 小于零，但 $\Delta S_{总体}$ 是大于零的。

3.6 亥姆霍兹自由能和吉布斯自由能

本节讨论不处在物质平衡，但处在热平衡和力学平衡的非平衡态孤立体系。如上所述，在这样的孤立体系中，若发生相变化或化学变化，必定是一个自发进行的不可逆过程，体系的熵值是增加的，过程一直进行到体系的熵值达到最大值，并保持不变为止。一旦熵达到最大值，任何进一步的有限过程只能使熵减小，这就违背了热力学第二定律。因此，孤立体系的平衡判据是体系的熵值最大，这称为熵判据，即$\left(\frac{\partial S}{\partial \xi}\right)_{U,V} \geqslant 0$，“>”表示在孤立体系中给定过程能自动发生，体系处于非平衡态；“=”表示在孤立体系中给定过程已达平衡，任何能发生的过程必定是可逆过程，体系处于平衡态(ξ代表反应进度，见2.8节)。

对于一个不处在物质平衡的任意封闭体系来说，它与环境有能量交换，在这种情况下，我们把体系加上环境组成一个总体，体系处于物质平衡的条件是总体熵最大。求总体熵，必须求环境熵。通常最方便的方法是只研究体系的热力学性质的改变，而不管环境的热力学性质的改变。这就是说，寻找一个能判断任一封闭体系中所发生的过程的方向和限度，并且只与体系有关的新状态函数。人们通常在两种情况下研究化学反应平衡，对有气体参加的化学反应，通常把物质放在体积固定的容器中，体系在恒温 T 和恒容 V 条件下达到平衡。对液相反应，通常体系是在大气压力或一定压力下，在恒温 T 和恒压 p 条件下达到平衡。为了寻找在这两个条件下的物质平衡的判据，我们根据克劳修斯不等式，引出体系的新状态函数——自由能，用自由能来判断物质变化的方向和限度。

3.6.1 亥姆霍兹自由能

1. 定义

根据封闭体系克劳修斯不等式[式(3-15)]

$$dS \geqslant \frac{\delta Q}{T_{环}}$$

在恒温条件下，$T_{环}=T_{体}=T=$常数，式(3-15)变为

$$TdS \geqslant \delta Q$$

$$d(TS) \geqslant \delta Q$$

将封闭体系热力学第一定律 $\delta Q=dU-\delta W$ 代入

$$-d(U-TS) \geqslant -\delta W \tag{3-31}$$

状态函数$(U-TS)$称为亥姆霍兹(Helmholtz)自由能，用符号 A 表示

$$A \equiv U-TS \tag{3-32}$$

A 也是状态函数，且是容量性质，具有能量量纲。

2. 亥姆霍兹自由能判据

封闭体系恒温条件下

$$-dA \geqslant -\delta W \tag{3-33}$$

式(3-33)表示在恒温过程中,发生的不可逆过程,其体系的亥姆霍兹自由能降低值大于体系对外所做的功。对可逆过程,体系亥姆霍兹自由能的减少值等于体系对外所做的最大功。因此,亥姆霍兹自由能可理解为恒温条件下封闭体系做功的本领。根本不能发生体系亥姆霍兹自由能减小值小于体系对外所做功的过程。

式(3-33)可表示为

$$-\mathrm{d}A \geqslant -(-p_{外}\,\mathrm{d}V + \delta W') \tag{3-34}$$

封闭体系恒温、恒容条件下

$$-\mathrm{d}A \geqslant -\delta W' \tag{3-35}$$

$$\mathrm{d}A \leqslant \delta W' \tag{3-36}$$

或

$$\Delta A \leqslant W'$$

即

$$\Delta A \begin{cases} < W', \text{过程能发生且为不可逆过程} \\ = W', \text{过程能发生且为可逆过程,体系达到平衡} \\ > W', \text{过程不能发生} \end{cases}$$

封闭体系恒温、恒容、$W'=0$ 条件下

$$\Delta A \begin{cases} < 0, \text{能发生不可逆过程,且为自发过程} \\ = 0, \text{体系已达平衡,只能发生可逆过程} \\ > 0, \text{此过程根本不能发生} \end{cases} \tag{3-37}$$

在封闭体系恒温、恒容、$W'=0$ 条件下,过程是朝着亥姆霍兹自由能降低的方向进行的,直到 A 值达到最小值不变为止,体系达到平衡。

由于恒容,即体积功为零,且非体积功也为零,因此根据"不需要环境对体系做功的不可逆过程一定是自发过程"的判据,$\Delta A<0$ 的不可逆过程是自发发生的,而且降低的自由能可通过适当装置转换为对外做功。

3.6.2　吉布斯自由能

知识点讲解视频

自由能判据中的自发发生(朱志昂)

1. 定义

封闭体系恒温、恒压条件下,$p_{外}=p=$常数,式(3-34)可表示为

$$-\mathrm{d}(U-TS) \geqslant -[-\mathrm{d}(pV)+\delta W']$$

$$-\mathrm{d}(U+pV-TS) \geqslant -\delta W' \tag{3-38}$$

$$-\mathrm{d}(H-TS) \geqslant -\delta W' \tag{3-39}$$

状态函数$(H-TS)$称为吉布斯(Gibbs)自由能,用符号 G 表示

$$G \equiv H-TS \equiv U+pV-TS \tag{3-40}$$

2. 吉布斯自由能判据

封闭体系恒温、恒压条件下

$$-\mathrm{d}G \geqslant -\delta W'$$

$$-\Delta G \geqslant -W' \tag{3-41}$$

或

$$\mathrm{d}G \leqslant \delta W'$$

$$\Delta G \leqslant W' \tag{3-42}$$

$$\Delta G\begin{cases}<W'，过程能发生且为不可逆过程\\=W'，过程能发生且为可逆过程，体系达到平衡\\>W'，过程不能发生\end{cases}$$

封闭体系恒温、恒压、$W'=0$ 条件下

$$\Delta G\begin{cases}<0，能发生不可逆过程或在此温度、压力下能自发发生\\=0，体系已达平衡，只能发生可逆过程\\>0，正向过程根本不能发生，反向过程可以发生\end{cases} \tag{3-43}$$

式(3-41)用文字表述为：在恒温、恒压条件下，封闭体系的吉布斯自由能的减少值在可逆过程中等于体系对环境所做的非体积功，在不可逆过程中大于体系对环境所做的非体积功，根本不可能发生体系吉布斯自由能的减少值小于体系对环境所做的非体积功的过程。式(3-42)表示在恒温、恒压条件下，环境对体系所做的非体积功，在可逆过程中等于体系吉布斯自由能的增加值，在不可逆过程中大于体系吉布斯自由能的增加值，根本不可能发生环境对体系所做的非体积功小于体系吉布斯自由能增加值的过程。

在封闭体系恒温、恒压只做体积功的条件下，体系的 G 在可逆过程中保持不变，不可逆过程是朝着吉布斯自由能降低的方向进行的，直到 G 达到最小值不变为止，体系达到平衡，这就是吉布斯自由能减少原理。也可表示为

$$\left(\frac{\partial G}{\partial \xi}\right)_{T,p} \leqslant 0 \tag{3-44}$$

为什么"$\Delta G<0$"的不可逆过程是自发过程？

根据具有做功能力是自发过程的判据，在这一条件下不可逆过程是从吉布斯自由能高的向低的方向进行，这是过程的推动力，具有做功的能力，这降低的自由能通过适当的装置可以对外做功，进行到自由能最低时就失去做功能力。因此，在封闭体系恒温、恒压、$W'=0$ 条件下的不可逆过程是自发过程。当然，维持这恒温、恒压不需要环境做功，若需环境对体系做功，则此不可逆过程就不是自发过程。

应该特别注意的是，封闭体系仅是恒温的条件下，ΔA 判据可以用，ΔG 判据不能用。使用 ΔG 判据时，一定要满足封闭体系恒温、恒压的条件。

3.6.3 ΔA 与 ΔG 的求算

封闭体系

$$\Delta A = \Delta(U-TS) = \Delta U-(T_2S_2-T_1S_1) \tag{3-45}$$

$$\Delta G = \Delta(H-TS) = \Delta H-(T_2S_2-T_1S_1) \tag{3-46}$$

封闭体系恒温条件下

$$\Delta A = \Delta U - T\Delta S \tag{3-47}$$

或用设计的可逆过程的体积功计算

$$\Delta A = W_R \tag{3-48}$$

$$\Delta A = -\int_1^2 p\mathrm{d}V \quad (W'=0) \tag{3-49}$$

$$\Delta G = \Delta H - T\Delta S \tag{3-50}$$

3.7 恒定组成封闭体系的热力学关系式

知识点讲解视频

组成恒定的

热力学基本方程

(朱志昂)

在这一节中,我们讨论恒定组成只做体积功的封闭体系的热力学函数之间的关系。根据这些关系式,就能以容易测量的物理量来表示不容易或不能测定的热力学函数。

我们已学习的热力学函数定义式有

$$H = U + pV \tag{3-51}$$

$$A = U - TS \tag{3-52}$$

$$G = H - TS \tag{3-53}$$

$$G = A + pV \tag{3-54}$$

易测量的物理量有

$$C_p = \left(\frac{\partial H}{\partial T}\right)_p \tag{3-55}$$

$$C_V = \left(\frac{\partial U}{\partial T}\right)_V \tag{3-56}$$

$$\mu_{\text{J-T}} = \left(\frac{\partial T}{\partial p}\right)_H \tag{3-57}$$

$$\alpha = \frac{1}{V}\left(\frac{\partial V}{\partial T}\right)_p \tag{3-58}$$

$$\kappa = -\frac{1}{V}\left(\frac{\partial V}{\partial p}\right)_T \tag{3-59}$$

3.7.1 热力学基本方程

对于组成恒定封闭体系只做体积功的可逆过程,由热力学第一定律有

$$\mathrm{d}U = \delta Q_{\mathrm{R}} + \delta W_{\mathrm{R}} = \delta Q_{\mathrm{R}} - p\mathrm{d}V$$

由热力学第二定律有

$$\mathrm{d}S = \frac{\delta Q_{\mathrm{R}}}{T}$$

故得

$$\mathrm{d}U = T\mathrm{d}S - p\mathrm{d}V \tag{3-60}$$

根据定义 $H=U+pV$,有

$$\mathrm{d}H = \mathrm{d}U + p\mathrm{d}V + V\mathrm{d}p$$

将式(3-60)代入得

$$\mathrm{d}H = T\mathrm{d}S + V\mathrm{d}p \tag{3-61}$$

根据定义 $A=U-TS$,有

$$\mathrm{d}A = \mathrm{d}U - T\mathrm{d}S - S\mathrm{d}T$$

将式(3-60)代入得

$$\mathrm{d}A = -S\mathrm{d}T - p\mathrm{d}V \tag{3-62}$$

根据定义 $G=H-TS$,有

$$\mathrm{d}G = \mathrm{d}H - T\mathrm{d}S - S\mathrm{d}T$$

将式(3-61)代入得

$$\mathrm{d}G = -S\mathrm{d}T + V\mathrm{d}p \tag{3-63}$$

式(3-60)～式(3-63)是恒定组成封闭体系的热力学基本方程,又称为吉布斯

方程。

吉布斯方程适用的条件简单说是组成恒定、封闭体系、$W'=0$。更详尽的表达如下：

(1) 组成恒定封闭体系只做体积功的可逆过程(包括可逆相变化、可逆化学变化)。

(2) 没有不可逆相变化、化学变化时，对不可逆的 p、V、T 状态变化也适用。这是由于 U、H、A、S、G 是状态函数，仅与状态有关，组成恒定时，且仅是 T、p 或 T、V 或 p、V 的函数。以同一始态出发到达同一末态，可逆过程与不可逆过程的状态函数变化值是相同的。但对于不可逆 p、V、T 变化过程，$T\mathrm{d}S$ 不代表不可逆过程体系与环境交换的热，$p\mathrm{d}V$ 不代表不可逆过程的功。只有可逆过程，$T\mathrm{d}S$ 才代表热，$p\mathrm{d}V$ 才代表功。

(3) 没有不可逆的相变化和化学变化，若有，则四个等号改为"<"号。

从这四个方程可得到在一定条件下，某状态函数的偏微商等于体系的某一性质。

$$T=\left(\frac{\partial U}{\partial S}\right)_V=\left(\frac{\partial H}{\partial S}\right)_p \tag{3-64}$$

$$p=-\left(\frac{\partial U}{\partial V}\right)_S=-\left(\frac{\partial A}{\partial V}\right)_T \tag{3-65}$$

$$V=\left(\frac{\partial H}{\partial p}\right)_S=\left(\frac{\partial G}{\partial p}\right)_T \tag{3-66}$$

$$S=-\left(\frac{\partial A}{\partial T}\right)_V=-\left(\frac{\partial G}{\partial T}\right)_p \tag{3-67}$$

3.7.2 麦克斯韦关系式

为实现用易测量物理量表示难测量物理量，要用麦克斯韦关系式。

设有一状态函数 $z=z(x,y)$，其全微分式为

$$\mathrm{d}z=\left(\frac{\partial z}{\partial x}\right)_y\mathrm{d}x+\left(\frac{\partial z}{\partial y}\right)_x\mathrm{d}y$$

令

$$M\equiv\left(\frac{\partial z}{\partial x}\right)_y \qquad N\equiv\left(\frac{\partial z}{\partial y}\right)_x$$

则

$$\mathrm{d}z=M\mathrm{d}x+N\mathrm{d}y$$

根据全微分的欧拉倒易关系式有

$$\left(\frac{\partial M}{\partial y}\right)_x=\left(\frac{\partial N}{\partial x}\right)_y$$

将此结果应用于吉布斯公式

$$\mathrm{d}U=T\mathrm{d}S-p\mathrm{d}V=M\mathrm{d}x+N\mathrm{d}y$$

式中，$M=T$，$N=-p$，$x=S$，$y=V$，得

$$\left(\frac{\partial T}{\partial V}\right)_S=-\left(\frac{\partial p}{\partial S}\right)_V$$

对其余三个吉布斯公式，也可得到另外三个热力学关系式，总共有以下四个关系式：

$$\left(\frac{\partial T}{\partial V}\right)_S = -\left(\frac{\partial p}{\partial S}\right)_V \qquad \left(\frac{\partial T}{\partial p}\right)_S = \left(\frac{\partial V}{\partial S}\right)_p$$
$$\left(\frac{\partial S}{\partial V}\right)_T = \left(\frac{\partial p}{\partial T}\right)_V \qquad \left(\frac{\partial S}{\partial p}\right)_T = -\left(\frac{\partial V}{\partial T}\right)_p \tag{3-68}$$

式(3-68)中的四个关系式称为麦克斯韦关系式，前两个式中没有 α、κ 或 C_p，很少有实际应用，而后两个是经常应用的，因为它们给出了在恒温下熵随压力或体积的变化与易测量的关系。

下面应用麦克斯韦关系式推导出 U、H、S、G 随温度或压力或体积的变化与直接可测性质 α、κ 和 C_p 的关系式。

1. U 与体积的关系

$$dU = TdS - pdV$$
$$\left(\frac{\partial U}{\partial V}\right)_T = T\left(\frac{\partial S}{\partial V}\right)_T - p = T\left(\frac{\partial p}{\partial T}\right)_V - p \tag{3-69}$$
$$\left(\frac{\partial p}{\partial T}\right)_V \left(\frac{\partial T}{\partial V}\right)_p \left(\frac{\partial V}{\partial p}\right)_T = -1$$
$$\left(\frac{\partial p}{\partial T}\right)_V = -\frac{\left(\frac{\partial V}{\partial T}\right)_p}{\left(\frac{\partial V}{\partial p}\right)_T} = \frac{\alpha}{\kappa}$$

故

$$\left(\frac{\partial U}{\partial V}\right)_T = \frac{\alpha T}{\kappa} - p \tag{3-70}$$

对于理想气体，因为 $pV=nRT$，所以 $\left(\frac{\partial p}{\partial T}\right)_V=\frac{nR}{V}$，代入式(3-69)得 $\left(\frac{\partial U}{\partial V}\right)_T=\frac{nRT}{V}-p=0$。这正是焦耳向真空膨胀实验的结果。若知道某一实际气体的状态方程，或已测得气体的 α 和 κ 值，则可利用式(3-70)求出该气体在一定 T、p 时的 $\left(\frac{\partial U}{\partial V}\right)_T$ 值。对于范德华气体，$\left(\frac{\partial U}{\partial V}\right)_T=\frac{\alpha_0}{V_m^2}$。物质体系(气体、液体或固体)的 $\left(\frac{\partial U}{\partial V}\right)_T$ 是一个十分重要的性质，称为内压力。

2. U 与压力的关系 $\left(\frac{\partial U}{\partial p}\right)_T$

$\left(\frac{\partial U}{\partial p}\right)_T$ 相应于一个恒温变压过程。根据偏微分的定义及式(3-60)

$$\left(\frac{\partial U}{\partial p}\right)_T = T\left(\frac{\partial S}{\partial p}\right)_T - p\left(\frac{\partial V}{\partial p}\right)_T$$

代入麦克斯韦关系式之一 $\left(\frac{\partial S}{\partial p}\right)_T=-\left(\frac{\partial V}{\partial T}\right)_p$，可得

$$\left(\frac{\partial U}{\partial p}\right)_T = -T\left(\frac{\partial V}{\partial T}\right)_p - p\left(\frac{\partial V}{\partial p}\right)_T = -TV\alpha + pV\kappa \tag{3-71}$$

3. U 与温度的关系 $\left(\frac{\partial U}{\partial T}\right)_p$

仍根据式(3-60)，得

$$\left(\frac{\partial U}{\partial T}\right)_p = T\left(\frac{\partial S}{\partial T}\right)_p - p\left(\frac{\partial V}{\partial T}\right)_p$$

应用 $dS=\frac{\delta Q_R}{T}=\frac{C_p dT}{T}, \left(\frac{\partial S}{\partial T}\right)_p=\frac{C_p}{T}$,得

$$\left(\frac{\partial U}{\partial T}\right)_p = C_p - pV\alpha \tag{3-72}$$

4. H 与温度的关系 $\left(\frac{\partial H}{\partial T}\right)_p$

基本公式式(3-55)就是所需结果

$$\left(\frac{\partial H}{\partial T}\right)_p = C_p$$

5. H 与压力的关系 $\left(\frac{\partial H}{\partial p}\right)_T$

根据式(3-61),有

$$\left(\frac{\partial H}{\partial p}\right)_T = T\left(\frac{\partial S}{\partial p}\right)_T + V$$

代入麦克斯韦关系式之一,得

$$\left(\frac{\partial H}{\partial p}\right)_T = -T\left(\frac{\partial V}{\partial T}\right)_p + V = -TV\alpha + V \tag{3-73}$$

6. S 与温度的关系 $\left(\frac{\partial S}{\partial T}\right)_p$

$$\left(\frac{\partial S}{\partial T}\right)_p = \frac{C_p}{T} \tag{3-74}$$

7. S 与压力的关系 $\left(\frac{\partial S}{\partial p}\right)_T$

欧拉倒易关系应用于 $dG=-SdT+Vdp$ 就可得到所需结果

$$\left(\frac{\partial S}{\partial p}\right)_T = -\left(\frac{\partial V}{\partial T}\right)_p = -\alpha V \tag{3-75}$$

由于气体的压缩系数 α 比液体和固体的大,而且在一般温度和压力下气体的 V 比液体和固体的大得多,故气体的熵随压力变化较液体和固体的大。

8. G 与压力的关系 $\left(\frac{\partial G}{\partial p}\right)_T$

在公式 $dG=-SdT+Vdp$ 中,令 $dT=0$,即在恒温条件下就得到所需的结果

$$\left(\frac{\partial G}{\partial p}\right)_T = V \tag{3-76}$$

由于液体和固体的 V 是相当小的,因此它们的 G 受压力影响较小,通常可不予考虑。

9. G 与温度的关系 $\left(\frac{\partial G}{\partial T}\right)_p$

在恒压条件下,从 $dG=-SdT+Vdp$ 公式可得

$$\left(\frac{\partial G}{\partial T}\right)_p = -S \tag{3-77}$$

由于热力学不能确定熵的绝对值,只能计算熵变,故式(3-77)在热力学中是没有意义的,也不能测量出体系的 $\left(\frac{\partial G}{\partial T}\right)_p$ 值。但从式(3-77)可得

$$\left(\frac{\partial \Delta G}{\partial T}\right)_p = -\Delta S \tag{3-78}$$

因为

$$\left(\frac{\partial \Delta G}{\partial T}\right)_p = \left(\frac{\partial G_2}{\partial T}\right)_p - \left(\frac{\partial G_1}{\partial T}\right)_p = -S_2 - (-S_1) = -\Delta S$$

式(3-78)有直接的物理意义，并有实用价值。

此外，在恒定 p 时，$\frac{G}{T}$对 T 微分可得

$$\left[\frac{\partial\left(\frac{G}{T}\right)}{\partial T}\right]_p = \frac{T\left(\frac{\partial G}{\partial T}\right)_p - G}{T^2} = \frac{-TS-G}{T^2} = -\frac{H}{T^2} \tag{3-79}$$

$$\left[\frac{\partial\left(\frac{\Delta G}{T}\right)}{\partial T}\right]_p = -\frac{\Delta H}{T^2} \quad 或 \quad \mathrm{d}\left(\frac{\Delta G}{T}\right)_p = -\frac{\Delta H \mathrm{d}T}{T^2} \tag{3-80}$$

式(3-79)和式(3-80)均称为吉布斯-亥姆霍兹公式。若知道了恒压下某一温度的 ΔG 值，可应用式(3-79)求出另一温度的 ΔG 值。只有当 ΔH 与温度无关时，计算才简便，积分式(3-80)可得

$$\int_1^2 \mathrm{d}\left(\frac{\Delta G}{T}\right) = -\int_1^2 \frac{\Delta H}{T^2}\mathrm{d}T \tag{3-81}$$

$$\frac{\Delta G_2}{T_2} - \frac{\Delta G_1}{T_1} = \Delta H\left(\frac{1}{T_2} - \frac{1}{T_1}\right) = \Delta H\left(\frac{T_1 - T_2}{T_1 T_2}\right) \tag{3-82}$$

3.7.3 ΔU、ΔH、ΔS、ΔA 和 ΔG 的计算

知识点讲解视频

ΔU、ΔH、ΔA、ΔS 和 ΔG 的计算

(朱志昂)

1. 组成恒定封闭体系只做体积功无相变化、无化学变化的简单 p、V、T 变化过程

1) ΔU 的计算

$$\mathrm{d}U = \left(\frac{\partial U}{\partial T}\right)_p \mathrm{d}T + \left(\frac{\partial U}{\partial p}\right)_T \mathrm{d}p$$

将式(3-72)和式(3-71)代入得

$$\Delta U = \int_1^2 (C_p - pV\alpha)\mathrm{d}T + \int_1^2 (pV\kappa - TV\alpha)\mathrm{d}p \tag{3-83}$$

2) ΔH 的计算

$$\mathrm{d}H = \left(\frac{\partial H}{\partial T}\right)_p \mathrm{d}T + \left(\frac{\partial H}{\partial p}\right)_T \mathrm{d}p$$

将式(3-55)和式(3-73)代入得

$$\Delta H = \int_1^2 C_p \mathrm{d}T + \int_1^2 (V - TV\alpha)\mathrm{d}p \tag{3-84}$$

3) ΔS 的计算

$$\mathrm{d}S = \left(\frac{\partial S}{\partial T}\right)_p \mathrm{d}T + \left(\frac{\partial S}{\partial p}\right)_T \mathrm{d}p$$

将式(3-74)和式(3-75)代入得

$$\Delta S = \int_1^2 \frac{C_p}{T}\mathrm{d}T - \int_1^2 \alpha V \mathrm{d}p \tag{3-85}$$

对理想气体，$C_p = nC_{p,\mathrm{m}}$，$\alpha = \frac{1}{V}\left(\frac{\partial V}{\partial T}\right)_p = \frac{nR}{Vp}$代入得到与式(3-24)相同的结果。

4) ΔA 的计算

$$\Delta A = -\int_1^2 S\mathrm{d}T - \int_1^2 p\mathrm{d}V \tag{3-86}$$

对恒温过程

$$\Delta A = -\int_1^2 p\mathrm{d}V \tag{3-87}$$

或

$$\Delta A = \Delta U - T\Delta S \tag{3-88}$$

5) ΔG 的计算

$$\Delta G = -\int_1^2 S\mathrm{d}T + \int_1^2 V\mathrm{d}p \tag{3-89}$$

对恒温过程

$$\Delta G = \int_1^2 V\mathrm{d}p \tag{3-90}$$

或

$$\Delta G = \Delta H - T\Delta S \tag{3-91}$$

2. 相变过程

1) 恒温恒压可逆相变

对于可逆相变过程，式(3-62)和式(3-63)仍可适用。

$$\Delta G = 0$$

$$\Delta A = -\int_1^2 p\mathrm{d}V = -p(V_2 - V_1)$$

2) 恒温恒压不可逆相变

对于不可逆相变，上述四个吉布斯方程不能适用，必须计算可逆过程求状态函数的变化值。

例 3-2 有 1mol 苯，发生下列相变：

$$C_6H_6(\mathrm{l}, 0.9p^\ominus, 353.0\mathrm{K}) \longrightarrow C_6H_6(\mathrm{g}, 0.9p^\ominus, 353.0\mathrm{K})$$

其中，353.0K 是苯的正常沸点，且蒸气为理想气体，求此相变过程的 ΔA、ΔG，并判断在题设温度下哪个相稳定。

解 上述相变为不可逆相变，应设计下列可逆过程：

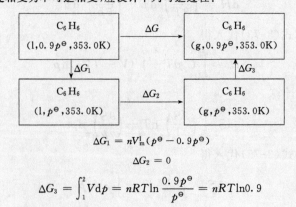

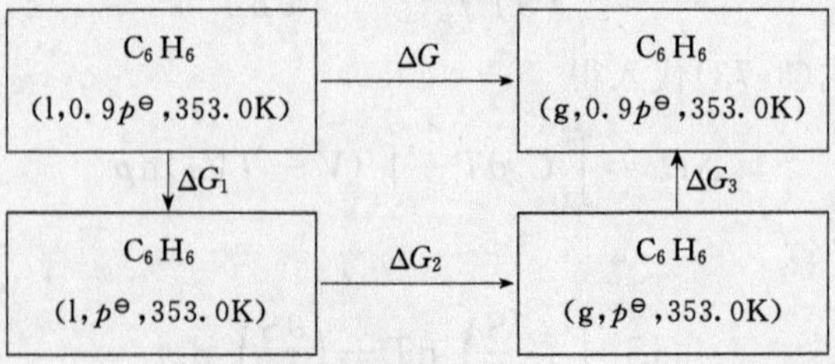

$$\Delta G_1 = nV_{\mathrm{m}}^{\mathrm{l}}(p^\ominus - 0.9p^\ominus)$$

$$\Delta G_2 = 0$$

$$\Delta G_3 = \int_1^2 V\mathrm{d}p = nRT\ln\frac{0.9p^\ominus}{p^\ominus} = nRT\ln 0.9$$

$$\Delta G = \Delta G_1 + \Delta G_2 + \Delta G_3 = \Delta G_3 (\Delta G_1 \ll \Delta G_3) = nRT\ln 0.9 = -308.7\text{kJ}$$

$$\Delta A = \Delta G - \Delta(pV) = \Delta G - (p_2 V_g - p_1 V_1) \approx \Delta G - p_2 V_g$$

$$= \Delta G - nRT = -308.7\text{kJ} - 2.94\text{kJ} = -311.64\text{kJ}$$

在恒温恒压条件下，$\Delta G<0$，故上述相变为不可逆过程，气相稳定。

或用 $\Delta A \leqslant W$ 判据

$$W = -p_{外}\Delta V = -p_{外}(V_g - V_1) \approx -pV_g = -nRT = -2.94\text{kJ}$$

在恒温条件下，$\Delta A<W$，故上述相变为不可逆过程，气相稳定。

3）恒温非恒压不可逆相变

例 3-3　1mol 373.15K、101 325Pa 下的液态水在恒温 373.15K 条件下向真空蒸发为 1mol 373.15K、101 325Pa 下的水蒸气，求此过程的 ΔA、ΔG，并判别该过程能否自发发生。

解　该过程为不可逆相变，吉布斯方程不适用，需设计下列可逆过程求状态函数变化值：

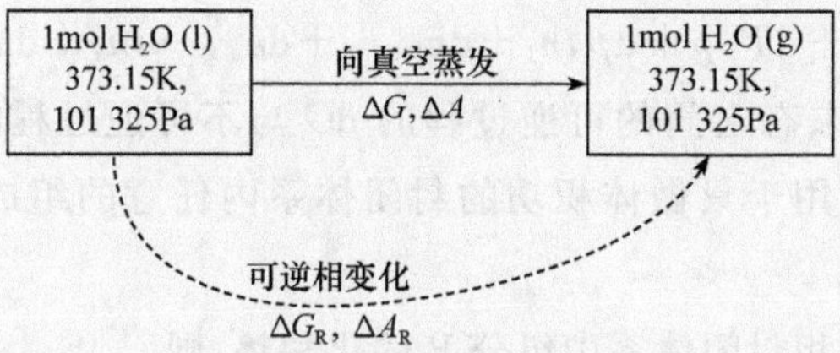

$$\Delta G = \Delta G_R = 0$$

$$\Delta A = \Delta A_R = -\int_1^2 p\mathrm{d}V = -p(V_g - V_1) \approx -pV_g \approx -nRT = -3102.4\text{J}$$

因为不满足恒温恒压条件，所以 ΔG 判据不能用。满足恒温可用 $\Delta A \leqslant W$ 判据，向真空蒸发过程，$W=0$，满足 $\Delta A<W$，故此过程能自发发生。

3.8　化　学　势

3.8.1　组成变化的均相封闭体系热力学基本方程

知识点讲解视频

组成变化的热力学基本方程（朱志昂）

本节将导出适用于只做体积功、组成变化的封闭体系的热力学关系式。

首先讨论均相体系。设体系处于热平衡和力学平衡，但不处于物质平衡。在这种体系内由于发生不可逆的相变化或化学变化，因而其组成是不恒定的，但由于是封闭体系，故体系的总量是固定的。由于体系处于热平衡和力学平衡，因此体系的温度和压力有确定的数值。体系的热力学状态可由 T、p、n_1、n_2、…、n_k 的数值确定，n_B（B=1，2，…，k）是均相体系中 k 个组分的物质的量。将在 3.10 节中述及，虽然体系不处于物质平衡，但体系的状态函数 U、S 仍有意义。状态函数 U、H、A、G 各自均可表示为 T、p、n_B 的函数。

在体系发生不可逆相变化和化学变化的任一瞬间，体系的自由能 G 是 T、p、n_B 的函数，即 $G=G(T, p, n_1, n_2, \cdots, n_k)$。设由于微小的不可逆相变化或化学变化，引起体系的 T、p、n_B 发生一个微小量变化 $\mathrm{d}T$，$\mathrm{d}p$，$\mathrm{d}n_B$。因 G 是状态函数，故其全微分表示式为

$$dG=\left(\frac{\partial G}{\partial T}\right)_{p,n}dT+\left(\frac{\partial G}{\partial p}\right)_{T,n}dp+\left(\frac{\partial G}{\partial n_1}\right)_{T,p,n_{j\neq 1}}dn_1+\cdots+\left(\frac{\partial G}{\partial n_k}\right)_{T,p,n_{j\neq k}}dn_k \tag{3-92}$$

式中,偏微分下标 n 表示所有组分的物质的量都固定不变;下标 $n_{j\neq B}$表示除 B 以外的其余组分的物质的量都固定不变。对于恒定组成封闭体系,已有

$$dG=-SdT+Vdp$$

当 n_B 都固定不变时,式(3-92)变成

$$dG=\left(\frac{\partial G}{\partial T}\right)_{p,n}dT+\left(\frac{\partial G}{\partial p}\right)_{T,n}dp$$

两式相比,得

$$\left(\frac{\partial G}{\partial T}\right)_{p,n}=-S \qquad \left(\frac{\partial G}{\partial p}\right)_{T,n}=V \tag{3-93}$$

因此,式(3-92)可写成

$$dG=-SdT+Vdp+\sum_{B=1}^{k}\left(\frac{\partial G}{\partial n_B}\right)_{T,p,n_{j\neq B}}dn_B \tag{3-94}$$

因为 G 是状态函数,其始、末态之间的改变值 dG 与连接始态($T,p,n_1,n_2,\cdots,n_k$)和末态($T+dT,p+dp,n_1+dn_1,n_2+dn_2,\cdots,n_k+dn_k$)之间的途径无关,所以相同始、末态之间的可逆过程的 dG 与不可逆过程的 dG 是相同的。因此,式(3-94)适用于只做体积功的封闭体系内任意的组成变化过程,不必考虑是否可逆。

定义 μ_B 为均相封闭体系中组分 B 的**化学势**,则

$$\mu_B\equiv\left(\frac{\partial G}{\partial n_B}\right)_{T,p,n_{j\neq B}} \tag{3-95}$$

这样,式(3-94)可写成

$$dG=-SdT+Vdp+\sum_{B=1}^{k}\mu_B dn_B \tag{3-96}$$

式(3-96)是化学热力学的基本公式,它适用于处于热平衡和力学平衡(但不处于物质平衡)、只做体积功的均相封闭体系的任一过程。

自 $G\equiv U+pV-TS$,有

$$dG=dU+pdV+Vdp-TdS-SdT$$

$$dU=dG-pdV-Vdp+TdS+SdT$$

应用式(3-96)得

$$dU=TdS-pdV+\sum_{B=1}^{k}\mu_B dn_B \tag{3-97}$$

式(3-97)的适用条件与式(3-96)同。若 $dS=0,dV=0$,则得到化学势的另一种表达式

$$\mu_B\equiv\left(\frac{\partial U}{\partial n_B}\right)_{S,V,n_{j\neq B}} \tag{3-98}$$

应该特别注意,式(3-95)与式(3-98)中的固定变量不同。因此

$$\mu_B\neq\left(\frac{\partial U}{\partial n_B}\right)_{T,p,n_{j\neq B}}$$

从式(3-97)可得

$$\left(\frac{\partial U}{\partial V}\right)_{S,n}=-p \qquad \left(\frac{\partial U}{\partial S}\right)_{V,n}=T \tag{3-99}$$

同样可以得到 $\mathrm{d}H$ 和 $\mathrm{d}A$ 的类似表达式。这些表达式总结如下：

$$\begin{aligned}
&\mathrm{d}U = T\mathrm{d}S - p\mathrm{d}V + \sum_{\mathrm{B}}\mu_{\mathrm{B}}\mathrm{d}n_{\mathrm{B}} \qquad \mu_{\mathrm{B}} = \left(\frac{\partial U}{\partial n_{\mathrm{B}}}\right)_{S,V,n_{j\neq\mathrm{B}}}\\
&\mathrm{d}H = T\mathrm{d}S + V\mathrm{d}p + \sum_{\mathrm{B}}\mu_{\mathrm{B}}\mathrm{d}n_{\mathrm{B}} \qquad \mu_{\mathrm{B}} = \left(\frac{\partial H}{\partial n_{\mathrm{B}}}\right)_{S,p,n_{j\neq\mathrm{B}}}\\
&\mathrm{d}A = -S\mathrm{d}T - p\mathrm{d}V + \sum_{\mathrm{B}}\mu_{\mathrm{B}}\mathrm{d}n_{\mathrm{B}} \qquad \mu_{\mathrm{B}} = \left(\frac{\partial A}{\partial n_{\mathrm{B}}}\right)_{T,V,n_{j\neq\mathrm{B}}}\\
&\mathrm{d}G = -S\mathrm{d}T + V\mathrm{d}p + \sum_{\mathrm{B}}\mu_{\mathrm{B}}\mathrm{d}n_{\mathrm{B}} \qquad \mu_{\mathrm{B}} = \left(\frac{\partial G}{\partial n_{\mathrm{B}}}\right)_{T,p,n_{j\neq\mathrm{B}}}
\end{aligned} \tag{3-100}$$

这些公式的适用条件均与式(3-96)同，它们也称为吉布斯公式，都是化学热力学的基本公式。式中 μ_{B} 是相等的，即有

$$\mu_{\mathrm{B}}=\left(\frac{\partial G}{\partial n_{\mathrm{B}}}\right)_{T,p,n_{j\neq\mathrm{B}}}=\left(\frac{\partial A}{\partial n_{\mathrm{B}}}\right)_{T,V,n_{j\neq\mathrm{B}}}=\left(\frac{\partial H}{\partial n_{\mathrm{B}}}\right)_{S,p,n_{j\neq\mathrm{B}}}=\left(\frac{\partial U}{\partial n_{\mathrm{B}}}\right)_{S,V,n_{j\neq\mathrm{B}}}$$

要强调指出的是，式(3-100)适用于处于热平衡、力学平衡，非体积功为零的条件下，组成发生变化的均相体系。可以是不可逆化学变化或不可逆相变化引起的组成变化的封闭体系，也可以是体系和环境之间进行物质不可逆交换引起的组成变化的敞开体系。但对于这些不可逆过程，式中 $T\mathrm{d}S$ 不能理解为体系吸收的热，因为熵变的定义是可逆过程的热温商。对于敞开体系，它还包括由于物质交换而带入或带出体系的熵。同样，$-p\mathrm{d}V$ 也不能代表这一不可逆过程体系对环境所做的体积功。

3.8.2 化学势是状态函数

状态函数 G 是 $T,p,n_1,n_2,\cdots,n_k$ 的函数，因此偏微商 $\left(\frac{\partial G}{\partial n_{\mathrm{B}}}\right)_{T,p,n_{j\neq\mathrm{B}}}$ 也是这些变量的函数，即 $\mu_{\mathrm{B}}=\mu_{\mathrm{B}}(T,p,n_{\mathrm{B}})$。某一均相封闭体系中组分 B 的化学势 μ_{B} 是一状态函数，它取决于体系的温度、压力和组成。因为 μ_{B} 是两个广度性质之比，所以它是一个强度性质。化学势 μ_{B} 的物理意义在于，它表示均相封闭体系中，在恒温恒压其他组分不改变的条件下，改变组分 B 的 $\mathrm{d}n_{\mathrm{B}}$ 所引起体系吉布斯自由能的变化率称为该组分 B 的化学势，它将表示组分 B 化学反应能力的大小。化学势或表示为在恒温、恒压、恒定组成的无限大量的体系中，改变 1mol 组分 B 所引起体系吉布斯自由能的变化。应该特别注意

$$\mu_{\mathrm{B}}\neq\left(\frac{\partial H}{\partial n_{\mathrm{B}}}\right)_{T,p,n_{j\neq\mathrm{B}}} \qquad \mu_{\mathrm{B}}\neq\left(\frac{\partial A}{\partial n_{\mathrm{B}}}\right)_{T,p,n_{j\neq\mathrm{B}}}$$

最简单的体系是均相单组分体系即纯物质，如纯水、纯银或纯氧气。令 $G_{\mathrm{m,B}}(T,p)$是纯物质 B 在温度为 T、压力为 p 时的摩尔吉布斯自由能。因为 G 是广度性质，所以 $G=n_{\mathrm{B}}G_{\mathrm{m,B}}(T,p)$，微分得

$$\mu_{\mathrm{B}}\equiv\left(\frac{\partial G}{\partial n_{\mathrm{B}}}\right)_{T,p}=G_{\mathrm{m,B}} \tag{3-101}$$

即对纯物质来说，μ_{B} 就是摩尔吉布斯自由能。但是，对均相多组分体系（溶液）来说，如水溶液，体系中组分 B 的 μ_{B} 不等于纯物质 B 的摩尔吉布斯自由能。这是由于溶液中分子间的相互作用不同于纯物质中分子间的相互作用。

3.8.3 组成变化的多相封闭体系热力学基本方程

对于只做体积功、组成变化的多相封闭体系，讨论其热力学关系式如下：因为状态函数 G 是体系的广度性质，如果体系是多相的，则各相的 G 的总和就是整个多相体系的 G。令 G^{α} 是 α 相的吉布斯自由能，G 是整个多相体系的吉布斯自由能，则 $G=\sum_{\alpha}G^{\alpha}$，微分得 $\mathrm{d}G=\sum_{\alpha}\mathrm{d}G^{\alpha}$。因此

$$\mathrm{d}G=-\sum_{\alpha}S^{\alpha}\mathrm{d}T+\sum_{\alpha}V^{\alpha}\mathrm{d}p+\sum_{\alpha}\sum_{\mathrm{B}}\mu_{\mathrm{B}}^{\alpha}\mathrm{d}n_{\mathrm{B}}^{\alpha} \tag{3-102}$$

因为体系已处于热平衡和力学平衡，所以整个多相体系的各相的温度和压力彼此相等。式(3-102)可表示为

$$\mathrm{d}G=-S\mathrm{d}T+V\mathrm{d}p+\sum_{\alpha}\sum_{\mathrm{B}}\mu_{\mathrm{B}}^{\alpha}\mathrm{d}n_{\mathrm{B}}^{\alpha} \tag{3-103}$$

类似地有

$$\mathrm{d}A=-S\mathrm{d}T-p\mathrm{d}V+\sum_{\alpha}\sum_{\mathrm{B}}\mu_{\mathrm{B}}^{\alpha}\mathrm{d}n_{\mathrm{B}}^{\alpha} \tag{3-104}$$

$$\mathrm{d}H=T\mathrm{d}S+V\mathrm{d}p+\sum_{\alpha}\sum_{\mathrm{B}}\mu_{\mathrm{B}}^{\alpha}\mathrm{d}n_{\mathrm{B}}^{\alpha} \tag{3-105}$$

$$\mathrm{d}U=T\mathrm{d}S-p\mathrm{d}V+\sum_{\alpha}\sum_{\mathrm{B}}\mu_{\mathrm{B}}^{\alpha}\mathrm{d}n_{\mathrm{B}}^{\alpha} \tag{3-106}$$

知识点讲解视频

化学势判据

(朱志昂)

3.8.4 化学势判据

根据封闭体系只做体积功恒温恒压吉布斯自由能判据，应有

$$\mathrm{d}G_{T,p}=\sum_{\alpha}\sum_{\mathrm{B}}\mu_{\mathrm{B}}^{\alpha}\mathrm{d}n_{\mathrm{B}}^{\alpha}\leqslant 0 \tag{3-107}$$

“<”表示能发生且是不可逆过程或此条件下能自发发生。“=”表示体系已达平衡，只能发生可逆过程。将这一判据应用于相变化和化学变化。

1. 相变化的方向和限度

假设有 $\mathrm{d}n_{\mathrm{B}}^{\beta}$ 的组分从 β 相迁移到 δ 相，对这一微小变化过程，式(3-107)可写成

$$\mu_{\mathrm{B}}^{\beta}\mathrm{d}n_{\mathrm{B}}^{\beta}+\mu_{\mathrm{B}}^{\delta}\mathrm{d}n_{\mathrm{B}}^{\delta}\leqslant 0$$

根据封闭体系物质的总数量不变，应有

$$\mathrm{d}n_{\mathrm{B}}^{\beta}=-\mathrm{d}n_{\mathrm{B}}^{\delta}$$

$$-\mu_{\mathrm{B}}^{\beta}\mathrm{d}n_{\mathrm{B}}^{\delta}+\mu_{\mathrm{B}}^{\delta}\mathrm{d}n_{\mathrm{B}}^{\delta}\leqslant 0$$

$$(\mu_{\mathrm{B}}^{\delta}-\mu_{\mathrm{B}}^{\beta})\mathrm{d}n_{\mathrm{B}}^{\delta}\leqslant 0$$

因为 $\mathrm{d}n_{\mathrm{B}}^{\delta}\neq 0$，同时 $\mathrm{d}n_{\mathrm{B}}^{\delta}>0$，所以相变化的化学势判据为

$$\mu_{\mathrm{B}}^{\delta}-\mu_{\mathrm{B}}^{\beta}\leqslant 0$$

或表示为

$$\mu_{\mathrm{B}}^{\beta}\geqslant\mu_{\mathrm{B}}^{\delta} \tag{3-108}$$

这就是说，组分 B 从化学势高的 β 相自动迁移到化学势低的 δ 相(犹如水从高水位自动流到低水位)。物质从一相迁移到另一相的过程，一直进行到物质在两相中的化学势相等为止。

2. 化学变化的方向和限度

现讨论已处于热平衡、力学平衡、相平衡的化学反应体系。因为在相平

衡时，组分 B 的化学势在各相中均相同，即 $\mu_B^\alpha=\mu_B^\beta=\mu_B^\delta=\cdots=\mu_B$，所以上标 α 可以省掉，得到

$$\sum_B\sum_\alpha \mu_B^\alpha dn_B^\alpha = \sum_B\left[\mu_B\left(\sum_\alpha dn_B^\alpha\right)\right] = \sum_i \mu_B dn_B$$

式中，dn_B 是多相封闭体系中组分 B 的总物质的量的变化。这样式(3-107)可表示为

$$dG_{T,p} = \sum_B \mu_B dn_B \leqslant 0 \tag{3-109}$$

将 $dn_B=\nu_B d\xi$ 代入得

$$\left(\frac{\partial G}{\partial \xi}\right)_{T,p} = \sum_B \nu_B\mu_B \leqslant 0 \tag{3-110}$$

封闭体系，$W'=0$，并且体系已处于热平衡、力学平衡和相平衡，但不处于化学平衡的条件下，体系发生一化学变化过程。

$$\left(\frac{\partial G}{\partial \xi}\right)_{T,p} = \sum_B \nu_B\mu_B \begin{cases} <0，\text{能发生不可逆过程，且为自发过程} \\ =0，\text{能发生可逆过程，体系已达平衡} \\ >0，\text{不能发生} \end{cases}$$

化学变化的方向：势函数 $\left(\frac{\partial G}{\partial \xi}\right)_{T,p}$ 降低的方向。

化学变化的限度：势函数 $\left(\frac{\partial G}{\partial \xi}\right)_{T,p}$ 达到最小值(为零)，达到化学平衡。

在反应进程中，物质 B 的化学势是在不断变化的。化学势是强度性质。将 $\sum_B \nu_B\mu_B \leqslant 0$ 描述为“反应物的化学势之和大于产物的化学势之和时，反应从左向右进行”是不妥当的，因为强度性质不能加和。

在有限量的反应体系 $aA+bB = cC+dD$ 中，$\sum_B \nu_B\mu_B$ 的物理意义可理解为反应进度发生 $d\xi$ 时，所引起反应体系吉布斯自由能的微小变化率，即 $ad\xi$(摩尔)的反应物 A 和 $bd\xi$(摩尔)的反应物 B 完全反应生成 $cd\xi$(摩尔)的产物 C 及 $dd\xi$(摩尔)的产物 D 的吉布斯自由能的微小变化值。若该值为负，则反应从左向右进行。$\nu_B\mu_B d\xi$ 是组分 B 的吉布斯自由能的微小变化值 dG，不再是 B 的化学势。

在大量(或无限大量)反应体系中，在指定 T、p 和组成的条件下，$\sum_B \nu_B\mu_B$ 的物理意义为反应体系中反应进度(变)为 1mol 时，反应体系吉布斯自由能的变化值，即化学计量系数摩尔的反应物完全反应生成化学计量系数摩尔的产物的吉布斯自由能的变化。

在 $\sum_B \nu_B\mu_B < 0$ 的条件下，不可逆的化学反应为什么是自发的？

发生一不可逆化学变化的推动力是势函数 $\left(\frac{\partial G}{\partial \xi}\right)_{T,p}$ 的降低，即随着反应的进行，体系的吉布斯自由能是从高处向低处进行，这所释放出的自由能通过适当装置可转变为功，也就是说这个不可逆的化学反应具有对外做功的能力。因此，在此条件下该反应是自发发生的。这一化学反应进行到吉布斯自由能达到最小值不变为止，此时体系丧失对外做功能力，体系达到平衡。

注意：这一吉布斯自由能判据的使用条件是封闭体系恒温、恒压、$W'=0$，而且恒定 T、p 无需环境对体系做功。

同理可得到封闭体系只做体积功、恒温、恒容条件下的化学势判据。

专题讲座视频

变化方向和限度的
热力学判据
(朱志昂)

$$\left(\frac{\partial A}{\partial \xi}\right)_{T,V} = \sum_{B} \nu_B \mu_B \leqslant 0 \tag{3-111}$$

同理有

$$\left(\frac{\partial U}{\partial \xi}\right)_{S,V} = \sum_{B} \nu_B \mu_B \leqslant 0 \tag{3-112}$$

$$\left(\frac{\partial H}{\partial \xi}\right)_{S,p} = \sum_{B} \nu_B \mu_B \leqslant 0 \tag{3-113}$$

3.9 气体的化学势

3.9.1 纯理想气体的化学势

设有 1mol 纯理想气体 B,温度为 T,压力为 p,它的摩尔吉布斯自由能 $G_{m,B}$仅取决于 T 和 p。对一定量纯物质,有热力学基本公式

$$dG^* = -S^* dT + V^* dp$$

上标“$*$”表示物质处于纯态(以下同,有时省略)。对 1mol 纯物质来说,有

$$dG_m^* = -S_m^* dT + V_m^* dp$$

如上所述,对纯物质来说,化学势等于摩尔吉布斯自由能,即 $\mu^* = G_m^*$。因此,对 1mol 纯理想气体 B,在 T 和 p 下,应有热力学关系式

$$d\mu_B^* = dG_{m,B}^* = -S_{m,B}^* dT + V_{m,B}^* dp$$

在恒温条件下,上式变为

$$d\mu_B^* = V_{m,B}^* dp$$

理想气体的状态方程为 $V_m^* = \dfrac{RT}{p}$,代入上式得

$$d\mu_B^* = \frac{RT dp}{p} = RT d\ln p$$

假设纯理想气体 B 从状态 1 恒温变化到状态 2。积分上式得

$$\int_1^2 d\mu_B^* = RT\int_1^2 d\ln p$$

$$\mu_B^*(T, p_2) - \mu_B^*(T, p_1) = RT\ln\frac{p_2}{p_1} \tag{3-114}$$

由于 $G_m^*(\mu^*)$的绝对值无法求得,故在热力学中人们选择一个标准态。令 p_1 为标准态的 $p^\ominus$,则式(3-114)变为

知识点讲解视频

气体的

热力学标准态

(朱志昂)

$$\mu_B^*(T, p_2) - \mu_B^*(T, p^\ominus) = RT\ln\frac{p_2}{p^\ominus}$$

纯理想气体的标准态规定为气体的压力 $p = 10^5$ Pa(在热力学中任一状态函数的上标带“$\ominus$”者均表示物质处于标准态的值),温度 T 是任意给定值,因此通式为

$$\mu_B^*(T, p) = \mu_B^*(T, p^\ominus) + RT\ln\frac{p}{p^\ominus}$$

由于气体的压力 $p^\ominus$已规定为 10^5Pa,故 $\mu^*(T, p^\ominus)$只是温度 T 的函数,可写作 $\mu_B^\ominus(T)$,称为纯理想气体 B 的标准化学势,上式可写成

$$\mu_B^*(T, p) = \mu_B^\ominus(T) + RT\ln\frac{p}{p^\ominus} \tag{3-115}$$

式(3-115)就是纯理想气体 B 的化学势公式。

3.9.2 混合理想气体的化学势

对理想气体混合物，由于气体分子间除碰撞外无其他相互作用，因而混合理想气体中每一种组分气体的行为与该组分气体单独存在并占有与混合气体相同体积时的行为相同。因此，在混合气体中，某组分气体 B 的化学势 μ_B 也就与该组分气体在纯态时的化学势 μ_B^* 相同，即

$$\mu_B(T,p_B) = \mu_B^*(T,p_B) = \mu_B^{*,\ominus}(T) + RT\ln\frac{p_B}{p^\ominus} \tag{3-116}$$

式中，p_B 是气体 B 在混合气体中的分压；$\mu_B^{*,\ominus}(T)$ 是气体 B 在纯态时，温度 T、压力为 10^5 Pa 时的化学势(纯理想气体 B 在温度为 T 的标准化学势)，也是混合理想气体中组分气体 B 在温度为 T、分压为 10^5 Pa 时的标准态化学势，即 $\mu_B^{*,\ominus}=\mu_B^\ominus$。由于 $p^\ominus$ 已规定为 10^5 Pa，故 $\mu_B^\ominus$ 也只是温度的函数。式(3-116)可写成

$$\mu_B(T,p_B) = \mu_B^\ominus(T) + RT\ln\frac{p_B}{p^\ominus} \tag{3-117}$$

3.9.3 纯实际气体的化学势

纯理想气体 B 的化学势表达式为

$$\mathrm{d}\mu_B^* = RT\,\mathrm{d}\ln p$$

对纯实际气体，人们采取相似的表达式，即

$$\mathrm{d}\mu_B^* = RT\,\mathrm{d}\ln f \tag{3-118}$$

式中，f 称为逸度(fugacity)，其量纲与压力相同，SI 单位也为 Pa。两式相比，可以看出，理想气体的逸度 f 与其压力 p 有正比例关系。为方便起见，人们选定两者的比例系数为 1，$\frac{f}{p}=1$，即理想气体的逸度等于其压力。对实际气体，逸度表示实际气体与理想气体在压力上的不同，即 $\frac{f}{p}\neq 1$。但是在极低压力下，实际气体的性质接近理想气体的性质，其逸度也接近压力。当 $p\to 0$ 时，$f\approx p$，即

$$\lim_{p\to 0}\frac{f}{p} = 1 \tag{3-119}$$

式(3-118)和式(3-119)的联合就是逸度的定义式。气体的逸度起着与压力相同的作用。从这个意义上来说，逸度就是有效压力(effective pressure)。对实际气体来说，其逸度与压力有偏差，令比值

$$\frac{f}{p} \equiv \gamma \quad 或 \quad f = \gamma p \tag{3-120}$$

式中，γ 称为逸度系数(fugacity coefficient)，它代表实际气体与理想气体的偏差的量度。γ 是量纲为 1 的量，不仅与气体的温度和压力有关，而且与气体的本性有关。在常温下，压力较低时 $\gamma<1$，压力较高时 $\gamma>1$，压力趋于零时 $\gamma\to 1$。

实际气体 B 的化学势表达式的积分式为

$$\int_1^2 \mathrm{d}\mu_B^* = \int_1^2 RT\,\mathrm{d}\ln f$$

$$\mu_B^*(T,p_2)-\mu_B^*(T,p_1)=RT\ln\frac{f_2}{f_1}$$

纯实际气体的标准态选取为 $p^\ominus=10^5\,\mathrm{Pa}$，而且 $f^\ominus=p^\ominus=10^5\,\mathrm{Pa}$。因此，当 $f_1=f^\ominus$ 时，上式变为

$$\mu_B^*(T,p)-\mu_B^*(T,p^\ominus)=RT\ln\frac{f}{p^\ominus}$$

或

$$\mu_B^*(T,p)=\mu_B^\ominus(T)+RT\ln\frac{f}{p^\ominus} \tag{3-121}$$

式中，$\mu_B^\ominus(T)$ 是温度为 T，逸度为 $f=p^\ominus=10^5\,\mathrm{Pa}$ 时纯实际气体 B 的化学势，即纯实际气体 B 的标准化学势，它也只是温度 T 的函数。式(3-121)就是纯实际气体的化学势公式。纯实际气体的标准态是 $p^\ominus=10^5\,\mathrm{Pa}$，而又要满足 $f^\ominus=p^\ominus$，即 $\gamma=1$。这是一个假想状态，客观上并不存在这样的一个状态。如图 3-6 所示，理想气体的标准态为 $p^\ominus=10^5\,\mathrm{Pa}$，即 I 点所代表的状态，而实际气体的标准态也是 I 点所代表的状态，即 $f^\ominus=p^\ominus=10^5\,\mathrm{Pa}$，$\gamma=1$，并不是 $f=10^5\,\mathrm{Pa}$ 的 R 点所代表的状态。因为 R 点的状态，虽然 $f=10^5\,\mathrm{Pa}$，但 $p\neq10^5\,\mathrm{Pa}$，$\gamma\neq1$。由此可见，实际气体的标准态就是理想气体的标准态。只是对实际气体来说，这个状态是假想态，实际上是不可能存在的(在 $f^\ominus=p^\ominus=10^5\,\mathrm{Pa}$ 时，γ 不可能等于 1，即气体不能看作理想气体)。由式(3-121)可知，实际气体在 $f=p^\ominus$ 时，其化学势 μ_B^* 也正好等于 $\mu_B^\ominus$。但这只是化学势在数值上的相等，并非状态的相同。不能将 $f=p^\ominus$ 的实际气体(其中 $p\neq10^5\,\mathrm{Pa}$，$\gamma\neq1$)的状态当作标准态。$f=10^5\,\mathrm{Pa}$ 的实际气体与 $p=10^5\,\mathrm{Pa}$，$\gamma=1$，具有理想气体性质的实际气体，两者的 $\mu=\mu^\ominus$ 虽然相同，但其他热力学性质(如 H_m、S_m 等)两者却不会相同。

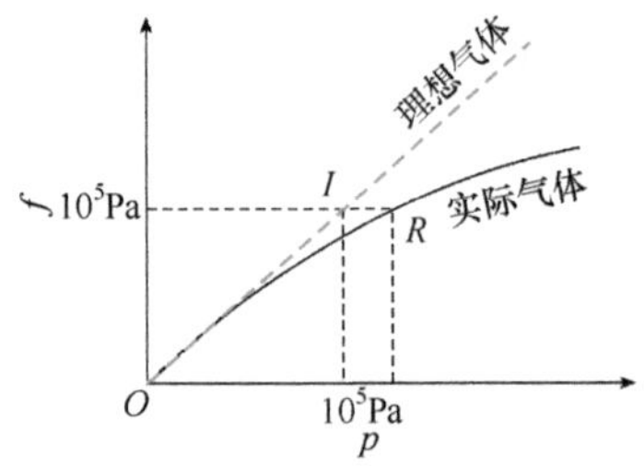

图 3-6 气体的标准态

比较式(3-115)和式(3-121)可以看出，实际上是采用了对实际气体的压力进行修正的方法，即乘上一个校正系数(称为逸度系数 γ)，使理想气体的化学势表达式也适用于实际气体。逸度的含义是，压力为 p 值的实际气体对化学势的贡献与压力为 f 值的理想气体相同。

3.9.4 混合实际气体的化学势

为了得到与混合理想气体的化学势表达式相似的混合实际气体的化学势表达式，我们定义混合实际气体中某组分气体 B 的逸度 f_B 在恒温恒组成下满足下列微分关系式：

$$\mathrm{d}\mu_B=RT\mathrm{d}\ln f_B \tag{3-122}$$

及

$$\lim_{p\to0}\frac{f_B}{p_B}=\lim_{p\to0}\frac{f_B}{x_Bp}=1 \tag{3-123}$$

式中，x_B 和 μ_B 分别是混合实际气体中组分 B 的摩尔分数和化学势；p 是混合气体的总压力；p_B 是组分 B 的分压。这里应用了道尔顿分压定律 $p_B=x_Bp$。这里 $p\to0$ 指总压力趋于零。混合气体中组分 B 的逸度系数 γ_B 定义为

$$\gamma_B\equiv\frac{f_B}{p_B} \tag{3-124}$$

当 $p \to 0$（注意，不是 $p_B \to 0$）时，$\gamma_B \to 1$。显然 γ_B 是混合气体的温度 T、压力 p 和组成的函数。对于混合理想气体来说，$\gamma_B = 1$，而对于混合实际气体来说，γ_B 可以等于 1，也可以小于 1 或大于 1。

积分式(3-122)得

$$\mu_B(T, p_B) = \mu_B^\ominus(T) + RT\ln\frac{f_B}{p^\ominus} \tag{3-125}$$

式中，$\mu_B^\ominus(T)$是混合气体中组分气体 B 在温度 T 的标准化学势，也是假想的理想气体 B 在温度 T 的标准化学势，即 $f_B = p^\ominus = 10^5\,\mathrm{Pa}$，$\gamma_B = 1$。对同一种实际气体 B 来说，其纯态的标准化学势 $\mu_B^{*,\ominus}(T)$ 与其在混合气体中的标准势 $\mu_B^\ominus(T)$是相同的。

总而言之，对气态物质 B 来说，无论是理想气体还是实际气体，无论是纯态还是混合气体中的气态组分，其标准化学势 $\mu_B^\ominus(T)$都是在温度 T 和标准压力$p^\ominus = 10^5\,\mathrm{Pa}$ 时的纯理想气体物质 B 的化学势。只是对实际气体来说，该标准态是一个假想的纯气态而已。

3.9.5　纯气体逸度的计算

纯气体逸度的计算有多种方法，如：①将实际气体的已知状态方程代入 $d\mu_B = V_{m,B}dp = RT d\ln f_B$ 中，求出纯气体 B 的逸度 f_B；②从实际气体与理想气体的偏差，通过实验数据作图求算的图解积分法；③根据对比状态原理，求出 f_B；④其他经验方法。比较简单而常用的方法是对比状态原理法。

在恒温下，1mol 纯实际气体 B 的化学势 μ_B^* 与其压力 p 的关系式为

$$d\mu_B^{*r} = V_{m,B}^r dp$$

1mol 纯理想气体 B 的化学势 μ_B^{*id} 与其压力的关系式为

$$d\mu_B^{*id} = V_{m,B}^{id} dp$$

两式相减得

$$d\mu_B^{*r} - d\mu_B^{*id} = (V_{m,B}^r - V_{m,B}^{id})dp$$

因为

$$d\mu_B^{*r} = RT d\ln f_B \qquad d\mu_B^{*id} = RT d\ln p$$

所以

$$d\ln f_B - d\ln p = \frac{1}{RT}(V_{m,B}^r - V_{m,B}^{id})dp \tag{3-126}$$

在压力趋于零的 p^+ 到压力为 p 之间积分上式，并考虑到在压力趋于零时实际气体的逸度等于其压力，即 $f_B^+ = p^+$，可得

$$\ln\frac{f_B}{p} = \frac{1}{RT}\int_{p^+}^{p}(V_{m,B}^r - V_{m,B}^{id})dp$$

应用压缩因子 Z 的定义式，$Z \equiv \dfrac{pV_{m,B}^r}{RT} = \dfrac{V_{m,B}^r}{V_{m,B}^{id}}$

$$V_{m,B}^r - V_{m,B}^{id} = \frac{ZRT}{p} - \frac{RT}{p} = \frac{(Z-1)RT}{p}$$

因此

$$\ln\gamma_B = \int_0^p (Z-1)d\ln p$$

由于 $p=p_{\mathrm{r}}p_{\mathrm{c}}$(这里 p_{r} 代表对比压力,p_{c} 代表临界压力),因此

$$\ln\gamma_{\mathrm{B}}=\int_{0}^{p_{\mathrm{r}}}(Z-1)\,\mathrm{d}\ln p_{\mathrm{r}} \tag{3-127}$$

式(3-127)表明,在相同对比温度 T_{r} 和对比压力 p_{r} 下,所有气体具有相同的逸度系数。根据式(3-127),可以绘出 $\gamma=f(p_{\mathrm{r}},T_{\mathrm{r}})$图,也就是说,可以从霍根-沃森压缩因子图绘制出普遍适用于任何气体的逸度系数图,此图称为牛顿(Newton)图,如图 3-7 所示。

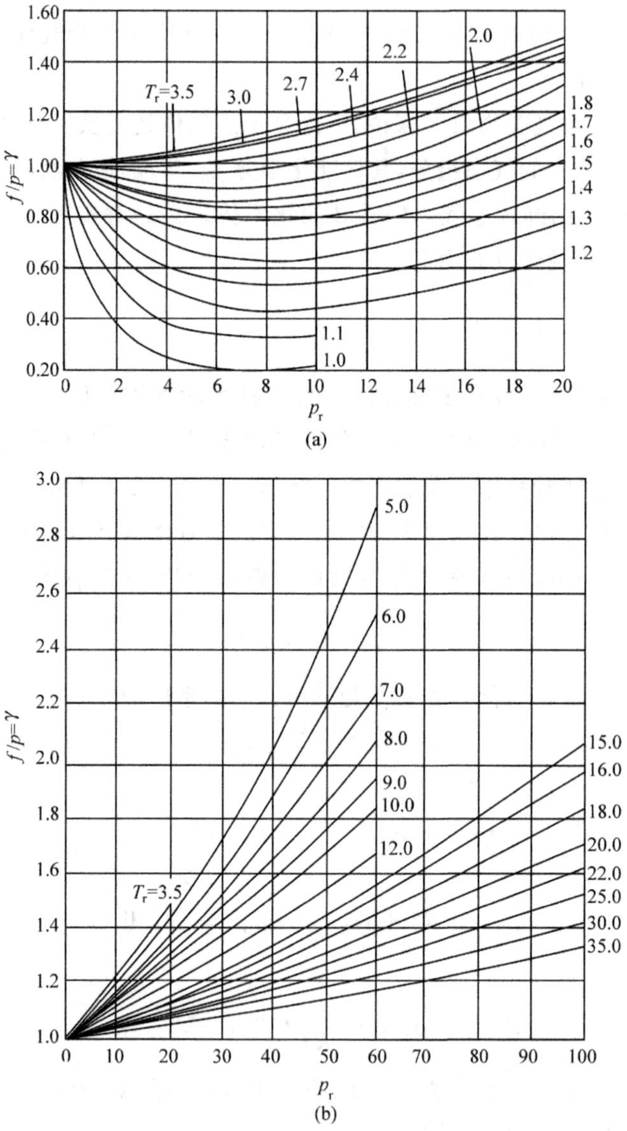

图 3-7 牛顿图

3.9.6 混合气体逸度的计算

混合气体中各组分气体的分子间相互作用不同于纯气体中同类分子间相互作用。因此,纯气体的逸度不同于该气体在混合气体中的逸度。路易斯(Lewis)假定

$$f_{\mathrm{B}}\approx x_{\mathrm{B}}f_{\mathrm{B}}^{*}(T,p) \tag{3-128}$$

式中,f_{B} 是混合气体中组分 B 的逸度;f_{B}^{*} 是同温下纯组分 B 在其压力等于混合气体的总压力时的逸度;x_{B} 是组分 B 在混合气体中的摩尔分数。由于

$$f_B^* = \gamma_B^*(T,p)p$$

$$f_B = \gamma_B p_B = \gamma_B x_B p$$

代入式(3-128)得

$$\gamma_B \approx \gamma_B^*(T,p)$$

式中，γ_B 是混合气体中组分 B 的逸度系数；$\gamma_B^*(T,p)$是纯气体 B 在混合气体的温度 T 和总压力 p 时的逸度系数。这样就近似地解决了混合气体中各组分的逸度计算问题。

实际气体的逸度 f_B 还可以用气体的 p、V、T 关系来定义。由式(3-127)和式(3-125)可得

$$\begin{aligned}\mu_B^{id}-\mu_B^{r} &= RT\ln\frac{p_B}{f_B}=RT\ln\frac{x_B p}{f_B}\\ &=\int_p^0 V_{m,B}^{r}dp+\int_0^p V_{m,B}^{id}dp\\ &=\int_p^0 V_{m,B}^{r}dp+\int_0^p \frac{RTdp}{p}\\ &=\int_p^0\left(V_B^{r}-\frac{RT}{p}\right)dp\end{aligned}$$

因此，f_B 的定义式为

$$f_B = x_B p\exp\left[\int_0^p\left(\frac{V_B}{RT}-\frac{1}{p}\right)dp\right] \tag{3-129}$$

利用式(3-129)，可以通过 p、V、T 的实验数据或状态方程求得逸度。式中，V_B 是混合气体中组分 B 的偏摩尔体积，对于纯气体 B 来说 $V_B=V_{m,B}$(见 6.2 节)。当 $x_B=1$ 时 $f_B=f_B^*$。

将式(3-129)代入式(3-125)，可得气态物质 B 的化学势 μ_B 的通用表达式如下：

$$\mu_B(g,T,p,x_c) = \mu_B^{\ominus}(g,T)+RT\ln\frac{x_B p}{p^{\ominus}}+\int_0^p\left[V_B(g,T,p,x_c)-\frac{RT}{p}\right]dp \tag{3-130}$$

式中，$\mu_B(g,T,p,x_c)$和 $V_B(g,T,p,x_c)$分别代表在温度 T 和压力 p 时，一组摩尔分数为x_c(x_A、x_B、x_c、…)的混合气体中气态物质 B 的化学势和偏摩尔体积。由式(3-130)可以知道，$\mu_B(g,T,p,x_c)=\mu_B^{\ominus}(g,T)$的条件为

$$p=p^{\ominus} \qquad x_B=1 \qquad V_B(T,p,x_c)=\frac{RT}{p}$$

上述条件也是气态物质 B 的标准化学势的物理意义。从式(3-130)，加上相应的限制条件后，可以分别导出式(3-115)、式(3-117)、式(3-121)和式(3-125)，其中的 $\mu_B^{\ominus}(g,T)$的物理意义不变。例如，加上限制条件 $x_B=1$，$V_B=V_B^*=V_{m,B}=\dfrac{RT}{p}$，式(3-130)变为式(3-115)。

例 3-4 证明范德华气体的逸度可由下列公式算出：

$$\ln f = \ln \frac{RT}{V_m - b_0} + \frac{b_0}{V_m - b_0} - \frac{2a_0}{RTV_m}$$

证明 根据逸度的定义和实际气体的化学势公式

$$d\mu = RT\,d\ln f = V_m\,dp$$

根据范德华方程

$$p = \frac{RT}{V_m - b_0} - \frac{a_0}{V_m^2}$$

因此

$$\begin{aligned} RT\ln\frac{f}{f^+} &= \int_{p^+}^{p} V_m\,d\left(\frac{RT}{V_m - b_0} - \frac{a_0}{V_m^2}\right) \\ &= RT\int_{V_m^+}^{V_m}\left[\frac{2a_0}{RTV_m^2} - \frac{V_m}{(V_m - b_0)^2}\right]dV \\ &= RT\int_{V_m^+}^{V_m}\left[\frac{2a_0}{RTV_m^2} - \frac{1}{V_m - b_0} - \frac{b_0}{(V_m - b_0)^2}\right]dV \\ &= RT\left[-\frac{2a_0}{RTV_m} - \ln(V_m - b_0) - \frac{b_0}{V_m - b_0}\right]_{V_m^+}^{V_m} \\ &= RT\left[\frac{b_0}{V_m - b_0}\left(1 - \frac{V_m - b_0}{V_m^+ - b_0}\right) - \ln(V_m - b_0) + \ln(V_m^+ - b_0) - \frac{2a_0}{RTV_m}\left(1 - \frac{V_m}{V_m^+}\right)\right] \end{aligned}$$

当 $p^+ \to 0$ 时，$f^+ = p^+$，$\frac{V_m}{V_m^+}$和$\frac{V_m - b_0}{V_m^+ - b_0}$都远小于 1，而且可以认为 $p^+(V_m^+ - b_0) = RT$，则可得

$$\ln f = \ln RT - \frac{2a_0}{RTV_m} - \ln(V_m - b_0) + \frac{b_0}{V_m - b_0} = \ln\frac{RT}{V_m - b_0} + \frac{b_0}{V_m - b_0} - \frac{2a_0}{RTV_m}$$

当 $a_0 \to 0$，$b_0 \to 0$ 时，$f \to p$，气体成为理想气体。

例 3-5 1mol 某气体的状态方程为

$$pV_m = RT + bp$$

式中，b 是大于零的常数。试求此气体在 T 和 p 时的逸度 f 的表达式。

解 $RT\,d\ln f = V_m\,dp$

由此气体的状态方程知 $V_m = \frac{RT}{p} + b$，因此

$$RT\,d\ln f = \frac{RT}{p}dp + b\,dp$$

$$RT\,d\ln\frac{f}{p} = b\,dp$$

积分上式得

$$\lim_{p^+ \to 0}\left(RT\int_{p^+}^{p} d\ln\frac{f}{p}\right) = \lim_{p^+ \to 0}\left(\int_{p^+}^{p} b\,dp\right)$$

当 $p^+ \to 0$ 时，$f^+ = p^+$，因此有

$$RT\ln\frac{f}{p} = bp \quad 或 \quad f = p\exp\left(\frac{bp}{RT}\right)$$

当 $b \to 0$ 时，$f \to p$，此气体即为理想气体。

例 3-6　N_2 在 0℃时的 pV 数据如下：

p/101 325Pa	50	100	200	400	800	1000
$Z \equiv \dfrac{pV_m}{RT}$	0.9848	0.9846	1.0365	1.2557	1.7959	2.0641

试求 N_2 在各压力下的逸度 f 和逸度系数 γ。

解　设

$$a = \frac{RT}{p} - V_m$$

则

$$\mathrm{d}\ln f = \frac{V_m}{RT}\mathrm{d}p = \left(\frac{1}{p} - \frac{a}{RT}\right)\mathrm{d}p$$

$$\mathrm{d}\ln \frac{f}{p} = \mathrm{d}\ln\gamma = -\frac{a}{RT}\mathrm{d}p$$

因 $p \to 0$，$f \to p$，故

$$\ln\gamma = -\int_0^p \frac{a}{RT}\mathrm{d}p$$

根据题目所给数据处理如下：

p/101 325Pa	50	100	200	400	800	1000
$\dfrac{a}{RT} \times 10^4$	3.04	1.54	−1.83	−6.39	−9.95	−10.64
$\ln\gamma$	−0.0206	−0.0320	−0.0288	0.0596	0.395	0.606
γ	0.979	0.969	0.972	1.061	1.484	1.834
f	48.95	96.9	194.4	424.4	1187	1833

以 $\dfrac{a}{RT}$ 对 p 作图，并求出 f 及 γ。

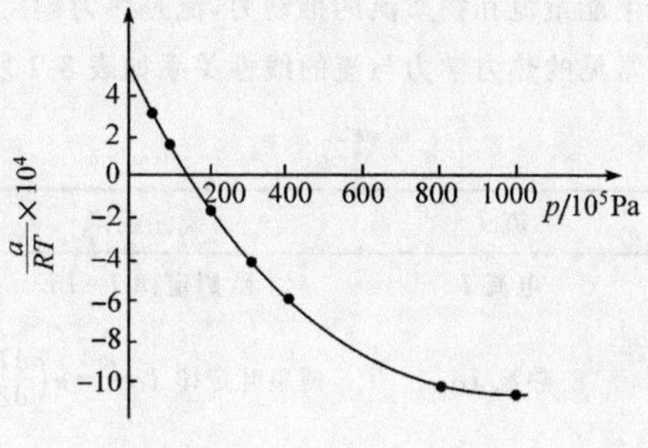

*3.10　线性非平衡态热力学简介

知识点讲解视频

非平衡态热力学要点简介

（朱志昂）

经典热力学研究的对象集中在平衡态和从一个平衡态过渡到另一个平衡态的可逆过程。而客观世界中，绝大多数自然现象都是处于非平衡态下的不可逆过程。非平衡态热力学体系与不可逆热力学过程是广泛存在的，因此这方面的研究变得十分必要。20 世纪 30 年代昂萨格(Onsager)提出了线性唯象系数的对称原理——昂萨格倒易关系，它是不可逆过程热力学最早的理论。20 世纪 40 年代普里高津根据局域平衡假设与昂萨格倒易关系，提出了“最小熵产生原理”，建立了线性非平衡态热力学。在此基础上普里高津进一步研究了非线性不可逆过程，确立了耗散结构的概念，把物理、化学、生物、医学等领域多种多样的非平衡结构及不可逆过程纳入其理论的框架中，形成了一个全新的、前途广阔的领域。普里高津因此而获得 1977 年诺贝尔化学奖。

专题讲座视频

物理化学课如何讲授非平衡态热力学（朱志昂）

3.10.1 局域平衡假设

处于恒定的外部限制条件(如固定的边界条件或浓度限制条件等)时，体系内部发生宏观变化，则体系处于非平衡态。经过一定时间体系达到一种在宏观上不随时间变化的恒稳状态，此状态称为非平衡稳态或简称为稳态(或称定态)。稳态体系的内部宏观过程仍然在进行着。在非平衡稳态条件下，经典热力学的温度、压力、熵函数、吉布斯函数等的定义无效或消失了。因此，经典热力学不适用于生命体系，也不适用于宇宙。为了能继续采用经典热力学的一些函数和关系式，并将其延伸到非平衡稳态，为此，布鲁塞尔(Brussel)学派的普里高津等提出了以下局域平衡假设：

(1) 将体系分成许多小体积单元(局域)，每一个单元在宏观上足够小，可以用其中任一点的性质来代表该单元的性质，但在微观上它仍然包含大量粒子，能表达宏观统计的性质(如温度、压力、熵等)。

(2) 当某一局域在 $t+\mathrm{d}t$ 时刻达到平衡(注意，整个体系尚未达到平衡)，则该局域的热力学函数即可代表 t 时刻该局域非平衡态的热力学函数，整个体系的热力学函数就是各局域热力学函数的加和。

(3) 以上得到的热力学函数之间仍然满足经典热力学关系式。

应特别指出，局域平衡假设只适用于离平衡态不远的非平衡体系。例如，扰动不大、分子碰撞传能速率大于某不可逆过程速率。对化学反应则应符合 $E_a/RT>5$，对大多数 273～1000K 发生的化学反应是能满足这一条件的。

3.10.2 昂萨格倒易关系

在研究不可逆过程时，将势函数称为热力学力(简称力，X)，由此引起的不可逆过程的速率称为流(J)。例如，温度势$\left[-\nabla\left(\frac{1}{T}\right)\right]$引起热传导，电池电动势 E 引起电流 I，化学势的负梯度$\left[-\nabla\left(\frac{\mu_i}{T}\right)\right]$引起扩散，化学反应亲和势$\left(\frac{\mathscr{A}}{T}\right)$不为零引起化学反应趋向于化学平衡。热力学力是产生能量流和物质流的推动力，流是热力学广度性质对时间的导数，而力是强度量的差值。常见的热力学力与流的线性关系如表 3-1 所示。

表 3-1 热力学力与流的线性关系

热力学力 X	流 J	线性规律	唯象系数
电池电动势 E	电流 I	欧姆定律 $I=LE$	电导 L
温度势 $-\nabla\left(\frac{1}{T}\right)$	热流 J_Q	傅里叶定律 $J_Q=-\kappa\left(\frac{\mathrm{d}T}{\mathrm{d}Z}\right)$	热导率 κ
化学反应亲和势 $\frac{\mathscr{A}}{T}$	反应速率 r	一级动力学(近平衡如弛豫)	速率常数 k
化学势负梯度 $-\nabla\left(\frac{\mu_i}{T}\right)$	扩散流 J_D	菲克定律 $J_D=-D\left(\frac{\mathrm{d}\rho}{\mathrm{d}Z}\right)$	扩散系数 D

若体系内部同时存在两种以上的不可逆过程，无论是哪一种性质的力与流，在耦合过程中，流与力的作用具有对易性质，互相交换位置而不改变结果。描述各种不可逆过程的流和力之间的线性唯象关系的唯象系数之间满足一种对称关系。可以认为，在力(X)与流(J)之间存在着线性关系，即

$$J = LX \tag{3-131}$$

式中，L 是唯象系数。若有几种不可逆过程能同时发生，且彼此影响，力和流之间的线性关系可表示为

$$J_1 = L_{11}X_1 + L_{12}X_2 + \cdots + L_{1n}X_n$$

$$J_2 = L_{21}X_1 + L_{22}X_2 + \cdots + L_{2n}X_n$$
$$\cdots \tag{3-132}$$
$$J_n = L_{n1}X_1 + L_{n2}X_2 + \cdots + L_{nn}X_n$$

昂萨格通过论证提出，在唯象系数之间存在以下关系：

$$L_{ik} = L_{ki} \qquad (i,k = 1,2,3,\cdots,n) \tag{3-133}$$

式(3-133)称为昂萨格倒易关系式，其物理意义是第 i 个流的 J_i 与第 k 个力 X_k 之间的唯象系数 L_{ik} 和第 k 个流的 J_k 与第 i 个力 X_i 之间的唯象系数 L_{ki} 相等。在式(3-132)中有多个唯象系数，由于引入线性唯象关系和昂萨格倒易关系，可以得到不同不可逆过程性质间的普遍联系，更有效、更经济地进行研究。昂萨格倒易关系是不可逆过程热力学中的一个基本关系，昂萨格因此而获得 1968 年诺贝尔化学奖。

3.10.3　熵产生原理

熵增加原理是热力学第二定律的熵表述。根据这个原理，对任一给定过程判断它能否发生，仅限于此过程发生在孤立体系内。对任一封闭体系中发生的任一给定过程，判断它能否发生，必须同时求出环境的熵变，然后求总体(相当于孤立体系)的熵变。孤立体系是不可能实现的，因为宇宙线(或高能粒子)总是不断地射到地球上。另外，敞开体系也不能忽视。例如，对生物体来说，与环境不断地交换物质，是它们生存的必要条件。1945 年普里高津将熵增加原理推广到任意体系(封闭的、敞开的和孤立的)，给出了一个普遍的熵表述式。任一体系在平衡态有一个状态函数 S 的确定值，它是广度性质。当体系的状态发生变化后，体系的熵变可分为两部分之和，称为外熵变和内熵变之和。外熵变是由体系与环境通过界面进行热交换和物质交换时进入或流出体系的熵所引起的。熵流(entropy flux)的概念是把熵当作一种流体，正如曾经把热当作流体(称为“热质”)一样。把熵和能量建立在同样基础上，它们两者都有真实性，或两者都没有。但熵和能量又不同，熵可以产生，却不能被消灭；而能量则不生不灭。内熵变是由于体系内部发生的不可逆过程(如热传导、扩散、化学反应等)所引起的熵产生(entropy production)。

根据热力学第二定律，孤立体系的熵变为 $\Delta S_{孤立} \geqslant 0$。若任意体系中发生一个微小过程，则有

$$dS_{体系} = d_eS + d_iS \tag{3-134}$$

式中，d_eS 代表外熵变；d_iS 代表内熵变。这样从形式上看，d_iS 不再与 $dS_{环境}$ 有关。式(3-134)中 $dS_{体系}$ 和 d_eS 的符号没有什么限定，可以是正、负或零；但是根据熵增加原理，d_iS 对不可逆过程总是正值，对可逆过程等于零，即

$$d_iS \geqslant 0 \begin{pmatrix} > 不可逆过程 \\ = 可逆过程 \end{pmatrix} \tag{3-135}$$

文字表述为“体系的熵产生永不为负值，在可逆过程中为零，在不可逆过程中大于零”，这就是熵产生原理，它是熵增加原理的推广，适用于任意体系中的任何过程。式(3-134)和式(3-135)是不可逆过程热力学的基本公式。

下面我们对熵流项和熵产生项作简单分析。体系的任一广度量 L 一般具有下列形式的平衡方程：

$$\frac{dL}{dt} = \frac{d_eL}{dt} + \frac{d_iL}{dt} \tag{3-136}$$

式中，t 是时间；$\frac{dL}{dt}$ 是体系的 L 变化速率；$\frac{d_eL}{dt}$ 是 L 通过界面进入或流出体系的速率；$\frac{d_iL}{dt}$ 是体系内部 L 的产生速率。这种平衡方程对任意体系以及 L 是否为守恒量均适用。对于广度量为熵的平衡方程为

$$\frac{dS}{dt} = \frac{d_eS}{dt} + \frac{d_iS}{dt} \tag{3-137}$$

因为做功(内功和外功)只能引起熵产生，不引起熵流，只有热流和物质流才对熵流有贡

献,所以熵流项的一般形式为

$$\frac{\mathrm{d_e}S}{\mathrm{d}t}=\sum_i \frac{1}{T_i}\frac{\delta Q_i}{\mathrm{d}t}+\sum_i S_i\frac{\mathrm{d}n_i}{\mathrm{d}t} \tag{3-138}$$

式中,$\frac{\delta Q_i}{\mathrm{d}t}$是在 T_i 时热量流入体系的速率;$\frac{\mathrm{d}n_i}{\mathrm{d}t}$是物质 i 流入体系的速率;S_i 是物质 i 的偏摩尔熵(关于偏摩尔量的概念将在第 6 章中叙述)。这样,熵的平衡方程可写成

$$\frac{\mathrm{d}S}{\mathrm{d}t}=\sum_i \frac{1}{T_i}\frac{\delta Q_i}{\mathrm{d}t}+\sum_i S_i\frac{\mathrm{d}n_i}{\mathrm{d}t}+\frac{\mathrm{d_i}S}{\mathrm{d}t} \tag{3-139}$$

式(3-139)可适用于任意体系,对几种特殊体系有下列几种形式:

(1) 封闭体系。因为$\frac{\mathrm{d}n_i}{\mathrm{d}t}=0$,所以式(3-139)变为

$$\frac{\mathrm{d}S}{\mathrm{d}t}=\sum_i \frac{1}{T_i}\frac{\delta Q_i}{\mathrm{d}t}+\frac{\mathrm{d_i}S}{\mathrm{d}t} \tag{3-140}$$

(2) 绝热封闭体系或孤立体系。因为$\frac{\delta Q_i}{\mathrm{d}t}=0$,$\frac{\mathrm{d}n_i}{\mathrm{d}t}=0$,所以式(3-139)变为

$$\frac{\mathrm{d}S}{\mathrm{d}t}=\frac{\mathrm{d_i}S}{\mathrm{d}t} \tag{3-141}$$

(3) 绝热敞开体系。因为$\frac{\delta Q_i}{\mathrm{d}t}=0$,所以式(3-139)变为

$$\frac{\mathrm{d}S}{\mathrm{d}t}=\sum_i S_i\frac{\mathrm{d}n_i}{\mathrm{d}t}+\frac{\mathrm{d_i}S}{\mathrm{d}t} \tag{3-142}$$

(4) 稳态体系。因为$\frac{\mathrm{d}S}{\mathrm{d}t}=0$,所以有

$$\frac{\mathrm{d}S}{\mathrm{d}t}=\sum_i \frac{1}{T_i}\frac{\delta Q_i}{\mathrm{d}t}+\sum_i S_i\frac{\mathrm{d}n_i}{\mathrm{d}t}+\frac{\mathrm{d_i}S}{\mathrm{d}t}=0 \tag{3-143}$$

由于$\frac{\mathrm{d_e}S}{\mathrm{d}t}$可以是正、负和零,而$\frac{\mathrm{d_i}S}{\mathrm{d}t}$总是大于零或等于零,因此可得下列一些结论:

(1) 绝热封闭体系或孤立体系的熵永不减少,可逆过程中熵不变,不可逆过程中熵增加,这就是熵增加原理。因此,熵增加原理仅是熵产生原理中的一个特例。

(2) 体系向外流出熵(或说体系得负熵),若正好抵消体系内的熵产生,即$-\frac{\mathrm{d_e}S}{\mathrm{d}t}=\frac{\mathrm{d_i}S}{\mathrm{d}t}$,此时体系处于稳态(steady state)。

(3) 若负熵流大于熵产生,即$-\frac{\mathrm{d_e}S}{\mathrm{d}t}>\frac{\mathrm{d_i}S}{\mathrm{d}t}$,此时体系的熵减少。根据熵的统计意义(见第 5 章),体系将变得有序化,也就是说,体系出现有序化结构。

一个有生命的生物体是热力学敞开体系。根据熵产生原理,在生物体内发生的过程均为不可逆过程,过程的后果是体内熵增加。体内熵增加意味着有序度下降或无序度(混乱度,disorder)增加。熵达到最大值,意味机体死亡。那么如何保持机体处于高度有序性以维持生命呢?由于在生物体内发生了生化反应、物质的扩散和血液流动等不可逆过程,故 $\Delta_\mathrm{i}S>0$。为了保持机体内的熵不变,使机体接近于或处于稳态,即$\frac{\mathrm{d}S}{\mathrm{d}t}=0$,$\Delta_\mathrm{e}S$ 必须小于零,以抵消$\Delta_\mathrm{i}S>0$。$\Delta_\mathrm{e}S$ 包括如上所述的两项,一项由与环境的热交换引起,另一项由与环境的物质交换引起。与环境的热交换 Q 的符号可以是正或负,取决于机体与环境的温差是正或负,即环境比机体热或冷,与环境的物质交换对动物或人来说就是吃进食物和排出废物。食物包含高度有序化的和低熵值的大分子物质,如蛋白质和淀粉,而废物是无序的和高熵值的小分子物质。因此,机体得以维持生命,保持一定熵值,就靠从环境吸入低熵物质,放出高熵物质这样一种物质交换,$\Delta_\mathrm{e}S$ 才能保持负值,以抵消由于机体内发生不可逆过程所引起的熵产生 $\Delta_\mathrm{i}S$。不可逆热力学原理对生物体系的应用有着广阔的前景。

3.10.4　最小熵产生原理

根据热力学第二定律，在孤立体系中，体系内不可逆过程是沿着熵增加的方向进行的，当体系的熵达到极大值时，体系处于热力学平衡态，热力学判据为 $dS/dt \geqslant 0$。

对于敞开的非平衡体系，当处于近平衡区（离平衡态不远），其变化遵守线性关系时，则它的熵如何变化？

普里高津于 1945 年提出最小熵产生原理，其数学表达式为 $dP/dt \leqslant 0$，式中，$P = d_iS/dt$，称为熵产生率。"="号对应定态情况，"<"号对应偏离定态情况。其物理意义是：线性非平衡体系内不可逆过程的熵产生率 P 随时间的进行总是朝着熵产生率减小的方向进行，直到熵产生率达到极小值，体系达到非平衡的定态，这时熵产生率不再随时间变化，这就是最小熵产生原理。最小熵产生原理保证了非平衡态体系线性区内各点性质不随时间变化的定态是稳定的。根据最小熵产生原理，定态具有最小的熵产生率，任何在外界有限扰动下，体系偏离定态的扰动状态都具有比定态更大的熵产生率，即 $P_{定态} < P_{扰动态}$。同时扰动态的熵产生率 $dP/dt < 0$ 保证了扰动态的熵产生率会随时间的延续不断减小，直到恢复为该条件下的极小值 $P_{定态}$，体系恢复到定态。因此，非平衡线性区的定态是稳定的。需要注意的是，最小熵产生原理只有在同时满足下列三个条件下才能适用：①体系的流-力关系处于线性范围；②昂萨格倒易关系成立；③唯象系数是不随时间变化的常数。只有在体系处于平衡态附近（离平衡态不远）时这些条件才能满足。因此，最小熵产生原理不是普遍适用的。

*3.11　非线性非平衡态热力学简介

3.11.1　非线性非平衡定态稳定性的判据

在平衡态热力学中，孤立体系中的熵是判断体系变化方向及稳定性的状态函数。熵增加原理告诉我们，孤立体系的自发方向是熵增大的方向，即 $dS/dt > 0$，变化的终点是稳定的平衡态。

当非孤立体系处于非平衡线性区时，最小熵产生原理告诉我们，体系的变化方向是熵产生率 $dP/dt < 0$，近平衡的定态由于具有最小熵产生率，因此任何扰动引起的偏离定态过程都有 $dP/dt > 0$，这就保证了与外界约束条件相适应的定态也是稳定的。

热力学力与流之间的关系更普遍地是非线性的，线性只是近似的。在远离平衡的情况下（非线性区）是否也存在与熵（S）和熵产生（P）一样的状态函数作为稳定性判据呢？很长一段时间，人们一直力求把最小熵产生原理推广应用于非平衡热力学的非线性区，但是最后发现，这种推广是不可能的。当体系远离平衡时，虽然体系仍可发展到某个不随时间变化的定态，但是这个远离平衡的定态的熵产生不一定取最小值。普里高津将相对于参考定态的熵的二级偏离 $\frac{1}{2}\delta^2 S$ 称为超熵，并用来判断参考定态的稳定性。将熵 S 和熵产生 P 在定态附近展开为泰勒（Taylor）级数，在满足局域平衡的情况下，可得到

$$\frac{1}{2}\delta^2 S = S - S^0 \tag{3-144}$$

式中，S^0 是参考定态的熵；S 是扰动态的熵。超熵的时间导数称为超熵产生 $\delta_X P$。

$$\frac{d\left(\frac{1}{2}\delta^2 S\right)}{dt} = \delta_X P \tag{3-145}$$

这样可以选择超熵产生作为体系定态的稳定性判据。则有

前沿拓展:纳米尺度上的非平衡态输运

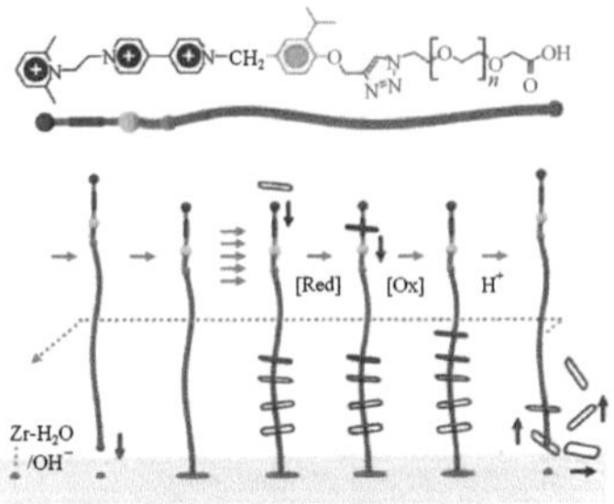

附图 3-2 分子泵的化学结构及其驱动机械吸附过程示意图

自然界中非平衡态体系无处不在。例如,生命体系中存在各种分子泵,其能够实现生物体内物质的主动输运,产生各种远离平衡态的自组装结构,从而实现复杂的生命活动。模拟生物体的分子泵,设计合成人工分子机器来实现纳米尺度上物质的主动输运,是化学领域的一个重要研究前沿。斯托达特(Stoddart)教授团队设计合成了一个电化学驱动的分子泵[Nat Nanotechnol, 2015, 10(6): 547; Science, 2020, 368(6496):1247],它能够将溶液中的分子环可控输运到能量更高的收集链上,形成动力学稳定的聚轮烷组装体。进一步,他们将分子泵修饰到固体表面,可以通过电化学控制,将溶液中的分子环主动输运到化学势更高的固体表面(附图 3-2)。据此,他们提出了"机械吸附"这一全新概念[Science, 2021, 374(6572):1215],从根本上扩展了吸附现象的范围和潜力,并提供了一种控制表界面化学的新方法。(蔡康)

扫描右侧二维码观看视频

当 $\delta_X P=\dfrac{\mathrm{d}\left(\frac{1}{2}\delta^2 S\right)}{\mathrm{d}t}>0$ 时,体系稳定;

当 $\delta_X P=\dfrac{\mathrm{d}\left(\frac{1}{2}\delta^2 S\right)}{\mathrm{d}t}<0$ 时,体系不稳定;

当 $\delta_X P=\dfrac{\mathrm{d}\left(\frac{1}{2}\delta^2 S\right)}{\mathrm{d}t}=0$ 时,临界状态。

当 $\delta_X P=\dfrac{\mathrm{d}\left(\frac{1}{2}\delta^2 S\right)}{\mathrm{d}t}>0$,则超熵 $\frac{1}{2}\delta^2 S$ 的值将重新趋于零,这时扰动态将回到参考定态,因此可以说,该参考定态是稳定的。当 $\delta_X P=\dfrac{\mathrm{d}\left(\frac{1}{2}\delta^2 S\right)}{\mathrm{d}t}=0$ 时,则处于临界稳定态。当 $\delta_X P=\dfrac{\mathrm{d}\left(\frac{1}{2}\delta^2 S\right)}{\mathrm{d}t}<0$ 时,超熵 $\frac{1}{2}\delta^2 S$ 将越来越负,体系状态将越来越偏离定态,参考定态是不稳定的,即非平衡参考定态失稳,对该参考定态的一个很小的扰动就可使体系越来越偏离这个定态而发展到一个新的状态,这个新的状态可能保持那个扰动放大了的时空行为,即时空有序结构——耗散结构。

由此可见,在处于远离平衡的敞开体系中,通过控制边界条件或其他参量,可使体系失稳并过渡到与原来定态结构完全不同的新的稳定态。这种新的有序的稳定结构是依靠与外界交换物质与能量来维持的。普里高津把它称为耗散结构,耗散结构的存在表明了非平衡是有序之源。

应该指出,熵和熵产生都可以称为热力学势函数。有了这两个势函数,不需要考虑动力学过程的行为,就能明确体系向什么方向演化。但是,超熵产生判据取决于动力学过程的详细行为,"超熵产生"不是热力学势函数。在使用超熵产生 $\dfrac{\mathrm{d}\left(\frac{1}{2}\delta^2 S\right)}{\mathrm{d}t}$ 作为非线性非平衡定态稳定性判据时,它的计算必须沿着扰动的具体路径进行,必须利用表示变化过程的特定动力学方程。因此,对非线性非平衡态的研究必须把热力学和动力学分析结合起来。此外,目前对布鲁塞尔学派的理论还存在一些争论。

3.11.2 耗散结构

普里高津在对非平衡热力学体系线性区研究的基础上又探索非平衡热力学体系在非线性区的演化特征。在研究偏离平衡态热力学体系时发现,当体系离开平衡态的参数达到一定阈值时,体系将会出现"行为临界点",在越过这种临界点后体系将离开原来的热力学无序分支,发生突变而进入一个全新的稳定有序状态。普里高津将这类稳定的有序结构称为耗散结构(dissipative structures),并在 1969 年提出了关于远离平衡状态的非平衡热力学体系的耗散结构理论。耗散结构典型的例子是贝纳特对流实验。在一扁平容器内充有一薄层液体,液层的宽度远大于其厚度,从液层底部均匀加热,液层顶部温度也均匀,底部与顶部存在温度差。当温度差较小时,热量以传导方式通过液层。但当温度差达到某一特定值时,液层中自动出现许多六角形小格子,液体从每个格子的中心涌起、从边缘下沉,形成规则的对流。从上往下可以看到贝纳特流形成的蜂窝状贝纳特花纹图案。这就是稳定而有序的耗散结构。类似的有序结构还出现在流体力学、化学反应(如化学振荡反应)以及激光等非线性现象中。

根据耗散结构理论,体系从无序状态过渡到耗散结构必须具备以下条件:

(1) 产生耗散结构的体系含有大量的体系基元甚至多层次的组分。贝纳特效应中的液体包含大量分子。贝洛索夫-恰鲍廷斯基化学振荡反应中不仅含有大量分子、原子和离子,而且含有多种化学成分。

（2）体系必须是开放的，即体系必须与外界进行物质、能量的交换。

（3）体系须是远离平衡状态的，体系中物质、能量流和热力学力的关系是非线性的。

（4）在产生耗散结构的体系中，基元间以及不同的组分和层次间通常存在着错综复杂的相互作用，其中尤为重要的是正反馈机制和非线性作用。正反馈可以看作是自我复制自我放大的机制，是“序”产生的重要因素。而非线性可以使体系在热力学失稳的基础上重新稳定到耗散结构。此外还需要不断输入能量予以维持。

在平衡态和近平衡态，涨落是一种破坏稳定有序状态的因素，但在远离平衡态条件下，非线性作用使涨落放大而达到有序。远离平衡态的开放体系通过涨落，在越过临界点后“自组织”成耗散结构，耗散结构由突变而涌现，其状态是稳定的。耗散结构理论指出，开放体系在远离平衡状态的情况下可以涌现出新的结构。按照耗散结构理论，化学振荡现象根本不违反热力学第二定律。和化学振荡现象相类似，生命现象曾长期被认为是不能用热力学第二定律解释的为生命体所特有的现象。从 19 世纪中叶开始，科学上就有所谓的达尔文和克劳修斯的矛盾——进化和退化的矛盾。耗散结构至少从原则上解决了这一矛盾。地球上的生命体都是远离平衡状态的非平衡的开放体系，它们通过与外界不断地进行物质和能量交换，经自组织而形成一系列的有序结构。可以认为耗散结构是解释生命过程和生物进化的热力学理论基础之一。由于在非平衡热力学尤其是在耗散结构理论方面的成就，普里高津于 1977 年获得诺贝尔化学奖。

耗散结构理论除了在化学、物理学、生物学以及其他自然科学中都有重要的应用外，甚至对社会科学的发展产生了重大的影响。耗散结构理论极大地丰富了哲学思想，在可逆与不可逆，对称与非对称，平衡与非平衡，有序与无序、稳定与不稳定，简单与复杂，局部与整体，决定论和非决定论等诸多哲学范畴都有其独特的贡献。从广义讲，人类社会也是远离平衡的开放体系。因此，城市的形成发展、城镇交通、航海捕鱼、教育经济问题等社会经济问题也可作为耗散结构理论应用的领域。美国著名未来学者托夫勒（Toffler）在他的《第三次浪潮》一书中指出，耗散结构理论“直接打击了第二次浪潮的假设，是第三次浪潮引起的‘思想领域的大变动’的重要标志之一”。他甚至认为，耗散结构理论可能代表了下一次科学革命。

应该指出的是，普里高津的耗散结构理论有它的不足之处。普里高津已经揭示了远离热力学平衡态的体系的不可逆动力学，处在这种“第三种状态”（远离而不是处于或接近平衡）的体系以如下方式运作：当涨落导致失稳时，它们并不到达平衡，而是可能重新组合它们的内部力以吸收、转变和储存更多的环境中所具有的自由能。结果，它们没有衰亡，而可能又振作起来到达演化的更高区域和复杂状态。然而进一步考察后我们发现，耗散结构理论尽管有显赫的成就，但仍有重大缺陷。问题是当远离平衡态的体系进化轨线分叉时，该体系将发生什么，这要仰仗随机性的选择。普里高津不能解释紧随分叉后体系对新动态形式的“选择”。在普里高津的非平衡宇宙中，与海森堡量子宇宙一样，进化仍被纯粹的随机性所打断。普里高津和他的学派指出偏离平衡是有序的最终源泉，并希望非平衡热力学方程能解释观察到的进化过程，然而这些期望至今还未得到满足。尽管耗散结构理论描述了复杂开放体系在环境中维持自身的方式和它们变化方式的本质，但没有从统计学上解释在变化的可能结果中为什么体系趋向于有序和复杂性。耗散结构理论自提出以来，一直在理论和实际应用两个方面同时拓展。但是并非一切远离平衡的复杂性开放体系的行为都可以归纳为耗散结构。因此，作为更高层次研究复杂体系的系统科学的一个分支理论，面对纷繁复杂的实际世界，其未来充满挑战，也面对机会，可谓任重道远。

前沿拓展：趋于“有序”的非平衡态耗散结构

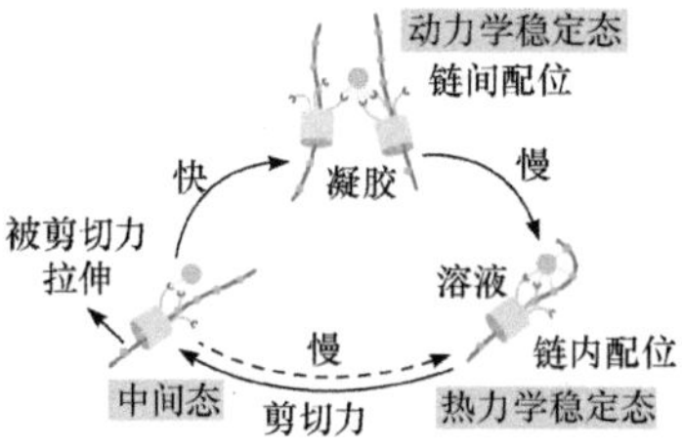

附图 3-3　非平衡态“分子管”

无论是天体演化、地球变迁，还是生命的起源，都涉及大量粒子组成的复杂系统的演变规律，它显示出物质世界都经历着从无组织的混乱状态向不同程度的有组织状态的演变，实现着从无序向有序、从简单到复杂的各种过程。平衡态下的稳定化有序结构称为平衡结构。远离平衡态下的稳定化有序结构称为耗散结构。在非线性系统中，参量的极微小变化都有可能引起系统运动形式的定性改变。当外界约束强烈，以致它在系统内引起的响应与其不成线性关系时，系统则远离平衡状态，为非平衡态。例如，文献报道了兼具生物响应特性和较好机械强度的一类耗散自组装系统。该体系是通过将铜离子加入假聚二烷的水溶液中来构建的。假聚二烷本身是通过穿过聚乙二醇链上的分子管而形成，剧烈的震动使溶液变成凝胶，随着时间的推移，它会逐渐松弛回到溶液状态，此循环过程可重复多次（附图 3-3；Nat Chem，2019，11：470）。（张瀛溟）

扫描右侧二维码观看视频

习　　题

3-1　试证明：对于恒定组成封闭体系来说，（1）在 p-V 图上，理想气体的两条绝热可逆线不会相交；（2）在 p-V 图上，一条绝热可逆线与一条恒温可逆线只能相交一次。

〔答案:略〕

3-2 某处地热水的温度 $T_H=343K$,大气的温度 $T_C=293K$,在两者之间工作着一个卡诺可逆热机,从地热水中取热 1kJ,试求:(1) 此热机效率;(2) 此热机做出的功;(3) 地热水、大气及总体的熵变。

〔答案:(1) 0.1458;(2) 145.8J;(3) $-2.92J \cdot K^{-1}$,$2.92J \cdot K^{-1}$,0〕

3-3 恒定组成封闭体系只做体积功的绝热可逆过程和恒温可逆过程在什么条件下能在 p-V 图上表现出重合成一条途径?

〔答案:略〕

3-4 假设水作为卡诺循环中的工作物质,试证明在绝热膨胀中水温冷却不到 4℃。假定水的密度为最大值时的温度与压力无关。

〔答案:略〕

3-5 设有一气体的 $U(T)$ 只是 T 的函数,且随 T 的升高而增加,而与 p 和 V 无关。让此气体经历一个恒温可逆压缩过程。试证明在此压缩过程中,该气体所达的终态不可能再被从相同始态出发的一个绝热可逆过程所实现。

〔答案:略〕

3-6 (1) 物质的量为 n 的某气体在恒容下由 T_1 可逆加热到 T_2。相同量的该气体在恒压下由 T_1 可逆加热到 T_2。哪一个过程的 ΔS 较大?为什么?

(2) 物质的量为 n 的 Ar 气在恒容下由 T_1 可逆加热到 T_2。相同量的 Br_2 气在恒容下由 T_1 可逆加热到 T_2。哪一种气体的 ΔS 较大?为什么?

(3) 物质的量为 n 的某气体经历一个恒温可逆过程,由状态 $1(p_1,V_1)$ 膨胀到状态 $2(p_2,V_2)$。相同量的该气体经历一个等熵过程,由状态 $1(p_1,V_1)$ 膨胀到状态 $2'(p_2,V_2')$。V_2 和 V_2' 中哪一个较大?为什么?并作 p-V 图说明。

〔答案:(1) 恒压可逆;(2) Br_2 气;(3) $V_2>V_2'$〕

3-7 从理论上计算,1gal 汽油在气缸中燃烧能做多少功。设气缸的温度为 2200K,排气温度为 1200K。已知汽油的密度为 $0.80g \cdot cm^{-3}$,汽油的燃烧热为 $46\ 860kJ \cdot kg^{-1}$,$1dm^3=0.2632gal$。

〔答案:$-6.47\times10^4 kJ$〕

3-8 一定量理想气体经过下列可逆循环过程:(1) 绝热压缩由 (V_1,T_1) 到 (V_2,T_2);(2) 恒容吸热由 (V_2,T_2) 到 (V_2,T_3);(3) 绝热膨胀由 (V_2,T_3) 到 (V_1,T_4);(4) 恒容放热由 (V_1,T_4) 到 (V_1,T_1)。证明此可逆循环的效率

$$\eta=1-\frac{1}{\varphi^{\gamma-1}} \qquad \varphi=\frac{V_1}{V_2}$$

〔答案:略〕

3-9 一定量理想气体,经过下列可逆循环过程:(i) 恒温压缩由 (V_1,T_1) 到 (V_2,T_1);(ii) 恒容降温由 (V_2,T_1) 到 (V_2,T_2);(iii) 恒温膨胀由 (V_2,T_2) 到 (V_1,T_2);(iv) 恒容升温由 (V_1,T_2) 到 (V_1,T_1)。(1) 画出上述可逆循环过程的 p-V 图;(2) 试求这个制冷循环的制冷系数。

〔答案:(1) 略;(2) $\beta=\dfrac{T_2}{T_2-T_1}$〕

3-10 1mol 氢气(H_2)从 100K、$4.1dm^3$ 加热到 600K、$49.2dm^3$。若此过程是将气体置于 600K 炉中使其反抗恒定外压 101 325Pa,以不可逆方式进行,试计算体系的熵变 $\Delta S_{体系}$ 和环境的熵变 $\Delta S_{环境}$,并判断此过程是否可以进行。已知 H_2 的 $C_{p,m}^{\ominus}/(J \cdot mol^{-1} \cdot K^{-1})=20.753-0.8368\times10^{-3}T/K+20.117\times10^{-7}(T/K)^2$。

〔答案:$42.88J \cdot K^{-1}$,$-17.98J \cdot K^{-1}$〕

3-11 2mol 氮气(设为理想气体),在 25℃下始终用 $5\times10^5 Pa$ 的外压经恒温过程从 $10^5 Pa$ 压缩到 $5\times10^5 Pa$。试计算 $\Delta S_{体系}$ 和 $\Delta S_{环境}$,并判断此过程能否进行。如何理解?

〔答案：$-26.76J \cdot K^{-1}$，$66.51J \cdot K^{-1}$〕

3-12　在 110℃、10^5 Pa 下使 1mol$H_2O(l)$蒸发为 $H_2O(g)$。试计算这一过程的 $\Delta S_{体系}$ 和 $\Delta S_{环境}$。已知 $H_2O(g)$和$H_2O(l)$的比热容分别为 $1.866J \cdot g^{-1} \cdot K^{-1}$和 $4.184J \cdot g^{-1} \cdot K^{-1}$，100℃、$10^5$ Pa 下 $H_2O(l)$的气化热为 $2255.176J \cdot g^{-1}$。

〔答案：$107.77J \cdot K^{-1}$，$-104.94J \cdot K^{-1}$〕

3-13　有 10A 电流通过一个质量为 5g，$C_p = 0.8368J \cdot g^{-1} \cdot K^{-1}$，$R = 20\Omega$ 的电阻 1s，同时使水流经电阻，以维持原来温度 10℃。(1) 试求算电阻与水的熵变；(2) 若改用绝热线将电阻包住，电阻与水的熵变又各为多少？

〔答案：(1) 0，$7.06J \cdot K^{-1}$；(2) $4.14J \cdot K^{-1}$，0〕

3-14　将 200g 0℃的冰加到 200g 90℃的水中，该过程在绝热容器中进行。试计算过程的熵变。已知冰的熔化热为 $335J \cdot g^{-1}$，水的 C_p 为 $4.184J \cdot g^{-1} \cdot K^{-1}$。

〔答案：$37.15J \cdot K^{-1}$〕

3-15　1mol 理想气体在恒压下从 T_1 加热到 T_2，其熵变值为$(\Delta S)_p$；若在恒容下从 T_1 加热到 T_2，其熵变值为$(\Delta S)_V$。证明两者之比值为 γ，即

$$\frac{(\Delta S)_p}{(\Delta S)_V} = \gamma \equiv \frac{C_p}{C_V}$$

假定 C_p 和 C_V 均为常数。

〔答案：略〕

3-16　试求算下列过程的熵变：

始态		终态
0.1mol$(C_2H_5)_2O(l)$ 0.397mol$N_2(g)$ 35℃，$10dm^3$，10^5 Pa	→	理想气体混合物 35℃，$10dm^3$

已知 35℃、10^5 Pa 下，$(C_2H_5)_2O(l)$的气化热为$25.104kJ \cdot mol^{-1}$，$(C_2H_5)_2O(l)$的正常沸点为 35℃。

〔答案：$9.28J \cdot K^{-1}$〕

3-17　试说明在绝热不可逆过程中，恒定组成封闭体系的熵若会减少，则就可能设计出第二种永动机。

〔答案：略〕

3-18　试计算下列过程体系的熵变：

(1) 1mol 理想气体经历一个恒温可逆膨胀后，其末态体积为始态的 100 倍；

(2) 恒压下，将 10g H_2S 气体从 50℃加热至 100℃，已知 H_2S 的 $C_{p,m}/(J \cdot mol^{-1} \cdot K^{-1}) = 29.92 + 0.013\ 89T/K$，摩尔质量 $M = 34.07g \cdot mol^{-1}$；

(3) 2mol 液态氧在其沸点 −182.87℃气化，已知液态氧的摩尔气化热 $\Delta_{vap}H_m = 6.820\ kJ \cdot mol^{-1}$；

(4) 1mol 铝在其熔点 660℃熔化，已知铝的摩尔熔化热 $\Delta_{fus}H_m = 7.99kJ \cdot mol^{-1}$。

〔答案：(1) $38.29J \cdot K^{-1}$；(2) $1.47J \cdot K^{-1}$；(3) $151.08J \cdot K^{-1}$；(4) $8.56J \cdot K^{-1}$〕

3-19　1mol 理想气体经历卡诺循环过程。(1) 列表写出每一个过程中的 ΔU、ΔH 和 ΔS 值的计算式；(2) 分别画出理想气体的卡诺循环的 T-p 图、T-S 图、U-S 图、S-V 图和 T-H 图。

〔答案：略〕

3-20　0.5mol 单原子理想气体，由 25℃、$2dm^3$ 绝热可逆膨胀至 10^5 Pa，然后在较低温度下恒温可逆压缩成 $2dm^3$。试计算整个过程的 Q、W、ΔU、ΔH 和 ΔS。

〔答案：$-653.41J$，$-309.48J$，$-962.89J$，$-1604.81J$，$-4.55J \cdot K^{-1}$〕

3-21　1mol $H_2O(g)$从 200℃，10^5 Pa 在恒定压力 10^5 Pa 下冷却成 25℃，10^5 Pa 的液态水，求该过程中水的熵变。已知 $H_2O(g)$的 $C_{p,m}/(J \cdot mol^{-1} \cdot K^{-1}) = 30.21 + 9.916 \times$

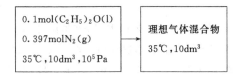

$10^{-3}T/K$，液态水的比热容为 $4.184J \cdot g^{-1} \cdot K^{-1}$，气化热为 $2258.1J \cdot g^{-1}$。

〔答案：$-134.09J \cdot K^{-1}$〕

3-22　在 25℃时，有一个容积 $1dm^3$、充满 10^5Pa 氮气的容器与一个容积 $3dm^3$、充满 2×10^5Pa 二氧化碳的容器，彼此用装有旋塞的管子相通。若打开旋塞，使两种气体均匀混合达平衡态。求此混合过程的熵变。

〔答案：$1.035J \cdot K^{-1}$〕

3-23　(1) 在 10^5Pa 下，1mol 100℃的氮气与 0.5mol 0℃的氦气混合；(2) 在 10^5Pa 下，1mol 100℃的氦气与 0.5mol 100℃的氦气混合。设上述气体均为理想气体，试求以上两过程的 ΔS。

〔答案：(1) $8.29J \cdot K^{-1}$；(2) 0〕

3-24　1mol 单原子理想气体的始态为 25℃和 5×10^5Pa。(i) 经绝热可逆膨胀过程变到气体的压力为 10^5Pa，由熵增加原理知，此过程的 $\Delta S_1=0$；(ii) 在外压 10^5Pa 下，经恒外压绝热膨胀至气体压力为 10^5Pa，由熵增加原理知，此过程的 $\Delta S_2>0$；(iii) 将过程(ii)的末态在外压 5×10^5Pa 下，经恒外压绝热压缩至气体压力为 5×10^5Pa，由熵增加原理知，此过程的 $\Delta S_3>0$。(1) 过程(i)和过程(ii)的始态相同，末态压力也相同，为什么状态函数熵变化不同，即 $\Delta S_1=0$，$\Delta S_2>0$，这样的结论是否有问题？请以充分理由和计算加以说明；(2) 过程(iii)的始态就是过程(ii)的末态，过程(iii)的末态压力就是过程(ii)的始态压力，因此过程(iii)是过程(ii)的逆过程，为什么两者的 ΔS 都大于零，即 $\Delta S_2>0$，$\Delta S_3>0$，这样的结论是否有问题？请以充分理由和计算加以说明。

〔答案：略〕

3-25　10g 氦气在 127℃时压力为 5×10^5Pa，今在恒温、恒定外压 10×10^5Pa 下进行压缩至 10×10^5Pa。试按理想气体计算此过程的 Q、W、ΔU、ΔH、ΔS、ΔA、ΔG。

〔答案：8317.12J，-8317.12J，0，0，$-14.41J \cdot K^{-1}$，5766.16J，5766.16J〕

3-26　在中等压力下，气体的状态方程为 $pV(1-\kappa p)=nRT$，式中，κ 是与温度和气体种类有关的常数。若在 0℃时将 16g 氧气从 10×10^5Pa 减至 10^5Pa，试求此过程的 ΔG。已知氧的 $\kappa=-0.000\ 94\times10^5Pa^{-1}$。

〔答案：-10.81J〕

3-27　20℃时将 1mol 液态乙醇的压力从 10^5Pa 增至 25×10^5Pa，已知乙醇的状态方程为 $V=V_0(1-\kappa p)$。试求此恒温压缩过程的 ΔG。乙醇的 $\kappa=1.0363\times10^{-9}Pa^{-1}$，20℃和 10^5Pa 下乙醇的密度为 $0.789g \cdot cm^{-3}$，V_0 为 $0\sim10^5Pa$ 和 20℃时 1mol 液态乙醇的体积。

〔答案：139.95J〕

3-28　物质的体积在恒温下随压力而变。若某物体的恒温压缩系数为 κ、压力为 p_i 时的体积为 V_i，在假定 κ 与压力无关的条件下（这仅是近似的，但比假定体积与压力无关为好），试导出一个用 κ、V_i 表示的物质在恒温下压力从 p_i 变到 p_f 的 ΔG 与 p 的关系式。从所得关系式，比较气体、液体和固体的 ΔG 与 p 的关系。

〔答案：略〕

3-29　试计算 1mol 铜和 1mol 水在 25℃时从 10^5Pa 分别变到 100×10^5Pa 和 1000×10^5Pa 的 ΔG，并求出在不可压缩性的假定下所引起的相对误差。已知在 25℃和 10^5Pa 下，铜和水的密度分别为 $8.93g \cdot cm^{-3}$ 和 $0.997g \cdot cm^{-3}$，κ 分别为 $2.3\times10^{-6}(10^5Pa)^{-1}$ 和 $4.6\times10^{-5}(10^5Pa)^{-1}$。

〔答案：70.39J(0.014%)，178.53J(0.22%)；709.56J(0.16%)，1764.13J(2.35%)〕

3-30　1mol 氦气（理想气体），始态为 273K，压力为 3×10^5Pa，指定末态压力为 2×10^5Pa。计算下列过程的 V_2、Q、W、ΔU、ΔH、ΔS、ΔA 和 ΔG，已知 $S_m^\ominus(He,298K)=126.06J \cdot mol^{-1} \cdot K^{-1}$。(1) 恒温反抗外压为 2×10^5Pa；(2) 恒温可逆过程；(3) 绝热可逆过程。

〔答案：略〕

3-31　求下列过程的 ΔG：(1) $C_6H_6(l,10^5Pa)\longrightarrow C_6H_6(g,10^5Pa)$；(2) $C_6H_6(l,$

10^5 Pa)⟶C_6H_6(g,0.9×10^5 Pa)。假定温度是 80.1℃(苯的正常沸点),并假定苯蒸气为理想气体。

〔答案:(1) 0;(2) −309.44J〕

3-32　在 25℃,10^5 Pa 下,已知 C_6H_6(l)⟶C_6H_6(g)的 ΔG=4958.72J·mol^{-1}。试求苯的饱和蒸气压。

〔答案:13 527.62Pa〕

3-33　在 298K 和 10^5 Pa 下,1mol 文石转变为方解石时,体积增加 2.75cm^3·mol^{-1},ΔG=−794.96J·mol^{-1}。在 298K 时,最少需要施加多大压力,才能使文石成为稳定相?提示:在一定温度和压力下,文石与方解石达平衡共存时文石就能稳定,此时 ΔG=0。假定体积变化与压力无关。

〔答案:2891.76×10^5 Pa〕

3-34　试用热力学原理论证,在 100℃时当水蒸气的压力超过 10^5 Pa 后,只有水蒸气凝结成液态水的过程。

〔答案:略〕

3-35　已知液态水在 25℃时的饱和蒸气压为 3167.68Pa,假定液态水的自由能与压力无关。在 25℃和 10^5 Pa 下的液态水能否自动变成 25℃和 10^5 Pa 的水蒸气?

〔答案:ΔG>0,不能自动发生〕

3-36　将 120℃的 200g 金放入置于绝热容器中的 10℃的 25g 水中使之达成平衡。试求:(1) 最后平衡温度;(2) 金的 ΔS;(3) 水的 ΔS;(4) 总体的 ΔS。金的 $C_{p,m}$=0.1310J·g^{-1}·℃$^{-1}$。

〔答案:(1) 32℃;(2) −6.64J·K^{-1};(3) 7.83J·K^{-1};(4) 1.19J·K^{-1}〕

3-37　某液体的 $\alpha=10^{-3}$ K^{-1},$\kappa=10^{-4}$(101 325Pa)$^{-1}$,V_m=50cm^3·mol^{-1},$C_{p,m}$=167.36J·mol^{-1}·K^{-1}。试计算其 25℃、10^5 Pa 时的:(1) $\left(\frac{\partial U_m}{\partial T}\right)_p$;(2) $\left(\frac{\partial U_m}{\partial p}\right)_T$;(3) $\left(\frac{\partial U_m}{\partial V}\right)_T$;(4) $\left(\frac{\partial S_m}{\partial T}\right)_p$;(5) $\left(\frac{\partial S_m}{\partial p}\right)_T$;(6) $C_{V,m}$。

〔答案:(1) 167.36J·mol^{-1}·K^{-1};(2) −1.49×10^{-5}J·Pa^{-1}·mol^{-1};
(3) 3.02×10^8J·m^{-3};(4) 0.561J·mol^{-1}·K^{-2};
(5) −5.0×10^{-8}J·mol^{-1}·K^{-1}·Pa^{-1};(6) 152.21J·mol^{-1}·K^{-1}〕

3-38　某气体的状态方程 $pV_m=RT(1+bp)$,式中,b 是大于零的常数。证明此气体的:(1) $\left(\frac{\partial U}{\partial V}\right)_T=bp^2$;(2) $C_{p,m}-C_{V,m}=R(1+bp)^2$;(3) $\mu_{J\text{-}T}=0$。

〔答案:略〕

3-39　在 30℃、10^5 Pa 下水的 α=3.04×10^{-4} K^{-1},V_m=18.1cm^3·mol^{-1},$C_{p,m}$=75.29 J·mol^{-1}·K^{-1},试求 $\mu_{J\text{-}T}$。

〔答案:−2.2×10^{-7}K·Pa^{-1}〕

3-40　在 0～100℃、10^5 Pa 下,Hg 的体积为 $V=V_0(1+at+bt^2)$,式中,a=0.181 82×10^{-3}℃$^{-1}$,b=0.78×10^{-8}℃$^{-2}$,V_0 是 0℃的体积,t 是摄氏温度。0℃、10^5 Pa 下 Hg 的密度是 13.595g·cm^{-3}。(1) 计算 25℃、10^5 Pa 下 Hg 的 $\left(\frac{\partial C_{p,m}}{\partial p}\right)_T$;(2) 已知 25℃、$10^5$ Pa 下 Hg 的 $C_{p,m}$=27.87J·mol^{-1}·K^{-1},试求 25℃、10^4(10^5 Pa)下 Hg 的 $C_{p,m}$。

〔答案:(1) −6.86×10^{-11}J·mol^{-1}·K^{-1}·Pa^{-1};(2) 27.80J·mol^{-1}·K^{-1}〕

3-41　1mol 液态水的始态为 27℃和 10^5 Pa,经某一过程后达终态为 100℃和 5×10^5 Pa。利用 30℃和 10^5 Pa 时液态水的下列数据,计算 ΔU、ΔH 和 ΔS。已知 α=3.04×10^{-4} K^{-1},κ=4.52×10^{-5}(10^5 Pa)$^{-1}$,$C_{p,m}$=75.27J·mol^{-1}·K^{-1},V_m=18.1cm^3·mol^{-1}。假定 α、κ 和 C_p 与温度和压力均无关。

〔答案:5493.85J,5501.13J,16.39J·K^{-1}〕

3-42 对于一个绝热可逆过程(等熵过程)来说，$\alpha_S \equiv V^{-1}\left(\frac{\partial V}{\partial T}\right)_S$。求证 $\alpha_S = -\frac{C_V\kappa}{TV\alpha}$。

〔答案：略〕

3-43 对下列每一种过程来说，ΔU、ΔH、ΔS、ΔA 和 ΔG 中哪一个必定为零：(1) 实际气体经历一个卡诺循环；(2) 氢气在固定容积的绝热量热计中燃烧；(3) 实际气体经历一个焦耳-汤姆孙膨胀；(4) 冰在 0℃和 10^5 Pa 下融化。

〔答案：(1) 均为零；(2) $Q=0, W=0, \Delta U=0$；(3) $\Delta H=0$；(4) $\Delta G=0$〕

3-44 (1) 求证：

$$T\mathrm{d}S = C_V\mathrm{d}T + T\left(\frac{\partial p}{\partial T}\right)_V \mathrm{d}V$$

(2) 试证明 1mol 范德华气体经历恒温可逆膨胀由 V_1 变到 V_2 时的热效应 Q 为

$$Q = RT\ln\frac{V_2 - b}{V_1 - b}$$

〔答案：略〕

3-45 (1) 求证：

$$T\mathrm{d}S = C_p\mathrm{d}T - T\left(\frac{\partial V}{\partial T}\right)_p \mathrm{d}p$$

(2) 试证明液体或固体经历恒温可逆压缩由 p_1 变到 p_2 时所放的热 Q 和所做的体积功 W 分别为

$$Q = -\alpha VT(p_2 - p_1) \qquad W = \frac{1}{2}\kappa V(p_2^2 - p_1^2)$$

(3) 在 0℃和 10^5 Pa 下汞的 $\alpha = 1.82\times10^{-4}\,\mathrm{K}^{-1}$，$\kappa = 3.918\times10^{-6}(10^5\,\mathrm{Pa})^{-1}$。试计算 0℃时 100cm^3 汞在恒温可逆过程中压力由 0 增至 1000×10^5 Pa 所放的热、所做的功和热力学能变化。

〔答案：(1) 略；(2) 略；(3) −497.13J，19.6J，−477.53J〕

3-46 对于只做体积功的恒定组成封闭体系来说，当 S 和 p 恒定时，体系的 dG 是否等于零？为什么？

〔答案：略〕

3-47 在 298K 和 10^5 Pa 下，苯的 $\alpha = 1.24\times10^{-3}\,\mathrm{K}^{-1}$，$\kappa = 9.6\times10^{-5}(10^5\,\mathrm{Pa})^{-1}$，$\rho = 0.879\mathrm{g\cdot cm^{-3}}$。试计算 298K 时 100g 苯在恒温可逆压缩中压力由零增至 4000×10^5 Pa 所放的热、所做的功和热力学能变化。

〔答案：−16.85kJ，8.76kJ，−8.1kJ〕

3-48 某体系的状态方程为 $pV=RT+Bp$，式中，B 是与温度有关的常数。求证该体系的

$$\left(\frac{\partial U}{\partial V}\right)_T = \frac{RT^2}{(V-B)^2}\frac{\mathrm{d}B}{\mathrm{d}T}$$

〔答案：略〕

3-49 我们曾定义过恒温压缩系数 κ。若压缩是在绝热可逆情况下进行的，则同样地可定义绝热可逆压缩系数 κ_S。求证对理想气体来说，应有 $p\gamma\kappa_S=1$，式中，$\gamma = C_p/C_V$。

〔答案：略〕

3-50 某气体服从下列位力状态方程：

$$\frac{pV_\mathrm{m}}{RT} = 1 + \frac{B}{V_\mathrm{m}} + \frac{C}{V_\mathrm{m}^2}$$

请导出该气体的逸度 f 的表达式。

〔答案：略〕

3-51 某气体的状态方程为

$$\frac{pV_\mathrm{m}}{RT} = 1 + \frac{BT}{V_\mathrm{m}}$$

请导出该气体的逸度 f 的表达式。

〔答案：略〕

3-52 求证：

$$\mu_B = -T\left(\frac{\partial S}{\partial n_B}\right)_{U,V,n_{j\neq B}}$$

〔答案：略〕

3-53 试证明，当一个纯物质的 $\alpha=\frac{1}{T}$ 时，它的 $C_{p,m}$ 与压力无关（式中，α 是恒压热膨胀系数，T 是热力学温度）。

〔答案：略〕

3-54 试由热力学原理证明：某实际气体的状态方程为 $pV_m=RT+Bp$（B 是大于零的常数），(1) 当此气体经绝热向真空膨胀后，气体的温度将上升、下降或不变；(2) 当此气体经节流膨胀后，气体的温度将上升、下降或不变。

〔答案：略〕

3-55 普朗克函数 $Y\equiv -G/T$，式中，G 是吉布斯自由能，T 是热力学温度。(1) 设温度 T 和压力 p 为独立变量，请导出 $\mathrm{d}Y$ 的表示式；(2) 由 $\mathrm{d}Y$ 的表示式，求出 $\left(\frac{\partial Y}{\partial p}\right)_T$ 和 $\left(\frac{\partial Y}{\partial T}\right)_p$。

〔答案：略〕

3-56 求证：

(1) $\left(\frac{\partial T}{\partial p}\right)_S = \frac{\left(\frac{\partial V}{\partial T}\right)_p}{\left(\frac{C_p}{T}\right)}$

(2) $\left(\frac{\partial T}{\partial p}\right)_H = T\left(\frac{\partial V}{\partial H}\right)_p - V\left(\frac{\partial T}{\partial H}\right)_p$

(3) $\left(\frac{\partial T}{\partial V}\right)_U = p\left(\frac{\partial T}{\partial U}\right)_V - T\left(\frac{\partial p}{\partial U}\right)_V$

〔答案：略〕

3-57 求证：

$$\left(\frac{\partial S}{\partial n_B}\right)_{T,V,n_{j\neq B}} = -\left(\frac{\partial \mu_B}{\partial T}\right)_{V,n}$$

〔答案：略〕

3-58 1mol 单原子理想气体的始态是 0℃ 和 10^5 Pa，经恒温不可逆膨胀至 44.8dm^3，所做的体积功为 4184J。试计算 ΔS 和 ΔG。

〔答案：5.65J·K^{-1}，−1543.3J〕

3-59 1mol He 气在恒压 10^5 Pa 下从 200℃ 加热至 400℃。已知 200℃ 时 He 气的标准熵值为135J·mol^{-1}·K^{-1}，并假定 He 气是理想气体。计算此过程的 ΔH、ΔS 和 ΔG。如果计算结果 ΔG 是负值，这是否意味此过程是一个自发过程？为什么？

〔答案：4157J，7.33J·K^{-1}，−27.8kJ〕

3-60 试证明：在任一纯物质的 T-S 图上，恒压线和恒容线在同一温度时的斜率之比为 C_p/C_V。

〔答案：略〕

3-61 应用贝特洛(Berthelot)状态方程 $p=\frac{RT}{V_m-b}-\frac{a}{TV_m^2}$，计算 200℃ 和 500×10^5 Pa 氨气的逸度。已知氨的临界温度 $t_c=132.4$℃，临界压力 $p_c=111.5\times10^5$ Pa。

〔答案：499.7×10^5 Pa〕

3-62 在 200℃时测定氨气，得到 p 和 V_m 的数据如下：

p/101 325Pa	20	60	100
$V_m/(cm^3 \cdot mol^{-1})$	1 866	570.8	310.9

试求 200℃和 100×10^5 Pa 氨气的逸度。

〔答案：82.4×10^5 Pa〕

课外参考读物

安启勋. 1984. 蛋白质构象和热力学第二定律. 教材通讯，3：17

陈滇宝. 1981. 磁场内的热力学公式与磁化学位. 山东化工学院学报，1：8

陈荣悌. 1963. 热力学第二定律史话. 化学通报，1：49

陈荣悌. 1982. 络合物化学中的直线自由能关系. 化学通报，5：5

陈瑞华. 1991. 采用"巴"作为标准态压力对标准热力学函数数据的影响. 物理化学教学文集(二). 北京：高等教育出版社

陈寿如. 1981. 非平衡态热力学简介. 宜春师专学报，1：75

陈志行. 1988. 化学位会随压力增加而减少吗？大学化学，5：60

成如山. 1984. 谈温标. 物理通报，3：29

成如山. 1985. 试谈热力学第二定律的教学. 大学物理，10：29

大学物理编辑部. 1988. 关于吉布斯佯谬的来稿总结. 大学物理，11：12

德格鲁脱 S R，梅休尔 P. 1981. 非平衡态热力学. 陆全康译. 上海：上海科学技术出版社

邓景发. 1986. 熵函数引出的一种讲法. 物理化学教学文集. 北京：高等教育出版社

董玉琳. 1986. 化学热力学证明题的一题多解. 大学化学，1(2)：51

范印哲. 1984. 从温度的四个定义看温度概念的发展. 教材通讯，1：19

范印哲，张增顺. 1981. 谈热力学基本微分方程结果的普遍性问题. 教材通讯，1：20

方福康. 1982. 耗散结构. 大学物理，2：1

方福康. 1982. 远离平衡现象研究的现状. 4：252

冯端，冯步云. 1992. 熵. 北京：科学出版社

高盘良. 1994. 现代熵理论与物理化学教学. 大学化学，9(2)：21

高文颖，刘义，李伟，等. 2004. 耗散结构理论在生命科学研究中的应用. 大学化学，19(4)：30

高文颖，刘义，屈松生. 2002. 生命体系与熵. 大学化学，17(5)：24

高执棣. 1987. 关于 $\Delta H^\ominus$ 与 $\Delta G^\ominus$ 的一些问题. 大学化学，2(2)：48

韩德刚，高执棣. 1997. 化学热力学. 北京：高等教育出版社

何应森. 1987. 只有一条定律是不可逆的. 大学化学，5：45

何应森. 1989. 热力学的新进展. 化学通报，4：35

胡孚深. 1981. 热力学第二定律的思考. 中山大学研究生学刊，4：41

胡珍珠，朱志昂. 2001. 讲授物理化学热力学第二定律的探讨. 高等理科教育，2：75

黄子卿. 1982. 热力学第二定律从物理说法导出数学说法. 化学通报，5：302

贾世忠. 1997. 重力场热力学分析和重力化学势. 大学化学，12(5)：21

姜丹. 1992. 信息理论与编码. 北京：中国科学技术出版社

姜法生. 1986. 用熵增加原理直接判定自发不可逆过程的限度. 大学物理，12：4

金宗德. 1982. 升高温度会有利于放热反应正向进行吗？——谈谈反应方向的熵判据和自由能判据. 化学通报，7：49

康承华. 1982. 推导热力学关系式的几种方法. 大学物理，10：10

李汉琦. 1985. 均匀物质热力学关系记忆法的推广. 教材通讯，5：15

李如生. 1986. 非平衡态热力学和耗散结构. 北京：清华大学出版社

李世丰，蔡炳新. 1990. 热力学函数关系图的研制. 中南矿冶学院学报，21(2)

李震川. 1982. 热力学状态函数关系的图示法研究. 化学通报，1：48

林建新.1982.物理化学中热力学第二定律熵函数存在的合理化推导法.合肥工业大学学报,1:126

刘君利,何盖寿,徐晓雷.1988.关于耗散结构的讨论.大学化学,3:45

柳崇健.1988.负熵与熵定律的逆过程.自然杂志,3:189

妹尾学.1981.确定化学反应方向的因素(1)——能量.现代化学译丛,6:92

邱聪雄,伏义路,许树谦.1980.由第二定律导出熵的一种方法.化学教育,4:5

史美伦.1985.熵与信息.化学教育,2:26

苏汝铿.1982.论与熵有关的几个问题.大学物理,5:8

苏文煅.1985.热力学其本关系式的建立及其应用.化学通报,3:47

藤代亮.1981.决定化学反应能否发生的能量——自由能.现代化学译丛,4:92

仝天魁.1989.热力学基本方程适用性的讨论.大学物理,9:16

童祐嵩.1988.将热力学偏导数以状态方程变量.热容和熵表达的一般方法.化学通报,9:46

万洪文.1981.热力学第二定律教学的几点体会.华中师范学院学报,3:145

汪昭义.1984.温度、热能、热力学能和能量——四个热力学物理量的比较.物理通报,3:22

王正刚.1982.总熵判据和自由焓判据.化学通报,12:45

王竹溪.1976.热寂说不是热力学第二定律的科学推论.自然争鸣,1:62

沃克 K. 1981. 热力学. 马元等译. 北京:人民教育出版社

吴金添,苏文煅.1994.热力学函数偏微熵的求导规则.化学通报,11:53

谢应华.1986.pVT 系统基本热力学偏导数是怎样选定的.大学物理,6:34

徐端钧.1988.注意热力学公式应用条件和导出条件的一致性.大学化学,2:50

薛国良.1984.温度的微观意义.物理通报,3:29

严子浚.1984.有第三种永动机吗? 物理通报,3:3

杨永华.1984.关于本刊"ΔG 与 $\Delta G^{\ominus}$ 的差别及相互关系是什么"一文的意见.王智民,韩基新.也谈 ΔG 与 $\Delta G^{\ominus}$ 的差别及相互关系.化学通报,3:59

姚德民.1987.热力学教学注记之一——Maxwell 关系.大学物理,7:30

姚松年.1986.最大信息原理与热力学第二定律.化学通报,12:22

泽门斯基 M W,迪特曼 R H. 1987. 热学和热力学. 刘皇风等译. 北京:科学出版社

湛垦华,沈小峰,等.1982.普里高津与耗散结构理论.西安:陕西科学技术出版社

张学文.1986.物理场的熵及其自发减小现象.自然杂志,9(11):847

张学文.1986.相对分布函数和气象熵.气象学报,44(2):214

章立源.1984.温度的概念.物理通报,3:5

赵凯华.1990."热寂说"的终结.北京大学学报(哲学社会科学版),4:117

赵叔晞,伏义路.1991.从热力学研究过程的两种方法讨论基本关系式及全微分式的应用条件.物理化学教学文集(二).北京:高等教育出版社

郑克祥.1987.Gibbs 对化学热力学的贡献.大学化学,2(6):55

周绍森.1982.热力学第二定律的理性表述.江西师范学院南昌分院学报,2:1

朱志昂.1991.热力学标准态及化学反应的标准热力学函数.物理化学教学文集(二).北京:高等教育出版社

邹经文.1986.熵增加原理的发展及其应用.自然杂志,4:255

ЪazароВ И П,Нпкоиаев П Н.1987.关于确定自由能的新方法.大学物理,5:18

第4章　热力学函数规定值

本章重点、难点

(1) 热力学函数的绝对值无法求得，只能求得其变化值。规定热力学函数的零点之后，自零点至给定状态的变化值即为热力学函数的规定值。应了解各热力学函数的零点规定。

(2) 热力学第三定律的表述及其应用。

(3) 化学反应的 $\Delta_r S_m^\ominus(T)$、$\Delta_r G_m^\ominus(T)$ 的定义及物理意义。

(4) 从物质B的标准摩尔规定熵 $S_m^\ominus$(B,298.15K)手册数据求化学反应的 $\Delta_r S_m^\ominus$(298.15K)。

(5) 由化学反应的 $\Delta_r S_m^\ominus$(298.15K)求任一温度 T 时的 $\Delta_r S_m^\ominus(T)$。

(6) 从化合物B的标准生成吉布斯自由能 $\Delta_f G_m^\ominus$(B,298.15K)手册数据求化学反应的 $\Delta_r G_m^\ominus$(298.15K)。这与从公式 $\Delta_r G_m^\ominus$(298.15K) = $\Delta_r H_m^\ominus$(298.15K) − 298.15K $\Delta_r S_m^\ominus$(298.15K)求算是等效的。

(7) 由化学反应的 $\Delta_r G_m^\ominus$(298.15K)求任一温度 T 时的 $\Delta_r G_m^\ominus(T)$。

本章实际应用

(1) 根据实验测量结果，人们将求得的 $S_m^\ominus$(B,298.15K)、$\Delta_f H_m^\ominus$(B,298.15K)、$\Delta_c H_m^\ominus$(B,298.15K)、$\Delta_f G_m^\ominus$(B,298.15K)列成热力学手册数据。从这些手册数据可求得化学反应的 $\Delta_r H_m^\ominus(T)$、$\Delta_r S_m^\ominus(T)$、$\Delta_r G_m^\ominus(T)$。

(2) 由化学反应的 $\Delta_r H_m^\ominus(T)$、$\Delta_r S_m^\ominus(T)$、$\Delta_r G_m^\ominus(T)$ 可以估算反应的转折温度。

(3) 根据 $\Delta_r G_m^\ominus(T)$ 数据可以预测反应的方向，或要使反应向指定方向进行所必须控制的条件。

(4) 由 $\Delta_r G_m^\ominus(T)$ 可求得温度T下反应的标准平衡常数。

(5) 通过对化学反应的 $\Delta_r H_m^\ominus(T)$、$\Delta_r S_m^\ominus(T)$ 的正、负号及数值比较可判断反应属于焓驱动还是熵驱动。

在热力学中，我们只能通过实验求算两个不同状态的热力学函数的变化值，而无法求得某一状态的热力学函数 U、H、S、A、G 的绝对值。于是人们为物质的状态选择一个基线作为基准，并规定其热力学函数数值，则从基准到某一状态的热力学函数变化值就是该状态的热力学规定值。

4.1　规　定　焓

在热力学第一定律已讨论过，人们规定在 298.15K、10^5 Pa 标准态下的稳

定单质的摩尔焓为零，即

$$H_m^\ominus(\text{稳定单质},298.15\text{K})=0 \tag{4-1}$$

则在其他温度和压力下的稳定单质的规定摩尔焓$H_m(T,p)$可由式(4-1)和式(3-84)得

$$H_m(T,p)=H_m(T,p)-H_m^\ominus(298.15\text{K})=\Delta H_m$$
$$=\int_{298.15\text{K}}^{T}C_{p,m}(T,p^\ominus)\text{d}T+\int_{p^\ominus}^{p}(V_m-T\alpha V_m)\text{d}p \tag{4-2}$$

任一纯化合物 B 在 25℃时的标准摩尔焓$H_m^\ominus(\text{B},298.15\text{K})$均等于其 25℃时的标准摩尔生成焓$\Delta_f H_m^\ominus(\text{B},298.15\text{K})$，即

$$H_m^\ominus(\text{B},298.15\text{K})=\Delta_f H_m^\ominus(\text{B},298.15\text{K})$$

化学反应在 25℃时的标准摩尔反应焓为

$$\Delta_r H_m^\ominus(298.15\text{K})=\sum_B \nu_B H_m^\ominus(\text{B},298.15\text{K})$$
$$=\sum_B \nu_B \Delta_f H_m^\ominus(\text{B},298.15\text{K}) \tag{4-3}$$

4.2　规定热力学能

有了标准摩尔规定焓的数值后，从$U_m^\ominus=H_m^\ominus-p^\ominus V_m^\ominus$关系式，可计算标准摩尔规定热力学能。

对稳定单质

$$U_m^\ominus(298.15\text{K})=-p^\ominus V_m^\ominus \tag{4-4}$$

对化合物 B

$$U_m^\ominus(\text{B},298.15\text{K})=H_m^\ominus(\text{B},298.15\text{K})-p^\ominus V_m^\ominus \tag{4-5}$$

对于热力学能的规定值，还有其他一些规定，如在第 5 章求算分子的配分函数时，将规定分子基态时的能量为零。因此，我们特别注意能量零点的选择。

4.3　规　定　熵

熵的规定值是根据热力学第三定律，而热力学第三定律是根据大量的实验事实而提出的大胆假设，被实验证实成为定律。

4.3.1　热力学第三定律

1902 年理查兹(Richards)在研究几种原电池的电动势与温度的关系后，发现温度越低，同一电池反应的$\Delta_r G_m$与$\Delta_r H_m$之值越接近。但是理查兹并未认识此结果的重要性。后来能斯特根据理查兹及其他研究成果于 1906 年提出一个假设，即在凝聚体系中任何过程应有

$$\lim_{T\to 0}\left(\frac{\partial \Delta G}{\partial T}\right)_p=0 \tag{4-6}$$

因为根据理查兹的研究结果，当$T\to 0$时，$\Delta G-\Delta H=0$，根据吉布斯-亥姆霍兹公式

$$\Delta G-\Delta H=T\left(\frac{\partial \Delta G}{\partial T}\right)_p$$

所以要满足$\lim\limits_{T\to 0}(\Delta G-\Delta H)=0$的条件是

$$\lim_{T\to 0}T\left(\frac{\partial \Delta G}{\partial T}\right)_p=0$$

$\left(\frac{\partial \Delta G}{\partial T}\right)_p$可以是零,也可以是某一定值。但是能斯特却认为当$T\to 0$时,$\Delta G-\Delta H=0$,同时$\left(\frac{\partial \Delta G}{\partial T}\right)_p=0$。这就是说,当$T\to 0$时,图4-1中的两条曲线的斜率都趋于零,即

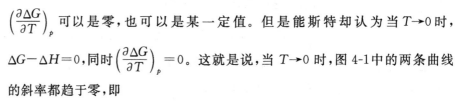

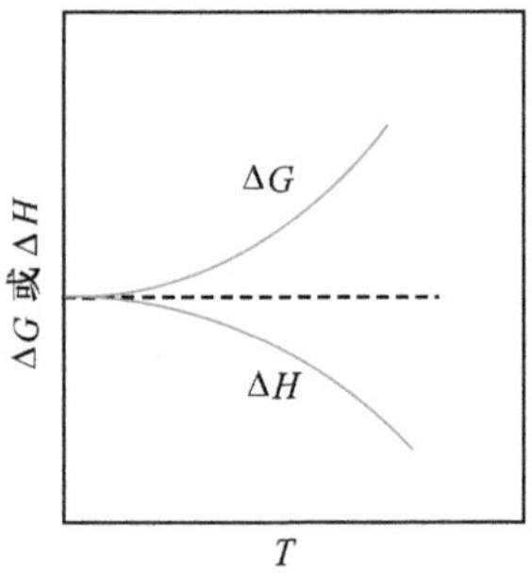

图4-1 凝聚体系中ΔH、ΔG与温度的关系

$$\lim_{T\to 0}\left(\frac{\partial \Delta G}{\partial T}\right)_p=\lim_{T\to 0}\left(\frac{\partial \Delta H}{\partial T}\right)_p=0$$

又因为

$$\left(\frac{\partial \Delta G}{\partial T}\right)_p=-\Delta S$$

所以承认能斯特的假设,就等于承认

$$\lim_{T\to 0}\Delta S=0 \tag{4-7}$$

能斯特认为式(4-7)适用于任何物质的恒温过程。但是,以后其他人的实验工作证明,只有处于内部平衡的纯物质的状态变化才适用式(4-7)。所谓内部平衡,就是在$T\to 0$时只有一种微观状态,热力学概率为1,如完美晶体就属于内部平衡的纯物质,而玻璃状物质就不属于此列。式(4-7)加上这个限制条件后,用文字表述就是:"对于任何恒温过程来说,当$T\to 0$时,处于内部平衡的任何纯物质的熵变等于零。"这就是热力学第三定律的一种说法,也称为能斯特热定理(Nernst's heat theorem)。式(4-7)表明,$\sum\limits_{B}\nu_B S_B^*(0K)=0$,任何处于内部平衡的纯物质B在$T\to 0$时均有一个共同的熵值$S_0$,即$S_B^*(0K)=S_0$。这就是1912年普朗克对能斯特热定理的补充,并进一步认为在满足式(4-7)的前提下,S_0值可以任意选择。普朗克作了一个最方便的选取,令$S_0\equiv 0$。应该指出,这绝不是意味着0K时纯物质的熵值确实为零。1923年路易斯和兰德尔(Randall)给出热力学第三定律的令人满意的表述:"若将绝对零度时完美晶体中的每种元素的熵值取为零,则一切物质均具有有一定的正熵值;但是在绝对零度时,完美晶体物质的熵值为零",即

$$\lim_{T\to 0}S=0 \tag{4-8}$$

应该强调指出,这仅是规定,假定$T\to 0$时,$S_0=0$。实际上并不为零,这是没有考虑核自旋和同位素交换对熵的贡献,这部分贡献在通常的化学反应中不发生变化。

热力学第三定律的另一表述是"不能用有限手续将任何一个体系的温度降低到绝对零度",即绝对零度达不到原理。能斯特因对热化学的杰出贡献而在1920年获得诺贝尔化学奖。

4.3.2 绝对零度时的热力学性质

根据热力学第三定律,能够对完美晶体在绝对零度时的热力学量值导出一些极限关系式,与实验结果比较可作为热力学第三定律的验证。1949年美国的吉奥克(Giauque)因对化学热力学特别是超低温下物质性质的研究而获

得诺贝尔化学奖。

G 与 H 等值时：$T\to 0$ 时

$$G_0 = H_0 - TS_0 = H_0 \tag{4-9}$$

化学变化中的 ΔC_p

$$\lim_{T\to 0}\left(\frac{\partial \Delta G}{\partial T}\right)_p = \lim_{T\to 0}\left(\frac{\partial \Delta H}{\partial T}\right)_p = \lim_{T\to 0}\Delta C_p = 0 \tag{4-10}$$

因为

$$\mathrm{d}S_p = \frac{\delta Q_p}{T} = \frac{C_p \mathrm{d}T}{T}$$

在定压下积分得

$$S(T) = \int_0^T \frac{C_p \mathrm{d}T}{T} + S(0\mathrm{K})$$

在 0K 时，$S(0\mathrm{K})=0$，在较高温度时物质的熵必具有有限值，为保证 S 在所有温度时具有有限值，必有

$$\lim_{T\to 0} C_p = 0 \tag{4-11}$$

类似地有

$$\lim_{T\to 0} C_V = 0 \tag{4-12}$$

实验结果确是如此。

下面讨论压力和体积的温度系数。

根据 $\lim\limits_{T\to 0} S=0$，完美晶体在绝对零度时熵必定与压力体积（或除 T 以外的状态变量）的变化无关。有

$$\lim_{T\to 0}\left(\frac{\partial S}{\partial p}\right)_T = 0 \tag{4-13}$$

$$\lim_{T\to 0}\left(\frac{\partial S}{\partial V}\right)_T = 0 \tag{4-14}$$

根据麦克斯韦关系式

$$\left(\frac{\partial S}{\partial p}\right)_T = -\left(\frac{\partial V}{\partial T}\right)_p$$

$$\lim_{T\to 0}\left(\frac{\partial V}{\partial T}\right)_p = 0 \qquad \lim_{T\to 0}\alpha = 0 \tag{4-15}$$

固体膨胀系数随 $T\to 0$ 而同趋于零，这一论断已在铜、铝、银和其他固体场合得到验证。

同理

$$\left(\frac{\partial S}{\partial V}\right)_T = \left(\frac{\partial p}{\partial T}\right)_V$$

$$\lim_{T\to 0}\left(\frac{\partial p}{\partial T}\right)_V = 0 \tag{4-16}$$

这一点也被实验所证实。即物质在 0K 时有一定的 p、V 值，但在温度趋于绝对零度时，压力和体积的温度梯度都要消失。

4.3.3　物质的摩尔规定熵

根据热力学第三定律式(4-8)和式(3-85)，可得到任意指定温度 T 和压力 p 时物质的摩尔规定熵 $S_\mathrm{m}(T,p)$

$$S_m(T,p)=S_m(T,p)-S_m(0K,p_0)=\Delta S$$
$$=\int_0^T \frac{C_{p,m}dT}{T}-\int_{p_0}^{p}\alpha V_m dp \tag{4-17}$$

4.3.4 物质的标准摩尔规定熵

若 $p=p_0=p^\ominus$，则从式(4-17)得物质的标准摩尔规定熵 $S_m^\ominus(T)$

$$S_m^\ominus(T)=\int_0^T \frac{C_{p,m}^\ominus dT}{T} \tag{4-18}$$

若在 0～T 有相变化，则应分开计算其熵变。例如，若求算任意温度 T 时的某一纯液体的标准摩尔熵$S_m^\ominus(T)$，则有

$$S_m^\ominus(T)=\int_0^{T_f} C_{p,m}^\ominus(s)\frac{dT}{T}+\frac{\Delta_{fus}H_m^\ominus}{T_f}+\int_{T_f}^{T} C_{p,m}^\ominus(l)\frac{dT}{T} \tag{4-19}$$

式中，T_f 是该纯液体的正常熔化点(也即凝固点)；$C_{p,m}^\ominus(s)$和 $C_{p,m}^\ominus(l)$分别是该物质的固态和液态的标准恒压摩尔热容；$\Delta_{fus}H_B^\ominus$ 是该物质的标准摩尔熔化热。如果固态物质有两种以上晶形，如硫有正交硫和单斜硫两种晶形，它们的晶形转变温度为 95℃(正交硫转变为单斜硫)，单斜硫溶化为液态硫的温度为 119℃，则相变过程的熵变也应计入总熵变中。

在热力学函数表中列出的纯物质的标准摩尔熵的数值均为 298.15K 时的数值$S_m^\ominus$(298.15K)。如果在 298.15K 和 $p^\ominus$ 时的纯物质是气体，则因为气体的标准态是 10^5 Pa，并具有理想气体性质，所以还需要求算正常沸点时气化过程的熵变($\Delta_{vap}S^\ominus=\Delta_{vap}H^\ominus/T_b$)，从 T_b 到 298.15K 的变温过程的熵变，以及实际气体与理想气体在 298.15K 和 $p^\ominus$ 下的熵差值，此熵差值 ΔS 为下列三个假想过程的熵变之和：

(1) 10^5 Pa 实际气体⟶压力为零实际气体

$$\Delta S_1=-\int_{p^\ominus}^{0}\alpha V dp=\int_0^{p^\ominus}\alpha V dp$$

(2) 压力为零实际气体⟶压力为零理想气体

$$\Delta S_2=0$$

(3) 压力为零理想气体⟶10^5 Pa 理想气体。因为

$$pV=nRT \qquad \frac{V}{T}=\frac{nR}{p} \qquad \alpha=\frac{1}{T}$$

所以

$$\Delta S_3=-\int_0^{p^\ominus} nR\frac{dp}{p}$$

因此

$$\Delta S=\Delta S_1+\Delta S_2+\Delta S_3=\int_0^{p^\ominus}\left(\alpha V-\frac{nR}{p}\right)dp \tag{4-20}$$

知道该气体的 p、V、T 关系式，就可按式(4-20)求算 ΔS，一并计入气体的标准摩尔熵$S_m^\ominus$(298.15K)值中。

从热力学函数表中查得纯物质的 $S_m^\ominus$(298.15K)值后，可利用下式求算任意 T 和 p 的$S_m(T,p)$：

$$\Delta S=S_m(T,p)-S_m^\ominus(298.15K)=\int_{298.15K}^{T} C_{p,m}\frac{dT}{T}-\int_{p^\ominus}^{p}\alpha V_m dp$$

因为 $T=0$ 不能达到，无法用实验测量某一极低热力学温度以下的 $C_{p,m}^\ominus(s)$

值，所以式(4-19)中的第一项在某一极低温度 T^* 以下的值就无法求算出。德拜(Debye)的固体统计力学理论和实验数据表明，在极低温度 T^*（一般为 10～15K）以下，固体的热容与热力学温度有以下关系：

$$C_{p,\mathrm{m}}^{\ominus} \approx C_{V,\mathrm{m}}^{\ominus} = \alpha T^3 \tag{4-21}$$

式中，α 是物质的特性常数。因此，在某一极低温度 T^* 以下，就用式(4-19)来计算 $0 \sim T^*$ 的积分值

$$\int_0^{T^*} C_{p,\mathrm{m}}^{\ominus} \frac{\mathrm{d}T}{T} = \int_0^{T^*} \frac{\alpha T^3}{T}\mathrm{d}T = \int_0^{T^*} \alpha T^2 \mathrm{d}T = \left.\frac{\alpha T^3}{3}\right|_0^{T^*} = \frac{\alpha (T^*)^3}{3} \tag{4-22}$$

在 T^* 以上，可利用不同温度的 $C_{p,\mathrm{m}}^{\ominus}$ 的实验数据，以 $C_{p,\mathrm{m}}^{\ominus}$ 为纵坐标，以 $\ln T$ 为横坐标作图，用图解积分法求得 $C_{p,\mathrm{m}}^{\ominus}\mathrm{d}\ln T$ 的数值。

表 4-1 列出 HCl 气体的标准摩尔（规定）熵 $S_{\mathrm{m}}^{\ominus}(298.15\mathrm{K})$ 的求算，作为例子来说明。HCl 气体的 $S_{\mathrm{m}}^{\ominus}(298.15\mathrm{K})$ 为

$$S_{\mathrm{m}}^{\ominus}(\mathrm{HCl,g},298.15\mathrm{K}) = 185.9\mathrm{J \cdot mol^{-1} \cdot K^{-1}} \quad \text{（实际气体）}$$

加上气体的非理想性的校正后，其值为

$$S_{\mathrm{m}}^{\ominus}(\mathrm{HCl,g},298.15\mathrm{K}) = 186.6\mathrm{J \cdot mol^{-1} \cdot K^{-1}} \quad \text{（理想气体）}$$

表 4-1　HCl 气体的标准摩尔熵的求算

温度范围或相变温度	计算方法	$\Delta S_{\mathrm{m}}^{\ominus}/(\mathrm{J \cdot mol^{-1} \cdot K^{-1}})$
0～16K	德拜公式	1.3
16～98.36K(Ⅰ)	$\int C_{p,\mathrm{m}}^{\ominus}\mathrm{d}\ln T$	29.5
固态Ⅰ→固态Ⅱ　转变温度 98.36K	$\frac{1\,190}{98.36}$	12.1
98.36～158.91K(Ⅱ)	$\int C_{p,\mathrm{m}}^{\ominus}\mathrm{d}\ln T$	21.1
固态Ⅱ→液态 熔点 158.91K	$\frac{1\,992}{158.91}$	12.6
158.91～188.07K(液)	$\int C_{p,\mathrm{m}}^{\ominus}\mathrm{d}\ln T$	9.9
液态→气态 沸点 188.07K	$\frac{16\,150}{188.07}$	85.9
188.07～298.15K(气)	$\int C_{p,\mathrm{m}}^{\ominus}\mathrm{d}\ln T$	13.5

4.3.5　化学反应的标准摩尔熵

有了纯物质（单质和化合物）的 $S_{\mathrm{m}}^{\ominus}(298.15\mathrm{K})$ 或 $S_{\mathrm{m}}^{\ominus}(T)$ 值，可以利用式(4-23)求算任一化学反应的标准摩尔熵 $\Delta_{\mathrm{r}}S_{\mathrm{m}}^{\ominus}(298.15\mathrm{K})$ 或 $\Delta_{\mathrm{r}}S_{\mathrm{m}}^{\ominus}(T)$：

$$\Delta_{\mathrm{r}}S_{\mathrm{m}}^{\ominus}(T) = \sum_{\mathrm{B}} \nu_{\mathrm{B}} S_{\mathrm{m}}^{\ominus}(\mathrm{B},T) \tag{4-23}$$

例如，从热力学函数表中查得下列化学反应中各反应物质 B 的 $S_{\mathrm{m}}^{\ominus}(\mathrm{B},298.15\mathrm{K})$ 值后，即可按式(4-23)计算该反应的 298.15K 标准摩尔反应熵（变）。

$$4\mathrm{NH_3(g)} + 3\mathrm{O_2(g)} = 2\mathrm{N_2(g)} + 6\mathrm{H_2O(l)}$$

$$\Delta_r S_m^\ominus(298.15K) = (2\times191.49+6\times69.94-4\times192.57-3\times205.03)J\cdot mol^{-1}\cdot K^{-1} = -582.51J\cdot mol^{-1}\cdot K^{-1}$$

任意温度 T 的 $\Delta_r S_m^\ominus(T)$ 也可由下式求算：

$$\Delta_r S_m^\ominus(T) - \Delta_r S_m^\ominus(298.15K) = \int_{298.15K}^{T} \Delta_r C_{p,m}^\ominus \frac{dT}{T}$$

式(4-23)的物理意义与式(2-75)相同。

4.4 规定标准摩尔吉布斯自由能

4.4.1 纯物质的规定标准摩尔吉布斯自由能

H 和 S 的规定值确定后，G 的规定值通过其定义式 $G\equiv H-TS$，也就随之而定，不必另作规定。温度为 T 的标准态下的纯物质的标准摩尔吉布斯自由能 $G_m^\ominus(T)$ 为

$$G_m^\ominus(T) \equiv H_m^\ominus(T) - TS_m^\ominus(T) \tag{4-24}$$

在 298.15K 时

$$G_m^\ominus(298.15K) = H_m^\ominus(298.15K) - (298.15K)S_m^\ominus(298.15K)$$

对于稳定纯单质，因 $H_m^\ominus(298.15K)\equiv0$，但 $S_m^\ominus(298.15K)\neq0$，所以稳定纯单质的 $G_m^\ominus(298.15K)$ 也不等于零[在某些物理化学教材中，又规定稳定纯单质的 $G_m^\ominus(298.15K)$ 为零，这是不妥当的]。

4.4.2 化合物的标准摩尔生成吉布斯自由能

任一化学反应 $0=\sum_B \nu_B B$ 的标准摩尔反应吉布斯自由能(变)用符号 $\Delta_r G_m^\ominus(T)$ 代表，其定义为从各自单独处于温度为 T 的标准态下化学计量数摩尔的纯反应物完全反应后生成各自单独处于温度也为 T 的标准态下化学计量数摩尔的纯产物的过程的吉布斯自由能变化。与焓的情况相同，$\Delta_r G_m^\ominus(T)$ 可由式(4-25)求出：

$$\Delta_r G_m^\ominus(T) = \sum_B \nu_B G_m^\ominus(B,T) \tag{4-25}$$

式(4-25)的物理意义与式(2-75)相同。如果反应是从稳定纯单质生成 1mol 化合物的生成反应，则 $\Delta_r G_m^\ominus(T)$ 就是该化合物的标准摩尔生成吉布斯自由能 $\Delta_f G_m^\ominus(T)$。热力学手册数据列出的是 $\Delta_f G_m^\ominus(B,298.15K)$。当然，对任一稳定纯单质来说，生成反应就是由其自身生成的过程，状态未变，所以稳定纯单质的 $\Delta_f G_m^\ominus(T)=0$。因此，任一稳定纯单质的任何温度 T 的标准摩尔生成吉布斯自由能 $\Delta_f G_m^\ominus(T)$ 根据定义(不是规定)应为零。

例如，对于液态水 $H_2O(l)$ 来说，从热力学函数表中查得，$H_2O(l)$ 的 $H_m^\ominus(298.15K)[\Delta_f H_m^\ominus(298.15K)]$ 和 $S_m^\ominus(298.15K)$ 后，通过 G 的定义式求出

$$G_m^\ominus(H_2O,l,298.15K) = (-285\,829.96 - 298.15\times69.92)J\cdot mol^{-1} = -306\,676.60J\cdot mol^{-1}$$

因为

$$H_m^\ominus(H_2,g,298.15K) \equiv 0$$

$$S_m^\ominus(H_2, g, 298.15K) = 130.57J \cdot mol^{-1} \cdot K^{-1}$$

所以

$$G_m^\ominus(H_2, g, 298.15K) = -38\,932.12J \cdot mol^{-1}$$

同理

$$G_m^\ominus(O_2, g, 298.15K) = -61\,128.24J \cdot mol^{-1}$$

因此，水的标准摩尔生成吉布斯自由能为

$$\begin{aligned}\Delta_f G_m^\ominus(H_2O, l, 298.15K) &= [-306\,676.60-(-38\,932.12)]J \cdot mol^{-1} \\ &\quad + \left[-\frac{1}{2}\times(-61\,128.24)\right]J \cdot mol^{-1} \\ &= -237\,180.36J \cdot mol^{-1}\end{aligned}$$

4.4.3 化学反应标准摩尔吉布斯自由能

知识点讲解视频

化学反应 $\Delta_r G_m^\ominus$ 的物理意义

（朱志昂）

若要计算任一化学反应的标准摩尔吉布斯自由能 $\Delta_r G_m^\ominus(298.15K)$，则可由参加反应的各物质的 $H_m^\ominus(298.15K)$ 和 $S_m^\ominus(298.15K)$ 计算反应物和产物的 $G_m^\ominus(298.15K)$，然后根据式(4-25)求算该反应的 $\Delta_r G_m^\ominus(298.15K)$。但是，在热力学函数表中一般不列出纯物质的 $G_m^\ominus(298.15K)$，而只列出纯物质的 $\Delta_f G_m^\ominus(298.15K)$ 的数值。由参加反应的纯物质的 $\Delta_f G_m^\ominus(298.15K)$ 计算反应的 $\Delta_r G_m^\ominus(298.15K)$ 的公式如下：

$$\Delta_r G_m^\ominus(298.15K) = \sum_B \nu_B \Delta_f G_m^\ominus(B, 298.15K) \tag{4-26}$$

任意温度 T 时，应有

$$\Delta_r G_m^\ominus(T) = \sum_B \nu_B \Delta_f G_m^\ominus(B, T) \tag{4-27}$$

根据赫斯定律或热力学定律可以证明式(4-27)。同理也可以证得

$$\Delta_r H_m^\ominus(T) = \sum_B \nu_B \Delta_f H_m^\ominus(B, T) \tag{4-28}$$

应该指出，由于 $H_m^\ominus(298.15K) = \Delta_f H_m^\ominus(298.15K)$ 只限于 298.15K，不适用于任何其他温度，故

$$H_m^\ominus(T) \neq \Delta_f H_m^\ominus(T) \qquad (T \neq 298.15K)$$

因此，式(4-28)不同于式(2-75)，但两式的计算结果相同。

在热力学第二定律中已经指出，只有恒温过程的 ΔG 才有物理意义。对于变温过程，$\Delta G = \Delta H - \Delta(TS)$，若指定参考态下熵的规定值选取得不同，则 $\Delta(TS)$ 值也不同，因而 ΔG 值也不同。在恒温条件下

$$\Delta_r G_m^\ominus(T) = \Delta_r H_m^\ominus(T) - T\Delta_r S_m^\ominus(T) \tag{4-29}$$

已知 $\Delta_r H_m^\ominus(T)$ 和 $\Delta_r S_m^\ominus(T)$，利用式(4-29)也可求出 $\Delta_r G_m^\ominus(T)$ 值。

以上就是只用量热学的实验结果求算 $\Delta_r G_m^\ominus$ 的方法。其他求算方法将在以后有关章节中介绍。

例 4-1 计算下列反应的 $\Delta_r H_m^\ominus(400K)$ 和 $\Delta_r G_m^\ominus(400K)$：

$$2C_6H_6(g) + 15O_2(g) \longrightarrow 12CO_2(g) + 6H_2O(g)$$

已知热力学数据如下：

物质(气态)	温度 T/K	$C_{p,m}^{\ominus}$/(J·mol⁻¹·K⁻¹)	$S_m^{\ominus}$/(J·mol⁻¹·K⁻¹)	$H_m^{\ominus}$/(kJ·mol⁻¹)	$G_m^{\ominus}$/(kJ·mol⁻¹)	$\Delta_f H_m^{\ominus}$/(kJ·mol⁻¹)	$\Delta_f G_m^{\ominus}$/(kJ·mol⁻¹)
C_6H_6	298.15	81.67	269.20	82.93	2.72	82.93	−129.66
	400	111.88	297.52	92.84	−26.15	77.66	146.48
O_2	298.15	29.36	205.03	0	−61.09	0	0
	400	30.10	213.77	3.03	−82.47	0	0
CO_2	298.15	37.11	213.68	393.50	−457.19	−393.51	−394.38
	400	41.30	225.22	−389.49	−479.57	−393.59	−394.68
H_2O	298.15	33.60	188.74	−241.84	−298.07	−241.84	−228.61
	400	34.27	198.90	−238.36	−318.36	−242.84	−232.30

解 根据式(2-75),有

$$\Delta_r H_m^{\ominus}(400K) = \sum_B \nu_B H_m^{\ominus}(B,400K)$$
$$= 12H_m^{\ominus}(CO_2,g,400K) + 6H_m^{\ominus}(H_2O,g,400K) - 2H_m^{\ominus}(C_6H_6,g,400K) - 15H_m^{\ominus}(O_2,g,400K)$$
$$= [12\times(-389.49) + 6\times(-238.36) - 2\times 92.84 - 15\times 3.03]kJ\cdot mol^{-1}$$
$$= -6335.17kJ\cdot mol^{-1}$$

或根据式(4-28),有

$$\Delta_r H_m^{\ominus}(400K) = \sum_B \nu_B \Delta_f H_m^{\ominus}(B,400K)$$
$$= 12\Delta_f H_m^{\ominus}(CO_2,g,400K) + 6\Delta_f H_m^{\ominus}(H_2O,g,400K) - 2\Delta_f H_m^{\ominus}(C_6H_6,g,400K) - 15\Delta_f H_m^{\ominus}(O_2,g,400K)$$
$$= [12\times(-393.59) + 6\times(-242.84) - 2\times 77.66 - 15\times 0]kJ\cdot mol^{-1}$$
$$= -6335.44kJ\cdot mol^{-1}$$

根据式(4-25),有

$$\Delta_r G_m^{\ominus}(400K) = \sum_B \nu_B G_m^{\ominus}(B,400K)$$
$$= 12G_m^{\ominus}(CO_2,g,400K) + 6G_m^{\ominus}(H_2O,g,400K) - 2G_m^{\ominus}(C_6H_6,g,400K) - 15G_m^{\ominus}(O_2,g,400K)$$
$$= [12\times(-479.57) + 6\times(-318.36) - 2\times(-26.15) - 15\times(-82.47)]kJ\cdot mol^{-1}$$
$$= -6375.65kJ\cdot mol^{-1}$$

或根据式(4-27),有

$$\Delta_r G_m^{\ominus}(400K) = \nu_B \sum_B \Delta_f G_m^{\ominus}(B,400K)$$
$$= 12\Delta_f G_m^{\ominus}(CO_2,g,400K) + 6\Delta_f G_m^{\ominus}(H_2O,g,400K) - 2\Delta_f G_m^{\ominus}(C_6H_6,g,400K) - 15\Delta_f G_m^{\ominus}(O_2,g,400K)$$
$$= [12\times(-394.68) + 6\times(-232.30) - 2\times 146.18 - 15\times 0]kJ\cdot mol^{-1}$$
$$= -6422.32kJ\cdot mol^{-1}$$

或根据式(4-23),有

$$
\begin{aligned}
\Delta_r S_m^\ominus(400\text{K}) &= \sum_B \nu_B S_m^\ominus(\text{B},400\text{K}) \\
&= 12S_m^\ominus(CO_2,g,400\text{K}) + 6S_m^\ominus(H_2O,g,400\text{K}) - 2S_m^\ominus(C_6H_6,g,400\text{K}) \\
&\quad - 15S_m^\ominus(O_2,g,400\text{K}) \\
&= (12\times 225.22 + 6\times 198.70 - 2\times 297.52 - 15\times 213.77)\text{J}\cdot\text{mol}^{-1}\cdot\text{K}^{-1} \\
&= 93.25\text{J}\cdot\text{mol}^{-1}\cdot\text{K}^{-1}
\end{aligned}
$$

$$T\Delta_r S_m^\ominus(400\text{K}) = (400\times 93.25)\text{kJ}\cdot\text{mol}^{-1} = 37.30\text{kJ}\cdot\text{mol}^{-1}$$

$$
\begin{aligned}
\Delta_r G_m^\ominus(400\text{K}) &= \Delta_r H_m^\ominus(400\text{K}) - 400\times\Delta_r S_m^\ominus(400\text{K}) = (-6335.44 - 37.30)\text{kJ}\cdot\text{mol}^{-1} \\
&= -6372.74\text{kJ}\cdot\text{mol}^{-1}
\end{aligned}
$$

由上例可知，虽然与式(4-25)以及式(4-27)与式(4-29)在计算方法上不同，但计算结果是相同的，即有

$$
\begin{aligned}
\Delta_r G_m^\ominus(298.15\text{K}) &= \sum_B \nu_B \Delta_f G_m^\ominus(298.15\text{K}) = \sum_B \nu_B G_m^\ominus(\text{B}, 298.15\text{K}) \\
&= \Delta_r H_m^\ominus(298.15\text{K}) - 298.15\text{K}\times\Delta_r S_m^\ominus(298.15\text{K})
\end{aligned}
\tag{4-30}
$$

应用式(3-82)可由 $\Delta_r G_m^\ominus(298.15\text{K})$ 求得任一温度下化学反应的 $\Delta_r G_m^\ominus(T)$。

$$\frac{\Delta_r G_m^\ominus(T)}{T} = \frac{\Delta_r G_m^\ominus(298.15\text{K})}{298.15\text{K}} + \Delta_r H_m^\ominus(298.15\text{K})\left(\frac{1}{T} - \frac{1}{298.15\text{K}}\right) \tag{4-31}$$

习　　题

4-1　在 300K 的标准状态下，理想气体反应

$$\text{A(g)} + 3\text{B(g)} \longrightarrow 2\text{D(g)}$$

进行 1mol 反应进度时的 $\Delta_r U_m^\ominus = -87.23\text{kJ}\cdot\text{mol}^{-1}$，$\Delta_r S_m^\ominus = 8.94\text{J}\cdot\text{mol}^{-1}\cdot\text{K}^{-1}$，且已知 $\Delta_r C_{V,m} = -3.8R$。试求该反应在 320K，反应进度为 1mol 时的 $\Delta_r H_m^\ominus(320\text{K})$ 及 $\Delta_r S_m^\ominus(320\text{K})$。

〔答案：$-93.18\text{kJ}\cdot\text{mol}^{-1}$，$5.83\text{J}\cdot\text{mol}^{-1}\cdot\text{K}^{-1}$〕

4-2　某理想气体在 300K 时的标准熵 $S_m^\ominus(300\text{K})$ 为 $282.0\text{J}\cdot\text{mol}^{-1}\cdot\text{K}^{-1}$，该气体的 $C_{V,m} = 12.476\text{J}\cdot\text{mol}^{-1}\cdot\text{K}^{-1}$。试求该气体在 320K、200kPa 时的规定熵 S_m。

〔答案：$277.58\text{J}\cdot\text{mol}^{-1}\cdot\text{K}^{-1}$〕

4-3　在 300K 的标准状态下有反应

$$A_2\text{(g)} + B_2\text{(g)} \longrightarrow 2\text{AB(g)}$$

此反应的 $\Delta_r H_m^\ominus = 50.00\text{kJ}\cdot\text{mol}^{-1}$，$\Delta_r S_m^\ominus = -40.00\text{J}\cdot\text{mol}^{-1}\cdot\text{K}^{-1}$，$\Delta_r C_{p,m} = 0.5R$。试求反应 400K 时的 $\Delta_r H_m^\ominus(400\text{K})$、$\Delta_r S_m^\ominus(400\text{K})$ 及 $\Delta_r G_m^\ominus(400\text{K})$。此反应在 400K 的标准状态下能否自动地进行？

〔答案：$50.416\text{kJ}\cdot\text{mol}^{-1}$，$-38.804\text{J}\cdot\text{mol}^{-1}\cdot\text{K}^{-1}$，$65.94\text{kJ}\cdot\text{mol}^{-1}$，不能自动进行〕

4-4　1mol 理想气体（$C_{V,m} = 2.5R$）由始态 300K、101.325kPa 先恒熵压缩到 405.40kPa，再恒容升温至 500K，最后经恒压降温至 400K。求整个过程的 W、ΔS、ΔA 及 ΔG。已知 300K 时 $S_m^\ominus = 20.11\text{J}\cdot\text{mol}^{-1}\cdot\text{K}^{-1}$。

〔答案：3860J，$-4.107\text{J}\cdot\text{K}^{-1}$，1710J，2542J〕

4-5　5mol 某理想气体（$C_{p,m} = 2.5R$）由始态 400K、202.65kPa 先反抗外压 101.325kPa 绝热膨胀至压力与环境压力相同，而后恒压降温至 300K，最后经恒熵压缩到 202.65kPa。求整个过程的 Q、W、ΔU、ΔH 及 ΔG。假设该气体在 25℃ 的标准熵 $S_m^\ominus = 119.76\text{J}\cdot\text{mol}^{-1}\cdot\text{K}^{-1}$。

〔答案：−2078.5J，1840.3J，−238.20J，−397J，2290.89J〕

4-6　由附录九查出有关物质的 $\Delta_f H_m^\ominus$(298.15K)与 $S_m^\ominus$(298.15K)的数据，求算下列各反应的$\Delta_r G_m^\ominus$(298.15K)：

(1) $CH_4(g)+\frac{1}{2}O_2(g)=\!=\!=CH_3OH(l)$

(2) $6C(石墨)+3H_2(g)=\!=\!=C_6H_6(g)$

(3) $H_2O(l)+CO(g)=\!=\!=CO_2(g)+H_2(g)$

〔答案：(1) $-115.54kJ\cdot mol^{-1}$；(2) $129.79kJ\cdot mol^{-1}$；(3) $-25.76kJ\cdot mol^{-1}$〕

4-7　在 400K、标准状态下理想气体间进行下列恒温恒压化学反应：$A(g)+B(g)\longrightarrow C(g)+D(g)$。求进行 1mol 上述反应的 $\Delta_r G_m^\ominus$。已知 25℃数据如下：

物　质	$\Delta_f H_m^\ominus/(kJ\cdot mol^{-1})$	$C_{p,m}/(J\cdot mol^{-1}\cdot K^{-1})$	$S_m^\ominus/(J\cdot mol^{-1}\cdot K^{-1})$
A	0	10	20
B	−40	50	70
C	−30	20	30
D	0	25	40

〔答案：$18.352kJ\cdot mol^{-1}$〕

4-8　已知 $\Delta_f H_m^\ominus(H_2O,g,298.15K)=-241.83kJ\cdot mol^{-1}$，$S_m^\ominus(H_2O,g,298.15K)=188.72J\cdot mol^{-1}\cdot K^{-1}$，$S_m^\ominus(H_2,g,298.15K)=130.59J\cdot mol^{-1}\cdot K^{-1}$，$S_m^\ominus(O_2,g,298.15K)=205.03J\cdot mol^{-1}\cdot K^{-1}$。又已知 25℃液态水的饱和蒸气压为 3167.74Pa，$V_m(H_2O,l)=18cm^3\cdot mol^{-1}$，试判断在 25℃、标准态下，$H_2(g)+\frac{1}{2}O_2(g)\longrightarrow H_2O(l)$反应是否可自发进行。

〔答案：$\Delta_r G_m^\ominus=-237.19kJ\cdot mol^{-1}<0$，可自发发生〕

4-9　试判断在 10℃、$p^\ominus$下，白锡和灰锡哪一种晶形稳定，已知在 25℃、$p^\ominus$下有下列数据：

物　质	$\Delta_f H_m^\ominus/(J\cdot mol^{-1})$	$S_m^\ominus/(J\cdot mol^{-1}\cdot K^{-1})$	$C_{p,m}/(J\cdot mol^{-1}\cdot K^{-1})$
Sn(白锡)	0	52.30	26.15
Sn(灰锡)	−2197	44.76	25.73

〔答案：灰锡稳定〕

4-10　在 298K 和 10^5 Pa 下，金刚石和石墨的一些数据如下：

物　质	标准摩尔燃烧焓 $\Delta_c H_m^\ominus/(kJ\cdot mol^{-1})$	标准摩尔熵 $S_m^\ominus/(J\cdot mol^{-1}\cdot K^{-1})$	密度 ρ $/(g\cdot cm^{-3})$
金刚石	−395.3	2.439	3.513
石　墨	−393.4	5.694	2.260

(1) 计算 298K 和 10^5 Pa 下 1mol 石墨转变为金刚石的 ΔG。判断在常温、常压下哪一种晶形稳定。

(2) 由石墨制造金刚石，必须采用加热和加压石墨来实现。试用热力学原理说明，只采取加热方法得不到金刚石，而非加压不可的理由。假定密度和熵不随温度和压力而变。

(3) 在 298K 时，要使石墨转变为金刚石，最小需要多大的压力？

〔答案：(1) $2.87kJ\cdot mol^{-1}$，石墨晶形稳定；(2) 略；(3) 1514.4×10^6 Pa〕

课外参考读物

冯端，冯步云．1991．熵与信息——麦克斯韦妖的启示．现代物理知识，4：13；5：7；6：13

高维山.1982.负温度.扬州师院学报(自然科学版),1:23
潘根.1986.也谈 0K 热力学混乱度问题.教材通讯,5:44
邱金法.1984.0K 热力学体系混乱度为零吗? 教材通讯,4:30
孙德坤.2001.负热力学温度.大学化学,10(3):16
吴征铠.1982.关于熵和绝对熵.自然杂志,8:563
徐邦付.1987.负 Kelvin 温度.大学物理,6:18
严子俊.1981.$T=\pm\infty$状态的特性.物理,7:391
严子俊.1981.对热力学第三定律一些问题的探讨.厦门大学学报(自然科学版),2:175
颜戊己.1982.负绝对温度的本质.福州大学学报(自然科学版),1:27
印永嘉,袁云龙.1991.热力学第三定律不同说法的等效性.物理化学教学文集(二).北京:高等教育出版社

第5章 统计力学基本原理

本章重点、难点

(1) 玻尔兹曼熵定理 $S=k\ln\Omega$ 是联系宏观与微观的桥梁，配分函数是联系宏观与微观的媒介。

(2) 玻尔兹曼分布定律及其应用。

(3) 粒子配分函数的定义及物理意义。

(4) 粒子配分函数与体系热力学函数之间的关系。

(5) 分子配分函数的因子分解。

(6) 理想气体分子各种运动形式配分函数的求算及数量级的估算。

(7) 能量零点对分子配分函数的影响。

(8) 近独立等同粒子体系及可别粒子体系热力学函数的统计力学表达式。

(9) 理想气体的标准摩尔统计熵的求算。

(10) 热力学三大定律的统计力学解释。

(11) 残余熵的解释。

本章实际应用

(1) 玻尔兹曼分布定律严格适用于热力学平衡态的孤立体系，但通常情况下被广泛近似地应用，如大气压随高度的分布可近似用玻尔兹曼分布定律计算。

(2) 统计力学应用于理想气体，可导出理想气体状态方程、求算热容及标准摩尔统计熵等。

(3) 统计力学应用于实际气体，可导出位力方程和实际气体逸度的统计力学表达式。

(4) 统计力学可解释热力学三大定律的本质。

(5) 用统计力学的方法可以导出许多理论计算公式：①晶体热容的理论公式及对晶体热容性质的某些实验事实的解释；②电解质溶液活度系数的德拜-休克尔极限公式；③理想液体混合物的混合热力学函数的统计表达式；④正规溶液超额函数的统计表达式及对正规溶液偏离拉乌尔定律的原因的解释；⑤相平衡条件以及克拉贝龙-克劳修斯方程；⑥气体在固体表面的定域及非定域的单分子层吸附等温式等。

(6) 用统计力学方法可由分子结构数据直接求算理想气体的标准压力平衡常数或实际气体的标准逸度平衡常数。

(7) 用统计力学方法可由分子配分函数求得物质的焓函数和吉布斯自由能函数，且这些数据已列成手册数据。用这些手册数据可求得理想气体的标准压力平衡常数或实际气体的标准逸度平衡常数。

(8) 在分子反应动态学中,用统计力学方法可从微观量——反应截面积求得宏观量——基元反应速率常数。

5.1 引 言

专题讲座视频

物理化学课如何讲授统计热力学(朱志昂)

5.1.1 统计力学的目的

热力学研究热力学平衡体系的宏观性质及其遵守的规律性。热力学的特点是不考虑物质的内部结构,而统计力学正是这一不足点的补充。统计力学的目的是用分子的微观性质,从理论上计算出物质的宏观性质,进而解释体系的宏观性质之间规律性的本质。因此,统计力学是联系物质的微观结构和宏观性质的桥梁,其作用如下:

分子的性质		体系的宏观物理量
位置 X_i, Y_i, Z_i		温度 T
动量 $p_{x_i}, p_{y_i}, p_{z_i}$		压力 p
质量 m_i		宏观质量 m
动能 ε_i	统计力学 →	热力学函数 U, H, S, A, G
势能 u_{ij}		
转动惯量 I		化学平衡常数 K_a
振动频率 ν_i		化学反应速率常数 k
几何构型		

物质的宏观性质可分为两大类:一类是物质处于热力学平衡状态的宏观性质,另一类是物质处于非平衡状态的宏观性质。与此相应,从分子的性质研究前者的称为平衡态统计力学(又称统计热力学),研究后者的称为非平衡态统计力学。在这一章中仅讨论平衡态统计力学,简称为统计力学。

5.1.2 统计力学研究的对象

统计力学研究的对象是由大量粒子组成的,且处于热力学平衡状态的宏观物体。粒子是指分子、原子、电子等微观粒子,也可以是理想的无体积的质点。在热力学中,将研究的对象称为体系,又为了研究问题的方便,根据体系与环境之间有无物质和能量的交换,将体系分为敞开体系、封闭体系和孤立体系。在统计力学中,除保持用热力学的分类方法外,还有一些其他分类方法。

除大量粒子间的弹性碰撞外,根据组成体系的粒子之间有无相互作用,体系可分为:

(1) 近独立粒子体系(assembly of independent particles)。粒子之间的相互作用十分微弱,可忽略不计;粒子之间可近似看作彼此独立的,由这样的粒子组成的体系称为近独立粒子体系,或简称独立粒子体系,如理想气体。

(2) 相依粒子体系(assembly of interacting particles)。粒子之间存在着不可忽略的相互作用,不能看作彼此独立,由这样的粒子组成的体系称为相依粒子体系,如实际气体。

根据粒子的运动特点,体系又可分为:

(1) 定域粒子体系(assembly of localized particles)。组成体系的 N 个同类粒子各在一定的位置(在一定的小范围内)运动,这种体系称为定域粒子体系。尽管粒子等同,但可根据粒子的位置区别它们,故又称为可别粒子体系(assembly of distinguishable particles)。例如,晶体中的 N 个原子是在固定的位置上做振动运动的,原子是定域化的,可以想象根据原子的位置编号加以区别,故晶体可作为定域粒子体系(可别粒子体系)处理。

(2) 非定域粒子体系(assembly of non-localized particles)。组成体系的 N 个同类粒子处于非定域的混乱运动中,彼此间无法区别,粒子彼此都是等同的。由这样的粒子组成的体系称为非定域粒子体系,或称等同粒子体系(assembly of identical particles)。例如,纯气体和纯液体可当作等同粒子体系。

5.1.3 统计力学研究的方法

我们知道热力学的研究方法是宏观方法。它将由大量粒子组成的宏观物体当作一个宏观连续体,不需要知道体系内部粒子的结构及其宏观性质变化的细节,而只需知道体系的起始和终了的宏观状态。通过宏观可测量(如温度、压力、体积、吸热、放热等)的变化,根据从经验概括出的热力学定律来推知体系热力学性质(如热力学能、焓、熵等)的变化。

量子力学研究的对象是单个粒子(分子、原子),通过解粒子的波动方程,得到粒子的状态函数 ψ_i 和能级 ε_i,并结合光谱数据得到有关单个分子的性质。量子力学的研究方法是微观方法。

为了从单个分子的性质得到由大量分子组成的体系的宏观性质,必须研究大量分子的运动所遵循的统计规律性。统计力学的研究方法是在统计原理的基础上,运用力学规律对分子的微观量求统计平均值,从而得到宏观性质。因此,统计力学的研究方法也是微观方法。

统计力学是在麦克斯韦和玻尔兹曼创立的气体分子运动论(1860~1900 年)的基础上发展起来的。在实际计算和理论方面的主要发展是吉布斯的工作,他在 1902 年编著了《统计力学基本原理》(*Elementary Principles in Statistical Mechanics*)一书。此外,爱因斯坦(Einstein)在 1902~1904 年发表了许多文章,使统计力学得到进一步的发展。当时量子力学尚未建立,他们还是假设构成物质的分子运动遵守经典力学规律。应用经典力学的统计力学称为经典统计。在许多场合经典统计能给出满意的结果,但在某些情况下它无法解释一些实验结果。1926 年量子力学建立后,用量子力学规律叙述分子的性质而建立起量子统计,它能解释某些经典统计不能解释的实验现象。本章重点讨论经典统计,对量子统计稍加介绍。

作为统计力学的基本原理,我们介绍一下处理近独立粒子体系的经典统计(又称玻尔兹曼统计)和量子统计的方法,以及处理相依粒子体系的系综方法。作为统计力学在物理化学中的应用,在本章中仅介绍统计力学对热力学三大定律本质的解释,并讨论晶体的统计力学处理结果,使读者明了统计力学是如何从分子的性质得到体系的宏观性质和解释实验现象的。在以后的各章中,在讨论体系的宏观规律性后,再从微观角度用统计力学方法得到某些宏观结果，使宏观理论和微观理论结合起来。

应该指出，我们在介绍经典统计时，没有采用统计物理学中常用的经典力学方法，而是引用量子力学的某些结果，来讨论玻尔兹曼等人用经典力学处理的问题。这样做的目的是为了使读者更易于理解和接受，更好地把物质结构知识和宏观性质联系起来。为此，读者在学习本章时，应先具备一定的数学知识、物质结构知识和量子力学基础。在 5.2 节中，我们简单介绍某些量子力学的结果。

5.2 预备知识

5.2.1 体系微观状态的描述

在统计力学中，体系的状态包含两个方面的含义：①体系的热力学状态，它是由表征体系特性的一些热力学参数所描述，在热力学中已讨论过；②体系的微观运动状态，粒子的微观运动状态是瞬息万变的，由大量粒子组成的体系的微观运动状态也是千变万化的。如何描述粒子的微观运动状态以及体系的微观运动状态呢？经典力学和量子力学有不同的描述方法。

1. 经典力学的描述

1) 经典力学对粒子的微观运动状态的描述

在经典统计力学中，常常借用几何表示来描述粒子的微观运动状态。由三个广义坐标(q_x, q_y, q_z)和三个广义动量(p_x, p_y, p_z)构成一个六维空间。这六维空间称为子相宇(phase space)或称 μ 空间，“相”是指运动状态，“宇”是指空间。子相宇是指描述一个粒子微观运动状态的空间。子相宇中的一个点有确定的三个坐标和三个动量的数值，因此它代表一个粒子的某一微观运动状态。在经典力学中，可根据粒子的空间坐标识别它们，故在经典统计中，认为粒子是可区别的。

2) 经典力学对体系微观运动状态的描述

由 N 个粒子组成的体系，其微观运动状态由 N 个粒子的广义坐标和广义动量的瞬时数值来确定，即由 $3N$ 个广义坐标 q 和 $3N$ 个广义动量 p 的瞬时数值来确定。在直角坐标中由 $q_{x_1}, q_{y_1}, q_{z_1}; q_{x_2}, q_{y_2}, q_{z_2}; \cdots; q_{x_N}, q_{y_N}, q_{z_N}$；$p_{x_1}, p_{y_1}, p_{z_1}; p_{x_2}, p_{y_2}, p_{z_2}; \cdots; p_{x_N}, p_{y_N}, p_{z_N}$ 的瞬时数值来表示体系在某一时刻的微观运动状态。

在此引入自由度的概念。确定一个质点或一个体系在空间的位置所必须给出的独立坐标的数目称为自由度(degree of freedom)。例如，在直角坐标中，一个粒子的自由度是 3，由 N 个粒子组成的体系的自由度是 $3N$。

同样，可用 $3N$ 个广义坐标和 $3N$ 个广义动量组成一个 $6N$ 维空间，称为大相宇或 Γ 空间。大相宇是描述整个体系的微观运动状态的，大相宇中的一个点表示体系在某一时刻的微观运动状态。当体系的微观运动状态发生变化时，大相宇中的这一点也相应地变化，并划出一定的曲线称为相轨道。大相宇中的小体积元 $d\tau = dq dp$，代表广义坐标在 q 与 $q + dq$ 之间，广义动量在 p 与 $p + dp$ 之间的一组状态集。注意这里的 dq 代表 $dq_{x_1}, dq_{y_1}, dq_{z_1}; dq_{x_2}$，

$dq_{y_2}, dq_{z_2}; \cdots; dq_{x_N}, dq_{y_N}, dq_{z_N}$；$dp$ 代表 $dp_{x_1}, dp_{y_1}, dp_{z_1}; dp_{x_2}, dp_{y_2}, dp_{z_2}; \cdots; dp_{x_N}, dp_{y_N}, dp_{z_N}$。简言之，由 N 个粒子组成的体系在某一时刻的微观运动状态或用大相宇中的一个点表示，或用子相宇中 N 个点的分布来表示。

2. 量子力学的描述

1）量子力学对粒子微观运动状态的描述

量子力学的观点认为同种微观粒子是等同的，不可区别的。同时认为粒子具有波粒二象性。根据测不准原理，粒子不可能同时具有确定的坐标和动量数值。因此粒子的微观运动状态就不能用经典力学的方法描述。量子力学用波函数 ψ 的数值描述粒子的微观运动状态。一个 ψ_i 的数值表示粒子一个可能的微观运动状态。用量子力学描述的微观运动状态又称为量子状态(quantum state)。$\psi_i^* \psi_i d\tau$表示粒子在坐标 $q \sim q+dq$，动量在 $p \sim p+dp$ 出现的概率。微观粒子的运动不遵守牛顿方程而是遵守薛定谔方程(Schrödinger equation)。通过解粒子的薛定谔方程可得到粒子的波函数 ψ_i，以及与 ψ_i 相对应的能级(energy level)ε_i，从粒子能级的表达式可看出粒子的能级(能量)是量子化的。在同一能级 ε_i 上，有时只对应有一个波函数(又称状态函数)ψ_i，则此能级是非简并的，有时同一 ε_i 能级上有 g_i 个状态函数 φ_i，则此能级是简并的，简并度(degeneracy)为 g_i，g_i 就是 ε_i 能级上的量子状态数。因此，在量子力学中用粒子的状态函数 ψ_i、能级 ε_i、简并度 g_i 的数值来描述粒子的微观运动状态，而 ψ_i、ε_i、g_i 又是由一套量子数决定的。

2）量子力学对体系微观运动状态的描述

要描述由 N 个粒子组成的体系在某一时刻的微观运动状态，似乎只要解 N 个薛定谔方程，求出每个粒子的状态函数。但目前这在实际上是做不到的。例如，1mol 气体有 6.023×10^{23} 个分子，要解 6.023×10^{23} 个薛定谔方程，不仅在数学上非常困难，而且也无法建立这么多的方程，因为气体分子是等同的，不可区别的。因此，必须借助统计力学。我们只要从量子力学求出一个粒子的可能的全部能级 ε_i，以及每个能级上的量子状态数 g_i，同时知道 N 个粒子在某一时刻在这些能级上分布的数目，每一可区别的分布方式代表体系的某一微观运动状态，即知道粒子在每一个能级上出现的概率，就能确定由 N 个粒子组成的体系在这一时刻的微观运动状态。在统计力学中并不需要粒子状态函数 ψ_i 的具体形式，只需要粒子能级的具体表达式。

3. 相空间与量子状态的关系

上面从经典力学和量子力学两个方面讨论了如何描述单个粒子和体系的微观运动状态。在这两种描述方法之间有什么关系呢？在某些量子特征不显著的情况下，将经典力学描述的子相宇中的一个点代表的粒子的某一微观运动状态修正为 h^3 的一个小体积元来代表粒子的某一微观运动状态(某一量子状态)。将大相宇中的一个点修正为 h^{3N} 的一个小体积元来代表体系某一微观运动状态，这里 h 是普朗克常量。这种修正在经典力学中看来是无法理解的。这只能从粒子不服从经典力学规律，而服从量子力学规律得到解释。根据量子力学的测不准原理，一个粒子的坐标 q 和动量 p 不可能同时具有确定的数值。只能在一定限度的误差 Δq 和 Δp 范围内同时被确定，并且

Δq 和 Δp 满足以下的测不准关系式：

$$\Delta p_x \Delta q_x \approx h \qquad \Delta p_y \Delta q_y \approx h \qquad \Delta p_z \Delta q_z \approx h$$

或表示为

$$\Delta q_x \Delta q_y \Delta q_z \Delta p_x \Delta p_y \Delta p_z \approx h^3$$

在经典力学的子相宇中，某一个 q_x、q_y、q_z，p_x、p_y、p_z 的瞬时值表示粒子的某一微观状态，另一个q_x'、q_y'、q_z'，p_x'、p_y'、p_z'的瞬时值代表粒子的另一微观状态。从量子力学观点看，若这两状态间差别在上述关系范围内，实际上只代表一个状态。所以在子相宇中一个 h^3 的体积元代表粒子的一个微观状态。这样修正后经典力学与量子力学得到相同的结果。

同理，在 $6N$ 维的大相宇中，一个 h^{3N}的体积元代表 N 个粒子的体系的一个微观状态。应该强调指出，用修正后的经典力学描述量子状态只是在量子特征不显著的情况下才适用，而不是对任何体系都适用。因为粒子终究是服从量子力学规律的，所以只有应用量子力学规律才能得到正确的结果。

5.2.2 分子的运动形式和能级表达式

1. 分子运动形式

分子是由一定数目的原子组成的，各原子按照一定排列方式通过化学键紧密地连接起来。分子中各个原子并非被冻结僵化，而是时刻不停地振动着。如果把原子间的结合力比作弹簧，则整个分子像是球和弹簧串成的体系。各种分子都有其确定的形状和大小。除单原子分子(如 He)外，一般分子都非圆球形状。相应地，其热运动方式就不仅有平动，而且还可能包括转动和振动。简单地说，平动是分子在空间的整体运动，也可看作分子的质量中心在空间的位移。转动是分子绕质量中心的旋转。振动是分子中各原子偏离其平衡点的相对位移。分子运动形式除平动、振动和转动外，还有电子运动和原子核运动。但是在一般情况下，原子核始终保持不变，绝大多数分子的电子运动也都处于基态，而且不易被激发。

我们可以近似地认为分子的各种运动形式之间是彼此独立无关的。因此，分子运动的能量可近似地看作各运动形式能量之和。前面已讨论过，要叙述体系的微观运动状态，需要知道组成体系的分子的能量和各能级上的简并度，而分子的能量 ε 是各运动形式的能量之和：

$$\varepsilon = \varepsilon_{\mathrm{t}} + \varepsilon_{\mathrm{r}} + \varepsilon_{\mathrm{v}} + \varepsilon_{\mathrm{e}} + \varepsilon_{\mathrm{n}}$$

$$\psi = \psi_{\mathrm{t}} \psi_{\mathrm{r}} \psi_{\mathrm{v}} \psi_{\mathrm{e}} \psi_{\mathrm{n}}$$

$$g = g_{\mathrm{t}} g_{\mathrm{r}} g_{\mathrm{v}} g_{\mathrm{e}} g_{\mathrm{n}}$$

下面讨论各种运动形式能量的表达式。

2. 分子的能级表达式

分子的平动可看作一个三维平动子(three-dimensional translational particle)在势箱中的自由运动。分子的转动可用刚性转子(rigid rotor)来处理，而每个振动自由度上的振动可作为一个独立的一维谐振子(one-dimensional harmonic oscillator)来处理。这些子的能级公式在量子力学中已有详细推导，在此只引用其结果。

1) 三维平动子的平动能

设粒子质量为 m，在体积为 $a\times b\times c$ 的长方形势箱中自由运动。在箱内粒子运动的势能 $U_{\mathrm{I}}=0$。因粒子不能跑出箱外，可以想象在箱面上的势能 $U_{\mathrm{I}}=\infty$。此三维平动粒子(当作一个质点)的薛定谔方程为

$$\nabla^2\psi_{\mathrm{t}}+\frac{8\pi^2 m}{h^2}\varepsilon_{\mathrm{t}}\psi_{\mathrm{t}}=0 \tag{5-1}$$

式中，$\nabla^2\equiv\frac{\partial^2}{\partial x^2}+\frac{\partial^2}{\partial y^2}+\frac{\partial^2}{\partial z^2}$，称为拉普拉斯(Laplace)算符；$\varepsilon_{\mathrm{t}}$是粒子的平动能；$\psi_{\mathrm{t}}$是描述粒子平动运动的波函数。解波动方程可知，要使求得的波函数 ψ_{t} 在势箱内满足单值、有限、连续的标准条件，只有在能量 ε_{t} 取以下数值时才有可能：

$$\varepsilon_{\mathrm{t}}=\frac{h^2}{8m}\left(\frac{n_x^2}{a^2}+\frac{n_y^2}{b^2}+\frac{n_z^2}{c^2}\right) \tag{5-2}$$

式中，n_x，n_y，n_z 分别是 x，y，z 轴方向的平动量子数，可取任意正整数 n_x，n_y，$n_z=1,2,3,\cdots$。当势箱为正方体时，$a^2=b^2=c^2==V^{2/3}$，V 是势箱体积，则平动能式(5-2)可写为

$$\varepsilon_{\mathrm{t}}=\frac{h^2}{8mV^{2/3}}(n_x^2+n_y^2+n_z^2) \tag{5-3}$$

从平动能 ε_{t}公式可看出：

(1) 平动能不是任意的，必须随平动量子数的变化而跳跃地变化，即平动能是量子化的。

(2) 平动能与粒子运动所占据的体积 V 有关，体积越大，平动能越小。

(3) 平动能是简并的。简并度就是不同的 n_x，n_y，n_z 具有的同一能量数值的组合方式数。

三维平动子的最初几个能级可表示如下：

每一套 n_x、n_y、n_z 的数值对应一个状态函数 ψ，即对应一个量子状态(微观运动状态)。在最低能级上只有一个量子状态，简并度 $g_{\mathrm{t}}=1$，在次一能级上有三个量子状态，简并度$g_{\mathrm{t}}=3$。

2) 刚性转子的转动能

双原子分子绕质心的转动可看作一个刚性转子绕质心的转动。刚性转子在转动中保持形状和大小不变。若分子中两原子间的距离为 r，原子质量分别为 m_1 和 m_2，则转子的约化质量(reduced mass)$\mu\equiv\frac{m_1m_2}{m_1+m_2}$，转子的转动惯量(moment of inertia)$I\equiv\mu r^2$。转子转动时没有势能，$U_{\mathrm{I}}=0$，总转动能为ε_{r}，则其薛定谔方程为

$$\nabla^2\psi_{\mathrm{r}}+\frac{8\pi^2\mu}{h^2}\varepsilon_{\mathrm{r}}\psi_{\mathrm{r}}=0$$

能量 $\left(\frac{h^2}{8mV^{2/3}}\right)$	量子数数值			简并度 g_t
	n_z	n_y	n_x	
3	1	1	1	1
	1	2	1	
6	2	1	1	3
	1	1	2	
	2	2	1	
9	1	2	2	3
	2	1	2	
⋮		⋮		⋮

将薛定谔方程化为球坐标的形式，并求得对应波函数 ψ_r 的转动能为

$$\varepsilon_r=\frac{J(J+1)h^2}{8\pi^2 I} \tag{5-4}$$

式中，J 是转动量子数，$J=0$、1、2、3、…。从转动能级公式可看出：

(1) 转动能级是量子化的。

(2) 转动能与转动惯量 I、转动量子数 J 有关。

(3) 转动能级是简并的。

对应于一个 J 值，在 z 轴方向有$(2J+1)$个角动量分量，即有$(2J+1)$个 M_J 数值(磁量子数)。对一个 J 值，M_J 值为

$$-J,-J+1,-J+2,\cdots,0,1,2,\cdots,J$$

转动能级的简并度为$(2J+1)$。最初几个转动能级如下：

转动能量 $\left(\frac{h^2}{8\pi^2 I}\right)$	J 值	简并度 $g_r=2J+1$
0	0	1
2	1	3
6	2	5
12	3	7
⋮	⋮	⋮

3) 一维谐振子的振动能

假如双原子分子中只有沿化学键方向的振动，而且原子在平衡位置附近的振动是一个简谐振动(harmonic vibration)。这样双原子分子的振动可看成一个球和弹簧的振动，这个球可当作一维谐振子，谐振子的约化质量 $\mu=\frac{m_1m_2}{m_1+m_2}$。双原子分子的振动可看作一维谐振子的振动。谐振动(简谐振动)是指振动符合胡克定律，$f=-kx$(k 称为弹力常数)。经典力学可给出弹力常数 k 与简谐振动频率 ν 的关系为

$$\nu=\frac{1}{2\pi}\sqrt{\frac{k}{\mu}}$$

由于 $f=-\frac{\mathrm{d}U_I}{\mathrm{d}x}$，$f=-kx$，代入并进行积分，就可求得这一体系的势能函数

U_I 为

$$U_I=\frac{1}{2}kx^2=2\pi^2\nu^2\mu x^2$$

若 ε_v 为振子能量，则其薛定谔方程为

$$\frac{d^2\psi_v}{dx_2}+\frac{8\pi^2\mu}{h^2}(\varepsilon_v-2\pi^2\nu^2\mu x^2)\psi_v=0$$

解薛定谔方程得到

$$\varepsilon_v=\left(v+\frac{1}{2}\right)h\nu \tag{5-5}$$

式中，v 是振动量子数，$v=0$、1、2、…。从能级公式可看出：

(1) 振动能是量子化的。

(2) 当 $v=0$ 时，$\varepsilon_0=\frac{1}{2}h\nu$，称为零点振动能。

(3) 一维谐振子的振动能级是非简并的，$g_v=1$。这是由于一维谐振子只有一个自由度，其波函数只由一个量子数 v 决定。对应于一个量子数 v，就有一个振动能级，在此能级上只有一个波函数。最初几个一维谐振子振动能级可表示如下：

能量	v	简并度 g_v
$\frac{1}{2}h\nu$	0	1
$\frac{3}{2}h\nu$	1	1
$\frac{5}{2}h\nu$	2	1
$\frac{7}{2}h\nu$	3	1
$\frac{9}{2}h\nu$	4	1
⋮	⋮	⋮

知识点讲解视频

分子各种运动形式能级间隔的大小（朱志昂）

3. 各种运动形式能级间隔的大小

在统计力学中，经常需要把分子各种运动形式的能级间隔与 kT 数量相比较，k 是玻尔兹曼常量，T 是热力学温度。与 kT 比较的目的在于区分哪些运动形式的能级是紧密的，可以作为能量连续变化的经典情况处理；哪些运动形式的能量量子化特征特别显著，不能作为经典情况处理。

在室温时，$T=298\text{K}$，$kT=4\times10^{-21}\text{J}$。例如，当氮分子运动于边长为 $a=10^{-1}\text{m}$ 的立方容器中，分子质量 $m=4.56\times10^{-26}\text{kg}$，转动惯量 $I=13.9\times10^{-47}\text{kg}\cdot\text{m}^2$，振动波数 $\tilde{\nu}=236\ 000\text{m}^{-1}$，各种运动形式的能级间隔如下。

1) 平动能级间隔

最低能级

$$n_x=n_y=n_z=1$$

$$\varepsilon_t^{(1)}=\frac{3h^2}{8mV^{2/3}}$$

次一能级

$$n_x=2 \qquad n_y=1 \qquad n_z=1$$

$$\varepsilon_t^{(2)}=\frac{6h^2}{8mV^{2/3}}$$

$$\Delta\varepsilon_t=\varepsilon_t^{(2)}-\varepsilon_t^{(1)}=\frac{3h^2}{8mV^{2/3}}$$

将 $h=6.626\times10^{-34}\,\mathrm{J\cdot s}$，$m=4.56\times10^{-26}\,\mathrm{kg}$，$V=a^3=10^{-3}\,\mathrm{m^3}$ 等数值代入得

$$\Delta\varepsilon_t=10^{-40}\,\mathrm{J}=10^{-19}kT$$

2）转动能级间隔

$$J=0 \qquad \varepsilon_r^{(0)}=0$$

$$J=1 \qquad \varepsilon_r^{(1)}=\frac{2h^2}{8\pi^2 I}$$

$$\Delta\varepsilon_r=\varepsilon_r^{(1)}-\varepsilon_r^{(0)}=\frac{2h^2}{8\pi^2 I}=10^{-23}\,\mathrm{J}=10^{-2}kT$$

3）振动能级间隔

$$v=0 \qquad \varepsilon_v^{(0)}=\frac{1}{2}h\nu$$

$$v=1 \qquad \varepsilon_v^{(1)}=\frac{3}{2}h\nu$$

$$\begin{aligned}\Delta\varepsilon_v&=\varepsilon_v^{(1)}-\varepsilon_v^{(0)}=h\nu=hc\tilde{\nu}=6.626\times10^{-34}\times3\times10^8\times236\ 000\\&=4\times10^{-20}(\mathrm{J})=10kT\end{aligned}$$

由此可知，平动能级间隔很小。平动能可看作是连续变化的，一般平动运动可当作经典情况处理。振动能级间隔已达 $10kT$，故振动能级必须考虑能量变化的不连续性，而转动能级在多数情况下也可以作为经典情况处理。

多数分子内的电子能级间隔相当大，一般比振动能级大一两个数量级，约为 $100kT$，因此在常温下，电子经常处于最低能级（基态）而不激发。但是当温度较高时，电子可能出现在激发态。另外还有少数分子，如 NO 常温下电子能级差超过 kT 值不多，对于这些分子，较高电子能级的电子态也需考虑。分子中电子能级没有统一的规律性，必须根据光谱实验结果，对分子进行逐个分析。

原子核的能级差更大，在一般的物理化学过程中，原子核总是处于最低的基态能级上而没有变化。

5.2.3　统计力学的基本定理

1. 概率定理

统计力学基本出发点是体系由大量粒子组成，如 1mol 物质由 6.023×10^{23} 个分子组成。这么多分子之间碰撞极其频繁，每 $10^{-10}\,\mathrm{s}$ 就要碰撞一次。因此，整个体系每秒钟要经历 10^{35} 次变化，也就是说体系的微观运动状态是不断变化的。这些微观状态的变化是宏观条件所不能控制的，它们在某一时刻

可能出现，也可能不出现，即在一定的宏观条件下，体系的各个微观运动状态各以一定的概率出现，这就称为概率定理。

2. 宏观量是微观量的平均值定理

对体系进行宏观观测得到的物理量都是在观测的时间范围内的平均值。即使观测时间非常短，由于体系的微观运动状态瞬变万千，在这非常短的观测时间内，体系的所有的微观运动状态都可能全部出现。因此，体系在一段时间内观测的宏观量等于相应的微观量对所有的微观运动状态的平均值。这就是宏观量是微观量的平均值定理。

设有一物理量 F，体系在第 i 个微观运动状态时，物理量 F 的数值为 F_i（这是微观量），F_i 在体系的第 i 个微观运动状态的概率为 P_i，则观测到的宏观量 $\langle F\rangle$ 为

$$\langle F\rangle = \sum_{i=1}^{\Omega} F_i P_i \tag{5-6}$$

式中，Ω 是体系的总微观状态数。

应当指出，所谓热力学量在体系处于热力学平衡时有恒定值，只能大体上这样说，事实上宏观量要经历涨落。在统计规律性所控制的体系中，必有涨落是完全自然的。这种涨落之所以在实际中不经常观测到，那是因为我们所讨论的体系所含的粒子数非常巨大，而且微观状态变化又非常迅速。

3. 等概率定理

对于热力学平衡状态的孤立体系（U，V 有确定值的封闭体系），其所有的各个微观运动状态都有相同的概率，即

$$P_1 = P_2 = P_3 = \cdots = P_\Omega = \frac{1}{\Omega}$$

式中，Ω 是体系的总微观状态数；P_1，P_2，…是每个微观运动状态出现的概率。这就是等概率定理。等概率定理是统计力学的一个基本假设，虽然不能直接证明，但它推论出的一切结果都是正确的。

4. 玻尔兹曼熵定理

1877 年奥地利物理学家玻尔兹曼提出玻尔兹曼熵定理，其形式是

$$S = k\ln\Omega$$

式中，S 是孤立体系的熵；Ω 是孤立体系的总微观状态数；k 是玻尔兹曼常量。玻尔兹曼熵定理适用于孤立体系。

由热力学可知，孤立体系中的一切自发过程，体系的熵 S 总是增加的，在达到热力学平衡时，体系的熵达到最大值。由概率论可知，孤立体系中的一切自发过程都是从概率小的向概率大的方向进行，从微观状态数少的向微观状态数多的方向进行。在达到平衡时，体系的总微观状态数也达到最大值。因为 S 和 Ω 都是状态函数（都是 U，V，N 的函数），所以两者之间必有一定的联系，可用函数关系表示

$$S = f(\Omega) \tag{5-7}$$

为了确定这一函数的形式，设有两个体系，其熵和总微观状态数分别为 S_1、Ω_1 和 S_2、Ω_2，则有

$$S_1=f(\Omega_1)\qquad S_2=f(\Omega_2) \tag{5-8}$$

如果把这两个体系组成一个大的复合体系，由于熵是广度性质，具有加和性，复合体系的熵 S 是两个体系的熵之和

$$S=S_1+S_2 \tag{5-9}$$

根据概率的性质，两个彼此独立、互不相关的事件同时发生的概率等于这两个事件概率的乘积

$$\Omega=\Omega_1\times\Omega_2$$

因此

$$S=f(\Omega)=f(\Omega_1\times\Omega_2) \tag{5-10}$$

由式(5-8)和式(5-9)得

$$S=S_1+S_2=f(\Omega_1)+f(\Omega_2) \tag{5-11}$$

比较式(5-10)和式(5-11)得

$$f(\Omega)=f(\Omega_1\times\Omega_2)=f(\Omega_1)+f(\Omega_2)$$

从数学上可证明，唯一能满足这关系的函数 $f(\Omega)$ 必是对数函数形式

$$f(\Omega)=k\ln\Omega+C$$

则

$$S=k\ln\Omega+C \tag{5-12}$$

式中，k、C 是常数，k 是玻尔兹曼常量。式(5-12)就是著名的玻尔兹曼熵定理。以后将证明

$$k=\frac{R}{N_A}=1.3805\times10^{-23}\,\mathrm{J\cdot K^{-1}}$$

式中，R 是摩尔气体常量；N_A 是阿伏伽德罗常量。常数 C 是 $\Omega=1$ 时的熵值，即$C=S_0$。热力学第三定律已规定：$T\to0$ 时，$S_0=0$。为了一致起见，在统计力学中规定$C=0$。将玻尔兹曼熵定理写成简便的形式

$$S=k\ln\Omega \tag{5-13}$$

因为熵是宏观物理量，而 Ω 是一个微观量，所以这个公式成为孤立体系宏观与微观联系的桥梁。这个公式使统计力学与热力学发生了联系，奠定了统计热力学的基础。

5.3　近独立粒子体系的统计规律性

近独立定域粒子体系遵守玻尔兹曼统计。经典力学认为一切微观粒子都是可以区分的，因此玻尔兹曼统计又称经典统计。量子力学认为一切同种微观粒子都是等同的、不可区分的，因此近独立等同粒子体系应遵守量子统计。但在大多数情况下量子统计与修正的经典统计得到相同的结果。以下将分别予以介绍。

5.3.1 近独立定域粒子体系

此处讨论的对象是由大量的近独立定域粒子组成的体系，其目的是从微观结构数据得到体系的热力学性质，联系的桥梁是玻尔兹曼熵定理 $S=k\ln\Omega$。在数学上虽然不能精确求出体系的总微观状态数 Ω，但可用最概然分布所拥有的最大微观状态数的对数 $\ln t_m$ 代替 $\ln\Omega$，这样就能求出体系的热力学函数。因此，求最概然分布将是玻尔兹曼统计的核心。为此，必须首先了解体系的分布类型及某一分布类型的微观状态数，应用数学上求极值的方法就能求出最概然分布及其对应的最大微观状态数 t_m。

1. 简单体系的能量分布及其微观状态数

首先讨论一个简单的体系，然后推广到由大量粒子组成的体系。假想一个体系由三个彼此独立的一维谐振子组成，体系的总能量为 $\frac{9}{2}h\nu$，ν 是一维谐振子的振动频率。这三个谐振子分别在定点 a、b、c 附近振动，借三者的位置可以对它们编号加以区别，所以这体系可看作为近独立可别粒子体系。

1）简单体系的能量分布类型

前面已讨论过，体系在某一时刻的微观运动状态是由组成体系的 N 个粒子在粒子许可能级上的一套分布数目所描述的。这一套分布数目称为体系的能量分布，或称为体系的某一能量分布类型(configuration)。

简单体系由三个可别的一维谐振子组成，$N=3$，体系的总能量 $U=\frac{9}{2}h\nu$。满足这两个限制条件，体系有多少种分布类型？或称有多少种分布构型？这首先需要知道粒子的许可的能级是什么。一维谐振子的能级公式为

$$\varepsilon_v=\left(v+\frac{1}{2}\right)h\nu \qquad (v=0,1,2,\cdots)$$

能级分别为 $\varepsilon_0=\frac{1}{2}h\nu$，$\varepsilon_1=\frac{3}{2}h\nu$，$\varepsilon_2=\frac{5}{2}h\nu$，…；简并度分别为 $g_0=1$，$g_1=1$，$g_2=1$，$g_3=1$，…。满足 $U=\frac{9}{2}h\nu$、$N=3$ 这两个限制条件的分布类型只有三种：

类　型	$\varepsilon_0\left(\frac{1}{2}h\nu\right)$	$\varepsilon_1\left(\frac{3}{2}h\nu\right)$	$\varepsilon_2\left(\frac{5}{2}h\nu\right)$	$\varepsilon_3\left(\frac{7}{2}h\nu\right)$
A 型分布	$n_0=0$	$n_1=3$	$n_2=0$	$n_3=0$
B 型分布	$n_0=2$	$n_1=0$	$n_2=0$	$n_3=1$
C 型分布	$n_0=1$	$n_1=1$	$n_2=1$	$n_3=0$

每一种分布类型必须满足下列两个限制条件：

$$n_0+n_1+n_2+n_3=N=3 \tag{5-14}$$

$$n_0\varepsilon_0+n_1\varepsilon_1+n_2\varepsilon_2+n_3\varepsilon_3=U=\frac{9}{2}h\nu \tag{5-15}$$

由于粒子之间是彼此独立无关的，没有相互作用的势能，因此体系的能量等于各个粒子的动能之和。

2）每一种分布类型的微观状态数

所谓某一种分布类型，只指出在每一能级上有多少个粒子，但并没有指定是哪几个粒子。因此，实现这一分布类型还有不同的方式数。每一种可区别的方式代表体系的一个可区别的微观状态。

每一种分布类型的微观状态数 t 与粒子分布数之间的关系可从表 5-1 直观看出。分布类型的微观状态数（number of microstate）就是实现这一分布类型的方式数。若每个粒子占据一个能级，由于粒子可以区别，不同能级上的两个粒子交换一次，就产生不同的微观运动状态，三个不同粒子共有 3！个排列方式。一维谐振子的能级是非简并的，一个能级上只有一个量子状态，同一能级上的粒子交换一次并不产生新的排列方法，应从总排列方法中将它扣除掉。因此，每种分布类型的微观状态数为

$$t_A = \frac{3!}{0!3!0!0!} = 1$$

$$t_B = \frac{3!}{2!0!0!1!} = 3$$

$$t_C = \frac{3!}{1!1!1!0!} = 6$$

用通式可表示为

$$t = \frac{N!}{n_0!n_1!n_2!n_3!}$$

表 5-1　简单体系的能量分布类型

$\varepsilon_3 = \frac{7}{2}h\nu$		c	b	a						
$\varepsilon_2 = \frac{5}{2}h\nu$					c	b	c	a	a	b
$\varepsilon_1 = \frac{3}{2}h\nu$	a b c				b	c	a	c	b	a
$\varepsilon_0 = \frac{1}{2}h\nu$		a b	a c	b c	a	a	b	b	c	c
微观状态编号	1	2	3	4	5	6	7	8	9	10
分布类型	A	B			C					
微观状态数	1	3			6					
概　率	$\frac{1}{10}$	$\frac{3}{10}$			$\frac{6}{10}$					

3）体系的总微观状态数 Ω

体系的总微观状态数是体系的各分布类型微观状态数之和

$$\Omega = t_A + t_B + t_C = 1 + 3 + 6 = 10$$

各种分布类型出现的概率 P 分别为

$$P_A = \frac{t_A}{\Omega} = \frac{1}{10} \qquad P_B = \frac{t_B}{\Omega} = \frac{3}{10} \qquad P_C = \frac{t_C}{\Omega} = \frac{6}{10}$$

式中，t_A、t_B、t_C 是某一分布类型的微观状态数，即实现某一分布的方式数，在

热力学上称为热力学概率。其中以 C 型分布的概率为最大，它的微观状态数接近总微观状态数。这里的 P_A、P_B、P_C 是数学上的概率，称为数学概率。

$$数学概率=\frac{某分布的微观状态数}{总微观状态数}=\frac{t}{\Omega}$$

显然，数学概率的数值只能为 0～1，而热力学概率是一个很大的数值

$$热力学概率=数学概率\times总微观状态数$$

一定宏观状态(平衡状态)下的总微观状态数是一定的，因此数学概率正比于热力学概率。

从以上的讨论可以看出：

(1) 根据等概率定理，体系的每一个微观运动状态出现的概率是相等的，均等于$\frac{1}{\Omega}$。

(2) 体系可能的各种能量分布类型的概率是不相等的。其中一定有一个概率为最大、微观状态数为最多的能量分布类型，此分布类型称为最概然分布，上例中的 C 型分布的概率为最大。t_C 对 Ω 贡献最大。

(3) 不能确切知道在某一时刻某个能级上分布的是哪几个粒子，因为粒子是一刻不停息地运动着的。只能知道在某一时刻粒子出现在某一能级上的概率，或者说只能知道体系在某一时刻出现在某一量子状态的概率。例如，从表 5-1 可看出，在 ε_0 能级上出现一个粒子的概率是$\frac{6}{10}$，出现两个粒子的概率是$\frac{3}{10}$，出现三个粒子的概率是零。

(4) 不能确切知道在某一时刻某一能级上的粒子数，因为它们总在变化着。但是根据平均值定理可以求出每个能级上的平均粒子数

$$\langle n_j \rangle = \sum_{k=1}^{\Omega} n_j(k) P_k$$

式中，$\langle n_j \rangle$是第 j 能级上的平均粒子数，它是一个宏观量；$n_j(k)$是第 j 能级上，第 k 个量子状态的粒子数，它是一个微观量；P_k 是第 k 个量子状态出现的概率。从表5-1可得出各能级上的平均粒子数分别为

$$\langle n_0 \rangle = \left(2\times\frac{1}{10}\right)\times 3+\left(1\times\frac{1}{10}\right)\times 6 = 1.2$$

$$\langle n_1 \rangle = \left(3\times\frac{1}{10}\right)+\left(1\times\frac{1}{10}\right)\times 6 = 0.9$$

$$\langle n_2 \rangle = \left(1\times\frac{1}{10}\right)\times 6 = 0.6$$

$$\langle n_3 \rangle = \left(1\times\frac{1}{10}\right)\times 3 = 0.3$$

因而可看出，分布的规律是基态能级上出现的平均粒子数最多；能级越高，平均粒子数越少，这是符合客观规律的。

2. 近独立定域粒子体系的能量分布及其微观状态数

将上面讨论的结果推广到由 N 个近独立定域粒子组成的体系。N 是一

个很大的数，如 1mol 晶体，N 就是 6.023×10^{23}。

设想一个模型体系，它是由 N 个同种粒子组成，粒子的运动是定域的，可根据粒子的位置区别它们，所以粒子是可区别的。此外，假设粒子之间是彼此独立无关的，彼此间没有相互作用。因此，体系的能量是各个粒子的能量之和。统计单位是单个粒子，但粒子之间有弹性碰撞，可彼此交换平动能量。根据量子力学的观点，粒子的能量是不连续的，分立的。因为是同种粒子，所以每个粒子的能级均为 $\varepsilon_0,\varepsilon_1,\varepsilon_2,\cdots,\varepsilon_j$。由于假设了能量可从一个粒子传递到另一个粒子，因而可以认为在每个能级上的粒子数可连续地变化。原子晶体可近似地当作如上所述的模型体系。

能　级	某一时刻 分布类型 X	另一时刻 分布类型 X'	再另一时刻 分布类型 X''	……
ε_0	n_0	n_0'	n_0''	…
ε_1	n_1	n_1'	n_1''	…
ε_2	n_2	n_2'	n_2''	…
⋮	⋮	⋮	⋮	
ε_j	n_j	n_j'	n_j''	…
⋮	⋮	⋮	⋮	
微观状态数	t_X	$t_{X'}$	$t_{X''}$	…

1）体系的能量分布

设组成体系的粒子数为 N，体系的总能量为 U，粒子许可的能级为 $\varepsilon_0,\varepsilon_1,\varepsilon_2,\varepsilon_3,\cdots,\varepsilon_j,\cdots$，能级上的简并度分别为 $g_0,g_1,g_2,g_3,\cdots,g_j,\cdots$体系可能的能量分布类型（$j$ 表示许可的能级）：由于粒子数 N 很大，不像简单体系只有三种能量分布类型，而是有很多种分布类型。每一套分布数目（each set of population numbers）$n_0,n_1,n_2,\cdots,n_j,\cdots$代表体系的某一能量分布类型，但每种分布类型都要满足下列限制条件：

$$\sum n_j=\sum n_j'=\sum n_j''=\cdots=N \tag{5-16}$$

$$\sum n_j\varepsilon_j=\sum n_j'\varepsilon_j=\sum n_j''\varepsilon_j=\cdots=U \tag{5-17}$$

所谓体系的能量分布，即在一定的宏观条件下，在某一时刻组成体系的 N 个粒子在粒子许可能级上的分布数，称为体系在这一时刻的能量分布（或称能量分布类型）。体系除有能量分布外还有速率分布，在一定的宏观条件下，在某一时刻，组成体系的 N 个粒子在粒子许可的速率数值上的分布数称为体系在这一时刻的速率分布。

2）体系某一能量分布类型的微观状态数 t_X

知识点讲解视频

体系某一能量分布类型的微观状态数（朱志昂）

由于能级是简并的，不仅有可别粒子在各能级上的分布问题，还有在同一能级上的不同量子状态上的分布方式数问题。

某一能量分布类型 X：

能级	ε_0	ε_1	ε_2	…	ε_j	…
简并度	g_0	g_1	g_2	…	g_j	…
能级上粒子数	n_0	n_1	n_2	…	n_j	…

要求这一分布类型的微观状态数 t_X。为简单起见，先将能级看作是非简并

的，只考虑粒子按能级分布的微观状态数，然后考虑按简并态分布的微观状态数。两者相乘就是粒子按简并能级分布的微观状态数，即此分布类型的微观状态数。

(1) 粒子按非简并能级排列的微观状态数。上面讨论的三个一维谐振子体系，由于一维谐振子的能级是非简并的，能量分布的微观状态数表达式 $t=\dfrac{N!}{n_0!\ n_1!\ n_2!\ n_3!}$ 可推广到 N 个可别粒子体系按能级分布的微观状态数

$$t_X=\frac{N!}{n_0!n_1!n_2!\cdots n_j!}=\frac{N!}{\prod_j n_j!}$$

如何进一步理解这一能量分布微观状态数的表达式呢？假设 N 个粒子的能量全不一样，也就是说一个粒子占据一个能级，N 个粒子占据 N 个能级，这好比 N 个不同元素在 N 个不同点阵上的全排列。排列的方式数为 $N(N-1)(N-2)\cdots 3\cdot 2\cdot 1=N!$，一种可区别的排列方式代表一种微观运动状态，$N$ 个可别粒子在 N 个不同能级(一个粒子占一个能级)上的微观状态数为 $N!$。但是这 N 个粒子的能量并不是完全不同，而是

有 n_0 个粒子的能量同为 ε_0

有 n_1 个粒子的能量同为 ε_1

有 n_2 个粒子的能量同为 ε_2

……

有 n_j 个粒子的能量同为 ε_j

在只有一个量子状态的同一能级上(非简并)粒子的交换并不引起分布方式的变化。因此，在 $N!$ 个排列方法中应扣除同一能级上粒子互换而产生的方法数 $n_j!$，粒子按非简并能级排列的微观状态数为

$$\frac{N!}{n_0!n_1!\cdots n_j!} \quad 或 \quad \frac{N!}{\prod_j n_j!} \qquad (j=0,1,2,\cdots)$$

(2) 粒子按简并态排列的微观状态数。若能级是简并的，在 ε_j 能级上有 g_j 个简并度，即拥有 g_j 个不同的量子状态，而且假设每个量子状态容纳的粒子数不受限制，也就是每个量子状态可以重复出现，则在 ε_j 能级上的 n_j 个粒子在 g_j 个简并态内有 $g_jg_jg_j\cdots=g_j^{n_j}$ 个分布方式。

在 ε_0 能级上有 n_0 个粒子，由于有 g_0 个简并态，产生 $g_0^{n_0}$ 个微观状态

在 ε_1 能级上有 n_1 个粒子，由于有 g_1 个简并态，产生 $g_1^{n_1}$ 个微观状态

……

在 ε_j 能级上有 n_j 个粒子，由于有 g_j 个简并态，产生 $g_j^{n_j}$ 个微观状态

……

因此，某一分布类型 $n_0,n_1,n_2,\cdots,n_j,\cdots$ 在各能级的简并态上分布的方式数为

$$g_0^{n_0}\cdot g_1^{n_1}\cdot g_2^{n_2}\cdot g_3^{n_3}\cdots g_j^{n_j}=\prod_j g_j^{n_j}$$

(3) 某一分布类型的微观状态数 t_X。由上面的讨论可得到，对于某一分布类型 X 来说，它所拥有的微观状态数 t_X 应为 N 个粒子按非简并能级排列的方式数 $\dfrac{N!}{\prod n_j!}$ 和按简并态排列的方式数 $\prod_j g_j^{n_j}$ 的乘积

$$t_X = \frac{N!}{\prod_j n_j!}\prod_j g_j^{n_j} = N!\prod_j \frac{g_j^{n_j}}{n_j!} \tag{5-18}$$

同理，对另一种分布类型 X' 来说

$$\begin{array}{cccccc} \varepsilon_0, & \varepsilon_1, & \varepsilon_2, & \cdots, & \varepsilon_j, & \cdots \\ g_0, & g_1, & g_2, & \cdots, & g_j, & \cdots \\ n_0', & n_1', & n_2', & \cdots, & n_j', & \cdots \end{array}$$

其微观状态数 $t_{X'}$ 为

$$t_{X'} = N!\prod_j \frac{g_j^{n_j'}}{n_j'!}$$

对再一种分布类型 X'' 来说，其微观状态数 $t_{X''}$ 为

$$t_{X''} = N!\prod_j \frac{g_j^{n_j''}}{n_j''!}$$

3）体系的总微观状态数 Ω

体系的总微观状态数 Ω 应是所有可能的分布类型的微观状态数的总和

$$\begin{aligned} \Omega &= t_X + t_{e'} + t_{X''} + \cdots \\ &= N!\prod_j \frac{g_j^{n_j}}{n_j!} + N!\prod_j \frac{g_j^{n_j'}}{n_j'!} + N!\prod_j \frac{g_j^{n_j''}}{n_j''!} + \cdots \\ &= \sum_{(U,N)} t_X \\ &= N!\sum_{(U,N)}\prod_j \frac{g_j^{n_j}}{n!} \end{aligned} \tag{5-19}$$

前已讨论过，任一分布类型都要满足 U 和 N 恒定的限制条件，即

$$\sum_j n_j = N \qquad \sum_j n_j\varepsilon_j = U$$

因此，体系的总微观状态数 Ω 除与粒子的微观性质（ε_j, g_j）有关外，还是体系的宏观条件 U,N,V 的函数

$$\Omega = \Omega(U,N,V) \tag{5-20}$$

体积 V 的影响表现为改变平动能。

3. 玻尔兹曼分布定律

知识点讲解视频

玻尔兹曼统计的基本思路

（朱志昂）

对于一个状态参数 U、V、N 确定的近独立可别粒子体系来说，其总微观状态数 Ω 等于体系的各分布类型微观状态数之和，如式(5-19)所示。根据这一表达式要精确地求出体系的总微观状态数 Ω 是不可能的，也是不必要的。因为组成体系的粒子数 N 很大（如 10^{23}），所以体系的分布类型很多，无法精确求出。另外，正如同在三个一维谐振子组成的体系所看到的，在 A、B、C 三种分布类型中，只有 C 分布类型所拥有的微观状态数为最多，出现的概率为最大。在大量的粒子组成的体系中，虽然分布类型很多，但其中只有一种分布类型出现的概率最大，它所拥有的微观状态数最多，为 t_m，此分布类型称为最概然分布(most probable distribution)。只有 t_m 对 Ω 才作有效的贡献，而其他分布类型的微观状态数很小，可忽略不计。以后的讨论可以证明，总微

观状态数的对数与最概然分布微观状态数的对数几乎没有差别，即

$$\ln\Omega \approx \ln t_m = \ln\left(N!\prod_j \frac{g_j^{n_j^*}}{n_j^*!}\right) \tag{5-21}$$

因此，只要求出使微观状态数 t_X 为最大值时的那一套分布 $n_0^*, n_1^*, n_2^*, \cdots, n_j^*, \cdots$，即可求出 t_m。根据玻尔兹曼熵定理

$$S = k\ln\Omega = k\ln t_m \tag{5-22}$$

就可求出体系的热力学函数 S。最概然分布所拥有的微观状态数最多，出现的概率最大，它可以代表体系处于热力学平衡状态时的一切分布状态。最概然分布又称为玻尔兹曼分布，求最概然分布，是统计力学的核心问题。因此，需要数学上的拉格朗日(Lagrange)未定乘子法和斯特林(Stirling)公式。

知识点讲解视频

拉格朗日未定乘子法

(朱志昂)

1) 拉格朗日未定乘子法

拉格朗日未定乘子法就是求多元函数具有极值条件的方法。设有一个含 n 个变量的多元函数 $f(x_1, x_2, \cdots, x_n)$，$x_1, x_2, \cdots, x_n$ 是独立变量，从数学上知道，函数 f 的极值条件是 $df=0$，即

$$df = \frac{\partial f}{\partial x_1}dx_1 + \frac{\partial f}{\partial x_2}dx_2 + \cdots + \frac{\partial f}{\partial x_n}dx_n = 0 \tag{5-23}$$

由于 $x_1, x_2, \cdots, x_n$ 是独立变量，式中 $dx_1, dx_2, \cdots, dx_n$ 是独立微变量，要使式(5-23)为零，只有 $dx_1, dx_2, \cdots, dx_n$ 前的系数均为零。因此，式(5-23)可以给出一组 n 个方程

$$\left.\begin{aligned} \frac{\partial f}{\partial x_1} &= f_1'(x_1, x_2, \cdots, x_n) = 0 \\ \frac{\partial f}{\partial x_2} &= f_2'(x_1, x_2, \cdots, x_n) = 0 \\ &\vdots \\ \frac{\partial f}{\partial x_n} &= f_n'(x_1, x_2, \cdots, x_n) = 0 \end{aligned}\right\} \tag{5-24}$$

从这 n 个方程解出 n 个变量 $x_1, x_2, \cdots, x_n$ 的值，就是函数 f 取极值的条件。

如果函数 f 还有一个限制条件

$$g(x_1, x_2, x_3, \cdots, x_n) = 0$$

则函数 f 的 n 个变量中只有 $(n-1)$ 个是独立的。此时，为了求出既满足函数 f 有极值，$df=0$，又满足限制条件 $g=0$ 的变量值 $x_1, x_2, \cdots, x_n$，可用下面的方法求得。

用一未定乘子 a 做一函数 $(f+ag)$，此函数相应的微分变为

$$\begin{aligned} d(f+ag) &= df + a\,dg \\ &= \frac{\partial f}{\partial x_1}dx_1 + \frac{\partial f}{\partial x_2}dx_2 + \cdots + \frac{\partial f}{\partial x_n}dx_n + a\frac{\partial g}{\partial x_1}dx_1 \\ &\quad + a\frac{\partial g}{\partial x_2}dx_2 + \cdots + a\frac{\partial g}{\partial x_n}dx_n \\ &= \left(\frac{\partial f}{\partial x_1} + a\frac{\partial g}{\partial x_1}\right)dx_1 + \left(\frac{\partial f}{\partial x_2} + a\frac{\partial g}{\partial x_2}\right)dx_2 + \cdots \\ &\quad + \left(\frac{\partial f}{\partial x_n} + a\frac{\partial g}{\partial x_n}\right)dx_n \end{aligned} \tag{5-25}$$

因为这一套变量 $x_1,x_2,\cdots,x_n$ 满足 $g=0$，所以有 $\mathrm{d}g=0$，$\mathrm{d}(f+ag)=\mathrm{d}f+a\mathrm{d}g=\mathrm{d}f$。因此，满足限制条件 $g=0$ 的一套变量 $x_1,x_2,\cdots,x_n$，只要进一步满足 $\mathrm{d}(f+ag)=0$，就会使函数 f 产生极值，满足 $\mathrm{d}f=0$。

在式(5-25)中，有 $(n-1)$ 个微变量 $\mathrm{d}x$ 是独立的，就有 $(n-1)$ 个 $\mathrm{d}x$ 前的系数为零。由于未定乘子 a 是待定的，我们可以选择 a 值，使那个不独立的 $\mathrm{d}x$ 前的系数也为零，这样式(5-25)中 $\mathrm{d}x_1,\mathrm{d}x_2,\cdots,\mathrm{d}x_n$ 前的系数均为零

$$
\begin{gathered}
\frac{\partial f}{\partial x_1}+a\frac{\partial g}{\partial x_1}=0\\
\frac{\partial f}{\partial x_2}+a\frac{\partial g}{\partial x_2}=0\\
\vdots\\
\frac{\partial f}{\partial x_n}+a\frac{\partial g}{\partial x_n}=0\\
g(x_1,x_2,\cdots,x_n)=0
\end{gathered}
$$

或用通式表示为

$$
\frac{\partial f}{\partial x_i}+a\frac{\partial g}{\partial x_i}=0 \qquad (i=1,2,\cdots,n)
$$

$$
g(x_i)=0
$$

共有 $(n+1)$ 个方程，从中可解出 $(n+1)$ 个变量 $x_1,x_2,\cdots,x_n,a$。这一套变量就是我们所要求的既满足限制条件 $g=0$，又使函数 f 具有极值的条件。这一方法就是拉格朗日未定乘子法。简单来说，求满足限制条件 $g=0$，又使函数具有极值 $\mathrm{d}f=0$ 的一套变量就是这 $(n+1)$ 个方程的解。如果限制条件不是一个而是两个

$$
g(x_i)=0
$$

$$
h(x_i)=0
$$

则满足这两个限制条件，同时又使函数 $f(x_i)$ 具有极值的条件应该是下列 $(n+2)$ 个方程的解，即 $(x_1,x_2,\cdots,x_n)$，α 和 β。

$$
\left.
\begin{aligned}
&\frac{\partial f}{\partial x_i}+\alpha\frac{\partial g}{\partial x_i}+\beta\frac{\partial \alpha}{\partial x}=0\\
&g(x_i)=0\\
&h(x_i)=0 \quad (i=1,2,\cdots,n)
\end{aligned}
\right\} \tag{5-26}
$$

式中，α 和 β 是待定常数或称未定乘子。

2) 斯特林公式

斯特林公式给出 $N!$ 数值的近似计算式。

当 $N>20$ 时

$$
\begin{aligned}
\ln N! &\approx N\ln N-N+\frac{1}{2}\ln(2\pi N)\\
&=\ln\left[\sqrt{2\pi N}\left(\frac{N}{\mathrm{e}}\right)^N\right]
\end{aligned} \tag{5-27}
$$

当 $N>100$ 时

$$
\ln N! \approx N\ln N-N \tag{5-28}
$$

一些 $\ln N!$ 和 $N\ln N-N$ 值如下：

N	$\ln N!$	$N\ln N-N$	误差/%
10^2	363.7	360.5	−0.8
10^3	5 912.1	5 907.8	−0.07
10^4	82 108.9	82 103.4	−0.007
10^5	1 051 299	1 051 293	−0.000 6

由上可知，随着 N 增加 1 个数量级，误差约降低 10%。因此，对于一个热力学体系来说，其中所含的粒子数是巨大的，式(5-28)完全适用。

3) 最概然分布

求近独立可别粒子体系在两个限制条件下

$$\sum_j n_j = N \qquad \sum_j n_j\varepsilon_j = U$$

使微观状态数 t_X 具有极值的一套分布数 $n_0^*, n_1^*, n_2^*, \cdots, n_j^*$。

首先应用拉格朗日未定乘子法建立满足这两个限制条件和使 t_X 具有一极值的方程组。这两个限制条件可表示为

$$g = \sum_j n_j - N = 0$$

$$h = \sum_j n_j\varepsilon_j - U = 0$$

为了运算方便，令 $f=\ln t_X$，当 t_X 处于极值时，$\ln t_X$ 也一定处于极值，式(5-26)可表示为

$$\left.\begin{aligned} &\frac{\partial \ln t_X}{\partial n_0} + \alpha\frac{\partial g}{\partial n_0} + \beta\frac{\partial h}{\partial n_0} = 0 \\ &\frac{\partial \ln t_X}{\partial n_1} + \alpha\frac{\partial g}{\partial n_1} + \beta\frac{\partial h}{\partial n_1} = 0 \\ &\qquad\qquad\vdots \\ &\frac{\partial \ln t_X}{\partial n_j} + \alpha\frac{\partial g}{\partial n_j} + \beta\frac{\partial h}{\partial n_j} = 0 \end{aligned}\right\} \tag{5-29}$$

$$g = \sum n_j - N = (n_0 + n_1 + n_2 + \cdots + n_j) - N = 0 \tag{5-30}$$

$$h = \sum n_j\varepsilon_j - U = (n_0\varepsilon_0 + n_1\varepsilon_1 + \cdots + n_j\varepsilon_j) - U = 0 \tag{5-31}$$

将式(5-18)取对数并应用式(5-28)，得

$$\begin{aligned} \ln t_X &= \ln N! + \sum_j \ln\frac{g_j^{n_j}}{n_j!} \\ &= N\ln N - N + \sum_j (n_j\ln g_j - n_j\ln n_j + n_j) \\ &= N\ln N - N + (n_0\ln g_0 + n_1\ln g_1 + \cdots + n_j\ln g_j + \cdots) \\ &\quad - (n_0\ln n_0 + n_1\ln n_1 + \cdots + n_j\ln n_j + \cdots) + (n_0 + n_1 + \cdots + n_j + \cdots) \end{aligned} \tag{5-32}$$

将式(5-30)～式(5-32)的偏微商代入式(5-29)，得

$$-\ln\frac{n_0^*}{g_0} + \alpha + \beta\varepsilon_0 = 0$$

$$-\ln\frac{n_1^*}{g_1}+\alpha+\beta\varepsilon_1=0$$

$$\cdots$$

$$-\ln\frac{n_j^*}{g_j}+\alpha+\beta\varepsilon_j=0$$

用通式表示

$$n_j^*=g_j\mathrm{e}^{\alpha}\exp(\beta\varepsilon_j) \tag{5-33}$$

式中，$j=0,1,2,\cdots$表示许可的能级。n_j^* 不仅使 $\ln t_X$ 具有极值，而且使 $\ln t_X$ 具有极大值，这可证明如下：

式(5-32)的偏微商为

$$\frac{\partial \ln t_X}{\partial n_j^*}=-\ln\frac{n_j^*}{g_j}$$

$$\frac{\partial^2 \ln t_X}{\partial n_j^{*2}}=-\frac{1}{n_j^*}$$

因为 $n_j^*>0$，所以

$$\frac{\partial^2 \ln t_X}{\partial n_j^{*2}}<0$$

因此，求出的 n_j^* 就是使 t_X 为极大值的最概然分布。n_j^* 表示在 $\varepsilon_0,\varepsilon_1,\varepsilon_2,\cdots,\varepsilon_j$ 能级上的一套分布数 $n_0^*,n_1^*,n_2^*,\cdots,n_j^*$。式(5-33)就是近独立可别粒子体系的最概然分布的表达式，但还需求出未定乘子 α 和 β 值。

(1) 求未定乘子 α。最概然分布 n_j^* 同时要满足限制条件式(5-30)，将式(5-33)代入得

$$\sum_j g_j\mathrm{e}^{\alpha}\exp(\beta\varepsilon_j)=N$$

α 与 j 是无关的，故有

$$\mathrm{e}^{\alpha}\sum_j g_j\exp(\beta\varepsilon_j)=N$$

$$\mathrm{e}^{\alpha}=\frac{N}{\sum_j g_j\exp(\beta\varepsilon_j)}$$

定义 $\sum_j g_j\exp(\beta\varepsilon_j)\equiv q$，$q$ 称为粒子的配分函数，则

$$\mathrm{e}^{\alpha}=\frac{N}{q}\quad 或\quad \alpha=\ln\frac{N}{q} \tag{5-34}$$

(2) 求未定乘子 β。从 5.3.2 可得到 $\beta=-\dfrac{1}{kT}$，k 是玻尔兹曼常量，T 是热力学温度，kT 是能量的量纲，因此 β 的量纲是能量的倒数。

将 α 和 β 值代入式(5-33)，就得到最概然分布表达式

$$n_j^*=\frac{N}{q}g_j\exp\frac{-\varepsilon_j}{kT} \tag{5-35}$$

式(5-35)称为玻尔兹曼分布定律或玻尔兹曼分布公式。可以看出，最概然分布与体系的宏观条件 U、V、N 有关(U、V、N 确定，T 也确定)，此外还与粒子的微观性质 ε_j、g_j 有关。

求出最概然分布后，最概然分布所对应的最大微观状态数 t_{m} 即可求出，用 $\ln t_{\mathrm{m}}$ 代替 $\ln\Omega$，根据式(5-22)就可求出体系的热力学函数熵。t_{m} 就是玻尔兹曼分布的热力学概率，当 N 足够大时，体系平衡时的最概然分布就能代表

体系平衡时的一切分布。一个热力学体系处于平衡时,它是处于动态平衡的,各量子状态上的粒子还在不断交换,每交换一次,就改变一种微观运动状态。在动态平衡时,体系的微观运动状态是在不断变化的,尽管体系的微观运动状态瞬息万变,而体系却在最概然分布所拥有的微观状态中辗转经历,度过它的全部时间。因此,最概然分布实际上可以代表体系的全部分布,今后研究热力学体系平衡态的问题时,总是引用最概然分布的结果。为了书写方便,以后我们把 n_j^* 的上标"*"一概省略不写。

知识点讲解视频

玻尔兹曼分布定律的应用

(朱志昂)

4) 玻尔兹曼分布公式的其他形式

在不同场合下,玻尔兹曼分布公式可转化为各种不同的形式。例如,将式(5-35)写成

$$\frac{n_j}{N}=\frac{g_j}{q}\exp\frac{-\varepsilon_j}{kT} \tag{5-36}$$

这表示粒子在 ε_j 能级上出现的概率。

两个能级上的粒子数之比可表示为

$$\frac{n_i}{n_j}=\frac{g_i\exp\dfrac{-\varepsilon_i}{kT}}{g_j\exp\dfrac{-\varepsilon_j}{kT}} \tag{5-37}$$

在经典统计中常常不考虑简并度,式(5-37)变为

$$\frac{n_i}{n_j}=\exp\frac{-(\varepsilon_i-\varepsilon_j)}{kT} \tag{5-38}$$

若规定粒子的最低能级 $\varepsilon_0=0$,在 ε_0 能级上的粒子数为 n_0,则式(5-38)可表示为

$$n_i=n_0\exp\frac{-\varepsilon_i}{kT}=n_0\exp\frac{-E_i}{RT} \tag{5-39}$$

式(5-39)是物理化学中更常见的一种最概然分布表达式,式中 $E_i=N_A\varepsilon_i$。

4. 最概然分布与平衡分布

平衡分布就是热力学体系达平衡后,组成体系的 N 个粒子在粒子许可能级上的分布数,几乎不随时间而变。上面已说过,最概然分布可以代替平衡分布。要论证这个问题,必须首先证明 $\ln t_m=\ln\Omega$;其次证明最概然分布的概率几乎等于平衡分布时的一切概率,即最概然分布的概率几乎等于1。

由证明可知,当 N 足够大时,最概然分布实际上包括了在其附近的极微小偏离的情况,它足能代表体系平衡时的一切分布。因此,统计力学中研究体系的平衡态问题时,总是引用最概然分布的结果。

5.3.2 近独立非定域粒子体系

上面讨论的对近独立定域粒子体系进行处理的统计力学方法称为玻尔兹曼统计,或称经典统计。近独立定域粒子体系也称为玻尔兹曼体系。玻尔兹曼统计的特点是,不仅认为粒子间是独立无关的,而且认为粒子是可区别的,同时认为在粒子能级的任一量子状态上能容纳任意数量的粒子。但是从量子力学原理和实验事实的观察中知道,这一假设是不完全正确的。一切同种的微观粒子都是无法区别的,都是等同的。因此,近独立非定域粒子体系

又称为近独立等同粒子体系。某些基本粒子，如电子、质子、中子和由奇数个基本粒子组成的原子和分子(如 NO)，它们必须遵守泡利不相容原理(Pauli exclusion principle)，即每一个量子状态最多只能容纳一个粒子，这类粒子称为费米子(Fermi particle)。光子和由偶数个基本粒子组成的原子或分子(如 O^{16} 和 O_2)，不受泡利原理的限制，即每一个量子状态所能容纳的粒子数没有限制，这类粒子称为玻色子(Bose particle)。一切微观粒子不是费米子，就是玻色子。由于非定域粒子具有移动能，因而非定域粒子的能级是高度简并的(绝对零度附近除外)。

由费米子组成的近独立非定域粒子体系称为费米-狄拉克(Dirac)体系，遵守费米-狄拉克统计。由玻色子组成的近独立非定域粒子体系称为玻色-爱因斯坦体系，遵守玻色-爱因斯坦统计。这两种统计应用的是量子力学规律，统称为量子统计。从下面的讨论可看到，在某些情况下，将近独立可别粒子体系的玻尔兹曼统计进行等同性修正后，就可适用于近独立非定域粒子体系，故后者在某些情况下又称为修正的玻尔兹曼体系。下面分别介绍这些体系的统计公式。

1. 玻色-爱因斯坦体系

1) 体系某一能量分布类型的微观状态数

设有一状态参数为 U、V、N，由玻色子组成的体系。每个粒子所可能具有的能级为 $\varepsilon_0,\varepsilon_1,\varepsilon_2,\cdots,\varepsilon_j,\cdots$，而各能级的简并度为 $g_0,g_1,g_2,\cdots,g_j,\cdots$ 体系的某一分布 X 的能级分布数为 $n_0,n_1,n_2,\cdots,n_j,\cdots$。现在要求这种分布具有的微观状态数 $t_{B\cdot E}$。

首先求处于 ε_j 能级(简并度为 g_j)上的 n_j 个粒子所具有的微观状态数。

能级	简并度	粒子数	微观状态数
ε_0	g_0	n_0	$t_0=\dfrac{(n_0+g_0-1)!}{n_0!\ (g_0-1)!}$
ε_1	g_1	n_1	$t_1=\dfrac{(n_1+g_1-1)!}{n_1!\ (g_1-1)!}$
		$\vdots$	
ε_j	g_j	n_j	$t_j=\dfrac{(n_j+g_j-1)!}{n_j!\ (g_j-1)!}$
		$\vdots$	

玻色子是等同的，不存在不同能级上的粒子交换产生新的排列方式数问题。玻色子的特征是每一量子状态容纳的粒子数没有限制，而每一量子状态是可以区别的。这样，n_j 个粒子可以看成 n_j 个完全一样不可区分的球，而 g_j 个量子状态可以看成 g_j 个排成一列的有标志的格子。要求按 n_j 个球分配在 g_j 个不同的格子内，而每个格子放置的球数不限，可以想象用(g_j-1)片相同的格板，将 n_j 个球分隔成 g_j 个格子。若 n_j 个球可以区分，(g_j-1)片格板可以区别，则排成一列的方式数为$(n_j+g_j-1)!$。但由于 n_j 个球不可区分，故应从中扣除 n_j 个球交换产生的排列方式数 $n_j!$。(g_j-1)片格板无需区别，故也应扣除$(g_j-1)!$。因此，n_j 个相同的球放在 g_j 个可以区别的格子里的方式数为

$$t_j = \frac{(n_j + g_j - 1)!}{n_j!(g_j - 1)!}$$

这就是 n_j 个粒子在 ε_j 能级上的 g_j 个量子状态中的微观状态数。

n_0 个等同粒子在 ε_0 能级上的 g_0 个不同量子状态上的排列方式数为

$$t_0 = \frac{(n_0 + g_0 - 1)!}{n_0!(g_0 - 1)!}$$

n_1 个等同粒子在 ε_1 能级上的 g_1 个不同量子状态上的排列方式数为

$$t_1 = \frac{(n_1 + g_1 - 1)!}{n_1!(g_1 - 1)!}$$

$$\cdots$$

n_j 个等同粒子在 ε_j 能级上的 g_j 个不同量子状态上的排列方式数为

$$t_j = \frac{(n_j + g_j - 1)!}{n_j!(g_j - 1)!}$$

对于分布类型 X，各能级上的分布数为 $n_0, n_1, n_2, \cdots, n_j, \cdots$，其微观状态数 $t_{\text{B}\cdot\text{E}}$ 为

$$\begin{aligned} t_{\text{B}\cdot\text{E}} &= \frac{(n_0 + g_0 - 1)!}{n_0!(g_0 - 1)!} \times \frac{(n_1 + g_1 - 1)!}{n_1!(g_1 - 1)!} \times \cdots \times \frac{(n_j + g_j - 1)!}{n_j!(g_j - 1)!} \times \cdots \\ &= \prod_j \frac{(n_j + g_j - 1)!}{n_j!(g_j - 1)!} \end{aligned} \tag{5-40}$$

由于 n_j 和 g_j 都是很大的数，可近似地认为

$$n_j + g_j - 1 \approx n_j + g_j$$

$$g_j - 1 \approx g_j$$

则式(5-40)可表示为

$$t_{\text{B}\cdot\text{E}} = \prod_j \frac{(n_j + g_j)!}{n_j!g_j!} \tag{5-41}$$

应用斯特林公式得

$$\ln t_{\text{B}\cdot\text{E}} = \sum_j \left[n_j \ln\left(1 + \frac{g_j}{n_j}\right) + g_j \ln\left(1 + \frac{n_j}{g_j}\right) \right] \tag{5-42}$$

2) 最概然分布

要求各种分布类型中概率最大的最概然分布，采用求玻尔兹曼分布的拉格朗日未定乘子法，引入待定乘子 α 和 β，做出函数 $(f + \alpha g + \beta h)$，令 $f = \ln t_{\text{B}\cdot\text{E}}$，在下列微分方程中求解 $n_0, n_1, n_2 \cdots n_j \cdots, \alpha$ 和 β。

$$\left.\begin{aligned} &\frac{\partial \ln t_{\text{B}\cdot\text{E}}}{\partial n_j} + \alpha \frac{\partial g}{\partial n_j} + \beta \frac{\partial h}{\partial n_j} = 0 \qquad (j = 0, 1, 2, 3, \cdots) \\ &g = \sum_j n_j - N = 0 \\ &h = \sum_j n_j \varepsilon_j - U = 0 \end{aligned}\right\} \tag{5-43}$$

式(5-43)第一列的三个偏微商分别为

$$\left(\frac{\partial \ln t_{\text{B}\cdot\text{E}}}{\partial n_j}\right)_{n_{i \neq j}} = \ln \frac{n_j + g_j}{n_j}$$

$$\left(\frac{\partial g}{\partial n_j}\right)_{n_{i \neq j}} = 1 \qquad \left(\frac{\partial h}{\partial n_j}\right)_{n_{i \neq j}} = \varepsilon_j$$

将它们代入式(5-43)的第一列方程，得

$$\ln\left(\frac{g_j}{n_j}+1\right)+\alpha+\beta\varepsilon_j=0$$

$$\frac{g_j}{n_j}+1=\exp(-\alpha-\beta\varepsilon_j)$$

或

$$n_j=\frac{g_j}{\exp(-\alpha-\beta\varepsilon_j)-1} \tag{5-44}$$

式(5-44)就是玻色-爱因斯坦体系的最概然分布表达式，又称玻色-爱因斯坦分布。式中乘数 β 可以证明与玻尔兹曼统计是一样的，等于 $-\frac{1}{kT}$，而乘数 α 从下列附加条件中求出：

$$\sum_j n_j=N=\sum_j\frac{g_j}{\exp(-\alpha-\beta\varepsilon_j)-1}$$

2. 费米-狄拉克体系

1）体系某一能量分布类型的微观状态数

体系由 N 个费米子组成，体系的 U、V、N 具有确定的数值。费米子是等同的，每一个量子态上只能容纳一个粒子或没有粒子。由于是等同粒子，因此不存在粒子按能级排列的方式数问题。非定域粒子是高度简并的，可以认为量子状态数大于粒子数。每个能级的粒子在不同量子状态上就有可区别的排列方式。

假设有一分布类型为

粒子能级：$\varepsilon_0,\varepsilon_1,\varepsilon_2,\cdots,\varepsilon_j,\cdots$

能级上简并度：$g_0,g_1,g_2,\cdots,g_j,\cdots$

分布数：$n_0,n_1,n_2,\cdots,n_j,\cdots$

微观状态数：$t_0,t_1,t_2,\cdots,t_j,\cdots$

在 ε_0 能级上，从 g_0 个不同量子状态中，每次选取出 n_0 个为 n_0 个等同粒子占据的方式数为

$$t_0=\frac{g_0!}{n_0!(g_0-n_0)!}$$

在 ε_1 能级上，n_1 个等同粒子在 g_1 个不同量子状态上的排列方式数为

$$t_1=\frac{g_1!}{n_1!(g_1-n_1)!}$$

$$\cdots$$

在 ε_j 能级上，n_j 个等同粒子在 g_j 个不同量子状态上的排列方式数为

$$t_j=\frac{g_j!}{n_j!(g_j-n_j)!}$$

$$\cdots$$

对这一分布类型，其微观状态数为

$$t_{\text{F·D}}=\frac{g_0!}{n_0!(g_0-n_0)!}\times\frac{g_1!}{n_1!(g_1-n_1)!}\times\cdots\times\frac{g_j!}{n_j!(g_j-n_j)!}\times\cdots$$

$$=\prod_j\frac{g_j!}{n_j!(g_j-n_j)!} \tag{5-45}$$

2）最概然分布

同样，用拉格朗日未定乘子法，求使 $t_{F\cdot D}$为极大值的分布数，即下列方程的解：

$$\left.\begin{aligned}\frac{\partial \ln t_{F\cdot D}}{\partial n_0}+\alpha\frac{\partial g}{\partial n_0}+\beta\frac{\partial h}{\partial n_0}=0\\ \frac{\partial \ln t_{F\cdot D}}{\partial n_1}+\alpha\frac{\partial g}{\partial n_1}+\beta\frac{\partial h}{\partial n_1}=0\\ \vdots\qquad\qquad\\ \frac{\partial \ln t_{F\cdot D}}{\partial n_j}+\alpha\frac{\partial g}{\partial n_j}+\beta\frac{\partial h}{\partial n_j}=0\\ \vdots\qquad\qquad\end{aligned}\right\}\tag{5-46}$$

$$g=\sum_j n_j-N=0\tag{5-47}$$

$$h=\sum_j n_j\varepsilon_j-U=0\tag{5-48}$$

将式(5-45)取对数，并偏微分得

$$\ln t_{F\cdot D}=\sum_j[g_j\ln g_j-g_j\ln(g_j-n_j)+n_j\ln(g_j-n_j)-n_j\ln n_j]$$

$$\left(\frac{\partial \ln t_{F\cdot D}}{\partial n_j}\right)_{n_{i\neq j}}=\ln\left(\frac{g_j}{n_j}-1\right)\tag{5-49}$$

将式(5-47)和式(5-48)偏微分得

$$\frac{\partial g}{\partial n_j}=1\tag{5-50}$$

$$\frac{\partial h}{\partial n_j}=\varepsilon_j\tag{5-51}$$

将式(5-49)～式(5-51)代入式(5-46)得

$$\ln\left(\frac{g_j}{n_j}-1\right)+\alpha+\beta\varepsilon_j=0$$

$$n_j=\frac{g_j}{\exp(-\alpha-\beta\varepsilon_j)+1}\tag{5-52}$$

式(5-52)就是费米-狄拉克体系的最概然分布，称为费米-狄拉克分布。同样，可求得$\beta=-\dfrac{1}{kT}$。

3. 修正的玻尔兹曼体系

在许多情况下，将近独立可别粒子体系的玻尔兹曼统计作适当的修正，就可推广到近独立等同粒子体系。遵守玻尔兹曼统计的近独立等同粒子体系称为修正的玻尔兹曼体系。从下面的讨论可看出，修正的玻尔兹曼体系的分布公式仍然是玻尔兹曼分布公式。

我们已经得到近独立可别粒子体系的某一能量分布类型的微观状态数为

$$t_X=N!\sum_j\frac{g_j^{n_j}}{n_j!}$$

对于等同粒子体系由于粒子不可区别，不存在粒子排列在不同能级上产生不同微观状态的问题。可别粒子体系的 N 个可别粒子在不同能级上的排列方

式数为 $N!$,对等同粒子体系来说,只有一种排列方式。因此,应该在可别粒子体系的统计关系式中扣除 $N!$,除以 $N!$ 称为等同性修正。这样,近独立等同粒子体系某一分布类型的微观状态数 t_X 应为

$$t_X = \frac{N! \prod_j \frac{g_j^{n_j}}{n_j!}}{N!} = \prod_j \frac{g_j^{n_j}}{n_j!} \tag{5-53}$$

将式(5-53)取对数,并用斯特林公式得

$$\ln t_X = \sum_j (n_j \ln g_j - n_j \ln n_j + n_j)$$

$$\frac{\partial \ln t_X}{\partial n_j} = \ln \frac{g_j}{n_j} \tag{5-54}$$

同样,每一分布类型都要满足两个限制条件

$$g = \sum_j n_j - N = 0$$

$$h = \sum_j n_j \varepsilon_j - U = 0$$

$$\frac{\partial g}{\partial n_j} = 1 \tag{5-55}$$

$$\frac{\partial h}{\partial n_j} = \varepsilon_j \tag{5-56}$$

将式(5-54)～式(5-56)代入式(5-43)得

$$\ln \frac{g_j}{n_j} + \alpha + \beta \varepsilon_j = 0$$

$$n_j = g_j e^{\alpha} e^{\beta \varepsilon_j} \tag{5-57}$$

类似与近独立可别粒子体系的方法,可得到 $\beta = -\frac{1}{kT}$,$e^{\alpha} = \frac{N}{q}$,则式(5-57)可表示为

$$n_j = \frac{N}{q} g_j \exp \frac{-\varepsilon_j}{kT} \tag{5-58}$$

式(5-58)就是修正的玻尔兹曼体系的最概然分布公式,其形式与近独立可别粒子体系的玻尔兹曼分布公式是相同的。这种处理方法又称为修正的玻尔兹曼统计。

式(5-53)中的等同性修正 $N!$ 在数学上似乎难以理解,但在统计力学中,这种简化的处理是许可的。因为非定域粒子体系(如气体),除了极低温度以外,气体分子能级的简并度很大,对各个能级上均有 $g_j \gg n_j$。在这种情况下,玻色统计、费米统计的结果都变为修正的玻尔兹曼统计的结果。

对玻色体系,式(5-40)可表示为

$$\begin{aligned} t_{B \cdot E} &= \prod_j \frac{(g_j + n_j - 1)!}{(g_j - 1)! n_j!} \\ &= \prod_j \frac{(g_j + n_j - 1)(g_j + n_j - 2) \cdots (g_j + 1) g_j (g_j - 1)(g_j - 2) \cdots 3 \times 2 \times 1}{(g_j - 1)(g_j - 2) \cdots 3 \times 2 \times 1 \times n_j!} \\ &= \prod_j \frac{(g_j + n - 1)(g_j + n_j - 2) \cdots (g_j + 1) g_j}{n_j!} \end{aligned} \tag{5-59}$$

由于 $g_j \gg n_j$，而且 g_j 是一个很大的数，因此式(5-59)中的分子中的每一项均近似等于 g_j，一共有 n_j 项。式(5-59)可表示为

$$t_{\text{B}\cdot\text{E}} = \prod_j \frac{g_j^{n_j}}{n_j!}$$

这就得到修正的玻尔兹曼体系某一分布的微观状态数表达式(5-53)。

对费米体系，式(5-45)可表示为

$$\begin{aligned} t_{\text{F}\cdot\text{D}} &= \prod_j \frac{g_j!}{n_j!(g_j-n_j)!} \\ &= \prod_j \frac{g_j(g_j-1)(g_j-2)\cdots(g_j-n_j+1)(g_j-n_j)(g_j-n_j-1)\cdots 3\times 2\times 1}{n_j!(g_j-n_j)(g_j-n_j-1)\cdots 3\times 2\times 1} \\ &= \prod_j \frac{g_j(g_j-1)(g_j-2)\cdots(g_j-n_j+1)}{n_j!} \end{aligned} \tag{5-60}$$

在 $g_j \gg n_j$ 时，式(5-60)的分子中的每一项均可近似地当作 g_j，共有 n_j 项。式(5-60)可表示为

$$t_{\text{F}\cdot\text{D}} = \prod_j \frac{g_j^{n_j}}{n_j!}$$

这又得到修正的玻尔兹曼体系的结果。从以上的讨论可看出，对非定域粒子体系，只要满足 $g_j \gg n_j$ 的条件，玻色统计、费米统计和修正的玻尔兹曼统计得到相同的结果。对一般的气体，这个条件是能满足的。因此，在处理近独立非定域粒子体系时，将近独立定域粒子体系的结果进行等同性修正后，即可应用。这样做是许可的，引起的误差不会很大，下面将进一步讨论这个问题。

知识点讲解视频

三种统计方法的比较

(朱志昂)

4. 三种统计公式的比较

严格地说，近独立等同粒子体系的分布不是玻色-爱因斯坦分布，就是费米-狄拉克分布。为了比较，将玻色-爱因斯坦统计、费米-狄拉克统计和玻尔兹曼统计公式列在下面。

玻色-爱因斯坦统计

$$n_j = \frac{g_j}{\exp(-\alpha-\beta\varepsilon_j)-1}$$

费米-狄拉克统计

$$n_j = \frac{g_j}{\exp(-\alpha-\beta\varepsilon_j)+1}$$

玻尔兹曼统计

$$n_j = g_j\exp(\alpha+\beta\varepsilon_j) = \frac{g_j}{\exp(-\alpha-\beta\varepsilon_j)}$$

显然，这三种统计公式是不相同的。但当 $\exp(-\alpha-\beta\varepsilon_j)$ 的数值足够大时，即 $\exp(-\alpha-\beta\varepsilon_j) \gg 1$，就有

$$\exp(-\alpha-\beta\varepsilon_j)-1 \approx \exp(-\alpha-\beta\varepsilon_j)+1 \approx \exp(-\alpha-\beta\varepsilon_j)$$

此时，前两种量子统计都还原为玻尔兹曼统计了。实验事实表明，只要温度不太低或压力不太高时，等同粒子体系能够满足 $\exp(-\alpha-\beta\varepsilon_j) \gg 1$ 的条件。这样的体系可以用经典统计的理论加以描述。事实上，在物理化学中接触到

的体系，在实验观测范围内，都满足这个条件。下面我们来略加分析。

因为 $\beta=-\frac{1}{kT}$，所以 $\exp(-\beta\varepsilon_j)=\exp(\varepsilon_j/kT)$，一般取基态能级 $\varepsilon_0=0$，其他能级均是正值，则 $\exp(\varepsilon_j/kT)>1$，要满足 $\exp(-\alpha-\beta\varepsilon_j)=\exp(-\alpha)\times\exp(\varepsilon_j/kT)\gg1$ 的条件，只要能满足 $e^{-\alpha}\gg1$ 即可，或表示为 $e^{\alpha}\ll1$。因为 $e^{\alpha}=\frac{N}{q}$，对理想气体来说，只要满足

$$e^{\alpha}=\frac{N}{q}=\frac{N}{\left(\frac{2\pi mkT}{h^2}\right)^{\frac{3}{2}}V}\ll1 \tag{5-61}$$

就能应用玻尔兹曼统计。从式(5-61)可看出，近独立等同粒子体系能否应用玻尔兹曼统计，取决于体系的体积 V、粒子数 N、温度 T(或压力)和粒子的质量 m。只要体系的温度不是太低，密度不是太大，粒子的质量不是太小，则式(5-61)很容易满足，应用玻尔兹曼统计不会引起太大的误差。但是也有若干种情况，玻尔兹曼统计是不能应用的。例如，空腔辐射的频率分布问题(光子气)遵守玻色-爱因斯坦统计；金属和半导体中的电子分布遵守费米-狄拉克统计；1K 附近低温^{4}He 的理论中要用玻色-爱因斯坦统计，而^{3}He 的理论中则需要费米-狄拉克统计等。

5.4　近独立粒子体系的热力学性质

本节从 $S=k\ln\Omega=k\ln t_m$ 出发，推导出用表征分子微观性质的配分函数 q 来表示近独立粒子体系的热力学表达式。

5.4.1　求未定乘子 β

我们在推导玻尔兹曼公式时，已说明 $\beta=-\frac{1}{kT}$，现在予以证明。证明的方法首先是从热力学第一、第二定律得到恒定组成封闭体系只做体积功的可逆过程有

$$dU=\delta Q+\delta W=TdS-pdV$$

$$dS=\frac{dU}{T}+\frac{pdV}{T} \tag{5-62}$$

可见 S 是 U 和 V 的函数，S 的全微分形式为

$$dS=\left(\frac{\partial S}{\partial U}\right)_{V,N}dU+\left(\frac{\partial S}{\partial V}\right)_{U,N}dV \tag{5-63}$$

比较式(5-62)和式(5-63)得

$$\left(\frac{\partial S}{\partial U}\right)_{V,N}=\frac{1}{T} \tag{5-64}$$

其次，我们将从统计力学推导出

$$\left(\frac{\partial S}{\partial U}\right)_{V,N}=-k\beta \tag{5-65}$$

比较式(5-64)和式(5-65)得

$$\beta=-\frac{1}{kT}$$

从统计力学可推导出$\left(\frac{\partial S}{\partial U}\right)_{V,N}=-k\beta$。对近独立等同粒子体系(修正的玻尔兹曼体系)有

$$\begin{aligned}S&=k\ln\Omega=k\ln t_{\mathrm{m}}=k\ln\prod_j\frac{g_j^{n_j}}{n_j!}\\&=k\left(\sum_j n_j\ln g_j-\sum_j n_j\ln n_j+\sum_j n_j\right)\\&=k\left(N-\sum_j n_j\ln\frac{n_j}{g_j}\right)\end{aligned}$$

将最概然分布$\frac{n_j}{g_j}=\frac{N}{q}\exp(\beta\varepsilon_j)$代入得

$$\begin{aligned}S&=k\left\{N-\sum_j n_j\ln\left[\frac{N}{q}\exp(\beta\varepsilon_j)\right]\right\}\\&=k\left(N-\sum_j n_j\ln\frac{N}{q}-\sum_j n_j\beta\varepsilon_j\right)\\&=k\left(N-N\ln\frac{N}{q}-\beta U\right)\\&=kN-kN\ln N+kN\ln q-k\beta U\end{aligned}\tag{5-66}$$

将式(5-66)对U求偏微分,并注意到U和q都是β的函数,得

$$\left(\frac{\partial S}{\partial U}\right)_{V,N}=\frac{\partial}{\partial U}(kN\ln q-k\beta U)=Nk\left(\frac{\partial\ln q}{\partial U}\right)_{V,N}-k\beta-kU\left(\frac{\partial\beta}{\partial U}\right)_{V,N}\tag{5-67}$$

而式中

$$\begin{aligned}Nk\left(\frac{\partial\ln q}{\partial U}\right)_{V,N}&=Nk\left(\frac{\partial\ln q}{\partial q}\right)_{V,N}\left(\frac{\partial q}{\partial U}\right)_{V,N}\\&=\frac{Nk}{q}\left(\frac{\partial q}{\partial U}\right)_{V,N}\\&=\frac{Nk}{q}\left(\frac{\partial q}{\partial\beta}\right)_{V,N}\left(\frac{\partial\beta}{\partial U}\right)_{V,N}\\&=\frac{Nk}{q}\left\{\frac{\partial\left[\sum_j g_j\exp(\beta\varepsilon_j)\right]}{\partial\beta}\right\}_{V,N}\left(\frac{\partial\beta}{\partial U}\right)_{V,N}\\&=\frac{Nk}{q}\sum_j g_j\varepsilon_j\exp(\beta\varepsilon_j)\left(\frac{\partial\beta}{\partial U}\right)_{V,N}\\&=k\sum_j\left[\frac{N}{q}g_j\varepsilon_j\exp(\beta\varepsilon_j)\right]\left(\frac{\partial\beta}{\partial U}\right)_{V,N}\\&=k\sum_j n_j\varepsilon_j\left(\frac{\partial\beta}{\partial U}\right)_{V,N}\\&=kU\left(\frac{\partial\beta}{\partial U}\right)_{V,N}\end{aligned}\tag{5-68}$$

将式(5-68)代入式(5-67)得

$$\left(\frac{\partial S}{\partial U}\right)_{V,N}=-k\beta\tag{5-69}$$

从统计力学我们求出未定乘子β的数值,它是体系温度T的量度,具有能量倒数的量纲。若体系的U、V、N不变,则T也不变,β为常数。用同样方

法可求出近独立可别粒子体系的 β 仍为 $\beta=-\dfrac{1}{kT}$。

5.4.2 粒子的配分函数 q

知识点讲解视频

粒子配分函数的物理意义

（朱志昂）

在推导玻尔兹曼分布定律中已引入配分函数（partition function）的概念。一个粒子（分子或原子）的配分函数 q 的定义为

$$
\begin{aligned}
q &\equiv \sum_j g_j \exp\frac{-\varepsilon_j}{kT} \\
&= g_0 \exp\frac{-\varepsilon_0}{kT} + g_1 \exp\frac{-\varepsilon_1}{kT} + \cdots + g_j \exp\frac{-\varepsilon_j}{kT}
\end{aligned}
\tag{5-70}
$$

式中，$j=0,1,2,\cdots$，表示粒子的第几个能级；ε_j 是粒子的第 j 能级的能量；g_j 是 ε_j 能级上的简并度（量子状态数）；$\exp\dfrac{-\varepsilon_j}{kT}$ 称为玻尔兹曼因子；求和号 $\sum$ 表示对所有的能级求和。同时要考虑能级上的量子状态数，所以 q 是一个粒子所有可能状态的玻尔兹曼因子之和，因此配分函数又称粒子的有效状态和。由于是近独立粒子体系，因而一个粒子的配分函数 q 与其余粒子的存在与否无关。

配分函数的定义也可表示为

$$
q \equiv \sum_{\text{量子态}} \exp\frac{-\varepsilon_j}{kT} \tag{5-71}
$$

式中，$\sum\limits_{\text{量子态}}$ 表示对所有可能的状态求和。定义式（5-70）和式（5-71）是等同的。应强调指出，粒子的配分函数只在近独立粒子体系中才有意义。从配分函数的定义式可看出，分子的配分函数 q 是分子微观性质的反映，它与分子的能级 ε_j 和简并度 g_j 有关，此外还与宏观条件温度有关。粒子配分函数的物理意义还在于玻尔兹曼公式

$$
n_j = \frac{N}{q} g_j \exp\frac{-\varepsilon_j}{kT}
$$

可表示为

$$
\frac{n_j}{N} = \frac{g_j \exp\dfrac{-\varepsilon_j}{kT}}{q} \tag{5-72}
$$

式中，右方分子是 q 中的一项，由此可知 q 中的任一项（j 项）与 q 之比是粒子在 j 能级上的分布分数（出现的概率）。

任意两能级上粒子数之比为

$$
\frac{n_i}{n_j} = \frac{g_i \exp\dfrac{-\varepsilon_i}{kT}}{g_j \exp\dfrac{-\varepsilon_j}{kT}} \tag{5-73}
$$

因此，q 中的任意两项之比是两能级上的粒子分布数（最概然分布）之比，这也正是 q 被称为配分函数一词的由来。在玻尔兹曼统计中，作为微观与宏观之间的桥梁的主要媒介是粒子的配分函数 q。

下面我们用粒子的配分函数 q 来表达体系的热力学性质。应该注意配分函数是量纲为 1 的纯数。

知识点讲解视频

等同粒子体系热力学函数统计表达式

(朱志昂)

5.4.3 近独立等同粒子体系的热力学函数统计表达式

根据玻尔兹曼熵定理和玻尔兹曼分布公式,用粒子的配分函数 q,可表示由 N 个(很大的数目)近独立等同粒子组成的体系(如理想气体)的热力学函数。应该强调指出,这里的近独立等同粒子体系是遵守经典统计的修正的玻尔兹曼体系,得到的热力学函数表达式不适用于只遵守量子统计的玻色-爱因斯坦体系和费米-狄拉克体系。

1. 熵 S

$$S = k\ln\Omega = k\ln t_{\mathrm{m}} = k\ln\prod_j \frac{g_j^{n_j}}{n_j!}$$

应用式(5-66)得

$$S = k(N - N\ln N + N\ln q - \beta U)$$

将 $\beta = -\dfrac{1}{kT}$ 代入得

$$S = Nk + Nk\ln\frac{q}{N} + \frac{U}{T} = \frac{U}{T} + k\ln\frac{q^N}{N!} \tag{5-74}$$

$$TS = U + kT\ln\frac{q^N}{N!} \tag{5-75}$$

2. 亥姆霍兹自由能 A

将式(5-75)代入 $A \equiv U - TS$ 得

$$A = -kT\ln\frac{q^N}{N!} = -NkT - NkT\ln\frac{q}{N} \tag{5-76}$$

亥姆霍兹自由能 A 的统计力学表达式(5-76)比较简单,因而应用也比较广泛。例如,在推导理想气体和实际气体状态方程时,都将从此式出发。

3. 吉布斯自由能 G

$G \equiv A + pV$。对理想气体有 $pV = NkT$,因此对理想气体来说,其吉布斯自由能表达式为

$$G = -NkT - NkT\ln\frac{q}{N} + NkT = -NkT\ln\frac{q}{N} \tag{5-77}$$

4. 熵的另一种表达式

封闭体系恒容过程的热力学基本关系式有

$$S = -\left(\frac{\partial A}{\partial T}\right)_{V,N}$$

将式(5-76)代入得

$$S=-\frac{\partial}{\partial T}\left(-NkT-NkT\ln\frac{q}{N}\right)_{V,N}$$

$$=Nk+Nk\ln\frac{q}{N}+NkT\left(\frac{\partial \ln q}{\partial T}\right)_{V,N}$$

$$=k\ln\frac{q^N}{N!}+NkT\left(\frac{\partial \ln q}{\partial T}\right)_{V,N} \tag{5-78}$$

式(5-78)是封闭体系恒容过程的熵的统计表达式。类似地，可推导出封闭体系恒压过程的熵的统计表达式

$$S=-\left(\frac{\partial G}{\partial T}\right)_{p,N}$$

$$=-\frac{\partial}{\partial T}\left(-NkT\ln\frac{q}{N}\right)_{p,N}$$

$$=Nk\ln\frac{q}{N}+NkT\left(\frac{\partial \ln q}{\partial T}\right)_{p,N} \tag{5-79}$$

5. 热力学能 U

将式(5-76)和式(5-78)代入 $U\equiv A+TS$ 得

$$U=NkT^2\left(\frac{\partial \ln q}{\partial T}\right)_{V,N} \tag{5-80}$$

6. 焓 H

将式(5-77)和式(5-79)代入 $H\equiv G+TS$ 得

$$H=NkT^2\left(\frac{\partial \ln q}{\partial T}\right)_{p,N} \tag{5-81}$$

若将上述各表达式中的 N 以阿伏伽德罗常量 N_A 代替，则就得到近独立等同粒子体系的摩尔热力学函数的统计表达式。

上面以粒子的配分函数 q 表达近独立等同粒子体系的五个热力学函数 S、A、G、U、H。这些公式就是联系物质的微观结构性质与宏观热力学性质的基本关系式。知道了 q 的具体数值后，就可以求得这些热力学函数。由此出发，利用其他热力学关系式，又可求得任何需要的热力学函数。例如

$$C_V=\left(\frac{\partial U}{\partial T}\right)_V \qquad C_p=\left(\frac{\partial H}{\partial T}\right)_p \qquad p=-\left(\frac{\partial A}{\partial V}\right)_T$$

分子化学势

$$\mu=\left(\frac{\partial A}{\partial N}\right)_{V,T}=-kT\ln\frac{q}{N} \tag{5-82}$$

摩尔化学势

$$\mu_m=-RT\ln\frac{q}{N_A} \tag{5-83}$$

比较式(5-83)和式(5-77)，可知纯物质的摩尔化学势等于摩尔吉布斯自由能。

5.4.4　近独立可别粒子体系的热力学函数统计表达式

用与5.4.3相同的方法，可得到用粒子的配分函数 q 表示的近独立可别

粒子体系的所有热力学函数。

1. 熵 S

$$S = k\ln\Omega = k\ln t_{\mathrm{m}} = k\ln\left(N!\prod_j \frac{g_j^{n_j}}{n_j!}\right) = k\ln N! + k\ln\prod_j \frac{g_j^{n_j}}{n_j!}$$

式中,右方第二项与等同粒子体系相同,可直接引用式(5-74),则得到

$$S = Nk\ln N - Nk + \left(Nk - Nk\ln N + Nk\ln q + \frac{U}{T}\right) = Nk\ln q + \frac{U}{T} \tag{5-84}$$

$$TS = NkT\ln q + U \tag{5-85}$$

2. 亥姆霍兹自由能 A

$$A = U - TS = -NkT\ln q = -kT\ln q^N \tag{5-86}$$

S 和 A 的表达式与等同粒子体系比较,等同粒子体系是可别粒子体系修正 $\ln\frac{1}{N!}$ 的结果。例如,对式(5-84)修正 $\ln\frac{1}{N!}$,就得到等同粒子体系的式(5-74)。

3. 熵的另一种表达式

$$S = -\left(\frac{\partial A}{\partial T}\right)_{V,N} = Nk\ln q + NkT\left(\frac{\partial \ln q}{\partial T}\right)_{V,N} \tag{5-87}$$

4. 热力学能 U

$$U = A + TS = NkT^2\left(\frac{\partial \ln q}{\partial T}\right)_{V,N} \tag{5-88}$$

5. 吉布斯自由能 G

$$G = A + pV = A + V\left[-\left(\frac{\partial A}{\partial V}\right)_{T,N}\right] = -NkT\ln q + NkTV\left(\frac{\partial \ln q}{\partial V}\right)_{T,N} \tag{5-89}$$

6. 焓 H

$$H = G + TS = U + pV = NkT^2\left(\frac{\partial \ln q}{\partial T}\right)_{V,N} + NkTV\left(\frac{\partial \ln q}{\partial V}\right)_{T,N} \tag{5-90}$$

由此可知,可别粒子体系的 G 和 H 的表达式比较复杂,故不常用,而经常应用亥姆霍兹自由能 A 的表达式。

这样,我们就完成了用分子微观性质表示物质宏观性质的统计力学任务。下面我们讨论如何求一个分子的配分函数的问题,这是统计力学中的关键性问题。

知识点讲解视频

分子配分函数的求算

(朱志昂)

5.5 近独立非定域分子配分函数

本节研究的对象是近独立非定域分子,包括单原子分子、双原子分子、多

原子分子，其目的是求一个分子的配分函数。研究的方法是首先将分子的配分函数分解为彼此独立的各种运动形式的配分函数的乘积，然后分别求出各种运动形式的配分函数，其关键步骤是解决配分函数定义式中的求和问题。关于近独立定域粒子的配分函数的求算将在 5.9 节中讨论。

5.5.1　分子配分函数的因子分解

如上所述，分子的运动形式可以看作由彼此独立的平动、转动、振动、电子运动和核自旋运动所组成。一个分子 j 能级的能量可看作各种运动形式的能量之和

$$\varepsilon_j = \varepsilon_t + \varepsilon_r + \varepsilon_v + \varepsilon_e + \varepsilon_n \tag{5-91}$$

分子 j 能级上的简并度（量子状态数）也应该是各种运动形式能级上的简并度的乘积

$$g_j = g_t g_r g_v g_e g_n \tag{5-92}$$

一个分子的配分函数，根据定义

$$q \equiv \sum_{\text{能级}} g_j \exp\frac{-\varepsilon_j}{kT} = \sum_{\text{能级}} g_t g_r g_v g_e g_n \exp\left[\frac{-(\varepsilon_t + \varepsilon_r + \varepsilon_v + \varepsilon_e + \varepsilon_n)}{kT}\right] \tag{5-93}$$

从数学上可证明，几个独立变量乘积的求和等于各自求和的乘积。因为各运动形式之间彼此独立无关，所以可各自求和，即对分子可及的各种运动形式能级乘积的求和等于对分子可及的各种运动形式能级求和的乘积。因此，式(5-93)可写成

$$q = \sum_t g_t \exp\frac{-\varepsilon_t}{kT} \sum_r g_r \exp\frac{-\varepsilon_r}{kT} \sum_v g_v \exp\frac{-\varepsilon_v}{kT} \sum_e g_e \exp\frac{-\varepsilon_e}{kT} \sum_n g_n \exp\frac{-\varepsilon_n}{kT}$$

$$= q_t q_r q_v q_e q_n \tag{5-94}$$

这样，分子的配分函数可分解为相应的五个因子，依次称为分子的平动、转动、振动、电子和核自旋配分函数，它们的基本公式显然是

$$q_t = \sum_t g_t \exp\frac{-\varepsilon_t}{kT} \tag{5-95}$$

$$q_r = \sum_r g_r \exp\frac{-\varepsilon_r}{kT} \tag{5-96}$$

$$q_v = \sum_v g_v \exp\frac{-\varepsilon_v}{kT} \tag{5-97}$$

$$q_e = \sum_e g_e \exp\frac{-\varepsilon_e}{kT} \tag{5-98}$$

$$q_n = \sum_n g_n \exp\frac{-\varepsilon_n}{kT} \tag{5-99}$$

由于平动是分子的外部运动，转动、振动、电子运动和核自旋运动是分子的内部运动，因此

$$q_r q_v q_e q_n \equiv q_i \tag{5-100}$$

q_i 称为内配分函数。式(5-94)可表示为

$$q = q_t q_i \tag{5-101}$$

由于将分子的运动分解为彼此独立的各种运动形式，因而玻尔兹曼分布定律可以应用于粒子的每一个运动形式，而与其他运动形式无关。例如，具

有某个平动能 ε_t^* 的粒子数(与其他运动形式的能量无关)为

$$n_t = \frac{N}{q_t} g_t^* \exp\frac{-\varepsilon_t^*}{kT} \tag{5-102}$$

具有某个转动能 ε_r 的粒子数为

$$n_r = \frac{N}{q_r} g_r \exp\frac{-\varepsilon_r}{kT} \tag{5-103}$$

我们近似地认为分子的各种运动形式彼此间是互相独立无关的,因此各种运动形式对体系的热力学函数均有独立的贡献。例如,平动对熵的贡献称为平动熵,相应地有转动熵、振动熵、电子熵和核自旋熵。近独立非定域粒子体系的熵为

$$\begin{aligned}
S &= Nk + Nk\ln\frac{q}{N} + NkT\left(\frac{\partial \ln q}{\partial T}\right)_{V,N} \\
&= Nk + Nk\ln\frac{q_t q_r q_v q_e q_n}{N} + NkT\left[\frac{\partial \ln(q_t q_r q_v q_e q_n)}{\partial T}\right]_{V,N} \\
&= \left[Nk + Nk\ln\frac{q_t}{N} + NkT\left(\frac{\partial \ln q_t}{\partial T}\right)_{V,N}\right] + \left(Nk\ln q_r + NkT\frac{\mathrm{d}\ln q_r}{\mathrm{d}T}\right) \\
&\quad + \left(Nk\ln q_v + NkT\frac{\mathrm{d}\ln q_v}{\mathrm{d}T}\right) + \left(Nk\ln q_e + NkT\frac{\mathrm{d}\ln q_e}{\mathrm{d}T}\right) \\
&\quad + \left(Nk\ln q_n + NkT\frac{\mathrm{d}\ln q_n}{\mathrm{d}T}\right) \\
&= S_t + S_r + S_v + S_e + S_n
\end{aligned} \tag{5-104}$$

体系的熵是各种运动形式熵的总和。应该注意,只有粒子的平动配分函数与体系的体积有关,所以用偏微商;其次,由于非定域粒子的不可区分性,等同性修正项放在平动熵中,对分子的内部运动谈不上等同性修正的问题。同理,近独立非定域粒子体系的热力学能也是各种运动形式能量的总和。

$$\begin{aligned}
U &= NkT^2\left(\frac{\partial \ln q}{\partial T}\right)_{V,N} \\
&= NkT^2\left(\frac{\partial \ln q_t q_r q_v q_e q_n}{\partial T}\right)_{V,N} \\
&= NkT^2\left(\frac{\partial \ln q_t}{\partial T}\right)_{V,N} + NkT^2\frac{\mathrm{d}\ln q_r}{\mathrm{d}T} + NkT^2\frac{\mathrm{d}\ln q_v}{\mathrm{d}T} + NkT^2\frac{\mathrm{d}\ln q_e}{\mathrm{d}T} \\
&\quad + NkT^2\frac{\mathrm{d}\ln q_n}{\mathrm{d}T} \\
&= U_t + U_r + U_v + U_e + U_n
\end{aligned} \tag{5-105}$$

$$\begin{aligned}
A &= -NkT - NkT\ln\frac{q}{N} \\
&= -NkT - NkT\ln\frac{q_t q_r q_v q_e q_n}{N} \\
&= \left(-NkT - NkT\ln\frac{q_t}{N}\right) + (-NkT\ln q_r) + (-NkT\ln q_v) \\
&\quad + (-NkT\ln q_e) + (-NkT\ln q_n) \\
&= A_t + A_r + A_v + A_e + A_n
\end{aligned} \tag{5-106}$$

$$G=-NkT\ln\frac{q}{N}$$

$$=\left(-NkT\ln\frac{q_{\text{t}}}{N}\right)+(-NkT\ln q_{\text{r}})+(-NkT\ln q_{\text{v}})+(-NkT\ln q_{\text{e}})$$

$$+(-NkT\ln q_{\text{n}})$$

$$=G_{\text{t}}+G_{\text{r}}+G_{\text{v}}+G_{\text{e}}+G_{\text{n}} \tag{5-107}$$

其他各热力学量也有类似情况。总之，知道了分子的配分函数后，就能计算出体系的各种热力学性质。内配分函数的各部分是由光谱数据和量子力学公式定出的，这就将光谱实验数据和热力学性质联系起来。

5.5.2　平动配分函数

1. 平动配分函数的量子力学求算

一个质量为 m 的分子在边长为 a、b、c 的长方形容器中的平动运动，可看作是一个三维平动子的运动。根据平动配分函数 q_{t} 的定义

$$q_{\text{t}}=\sum_{\text{能级}}g_{\text{t}}\exp\frac{-\varepsilon_{\text{t}}}{kT}=\sum_{\text{状态}}\exp\frac{-\varepsilon_{\text{t}}}{kT} \tag{5-108}$$

三维平动子的能级公式为

$$\varepsilon_{\text{t}}=\frac{h^2}{8m}\left(\frac{n_x^2}{a^2}+\frac{n_y^2}{b^2}+\frac{n_z^2}{c^2}\right)$$

式中，m 是分子的质量，某一组 n_x, n_y, n_z 的数值对应一个量子状态，上式的 ε_{t} 实为各量子状态的能值，或理解为在 ε_{t} 能级上 $g_{\text{t}}=1$。式(5-108)中对所有状态求和是指对所有的 n_x, n_y, n_z 的数值求和。将 ε_{t} 值代入式(5-108)得

$$q_{\text{t}}=\sum_{n_x,n_y,n_z}\exp\left[-\frac{h^2}{8mkT}\left(\frac{n_x^2}{a^2}+\frac{n_y^2}{b^2}+\frac{n_z^2}{c^2}\right)\right]$$

若令 $\lambda_x^2=\dfrac{h^2}{8mkTa^2}, \lambda_y^2=\dfrac{h^2}{8mkTb^2}, \lambda_z^2=\dfrac{h^2}{8mkTc^2}$，则

$$q_{\text{t}}=\sum_{n_x,n_y,n_z}\exp[-(\lambda_x^2n_x^2+\lambda_y^2n_y^2+\lambda_z^2n_z^2)]$$

$$=\sum_{n_x=1}^{\infty}\exp(-\lambda_x^2n_x^2)\sum_{n_y=1}^{\infty}\exp(-\lambda_y^2n_y^2)\sum_{n_z=1}^{\infty}\exp(-\lambda_z^2n_z^2)$$

$$=q_xq_yq_z \tag{5-109}$$

式中，q_x, q_y, q_z 分别是三个坐标轴方向上运动的一维平动子的配分函数。这里假设了三维平动子在 x, y, z 三个方向的运动是彼此独立无关的。

现在先求一维平动子配分函数 q_x

$$q_x=\sum_{n_x=1}^{\infty}\exp(-\lambda_x^2n_x^2) \tag{5-110}$$

在 5.2 节中曾估算过平动能级间隔的大小，有

$$\lambda_x^2=\frac{h^2}{8mkTa^2}=10^{-19}\ll 1$$

从数学上知道，当 $\lambda_x^2\ll 1$ 时，式(5-110)中的求和号可用积分号代替，得

$$q_x=\sum_{n_x=1}^{\infty}\exp(-\lambda_x^2n_x^2)=\int_0^{\infty}\exp(-\lambda_x^2n_x^2)\mathrm{d}n_x$$

应用定积分公式 $\int_0^{\infty} e^{-cx^2}\,dx = \frac{1}{2}\sqrt{\frac{\pi}{c}}$，令 $c=\lambda_x^2$，$x=n_x^2$，则得

$$q_x = \frac{\sqrt{\pi}}{2\lambda_x} = \frac{\sqrt{\pi}}{2\left(\frac{h^2}{8mkT}\right)^{1/2}\frac{1}{a}} = \left(\frac{2\pi mkT}{h^2}\right)^{1/2} a$$

同理，可得

$$q_y = \left(\frac{2\pi mkT}{h^2}\right)^{1/2} b$$

$$q_z = \left(\frac{2\pi mkT}{h^2}\right)^{1/2} c$$

因此，平动配分函数 q_t 为

$$q_t = \left(\frac{2\pi mkT}{h^2}\right)^{3/2} abc = \left(\frac{2\pi mkT}{h^2}\right)^{3/2} V \tag{5-111}$$

式中，V 是体积。以上是引用量子力学三维平动子的能级公式求出分子的平动配分函数。由于平动能级间隔很小，可看作连续能谱，因而也可用经典力学方法处理。

2. 平动配分函数的经典求法

一个质量为 m 的分子在体积为 $a\times b\times c$ 的容器中的平动运动，可看作是一个三维平动子的运动，其微观运动状态可用一个六维的子相宇描述。平动配分函数的定义式仍为

$$q_t = \sum g_t \exp\frac{-\varepsilon_t}{kT} \tag{5-112}$$

由于粒子之间无相互作用，粒子的势能为零，只有动能。在经典力学中，动能 ε_t 可表示为

$$\varepsilon_t = \frac{1}{2m}(p_x^2 + p_y^2 + p_z^2) \tag{5-113}$$

在 5.2 节中已交代过，在子相宇中，一个 h^3 的体积元代表一个微观运动状态（量子状态）。三维平动子的位置坐标和动量坐标在间隔

$$x \to x + dx \qquad p_x \to p_x + dp_x$$
$$y \to y + dy \qquad p_y \to p_y + dp_y$$
$$z \to z + dz \qquad p_z \to p_z + dp_z$$

范围内的微观状态数 g_t 应为

$$g_t = \frac{1}{h^3}dx\,dy\,dz\,dp_x\,dp_y\,dp_z \tag{5-114}$$

将式(5-113)和式(5-114)代入式(5-112)得

$$q_t = \sum \frac{1}{h^3}\exp\frac{-(p_x^2+p_y^2+p_z^2)}{2mkT}dx\,dy\,dz\,dp_x\,dp_y\,dp_z \tag{5-115}$$

求和号可用遍及整个子相宇的积分号代替，式(5-115)变为

$$\begin{aligned}
q_t &= \frac{1}{h^3}\int_{-\infty}^{+\infty}\iiint \int_0^a\int_0^b\int_0^c \exp\frac{-(p_x^2+p_y^2+p_z^2)}{2mkT}dx\,dy\,dz\,dp_x\,dp_y\,dp_z \\
&= \frac{1}{h^3}\int_0^a dx\int_0^b dy\int_0^c dz\int_{-\infty}^{+\infty}\exp\frac{-p_x^2}{2mkT}dp_x\int_{-\infty}^{+\infty}\exp\frac{-p_y^2}{2mkT}dp_y\int_{-\infty}^{+\infty}\exp\frac{-p_z^2}{2mkT}dp_z \\
&= \frac{abc}{h^3}\left(\int_{-\infty}^{+\infty}\exp\frac{-p_x^2}{2mkT}dp_x\right)^3
\end{aligned} \tag{5-116}$$

这里假定了三维平动子在 x、y、z 方向的动量相等。式中 $abc=V$。令$\lambda=\frac{1}{2mkT}$，则

$$\int_{-\infty}^{+\infty}\exp\frac{-p_x^2}{2mkT}\mathrm{d}p_x=\int_{-\infty}^{0}\exp(-\lambda p_x^2)\mathrm{d}p_x+\int_{0}^{\infty}\exp(-\lambda p_x^2)\mathrm{d}p_x$$

$$=2\int_{0}^{\infty}\exp(-\lambda p_x^2)\mathrm{d}p_x=2\times\frac{1}{2}\sqrt{\frac{\pi}{\lambda}}=(2\pi mkT)^{1/2}$$

代入式(5-116)得

$$q_t=\frac{V}{h^3}(2\pi mkT)^{3/2}=\left(\frac{2\pi mkT}{h^2}\right)^{3/2}V$$

得到与式(5-111)完全相同的结果。

单原子分子、双原子分子和多原子分子的平动配分函数的表达式是相同的，均用式(5-111)计算，只是式中分子的质量不同而已。此外，从式(5-111)可看出，平动配分函数的大小与分子质量 m、体系的温度 T 和体积 V 有关。V 越大，分子平动能级越小。在总能量一定时，分子可能占据的能级越多，分子可能达到的量子状态也就越多。平动配分函数是分子所有可能的平动量子状态的玻尔兹曼因子之和。因此，体系的体积 V 越大，分子的平动配分函数也越大。

在求算分子的配分函数时，需要知道分子的能量。由于能量的绝对值不知道，因而能量零点的选择有任意性。使用不同的能量标度，计算得的配分函数不同，对有关热力学量的计算也产生影响。为了计算简便，我们规定分子基态能量为能量零点，即规定分子基态时的能量为零。在绝对零度时，分子当然处在基态，按此规定，分子在绝对零度时的能量为零。在计算平动配分函数时，同样规定分子在平动基态时的能量为零。实际上，我们曾按式(5-2)计算过，在平动基态($n_x=n_y=n_z=1$)时，一个氮分子在 298.15K 时在边长为 10cm 的容器中运动，其平动能 $\varepsilon_t^{(1)}=10^{-40}$J。这是一个很小的数值，在今后计算分子的基态能(零点能)时，通常忽略掉这个数值，即近似地将分子在基态时的平动能当作零看待。

3. 平动热力学性质

我们现在来讨论分子的平动运动对 N 个近独立非定域分子组成的体系的热力学性质的贡献。

1) 体系的平动能

将式(5-111)取对数得

$$\ln q_t=\ln\left(\frac{2\pi mk}{h^2}\right)^{3/2}+\frac{3}{2}\ln T+\ln V \tag{5-117}$$

将式(5-117)对 T 偏微分得

$$\left(\frac{\partial \ln q_t}{\partial T}\right)_{V,N}=\frac{3}{2T} \tag{5-118}$$

代入式(5-105)得到体系的平动能为

$$U_t=NkT^2\left(\frac{\partial \ln q_t}{\partial T}\right)_{V,N}=\frac{3}{2}NkT \tag{5-119}$$

2) 体系的平动熵

将式(5-117)代入式(5-104)，得到体系的平动熵为

$$S_t = Nk + Nk\ln\frac{q_t}{N} + NkT\left(\frac{\partial \ln q_t}{\partial T}\right)_{V,N}$$
$$= \frac{5}{2}Nk + Nk\ln\left[\frac{(2\pi mkT)^{3/2}}{h^3}\frac{V}{N}\right]$$
$$= \frac{5}{2}Nk + Nk\ln\left[\frac{(2\pi MkT)^{3/2}}{N_A^{3/2}h^3}\frac{kT}{p}\right] \tag{5-120}$$

式中，M 是粒子的摩尔质量。体系的摩尔平动熵 $S_{t,m}$ 在 298.15K 和 1atm（$1.013\ 25\times10^5$ N · m^{-2}）下为

$$S^{\ominus}_{t,m}/(\text{J}\cdot\text{mol}^{-1}\cdot\text{K}^{-1}) = 12.47\ln[M/(\text{g}\cdot\text{mol}^{-1})] + 108.784 \tag{5-121}$$

$$G_t = -NkT\ln\frac{q_t}{N} \tag{5-122}$$

$$A_t = -NkT - NkT\ln\frac{q_t}{N} \tag{5-123}$$

5.5.3 转动配分函数

对大多数分子来说，其转动能级间隔较小。因此，描述转动运动的微观状态可以用经典力学，也可以用量子力学。在这里引用量子力学结果。

1. *异核双原子分子和不对称线形多原子分子*

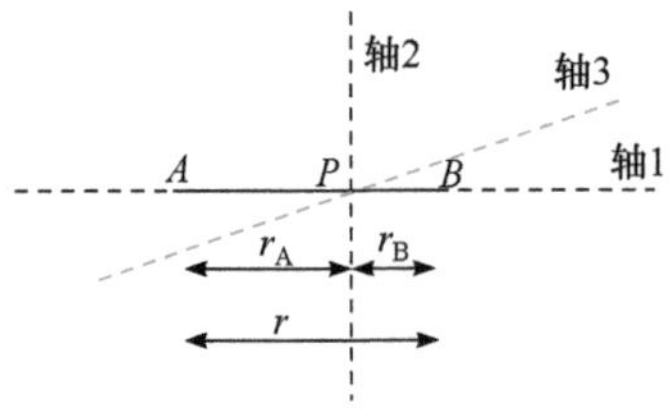

图 5-1 双原子分子的转动轴

一个异核双原子分子 A—B，A 原子的质量为 m_A，B 原子的质量为 m_B，核间距为 r。一个双原子分子绕质心的转动可视作一个刚性转子绕质心的转动，又可分解为三个彼此独立的围绕三个轴的转动，如图 5-1 所示。轴 1 通过两原子中心连线，轴 2 和轴 3 通过质心且与轴 1 互相垂直。在考虑分子转动时，将分子的振动和电子运动与它独立分开。由于分子中电子质量比核质量小很多，我们可以忽略电子的存在，而将分子视作由 A 原子和 B 原子两个质点所组成。因此，讨论分子绕轴 1 的转动是没有意义的，因为没有办法鉴别它是否在转动。我们只需考虑分子绕轴 2 和轴 3 的转动，即异核双原子分子的转动自由度是 2，而且认为绕轴 2 和轴 3 转动的转动惯量是相等的，即

$$I = I_2 = I_3 = \mu r^2 \tag{5-124}$$

$$\mu \equiv \frac{m_A m_B}{m_A + m_B}$$

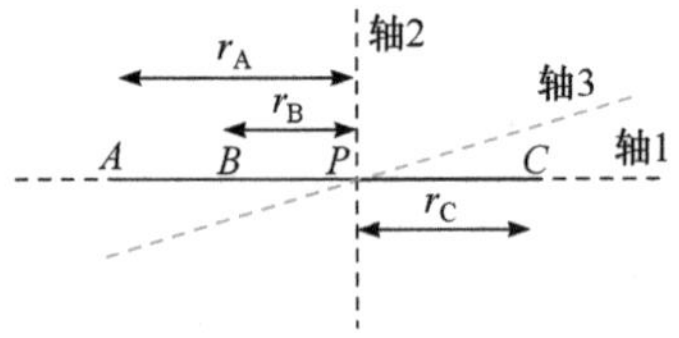

图 5-2 线形三原子分子的转动轴

同理，讨论单原子分子的转动也是没有意义的，转动对单原子气体的热力学性质没有贡献。不对称线形多原子分子 A—B—C 的转动与异核双原子分子相似，如图 5-2 所示。绕轴 1 的转动是没有意义的，绕轴 2 和轴 3 转动的转动惯量为

$$I = I_2 = I_3 = m_A r_A^2 + m_B r_B^2 + m_C r_C^2 \tag{5-125}$$

r_A、r_B、r_C 服从下列关系：

$$m_A r_A + m_B r_B = m_C r_C \qquad r_A + r_C = r$$

现在我们具体地来求算异核双原子分子和不对称线形多原子分子的转动配分函数。分子的转动配分函数的定义为

$$q_r = \sum_{能级} g_r \exp \frac{-\varepsilon_r}{kT} \tag{5-126}$$

从量子力学可得到双原子分子和线形多原子分子的转动能为

$$\varepsilon_r = J(J+1)\frac{h^2}{8\pi^2 I} \tag{5-127}$$

$$g_r = 2J+1 \tag{5-128}$$

对异核双原子分子和不对称线形多原子分子，其转动量子数 J 可以是任意正整数，从零到无穷大，$J=0,1,2,\cdots$。g_r 是每个转动能级上的简并度。

将式(5-127)和式(5-128)代入式(5-126)得

$$q_r = \sum_{J=0}^{\infty}(2J+1)\exp\frac{-J(J+1)h^2}{8\pi^2 IkT} \tag{5-129}$$

令 $\frac{h^2}{8\pi^2 Ik}=\Theta_r$，$\Theta_r$ 具有温度量纲，称为转动特征温度(characteristic rotational temperature)，则式(5-129)可表示为

$$q_r = \sum_{J=0}^{\infty}(2J+1)\exp\frac{-J(J+1)\Theta_r}{T} \tag{5-130}$$

分子的转动特征温度可由分子的光谱数据求得。某些气体分子的 Θ_r 值列于表5-2 中。

表 5-2　某些双原子分子的 Θ_r 值

分　子	Θ_r/K	分　子	Θ_r/K
H_2	85.4	HD	64.0
D_2	42.7	HF	30.3
N_2	2.86	HCl	15.2
Cl_2	0.346	HBr	12.1
Br_2	0.116	HI	9.0
I_2	0.054	CO	2.77
O_2	2.07	NO	2.42

由表 5-2 可知，除少数分子外，大多数分子的 Θ_r 值都很小。根据温度 T 和 Θ_r 值的相对大小，对式(5-130)中的求和号可分三种情况进行处理。

(1) **$T \gg \Theta_r$ 时**。在 $\Theta_r/T \ll 1$ 时，从数学上可知，式(5-130)中的求和号可用积分号代替

$$q_r = \int_0^{\infty}(2J+1)\exp\frac{-J(J+1)\Theta_r}{T}\mathrm{d}J \tag{5-131}$$

令 $t=J(J+1)=J^2+J$，$\mathrm{d}t=(2J+1)\mathrm{d}J$，当 J 从 0 到∞时，t 也从 0 到∞，式(5-131)可表示为

$$q_r = \int_0^{\infty}\exp\frac{-\Theta_r t}{T}\mathrm{d}t = \left(-\frac{T}{\Theta_r}\right)\int_0^{\infty}\exp\frac{-\Theta_r t}{T}\mathrm{d}\frac{-\Theta_r t}{T}$$

$$= \frac{T}{\Theta_r} = \frac{8\pi^2 IkT}{h^2} \tag{5-132}$$

严格地说，式(5-132)只在 $T \gg \Theta_r$ 时才适用，但一般在 $T \geqslant 5\Theta_r$ 时就能应用。在低温下，应用式(5-132)得不到正确的 Θ_r 值。

(2) **$T > \Theta_r$ 时**。通常用 Muholland 近似公式，即

$$\Theta_r = \frac{T}{\Theta_r}\left[1+\frac{1}{3}\left(\frac{\Theta_r}{T}\right)+\frac{1}{15}\left(\frac{\Theta_r}{T}\right)^2+\frac{4}{315}\left(\frac{\Theta_r}{T}\right)^3+\cdots\right] \tag{5-133}$$

当 $T \gg \Theta_r$ 时，式(5-133)还原为式(5-132)。

(3) **$T \leqslant \Theta_r$ 时**。此时，式(5-130)的求和只能用直接加和求 q_r。但加和时，除了三、四项外，其余高次项均可忽略不计。例如，若 $T = \Theta_r$，则式(5-130)可表示为

$$\begin{aligned} q_r &= 1 + 3e^{-2} + 5e^{-6} + 7e^{-12} + \cdots \\ &= 1 + 0.4059 + 0.0124 + 0.0004 + \cdots \\ &= 1.4183 \end{aligned}$$

对大多数异核双原子分子和不对称线形多原子分子来说，在 $T \geqslant 100\text{K}$ 时，用式(5-132)计算转动配分函数，不致引起太大的误差。

2. 同核双原子分子和对称线形多原子分子

这类分子可表示为 A—A、A—B—A 或A—B—B—A等，它们的转动与原子的核磁矩相对取向有关。根据光谱实验的结果，这类分子的转动量子数 J 不能取任意值，只能或为偶数 0,2,4,6,…，或为奇数 1,3,5,…，不能两者兼有。因此，这类分子的转动配分函数应表示为

$$q_r' = \sum_{J=0,2,4,\cdots} (2J+1)\exp\frac{-J(J+1)\Theta_r}{T}$$

或

$$q_r'' = \sum_{J=1,3,5,\cdots} (2J+1)\exp\frac{-J(J+1)\Theta_r}{T}$$

在 $\Theta_r \ll T$ 的情况下，同时又有很多的转动状态对配分函数有贡献，我们可近似地认为

$$q_r' = q_r'' = \frac{1}{2}q_r = \frac{8\pi^2 IkT}{2h^2} \tag{5-134}$$

式中，q_r 是异核双原子分子的转动配分函数；q_r' 和 q_r'' 是同核双原子分子的转动配分函数，两者相比，后者多了一个 $\frac{1}{2}$。用经典力学可解释为，异核双原子分子在空间转动时，如果用球坐标描述，则需要 ϕ 从 0 到 2π，θ 从 0 到 π，才完成一次转动。而同核双原子分子，由于原子的不可分辨性，ϕ 从 0 到 π，θ 从 0 到 π，就完成一次转动。因此如从相空间计算配分函数时，对 ϕ 角的积分上限为 π，结果比异核双原子分子小了一半。我们粗略地将分子在空间围绕对称轴转动 2π 复原的次数称为对称数(symmetry number)σ。如果有几个对称轴，则取轴次最高的主轴为旋转轴。例如，同核双原子分子 O_2、H_2 等，$\sigma = 2$；异核双原子分子 HD、$O^{16}O^{18}$ 等，两核不同，$\sigma = 1$。

知识点讲解视频

什么是对称数

(朱志昂)

从统计力学观点看，体系的热力学性质与体系可区别的微观状态数有关。转动对体系性质的贡献也是由于对体系微观状态数的贡献而引起的。对异核双原子分子 A—B 来说，取向 A—B 和 B—A 是可区分的；而对同核双原子分子 A—A 来说，取向 A—A 和 A—A 是不可区分的。类似地，不对称线形分子 A—A—B，取向 A—A—B 和取向 B—A—A 是可区分的；对称线形分子 A—B—A，取向 A—B—A 和取向 A—B—A 是等同不可区分的。因此，同核双原子分子和对称线形分子的可区别的微观状态数相当于原来的一半。配分函数是所有微观状态的玻尔兹曼因子之和，所以同核双原子分子(或对称线形分子)的配分函数是异核双原子分子(或不对称线形分子)的配分函数

的一半。对于某些非线形多原子分子也有相似的情况。例如，对于

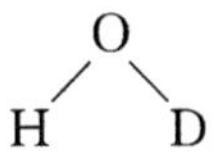

$$\begin{array}{c} O \\ H \diagdown \diagup D \end{array}$$，分子的所有各种取向都是可以区别的；但对于 $\begin{array}{c} O \\ H \diagdown \diagup H \end{array}$，只有

$$\begin{array}{c} O \\ H \diagdown \diagup D \end{array}$$ 的各种取向的一半是可区别的。对 NH_3，只有 $\dfrac{1}{3}$ 原来不同的取向

是可区别的。通常我们将由于同种分子的不可区分性，使得原来不同的取向
变为不可区分的数目称为分子的对称数 σ。异核双原子分子和不对称线形分
子的对称数 $\sigma=1$。同核双原子分子和对称线形分子的对称数 $\sigma=2$。对于非
线形分子的对称数，需视分子结构而得出。从群论观点看，分子的对称数 σ 是
分子所属子群的对称操作数。分子所属子群的对称操作数可查阅对称群的
特征标表。

总之，对于双原子分子和线形多原子分子，无论分子对称与否，在 $T \gg \Theta_r$
时，其转动配分函数均可用式(5-135)计算：

$$q_r = \frac{T}{\sigma\Theta_r} = \frac{8\pi^2 I k T}{\sigma h^2} \tag{5-135}$$

由式(5-127)可知，在转动基态 $J=0$ 时，$\varepsilon_r=0$。在计算转动配分函数时，
规定转动基态为能量零点。对于由 N 个双原子分子或线形多原子分子组成
的体系，在温度足够高可应用式(5-135)时，转动对体系能量和熵的贡献计算
如下：

$$\ln q_r = \ln \frac{T}{\sigma\Theta_r} \tag{5-136}$$

$$\frac{\mathrm{d}\ln q_r}{\mathrm{d}T} = \frac{1}{T} \tag{5-137}$$

将式(5-137)代入式(5-105)得体系的转动能为

$$U_r = NkT^2 \frac{\mathrm{d}\ln q_r}{\mathrm{d}T} = NkT \tag{5-138}$$

在绝对零度时，分子当然处在基态，其转动能 $U_{r,0}=0$。

将式(5-136)和式(5-137)代入式(5-104)得体系的转动熵为

$$S_r = Nk\ln q_r + NkT\frac{\mathrm{d}\ln q_r}{\mathrm{d}T} = Nk\ln\frac{T}{\sigma\Theta_r} + Nk = Nk\ln\frac{8\pi^2 I k T}{\sigma h^2} + Nk \tag{5-139}$$

$$A_r = -NkT\ln q_r = -NkT\ln\frac{T}{\sigma\Theta_r} \tag{5-140}$$

$$G_r = -NkT\ln q_r = -NkT\ln\frac{T}{\sigma\Theta_r} \tag{5-141}$$

在温度较低，不能应用式(5-135)时，体系能量和熵表达式中的 q_r 可用逐项加
和，或用式(5-133)计算。

3. 非线形多原子分子

一个非线形多原子分子的转动与线形多原子分子的主要差别在于它有
三个转动自由度，如图 5-3 所示。一个非线形多原子分子绕通过质心，且相互
垂直的轴 1、轴 2 和轴 3 转动的转动惯量分别为 I_A、I_B 和 I_C，或表示为三个转
动特征温度 $\Theta_{r,A}$、$\Theta_{r,B}$ 和 $\Theta_{r,C}$。

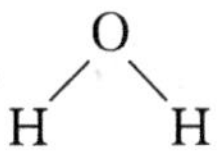

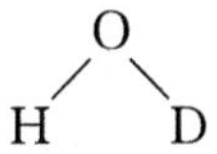

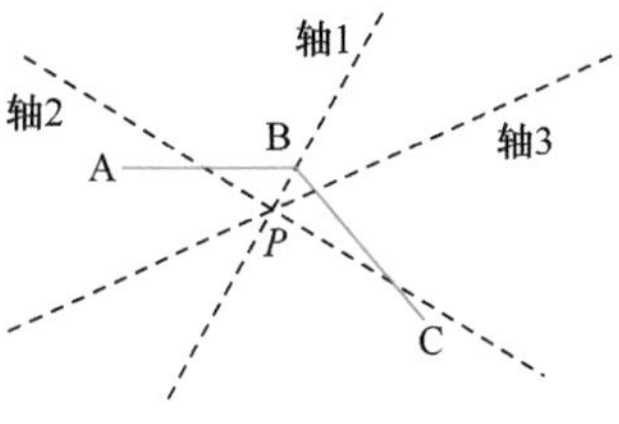

图 5-3 非线形三原子
分子的转动轴

$$\Theta_{r,A}=\frac{h^2}{8\pi^2 I_A k}\qquad \Theta_{r,B}=\frac{h^2}{8\pi^2 I_B k}\qquad \Theta_{r,C}=\frac{h^2}{8\pi^2 I_C k}$$

非线形分子的转动配分函数的计算公式为

$$q_r=\frac{\sqrt{\pi}}{\sigma}\left(\frac{8\pi^2 I_A kT}{h^2}\right)^{1/2}\left(\frac{8\pi^2 I_B kT}{h^2}\right)^{1/2}\left(\frac{8\pi^2 I_C kT}{h^2}\right)^{1/2}=\frac{\sqrt{\pi}}{\sigma}\left(\frac{T^3}{\Theta_{r,A}\Theta_{r,B}\Theta_{r,C}}\right)^{1/2} \tag{5-142}$$

$$\ln q_r=\frac{1}{2}\ln\frac{\pi T^3}{\Theta_{r,A}\Theta_{r,B}\Theta_{r,C}}-\ln\sigma \tag{5-143}$$

$$\frac{d\ln q_r}{dT}=\frac{3}{2T} \tag{5-144}$$

计算非线形分子的配分函数时,同样规定转动基态为能量零点。将式(5-144)代入式(5-105)得到由 N 个非线形分子组成的体系的转动能为

$$U_r=NkT^2\frac{d\ln q_r}{dT}=\frac{3}{2}NkT \tag{5-145}$$

将式(5-143)和式(5-144)代入式(5-104)得体系的转动熵为

$$S_r=Nk\ln q_r+NkT\frac{d\ln q_r}{dT}=\frac{1}{2}Nk\ln\frac{\pi T^3}{\Theta_{r,A}\Theta_{r,B}\Theta_{r,C}}-Nk\ln\sigma+\frac{3}{2}Nk \tag{5-146}$$

应该指出,这里讨论的转动都是刚性分子围绕其质心的转动。对于不符合刚性条件的多原子分子,还可能有分子的一部分相对于另一部分的转动,这称为内旋转(internal rotation)。例如,甲基苯中的甲基可相对苯环转动。关于内旋转问题在这里不加以讨论。

5.5.4 振动配分函数

讨论一个近独立非定域分子的振动是指分子中两个原子之间的距离作周期性的变化。因此,对一个单原子分子,讨论它的振动是没有意义的。

1. 双原子分子

双原子分子沿化学键方向的振动可视作一维谐振子的振动。一维谐振子的能级公式为

$$\varepsilon_v=\left(v+\frac{1}{2}\right)h\nu\qquad (v=0,1,2,\cdots)$$

式中,ν 是振动频率。一维谐振子能级是非简并的,$g_v=1$。因此,一个双原子分子的振动配分函数为

$$\begin{aligned}q_v&=\sum_v g_v\exp\frac{-\varepsilon_v}{kT}=\sum_{v=0}^{\infty}\exp\frac{-\left(v+\frac{1}{2}\right)h\nu}{kT}\\&=\exp\frac{-h\nu}{2kT}\sum_{v=0}^{\infty}\exp\frac{-vh\nu}{kT}\\&=\exp\frac{-h\nu}{2kT}\left(1+\exp\frac{-h\nu}{kT}+\exp\frac{-2h\nu}{kT}+\exp\frac{-3h\nu}{kT}+\cdots\right)\end{aligned} \tag{5-147}$$

已知振动能级间隔 $h\nu=10kT$,$\frac{h\nu}{kT}=10$,因此式(5-147)中的求和号不能用积分号代替。令 $x=\exp(-h\nu/kT)=e^{-10}\ll 1$,则式(5-147)可写成

$$q_v = \exp\frac{-h\nu}{2kT}(1+x+x^2+x^3+\cdots)$$

应用数学公式

$$1+x+x^2+x^3+\cdots = \frac{1}{1-x} \qquad (x \ll 1)$$

则

$$q_v = \frac{\exp\dfrac{-h\nu}{2kT}}{1-\exp\dfrac{-h\nu}{kT}} \tag{5-148}$$

在求算振动配分函数时，同样规定最低振动能级的能量作为能量的零点(规定最低振动能级的能量为零)，即 $v=0$ 时

$$\varepsilon_v^{(0)} = \frac{1}{2}h\nu = 0 \tag{5-149}$$

$\varepsilon_v^{(0)}$ 称为零点振动能。式(5-148)可表示为

$$q_v = \frac{1}{1-\exp\dfrac{-h\nu}{kT}} \tag{5-150}$$

定义 $\Theta_v \equiv \dfrac{h\nu}{k}$，称为振动特征温度(characteristic vibrational temperature)，由分子的微观性质决定。ν 是双原子分子的振动频率，往往给出振动波数 $\tilde{\nu}$。$\nu=c\tilde{\nu}$，c 是光速。

$$c = 2.997\,92 \times 10^{10}\,\text{cm}\cdot\text{s}^{-1}$$

$$\Theta_v = \frac{hc}{k}\tilde{\nu} = \frac{6.6262\times10^{-34}\times2.997\,92\times10^{10}}{1.3807\times10^{-23}}\tilde{\nu} = 1.4387\tilde{\nu}$$

式(5-150)可写成

$$q_v = \frac{1}{1-\exp\dfrac{-\Theta_v}{T}} \tag{5-151}$$

某些双原子分子的 $\tilde{\nu}$ 和 Θ_v 的数值列于表 5-3 中。

表 5-3　某些双原子分子的 $\tilde{\nu}$ 和 Θ_v 值

分　子	$\tilde{\nu}/\text{cm}^{-1}$	Θ_v/K	分　子	$\tilde{\nu}/\text{cm}^{-1}$	Θ_v/K
H_2	4405	6100	NO	1907	2690
N_2	2360	3340	HCl	2989	4140
O_2	1580	2230	HBr	2650	3700
CO	2168	3070	HI	2309	3200

1) 体系的振动能

由 N 个双原子分子组成的体系的振动能，根据式(5-105)为

$$U_v = NkT^2\frac{\mathrm{d}\ln q_v}{\mathrm{d}T} \tag{5-152}$$

将式(5-151)取对数得

$$\ln q_v = -\ln\left(1-\exp\frac{-h\nu}{kT}\right) \tag{5-153}$$

$$\frac{\mathrm{d}\ln q_{\mathrm{v}}}{\mathrm{d}T}=-\frac{1}{1-\exp\frac{-h\nu}{kT}}\left(-\exp\frac{-h\nu}{kT}\right)\frac{\mathrm{d}\left(-\frac{h\nu}{kT}\right)}{\mathrm{d}T}$$

$$=\frac{h\nu}{kT^2}\frac{\exp\frac{-h\nu}{kT}}{1-\exp\frac{-h\nu}{kT}}=\frac{h\nu}{kT^2}\frac{1}{\exp\frac{h\nu}{kT}-1} \tag{5-154}$$

将式(5-154)代入式(5-152)得

$$U_{\mathrm{v}}=\frac{Nh\nu}{\exp\frac{h\nu}{kT}-1}=\frac{Nk\Theta_{\mathrm{v}}}{\exp\frac{\Theta_{\mathrm{v}}}{T}-1} \tag{5-155}$$

若不规定振动基态为能量零点，振动配分函数用式(5-148)表示，则有

$$\ln q_{\mathrm{v}}=-\frac{\Theta_{\mathrm{v}}}{2T}-\ln\left(1-\exp\frac{-\Theta_{\mathrm{v}}}{T}\right) \tag{5-156}$$

$$\frac{\mathrm{d}\ln q_{\mathrm{v}}}{\mathrm{d}T}=\frac{\Theta_{\mathrm{v}}}{2T^2}+\frac{\frac{\Theta_{\mathrm{v}}}{T^2}}{\exp\frac{\Theta_{\mathrm{v}}}{T}-1} \tag{5-157}$$

将式(5-157)代入式(5-152)得

$$U_{\mathrm{v}}=\frac{Nk\Theta_{\mathrm{v}}}{2}+NkT\frac{\frac{\Theta_{\mathrm{v}}}{T}}{\exp\frac{\Theta_{\mathrm{v}}}{T}-1}=\frac{Nh\nu}{2}+\frac{Nh\nu}{\exp\frac{h\nu}{kT}-1} \tag{5-158}$$

式中，$\frac{Nh\nu}{2}=U_{\mathrm{v}}^{(0)}$ 是体系的零点振动能。比较式(5-154)和式(5-158)可看出，计算配分函数时选取的能量零点不同，体系的振动能的数值也不同。

2) 体系的振动熵

根据式(5-104)，体系的振动熵为

$$S_{\mathrm{v}}=Nk\ln q_{\mathrm{v}}+NkT\frac{\mathrm{d}\ln q_{\mathrm{v}}}{\mathrm{d}T} \tag{5-159}$$

将式(5-153)和式(5-154)代入式(5-159)得

$$S_{\mathrm{v}}=\frac{\frac{Nh\nu}{T}}{\exp\frac{h\nu}{kT}-1}-Nk\ln\left(1-\exp\frac{-h\nu}{kT}\right)$$

$$=Nk\frac{\frac{\Theta_{\mathrm{v}}}{T}}{\exp\frac{\Theta_{\mathrm{v}}}{T}-1}-Nk\ln\left(1-\exp\frac{-\Theta_{\mathrm{v}}}{T}\right) \tag{5-160}$$

若将式(5-156)和式(5-157)代入式(5-159)，则得到与式(5-160)相同的结果。这说明能量零点的选择对体系的熵值没有影响。

2. *多原子分子*

多原子分子振动的简化处理是基于对分子振动光谱的分析。将多原子分子的振动看作在各振动自由度上作彼此独立的简正振动的线性组合。所谓简正振动(normal mode of vibration)就是在各振动自由度上，组成分子的原子以相同频率和相同周相(phase)在其平衡位置作振动。每一简正振动方

式与其他振动方式无关，具有自己的振动频率，称为简正振动频率。每一简正振动方式都有自己的振动特征温度。例如，线形三原子分子 CO_2 共有 $3\times3=9$ 个运动自由度，其中平动自由度为 3，转动自由度为 2，还有 $9-5=4$ 个振动自由度，即有 4 个简正振动方式，如图 5-4 所示。由 CO_2 的红外光谱和拉曼（Raman）光谱给出：$\tilde{\nu}_1=1340\text{cm}^{-1}$，$\tilde{\nu}_{2a}=\tilde{\nu}_{2b}=667\text{cm}^{-1}$，$\tilde{\nu}_3=2349\text{cm}^{-1}$。

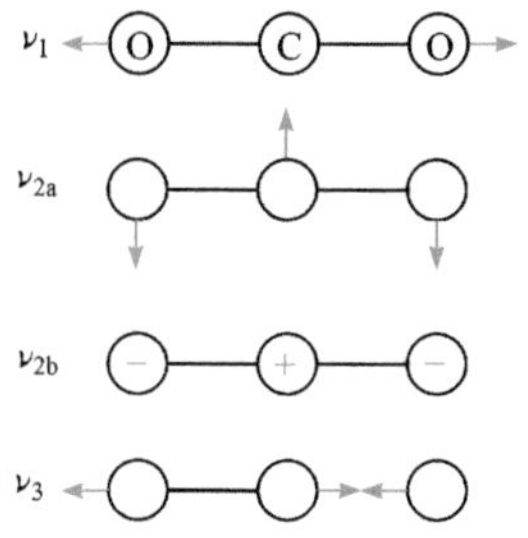

图 5-4 CO_2 的简正振动方式

对非线形分子 H_2O，有 $9-6=3$ 个振动自由度，就有 3 个简正振动方式，如图 5-5 所示。振动波数分别为 $\tilde{\nu}_1=3657\text{cm}^{-1}$，$\tilde{\nu}_2=1595\text{cm}^{-1}$，$\tilde{\nu}_3=3756\text{cm}^{-1}$。从量子力学可求出，由 n 个原子组成的一个多原子分子的振动能是 $(3n-5)$ 或 $(3n-6)$ 个一维谐振子的能量之和，即

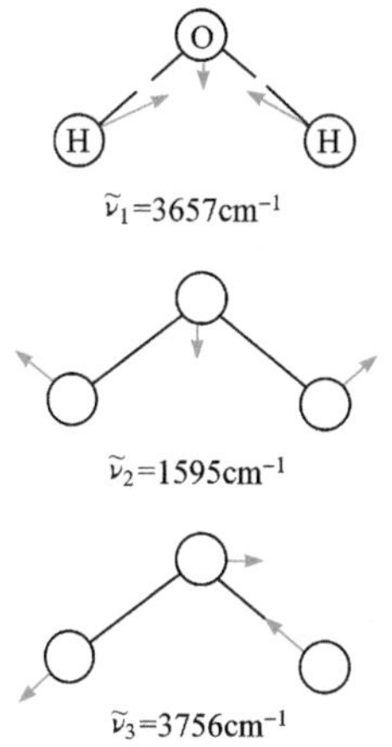

图 5-5 H_2O 的简正振动方式

$$\varepsilon_v=\sum_i\left(v_i+\frac{1}{2}\right)h\nu_i \tag{5-161}$$

式中，v_i 是振动量子数，$v_i=0,1,2,3,\cdots$；ν_i 是第 i 个一维谐振子的振动频率。对线形多原子分子，$i=3n-5$；对非线形多原子分子，$i=3n-6$。

$$\frac{1}{2}\sum_i h\nu_i=\varepsilon_v^{(0)} \tag{5-162}$$

$\varepsilon_v^{(0)}$ 是分子零点振动能。我们已知一个多原子分子的振动是 $(3n-5)$ 或 $(3n-6)$ 个简正振动方式的线性组合。因此，每一个简正振动方式相当于一个一维谐振子的振动。ν_i 也就是第 i 个简正振动方式的简正振动频率，$\Theta_{v,i}=\dfrac{h\nu_i}{k}$ 是第 i 个简正振动方式的振动特征温度。多原子分子的振动配分函数应是 $(3n-5)$ 或 $(3n-6)$ 个一维谐振子配分函数的连乘积。

根据式(5-150)，一维谐振子的配分函数可表示为

$$q_{v,i}=\frac{1}{1-\exp\dfrac{-h\nu_i}{kT}}=\frac{1}{1-\exp\dfrac{-\Theta_{v,i}}{T}} \tag{5-163}$$

式(5-163)求出的 $q_{v,i}$ 是以振动基态为能量零点的，即规定 $\varepsilon_v^{(0)}=\dfrac{1}{2}\sum_i h\nu_i=0$。一个多原子分子的振动配分函数为

$$q_v=\prod_i\frac{1}{1-\exp\dfrac{-h\nu_i}{kT}}=\prod_i\frac{1}{1-\exp\dfrac{-\Theta_{v,i}}{T}} \tag{5-164}$$

若一维谐振子的配分函数用式(5-148)表示，即未规定振动基态为能量零点，则有

$$q_{v,i}=\frac{\exp\dfrac{-h\nu_i}{2kT}}{1-\exp\dfrac{-h\nu_i}{kT}}=\frac{\exp\dfrac{-\Theta_{v,i}}{2T}}{1-\exp\dfrac{-\Theta_{v,i}}{T}} \tag{5-165}$$

一个多原子分子的振动配分函数为

$$q_v=\prod_i\frac{\exp\dfrac{-h\nu_i}{2kT}}{1-\exp\dfrac{-h\nu_i}{kT}}=\prod_i\frac{\exp\dfrac{-\Theta_{v,i}}{2T}}{1-\exp\dfrac{-\Theta_{v,i}}{T}} \tag{5-166}$$

式(5-164)和式(5-166)中，对线形多原子分子，$i=1,2,\cdots,(3n-5)$；对非线形多原子分子，$i=1,2,\cdots,(3n-6)$。通常为了计算简便，均采用式(5-164)计算多原子分子的振动配分函数。

振动对体系的能量和熵的贡献应为 $(3n-5)$ 或 $(3n-6)$ 项之和。将式

(5-164)代入式(5-105)得到由 N 个多原子分子组成的体系的振动能为

$$U_v = NkT^2 \frac{d\ln q_v}{dT} \tag{5-167}$$

将式(5-164)取对数,并对 T 微商得

$$\ln q_v = -\sum_i \ln\left(1 - \exp\frac{-\Theta_{v,i}}{T}\right) \tag{5-168}$$

$$\frac{d\ln q_v}{dT} = \sum_i \frac{\dfrac{\Theta_{v,i}}{T^2}}{\exp\dfrac{\Theta_{v,i}}{T} - 1} \tag{5-169}$$

将式(5-169)代入式(5-167)得

$$U_v = \sum_i \frac{Nk\Theta_{v,i}}{\exp\dfrac{\Theta_{v,i}}{T} - 1} \tag{5-170}$$

再次指出,用式(5-170)求得的体系振动能是以振动基态为能量零点的,即规定

$$U_v^{(0)} = \frac{N}{2}\sum_i h\nu_i = 0$$

将式(5-168)和式(5-169)代入式(5-104)得到体系的振动熵为

$$\begin{aligned} S_v &= Nk\ln q_v + NkT\frac{d\ln q_v}{dT} \\ &= Nk\sum_i\left[\frac{\dfrac{\Theta_{v,i}}{T}}{\exp\dfrac{\Theta_{v,i}}{T} - 1} - \ln\left(1 - \exp\frac{-\Theta_{v,i}}{T}\right)\right] \end{aligned} \tag{5-171}$$

一般来说,双原子分子的振动特征温度较高。在常温下,分子处于振动基态,振动对体系的热力学性质的贡献可忽略不计。但是,对于多原子分子特别是大分子,某些 $\Theta_{v,i}$ 值较低,在常温下,分子能达到某些简正振动方式的激发态。因此,多原子分子的振动对体系的热力学性质的贡献就比较大。

5.5.5 电子配分函数

根据式(5-98),一个分子的电子配分函数为

$$\begin{aligned} q_e &= \sum_i g_{e,i}\exp\frac{-\varepsilon_{e,i}}{kT} \\ &= g_{e,0}\exp\frac{-\varepsilon_{e,0}}{kT} + g_{e,1}\exp\frac{-\varepsilon_{e,1}}{kT} + g_{e,2}\exp\frac{-\varepsilon_{e,2}}{kT} + \cdots \\ &= \exp\frac{-\varepsilon_{e,0}}{kT}\left(g_{e,0} + g_{e,1}\exp\frac{-\Delta\varepsilon_1}{kT} + g_{e,2}\exp\frac{-\Delta\varepsilon_2}{kT} + \cdots\right) \end{aligned} \tag{5-172}$$

式中,$\Delta\varepsilon_1 = \varepsilon_{e,1} - \varepsilon_{e,0}$,$\Delta\varepsilon_2 = \varepsilon_{e,2} - \varepsilon_{e,0}$,…;$g_{e,0}$,$g_{e,1}$,$g_{e,2}$,…分别是各电子能级上的简并度。前已讨论过,电子的能级间距 $\Delta\varepsilon$ 较大,一般为 $100kT$。除少数例外,在进行化学反应的温度下,原子或分子中的电子处于基态,式(5-172)变为

$$q_e = \exp\frac{-\varepsilon_{e,0}}{kT} g_{e,0} \tag{5-173}$$

在计算电子配分函数时,同样规定电子在基态时能量为零,即 $\varepsilon_{e,0} = 0$,式(5-173)变为

$$q_e = g_{e,0} \tag{5-174}$$

这说明电子配分函数等于分子中电子在基态时的简并度。

对单原子分子，要确定 $g_{e,0}$ 的数值，就需要确定原子光谱项中能量最低的光谱支项 $^{2S+1}L_J$，$g_{e,0}=2J+1$，J 是原子中所有价电子的总角量子数。例如，Na 原子

$$3S^1 \qquad l=0 \qquad L=0 \qquad S=\frac{1}{2}$$

$$J=L+S=\frac{1}{2} \qquad g_{e,0}=2\times\frac{1}{2}+1=2$$

对双原子分子，$g_{e,0}$ 的数值由分子光谱项中能量最低的光谱项的自旋多重度（$2S+1$）来确定

$$g_{e,0} = 2S+1$$

式中，S 是分子中电子的总自旋量子数。对于大多数双原子分子来说，没有未成对电子，故 $S=0$，$2S+1=1$，电子基态是单态，$q_e=1$。对于有未成对电子的分子，如 O_2，有两个未成对电子，$S=\frac{1}{2}+\frac{1}{2}=1$，$g_{e,0}=2S+1=3$。对 NO，有一个未成对电子，$S=\frac{1}{2}$，$g_{e,0}=2S+1=2$。NO 分子的另一特点是电子的第一激发能级较低，即使在较低温度下，NO 的电子也能处于第一激发态，而且 $g_{e,1}=2$。

对大多数多原子分子，都没有未成对电子，故 $g_{e,0}=1$。

1. 电子运动对体系热力学能的贡献

将式(5-174)代入式(5-105)得

$$U_e = NkT^2\frac{\mathrm{d}\ln q_e}{\mathrm{d}T} = NkT^2\frac{\mathrm{d}\ln g_{e,0}}{\mathrm{d}T} = 0 \tag{5-175}$$

$g_{e,0}$ 由分子的性质决定，与温度无关。因此，电子运动对体系热力学能的贡献为零。但是应该注意，这是选择了电子基态为能量零点。若不规定电子基态的能量为零，则将式(5-173)代入式(5-105)得

$$U_e = N\varepsilon_{e,0} \tag{5-176}$$

但由于在通常情况下，在化学反应前后，分子中的电子仍处于基态，因此电子运动对体系热力学能变化值仍然没有影响（电子激发的情况除外）。

2. 电子运动对体系熵的贡献

由式(5-104)可得

$$S_e = Nk\ln q_e + NkT\frac{\mathrm{d}\ln q_e}{\mathrm{d}T} \tag{5-177}$$

将式(5-173)或式(5-174)代入式(5-177)得

$$S_e = Nk\ln g_{e,0} \tag{5-178}$$

对于大多数分子来说，$g_{e,0}=1$，因此电子运动对体系熵的贡献为零。但也有少数分子是例外。例如，对 NO 分子来说，已知 $g_{e,0}=2$，$g_{e,1}=2$，电子第一激发态与基态能级的波数差为 121cm^{-1}，NO 气体的电子摩尔热力学能和

电子摩尔熵可分别求算如下：

$$q_e = \exp\frac{-\varepsilon_{e,0}}{kT}\left(g_{e,0} + g_{e,1}\exp\frac{-\Delta\varepsilon_1}{kT}\right)$$

$$\frac{\Delta\varepsilon_1}{k} = \frac{hc\tilde{\nu}}{k} = 174.3\text{K}$$

$$q_e = \exp\frac{-\varepsilon_{e,0}}{kT}\left(2 + 2\exp\frac{-174.3\text{K}}{T}\right)$$

$$\ln q_e = -\frac{\varepsilon_{e,0}}{kT} + \ln 2 + \ln\left(1 + \exp\frac{-174.3\text{K}}{T}\right)$$

$$\frac{\mathrm{d}\ln q_e}{\mathrm{d}T} = \frac{\varepsilon_{e,0}}{kT^2} + \frac{\dfrac{174.3\text{K}}{T}}{\exp\dfrac{174.3\text{K}}{T} + 1}$$

$$U_{e,m} = N_A kT^2\frac{\mathrm{d}\ln q_e}{\mathrm{d}T} = N_A\varepsilon_{e,0} + \frac{174.3\text{K}\cdot N_A k}{\exp\dfrac{174.3\text{K}}{T} + 1}$$

$$S_{e,m} = N_A k\ln q_e + N_A kT\frac{\mathrm{d}\ln q_e}{\mathrm{d}T}$$

$$= N_A k\ln\left[2\left(1+\exp\frac{-174.3\text{K}}{T}\right)\right] + \frac{174.3\text{K}\cdot N_A k}{T}\frac{1}{\exp\dfrac{174.3\text{K}}{T}+1}$$

5.5.6 核配分函数

根据式(5-99)，分子的核自旋配分函数为

$$\begin{aligned} q_n &= \sum_i g_{n,i}\exp\frac{-\varepsilon_{n,i}}{kT} \\ &= g_{n,0}\exp\frac{-\varepsilon_{n,0}}{kT} + g_{n,1}\exp\frac{-\varepsilon_{n,1}}{kT} + \cdots \\ &= \exp\frac{-\varepsilon_{n,0}}{kT}\left(g_{n,0} + g_{n,1}\exp\frac{-\Delta\varepsilon_{n,1}}{kT} + \cdots\right) \end{aligned} \tag{5-179}$$

核能级差 $\Delta\varepsilon_{n,1}$ 值都很大，因此在一般温度下核激发的机会极小，核自旋都处于基态，式(5-179)可表示为

$$q_n = g_{n,0}\exp\frac{-\varepsilon_{n,0}}{kT} \tag{5-180}$$

同样规定，核基态为能量零点，即 $\varepsilon_{n,0}=0$，则式(5-180)可表示为

$$q_n = g_{n,0} \tag{5-181}$$

从量子力学可得到，分子核基态的简并度为各原子核基态的简并度的乘积

$$g_{n,0} = \prod_i (2i + 1) \tag{5-182}$$

式中，i 是原子核的核自旋量子数；$\prod$ 表示各原子的连乘积。

将式(5-180)代入式(5-105)得到核自旋对体系热力学能的贡献为

$$U_n = NkT^2\frac{\mathrm{d}\ln q_n}{\mathrm{d}T} = N\varepsilon_{n,0}$$

若规定核基态为能量零点，则将式(5-181)代入式(5-105)得

$$U_n = 0$$

将式(5-180)或式(5-181)代入式(5-104)得到核自旋对体系熵的贡献为

$$S_n = Nk\ln q_n + NkT\frac{\mathrm{d}\ln q_n}{\mathrm{d}T} = Nk\ln g_{n,0}$$

在物理化学所讨论的化学变化中，原子的核能态是维持不变的。因此，在化学反应中，$\Delta U_n = 0$，$\Delta S_n = 0$。在计算热力学量时，习惯上不考虑核自旋的贡献。在分子的全配分函数中也常忽略核配分函数。

以上我们解决了如何从分子的结构数据求算分子的各种运动形式的配分函数问题。分析分子所具有的运动形式，就可以得到一个非定域分子的全配分函数。

5.5.7　分子的全配分函数

1. 单原子分子的全配分函数

一个单原子分子只有平动、电子运动和核自旋运动，而没有转动和振动。因此，单原子分子的全配分函数可表示为

$$q = q_t q_e q_n = \left(\frac{2\pi mkT}{h^2}\right)^{3/2} V g_{e,0} g_{n,0} \tag{5-183}$$

2. 双原子分子的全配分函数

$$\begin{aligned} q &= q_t q_r q_v q_e q_n \\ &= \left(\frac{2\pi mkT}{h^2}\right)^{3/2} V \frac{8\pi^2 IkT}{\sigma h^2} \frac{1}{1-\exp\dfrac{-h\nu}{kT}} g_{e,0} g_{n,0} \\ &= \left(\frac{2\pi mkT}{h^2}\right)^{3/2} V \frac{T}{\sigma\Theta_r} \frac{1}{1-\exp\dfrac{-\Theta_v}{T}} g_{e,0} g_{n,0} \end{aligned} \tag{5-184}$$

*3. 线形多原子分子的全配分函数

$$q = q_t q_r q_v q_e q_n = \frac{(2\pi mkT)^{3/2} V}{h^3} \frac{T}{\sigma\Theta_r} \prod_{i=1}^{3n-5}\left(1-\exp\frac{-\Theta_{v,i}}{T}\right)^{-1} g_{e,0} g_{n,0} \tag{5-185}$$

*4. 非线形多原子分子的全配分函数

$$\begin{aligned} q &= q_t q_r q_v q_e q_n \\ &= \frac{(2\pi mkT)^{3/2} V}{h^3} \frac{\sqrt{\pi}(8\pi^2 kT)^{3/2}(I_A I_B I_C)^{1/2}}{\sigma h^2} \prod_{i=1}^{3n-6}\left(1-\exp\frac{-hc\tilde{\nu}_i}{kT}\right)^{-1} g_{e,0} g_{n,0} \\ &= \frac{(2\pi mkT)^{3/2} V}{h^3} \frac{\pi^{1/2}}{\sigma}\left[\frac{T^3}{\Theta_{r,A}\Theta_{r,B}\Theta_{r,C}}\right]^{1/2} \prod_{i=1}^{3n-6}\left(1-\exp\frac{-\Theta_{v,i}}{T}\right)^{-1} g_{e,0} g_{n,0} \end{aligned} \tag{5-186}$$

求得分子的全配分函数后，代入相应的体系的热力学性质统计力学表达式，就实现了从分子结构数据计算近独立非定域粒子体系的宏观性质的统计力学目的。但应该指出两点：①式(5-183)～式(5-186)配分函数表达式是以分子的基态作为能量零点的；②这些配分函数的表达式均是近似表达式，近似处在于：

(1) 将分子的运动分解为彼此独立、互不影响的各种运动形式。实际上，各种运动形式之间是彼此互相影响的。例如，分子的转动能与转动惯量 I 有关，而 I 又与核间距 r 有关，分子的振动又会引起核间距的改变。因此，振动会影响转动能级，振动基态时的转动能级与振动激发态时的转动能级是不相同的。对大多数分子来说，振动能级分开很远，占

据振动激发态的分子数很少。因此,假定振动与转动彼此独立,引起的误差不会太大。此外,电子能级与振动、转动能级的关系更大。因为电子的激发会改变分子的振动频率、键长和转动惯量,所以每一个电子能态都有它的振动能组和转动能组。分子的完整配分函数应表述为

$$q = q_t q_n \left(g_{e,0} \exp \frac{-\varepsilon_{e,0}}{kT} q_{r,v}^0 + g_{e,1} \exp \frac{-\varepsilon_{e,1}}{kT} q_{r,v}^1 + \cdots \right) \tag{5-187}$$

式中,$q_{r,v}^0$是在分子的电子基态时,转动与振动结合的配分函数;$q_{r,v}^1$是在电子的第一激发态时,分子的转动与振动结合的配分函数;……由于电子能级间隔很大,在实验室可达到的温度下,处于电子激发态的分子数极少,可忽略不计。这意味着式(5-187)中除第一项外,其余各项都去掉也不会引起明显的误差。

(2) 近似地将双原子分子的振动看作一维谐振子的简谐振动,将多原子分子的振动看作彼此独立的一维谐振子的简谐振动的线性组合。实际上,不完全是简谐振动。

(3) 将分子的转动近似地当作一个刚性转子的转动。实际上,分子不是刚性的,核间距由于振动而不断变化着。

尽管有这些近似,但分子配分函数的表达式还是抓住了分子的主要特征,只要温度不是太高或太低,其误差不会很大。检验分子配分函数的表达式是否正确,最好的方法是将从分子配分函数求得的体系热力学量,与实验测得的量进行比较,看它们是否一致。这也是检验统计力学处理是否正确的方法之一,下面以理想气体为例来说明这个问题。

5.6 理想气体

理想气体是典型的近独立非定域粒子体系。从热力学角度来看,无论是单原子分子气体、双原子分子气体,还是多原子分子气体,只要压力趋于零,都可当作理想气体。我们在这一节中用统计力学方法推导出理想气体状态方程,求出理想气体的摩尔热容和摩尔熵,并与实验值进行比较,以检验统计力学处理的正确性。

5.6.1 理想气体状态方程

根据式(5-76),1mol 理想气体的亥姆霍兹自由能为

$$A = -N_A kT - N_A kT \ln \frac{q}{N_A} \tag{5-188}$$

根据热力学关系式,理想气体的压力为

$$p = -\left(\frac{\partial A}{\partial V}\right)_T$$

将式(5-188)代入上式得

$$p = N_A kT \left(\frac{\partial \ln q}{\partial V}\right)_T \tag{5-189}$$

理想气体分子是近独立非定域粒子,分子的全配分函数中只有平动配分函数与体积有关。因此,式(5-189)可表示为

$$p = N_A kT \left(\frac{\partial \ln q_t}{\partial V}\right)_T = N_A kT \left[\frac{\partial \ln\left(\frac{2\pi mkT}{h^2}\right)^{3/2} V}{\partial V}\right]_T = \frac{N_A kT}{V} \tag{5-190}$$

这就从统计力学推导出理想气体状态方程。已知从实验得到的 1mol 理想气体状态方程为

$$p = \frac{RT}{V} \tag{5-191}$$

比较式(5-190)和式(5-191),得

$$k = \frac{R}{N_A} = 1.3805 \times 10^{-23}\,\mathrm{J \cdot K^{-1}}$$

这给出玻尔兹曼熵定理中 k 的物理意义,k 是一个气体分子的气体常数。

5.6.2 摩尔恒容热容

从实验得到单原子分子理想气体的 $C_{V,m} = \frac{3}{2}R$,双原子分子理想气体的 $C_{V,m} = \frac{5}{2}R$。现在从统计力学求出这些实验结果。摩尔恒容热容应是分子的各种运动形式的贡献的总和

$$C_{V,m} = \left(\frac{\partial U}{\partial T}\right)_V = \left(\frac{\partial U_t}{\partial T}\right)_V + \frac{dU_r}{dT} + \frac{dU_v}{dT} + \frac{dU_e}{dT} \tag{5-192}$$

式(5-192)没有考虑核运动的贡献,这是因为在通常温度范围内,核运动处于基态。此外,对大多数分子,电子运动也处于基态,也可忽略电子运动对气体热容的贡献。

1. 单原子分子理想气体

在电子未被激发的温度下,单原子分子只有平动对热容有贡献

$$C_{V,m} = \left(\frac{\partial U_t}{\partial T}\right)_V$$

将式(5-119)代入得

$$C_{V,m} = \left[\frac{\partial}{\partial T}\left(\frac{3}{2}N_A kT\right)\right]_V = \frac{3}{2}N_A k = \frac{3}{2}R$$

得到与实验值完全一致的结果。

2. 双原子分子理想气体

双原子分子在转动可激发,但振动和电子不激发的温度下,双原子分子理想气体的热容为

$$C_{V,m} = \left(\frac{\partial U_t}{\partial T}\right)_V + \frac{\partial U_r}{\partial T}$$

将式(5-119)和式(5-138)代入得

$$C_{V,m} = \frac{5}{2}R$$

双原子分子气体,除 NO(要考虑电子贡献)外,理论值与实验值十分接近。

*3. 线形多原子分子理想气体

在电子不激发的温度下,线形多原子分子有 3 个平动自由度、2 个转动自由度和 $(3n-5)$个振动自由度。分子运动形式对摩尔热容的贡献为

$$C_{V,m} = \left(\frac{\partial U_t}{\partial T}\right)_V + \frac{dU_r}{dT} + \frac{dU_v}{dT} \tag{5-193}$$

将式(5-119)、式(5-138)和式(5-170)代入得

$$C_{V,\mathrm{m}}=\frac{5R}{2}+R\sum_{i=1}^{3n-5}\frac{\mathrm{d}}{\mathrm{d}T}\left(\frac{\Theta_{\mathrm{v},i}}{\exp\frac{\Theta_{\mathrm{v},i}}{T}-1}\right)=\frac{5R}{2}+R\sum_{i=1}^{3n-5}\left[\left(\frac{\Theta_{\mathrm{v},i}}{T}\right)^2\frac{\exp\frac{\Theta_{\mathrm{v},i}}{T}}{\left(\exp\frac{\Theta_{\mathrm{v},i}}{T}-1\right)^2}\right]$$

(5-194)

对大多数多原子分子来说,在较低温度下也能占据振动激发态。因此,要考虑振动对热容的贡献。例如,CO_2 分子在 298.15K 时,振动特征温度 $\Theta_{\mathrm{v},i}$ 和$\frac{\Theta_{\mathrm{v},i}}{T}$值如下:

$\Theta_{\mathrm{v},i}/\mathrm{K}$	1390	3360	954	954
$\frac{\Theta_{\mathrm{v},i}}{T}$	6.34	11.27	3.20	3.20

将上述数值代入式(5-194),得到 CO_2 分子在 298.15K 的 $C_{V,\mathrm{m}}=3.48R$,这与实验值完全一致。

*4. 非线形多原子分子理想气体

在电子不激发的温度下,非线形多原子分子有 3 个平动自由度、3 个转动自由度和 $(3n-6)$个振动自由度,对摩尔热容的贡献为

$$C_{V,\mathrm{m}}=\left(\frac{\partial U_{\mathrm{t}}}{\partial T}\right)_V+\frac{\mathrm{d}U_{\mathrm{r}}}{\mathrm{d}T}+\frac{\mathrm{d}U_{\mathrm{v}}}{\mathrm{d}T} \tag{5-195}$$

将式(5-119)、式(5-145)和式(5-170)代入式(5-195)得

$$C_{V,\mathrm{m}}=3R+R\sum_{i=1}^{3n-6}\left[\left(\frac{\Theta_{\mathrm{v},i}}{T}\right)^2\frac{\exp\frac{\Theta_{\mathrm{v},i}}{T}}{\left(\exp\frac{\Theta_{\mathrm{v},i}}{T}-1\right)^2}\right] \tag{5-196}$$

理论值与实验值基本一致。

5.6.3 标准摩尔熵

在热力学中,从热容、蒸发热、熔化热及其他相变热的实验数据,借助热力学第三定律,可求出理想气体在 298.15K 和 10^5Pa 下的标准摩尔熵。因是从量热实验数据得出的,故称为量热熵(calorimetric entropy)$S^{\ominus}_{\mathrm{m,cal}}$。从分子结构数据,用统计力学方法计算出的熵称为统计熵(statistical entropy)$S^{\ominus}_{\mathrm{m,stat}}$。某些理想气体在 298.15K 和 10^5Pa 下的标准摩尔熵列于表 5-4 中。从表中的数值可看出,量热熵和统计熵在数值上能较好地符合,这就说明了统计力学理论处理的正确性。

表 5-4 某些气体在 298.15K 时的标准摩尔熵

气 体	$S^{\ominus}_{\mathrm{m,cal}}$ /(J·mol⁻¹·K⁻¹)	$S^{\ominus}_{\mathrm{m,stat}}$ /(J·mol⁻¹·K⁻¹)	气 体	$S^{\ominus}_{\mathrm{m,cal}}$ /(J·mol⁻¹·K⁻¹)	$S^{\ominus}_{\mathrm{m,stat}}$ /(J·mol⁻¹·K⁻¹)
Ne	146.23	146.5	CO_2	213.68	213.8
N_2	191.59	192.0	SO_2	247.99	247.9
O_2	205.14	205.4	NH_3	192.09	192.2
HCl	186.77	186.2	CH_3Cl	234.22	234.1
HBr	198.66	199.2	C_2H_4	219.53	219.6
HI	206.69	207.1	C_6H_6	269.28	269.7
Cl_2	223.05	223.1			

统计力学求算体系熵的方法前面已讨论过,现在归纳如下。

1. 单原子分子理想气体

单原子分子没有转动和振动，只有平动和电子运动。若不考虑核运动对体系热力学性质的贡献，则理想气体在 298.15K 和 $p^{\ominus}$ 下的标准摩尔统计熵为

$$S_{\mathrm{m}}^{\ominus}=S_{\mathrm{t,m}}^{\ominus}+S_{\mathrm{e,m}}^{\ominus} \tag{5-197}$$

将式(5-121)和式(5-178)代入(5-197)得

$$S_{\mathrm{m}}^{\ominus}=\frac{5}{2}R+R\ln\left[\left(\frac{2\pi mkT}{h^2}\right)^{3/2}\frac{V}{N_{\mathrm{A}}}\right]+R\ln g_{\mathrm{e,0}} \tag{5-198}$$

2. 双原子分子理想气体

考虑到分子的平动、转动、振动和电子运动对体系熵的贡献，可得到双原子分子理想气体在 298.15K 和 $p^{\ominus}$ 下的标准摩尔统计熵为

$$S_{\mathrm{m}}^{\ominus}=S_{\mathrm{t,m}}^{\ominus}+S_{\mathrm{r,m}}^{\ominus}+S_{\mathrm{v,m}}^{\ominus}+S_{\mathrm{e,m}}^{\ominus} \tag{5-199}$$

将式(5-121)、式(5-139)、式(5-160)和式(5-178)代入式(5-199)得

$$\begin{aligned}S_{\mathrm{m}}^{\ominus}=&\frac{5}{2}R+R\ln\left[\left(\frac{2\pi mkT}{h^2}\right)^{3/2}\frac{V}{N_{\mathrm{A}}}\right]+R+R\ln\frac{T}{\sigma\Theta_{\mathrm{r}}}\\&+R\frac{\frac{\Theta_{\mathrm{v}}}{T}}{\exp\frac{\Theta_{\mathrm{v}}}{T}-1}-R\ln\left(1-\exp\frac{-\Theta_{\mathrm{v}}}{T}\right)+R\ln g_{\mathrm{e,0}}\end{aligned} \tag{5-200}$$

*3. 线形多原子分子理想气体

线形多原子分子理想气体在 298.15K 和 $p^{\ominus}$ 下的标准摩尔统计熵为

$$S_{\mathrm{m}}^{\ominus}=S_{\mathrm{t,m}}^{\ominus}+S_{\mathrm{r,m}}^{\ominus}+S_{\mathrm{v,m}}^{\ominus}+S_{\mathrm{e,m}}^{\ominus} \tag{5-201}$$

将式(5-121)、式(5-139)、式(5-171)和式(5-178)代入式(5-201)得

$$\begin{aligned}S_{\mathrm{m}}^{\ominus}=&\frac{5}{2}R+R\ln\left[\left(\frac{2\pi mkT}{h^2}\right)^{3/2}\frac{V}{N_{\mathrm{A}}}\right]+R+R\ln\frac{T}{\sigma\Theta_{\mathrm{r}}}\\&+R\sum_{i=1}^{3n-5}\frac{\frac{\Theta_{\mathrm{v},i}}{T}}{\exp\frac{\Theta_{\mathrm{v},i}}{T}-1}-R\sum_{i=1}^{3n-5}\ln\left(1-\exp\frac{-\Theta_{\mathrm{v},i}}{T}\right)+R\ln g_{\mathrm{e,0}}\end{aligned} \tag{5-202}$$

*4. 非线形多原子分子理想气体

非线形多原子分子理想气体在 298.15K 和 $p^{\ominus}$ 下的标准摩尔统计熵为

$$S_{\mathrm{m}}^{\ominus}=S_{\mathrm{t,m}}^{\ominus}+S_{\mathrm{r,m}}^{\ominus}+S_{\mathrm{v,m}}^{\ominus}+S_{\mathrm{e,m}}^{\ominus} \tag{5-203}$$

将式(5-121)、式(5-146)、式(5-171)和式(5-178)代入式(5-203)得

$$\begin{aligned}S_{\mathrm{m}}^{\ominus}=&\frac{5}{2}R+R\ln\left[\left(\frac{2\pi mkT}{h^2}\right)^{3/2}\frac{V}{N_{\mathrm{A}}}\right]+\frac{3}{2}R+\frac{1}{2}R\ln\frac{\pi T^3}{\Theta_{\mathrm{rA}}\Theta_{\mathrm{rB}}\Theta_{\mathrm{rC}}}\\&-R\ln\sigma+R\sum_{i=1}^{3n-6}\frac{\frac{\Theta_{\mathrm{v}i}}{T}}{\exp\frac{\Theta_{\mathrm{v}i}}{T}-1}-R\sum_{i=1}^{3n-6}\ln\left(1-\exp\frac{-\Theta_{\mathrm{v}i}}{T}\right)+R\ln g_{\mathrm{e,0}}\end{aligned} \tag{5-204}$$

*5.7 正则系综

本节讨论的对象是由大量相互作用的粒子所组成的恒温恒容封闭体系。其目的是从

分子的性质和分子间的相互作用力，用正则系综的方法求出体系的宏观热力学性质。

知识点讲解视频

系综要点

(朱志昂)

5.7.1 系综

上面推导近独立粒子体系的热力学性质的统计力学表达式时，应用的是玻尔兹曼统计方法，其局限性在于：

(1) 玻尔兹曼统计只适用于近独立粒子体系。这个限制的来由是因为在所用的方法中，体系的能量表示为各粒子能量的加和，即

$$U = n_0\varepsilon_0 + n_1\varepsilon_1 + \cdots = \sum_j n_j\varepsilon_j$$

对于粒子间的相互作用力大到不能忽略的程度的体系，此关系式就不能成立。因此，玻尔兹曼统计不适用于相依粒子体系。

(2) 玻尔兹曼统计只适用于孤立体系。这是因为在推导玻尔兹曼分布时应用了等概率定理，而等概率定理只适用于孤立体系。

因此，严格地说，玻尔兹曼统计只适用于理想气体和理想晶体。我们实际遇到的体系是实际气体、液体、固体等。其粒子间的相互作用力很大，不能将它们近似地视作近独立粒子，体系的总能量也不再是每个粒子能量的总和。一个分子的能量与其他分子的行为有关，而且分子间的相互作用能大到可以与分子的动能相较量。因此，在这种情况下，忽略其他分子的行为而研究单个分子的行为已是不可能的了，只有研究整个体系的行为才是可行的。此外，一切实际体系无论如何都不是完全孤立的，总是与环境发生作用的。为了克服玻尔兹曼统计的局限性，使统计力学能处理相依粒子体系，吉布斯在 1901 年建立了系综统计力学。在玻尔兹曼统计中，统计单位是单个粒子，而在系综方法中，统计单位是整个体系。

什么是系综？系综是大量彼此独立的拷贝体系(replica system)的集合。拷贝体系的宏观性质与所研究体系的热力学性质完全相同。每一拷贝体系代表所研究体系的某一可能的微观运动状态。因此，系综是热力学体系所有可能的微观运动状态总和的形象化的模型。系综是一个客观上不存在的抽象概念，它是统计理论的一种表现形式。组成系综的拷贝体系的宏观状态是完全相同的，但其微观状态却彼此不同。因此，拷贝体系之间是可以区别的。拷贝体系之间可看作是彼此独立的，系综的能量是各拷贝体系的能量之和。但拷贝体系之间允许有能量交换和物质交换。每一个拷贝体系内包含什么内容没有限制，可以是多相的，可以含有相互作用的粒子。在系综中，拷贝体系的数目是任意大的。因此，无论将系综分成几个小部分，对每一小部分均可以用斯特林公式，而不会引起明显误差。系综可以视作一个孤立体系，因此可以应用等概率定理和玻尔兹曼熵定理。

系综统计力学方法的基本点在于，热力学体系的宏观可测物理量都是在测量时间内的统计平均值。由于体系的微观状态瞬变万千，即使测量时间非常短，体系的所有微观运动状态也都有可能出现，也就是在时间的进程中体系会以一定的概率出现在它的各个微观状态上。这样，体系的宏观热力学性质就是对体系的一切可能的微观运动状态求平均，而系综就是体系的一切可能微观运动状态总和的化身。因此，热力学体系的宏观性质就变成系综的平均值。体系的熵为$\langle S\rangle$，系综的熵为 S_{ens}，$\mathcal{N}$为构成系综的拷贝体系的数目，它们之间的关系为

$$\langle S\rangle = \frac{S_{ens}}{\mathcal{N}} \tag{5-205}$$

因此，只要能求出系综的热力学函数，取其平均值，就是体系的热力学函数。当然，这里讨论的体系仍然是指热力学平衡体系。

根据所研究体系的性质不同，系综又可分为以下几种：

(1) 微正则系综(micro-canonical ensemble)。由 U、V、N 恒定的孤立体系所组成的系综称为微正则系综。

(2) 正则系综(canonical ensemble)。由 T、V、N 恒定的封闭体系所组成的系综称为

正则系综。

(3) 巨正则系综(grand canonical ensemble)。由 T、V、μ(化学势)恒定的敞开体系所组成的系综称为巨正则系综。

前面讨论的玻尔兹曼方法就是微正则系综方法。

5.7.2 正则系综方法

1. 正则系综

正则系综是由大量 T、V、N 相同的拷贝体系所组成。由于拷贝体系与所研究体系在宏观性质上相同,因此今后常省略"拷贝"一词。也可以说,正则系综是由大量 T、V、N 相同的体系所组成。体系之间被刚性透热壁隔开,此种壁只允许能量通过,而不允许粒子通过。

因此,在平衡时,正则系综的每一单元(体系)将具有相同的温度 T,但每个单元的能量 U 并不要求相同。U 值可在系综平均值$\langle U\rangle$上下波动,因此组成系综的大量体系就有一个能量分布问题。系综平均值$\langle U\rangle$取决于整个系综的温度。整个系综被刚性绝热壁包围,所以系综可看作一个孤立体系,图 5-6 是正则系综示意图。N 是体系包含的粒子数,$\mathcal{N}$ 是组成系综的体系的数目,$\mathcal{N}$ 是很大的数目,可认为 $\mathcal{N}\to\infty$。组成正则系综的每一个体系具有相同的 T、V、N。

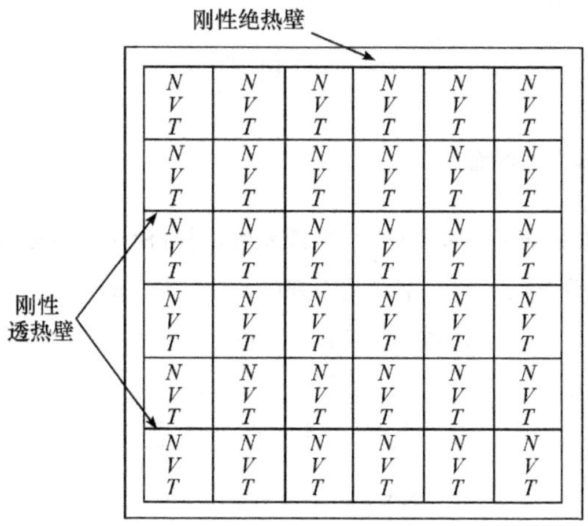

图 5-6 正则系综示意图

2. 正则系综方法的要点

正则系综可看作一个孤立体系,所以 5.2 中讨论的统计力学基本定理均可适用。根据玻尔兹曼熵定理,系综的熵为

$$S_{ens} = k\ln\Omega_{tot} \tag{5-206}$$

只要能求出系综的总微观状态数 Ω_{tot},就能求出系综的熵 S_{ens},其他的系综热力学函数也能求出,取其平均值,就能得到体系的热力学函数。如何求 Ω_{tot} 呢? 由于系综中的每一体系代表体系的一个可能微观运动状态,因而体系之间是可区别的。这样,就能应用近独立可别粒子体系的玻尔兹曼统计方法,以系综的最概然分布所拥有的最多微观状态数 Ω_{max} 代替 Ω_{tot}。在应用玻尔兹曼统计时,只要将统计单位提高一个级别:将玻尔兹曼统计中的体系换成正则系综方法中的系综;将粒子换成体系;将体系的最概然分布换成系综的最概然分布;将粒子的配分函数换成体系的配分函数;将体系的热力学函数统计表达式换成系综的热力学函数统计表达式。下面我们简单地讨论正则系综的方法。

3. 正则系综的某一能量分布的微观状态数 Ω_i 的表达式

设系综的总能量为 $\mathscr{E}$,总体积为 $\mathscr{V}$,体系数目为 $\mathscr{N}$。由于系综是孤立体系,故 $\mathscr{E}$、$\mathscr{V}$、$\mathscr{N}$ 有确定的数值。设所研究热力学体系具有可能的分立的能量(能级)为 $U_0,U_1,U_2,\cdots$,能级上的简并度为 $\omega_0,\omega_1,\omega_2,\cdots$,系综中的每一体系都具有同样的能级和简并度。每一体系在某一时刻,在这些能级上可能出现或不出现,不同时刻,在每个能级上体系的数目不同。因此,不同时刻,系综的 $\mathscr{N}$ 个体系在体系的能级上有不同的分布数 $\mathscr{N}_i$。

体系能级	U_0	U_1	U_2	$\cdots$	U_i
简并度	ω_0	ω_1	ω_2	$\cdots$	ω_i
t 时刻分布数	$\mathscr{N}_0$	$\mathscr{N}_1$	$\mathscr{N}_2$	$\cdots$	$\mathscr{N}_i$
t' 时刻分布数	$\mathscr{N}_0'$	$\mathscr{N}_1'$	$\mathscr{N}_2'$	$\cdots$	$\mathscr{N}_i'$

每一套分布数 $\mathscr{N}_0,\mathscr{N}_1,\mathscr{N}_2,\cdots,\mathscr{N}_i$ 称为系综的某一能量分布类型。每种分布类型都应满足宏观限制条件

$$\sum_i \mathscr{N}_i = \sum_i \mathscr{N}_i' = \cdots = \mathscr{N} \tag{5-207}$$

$$\sum_i \mathscr{N}_i U_i = \sum_i \mathscr{N}_i' U_i = \cdots = \mathscr{E} \tag{5-208}$$

应用类似求近独立可别粒子体系的某一能量分布微观状态数的方法,得到系综的某一能量分布的微观状态数表达式

$$\Omega_i = \mathscr{N}!\prod_i \frac{\omega_i^{\mathscr{N}_i}}{\mathscr{N}_i!} \tag{5-209}$$

4. 系综的最概然分布

应用拉格朗日未定乘子法求出使 Ω_i 为最大值,同时满足宏观限制条件式(5-207)和式(5-208)的最概然分布数 $\mathscr{N}_i^*$。$\mathscr{N}_i^*$ 应是下列$(i+2)$个方程的解:

$$\left.\begin{aligned}&\frac{\partial \ln\Omega_i}{\partial \mathscr{N}_i}+\alpha\frac{\partial g}{\partial \mathscr{N}_i}+\beta\frac{\partial h}{\partial \mathscr{N}_i}=0\\&g=\sum_i \mathscr{N}_i-\mathscr{N}=0\\&h=\sum_i \mathscr{N}_i U_i-\mathscr{E}=0\end{aligned}\right\} \tag{5-210}$$

$i=0,1,2,\cdots$,表示能级的序数

将式(5-209)取对数,应用斯特林公式,求出相应的偏微分代入式(5-210),得到最概然分布 $\mathscr{N}_i^*$ 为

$$\mathscr{N}_i^* = \omega_i e^{\alpha} e^{\beta U_i} \tag{5-211}$$

类似玻尔兹曼统计方法,将式(5-211)代入式(5-207)得

$$e^{\alpha} = \frac{\mathscr{N}}{\sum_i \omega_i \exp\frac{-U_i}{kT}} \tag{5-212}$$

定义

$$\sum_i \omega_i \exp\frac{-U_i}{kT} \equiv Z \tag{5-213}$$

Z 称为体系的正则配分函数。则式(5-212)可表示为

$$e^{\alpha} = \frac{\mathscr{N}}{Z} \tag{5-214}$$

类似玻尔兹曼统计方法,可求出 $\beta=-\frac{1}{kT}$。 (5-215)

将式(5-214)和式(5-215)代入式(5-211),得到系综的最概然分布表达式

$$\mathcal{N}_i^* = \frac{\mathcal{N}\omega_i \exp\dfrac{-U_i}{kT}}{Z} \tag{5-216}$$

式中，U_i 是体系第 i 能级的能量；ω_i 是 U_i 能级上的简并度(量子状态数)；$\mathcal{N}_i^*$ 是在 U_i 能级上体系的数目(概率最大)；$\mathcal{N}$是系综中体系的数目。在平衡时，能量为 U_i 的体系出现的概率为

$$P(U_i) = \frac{\mathcal{N}_i^*}{\mathcal{N}} = \frac{\omega_i \exp\dfrac{-U_i}{kT}}{Z} \tag{5-217}$$

5. 最概然分布的微观状态数 $\Omega_{\max}$

$$\Omega_{\max} = \mathcal{N}!\prod_i \frac{\omega_i^{\mathcal{N}_i^*}}{\mathcal{N}_i^*!} \tag{5-218}$$

6. 系综的热力学函数的统计表达式

1) 系综的熵 S_{ens}

$$S_{\text{ens}} = k\ln\Omega_{\text{tot}} = k\ln\Omega_{\max} \tag{5-219}$$

将式(5-216)和式(5-218)代入式(5-219)得

$$S_{\text{ens}} = \mathcal{N}k\ln Z + \frac{\mathscr{E}}{T} \tag{5-220}$$

2) 系综的热力学能 $\mathscr{E}$

根据式(5-208)有

$$\mathscr{E} = \sum_i \mathcal{N}_i^* U_i$$

将式(5-216)代入，并经运算得

$$\mathscr{E} = \mathcal{N}kT^2\left(\frac{\partial \ln Z}{\partial T}\right)_V \tag{5-221}$$

将式(5-221)代入式(5-220)，得到系综熵的另一表达式

$$S_{\text{ens}} = \mathcal{N}k\ln Z + \mathcal{N}kT\left(\frac{\partial \ln Z}{\partial T}\right)_V \tag{5-222}$$

3) 系综的亥姆霍兹自由能 A_{ens}

$$A_{\text{ens}} = \mathscr{E} - TS_{\text{ens}} = -\mathcal{N}kT\ln Z \tag{5-223}$$

7. 体系的热力学函数的统计力学表达式

前面已说过，体系的热力学函数是系综的热力学函数的平均值。将式(5-221)～式(5-223)除以系综中体系的数目 $\mathcal{N}$，即得体系的热力学函数。

体系的热力学能 $\langle U\rangle$

$$\langle U\rangle = \frac{\mathscr{E}}{\mathcal{N}} = kT^2\left(\frac{\partial \ln Z}{\partial T}\right)_V \tag{5-224}$$

体系的熵 $\langle S\rangle$

$$\langle S\rangle = \frac{S_{\text{ens}}}{\mathcal{N}} = k\ln Z + \frac{\langle U\rangle}{T} = k\ln Z + kT\left(\frac{\partial \ln Z}{\partial T}\right)_V \tag{5-225}$$

体系的亥姆霍兹自由能 $\langle A\rangle$

$$\langle A\rangle = \frac{A_{\text{ens}}}{\mathcal{N}} = -kT\ln Z \tag{5-226}$$

体系的压力 $\langle p\rangle$

$$\langle p\rangle = -\left(\frac{\partial\langle A\rangle}{\partial V}\right)_T = kT\left(\frac{\partial \ln Z}{\partial V}\right)_T \tag{5-227}$$

体系的化学势$\langle\mu\rangle$

$$\langle\mu\rangle=\left(\frac{\partial\langle A\rangle}{\partial N}\right)_{T,V}=-kT\left(\frac{\partial\ln Z}{\partial N}\right)_{T,V} \tag{5-228}$$

以上得到的热力学函数是正则系综的平均值,它与实验测得的体系热力学函数 S、U、A、p、μ 没有什么区别,或者说我们无法区别它们。因此,系综的平均值就代表了体系的热力学函数。

5.7.3 正则配分函数

正则配分函数又称为体系配分函数,其定义为

$$Z=\sum_{\text{能级}}\omega_i\exp\frac{-U_i}{kT} \tag{5-229}$$

或

$$Z=\sum_{\text{量子状态}}\exp\frac{-U_i}{kT} \tag{5-230}$$

正则配分函数 Z 与体系的宏观条件有关

$$Z=Z(T,V,N)$$

此外,还与体系的微观性质、能级 U_i、能级上的简并度 ω_i 有关。而 U_i 和 ω_i 又与粒子的微观性质和粒子间的相互作用有关。为了求算正则配分函数,首先讨论正则配分函数的析因子性质(factorization)。

1. 析因子性质

与分子配分函数的性质相似,正则配分函数也有析因子性质,或者说正则配分函数允许有两个假设:

(1) 若体系是由两个或更多的可区别的子体系(sub-system) A,B,…组成,子体系 A,B,…的体积固定,彼此间独立无关,则体系的能量可表示为各子体系能量的加和,子体系间的势能项不存在或可忽略不计,即有

$$U_i=U_{i,\mathrm{A}}+U_{i,\mathrm{B}}+\cdots \tag{5-231}$$

$$\omega_i=\omega_{i,\mathrm{A}}\omega_{i,\mathrm{B}}\cdots \tag{5-232}$$

将式(5-231)和式(5-232)代入式(5-229)得

$$\begin{aligned}Z&=\sum_i\omega_i\exp\frac{-U_i}{kT}\\&=\sum_i\omega_{i,\mathrm{A}}\omega_{i,\mathrm{B}}\cdots\exp\frac{-(U_{i,\mathrm{A}}+U_{i,\mathrm{B}}+\cdots)}{kT}\\&=\sum_{i,\mathrm{A}}\omega_{i,\mathrm{A}}\exp\frac{-U_{i,\mathrm{A}}}{kT}\sum_{i,\mathrm{B}}\omega_{i,\mathrm{B}}\exp\frac{-U_{i,\mathrm{B}}}{kT}\cdots\\&=Z_\mathrm{A}Z_\mathrm{B}\cdots\end{aligned} \tag{5-233}$$

从式(5-233)可看出,体系的正则配分函数是彼此独立的子体系的正则配分函数的乘积。

(2) 若体系的各种运动自由度是彼此独立的,体系的能量是各自由度能量之和

$$U=U_a+U_b+U_c+\cdots$$

则体系的正则配分函数可表示为各独立自由度的正则配分函数的乘积

$$Z=Z_aZ_bZ_c\cdots \tag{5-234}$$

2. 近独立同种的定域粒子体系的 Z

组成体系的粒子间是彼此独立的,虽然是同种的,但是定域的,故可根据其所在位置区别它们。根据正则配分函数的析因子性质,将独立的定域粒子当作子体系,则由 N 个定域粒子组成的体系的正则配分函数应是各粒子配分函数的乘积,可表示为

$$Z=q_1q_2\cdots q_N \tag{5-235}$$

由于是同种粒子，故

$$q_1 = q_2 = \cdots = q_N \tag{5-236}$$

将式(5-236)代入式(5-234)得

$$Z = q^N \tag{5-237}$$

式中，Z 是 N 个近独立定域粒子组成的体系的正则配分函数；q 是一个近独立定域粒子的配分函数。

3. 近独立同种的非定域粒子体系的 Z

我们这里仍然只讨论遵守玻尔兹曼统计的非定域粒子体系，即只讨论修正的玻尔兹曼体系。只要对近独立定域粒子体系的配分函数 Z 进行等同性修正，就可得到近独立非定域粒子体系的正则配分函数

$$Z = \frac{q^N}{N!} \tag{5-238}$$

式(5-238)在极低温度时不适用，因为在极低温度时近独立非定域粒子体系不遵守玻尔兹曼统计，而是遵守费米统计或玻色统计。

理想气体是近独立非定域粒子体系，知道了体系的 Z，就能求出理想气体的热力学函数。例如，理想气体的亥姆霍兹自由能 A，根据式(5-226)和式(5-238)可得

$$A = -kT\ln Z = -kT\ln\frac{q^N}{N!} = -NkT\ln q + NkT\ln N - NkT = -NkT - NkT\ln\frac{q}{N}$$

上式与修正的玻尔兹曼统计的表达式[式(5-76)]完全一样，这也检验了正则系综方法的可靠性。

4. 近独立异种粒子的均相体系的 Z

1) 两种理想气体的混合物

含有 N 个 A 分子和 M 个 B 分子的理想气体混合物的正则配分函数为

$$Z = Z_A Z_B = \frac{q_A^N}{N!}\frac{q_A^M}{M!} \tag{5-239}$$

2) 两种近独立定域粒子的混合物

由 N 个 A 分子和 M 个 B 分子组成的混合物，分子间是独立的，两种分子的大小和形状相同，而且是定域的。混合物的正则配分函数似乎应该是

$$Z = Z_A Z_B = q_A^N q_B^M \tag{5-240}$$

但由于 A 和 B 是可区别的，两者交换位置产生的可区别的排列方式数为 $\frac{(N+M)!}{N!\ M!}$，故式(5-240)应乘上这一因子。因此，两种定域粒子混合物的正则配分函数为

$$Z = \frac{(N+M)!}{N!M!}Z_A Z_B = \frac{(N+M)!}{N!M!}q_A^N q_B^M \tag{5-241}$$

*5.8 热力学定律的统计力学解释

知识点讲解视频

热力学定律的统计力学解释

(朱志昂)

本节我们用统计力学方法，从微观角度来解释热力学定律的本质。

5.8.1 热力学第一定律

对在恒定组成封闭体系中发生的微小可逆变化，其热力学第一定律的数学表达式为

$$dU = \delta Q_R + \delta W_R$$

式中，dU 是体系热力学能的改变；δQ_R 是体系从环境吸收的可逆热量；δW_R 是环境对体系所做的可逆功；$-\delta W_R$ 是体系对环境所做的可逆功。

在近独立粒子体系的玻尔兹曼统计中，体系的热力学能 U 为

$$U=\sum_j n_j\varepsilon_j \tag{5-242}$$

式中，n_j 表示在 ε_j 能级上的粒子数；$\sum\limits_j$ 表示对所有的能级 j 求和；U 就是组成体系的近独立粒子的能量之和。而每个近独立粒子的能量 ε_j 又是粒子的各种运动形式的能量之和

$$\varepsilon_j=\varepsilon_t+\varepsilon_r+\varepsilon_v+\varepsilon_e+\varepsilon_n$$

因此，近独立粒子体系的热力学能是组成体系的所有粒子的各种运动形式的能量之和。对于相依粒子体系来说，体系的热力学能除包含各个粒子的动能外，还要包含粒子间的相互作用能

$$U=\sum_j n_j\varepsilon_j+U_I(r)$$

由于人们对粒子内部运动形式的认识还没有终止，因此不能知道粒子能量的绝对值，只能求出相对于某一能量零点的相对值。根据式(5-242)有

$$dU=\sum_j\varepsilon_j dn_j+\sum_j n_j d\varepsilon_j \tag{5-243}$$

从热力学知道，封闭体系热力学能的改变是由于体系与环境之间以功或热量的形式交换了能量。从式(5-243)可知，体系热力学能的改变或是由于粒子在能级上的分布数的改变，即 $\sum\limits_j\varepsilon_j dn_j$ 项；或是由于能级的升高或降低，即 $\sum\limits_j n_j d\varepsilon_j$ 项。因此，这两项中必定有一项与功相联系，另一项与热相联系。我们知道，粒子边界参数的变化将引起粒子能级的改变。例如，体积的变化将引起粒子平动能级的改变。因此，$\sum\limits_j n_j d\varepsilon_j$ 项必然代表体积功。这可以证明如下，若边界参数只是体积，这相当于体系只做体积功，则

$$\sum_j n_j d\varepsilon_j=\sum_j n_j\left(\frac{\partial\varepsilon_j}{\partial V}\right)_{T,N}dV \tag{5-244}$$

根据玻尔兹曼分布公式

$$n_j=\frac{N}{q}g_j\exp\frac{-\varepsilon_j}{kT}$$

$$\varepsilon_j=-kT\left(\ln\frac{n_j}{Ng_j}+\ln q\right)$$

在恒温条件下，式中只有 $\ln q$ 项与体积 V 有关。利用 $p=-\left(\frac{\partial A}{\partial V}\right)_T$ 和式(5-76)，可得

$$\left(\frac{\partial\varepsilon_j}{\partial V}\right)_{T,N}=-kT\left(\frac{\partial\ln q}{\partial V}\right)_{T,N}=-p_j \tag{5-245}$$

式中，p_j 是在 j 能级上的一个粒子所显示出的压力。将式(5-245)代入式(5-244)得

$$\sum_j n_j d\varepsilon_j=-\sum_j n_j p_j dV=-dV\sum_j n_j p_j=-p dV=\delta W_R \tag{5-246}$$

式中，$\sum\limits_j n_j p_j$ 是各个粒子显示出的压力之和，即体系的压力 p。因此，$\sum\limits_j n_j d\varepsilon_j$ 可解释如下：为了使能级从 ε_j 改变到 $\varepsilon_j+d\varepsilon_j$ 而保持粒子在能级上的分布数不变所必须对体系所做的功。从统计力学观点看，体积功的意义是改变粒子的能级，而不改变能级上的粒子分布数。环境对体系做功，提高组成体系的粒子的能级；体系对环境做功，降低粒子的能级。这可从粒子的平动能级公式清楚地看出

$$\varepsilon_t=\frac{h^2}{8mV^{2/3}}(n_x^2+n_y^2+n_z^2)$$

一个可逆压缩过程是环境对体系做功，使体系的体积缩小，由上式可知，粒子的能级提高。一个可逆膨胀过程是体系对环境做功，使体系的体积增大，粒子的能级降低。

既然式(5-243)中的 $\sum\limits_j n_j d\varepsilon_j$ 代表功，则 $\sum\limits_j\varepsilon_j dn_j$ 必然代表热

$$\delta Q_R=\sum_j\varepsilon_j dn_j=-k\sum_j\left(\ln\frac{n_j}{Ng_j}+\ln q\right)dn_j \tag{5-247}$$

从统计力学观点看，热是由于粒子在能级上的重新分布而引起的体系的热力学能改变。当体系吸热时，δQ_R 为正值，$\sum_j \varepsilon_j \mathrm{d}n_j$ 也为正值，当能级从 ε_j 增加到 $\varepsilon_j+\mathrm{d}\varepsilon_j$ 时，$\mathrm{d}n_j$ 为正值，高能级上分布的粒子数增加，低能级上分布的粒子数减少。当体系放热时，δQ_R 为负值，$\sum_j \varepsilon_j \mathrm{d}n_j$ 也为负值，能级从 ε_j 增加到 $\varepsilon_j+\mathrm{d}\varepsilon_j$ 时，$\mathrm{d}n_j$ 为负值，高能级上分布的粒子数减少，低能级上分布的粒子数增加。

可逆功和可逆热量之间的统计力学差别如图5-7所示，图中横坐标表示粒子在能级上的分布数。图5-7(a)表示最初分布，(b)表示体系吸热后的分布，(c)表示体系得功后的分布。由图5-7可知，体系吸热后，低能级上的粒子分布数降低了，高能级上的粒子分布数增加了，但能级保持不变。体系得功后，粒子的能级提高了，但能级上的粒子分布数保持不变。

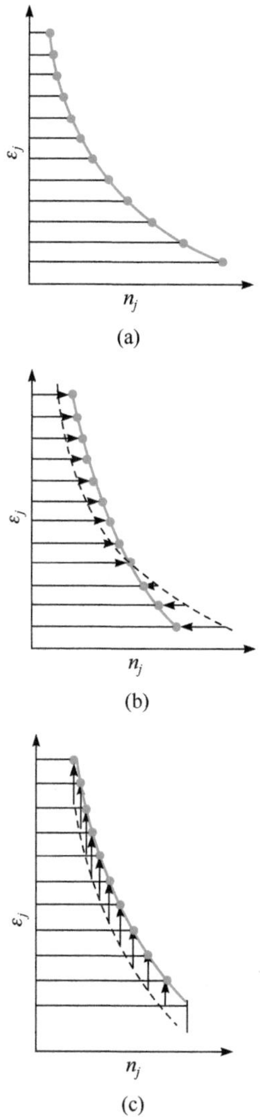

图5-7 可逆过程热量和功的统计意义

5.8.2 热力学第二定律

1. 熵是什么

从玻尔兹曼统计我们得到

$$S = k\ln\Omega = k\ln t_m$$

这是孤立体系达到热力学平衡时，熵与微观状态数之间的关系。式中，Ω 是孤立体系达到热力学平衡时的总微观状态数；t_m 是孤立体系达到热力学平衡时的最概然分布的微观状态数，即实现最概然分布的方式数，又称为热力学概率。某一宏观状态拥有的微观状态越多，其混乱程度越高。从这个意义上来说，熵是体系的混乱程度的量度，或称无序性的量度。混乱程度越高，熵就越大。更确切地说，体系拥有的自由度越多，熵就越大。从另一方面来看，热力学概率正比于数学概率，所以熵是概率大小的量度。体系的熵越大，则体系的概率也越大。孤立体系中发生的一切自发过程，体系的熵总是增加的，达到平衡时熵为最大。因此，孤立体系中发生的一切自发过程，体系的微观状态数总是增加的，总是从有序向无序方向进行，或者说从概率小的向概率大的方向进行。达到热力学平衡时，体系的微观状态数最多，混乱度最高，概率最大。

2. 孤立体系的熵增加原理

热力学第二定律告诉我们，孤立体系中发生的一切自发过程，体系的熵总是增加的，满足下列关系式：

$$\left(\frac{\partial S}{\partial \xi}\right)_{U,V,N} \geqslant 0 \tag{5-248}$$

式中，ξ 表示任一可能过程的反应进度。

现在用统计力学方法来得到此关系式，并用一个具体例子的计算来说明孤立体系的熵增加原理。在孤立体系的玻尔兹曼统计中，我们已得到体系达到平衡时，其微观状态数达到最大值。孤立体系中发生的自发过程，其始态是非平衡态，其微观状态数可近似地用离这非平衡态不远的平衡态的微观状态数代替。随着过程的进行，微观状态数是增加的，达到平衡时，体系的微观状态数达到极大值，即有下列关系式：

$$\left(\frac{\partial \ln\Omega}{\partial \xi}\right)_{U,V,N} \geqslant 0 \tag{5-249}$$

利用玻尔兹曼熵定理，即可由式(5-249)得到式(5-248)。

下面以理想气体的混合过程来说明孤立体系的熵增加原理。设有 n_A 的A种理想气体，n_B 的B种理想气体，其间用透热隔板分开，如图5-8(a)所示。A种理想气体的体积为 V_A，A分子的能级为 ε_i，简并度为 g_i，i 能级上分布的分子数为 n_i，一个A分子的配分函数为 q_A。B种理想气体的体积为 V_B，B分子的能级为 ε_j，简并度为 g_j，j 能级上分布的分子

数为 n_j，一个 B 分子的配分函数为 q_B，且 $V_A=V_B$。

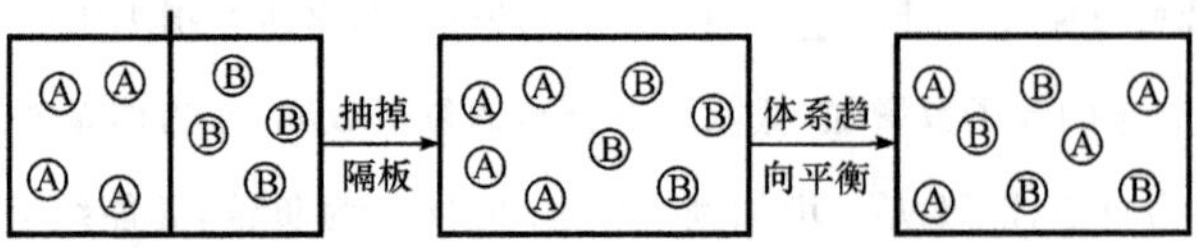

图 5-8 理想气体的不可逆混合

当隔板被抽掉后，两种气体就自发混合，图 5-8(b)表示体系处于非平衡态，这是自发混合过程的始态。最后达到热力学平衡态，如图 5-8(c)所示。这两种气体用绝热刚性壁包围起来，可视作一个孤立体系。由热力学第二定律计算得此混合过程的熵变为

$$\Delta S = n_A R\ln\frac{V_A+V_B}{V_A} + n_B R\ln\frac{V_A+V_B}{V_B} = (n_A+n_B)R\ln 2 \tag{5-250}$$

混合前孤立体系的熵

$$S_{前} = S_A + S_B$$

理想气体是近独立非定域粒子体系，根据式(5-74)，熵的统计表达式为

$$S = Nk + Nk\ln\frac{q}{N} + \frac{U}{T}$$

现在 $N=n_A N_A$（N_A 是阿伏伽德罗常量），因此

$$S_A = n_A N_A k + n_A N_A k\ln\frac{q_A}{n_A N_A} + \frac{U_A}{T}$$

$$S_B = n_B N_A k + n_B N_A k\ln\frac{q_B}{n_B N_A} + \frac{U_B}{T}$$

$$U_A + U_B = U$$

$$S_{前} = n_A N_A k\ln\frac{q_A}{n_A N_A} + n_B N_A k\ln\frac{q_B}{n_B N_A} + (n_A+n_B)N_A k + \frac{U}{T} \tag{5-251}$$

式中

$$q_A = (q_t q_r q_v q_e)_A = \frac{(2\pi m_A kT)^{3/2}V_A}{h^3}(q_r q_v q_e)_A = q'_A V_A$$

$$q'_A = \frac{(2\pi m_A kT)^{3/2}}{h^3}(q_r q_v q_e)_A$$

同理，$q_B = q'_B V_B$。

$$q'_B = \frac{(2\pi m_B kT)^{3/2}}{h^3}(q_r q_v q_e)_B$$

由于熵具有加和性，因而混合后孤立体系的熵 $S_{后}$ 等于 A 种气体的熵 S_A^* 和 B 种气体的熵 S_B^* 之和，即

$$S_{后} = S_A^* + S_B^*$$

$$S_A^* = n_A N_A k + n_A N_A k\ln\frac{q_A^*}{n_A N_A} + \frac{U_A}{T}$$

$$S_B^* = n_B N_A k + n_B N_A k\ln\frac{q_B^*}{n_B N_A} + \frac{U_B}{T}$$

$$S_{后} = n_A N_A k\ln\frac{q_A^*}{n_A N_A} + n_B N_A k\ln\frac{q_B^*}{n_B N_A} + (n_A+n_B)N_A k + \frac{U}{T} \tag{5-252}$$

式中，q_A^* 是混合后一个 A 分子的配分函数。混合后一个 A 分子平动的体积由 V_A 增至 (V_A+V_B)，引起平动能级的减小，使分子的配分函数增加。

$$q_A^* = (q_t q_r q_v q_e)_A^* = \frac{(2\pi m_A kT)^{3/2}(V_A+V_B)}{h^3}(q_r q_v q_e)_A^* = q_A^{*\prime}(V_A+V_B)$$

同理，$q_B^* = q_B^{*\prime}(V_A+V_B)$。

将式(5-252)减去式(5-251)得混合过程的熵变

$$\Delta S = S_{后} - S_{前}$$
$$= n_A N_A k\ln\frac{q_A^*}{q_A} + n_B N_A k\ln\frac{q_B^*}{q_B}$$
$$= n_A N_A k\ln\frac{q_A^{*\prime}(V_A+V_B)}{q_A{}'V_A} + n_B N_A k\ln\frac{q_B^{*\prime}(V_A+V_B)}{q_B{}'V_B} \tag{5-253}$$

式中，$q_A{}'$是混合前除体积因子外的一个 A 分子的全配分函数；$q_A^{*\prime}$是混合后除体积因子以外的一个 A 分子的全配分函数。由于理想气体在混合前后只发生了分子运动体积的变化，而分子的内部性质并未发生变化，因此 $q_A^{*\prime}=q_A{}'$。同理有$q_B^{*\prime}=q_B$。因此，式(5-253)可写成

$$\Delta S = n_A N_A k\ln\frac{(V_A+V_B)}{V_A} + n_B N_A k\ln\frac{(V_A+V_B)}{V_B}$$
$$= n_A N_A k\ln2 + n_B N_A k\ln2$$
$$= (n_A+n_B)N_A k\ln2 > 0 \tag{5-254}$$

由式(5-254)可知，孤立体系中的理想气体的自发混合过程，由于分子运动体积的增大，分子的配分函数 q 增加了。可以证明，对近独立非定域粒子体系有

$$\Omega \approx t_m = \frac{q^N}{N!}\exp\frac{U}{kT}$$

分子配分函数的增加使得体系的微观状态数增加，体系的熵也就增加。这就从微观角度解释了热力学第二定律的结果——孤立体系的熵增加原理。

同一自发过程从热力学计算出的熵变应与统计力学计算出的熵变相等，即式(5-254)应等于式(5-250)。两式相比得

$$N_A k = R \qquad k = \frac{R}{N_A} = 1.3805\times10^{-23}\,\text{J}\cdot\text{K}^{-1}$$

这就又一次得到玻尔兹曼熵定理公式中的常数 k，它是一个分子的气体常数，称为玻尔兹曼常量。

5.8.3　热力学第三定律

1. 熵的统计力学表达式中的常数 C

在讨论玻尔兹曼熵定理公式 $S=k\ln\Omega+C$ 时，我们已指出在统计力学中规定 $C=0$。若用 $S=k\ln\Omega+C$ 公式来求体系熵的统计力学表达式时，应有

$$S = Nk\ln q + \frac{U}{T} + C \quad （近独立定域粒子体系）$$

$$S = Nk + Nk\ln\frac{q}{N} + \frac{U}{T} + C \quad （近独立非定域粒子体系）$$

$$S = k\ln Z + \frac{U}{T} + C \quad （相依粒子体系或近独立粒子体系）$$

从上述式子可知，计算熵值的零点不是零，而是常数 C。但是，常数 C 与体系的状态参数无关。在统计力学中规定 $C=0$，这与热力学第三定律中规定处于内部平衡的纯物质 $\lim\limits_{T\to0}S=0$，即 $S_0=0$ 是一致的。

2. S_0 的统计表达式

根据玻尔兹曼熵定理，在 $T\to0\text{K}$ 时，有

$$S_0 = k\ln\omega_0 \tag{5-255}$$

式中,ω_0 是体系在基态时的简并度,即体系在基态时的微观状态数。对于处于内部平衡的纯物质的完美晶体来说,在绝对零度时当然处于基态。分子的各种运动形式在基态时的简并度均为 1,所以由 N 个分子组成的体系在绝对零度时,所有分子都处于最低能级上,而且基态能级上的量子状态只有一种,分子的分布没有改变的余地。因此,体系只有一种分布方式,微观状态数$\omega_0=1$,故 $S_0=0$。这就从微观角度解释了热力学第三定律。

但是,应该指出,实际上纯物质的完美晶体的 ω_0 并不等于 1,这是因为:

(1) 晶体中的每一个原子在核基态时核自旋量子数为 i,就有 $(2i+1)$ 个核自旋简并态。由 N 个原子构成的晶体,基态时总简并度应为 $\prod_N (2i_\alpha+1)$,i_α 是第 α 个原子的核自旋量子数。例如,由 N 个原子组成的晶体,每一个原子的 i 为 1,则核自旋对 ω_0 的贡献是 3^N,核自旋对 S_0 的贡献是 $k\ln 3^N=Nk\ln 3$。

(2) 化学家称之为纯物质的,如纯 FCl,实际上是 75.5% 的 $^{19}F\ ^{35}Cl$ 和 24.5% $^{19}F\ ^{37}Cl$ 的混合物。因此,在 FCl 晶体中,有 $F^{35}Cl$ 分子和 $F^{37}Cl$ 分子在晶体不同位置上的不同排列方式,其微观状态数 ω_0 并不是 1。

为了使统计力学熵和热力学熵一致,化学家规定忽略核自旋和同位素混合对熵的贡献,在用配分函数计算统计熵时,均不考虑这两点。这样的规定是许可的,因为在化学变化中通常不发生核自旋状态的改变,同位素比例的变化也可忽略不计。采用了这个规定后,纯物质的完美晶体的 $\omega_0=1$,$S_0=0$,这就同热力学结果完全一致了。

应该指出,统计力学熵仍然不是熵的绝对值,因为忽略了核自旋和同位素混合对熵的贡献。即使考虑了这两点,也不是熵的绝对值,因为在计算熵值时,我们将任意常数 C 规定为零。

知识点讲解视频

残余熵

(朱志昂)

3. 残余熵

在 5.6 节中已讨论过,对大多数气体来说,量热熵与统计熵在数值上是一致的。但是对某些气体来说,两者之间的差值超出了实验误差范围,如表 5-5 所示。从表中所列数据可看出,统计熵大于量热熵。

表 5-5 某些气体的残余熵

气体	$S^\ominus_{m,stat}$ /(J·mol⁻¹·K⁻¹)	$S^\ominus_{m,cal}$ /(J·mol⁻¹·K⁻¹)	$S^\ominus_{m,stat}-S^\ominus_{m,cal}$ /(J·mol⁻¹·K⁻¹)	残余熵(计算) /(J·mol⁻¹·K⁻¹)
CO	197.95	193.3	4.65	$R\ln 2=5.77$
N_2O	219.99	215.1	4.89	$R\ln 2=5.77$
NO	211.00	207.9	3.10	$\frac{1}{2}R\ln 2=2.88$
H_2O	188.72	185.3	3.42	$R\ln\frac{3}{2}=3.37$
D_2O	195.23	192.0	3.23	$R\ln\frac{3}{2}=3.37$
H_2	130.66	124.0	6.66	$\frac{3}{4}R\ln 3=6.85$
D_2	144.85	141.8	3.05	$\frac{1}{3}R\ln 3=3.04$

量热熵是以绝对零度时晶体内部已达平衡,$\omega_0=1$,$S_0=0$ 为计算熵值的零点。但对某些物质,如 CO、NO、N_2O、H_2O、H_2 等,在温度趋于绝对零度时晶体内部没有达到平衡,体系内部的某些无序因素被冻结,$\omega_0\neq 1$,$S_0\neq 0$。这些被冻结的无序性不随温度的升降而有所增减。在量热熵中反映不出这部分构型的无序性对熵的贡献。但理论计算的统计熵是

包含这部分的贡献的。因此，统计熵大于量热熵，两者之间的差值称为残余熵(residual entropy)或称构型熵。

现在以 CO 为例来解释产生残余熵的原因。晶体中的每一个 CO 分子都有两种可能的取向，即 CO 或 OC 形式。由于 CO 的偶极矩很小(0.1deb)，所以两种取向的能差 $\Delta\varepsilon$ 很小。当在 CO 的熔点(66K)形成晶体时，$\frac{\Delta\varepsilon}{kT}$很小，玻尔兹曼因子 $e^{-\frac{\Delta\varepsilon}{kT}}\approx e^0=1$。因此，在形成晶体时，每一种取向的 CO 分子数近似相等。当 $T\to0$ 时，$\frac{\Delta\varepsilon}{kT}$变为很大，$e^{-\frac{\Delta\varepsilon}{kT}}\to e^{-\infty}=0$，因此，如果达到热力学平衡时，所有的 CO 分子在最低能级上应该只有一种取向。要把原来晶体中另一取向的 CO 分子转动 180°，需要一定的活化能。在低温下的分子是没有这么大的能量的。因此，在 $T\to0$ 时，晶体中的 CO 分子仍然保持原来的取向。一个 CO 分子有两种取向，1mol 晶体应有 2^{N_A} 种构型方式，故 $\omega_0=2^{N_A}$，$S_{0,m}=N_Ak\ln2=R\ln2=5.77J\cdot mol^{-1}\cdot K^{-1}$。这就是统计熵大于量热熵的差值，即残余熵值。用量热方法求熵值，只适用于热力学平衡体系。在 10K 左右时 CO 晶体并非真正处于热力学平衡。因此，量热熵不十分准确，而统计熵才是正确的熵值。

由统计力学计算得的残余熵 $S_{0,m}=5.77J\cdot mol^{-1}\cdot K^{-1}$，与热力学熵和统计熵之间的差值 $4.65J\cdot mol^{-1}\cdot K^{-1}$ 近似一致，但稍有差别，这表明在 $T\to0$ 时 CO 晶体中的 CO 分子有一部分发生了定向排列。NO 和 N_2O 的情况与 CO 类似。

冰的残余熵的解释是氢键的存在。在 $T\to0$ 时，晶体中的 H_2O 分子被冻结在稍高能量状态下，冰中氢原子的分布方式没有达到最低能态。鲍林设想了一个结构模型，可以计算出冰的残余熵为 $R\ln\frac{3}{2}$(参见 J Am Chem Soc，57 卷，第 2680 页，1935 年)，此数值与实验值 $3.42J\cdot mol^{-1}\cdot K^{-1}$ 基本一致。

氢的残余熵的解释是，氢是正氢(*ortho*-hydrogen)和仲氢(*para*-hydrogen)的混合物，正氢占$\frac{3}{4}$，仲氢占$\frac{1}{4}$。由量子力学知道，正氢分子基态时，转动量子数 $J=1$，$g_r=3$；仲氢分子基态，$J=0$，$g_r=1$。在 $T\to0$ 时，正氢分子应全部转变为仲氢分子。然而事实上，正氢转变为仲氢的速度很慢，在极低温度下，氢仍是$\frac{3}{4}$正氢和$\frac{1}{4}$仲氢的介稳混合物。仲氢的 $J=0$，即停止转动，而正氢的 $J=1$，即仍有转动，其简并度 $g_r=3$，每个正氢分子的转动对熵的贡献为 $k\ln3$。介稳混合物的残余摩尔熵 $S_{0,m}=\frac{3}{4}R\ln3=6.85J\cdot mol^{-1}\cdot K^{-1}$，与实验值 $6.6J\cdot mol^{-1}\cdot K^{-1}$ 基本一致。

虽然我们能从分子的微观性质计算出热力学体系的熵，但熵不是分子的性质。对大量分子的集合体，熵才有意义。单个分子是没有熵的，这一点不同于热力学能，应该特别注意。

*5.9　晶体统计力学

晶体可分为离子晶体(如 NaCl)、原子晶体(如金刚石)、金属晶体(如金属钾)、分子晶体(如固态 CO_2)等。本节只讨论原子晶体(atomic crystal)。原子晶体是由无数个非金属单质原子通过非极性共价键彼此联系起来的晶体。在这类晶体中不存在独立的小分子，只能把整个晶体看作是一个大分子。原子晶体的单质有金刚石、单质硅、单质硼以及它们之间相互形成的化合物 SiC、BC、BN 等。原子晶体可近似地看作理想晶体，可作为近独立定域粒子体系处理。

现在用统计力学方法，借理论模型得到原子晶体热容的理论公式，并解释晶体热容性质的某些实验事实。有关晶体热容性质的实验事实主要有：

(1) Dulong-Petit 定律。1819 年 Dulong 和 Petit 发现一切基本固体物质的摩尔热容的数值大致是相等的，约为 25.1J · mol^{-1} · K^{-1}。

(2) 在 $T\to 0$ 时，晶体的 $C_V\to 0$。用统计力学解释晶体的热容性质时，有两个理论模型，即 1907 年爱因斯坦对原子晶体作了简化假设，称为爱因斯坦晶体模型，以及 1912 年德拜对爱因斯坦假设提出了修正，称为德拜晶体模型。下面分别讨论这两个晶体模型。

5.9.1 爱因斯坦晶体模型

1. 基本假设

(1) 由 N 个原子组成的原子晶体总共有 $3N$ 个自由度，其中有 3 个自由度是描述整个晶体平动的，有 3 个自由度是描述整个晶体绕其质心转动的，剩下 $(3N-6)$ 个自由度是描述 N 个原子围绕晶格中的平衡位置振动的。由于 N 是一个很大的数，故可忽略 6，则描述原子晶体振动自由度是 $3N$。晶体中的原子是定域的，因此单个原子没有平动和转动，而只有振动和电子运动。一般电子运动都在基态，基态的简并度为 $g_{e,0}$，它是一个不随温度变化的常数，一般来说，它对晶体热容性质没有贡献，在晶体原子的配分函数中通常不予考虑。因此，一个晶体原子的配分函数就等于振动配分函数，即

$$q = q_v$$

(2) 把每个晶体原子的振动当作一个三维谐振子，或相当于三个一维谐振子，并认为各原子之间的振动是独立无关的，各振动自由度之间也是彼此独立的。因此，由 N 个原子组成的晶体的振动可看成 $3N$ 个彼此独立的一维谐振子的振动，或看成 $3N$ 个彼此独立的简正振动的线性组合。

(3) $3N$ 个一维谐振子的振动频率都是相同的。

2. 晶体的正则配分函数 Z

把原子晶体当作一个 T、V、N 恒定的体系，则根据正则配分函数的定义，晶体的正则配分函数可表示为

$$Z = \sum_K \exp\frac{-U_K}{kT} \tag{5-256}$$

式中，U_K 是晶体在 K 状态时的能量，根据基本假设，它应该是 $3N$ 个一维谐振子在 K 状态时的能量总和，即

$$U_K = \sum_{i=1}^{3N}\varepsilon_i \tag{5-257}$$

式中，ε_i 是第 i 个一维谐振子在 K 状态时的能量。由于一维谐振子的能级是非简并的，因此 ε_i 就是一维谐振子的能级公式

$$\varepsilon_i = \left(v_i+\frac{1}{2}\right)h\nu_i \tag{5-258}$$

式中，v_i 是第 i 个一维谐振子的振动量子数，$v_i=0,1,2,\cdots$；ν_i 是第 i 个一维谐振子的振动频率。将式(5-258)代入式(5-257)得

$$U_K = \sum_{i=1}^{3N}\left(v_i+\frac{1}{2}\right)h\nu_i \tag{5-259}$$

将式(5-259)代入式(5-256)得

$$\begin{aligned} Z &= \sum_K \exp\frac{-\sum\limits_{i=1}^{3N}\left(v_i+\frac{1}{2}\right)h\nu_i}{kT} \\ &= \sum_K\left[\exp\frac{-\left(v_1+\frac{1}{2}\right)h\nu_1}{kT}\exp\frac{-\left(v_2+\frac{1}{2}\right)h\nu_2}{kT}\cdots\exp\frac{-\left(v_{3N}+\frac{1}{2}\right)h\nu_{3N}}{kT}\right] \end{aligned}$$

式中，$\sum\limits_K$ 表示对晶体的所有量子状态的求和，而量子状态是由 $3N$ 个振动量子数 v_i 确定

的。由于 $3N$ 个一维谐振子是彼此独立无关的，上式中乘积的求和等于求和的乘积，故上式可写成

$$Z=\sum_{v_1}\exp\frac{-\left[\left(v_1+\frac{1}{2}\right)h\nu_1\right]}{kT}\sum_{v_2}\exp\frac{-\left[\left(v_2+\frac{1}{2}\right)h\nu_2\right]}{kT}\cdots\sum_{v_{3N}}\exp\frac{-\left[\left(v_{3N}+\frac{1}{2}\right)h\nu_{3N}\right]}{kT}$$

$$=q_1q_2q_3\cdots q_{3N}$$

$$=\prod_{i=1}^{3N}q_i \tag{5-260}$$

一维谐振子的配分函数 q_i 的表达式应用式(5-148)，可写成

$$q_i=\frac{\exp\frac{-h\nu_i}{2kT}}{1-\exp\frac{-h\nu_i}{kT}} \tag{5-261}$$

注意，式(5-261)没有规定振动基态的能量为零。将式(5-261)代入式(5-260)得

$$Z=\prod_{i=1}^{3N}\frac{\exp\frac{-h\nu_i}{2kT}}{1-\exp\frac{-h\nu_i}{kT}} \tag{5-262}$$

3. 爱因斯坦晶体的热力学能

爱因斯坦晶体模型认为，$3N$ 个一维谐振子的振动频率都是相等的，均为 ν_E，则有

$$h\nu_1=h\nu_2=\cdots=h\nu_{3N}=h\nu_E=h\Theta_E$$

式中，$\Theta_E\equiv\frac{h\nu_E}{k}$，称为爱因斯坦特征温度(Einstein characteri-stic temperature)，它具有温度的量纲。因此，式(5-262)可写成

$$Z=\left(\frac{\exp\frac{-\Theta_E}{2T}}{1-\exp\frac{-\Theta_E}{T}}\right)^{3N}$$

$$\ln Z=3N\ln\left(\frac{\exp\frac{-\Theta_E}{2T}}{1-\exp\frac{-\Theta_E}{T}}\right)=-\frac{3N\Theta_E}{2T}-3N\ln\left(1-\exp\frac{-\Theta_E}{T}\right) \tag{5-263}$$

根据式(5-224)，晶体的热力学能可表示为

$$U=kT^2\left(\frac{\partial\ln Z}{\partial T}\right)_{V,N}$$

将式(5-263)代入上式得

$$U=\frac{3}{2}Nk\Theta_E+\frac{3Nk\Theta_E}{\exp\frac{\Theta_E}{T}-1}=\frac{3}{2}Nh\nu_E+\frac{3Nh\nu_E}{\exp\frac{h\nu_E}{kT}-1} \tag{5-264}$$

式中，$\frac{3}{2}Nh\nu_E$ 是晶体的零点振动能。

4. 爱因斯坦晶体的热容公式

根据热容的定义有

$$C_V=\left(\frac{\partial U}{\partial T}\right)_{V,N}$$

将式(5-264)代入，Θ_E 与晶体的特征振动频率有关，而与温度无关，对 T 微分时可视作常数。因此

$$C_V=\frac{\partial}{\partial T}\left(\frac{3Nk\Theta_E}{\exp\frac{\Theta_E}{T}-1}\right)$$

$$=3Nk\Theta_E\frac{\partial\left(\exp\frac{\Theta_E}{T}-1\right)^{-1}}{\partial\left(\exp\frac{\Theta_E}{T}-1\right)}\frac{\partial\left(\exp\frac{\Theta_E}{T}-1\right)}{\partial\left(\frac{\Theta_E}{T}\right)}\frac{\partial\left(\frac{\Theta_E}{T}\right)}{\partial T}$$

$$=3Nk\left(\frac{\Theta_E}{T}\right)^2\frac{\exp\frac{\Theta_E}{T}}{\left(\exp\frac{\Theta_E}{T}-1\right)^2} \tag{5-265}$$

将式中的 N 换成 N_A，就得到晶体的摩尔热容

$$C_{V,m}=3R\left(\frac{\Theta_E}{T}\right)^2\frac{\exp\frac{\Theta_E}{T}}{\left(\exp\frac{\Theta_E}{T}-1\right)^2} \tag{5-266}$$

式(5-266)就是爱因斯坦晶体的摩尔热容公式，它能很好地解释晶体热容与温度关系的实验事实。

应用数学公式

$$e^x=1+x+\frac{x^2}{2!}+\frac{x^3}{3!}+\cdots$$

可将式(5-266)写成

$$C_{V,m}=3R\left(\frac{\Theta_E}{T}\right)^2\frac{1+\frac{\Theta_E}{T}+\frac{\Theta_E^2}{2T^2}+\frac{\Theta_E^3}{6T^3}+\cdots}{\left(\frac{\Theta_E}{T}+\frac{\Theta_E^2}{2T^2}+\frac{\Theta_E^3}{6T^3}+\cdots\right)^2} \tag{5-267}$$

当温度足够高时，$\frac{\Theta_E}{T}\ll 1$，式中分子除 1 以外的各项均可忽略掉，分母中除$\frac{\Theta_E}{T}$以外的各项也均可忽略掉，则式(5-267)变为

$$C_{V,m}=3R\left(\frac{\Theta_E}{T}\right)^2\frac{1}{\left(\frac{\Theta_E}{T}\right)^2}=3R\approx 25.10\text{J}\cdot\text{mol}^{-1}\cdot\text{K}^{-1}$$

这就得到 Dulong-Petit 定律。

在 $T\to 0$ 时，$\frac{\Theta_E}{T}\to\infty$，式(5-266)可写成

$$C_{V,m}=3R\left(\frac{\Theta_E}{T}\right)^2\frac{\exp\frac{\Theta_E}{T}}{\left(\exp\frac{\Theta_E}{T}-1\right)^2}=3R\frac{\left(\frac{\Theta_E}{T}\right)^2}{\exp\frac{\Theta_E}{T}}$$

式中，分母指数项递增比分子快，故$\lim\limits_{T\to 0}C_{V,m}=0$，这就解释了实验事实。

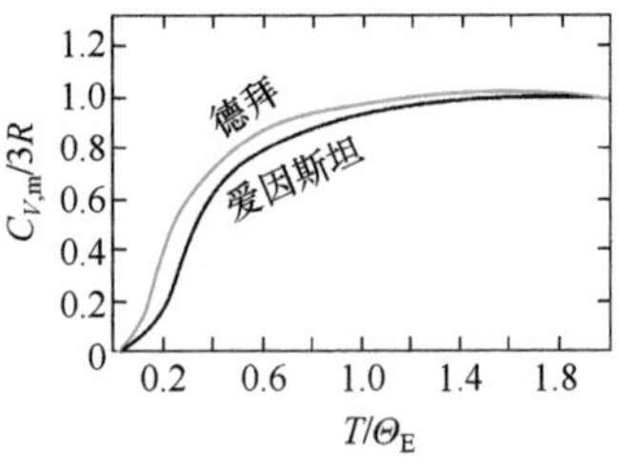

图 5-9 晶体的热容曲线

图 5-9 表示晶体热容 $C_{V,m}$ 随$\frac{T}{\Theta_E}$变化的情况，图中实线是根据式(5-266)画出的理论热容曲线。由图 5-9 可知，在低温和高温的极限情况下，实验结果和上述分析是一致的。这说明爱因斯坦晶体模型基本上反映了晶体热运动的情况，但是在数值上还有不大的偏差，在低温时理论值比实验值低。后来德拜对爱因斯坦假设进行了修正。

5.9.2 德拜晶体模型

1. 基本假设

德拜认为，由于原子间的相互作用，原子的振动情况是复杂的，不能用一个单一的振动频率来代表。晶体中 $3N$ 个彼此独立的一维谐振子的振动频率是不相同的。它们的基本频率按一定的方式分布在 0 到某一极大值 ν_D 之间，ν_D 称为晶体的**德拜频率**，$\Theta_D\equiv\frac{h\nu_D}{k}$称

为晶体的德拜温度。$3N$ 个一维谐振子在 $0\rightarrow\nu_D$ 的分布函数为 $n(\nu)$。

进一步把 $3N$ 个在 $\nu=0\sim\nu_D$ 的一维谐振子的振动看成 $3N$ 个分布在 $\nu=0\sim\nu_D$ 频率区间内的波动，并把晶体当作连续介质。因此，每一个一维谐振子的振动相当于连续介质中的一个驻波。根据驻波条件，可以求出分布在频率区间 $\nu\rightarrow\nu+d\nu$ 内的驻波数。也就是在 $\nu\rightarrow\nu+d\nu$ 范围内一维谐振子的数目为

$$n(\nu)d\nu = 9N\frac{\nu^2}{\nu_D^3}d\nu \tag{5-268}$$

一维谐振子的分布函数 $n(\nu)$ 应满足下列条件：

$$\int_0^{\nu_D} n(\nu)d\nu = \int_0^{\nu_D} 9N\frac{\nu^2}{\nu_D^3}d\nu = 3N \tag{5-269}$$

2. 德拜晶体的热力学能

晶体的正则配分函数仍为式(5-262)，式中，ν_i 是在 $0\sim\nu_D$。将式(5-262)取对数后得

$$\ln Z = \ln\left(\prod_{i=1}^{3N}\frac{\exp\dfrac{-h\nu_i}{2kT}}{1-\exp\dfrac{-h\nu_i}{kT}}\right) = \sum_{i=1}^{3N}\left[\left(-\frac{h\nu_i}{2kT}\right)-\ln\left(1-\exp\frac{-h\nu_i}{kT}\right)\right] \tag{5-270}$$

式中的求和号表示对 $3N$ 个一维谐振子求和。一维谐振子的频率在 $0\sim\nu_D$ 是连续分布的。分布函数为 $n(\nu)$，在 $\nu\sim\nu+d\nu$ 频率间隔内，一维谐振子的数目为 $n(\nu)d\nu$，对式(5-270)求和内的贡献为

$$\left[-\left(\frac{h\nu}{2kT}\right)-\ln\left(1-\exp\frac{-h\nu}{kT}\right)\right]n(\nu)d\nu$$

对 $3N$ 个一维谐振子求和，可用积分 $\int_0^{\nu_D} n(\nu)d\nu$ 代替，则式(5-270) 可写成

$$\ln Z = \int_\nu^{\nu_D}\left[-\left(\frac{h\nu}{2kT}\right)-\ln\left(1-\exp\frac{-h\nu}{kT}\right)\right]n(\nu)d\nu \tag{5-271}$$

将式(5-269)代入式(5-271)得

$$\ln Z = -\frac{9N}{\nu_D^3}\int_0^{\nu_D}\left[\frac{h\nu}{2kT}+\ln\left(1-\exp\frac{-h\nu}{kT}\right)\right]\nu^2 d\nu \tag{5-272}$$

晶体的热力学能为

$$U = kT^2\left(\frac{\partial \ln Z}{\partial T}\right)_{V,N}$$

将式(5-272)代入得

$$U = \frac{9NkT}{\nu_D^3}\int_0^{\nu_D}\left[\frac{\dfrac{h\nu}{kT}}{\exp\left(\dfrac{h\nu}{kT}\right)-1}+\frac{h\nu}{2kT}\right]\nu^2 d\nu \tag{5-273}$$

令 $\Theta\equiv\frac{h\nu}{k}$，$\nu=\frac{kT}{h}\left(\frac{\Theta}{T}\right)$，$d\nu=\frac{kT}{h}d\left(\frac{\Theta}{T}\right)$，$\Theta_D\equiv\frac{h\nu_D}{k}$，称为晶体的德拜特征温度。当 ν 的变化范围为 $0\sim\nu_D$ 时，$\frac{\Theta}{T}$ 的变化范围为 $0\sim\frac{\Theta_D}{T}$，则式(5-273)可表示为

$$\begin{aligned}
U &= \frac{9NkT}{\nu_D^3}\int_0^{\nu_D}\frac{h\nu}{2kT}\nu^2 d\nu + \frac{9NkT}{\nu_D^3}\int_0^{\nu_D}\frac{\dfrac{h\nu}{kT}}{\exp\dfrac{h\nu}{kT}-1}\nu^2 d\nu \\
&= \frac{9Nk\Theta_D}{8} + \frac{9NkT}{\nu_D^3}\int_0^{\frac{\Theta_D}{T}}\frac{\nu^3}{\exp\dfrac{\Theta}{T}-1}d\left(\frac{\Theta}{T}\right) \\
&= \frac{9Nk\Theta_D}{8} + \frac{9NkT}{\nu_D^3}\int_0^{\frac{\Theta_D}{T}}\frac{\left(\dfrac{kT}{h}\right)^3\left(\dfrac{\Theta}{T}\right)^3}{\exp\dfrac{\Theta}{T}-1}d\left(\frac{\Theta}{T}\right)
\end{aligned}$$

$$= \frac{9Nk\Theta_D}{8} + 9NkT\left(\frac{T}{\Theta_D}\right)^3 \int_0^{\frac{\Theta_D}{T}} \frac{\left(\frac{\Theta}{T}\right)^3}{\exp\frac{\Theta}{T} - 1} \mathrm{d}\left(\frac{\Theta}{T}\right) \tag{5-274}$$

定义

$$D \equiv 3\left(\frac{T}{\Theta_D}\right)^3 \int_0^{\frac{\Theta_D}{T}} \frac{\left(\frac{\Theta}{T}\right)^3}{\exp\frac{\Theta}{T} - 1} \mathrm{d}\left(\frac{\Theta}{T}\right) \tag{5-275}$$

D 称为德拜函数。则式(5-274)可表示为

$$U = \frac{9Nk\Theta_D}{8} + 3NkTD$$

晶体的摩尔热力学能为

$$U_m = \frac{9R\Theta_D}{8} + 3RTD \tag{5-276}$$

3. 晶体的热容公式

$$C_{V,m} = \left(\frac{\partial U_m}{\partial T}\right)_V$$

将式(5-276)代入,并注意 Θ_D 是物质的特性常数,与温度 T 无关,则

$$C_{V,m} = 3RD + 3RT\left(\frac{\partial D}{\partial T}\right)_V \tag{5-277}$$

将式(5-275)对 T 偏微分得

$$\left(\frac{\partial D}{\partial T}\right)_V = \frac{9T^2}{\Theta_D^3}\int_0^{\frac{\Theta_D}{T}} \frac{\left(\frac{\Theta}{T}\right)^3}{\exp\frac{\Theta}{T} - 1} \mathrm{d}\left(\frac{\Theta}{T}\right) + 3\left(\frac{T}{\Theta_D}\right)^3 \int_0^{\frac{\Theta_D}{T}} \frac{\partial}{\partial T}\left[\frac{\left(\frac{\Theta}{T}\right)^3}{\exp\frac{\Theta}{T} - 1} \mathrm{d}\left(\frac{\Theta}{T}\right)\right]$$

$$= \frac{9T^2}{\Theta_D^3}\int_0^{\frac{\Theta_D}{T}} \frac{\left(\frac{\Theta}{T}\right)^3}{\exp\frac{\Theta}{T} - 1} \mathrm{d}\left(\frac{\Theta}{T}\right) - 3\left(\frac{T}{\Theta_D}\right)^3 \int_0^{\frac{\Theta_D}{T}} \frac{\partial}{\partial T}\left[\frac{\left(\frac{\Theta}{T}\right)^3}{\exp\frac{\Theta}{T} - 1} \left(\frac{\Theta}{T^2}\right)\mathrm{d}T\right]$$

$$= \frac{3D}{T} - 3\left(\frac{T}{\Theta_D}\right)^3 \frac{\frac{\Theta_D^4}{T^5}}{\exp\frac{\Theta_D}{T} - 1}$$

$$= \frac{3D}{T} - \frac{\frac{3\Theta_D}{T^2}}{\exp\frac{\Theta_D}{T} - 1} \tag{5-278}$$

将式(5-278)代入式(5-277)得

$$C_{V,m} = 3R\left(4D - \frac{\frac{3\Theta_D}{T}}{\exp\frac{\Theta_D}{T} - 1}\right) \tag{5-279}$$

式(5-279)就是德拜晶体热容公式。

当温度 T 很高时,$\Theta_D/T \ll 1$

$$\exp\frac{\Theta_D}{T} - 1 \approx 1 + \frac{\Theta_D}{T} - 1 = \frac{\Theta_D}{T} \tag{5-280}$$

D 的定义式可表示为

$$D = 3\left(\frac{T}{\Theta_D}\right)^3 \int_0^{\frac{\Theta_D}{T}} \left(\frac{\Theta}{T}\right)^2 \mathrm{d}\left(\frac{\Theta}{T}\right) = 1 \tag{5-281}$$

将式(5-280)和式(5-281)代入式(5-279)得

$$C_{V,\mathrm{m}} = 3R$$

这就是 Dulong-Petit 定律。

在低温极限情况下，$T \to 0$，$\frac{\Theta_D}{T} \to \infty$。

$$\lim_{T\to 0} D = 3\left(\frac{T}{\Theta_D}\right)^3 \int^{\infty} \frac{\left(\frac{\Theta}{T}\right)^3}{\exp\frac{\Theta}{T} - 1} \mathrm{d}\left(\frac{\Theta}{T}\right) = 3\left(\frac{T}{\Theta_D}\right)^3 \left(\frac{\pi^4}{15}\right) = \frac{\pi^4}{5}\left(\frac{T}{\Theta_D}\right)^3 \quad (5\text{-}282)$$

将式(5-282)代入式(5-279)得

$$C_{V,\mathrm{m}} = 12RD = \frac{12}{5}\pi^4 R\left(\frac{T}{\Theta_D}\right)^3 = 233.784R\left(\frac{T}{\Theta_D}\right)^3 \quad (5\text{-}283)$$

式(5-283)就是著名的德拜 T^3 公式，可用于计算物质在极低温下的摩尔热容。

根据式(5-279)作 $C_{V,\mathrm{m}}$-$\frac{T}{\Theta_D}$图，得到如图 5-9 所示的德拜热容曲线，与实验结果能很好地符合。它很好地解释了在 $T\to 0$ 时，$C_{V,\mathrm{m}}$趋于零的实验现象。

德拜晶体模型也有它的缺陷，进一步修正德拜模型的关键在于以点阵结构模型来取代连续介质模型。

习 题

5-1 已知三维平动子的能级公式为

$$\varepsilon_t = \frac{2h}{8mV^{2/3}}(n_x^2 + n_y^2 + n_z^2)$$

若令 $K^2 = n_x^2 + n_y^2 + n_z^2$，当 K 等于 3 和 6 时，能级的简并度 g_t 各为多少？在 K 等于 3 和 6 的能级范围内($\varepsilon_3 \leqslant \varepsilon_t \leqslant \varepsilon_6$)，共有多少个平动运动状态？

〔答案：3，3，74〕

5-2 设有一粒子体系由三个一维谐振子组成，体系的能量为$\frac{15}{2}h\nu$，三个谐振子分别绕定点 a、b、c 振动。求各种分布类型的微观状态数和各种分布出现的概率。

〔答案：略〕

5-3 设有一个圆柱形铁皮箱，体积为

$$V_0 = \pi R^2 L = 1000\mathrm{cm}^3$$

铁皮面积为 $S = 2\pi R^2 + 2\pi RL$。当铁皮面积为最小时，圆柱半径 R 和高 L 之间有何关系？并计算至少需要消耗多大面积的铁皮。

〔答案：$L = 2R$，$554\mathrm{cm}^2$〕

5-4 当孤立体系的熵增加 $0.4184\mathrm{J\cdot K^{-1}}$时，体系的微观状态数要增长多少倍？

〔答案：$\exp(3.03\times 10^{22})$〕

5-5 假设某个分子所允许的能级为 $0, \varepsilon, 2\varepsilon, 3\varepsilon$，能级是非简并的。由 6 个这样可别粒子组成的体系，当体系的总能量为 3ε 时，共有多少种分布类型？每种分布类型的概率是多少？

〔答案：$\frac{3}{28}, \frac{15}{28}, \frac{5}{14}$〕

5-6 在习题 5-5 中，若第 0 能级和 ε 能级是非简并的，而 2ε 和 3ε 能级的简并度分别为 6 和 10，则情况又如何？

〔答案：$\frac{3}{13}, \frac{9}{13}, \frac{1}{13}$〕

5-7 有三个穿黄色、两个穿灰色、一个穿蓝色制服的人一起列队。(1) 有多少种队型？(2) 现设穿黄色制服的人有三种徽章可任取一种佩戴，穿灰色的有两种徽章，而穿蓝色的可有四种徽章，有多少种队型？

〔答案：(1) 60；(2) 25 920〕

5-8　在公园的猴舍中有三只金丝猴和两只长臂猿。金丝猴有红、绿两种帽子，可任戴一种，而长臂猿可在黄、灰、黑三种帽子中任选戴一种。陈列时可出现多少种不同的情况？并列出求算公式。

〔答案：24〕

5-9　设由一极大数目的三维平动子组成的粒子体系，运动于边长为 a 的立方容器中。体系体积、粒子质量和温度有下列关系：

$$\frac{h^2}{8ma^2} = 0.1kT$$

试计算 $n_x=1, n_y=2, n_z=3$ 能级和 $n_x=n_y=n_z=1$ 能级上的粒子分布数的比值。

〔答案：2.0〕

5-10　HCl 分子的振动能级间隔是 5.94×10^{-20} J，计算在 25℃时，某一能级与其较低一能级上分子数的比值。对于 I_2 分子，振动能级间隔是 0.43×10^{-20} J，请作同样的计算。

〔答案：5.36×10^{-7}，0.352〕

5-11　分子 X 的两个能级是 $\varepsilon_1=6.1\times10^{-21}$ J，$\varepsilon_2=8.4\times10^{-21}$ J，相应的简并度是 $g_1=3, g_2=5$。当温度分别为 300K 和 3000K 时，求由分子 X 组成的体系中两个能级上的粒子数之比。

〔答案：1.05，0.634〕

5-12　某一分子的第一电子激发态比基态的能量高 400kJ·mol^{-1}。在什么温度下，第一电子激发态上的分子数占总分子数的 10%？

〔答案：21 896.54K〕

5-13　在 1000K 下，HBr 分子在 $v=2, J=5$，电子在基态时分子数目与在 $v=1, J=2$，电子在基态时分子数目之比为多少？已知对 HBr 分子，$\Theta_v=3700$K，$\Theta_r=12.1$K。

〔答案：0.0407〕

5-14　氢原子的 $n=1$ 与 $n=2$ 的电子轨道能量分别为 27 420cm^{-1} 与 109 678cm^{-1}。在 25℃和 2000℃时这两个能级上的相对粒子数分别为多少？

〔答案：1.6×10^{-172}，9.8×10^{-23}〕

5-15　一个分子有单态和三重态两种状态。单态(singlet)能量比三重态(triplet)高 4.11×10^{-21} J·分子$^{-1}$，其简并度分别为 $g_{e,0}=3, g_{e,1}=1$。(1) 求此两种状态的电子配分函数；(2) 在 298.15K 时，三重态与单态上的分子数之比为多少？

〔答案：(1) 3.3685；(2) 8.141〕

5-16　对近独立非定域粒子体系，请证明未定乘子 α 与分子化学势 μ 有以下关系：

$$\alpha=\frac{\mu}{kT}$$

〔答案：略〕

5-17　根据斯特林公式 $\ln N! = N\ln N - N$，证明玻尔兹曼分布的微观状态数公式为

$$\ln t_m = \ln\left(q^N \exp\frac{U}{kT}\right) \qquad \text{(定域粒子体系)}$$

$$\ln t_m = \ln\left(\frac{1}{N!}q^N \exp\frac{U}{kT}\right) \qquad \text{(非定域粒子体系)}$$

式中

$$q = \sum_j g_j \exp\left(\frac{-\varepsilon_j}{kT}\right) \qquad U = \sum_j n_j \varepsilon_j$$

〔答案：略〕

5-18　双原子分子的简谐振动频率为 ν，试求由 N 个双原子分子组成的气体，在温度

为 T 时处于最低振动能级上的分子数。

〔答案：略〕

5-19　试求由 N 个一维谐振子组成的体系中，能量大于等于 ε_v 的谐振子数目。

〔答案：$N=\exp\frac{-vh\nu}{kT}$〕

5-20　证明由 N 个近独立非定域粒子组成的体系的恒压热容统计表达式为

$$C_p=\frac{Nk}{T^2}\left[\frac{\partial^2\ln q}{\partial\left(\frac{1}{T}\right)^2}\right]_p$$

式中，q 是一个非定域粒子的配分函数。

〔答案：略〕

5-21　计算在 298.15K 时，$1cm^3$ 容器中 H_2 分子、CH_4 分子、C_8H_{18} 分子的平动配分函数 q_t。

〔答案：2.77×10^{24}，6.22×10^{25}，1.18×10^{27}〕

5-22　在 298.15K 时，分别计算 $^{14}N_2$ 和 $^{14}N^{15}N$ 分子的转动配分函数 q_r。已知这两种分子的核间距均为 0.1095nm。

〔答案：51.59，106.74〕

5-23　HCN 气体的转动光谱在远红外区，其中一部分为 $2.96cm^{-1}$、$5.92cm^{-1}$、$8.87cm^{-1}$、$11.83cm^{-1}$，试求：(1) 300K 时，该分子的转动配分函数；(2) 转动对摩尔恒容热容的贡献。

〔答案：(1) 141；(2) R〕

5-24　试求 Cl_2 的转动能和振动能分别对其配分函数有可观贡献(第一激发态能量等于 kT)时的温度。已知两原子核间距离 $r=1.987\times10^{-10}m$，振动频率 $\tilde{\nu}=564.9cm^{-1}$。

〔答案：0.693K，813K〕

5-25　试求 1000K 时气态 I 原子的电子配分函数。已知气态 I 原子的 $g_{e,0}=2$，$g_{e,1}=2$，第一激发态能量比基态能量高 $7603cm^{-1}$。

〔答案：2.67〕

5-26　Si(g)在 5000K 有下列数据：

能　级	$^3P_0$	$^3P_1$	$^3P_2$	$^1D_2$	$^1S_0$
简并度	1	3	5	5	1
ε_j/kT	0.0	0.022	0.064	1.812	4.430

试求 5000K 时：(1) Si(g)的电子配分函数；(2) 在 $^1D_2$ 能级上最概然的原子分布分数。

〔答案：(1) 9.45；(2) 0.086〕

5-27　在 298.15K 和 10^5 Pa 下，1mol 氧气在体积为 V 的容器中。(1) 求氧分子的平动配分函数 q_t 值；(2) 氧分子核间距 $r=1.207\times10^{-10}m$，计算 q_r 值；(3) 电子基态 $g_{e,0}=3$，在 298.15K 时，可忽略电子激发态和振动激发态，计算 q_e 值；(4) 求 298.15K 时的标准摩尔熵。

〔答案：(1) 4.3×10^{30}；(2) 71.6；(3) 3；(4) $205.05J\cdot mol^{-1}\cdot K^{-1}$〕

5-28　现有在 T 下的一种单原子分子气体，分子的质量为 m。请按下列状况分别写出分子的配分函数：(1) $1cm^3$ 气体；(2) 10^5 Pa 下的 1mol 气体；(3) 压力为 p，分子数为 N 的气体。

〔答案：略〕

5-29　$^{35}Cl_2$ 的振动频率是 $1.66\times10^{13}s^{-1}$，计算振动特征温度 Θ_v。当振动量子数分别为 0、1、2，温度 T 为 3000K 时，作图表示各振动能级上的分子数随振动量子数 v 的变化。

〔答案:796.66K〕

5-30 在298.15K时,F_2分子的转动惯量$I=32.5\times10^{-40}\,g\cdot cm^2$。求$F_2$分子的转动配分函数和$F_2$的摩尔转动熵。

〔答案:120.3,48.14J·mol^{-1}·K^{-1}〕

5-31 $^{127}I_2$分子的核间平衡距离为2.66×10^{-10}m,计算:(1) 转动惯量I;(2) 转动特征温度Θ_r;(3) 300K时的转动配分函数;(4) 300K时的转动摩尔熵。

〔答案:(1) $745.4\times10^{-40}\,g\cdot cm^2$;(2) 0.054K;(3) 2777.8;(4) 74.24J·mol^{-1}·K^{-1}〕

5-32 原子气体H、N、C在25℃和10^5Pa下的摩尔熵分别为多少?已知电子基态简并度分别为$g_{e,0}(H)=2$,$g_{e,0}(N)=4$,$g_{e,0}(C)=5$。

〔答案:114.71J·mol^{-1}·K^{-1},153.30J·mol^{-1}·K^{-1},153.23J·mol^{-1}·K^{-1}〕

5-33 已知CO_2分子的四个简正振动频率分别为$\tilde{\nu}_1=1337cm^{-1}$,$\tilde{\nu}_2=667cm^{-1}$,$\tilde{\nu}_3=667cm^{-1}$,$\tilde{\nu}_4=2349cm^{-1}$。试求$CO_2$气体在298.15K时的标准摩尔振动熵。

〔答案:3.0J·mol^{-1}·K^{-1}〕

5-34 对应于一个运动自由度的配分函数因子如下:

对应于一个运动自由度的配分函数因子	数量级	温度依赖关系
平动 f_t	$10^8\sim10^9$	$T^{1/2}$
转动 f_r	$10^1\sim10^2$	$T^{1/2}$
振动 f_v	$10^0\sim10^1$	$T^0\sim T^1$

请设法验证表中的结果。

〔答案:略〕

5-35 H_2O分子的简正振动频率和在三个主轴方向的转动惯量分别为$\tilde{\nu}=3652cm^{-1}$,$1592cm^{-1}$,$3756cm^{-1}$;$I_A=1.024\times10^{-40}\,g\cdot cm^2$,$I_B=1.921\times10^{-40}\,g\cdot cm^2$,$I_C=2.947\times10^{-40}\,g\cdot cm^2$;摩尔质量为18.02g·mol^{-1}。试求298.15K和10^5Pa下的摩尔平动熵、摩尔振动熵和摩尔转动熵。

〔答案:144.906J·mol^{-1}·K^{-1},3.33×10^{-2}J·mol^{-1}·K^{-1},43.74J·mol^{-1}·K^{-1}〕

5-36 在铅和金刚石中,Pb原子和C原子的基本频率分别为$2\times10^{12}s^{-1}$和$4\times10^{13}s^{-1}$。试计算它们的爱因斯坦特征温度Θ_E和300K时的振动配分函数。

〔答案:96K,1920K,30,6.8×10^{-4}〕

5-37 试用统计力学方法证明,对单原子分子理想气体来说,恒压变温过程的熵变值是恒容变温过程熵变值的$\frac{5}{3}$倍。

〔答案:略〕

5-38 N_2分子在电弧中加热,光谱观察到N_2分子振动激发态对基态的相对分子数如下:

v(振动量子数)	0	1	2	3
$\frac{n_v}{n_0}$(n_0为基态分子数)	1.00	0.26	0.07	0.018

已知N_2分子的振动频率$\nu=6.99\times10^{13}s^{-1}$。(1) 说明气体处于振动能级分布的平衡态;(2) 计算气体的温度;(3) 计算振动能在总能量(平动+转动+振动)中所占的百分数(以公共能量为能量零点)。

〔答案:(1) 略;(2) 2490.29K;(3) 31.44%〕

课外参考读物

范安辅. 1984. 统计力学的系综变换. 大学物理,11:13

伏义路，许树谦，邱联雄. 1984. 化学热力学与统计热力学基础. 上海：上海科学技术出版社

付孝愿. 1981. 统计力学基础. 北京：北京师范大学出版社

傅献彩，沈文霞，姚天扬. 1994. 平衡态统计热力学. 北京：高等教育出版社

高执棣. 1986. 独立粒子体系热力学定律的统计实质. 物理化学教学文集. 北京：高等教育出版社

顾世有. 1982. 麦克斯韦分布适用的范围. 大学物理，9：4

黄建兵. 1981. 微乳状液相平衡的统计力学. 哈尔滨电工学院院报，3：102

蒋子铎，刘启哲. 1980. 麦克斯韦分布律和玻尔兹曼 H 定理. 化学通报，5：301

李景德. 1982. 聚合度的统计理论. 中山大学学报(自然科学版)，4：50

林宗涵. 2007. 热力学与统计物理学. 北京：北京大学出版社

妹尾学. 1981. 统计力学与热力学的联系点——关于系综. 现代化学译丛，4：82

沈慧君. 1986. 麦克斯韦是怎样推导速度分布的？物理，5：323

史密斯 N O. 1989. 基础统计力学解题方法. 鲍银堂译. 北京：高等教育出版社

苏文煅. 1982. 电极过程统计力学理论——氢在铂电极上的等温吸附. 厦门大学学报(自然科学版)，4：457

苏文煅. 1988. 化学统计. 福州：福建科学技术出版社

苏文煅. 1997. 系综原理. 厦门：厦门大学出版社

唐有祺. 1979. 统计力学及其在物理化学中的应用. 北京：科学出版社

汪志诚. 1997. 热力学·统计物理. 2 版. 北京：高等教育出版社

魏淦. 1987. 统计热力学的系综变换. 大学物理，8：15

吴敢. 1989. 麦克斯韦速度分布定律几种证明方法的比较. 大学物理，12：9

吴瑞贤. 1982. 推导麦克斯韦速度分布率的简单方法. 大学物理，9：7

新疆维吾尔自治区科学技术协会. 1988. 熵与交叉科学. 北京：气象出版社

张奎. 1985. 近独立粒子系统计分布的统一推导. 大学物理，4：8

张留成. 1982. 聚合物溶液统计热力学理论的进展. 河北工学院院报，1：71

张启仁. 2004. 统计力学. 北京：科学出版社

钟金城. 1989. 玻尔兹曼关系式的一个例证. 教材通讯，2：39

Everdell M H. 1975. Statistical Mechanics and It's Chemical Application. London：Academic Press

Gasser R P H, Richards W G. 1981. 熵与能级. 曾实译. 北京：人民教育出版社

Lie G C. 1981. Boltzmann distribution and Boltzmann's hypothesis. J Chem Educ, 58：603

Lotz A. 1999. Simple statistical calculations of entropy changes. J Chem Educ, 76：211

McClelland B J. 1980. 统计热力学. 龚少明译. 上海：上海科学技术出版社

Nash L K. 1982. On the Boltzmann distribution law. J Chem Educ, 59：824

Nelson P G. 1994. Statistical mechanical interpretation of entropy. J Chem Educ, 71：103

第6章 混合物和溶液

本章重点、难点

(1) 溶液浓度的各种表示方法及其换算。

(2) 偏摩尔量的定义与性质。

(3) 应用拉乌尔定律或亨利定律进行液相组成和气相分压之间的运算。

(4) 理想液体混合物及实际液体混合物中各组分化学势表达式及标准态的选取。

(5) 理想稀溶液的溶剂、溶质化学势表达式及标准态的选取。

(6) 混合热力学性质与超额函数。

(7) 非电解质溶液中溶剂、溶质化学势表达式及标准态的选取。

(8) 转移过程吉布斯自由能变化值或化学势变化值。

(9) 相对活度的概念、活度及活度系数的求算,注意求算活度时必须指明标准态。

(10) 稀溶液的依数性及其应用。

(11) 电解质溶液中电解质的平均活度及平均活度系数的求算。

(12) 单个离子的热力学函数规定值。

本章实际应用

(1) 液体混合物和溶液是化学学科研究的主体体系,其研究成果为相平衡、溶液化学反应及化学平衡建立了理论基础。

(2) 利用稀溶液的依数性质可测定溶质的摩尔质量。

(3) 反渗透可用于海水淡化或工业废水处理。人体中肾就具有反渗透的作用。当血液中的糖分远高于尿中的糖分时,肾的反渗透功能可以阻止血液中的糖分进入尿液。如果肾功能有缺陷,血液中的糖分将进入尿液而形成糖尿病。

(4) 引入逸度和活度的概念后,可将理想体系的热力学公式在形式不变的情况下应用于非理想体系,这是重要的热力学方法。

(5) 活度及活度系数可用于实际溶液中活度平衡常数的求算、能斯特方程求可逆电池电动势的计算。

混合物和溶液都是一种多组分均相体系。"混合物"一词用来描述含多于一种物质的气态、液态或固态均相体系,体系中所有这些物质(A、B、C、…)都以同等对待,不分彼此的方法来处理。"溶液"一词用来描述含多于一种物质的液态或固态均相体系,但为了研究方便起见,将体系中的一种(或几种)物质称为溶剂(solvent),而将其余物质称为溶质(solutes),对溶剂和溶质在处理方法上是不同的。在体系的温度和压力下，混合物中的各种物质彼此能以任何比例互溶；而溶液则不同，溶质在溶剂中具有一定溶解度。往往将溶液中相对含量较少的物质当作溶质。根据溶质是否是电解质，溶液又可分为非电解质溶液和电解质溶液。

本章将研究溶液的热力学性质，溶液的 T、p 及组成之间的定量关系；研究溶液形成过程热力学函数的变化，为相平衡、溶液化学反应及化学平衡建立理论基础。

本章研究的方法是首先引入偏摩尔量，实验上能测出某些偏摩尔量，就能得到整个多组分体系的热力学性质。其次人为地规定标准态得到各组分化学势的表达式，一切问题就迎刃而解了。我们将先学习稀溶液的两个经验定律，抽象出理想液体混合物的概念、理想稀溶液的性质，并以此为参考态，研究非理想液体混合物和溶液的性质。

6.1　组成表示法

6.1.1　摩尔分数 x

混合物中物质的组成用摩尔分数来表示。摩尔分数也称为物质的量分数，是一个量纲为 1 的量。混合物中物质 B 的摩尔分数 x_B 的定义为物质 B 的物质的量(n_B)与混合物的物质的量 $\left(n=\sum_B n_B\right)$ 之比

$$x_B \equiv \frac{n_B}{\sum_B n_B} \tag{6-1}$$

例如，某混合物由 A 和 B 两种物质构成，其中含 n_A 的 A 和 n_B 的 B，则 $n=n_A+n_B$，物质 A 和物质 B 的摩尔分数分别为

$$x_A=\frac{n_A}{n_A+n_B} \qquad x_B=\frac{n_B}{n_A+n_B}$$

显然，$x_A+x_B=1$，写成一般形式为 $\sum_B x_B=1$，即混合物中所有物质的摩尔分数之和总是等于 1。因此，如果混合物中含有 N 种物质，则有 N 个物质的量 $n_B(n_A,n_B,\cdots,n_N)$可以独立地变动，而只有$(N-1)$个摩尔分数 $x_B(x_A,x_B,\cdots,x_{N-1})$可以独立地变动。物质的量 n 是广度性质，而摩尔分数 x 是强度性质。

6.1.2　质量摩尔浓度 m

溶液中溶质的组成通常不用摩尔分数表示，而用质量摩尔浓度表示。溶剂 A 中溶质 B 的质量摩尔浓度 m_B 的定义为溶质 B 的物质的量 n_B 除以溶剂 A 的质量

$$m_B \equiv \frac{n_B}{n_A M_A} \tag{6-2}$$

式中，n_A 是溶剂 A 的物质的量；M_A 是溶剂 A 的摩尔质量。质量摩尔浓度的 SI 单位是$mol \cdot kg^{-1}$。

溶质 B 的摩尔分数 x_B 与 m_B 的关系为

$$x_B = \frac{M_A m_B}{\left(1 + M_A \sum_B m_B\right)} \quad 或 \quad m_B = \frac{x_B}{\left(1 - \sum_{B \neq A} x_B\right) M_A}$$

在极稀溶液中，$\sum_B m_B \to 0$，$\sum_{B\neq A} x_B \ll 1$，所以 $x_B = m_B M_A$。用质量摩尔浓度表示溶液组成的优点在于，可以用准确称量的方法来配制一定组成的溶液。

6.1.3 物质的量浓度 c

混合物和溶液的组成有时也用物质的量浓度（简称浓度，过去称为体积摩尔浓度 molarity）表示。物质 B 或溶质 B 的物质的量浓度 c_B（也用符号[B]表示）的定义为物质 B 或溶质 B 的物质的量 n_B 除以混合物或溶液的体积 V

$$c_B \equiv \frac{n_B}{V} \tag{6-3}$$

物质的量浓度的 SI 单位是摩尔每立方米（$mol \cdot m^{-3}$）或摩尔每升（$mol \cdot L^{-1}$）或摩尔每立方分米（$mol \cdot dm^{-3}$），$1mol \cdot L^{-1} = 1mol \cdot dm^{-3} = 10^3 mol \cdot m^{-3}$。

对二组分体系来说，x_B 与 c_B 的关系为

$$x_B = \frac{c_B M_A}{\rho + c_B(M_A - M_B)}$$

式中，M_A 和 M_B 分别是溶剂 A（或物质 A）和溶质 B（或物质 B）的摩尔质量；ρ 是混合物或溶液的密度。

对于极稀溶液，ρ 接近纯溶剂的密度 ρ_A，而且 $c_B(M_A - M_B) \ll \rho$，因此 $x_B = c_B M_A / \rho$。

由于体积与温度有关，因此物质的量浓度随温度而变，但摩尔分数和质量摩尔浓度与温度无关。

6.1.4 物质 B 的质量分数 W_B

$$W_B = \frac{m_B}{\sum_B m_B} \tag{6-4}$$

6.2 偏摩尔量

知识点讲解视频

偏摩尔量

（朱志昂）

6.2.1 偏摩尔量的定义及物理意义

假定某多组分均相体系由物质 A、B、C、… 在恒温 T 和恒压 p 下混合而成，其中各物质的物质的量分别为 n_A、n_B、n_C、…，则在 T 和 p 下未混合前各物质的体积之总和为

$$V^* = n_A V_{m,A} + n_B V_{m,B} + n_C V_{m,C} + \cdots$$

式中，V_m 是各物质在 T 和 p 下的纯态摩尔体积。混合后构成混合物或溶液，人们发现体系的体积 V 在相同的 T 和 p 下通常并不等于 V^*。这是因为混合物或溶液中各物质的分子间作用力不同于纯态中分子间作用力。例如，$100cm^3$ 乙醇和 $100cm^3$ 水在 25℃ 和 $10^5 Pa$ 下不等于 $200cm^3$，大约等于 $190cm^3$。除质量外，类似情况也存在于体系的其他广度性质中，如 U、H、S、A

和G。这就是说，除质量外，多组分均相体系的任一广度性质在相同的T和p下通常并不等于构成该体系前各物质的相应广度性质的总和。

对于多组分均相体系的任一广度性质X，我们可以选取T、p和n_A，n_B，n_C，…作为独立变量，如$V=V(T,p,n_A,n_B,n_C,\cdots)$。任一广度性质$X$的全微分式为

$$\begin{aligned}dX &= \left(\frac{\partial X}{\partial T}\right)_{p,n} dT + \left(\frac{\partial X}{\partial p}\right)_{T,n} dp + \sum_B \left(\frac{\partial X}{\partial n_B}\right)_{T,p,n_{j\neq B}} dn_B \\ &= \left(\frac{\partial X}{\partial T}\right)_{p,n} dT + \left(\frac{\partial X}{\partial p}\right)_{T,n} dp + \sum_B X_B dn_B \end{aligned} \tag{6-5}$$

或在恒温恒压下

$$dX_m = \sum_B X_B dx_B \tag{6-5'}$$

式中，偏导数$\left(\frac{\partial X}{\partial n_B}\right)_{T,p,n_{j\neq B}}$称为多组分均相体系中物质B的偏摩尔量，用符号$X_B$表示。

$$X_B \equiv \left(\frac{\partial X}{\partial n_B}\right)_{T,p,n_{j\neq B}} \tag{6-6}$$

式(6-6)是偏摩尔量的定义式，其物理意义是在T、p和除物质B以外的其余物质的物质的量$n_{j\neq B}$都保持不变的条件下，当dn_B的物质B加入体系时，体系的任一广度性质改变了dX，则偏摩尔量X_B是相应的变化率。例如，溶液中物质B的偏摩尔体积V_B，$V_B=\left(\frac{\partial V}{\partial n_B}\right)_{T,p}$。当我们在恒温、恒压下向溶液中加入微量的B为$dn_B$时，溶液的体积发生微小的变化$dV$，$dV=V_B dn_B$。纯物质的任一广度性质$X^*=nX_m(T,p)$，这里上标“$*$”表示纯态，下标“m”表示摩尔量，因此

$$\left(\frac{\partial X^*}{\partial n}\right)_{T,p} = X_m$$

即纯物质的偏摩尔量就是其摩尔量，$X_B=X_{m,B}$，$X_{m,B}$也用符号X_B^*表示。但是多组分均相体系中的物质B的偏摩尔量X_B通常不等于纯物质B的摩尔量X_B^*，即$X_B\neq X_B^*$。我们只能根据X_B的定义式(6-6)来理解它的含义，其他理解都不够全面和确切。在过去的书籍中，偏摩尔量的符号上加了一条横线，即$\overline{X}_B$，为了避免与平均量相混淆，现在将它取消。对于混合理想气体来说

$$V = \frac{nRT}{p} = \frac{(n_A + n_B + n_C + \cdots)RT}{p}$$

$$V_B = \left(\frac{\partial V}{\partial n_B}\right)_{T,p,n_{j\neq B}} = \frac{RT}{p} = V_B^*$$

上述结果不适用于非理想气体混合物。

偏摩尔量X_B是整个多组分体系的强度性质，是$T,p,n_1,n_2,\cdots,n_k$的函数，是一个状态函数，相应有下列函数关系：

$$X_B=X_B(T,p,n_1,n_2,\cdots,n_k) \tag{6-7}$$

或

$$X_B=X_B(T,p,x_1,x_2,\cdots,x_{k-1}) \tag{6-8}$$

式(6-8)中没有x_k是因为$x_k = 1-\sum_{B=1}^{k-1} x_B$，不是独立变量。

体系的强度性质(如 T,p)没有相应的偏摩尔量,而体系的广度性质均有相应的偏摩尔量。例如

偏摩尔体积

$$V_B \equiv \left(\frac{\partial V}{\partial n_B}\right)_{T,p,n_{j\neq B}}$$

偏摩尔热力学能

$$U_B \equiv \left(\frac{\partial U}{\partial n_B}\right)_{T,p,n_{j\neq B}}$$

偏摩尔焓

$$H_B \equiv \left(\frac{\partial H}{\partial n_B}\right)_{T,p,n_{j\neq B}}$$

偏摩尔熵

$$S_B \equiv \left(\frac{\partial S}{\partial n_B}\right)_{T,p,n_{j\neq B}}$$

偏摩尔亥姆霍兹自由能

$$A_B \equiv \left(\frac{\partial A}{\partial n_B}\right)_{T,p,n_{j\neq B}}$$

偏摩尔吉布斯自由能

$$G_B \equiv \left(\frac{\partial G}{\partial n_B}\right)_{T,p,n_{j\neq B}}$$

偏摩尔恒压热容

$$C_{p,B} \equiv \left(\frac{\partial C_p}{\partial n_B}\right)_{T,p,n_{j\neq B}}$$

必须指出,偏摩尔吉布斯自由能就等于化学势,其他偏摩尔量都不等于化学势。因为我们在定义偏摩尔量时,T,p 和 $n_{j\neq B}$ 保持不变,而 $\mu_B \equiv \left(\frac{\partial U}{\partial n_B}\right)_{S,V,n_{j\neq B}}$ 中 S、V、$n_{j\neq B}$ 保持不变,两者的固定变量不同,所以是有区别的。

6.2.2 偏摩尔量与摩尔量的比较

摩尔量是指 1mol 纯物质的性质。偏摩尔量 X_B 是指 1mol 物质 B 在一定温度、压力下对一定浓度的大量的均相多组分体系某个容量性质 X 的贡献。两者都是强度性质,均依赖于物质的特性、T、p,但偏摩尔量还取决于多组分体系的组成。多组分体系中某组分的偏摩尔量不等于该纯组分的摩尔量。但对于纯物质,偏摩尔量等于摩尔量。摩尔量一定为正值,而偏摩尔量在某些例子中可以为负值,因为偏摩尔量是变化率。例如,$MgSO_4$ 水溶液中 $MgSO_4$ 的偏摩尔体积在溶液的质量摩尔浓度小于 0.07mol·kg^{-1} 时为负值。图 6-1 表示在 20℃和 10^5Pa 下,含固定量(1kg 或 55.5mol)溶剂水的 $MgSO_4$ 水溶液的体积 V 随溶质 $MgSO_4$ 的物质的量 n 的关系曲线(对于 1kg 溶剂水来说,n_B 在数值上等于溶质 B 的质量摩尔浓度 m_B)。图 6-1 示出 $MgSO_4$ 水溶液的体积在固定 $n(H_2O)$ 下,开始随 $n(MgSO_4)$ 的增加而减小,曲线的斜率为负值。这是溶质离子与溶剂分子间的互吸作用造成的。从图 6-1 中的曲线可看出,偏摩尔量的数值与体系的组成有关。偏摩尔量可正、可负,也可为零。

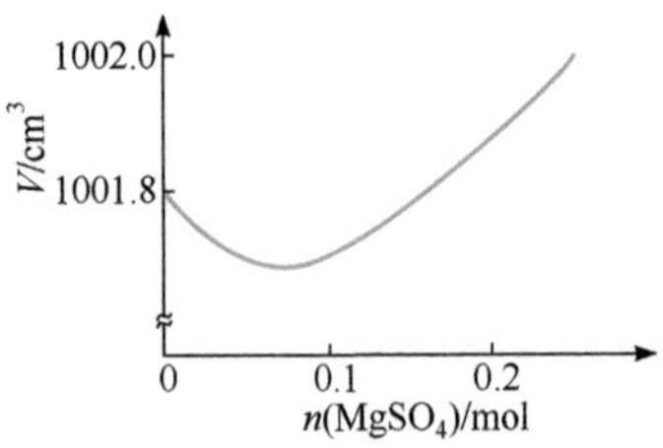

图 6-1 $MgSO_4$ 水溶液的体积与溶液组成的关系

6.2.3 偏摩尔量的集合公式

多组分体系的容量性质 X 与各组分偏摩尔量 X_B 有以下关系式：

$$X=\sum_{B=1}^{k}n_BX_B \quad 或 \quad X_m=\sum_{B=1}^{k}x_BX_B \tag{6-9}$$

式(6-9)称为集合公式。对于一个组分为 $1,2,\cdots,k$，其物质的量分别为 n_1，$n_2,\cdots,n_k$ 的均相多组分体系，设在恒温、恒压并保持各物质相对数量不变的条件下，同时向体系加入各组分，这时浓度保持不变，偏摩尔量也不变，将式(6-5)积分，可得

$$\begin{aligned}X&=\int_0^X\mathrm{d}X=\sum_{B=1}^{k}\int_0^{n_B}X_B\mathrm{d}n_B\\&=\sum_{B=1}^{k}X_B\int_0^{n_B}\mathrm{d}n_B\\&=X_1\int_0^{n_1}\mathrm{d}n_1+X_2\int_0^{n_2}\mathrm{d}n_2+\cdots+X_k\int_0^{n_k}\mathrm{d}n_k\\&=n_1X_1+n_2X_2+\cdots+n_kX_k\end{aligned}$$

即式(6-9)。由上式可见，在指定 T、p 组成的条件下，体系容量性质 X 等于各组分物质的量 n_B 与相应偏摩尔量 X_B 乘积之和，表明如用偏摩尔量代替摩尔量，在混合时具有加和性。根据式(6-9)，相应地有

$$V=\sum_B n_BV_B \qquad U=\sum_B n_BU_B \qquad H=\sum_B n_BH_B \tag{6-10}$$

$$S=\sum_B n_BS_B \qquad A=\sum_B n_BA_B$$

$$G=\sum_B n_BG_B=\sum_B n_B\mu_B \tag{6-11}$$

6.2.4 同一组分的各种偏摩尔量之间的关系

纯物质的广度性质之间的许多热力学关系式也可适用于多组分均相体系。只要用偏摩尔量来代替其中的相应广度性质就可以了。例如

(1) $G=H-TS$

$$\left(\frac{\partial G}{\partial n_B}\right)_{T,p,n_{j\neq B}}=\left(\frac{\partial H}{\partial n_B}\right)_{T,p,n_{j\neq B}}-T\left(\frac{\partial S}{\partial n_B}\right)_{T,p,n_{j\neq B}}$$

$$\mu_B\equiv G_B=H_B-TS_B \tag{6-12}$$

(2) $\left(\frac{\partial G}{\partial T}\right)_{p,n}=-S$

$$-\left(\frac{\partial S}{\partial n_B}\right)_{T,p,n_{j\neq B}}=\left[\frac{\partial}{\partial n_B}\left(\frac{\partial G}{\partial T}\right)_{p,n}\right]_{T,p,n_{j\neq B}}=\left[\frac{\partial}{\partial T}\left(\frac{\partial G}{\partial n_B}\right)_{T,p,n_{j\neq B}}\right]_{p,n}$$

$$\left(\frac{\partial \mu_B}{\partial T}\right)_{p,n}\equiv\left(\frac{\partial G_B}{\partial T}\right)_{p,n}=-S_B \tag{6-13}$$

(3) $\left(\frac{\partial G}{\partial p}\right)_{T,n}=V$

$$\left(\frac{\partial V}{\partial n_B}\right)_{T,p,n_{j\neq B}}=\left[\frac{\partial}{\partial n_B}\left(\frac{\partial G}{\partial p}\right)_{T,n}\right]_{T,p,n_{j\neq B}}=\left[\frac{\partial}{\partial p}\left(\frac{\partial G}{\partial n_B}\right)_{T,p,n_{j\neq B}}\right]_{T,n}$$

$$\left(\frac{\partial \mu_B}{\partial p}\right)_{T,n}=\left(\frac{\partial G_B}{\partial p}\right)_{T,n}=V_B \tag{6-14}$$

(4) $$\left[\frac{\partial \frac{G_B}{T}}{\partial T}\right]_{p,n}=\left[\frac{\partial \frac{\mu_B}{T}}{\partial T}\right]_{p,n}=-\frac{H_B}{T^2} \tag{6-15}$$

(5) $$dG_B=d\mu_B=-S_B dT+V_B dp \tag{6-16}$$

6.2.5 不同组分的同一偏摩尔量之间的关系——吉布斯-杜安方程

均相多组分体系中各组分的偏摩尔量之间并非完全独立，彼此间有内在联系。由式(6-9)出发，对该式进行微分

$$dX=\sum_{B=1}^{k}(n_B dX_B+X_B dn_B) \tag{6-17}$$

又因 $X=X(T,p,n_1,n_2,\cdots,n_k)$，写出全微分式，即式(6-5)

$$dX=\left(\frac{\partial X}{\partial T}\right)_{p,n}dT+\left(\frac{\partial X}{\partial p}\right)_{T,n}dp+\sum_{B=1}^{k}X_B dn_B$$

因为是从不同角度考察同一状态的性质在同样条件下的变化，所以结果应该相同，即上两式应该相等，得

$$\sum_{B=1}^{k}n_B dX_B=\left(\frac{\partial X}{\partial T}\right)_{p,n}dT+\left(\frac{\partial X}{\partial p}\right)_{T,n}dp \tag{6-18}$$

式(6-18)称为吉布斯-杜安(Duhem)方程，表达了无限小过程中各组分偏摩尔量变化值之间的关系。它将 k 个偏摩尔量的变化用一个微分方程联系起来，说明在 k 个 X_B 中，只有$(k-1)$个是独立的，任何一个偏摩尔量的变化，原则上都可通过式(6-18)用另外$(k-1)$个偏摩尔量的变化计算出来。在恒温恒压条件下，式(6-18)可简化为更常用的式子

$$\sum_{B=1}^{k}n_B dX_B=0 \tag{6-19}$$

或

$$\sum_{B=1}^{k}x_B dX_B=0 \tag{6-20}$$

吉布斯-杜安方程在相平衡研究中是一个十分重要的基本公式。此方程也可用于偏摩尔量的测定。由吉布斯-杜安方程可知，多组分均相体系中各物质的某一偏摩尔量之间不是彼此无关的，而是按吉布斯-杜安方程联系在一起的。现在我们将式(6-20)用具体广度性质表示如下：

$$\sum_B x_B dV_B=0 \qquad \sum_B x_B dU_B=0$$

$$\sum_B x_B dH_B=0$$

$$\sum_B x_B dS_B=0 \qquad \sum_B x_B dA_B=0$$

$$\sum_{B} x_B \mathrm{d}G_B = 0 \qquad (T, p\ 恒定) \qquad (6\text{-}21)$$

对于二组分体系，以体积为例，在恒温恒压条件下应有

$$x_A \mathrm{d}V_A + x_B \mathrm{d}V_B = 0$$

$$\mathrm{d}V_A = -\frac{x_B}{x_A}\mathrm{d}V_B$$

例如，由物质 A 和 B 构成的某二组分体系，其中 $x_A=0.2$，$x_B=1-x_A=0.8$，则在恒温恒压条件下，加入微量 A 和(或)B 后引起 A 和 B 的偏摩尔体积的变化 $\mathrm{d}V_A$ 和 $\mathrm{d}V_B$ 之间的依赖关系为

$$\mathrm{d}V_A = -\frac{x_B}{x_A}\mathrm{d}V_B = -4\mathrm{d}V_B$$

6.2.6　偏摩尔量的实验测定

1. 截距法

在一定温度 T 和压力 p 下，测定了体系的摩尔量 X_m 及其与 $(k-1)$ 个独立摩尔分数 x_B 的依赖关系（这里 N 是体系中的物种数），利用式(6-9)和式(6-5b)，可以求出所有偏摩尔量 X_B。我们以二组分体系为例来详细叙述此法。对于二组分体系 $[(1-x_B)A+x_BB]$ 来说，应有

$$X_m = (1-x_B)X_A + x_B X_B$$

$$\mathrm{d}X_m = X_A \mathrm{d}x_A + X_B \mathrm{d}x_B = (X_B - X_A)\mathrm{d}x_B \qquad (T, p\ 恒定)$$

由上述两式解得

$$X_A = X_m - x_B\left(\frac{\partial X_m}{\partial x_B}\right)_{T,p} \qquad (6\text{-}22)$$

$$X_B = X_m + (1-x_B)\left(\frac{\partial X_m}{\partial x_B}\right)_{T,p} \qquad (6\text{-}23)$$

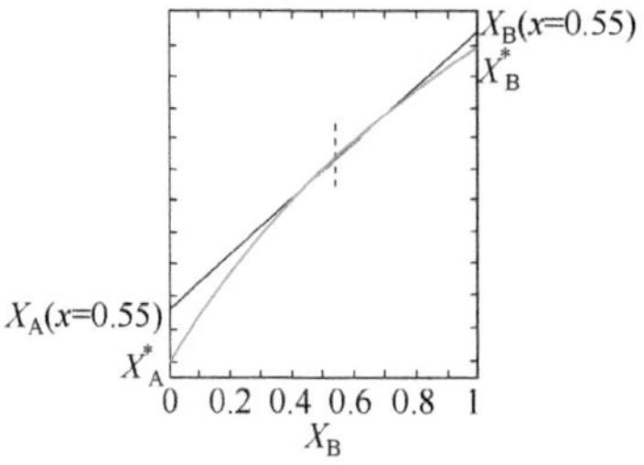

图 6-2　偏摩尔量的测定法之一

因此，给定组成 x_B 的体系中偏摩尔量 X_A 和 X_B，可以从体系的摩尔量 X_m 的实测值和 X_m 对 x_B 的关系曲线的斜率求出。图 6-2 表示 X_m 对 x_B 的关系曲线，在所得曲线上相应于给定组成 x_B' 的点上作切线，此切线在 $x_B=0$ 和 1 的截距分别就是此给定组成 x_B' 的体系中物质 A 和 B 的偏摩尔量 X_A 和 X_B。此法的最大缺点是当 X 为不可测量(如 H,S,G 等)时就不能应用。此法常用于偏摩尔体积和偏摩尔恒压热容的测定。图 6-3 表示 V_A 和 V_B 随体系组成的变化图。当 $V(H_2O)$ 减小时，$V(C_2H_5OH)$ 增加；反之亦然。这表明 $\mathrm{d}V_A = -\frac{x_B}{x_A}\mathrm{d}V_B$，服从吉布斯-杜安方程。

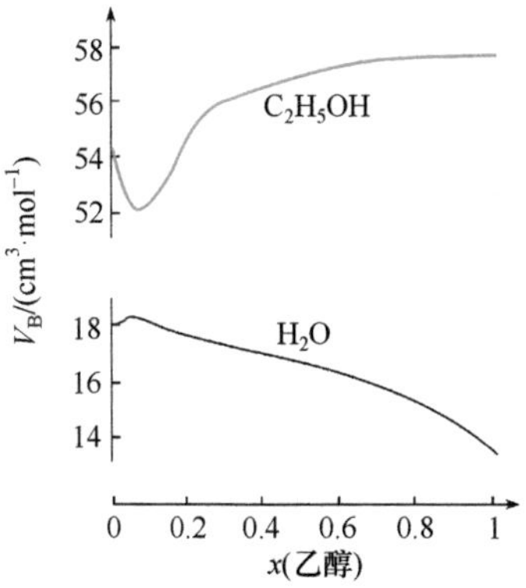

图 6-3　V_B 随 x_B 的变化图

2. 切线法

在恒温恒压且固定 A 数量的条件下，加入不同数量的 B，测定所得混合物的体积 V。以 V 为纵坐标，以 n_B 为横坐标作图，可得一条曲线，在曲线上的一点作切线，按式(6-6)，切线的斜率即为相应浓度下 B 的偏摩尔体积 V_B。再利用式(6-9)，即可求出 V_A。

3. 解析式法

例 6-1 25℃、10^5 Pa 时，HAc(B)溶于 1kg H_2O(A)中所有溶液的体积 V 与物质的量 n_B 的关系如下：

$$V/\text{cm}^3 = 1002.935 + 51.832(n_B/\text{mol}) + 0.1394(n_B/\text{mol})^2$$

试将 HAc 和 H_2O 的偏摩尔体积表示为 n_B 的函数，并求 n_B=1.000mol 时 HAc 和 H_2O 的偏摩尔体积。

解 $V_B/(\text{cm}^3\cdot\text{mol}^{-1}) = \left(\dfrac{\partial V}{\partial n_B}\right)_{T,p,n_A} = 51.832 + 0.2788(n_B/\text{mol})$

因为 $V = n_A V_A + n_B V_B$，所以

$$V_A = \frac{V - n_B V_B}{n_A} = \frac{M_A}{m_A}(V - n_B V_B)$$

$$= \left\{\frac{18.0152}{1\times10^3}\times[1002.935 + 51.832(n_B/\text{mol}) + 0.1394(n_B/\text{mol})^2 - (n_B/\text{mol})(51.832 + 0.2788 n_B/\text{mol})]\right\}\text{cm}^3\cdot\text{mol}^{-1}$$

$$= [18.0681 - 0.00251(n_B/\text{mol})^2]\text{cm}^3\cdot\text{mol}^{-1}$$

当 n_B=1.000mol 时

$$V_B = (51.832 + 0.2788\times1.000)\text{cm}^3\cdot\text{mol}^{-1} = 52.111\text{cm}^3\cdot\text{mol}^{-1}$$

$$V_A = (18.0681 - 0.00251\times1.000^2)\text{cm}^3\cdot\text{mol}^{-1} = 18.0656\text{cm}^3\cdot\text{mol}^{-1}$$

6.3 拉乌尔定律和亨利定律

溶质溶解于溶剂中形成溶液。当液态(或固态)溶液在恒温下引入一个真空容器中时，溶液中的组分必有一部分进入气相，并最后达到气液平衡。处在平衡态的液相组成与气相分压存在一定的关系。对于稀溶液，实验发现其关系比较简单，即溶剂遵守拉乌尔定律，溶质遵守亨利定律。

6.3.1 拉乌尔定律

拉乌尔(Raoult)于 1886 年总结出一条经验规律，对于恒温下的稀溶液，如果与其成平衡的气相压力不大时，“溶剂中加入非挥发溶质后，溶液中溶剂的蒸气分压等于纯溶剂在同一温度下的饱和蒸气压乘以溶液中溶剂的摩尔分数”，称为拉乌尔定律，即

$$p_A = p_A^* x_A \tag{6-24}$$

若溶液中仅有溶剂 A 和溶质 B，由于 $x_A + x_B = 1$，则有

$$p_A^* - p_A = p_A^* x_B \qquad (x_A \to 1) \tag{6-25}$$

即溶剂的蒸气压下降($p_A^* - p_A$)等于同温度下纯溶剂的饱和蒸气压 p_A^* 与溶液中溶质分数 x_B 的乘积。

6.3.2 亨利定律

亨利(Henry)于 1803 年总结出，“稀溶液在一定温度和平衡状态下，气体

在液体中的溶解度与该气体的平衡分压成正比”，即

$$p_B = K_{x,B}x_B \qquad (x_B \to 0) \tag{6-26}$$

式(6-26)称为亨利定律。式中，比例常数 $K_{x,B}$ 称为亨利常数，它的大小取决于温度、溶剂及溶质的本性。溶质浓度标度不同，亨利常数也不相同。

在稀溶液中，二组分体系的溶质的摩尔分数 x_B、质量摩尔浓度 m_B 和物质的量浓度 c_B 间存在下列关系：

$$x_B = M_A m_B = \frac{M_A}{\rho}c_B \tag{6-27}$$

因此，亨利定律可表示为

$$p_B = K_{x,B}x_B = K_{m,B}m_B = K_{c,B}c_B \tag{6-28}$$

式中

$$K_{x,B} = \frac{1}{M_A}K_{m,B} = \frac{\rho}{M_A}K_{c,B} \tag{6-29}$$

必须指出，只有溶质的分子形态在气相和溶液中相同时，亨利定律才适用。如果溶质分子在溶液中发生聚合、解离或与溶剂形成化合物时，可认为发生了化学反应，应由化学平衡规律来解决，而对于在溶液中未发生聚合、解离等的部分可应用亨利定律。例如，NH_3 溶解于水中有下列反应：

$$NH_3 + H_2O \longrightarrow NH_4^+ + OH^-$$

在使用 $p_{NH_3} = K_{x,NH_3}x_{NH_3}$ 时，x_{NH_3} 应该是游离的 NH_3 浓度，这就必须在溶解的氨中扣除 NH_4^+ 的数量。

6.3.3　拉乌尔定律与亨利定律的比较

两个经验定律都表示溶液中某一组分的蒸气分压与该组分在溶液中的摩尔分数成正比，溶液越稀，遵守正比关系越好。但比例常数不同，拉乌尔定律的比例常数是 p_A^*，而亨利定律比例常数是 $K_{x,B}$，况且 $K_{x,B} \neq p_B^*$。拉乌尔定律适用于稀溶液中的挥发性溶剂，对溶质挥发与否没有限制。亨利定律适用于稀溶液挥发性溶质，对不挥发溶质不适用，对溶剂挥发与否没有限制。拉乌尔定律只能用 x 表示。亨利定律可用 x、m、c 表示，但比例常数不同，$K_x \neq K_m \neq K_c$。用同一张图表示在 $x_B \to 0$ 时，遵守亨利定律；在 $x_B \to 1$ 时，遵守拉乌尔定律，如图 6-4 所示。

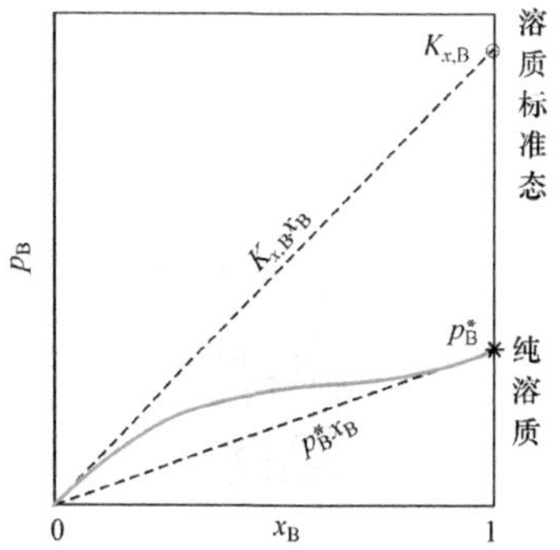

图 6-4　溶质的蒸气压与组成的关系

6.4　理想液体混合物

正如同研究实际气体之前要研究理想气体一样，在研究实际液体混合物或实际溶液之前，则要研究理想液体混合物和理想稀溶液。它们是最简单的液体混合物和溶液模型，经过适当的修正就能用来表示实际液体混合物或实际溶液的性质。

6.4.1　定义

由组分 1,2,…,K 等构成的液体混合物，其中任一组分 B 在全部浓度范

围内(x_B 从 0→1)都遵守拉乌尔定律,称为理想液体混合物或理想溶液。

$$p_B = p_B^* x_B \qquad (B = 1, 2, \cdots, K) \tag{6-30}$$

实际上并不存在理想液体混合物。但由同位素组成的化合物(如$^{12}CH_3I$ 和 $^{13}CH_3I$)、紧邻同系物(如苯和甲苯)、性质非常相似的物质(如 C_2H_5Br 和 C_2H_5I)等,它们的液体混合物可近似地认为是理想液体混合物。

对二组分 A、B 组成的理想液体混合物,显然有

$$p_A = p_A^* x_A \qquad p_B = p_B^* x_B$$

理想液体混合物的总蒸气压为

$$p = p_A + p_B = p_A^* x_A + p_B^* x_B \tag{6-31}$$

从微观上说,理想液体混合物各组分的分子是如此相似,以致它们之间相互作用(A—A,A—B,B—B)情况完全相同,分子大小也完全相同。这正是理想液体混合物模型的微观特征。当 A 和 B 混合时,不会产生热效应与体积变化。遵守拉乌尔定律是这种微观特征的必然宏观结果。

6.4.2 各组分的化学势

理想液体混合物在指定温度下与其蒸气成平衡时,有

$$\begin{aligned}\mu_B(l, T, p, x_B) &= \mu_B(g, T, p_B) \\ &= \mu_B^\ominus(g, T) + RT\ln\frac{p_B}{p^\ominus} \\ &= \mu_B^\ominus(g, T) + RT\ln\frac{p_B^*}{p^\ominus} + RT\ln x_B \\ &= \mu_B^*(l, T, p_B^*) + RT\ln x_B \\ &= \mu_B^*(l, T, p^\ominus) + \int_{p^\ominus}^{p_B^*} V_{m,B}^*(l)\,dp + RT\ln x_B \end{aligned} \tag{6-32}$$

知识点讲解视频

理想液体混合物中组分 B 的标准态

(朱志昂)

考虑到凝聚体系在式(6-32)中的积分项数值很小,可忽略不计,则式(6-32)变为

$$\mu_B(l, T, p, x_B) = \mu_B^*(l, T, p^\ominus) + RT\ln x_B = \mu_B^\ominus(l, T) + RT\ln x_B \tag{6-33}$$

式(6-33)就是理想液体混合物中组分 B 的化学势表达式,也是理想液体混合物的热力学定义式。式中,$\mu_B^\ominus(l, T)$是标准态的化学势,其标准态是同温度、标准压力 $p^\ominus$下的纯液体物质 B 的状态。

6.4.3 偏摩尔性质

1. 偏摩尔体积

由理想液体混合物热力学定义式(6-32)可得

$$\left(\frac{\partial \mu_B}{\partial p}\right)_{T,n} = \left(\frac{\partial \mu_B^*}{\partial p}\right)_{T,n}$$

即

$$V_B = V_{m,B}^* \tag{6-34}$$

这表明理想液体混合物中各组分的偏摩尔体积等于该组分的摩尔体积。

2. 偏摩尔焓

同理有

$$\left(\frac{\partial \frac{\mu_B}{T}}{\partial T}\right)_{p,n} = \left(\frac{\partial \frac{\mu_B^*}{T}}{\partial T}\right)_{p,n}$$

即

$$H_B = H_{m,B}^* \tag{6-35}$$

这表明理想液体混合物中各组分的偏摩尔焓等于摩尔焓。

3. 偏摩尔熵

由式(6-33)可得

$$\left(\frac{\partial \mu_B}{\partial T}\right)_{p,n} = \left(\frac{\partial \mu_B^*}{\partial T}\right)_{p,n} + R\ln x_B$$

即

$$S_B = S_{m,B}^* - R\ln x_B \tag{6-36}$$

6.4.4 混合热力学性质

在恒温恒压下，由纯组分混合成理想液体混合物时，理想液体混合物的热力学性质 Z 与纯组分热力学性质 Z 之间的差值称为理想液体混合物的混合热力学性质。

$$\begin{aligned}\Delta_{mix} Z &= Z(\text{混合后}) - Z(\text{混合前}) \\ &= \sum_B n_B Z_B - \sum_B n_B Z_{m,B}^* \\ &= \sum_B n_B (Z_B - Z_{m,B}^*)\end{aligned} \tag{6-37}$$

混合体积

$$\Delta_{mix} V = \sum_B n_B (V_B - V_{m,B}^*) = 0 \tag{6-38}$$

混合焓

$$\Delta_{mix} H = \sum_B n_B (H_B - H_{m,B}^*) = 0 \tag{6-39}$$

混合热力学能

$$\Delta_{mix} U = \Delta_{mix} H - p\Delta_{mix} V = 0 \tag{6-40}$$

混合熵

$$\Delta_{mix} S = \sum_B n_B (S_B - S_{m,B}^*) = -R\sum_B n_B \ln x_B > 0 \tag{6-41}$$

当混合物物质的量为 1.0mol 时的摩尔混合熵为

$$\Delta_{mix} S_m = -R\sum_B x_B \ln x_B \tag{6-42}$$

混合吉布斯自由能

$$\Delta_{mix} G = RT\sum_B n_B \ln x_B \tag{6-43}$$

摩尔混合吉布斯自由能为

$$\Delta_{\text{mix}}G_{\text{m}} = RT\sum_{\text{B}} x_{\text{B}}\ln x_{\text{B}} < 0 \tag{6-44}$$

6.5 理想稀溶液

6.5.1 定义

浓度很稀时，溶剂服从拉乌尔定律，溶质服从亨利定律，该溶液称为理想稀溶液。

溶剂：$x_{\text{A}} \to 1$

$$p_{\text{A}} = p_{\text{A}}^{*} x_{\text{A}}$$

溶质：$x_{\text{B}} \to \varepsilon$

$$p_{\text{B}} = K_{x,\text{B}} x_{\text{B}}$$

理想稀溶液只考虑溶质分子与溶剂分子的相互作用，不考虑溶质分子之间的作用，此概念只适用于非电解质溶液。

6.5.2 溶剂 A 的化学势

由于理想稀溶液溶剂 A 遵守拉乌尔定律，故其化学势与理想液体混合物任一组分的化学势表达式相同，即

$$\mu_{\text{A}}(\text{l},T,p,x_{\text{A}}) = \mu_{\text{A}}^{\ominus}(\text{l},T) + RT\ln x_{\text{A}} \tag{6-45}$$

其标准态为溶液温度 T、标准压力 $p^{\ominus}$下的纯液态溶剂 A 的状态。

知识点讲解视频

理想稀溶液中溶剂、溶质的标准态（朱志昂）

6.5.3 溶质 B 的化学势

当理想稀溶液与其蒸气达相平衡时，溶质 B 在理想稀溶液中的化学势 μ_{B}(l)应与气相化学势相等，设蒸气为理想气体，则有

$$\mu_{\text{B}}(\text{l},T,p,x_{\text{B}}) = \mu_{\text{B}}(\text{g},T,p_{\text{B}}) = \mu_{\text{B}}^{\ominus}(\text{g},T) + RT\ln\frac{p_{\text{B}}}{p^{\ominus}} \tag{6-46}$$

由于理想稀溶液的溶质遵守亨利定律，将 $p_{\text{B}} = K_{x,\text{B}} x_{\text{B}}$ 代入式(6-46)，得

$$\begin{aligned}\mu_{\text{B}}(\text{l},T,p,x_{\text{B}}) &= \mu_{\text{B}}^{\ominus}(\text{g},T) + RT\ln\frac{K_{x,\text{B}}}{p^{\ominus}} + RT\ln x_{\text{B}} \\ &= \mu_{\text{B},x}^{\ominus}(T) + RT\ln x_{\text{B}}\end{aligned} \tag{6-47}$$

式中，$\mu_{\text{B},x}^{\ominus}(T)$是溶质 B 标准态的化学势，仅与溶液温度 T、溶质和溶剂性质有关，与溶液组成无关。其标准态为溶液温度 T、标准压力 $p^{\ominus}$下，将亨利定律 $p_{\text{B}} = K_{x,\text{B}} x_{\text{B}}$ 外延至 $x_{\text{B}} = 1$ 的溶质 B 的假想状态，如图 6-4 所示。应强调指出，这一标准态为虚拟的假想状态，因为亨利定律只适用于理想稀溶液，当 $x_{\text{B}} = 1$(为纯 B)时，$p_{\text{B}} = x_{\text{B}} K_{x,\text{B}}$显然不成立。由图 6-4 可看出，实际上 $x_{\text{B}} = 1$ 时，B 的蒸气压为 p_{B}^{*}，而 $x_{\text{B}} = 1$ 且服从亨利定律的假想状态下，B 的蒸气压为 $K_{x,\text{B}}$($p_{\text{B}}^{\ominus} = K_{x,\text{B}}$)而不是 p_{B}^{*}。

若将亨利定律表示为 $p_{\text{B}} = K'_{m,\text{B}}\dfrac{m_{\text{B}}}{m^{\ominus}}$(式中，$K'_{m,\text{B}} = K_{m,\text{B}} m^{\ominus}$)，代入式(6-46)得

$$\mu_B(\mathrm{l},T,p,m_B)=\mu_B^\ominus(\mathrm{g},T)+RT\ln\frac{K'_{m,B}}{p^\ominus}+RT\ln\frac{m_B}{m^\ominus}$$

$$=\mu_{B,m}^\ominus(T)+RT\ln\frac{m_B}{m^\ominus} \tag{6-48}$$

式中，$\mu_{B,m}^\ominus$是处于标准态的溶质的化学势，其标准态为溶液温度 T、标准压力 $p^\ominus$下，将亨利定律 $p_B=K'_{m,B}\frac{m_B}{m^\ominus}$外延至 $m_B=m^\ominus=1\mathrm{mol\cdot kg^{-1}}$溶液的假想状态，即图 6-5中的 S 点状态（$p_B^\ominus=K'_{m,B}$）。

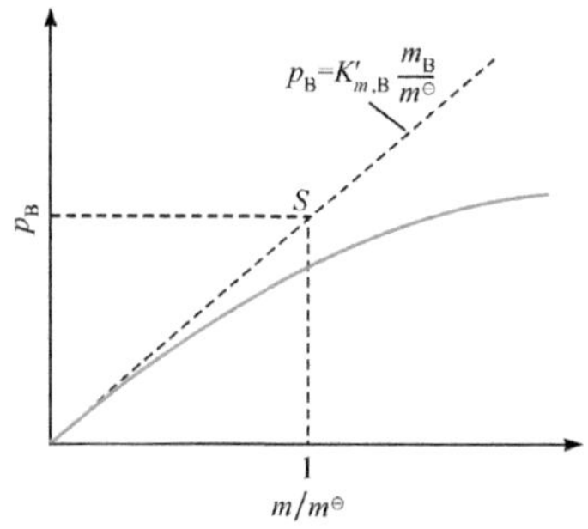

图 6-5　溶液中溶质的标准态（浓度为 m）

同理，将亨利定律 $p_B=K'_{c,B}\frac{c_B}{c^\ominus}$代入式(6-46)得

$$\mu_B(\mathrm{l},T,p,c_B)=\mu_B^\ominus(\mathrm{g},T)+RT\ln\frac{K'_{c,B}}{p^\ominus}+RT\ln\frac{c_B}{c^\ominus}$$

$$=\mu_{B,c}^\ominus(T)+RT\ln\frac{c_B}{c^\ominus} \tag{6-49}$$

溶质 B 的标准态为溶液温度 T、标准压力 $p^\ominus$下，将亨利定律 $p_B=K'_{c,B}\frac{c_B}{c^\ominus}$外延至 $c_B=c^\ominus=1\mathrm{mol\cdot dm^{-3}}$的溶液的假想状态。在标准态时 $p_B^\ominus=K'_{c,B}$。应该注意的是，溶质的浓度标度不同，其标准态不同，标准态的化学势也不相等，$\mu_{B,x}^\ominus\neq\mu_{B,m}^\ominus\neq\mu_{B,c}^\ominus$。

6.5.4　偏摩尔性质

1. 偏摩尔体积

理想稀溶液中溶剂 A 的偏摩尔体积 V_A 为

$$V_A=\left(\frac{\partial\mu_A}{\partial p}\right)_{T,n}=\left(\frac{\partial\mu_A^\ominus}{\partial p}\right)_T=V_A^\ominus=\left(\frac{\partial\mu_A^*}{\partial p}\right)_T=V_A^*=V_{\mathrm{m},A}^* \tag{6-50}$$

因此，理想稀溶液中溶剂的偏摩尔体积等于纯溶剂的摩尔体积（在溶液的 T 和 p 下）。

理想稀溶液中溶质 B 的偏摩尔体积 V_B 为

$$V_B=\left(\frac{\partial\mu_B}{\partial p}\right)_{T,n}=\left(\frac{\partial\mu_B^\ominus}{\partial p}\right)_T=V_B^\ominus \tag{6-51}$$

虽然溶质的标准态是假想态，但是所有适用于真实状态的热力学关系式仍适用于假想的标准态下的热力学函数。式(6-51)中 $V_B^\ominus$代表溶质 B 处于标准态下的偏摩尔体积。因为 $\mu_B^\ominus$ 只是温度 T 的函数，与溶液的组成无关，所以$V_B^\ominus$也是温度 T 的函数，在理想稀溶液的浓度范围内，与浓度无关。因此

$$V_B^\ominus=V_B=V_B^\infty \tag{6-52}$$

式中，V_B^∞代表无限稀溶液中溶质 B 的偏摩尔体积。

2. 偏摩尔焓

1）溶剂

因为

$$-\frac{H_A}{T^2}=\left(\frac{\partial\frac{\mu_A}{T}}{\partial T}\right)_{p,n}=\left(\frac{\partial\frac{\mu_A^*}{T}}{\partial T}\right)_{p,n}=-\frac{H_{\mathrm{m},A}^*}{T^2}$$

所以

$$H_A = H_{m,A}^* \tag{6-53}$$

理想稀溶液中溶剂的偏摩尔焓等于纯溶剂的摩尔焓。

2）溶质

$$-\frac{H_B}{T^2} = \left(\frac{\partial \frac{\mu_B}{T}}{\partial T}\right)_{p,n} = \left(\frac{\partial \frac{\mu_B^\ominus}{T}}{\partial T}\right)_p = -\frac{H_B^\ominus}{T^2}$$

所以

$$H_B = H_B^\ominus$$

同理，由于 $\mu_B^\ominus$ 只是 T 的函数，因此 H_B 与 $H_B^\ominus$ 也只是 T 的函数，在理想稀溶液的浓度范围内，也与浓度无关，即

$$H_B^\ominus = H_B = H_B^\infty \tag{6-54}$$

式中，H_B^∞ 代表无限稀溶液中溶质 B 的偏摩尔焓。

3. 偏摩尔熵

1）溶剂

$$-S_A = \left(\frac{\partial \mu_A}{\partial T}\right)_{p,n} = \left(\frac{\partial \mu_A^*}{\partial T}\right)_{p,n} + R\ln x_A = -S_{m,A}^* + R\ln x_A \tag{6-55}$$

2）溶质

$$-S_B = \left(\frac{\partial \mu_B}{\partial T}\right)_{p,n} = \left(\frac{\partial \mu_B^\ominus}{\partial T}\right)_{p,n} + R\ln x_B = -S_B^\ominus + R\ln x_B \tag{6-56}$$

所以

$$S_B \neq S_B^\ominus \neq S_B^\infty$$

4. 偏摩尔吉布斯自由能

1）溶剂

$$G_A = G_A^\ominus + RT\ln x_A = G_{m,A}^* + RT\ln x_A \tag{6-57}$$

2）溶质

$$G_B = G_B^\ominus + RT\ln x_B \tag{6-58}$$

所以

$$G_B \neq G_B^\ominus \neq G_B^\infty$$

应该指出，虽然 $V_B^\ominus = V_B^\infty$ 和 $H_B^\ominus = H_B^\infty$，但是 $S_B^\ominus \neq S_B^\infty$ 和 $G_B^\ominus \neq G_B^\infty$，所以理想稀溶液中溶质的标准态并不是无限稀状态，在标准态下溶质 B 的浓度并非无限小，而是 $m_B = m^\ominus = 1\text{mol} \cdot \text{kg}^{-1}$。$V_B^\ominus = V_B^\infty$ 和 $H_B^\ominus = H_B^\infty$ 的原因是 V_B 和 H_B 在理想稀溶液的浓度范围内，与浓度无关，溶质 B 的标准态是由理想稀溶液的性质外延至 $m_B = m^\ominus$ 取得的。

还应指出，因为理想稀溶液中溶质的标准态不是溶质的纯物质状态，$\mu_B^\ominus(T) \neq \mu_B^*(T)$，所以 $V_B^\ominus \neq V_B^*$ 和 $H_B^\ominus \neq H_B^*$。但是理想稀溶液中溶剂的标准态是纯溶剂的状态，$\mu_A^\ominus(T) = \mu_A^*(T)$，所以 $V_A = V_A^\ominus = V_A^*$，$H_A = H_A^\ominus = H_A^*$。

6.5.5 混合热力学性质

1. 混合体积

根据式(6-37)应有

$$\Delta_{mix}V = n_A(V_A - V^*_{m,A}) + \sum_{B\neq A} n_B(V_B - V^*_{m,B})$$

$$= \sum_{B\neq A}(V_B - V^*_{m,B}) \neq 0 \tag{6-59}$$

2. 混合熵

$$\Delta_{mix}S = n_A(S_A - S^*_{m,A}) + \sum_{B\neq A} n_B(S_B - S^*_{m,B})$$

$$= - n_A R\ln x_A + \sum_{B\neq A} n_B(S^\ominus_B - R\ln x_B - S^*_{m,B}) \neq 0 \tag{6-60}$$

3. 混合吉布斯自由能

$$\Delta_{mix}G = n_A(G_A - G^*_{m,A}) + \sum_{B\neq A} n_B(G_B - G^*_{m,B})$$

$$= n_A RT\ln x_A + \sum_{B\neq A} n_B(\mu^\ominus_B + RT\ln x_B - \mu^*_B) \neq 0 \tag{6-61}$$

4. 混合焓

$$\Delta_{mix}H = n_A(H_A - H^*_{m,A}) + \sum_{B\neq A} n_B(H_B - H^*_{m,B})$$

$$= \sum_{B\neq A} n_B(H_B - H^*_{m,B}) \neq 0 \tag{6-62}$$

从微观角度来说，理想稀溶液中各组分的分子并不相同，分子间的相互作用情况不同，分子的大小也不相同，但溶质分子周围几乎都是溶剂分子，而溶剂分子周围也几乎都是溶剂分子。溶液中溶剂分子所处的环境与纯溶剂中的情况几乎相同，所以它服从拉乌尔定律；而溶质分子所处的环境与纯溶质中不同，但对不同浓度的稀溶液来说，却又几乎相同，所以它服从亨利定律。由此可知，理想稀溶液并不是稀的理想混合物，虽然两者的溶剂都服从拉乌尔定律，但前者的溶质服从亨利定律，而后者的溶质也服从拉乌尔定律，即没有溶剂与溶质的区别。因此，当形成理想稀溶液时将会产生热效应($\Delta_{mix}H_m \neq 0$)和体积变化($\Delta_{mix}V_m \neq 0$)。严格地说，理想稀溶液在客观实际上是不存在的，只是近似地把稀溶液中的溶质呈理想性来处理。

5. 摩尔积分溶解热

二组分体系混合过程的焓变为

$$\Delta_{mix}H = H - H^* = n_A(H_A - H^*_{m,A}) + n_B(H_B - H^*_{m,B}) \tag{6-63}$$

$$\Delta_{sol}H^{I}_{m,B} = \frac{\Delta_{mix}H}{n_B} = \frac{n_A}{n_B}(H_A - H^*_{m,A}) + (H_B - H^*_{m,B}) \tag{6-64}$$

应该注意，摩尔积分溶解热 $\Delta_{sol}H^{I}_{m,B}$是 T，p 和 x_B 的函数，它代表在指定 T 和 p 下 1mol 溶质 B 在给定量溶剂 A 中溶解时的总焓变，又称变浓溶解热，在溶解过程中溶液的浓度由零(纯溶剂)逐渐变成指定浓度。例如,在 25℃和 10^5Pa 下,1mol(36.5g)气态 HCl 溶解在 10mol(180g) H_2O 中时共放出 69.3kJ 的热,此过程可用下式表示:

$$\mathrm{HCl(g)+10H_2O(l) \longrightarrow HCl(aq,5.55mol\cdot dm^{-3})}$$

$$\Delta_{\mathrm{sol}}H_{\mathrm{m}}^{\mathrm{I}}(\mathrm{HCl,aq,5.55mol\cdot dm^{-3}})=-69.3\mathrm{kJ\cdot mol^{-1}}$$

式中,$\Delta_{\mathrm{sol}}H_{\mathrm{m}}^{\mathrm{I}}(\mathrm{HCl,aq,5.55mol\cdot dm^{-3}})$代表质量摩尔浓度为 5.55mol·$dm^{-3}$的 HCl 水溶液的摩尔积分溶解热。

6. 摩尔积分稀释热

在某一浓度的溶液中再加入溶剂,将使该溶液的浓度变稀,此稀释过程的体系的总焓变(在一定 T 和 p 下)称为该两浓度之间的摩尔积分稀释热(integral heat of dilution),用符号 $\Delta_{\mathrm{dil}}H_{\mathrm{m}}^{\mathrm{I}}$ 表示。例如,在 1mol 5.55mol·dm^{-3} HCl 水溶液中加入 10mol H_2O,共放出 2.5kJ 热量,此过程可用下式表示:

$$\mathrm{HCl(aq,5.55mol\cdot dm^{-3})+10H_2O(l) \longrightarrow HCl(aq,2.78mol\cdot dm^{-3})}$$

$$\Delta_{\mathrm{dil}}H_{\mathrm{m}}^{\mathrm{I}}(\mathrm{aq,HCl,5.55mol\cdot dm^{-3}\rightarrow 2.78mol\cdot dm^{-3}})=-2.5\mathrm{kJ\cdot mol^{-1}\,HCl}$$

积分稀释热也是两个不同浓度(n_A/n_B)的积分溶解热之差。因此

$$\begin{aligned}\Delta_{\mathrm{sol}}H_{\mathrm{m}}^{\mathrm{I}}(\mathrm{HCl,aq,2.78mol\cdot dm^{-3}}) &= \Delta_{\mathrm{sol}}H_{\mathrm{m}}^{\mathrm{I}}(\mathrm{HCl,aq,5.55mol\cdot dm^{-3}}) \\ &\quad + \Delta_{\mathrm{dil}}H_{\mathrm{m}}^{\mathrm{I}}(\mathrm{HCl,aq,5.55mol\cdot dm^{-3}} \\ &\quad \rightarrow \mathrm{2.78mol\cdot dm^{-3}}) \\ &= (-69.3)+(-2.5) \\ &= -71.8\mathrm{kJ\cdot mol^{-1}\ HCl}\end{aligned}$$

7. 摩尔微分溶解热

$\left(\dfrac{\partial \Delta_{\mathrm{mix}}H}{\partial n_B}\right)_{T,p,n_A}$ 称为在 T、p 和组成恒定条件下,溶质 B 在溶剂 A 中的摩尔微分溶解热(differential heat of solution),用符号 $\Delta_{\mathrm{sol}}H_{\mathrm{m,B}}^{\mathrm{D}}$表示。对于混合物来说,则组分 B 的摩尔微分溶解热$\Delta_{\mathrm{sol}}H_{\mathrm{m,B}}^{\mathrm{D}}=\left(\dfrac{\partial \Delta_{\mathrm{mix}}H}{\partial n_B}\right)_{T,p,n_{C\neq B}}$。其意义是,在 T,p 和除组分 B 以外的其余组分的物质的量 $n_{C\neq B}$都保持不变的条件下,加入 dn_B 的组分 B 而不引起体系组成变化所产生的微小热量 δQ 与 dn_B 的比值。微分溶解热也可以理解为在大量指定组成的溶液中,加入 1mol 组分 B 时所产生的热量。因为溶液的量很大,所以尽管加入 1mol 组分 B,溶液的组成仍可视为不变。溶质的微分稀释热就是溶剂的微分溶解热。

对于二组分体系来说

$$\Delta_{\mathrm{sol}}H_{\mathrm{m,B}}^{\mathrm{D}}=\left(\frac{\partial \Delta_{\mathrm{mix}}H}{\partial n_B}\right)_{T,p,n_A}=\left(\frac{\partial H}{\partial n_B}\right)_{T,p,n_A}-\left(\frac{\partial H^*}{\partial n_B}\right)_{T,p,n_A}=H_B-H_{\mathrm{m,B}}^*$$

摩尔积分溶解热和摩尔微分溶解热可直接从实验上测得,作为基础热数据,手册上可查到其 25℃时的数值。它们之间还存在以下关系:

$$\Delta_{\mathrm{mix}}H=\sum_B n_B(H_B-H_{\mathrm{m,B}}^*)=\sum_B n_B\Delta_{\mathrm{sol}}H_{\mathrm{m,B}}^{\mathrm{D}}$$

对二组分体系

$$\Delta_{\mathrm{mix}} H = n_{\mathrm{A}} \Delta_{\mathrm{sol}} H_{\mathrm{m,A}}^{\mathrm{D}} + n_{\mathrm{B}} \Delta_{\mathrm{sol}} H_{\mathrm{m,B}}^{\mathrm{D}} \tag{6-65}$$

$$\Delta_{\mathrm{sol}} H_{\mathrm{m,B}}^{\mathrm{I}} = \frac{\Delta_{\mathrm{mix}} H}{n_{\mathrm{B}}} = \frac{n_{\mathrm{A}}}{n_{\mathrm{B}}} \Delta_{\mathrm{sol}} H_{\mathrm{m,A}}^{\mathrm{D}} + \Delta_{\mathrm{sol}} H_{\mathrm{m,B}}^{\mathrm{D}} \tag{6-66}$$

6.6 非理想液体混合物

由于各组分性质的差异，混合物中组分 B 在整个浓度范围内不遵守拉乌尔定律，此混合物称为非理想液体混合物。在讨论非理想液体混合物时，以理想液体混合物为参考态。用活度及活度系数表示组分 B 对拉乌尔定律偏差的程度。用超额函数表示整个非理想液体混合物对理想液体混合物热力学性质偏差程度的大小。

6.6.1 活度及活度系数

对理想液体混合物根据式(6-33)，有

$$x_{\mathrm{B}} = \exp\frac{\mu_{\mathrm{B}} - \mu_{\mathrm{B}}^{\ominus}}{RT} \tag{6-67}$$

对非理想液体混合物，为了得到与式(6-67)类似的简洁表达式，类似于用逸度 f 代替压力 p，路易斯提出用活度 a_{B} 来代替式中的摩尔分数 x_{B}。

$$a_{\mathrm{B}} \equiv \exp\frac{\mu_{\mathrm{B}} - \mu_{\mathrm{B}}^{\ominus}}{RT} \tag{6-68}$$

或表示为

$$\mu_{\mathrm{B}}(\mathrm{l},T,p,x_{\mathrm{B}}) = \mu_{\mathrm{B}}^{*}(\mathrm{l},T) + RT\ln a_{\mathrm{B}} = \mu_{\mathrm{B}}^{\ominus}(\mathrm{l},T) + RT\ln a_{\mathrm{B}} \tag{6-68$'$}$$

当非理想液体混合物与气相(理想气体)平衡时

$$\begin{aligned}\mu_{\mathrm{B}}(\mathrm{l},T,p,x_{\mathrm{B}}) &= \mu_{\mathrm{B}}(\mathrm{g},T,p)\\ &= \mu_{\mathrm{B}}^{\ominus}(\mathrm{g},T) + RT\ln(p_{\mathrm{B}}/p^{\ominus})\\ &= \mu_{\mathrm{B}}^{\ominus}(\mathrm{g},T) + RT\ln(p_{\mathrm{B}}^{\ominus}/p^{\ominus}) + RT\ln(p_{\mathrm{B}}/p_{\mathrm{B}}^{\ominus})\\ &= \mu_{\mathrm{B}}^{\ominus}(\mathrm{l},T) + RT\ln(p_{\mathrm{B}}/p_{\mathrm{B}}^{\ominus})\end{aligned} \tag{6-69}$$

其中，$\mu_{\mathrm{B}}^{\ominus}(\mathrm{l},T) = \mu_{\mathrm{B}}^{\ominus}(\mathrm{g},T) + RT\ln(p_{\mathrm{B}}^{\ominus}/p^{\ominus})$(标准态下的气-液平衡)。

由式(6-68′)和式(6-69)可得

$$a_{\mathrm{B}} = \frac{p_{\mathrm{B}}}{p_{\mathrm{B}}^{\ominus}} \tag{6-70}$$

式中，$p_{\mathrm{B}}^{\ominus}$ 是液体混合物中组分 B 在标准态时的压力。

若标准态是纯液态，则 $p_{\mathrm{B}}^{\ominus} = p_{\mathrm{B}}^{*}$，有

$$a_{\mathrm{B}} = p_{\mathrm{B}}/p_{\mathrm{B}}^{*} \tag{6-70$'$}$$

若标准态是遵守亨利定律的假想态，有 $p_{\mathrm{B}}^{\ominus} = K_{x,\mathrm{B}} x_{\mathrm{B}}$，当 $x_{\mathrm{B}} = 1$ 时，则 $p_{\mathrm{B}}^{\ominus} = K_{x,\mathrm{B}}$，有

$$a_{\mathrm{B}} = p_{\mathrm{B}}/K_{x,\mathrm{B}} \tag{6-70$''$}$$

若气相为实际气体，则有

$$\mu_{\mathrm{B}}(\mathrm{l},T,p,x_{\mathrm{B}}) = \mu_{\mathrm{B}}^{\ominus}(\mathrm{l},T) + RT\ln\frac{f_{\mathrm{B}}}{f_{\mathrm{B}}^{\ominus}} \tag{6-71}$$

$$a_{\mathrm{B}} = \frac{f_{\mathrm{B}}}{f_{\mathrm{B}}^{\ominus}} \tag{6-72}$$

所以活度又称为相对逸度，它是量纲为 1 的无因子量。此外 a_B 是一个状态函数，而且是强度性质，取决于体系的温度、压力和组成，并与选取的标准态有关。

知识点讲解视频

非理想液体混合物组分 B 的活度

（朱志昂）

$$a_B = a_B(T, p, x_1, x_2, \cdots, x_{k-1}) \tag{6-73}$$

活度系数 γ_B 定义为

$$\gamma_B \equiv \frac{a_B}{x_B} \quad a_B = x_B \gamma_B \tag{6-74}$$

活度系数量纲为 1，它表示对理想液体混合物性质的偏离，是一种非理想性的度量。对理想液体混合物，$\gamma_B = 1$。

$\gamma_B > 1, a_B > x_B, p_B > p_B^* x_B$，蒸气压比理想混合物高，为正偏差；

$\gamma_B < 1, a_B < x_B, p_B < p_B^* x_B$，蒸气压比理想混合物低，为负偏差。

6.6.2 组分 B 的化学势表达式

根据式(6-68)，组分 B 的化学势表达式为

$$\mu_B(l, T, p, x_B) = \mu_B^\ominus(l, T) + RT\ln a_B = \mu_B^*(l, T, p^\ominus) + RT\ln(\gamma_B x_B) \tag{6-75}$$

与理想液体混合物的标准态选取方法一样，规定非理想液体混合物中组分 B 的标准态为同温度、标准压力 $p^\ominus$ 下的纯液体物质 B 的状态。

知识点讲解视频

转移过程所需最小功

（朱志昂）

6.6.3 转移性质

在一定 T、p 下，n_B 的组分 B 从液体混合物 Ⅰ 转移到液体混合物 Ⅱ 时，所需做的最小功即为体系吉布斯自由能的变化值 $\Delta G_{T,p}$。

$$\begin{aligned}\Delta G_{T,p} &= G(\text{Ⅱ}) - G(\text{Ⅰ}) \\ &= \sum_B n_B G_B(\text{Ⅱ}) - \sum_B n_B G_B(\text{Ⅰ}) \\ &= n_B[\mu_B(\text{Ⅱ}) - \mu_B(\text{Ⅰ})] \\ &= n_B\{[\mu_B^\ominus(\text{Ⅱ}) + RT\ln a_B(\text{Ⅱ})] - [\mu_B^\ominus(\text{Ⅰ}) + RT\ln a_B(\text{Ⅰ})]\} \\ &= n_B RT\ln\frac{a_B(\text{Ⅱ})}{a_B(\text{Ⅰ})}\end{aligned} \tag{6-76}$$

对于理想液体混合物，有

$$\Delta G_{T,p} = n_B RT\ln\frac{x_B(\text{Ⅱ})}{x_B(\text{Ⅰ})}$$

$$\Delta S_{T,p} = n_B[S_B(\text{Ⅱ}) - S_B(\text{Ⅰ})] = -n_B R\ln\frac{x_B(\text{Ⅱ})}{x_B(\text{Ⅰ})} \tag{6-77}$$

6.6.4 超额热力学函数

在 6.4 节中，我们讨论过理想混合物的形成过程的热力学函数变化。对于理想混合物

$$\Delta_{mix}V^{id} = \sum_B n_B V_B - \sum_B n_B V_B^* = 0$$

$$\Delta_{mix}H^{id} = \sum_B n_B H_B - \sum_B n_B H_B^* = 0$$

$$\Delta_{mix}S^{id} = \sum_B n_B S_B - \sum_B n_B S_B^* = -R\sum_B n_B \ln x_B$$

$$\Delta_{\text{mix}}G^{\text{id}}=\sum_{\text{B}}n_{\text{B}}G_{\text{B}}-\sum_{\text{B}}n_{\text{B}}G_{\text{B}}^{*}=RT\sum_{\text{B}}n_{\text{B}}\ln x_{\text{B}}$$

对于非理想混合物，则有

$$\begin{aligned}\mu_{\text{B}}(\text{l},T,p,x_{\text{c}})&=\mu_{\text{B}}^{*}(\text{l},T,p^{\ominus})+RT\ln x_{\text{B}}\gamma_{\text{B}}\\&=\mu_{\text{B}}^{*}(\text{l},T,p^{\ominus})+RT\ln x_{\text{B}}+RT\ln\gamma_{\text{B}}\end{aligned}$$

$$G=\sum_{\text{B}}n_{\text{B}}\mu_{\text{B}}=\sum_{\text{B}}n_{\text{B}}\mu_{\text{B}}^{*}+RT\sum_{\text{B}}n_{\text{B}}\ln x_{\text{B}}+RT\sum_{\text{B}}n_{\text{B}}\ln\gamma_{\text{B}}$$

$$\Delta_{\text{mix}}G=\sum_{\text{B}}n_{\text{B}}\mu_{\text{B}}-\sum_{\text{B}}n_{\text{B}}\mu_{\text{B}}^{*}=RT\sum_{\text{B}}n_{\text{B}}\ln x_{\text{B}}+RT\sum_{\text{B}}n_{\text{B}}\ln\gamma_{\text{B}}\quad(6\text{-}78)$$

利用各广度性质之间的热力学关系式，可得

$$\Delta_{\text{mix}}S=-R\sum_{\text{B}}n_{\text{B}}\ln x_{\text{B}}-R\sum_{\text{B}}n_{\text{B}}\ln\gamma_{\text{B}}-RT\sum_{\text{B}}n_{\text{B}}\left(\frac{\partial\ln\gamma_{\text{B}}}{\partial T}\right)_{p,n}$$

$$\Delta_{\text{mix}}H=-RT^{2}\sum_{\text{B}}n_{\text{B}}\left(\frac{\partial\ln\gamma_{\text{B}}}{\partial T}\right)_{p,n}$$

$$\Delta_{\text{mix}}V=RT\sum_{\text{B}}n_{\text{B}}\left(\frac{\partial\ln\gamma_{\text{B}}}{\partial p}\right)_{T,n}\quad(6\text{-}79)$$

非理想混合物的广度性质 X 与理想混合物的相应广度性质 X^{id} 的差称为超额函数或过量函数，用符号 X^{E} 代表。显然，超额函数等于非理想混合物的混合量与理想混合物的相应混合量之差，即

$$X^{\text{E}}\equiv X-X^{\text{id}}\quad(6\text{-}80)$$

因此

$$X^{\text{E}}=\Delta_{\text{mix}}X-\Delta_{\text{mix}}X^{\text{id}}\quad(6\text{-}81)$$

超额吉布斯自由能

$$G^{\text{E}}=RT\sum_{\text{B}}n_{\text{B}}\ln\gamma_{\text{B}}$$

超额熵

$$S^{\text{E}}=-R\sum_{\text{B}}n_{\text{B}}\ln\gamma_{\text{B}}-RT\sum_{\text{B}}n_{\text{B}}\left(\frac{\partial\ln\gamma_{\text{B}}}{\partial T}\right)_{p,n}$$

超额焓

$$H^{\text{E}}=-RT^{2}\sum_{\text{B}}n_{\text{B}}\left(\frac{\partial\ln\gamma_{\text{B}}}{\partial T}\right)_{p,n}$$

超额体积

$$V^{\text{E}}=RT\sum_{\text{B}}n_{\text{B}}\left(\frac{\partial\ln\gamma_{\text{B}}}{\partial p}\right)_{T,n}\quad(6\text{-}82)$$

上述各式是利用下列热力学关系式得出的：

$$\left(\frac{\partial G}{\partial p}\right)_{T}=V\qquad\left(\frac{\partial G}{\partial T}\right)_{p}=-S\qquad\left(\frac{\partial\frac{G}{T}}{\partial T}\right)_{p}=\frac{-H}{T^{2}}$$

显然

$$G^{\text{E}}=H^{\text{E}}-TS^{\text{E}}$$

$$\left(\frac{\partial G^{\text{E}}}{\partial T}\right)_{p,n}=-S^{\text{E}}\qquad\left(\frac{\partial G^{\text{E}}}{\partial p}\right)_{T,n}=V^{\text{E}}$$

应该指出，超额函数的概念也适用于溶液。在溶液的情况中活度系数的符号用 γ_{B}。γ_{B} 只表示多组分均相体系中某一组分 B 的非理想性，而超额函数 X^{E} 代表整个体系的非理想性，“超额”的意思是“超过理想的”，它包括了体系中所有组分的非理想性。

如果 $S^{E}=0$,则 $G^{E}=H^{E}$。此时整个体系的非理想性完全由热效应造成,这种溶液称为正规溶液(regular solution)。

如果 $H^{E}=0$,则 $G^{E}=-TS^{E}$。此时整个体系的非理想性完全由熵效应造成,这种溶液称为无热溶液(athermal solution)。由于 $\Delta_{mix}H^{id}=0$,因此 $H^{E}=\Delta_{mix}H=0$,无热即混合热为零的意思。

6.7 非电解质溶液

因为溶液中的物质有溶剂和溶质之分,所以必须以不同方式分开处理,处理时以理想稀溶液为参考态。一般以 A 代表溶剂,而以 B、C、…代表不同的溶质。

6.7.1 溶剂 A 的化学势表达式

因为

$$p_{A}=p_{A}^{*}a_{A}=p_{A}^{*}\gamma_{A}x_{A} \tag{6-83}$$

$$\begin{aligned}\mu_{A}(l,T,p,x_{A})&=\mu_{A}^{\ominus}(T)+RT\ln a_{A}\\&=\mu_{A}^{*}(T)+RT\ln\gamma_{A}+RT\ln x_{A}\end{aligned} \tag{6-84}$$

与理想稀溶液中选取溶剂标准态的方法一样,实际溶液中溶剂的标准态为相同温度 T、标准压力 $p^{\ominus}$下的纯液态溶剂的真实状态。式中

$$a_{A}=\gamma_{A}x_{A}\qquad\gamma_{A}=\frac{p_{A}}{x_{A}p_{A}^{*}} \tag{6-85}$$

*6.7.2 溶剂 A 的渗透系数

在国家标准 GB 3102.8—1993 中没有列入溶剂的活度系数 γ_{A} 这个量,而是用渗透系数 ϕ 代替它。这是因为 γ_{A} 的值有时不能显著地表示出溶液中溶剂 A 的非理想性,即使在溶液偏离理想性很大的情形下也是如此。在含质量摩尔浓度为 m_{B}、m_{C}、…的 B、C、…溶质的溶液中,溶剂 A 的渗透系数 ϕ 的定义式

$$\mu_{A}(l,T,p,x_{A})=\mu_{A}^{*}(T)-\phi RTM_{A}\sum_{B}m_{B} \tag{6-86}$$

根据 ϕ 的上述定义式,ϕ 是量纲为 1 的量,对比式(6-84),ϕ 的定义式也可写成

$$\phi\equiv-\frac{\ln a_{A}}{M_{A}\sum_{B}m_{B}}\equiv-\frac{\ln(\gamma_{A}x_{A})}{M_{A}\sum_{B}m_{B}}$$

如果与液态溶液成相平衡的气态混合物是理想混合气体,其中溶剂 A 的分压为 p_{A},则

$$\ln a_{A}=\ln\frac{p_{A}}{p_{A}^{*}}$$

$$\phi=-\frac{\dfrac{p_{A}}{p_{A}^{*}}}{M_{A}\sum_{B}m_{B}} \tag{6-87}$$

根据式(6-87),可以用蒸气压测定法求出 ϕ。

6.7.3 溶质 B 的化学势表达式

以理想稀溶液的溶质为参考态,以相同的方法选取溶质的标准态。若选取物质的量分数 x_{B} 作为溶质 B 的浓度标准时,对溶液中的溶质 B,规定其标准态为同温度 T、标准压力 $p^{\ominus}$下,$x_{B}=1$,且服从亨利定律($p_{B}=K_{x,B}x_{B}$)时溶

质 B 的假想状态。实际溶液中溶质 B 的组成与其饱和蒸气分压的关系为 $p_B=\gamma_{B,x}K_{x,B}x_B$，将它代入式(6-46)得

$$\begin{aligned}\mu_B(溶质,T,p,x_B)&=\mu_B^{\ominus}(g,T)+RT\ln\frac{K_{x,B}}{p^{\ominus}}+RT\ln(\gamma_{B,x}x_B)\\&=\mu_{B,x}^{\ominus}(溶质,T)+RT\ln(\gamma_{B,x}x_B)\\&=\mu_{B,x}^{\ominus}(溶质,T)+RT\ln a_{B,x}\end{aligned}\tag{6-88}$$

若浓度标度为质量摩尔浓度时，选取与溶液相同温度 T、$p=p^{\ominus}$、$m_B=m^{\ominus}=1\text{mol}\cdot\text{kg}^{-1}$ 溶液，且服从亨利定律 $p_B=K'_{m,B}\dfrac{m_B}{m^{\ominus}}$ 的假想溶液状态为标准态。将 $p_B=\gamma_{B,m}K'_{m,B}\dfrac{m_B}{m^{\ominus}}$ 代入式(6-46)得

$$\begin{aligned}\mu_B(溶质,T,p,m_B)&=\mu_B^{\ominus}(g,T)+RT\ln\frac{K'_{m,B}}{p^{\ominus}}+RT\ln\left(\gamma_{B,m}\frac{m_B}{m^{\ominus}}\right)\\&=\mu_{B,m}^{\ominus}(溶质,T)+RT\ln\left(\gamma_{B,m}\frac{m_B}{m^{\ominus}}\right)\\&=\mu_{B,m}^{\ominus}(溶质,T)+RT\ln a_{B,m}\end{aligned}\tag{6-89}$$

同理，若浓度标度为体积摩尔浓度时，则

$$\begin{aligned}\mu_B(溶质,T,p,c_B)&=\mu_B^{\ominus}(g,T)+RT\ln\frac{K'_{c,B}}{p^{\ominus}}+RT\ln\left(\gamma_{B,c}\frac{c_B}{c^{\ominus}}\right)\\&=\mu_{B,c}^{\ominus}(溶质,T)+RT\ln\left(\gamma_{B,c}\frac{c_B}{c^{\ominus}}\right)\\&=\mu_{B,c}^{\ominus}(溶质,T)+RT\ln a_{B,c}\end{aligned}\tag{6-90}$$

溶质的标准态为溶液温度 T，标准压力 $p^{\ominus}$ 下的 $c_B=c^{\ominus}=1\text{mol}\cdot\text{dm}^{-3}$ 且服从亨利定律 $p_B=K'_{c,B}\dfrac{c_B}{c^{\ominus}}$ 的假想溶液状态。$\mu_{B,c}^{\ominus}$(溶质,T)是这一假想溶液中溶质的化学势。

选用不同的浓度标度时，溶质 B 标准态的化学势不同，相应的活度也不相同，但所表示的溶质 B 的化学势是相同的，亦即式(6-88)和式(6-89)、式(6-90)是相等的。从这一相等关系可导出不同浓度标度活度系数之间的定量关系。从式(6-88)与式(6-89)相等，可得

专题讲座视频

热力学标准态

（朱志昂）

$$\frac{K'_{m,B}}{p^{\ominus}}a_{B,m}=\frac{K_{x,B}}{p^{\ominus}}a_{B,x}$$

$$\frac{a_{B,m}}{a_{B,x}}=\frac{\gamma_{B,m}\dfrac{m_B}{m^{\ominus}}}{\gamma_{B,x}x_B}=\frac{K_{x,B}}{K'_{m,B}}=\frac{\dfrac{K'_{m,B}}{M_Am^{\ominus}}}{K'_{m,B}}=\frac{1}{M_Am^{\ominus}}$$

$$\frac{\gamma_{B,m}}{\gamma_{B,x}}=\frac{x_B}{m_BM_A}=\frac{m_B}{\dfrac{1}{M_A}+m_B}\frac{1}{m_BM_A}=\frac{1}{1+m_BM_A}\tag{6-91}$$

式中，M_A 是溶剂的摩尔质量，单位为 $\text{mol}\cdot\text{kg}^{-1}$。

6.8　溶液的依数性

6.8.1　依数性质

在温度 T 和压力 p 组成为 x_B 的溶液中，溶剂 A 的化学势 μ_A 为

$$\mu_A(T,p,x_A) = \mu_A^{\ominus}(T) + RT\ln a_A = \mu_A^*(T,p^{\ominus}) + RT\ln a_A$$

式中,$\mu_A^*(T,p^{\ominus})$是在 T 和 $p^{\ominus}$下纯溶剂 A 的化学势,这里我们假定 $p \approx p^{\ominus}$,式中略写了对压力修正的积分项。因此,μ_A 和 $\mu_A{}^*$ 是不相等的。溶剂在纯态和在溶液中化学势的改变引起它的蒸气压、凝固点和沸点的变化,并且产生渗透压。上述四种性质称为溶液的依数性,因为其数值只取决于溶液中粒子(分子或离子)的数目以及溶剂的性质,而与溶质的本性无关。显示依数性的条件是:①相互平衡的两相中,一个是溶液相另一个是纯组分相;②溶剂的活度系数不依赖于溶质的化学性质。当 $x_A \to 1$ 时,总能满足这一条件,故溶液越稀,依数性越准确。依数性的实验测定可应用于求得溶质的摩尔质量以及溶剂的活度、活度系数。

6.8.2 蒸气压降低

若溶液中溶质是非挥发的,则溶液面上溶质的蒸气分压可忽略不计,溶液面上的蒸气压就是溶液中溶剂 A 的蒸气压 p_A。为简单起见,我们假定蒸气压不高,蒸气可视作理想气体,则溶液的蒸气压 p 为

$$p = p_A = p_A^* a_A = p_A^* \gamma_A x_A$$

$$\Delta p = p_A^* - p_A = (1 - \gamma_A x_A) p_A^*$$

如果溶液足够稀,$\gamma_A = 1$,则

$$\Delta p = (1 - x_A) p_A^*$$

对于只有一种非电解质 B 的溶液来说,$1 - x_A = x_B$,则

$$\Delta p = p_A^* x_B \tag{6-92}$$

$$x_B = \frac{n_B}{n_A + n_B} \approx \frac{n_B}{n_A} = \frac{\dfrac{W_B}{M_B}}{\dfrac{W_A}{M_A}} = \frac{\Delta p}{p_A^*}$$

$$M_B = \frac{W_B M_A}{W_A} \frac{p_A^*}{\Delta p} \tag{6-93}$$

应用式(6-93),从蒸气压降低的测定即可求得溶质的摩尔质量 M_B。

6.8.3 凝固点降低

实验结果表明,将非挥发性溶质溶于溶剂中,将会降低溶液的凝固点。从热力学观点来说,在纯溶剂的正常凝固点下,固态溶剂的化学势等于液态溶剂的化学势。在液态溶剂中加入溶质,将引起液态溶剂的化学势的变化,而不影响固态溶剂的化学势(在固态溶剂中不存在溶质的情况下)。要想恢复两相中溶剂的化学势相等,重新维持固液两相平衡,就必须降低温度,也就是凝固点降低。显然,所谓溶液凝固点降低只限于固相中不出现溶质的情况。如果固相也是溶液,凝固点就未必一定降低,也有可能是升高的。

假定当溶液冷却到凝固点 T_f 时,固相中只有纯溶剂 A 而没有溶质 B。相平衡的条件是纯固态溶剂的化学势 $\mu_A^*(s)$等于溶液中溶剂的化学势 $\mu_A(l)$

$$\mu_A^*(s) = \mu_A(l) = \mu_A^*(l) + RT\ln a_A$$

在恒压 $p = p^{\ominus}$条件下,上式对温度 T 微分得

$$-S_{A,m}^*(s) = -S_{A,m}^*(l) + R\ln a_A + RT\left(\frac{\partial \ln a_A}{\partial T}\right)_p$$

将 $R\ln a_A=\dfrac{\mu_A^*(s)-\mu_A^*(l)}{T}$代入上式得

$$RT\left(\frac{\partial \ln a_A}{\partial T}\right)_p=\frac{[\mu_A^*(l)+TS_{A,m}^*(l)]-[\mu_A^*(s)+TS_{A,m}^*(s)]}{T}$$

$$\left(\frac{\partial \ln a_A}{\partial T}\right)_p=\frac{H_{A,m}^*(l)-H_{A,m}^*(s)}{RT^2}=\frac{\Delta_s^l H_{m,A}^*}{RT^2}$$

式中，$\Delta_s^l H_{m,A}^*$是纯溶剂的标准摩尔熔化焓，可近似当作常数。上式积分下限是纯溶剂的凝固点 T_f^*，对纯溶剂 $a_A=1$，积分上限为溶液的凝固点 T_f，溶液中溶剂的活度为 a_A。积分上式得

$$\ln a_A=\frac{\Delta_s^l H_{m,A}^*}{R}\left(\frac{1}{T_f^*}-\frac{1}{T_f}\right) \tag{6-94}$$

对于理想稀溶液 $\gamma_A=1, a_A=x_A$，则

$$\ln a_A=\ln x_A=\ln(1-x_B)=-x_B-\frac{x_B^2}{2}-\cdots\approx -x_B$$

代入式(6-94)得

$$\Delta T_f=T_f^*-T_f=\frac{RT_f^*T_f}{\Delta_s^l H_{m,A}^*}x_B\approx\frac{R(T_f^*)^2}{\Delta_s^l H_{m,A}^*}x_B \tag{6-95}$$

$$x_B=\frac{n_B}{n_A+n_B}\approx\frac{n_B}{n_A}\qquad(因\ n_B\ll n_A)$$

$$m_B=\frac{n_B}{n_A M_A}\qquad x_B=M_A m_B$$

因此，式(6-95)可写成

$$\Delta T_f=\frac{M_A R(T_f^*)^2 m_B}{\Delta_s^l H_{m,A}^*}=K_f m_B \tag{6-96}$$

式中，M_A 是溶剂 A 的摩尔质量($kg\cdot mol^{-1}$)；m_B 是溶质 B 的质量摩尔浓度($mol\cdot kg^{-1}$)；K_f 称为摩尔凝固点降低常数(cryoscopic constant)，对于水溶剂来说

$$K_f=\frac{M_A R(T_f^*)^2}{\Delta_s^l H_{m,A}^*}=\frac{0.018\,015\times 8.314\times 273.15^2}{333.46\times 18.015}=1.860(K\cdot kg\cdot mol^{-1})$$

表 6-1 列出某些溶剂的 K_f 值。

表 6-1　某些溶剂的 K_f 值

溶剂	T_f^* / ℃	K_f/($K\cdot kg\cdot mol^{-1}$)	溶剂	T_f^* / ℃	K_f/($K\cdot kg\cdot mol^{-1}$)
水	0.00	1.86	环己烷	6.5	20
乙酸	16.60	3.90	萘	80.25	7.0
苯	5.53	5.10	樟脑	173	40

为了求得溶质 B 的摩尔质量 M_B，在测定了溶液的 T_f 后，即可利用式(6-96)求算 m_B。

$$m_B=\frac{n_B}{W_A}=\frac{W_B}{M_B W_A}=\frac{\Delta T_f}{K_f}$$

$$M_B=\frac{W_B}{W_A m_B}=\frac{K_f W_B}{\Delta T_f W_A} \tag{6-97}$$

式中，W_A 和 W_B 分别是溶剂 A 和溶质 B 的质量。若已准确地称量了 W_A 和 W_B，则可利用式(6-97)求出 M_B。因为公式只适用于理想稀溶液，而且溶液越稀，结果越准确，这就要求必须准确地测定 ΔT_f 值(溶液越稀，ΔT_f 值越小，测

定的精确度要求越高)。测定了不同 m_B 值的 ΔT_f 值,代入公式求出 M_B,然后以 M_B 对 m_B 图,外推至 $m_B=0$,求得 M_B 的确值。

在推导式(6-94)或式(6-95)过程中,作了两个假定:①只有纯溶剂成固态析出;② $\Delta T_f/T_f^* \ll 1$,没有涉及溶质的挥发性。因此,溶质是否挥发与凝固点降低值无关,上述公式对挥发性和非挥发性溶质均适用。显然,也适用于混合物的情况。

严格地说,式(6-96)不能适用于电解质溶液,因为即使溶液极稀,也不能假定 $\gamma_A=1$。若作近似计算,则因为 ΔT_f 是依数性,所以对于 NaCl 这样的强电解质来说,因解离成两个离子,所以测得的 ΔT_f 值应是相同 m 值的非电解质的两倍。

6.8.4 沸点升高

对非挥发性溶质,相平衡的条件是纯气态溶剂的化学势 $\mu_A^*(g)$ 等于溶液中溶剂的 $\mu_A(l)$。用与凝固点降低的同样方法,可以导出沸点升高的表示式

$$\Delta T_b = T_b - T_b^* = K_b m_B \tag{6-98}$$

$$K_b = \frac{M_A R(T_b^*)^2}{\Delta_l^g H_{m,A}^*}$$

式中,$\Delta_l^g H_{m,A}^*$是纯溶剂 A 在正常沸点 T_b^* 时的摩尔气化热;ΔT_b 是沸点升高值;K_b 称为摩尔沸点升高常数(ebullioscopic constant)。表 6-2 列出某些溶剂的 K_b 值。

表 6-2 某些溶剂的 K_b 值

溶 剂	T_b^* / ℃	K_b/(K · kg · mol^{-1})	溶 剂	T_b^* / ℃	K_b/(K · kg · mol^{-1})
水	100.0	0.512	乙基碘	72.5	5.05
苯	85.15	2.53	正庚烷	98.42	3.43
乙醇	78.26	1.22	四氯化碳	76.72	5.02
甲醇	64.51	0.83	萘	218.0	5.65
丙酮	56.15	1.73	氯仿	61.3	3.63

在式(6-98)中假定只有溶剂 A 从溶液中挥发出来,即溶质是非挥发性的。沸点升高也可用来测定溶质的摩尔质量,但它的准确性没有凝固点降低好。

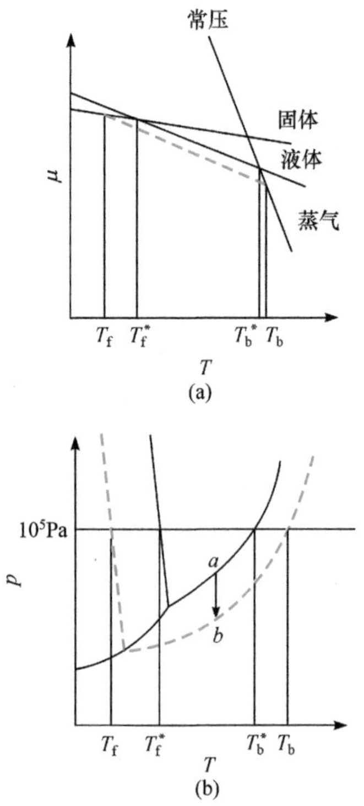

图 6-6 凝固点降低和沸点升高

凝固点降低和沸点升高现象可从 μ-T 图得到解释。因为$(\partial\mu/\partial T)_p=-S$,$S$ 总是正值,所以 μ-T 曲线的斜率总是负的。而且 S(气)$\gg S$(液)$>S$(固),即对同一种物质来说,气体的 μ-T 曲线斜率绝对值最大,液体次之,固体最小。图 6-6(a)中的实线表示纯溶剂的 μ-T 曲线。因为溶质是非挥发性的,所以它不存在于气相中,气相的 μ-T 曲线对纯溶剂和溶液来说是相同的。因为假定固相中不含溶质,所以固相的 μ-T 曲线也不变。但是,对液相来说情况不一样,因为溶质加入溶剂后降低了溶剂的 μ,所以图 6-6(a)中虚线所表示的溶液中溶剂的 μ-T 曲线位于实线所表示的液态纯溶剂的 μ-T 曲线的下面。由图 6-6 可见,固相线与液相线的交点代表凝固点[相平衡条件:$\mu(s)=\mu(l)$],溶液的凝固点(T_f)低于纯溶剂的凝固点(T_f^*)。液相线与气相线的交点代表沸点[$\mu(l)=\mu(g)$],溶液的沸点(T_b)高于纯溶剂的沸点(T_b^*),而且对

于相同的浓度的给定溶液来说，凝固点降低值大于沸点升高值，即 $\Delta T_f > \Delta T_b$。

在 p-T 图上也可说明凝固点降低和沸点升高现象。图 6-6(b)表示水溶液的情况，如果非挥发性溶质加到水中，则蒸气压降低，如图中虚线表示的溶液的蒸气压曲线。在 10^5 Pa 下纯溶剂和溶液的沸点分别如图 6-6(b)中所示的 T_b^* 和 T_b，$T_b > T_b^*$。水的凝固点随压力升高而降低，溶液中水的凝固点随压力的变化曲线如图中虚线所示。在 10^5 Pa 下纯溶剂和溶液的凝固点分别如图 6-6(b)中所示的 T_f^* 和 T_f，$T_f < T_f^*$。在 p-T 图上同样显示出，相同浓度的给定溶液的凝固点降低值大于沸点升高值，即 $\Delta T_f > \Delta T_b$。

6.8.5 渗透压

假设有一容器，如图 6-7 所示，其中间用一个半透膜分隔开。此半透膜是刚性导热的，它只允许溶剂 A 分子透过，而不允许溶质 B 分子透过。在半透膜的左边容器中放入纯溶剂 A，而在右边容器中放入非电解质溶质 B 在 A 中的溶液。因为半透膜是刚性导热的，所以在热力学平衡时，两边液体的温度必定相等，$T_L = T_R = T$，但压力可以不相等，$p_L \neq p_R$。左边纯溶剂 A 的化学势为 $\mu_A^*(T, p_L)$，而右边溶液中溶剂 A 的化学势为 $\mu_A(T, p_R) = \mu_A^*(T, p_R) + RT\ln(\gamma_A x_A)$。如果两边压力相等，即 $p_L = p_R$，$\mu_A^* > \mu_A$（因为 $\ln\gamma_A x_A < 1$），则溶剂 A 可以透过半透膜从左边转移到右边，其结果是使右边细管中的液面上升，增加了右边的压力，其中的溶液变稀。溶剂 A 的这种迁移过程直至两边液体中 A 的化学势相等为止。溶液液面上升的高度，即两边压力差取决于溶液的浓度。对于一定温度下给定浓度的溶液来说，为了阻止左边溶剂透过半透膜进入右边的该溶液中，需要在该溶液上面施加额外的压力，以增加右边溶液中溶剂 A 的化学势。使右边溶液中溶剂 A 的化学势等于左边纯溶剂 A 的化学势所需施加的这个额外压力 Π 称为渗透压(osmotic pressure)。显然，Π 值的大小与溶液的浓度有关。应该指出，若以溶液液面上升的高度来衡量渗透压 Π 的大小，则此 Π 值系对渗透达平衡时溶液的浓度而言，不是指溶液的原始浓度。已知 $(\partial \mu_A / \partial p)_T = V_A = V_A^*$，因为 $V_A^* > 0$，所以增加压力可以使 A 的化学势增加。因为半透膜不允许溶质 B 透压，所以对 B 来说没有此种平衡条件。

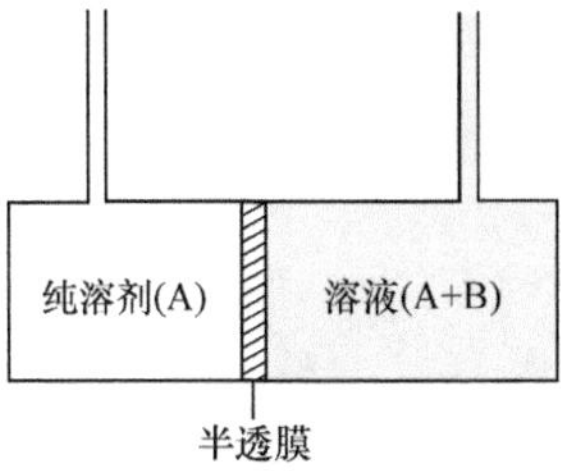

图 6-7 渗透现象

假定在渗透达平衡时，左右两边的压力分别为 p 和 $p+\Pi$，则

$$\mu_{A,L}^*(T, p) = \mu_{A,R}(T, p+\Pi) = \mu_{A,R}^*(T, p+\Pi) + RT\ln(\gamma_A x_A)$$

在上式中并未假定溶液是理想稀溶液。

$$d\mu_A^* = dG_A^* = -S_A^* dT + V_A^* dp$$

在恒温条件下，$dT = 0$，故

$$d\mu_A^* = V_A^* dp$$

$$\mu_{A,R}^*(T, p+\Pi) - \mu_{A,L}^*(T, p) = \int_p^{p+\Pi} V_A^* dp$$

因此

$$RT\ln(\gamma_A x_A) = -\int_p^{p+\Pi} V_A^* dp$$

由于 V_A^* 值受压力影响很小，故可视作常数

$$V_A^* \Pi = -RT\ln(\gamma_A x_A)$$

$$\Pi = -\left(\frac{RT}{V_A^*}\right)\ln(\gamma_A x_A) \tag{6-99}$$

利用式(6-99)，在测定了渗透压 Π 值后，可求出溶剂 A 的活度系数 γ_A。

为了利用渗透压测定法求算溶质 B 的摩尔质量 M_B，可简化式(6-99)。对于理想稀溶液来说，$\gamma_A=1$，$-\ln(\gamma_A x_A)\approx x_B$。因此，式(6-99)可写成

$$\Pi = \left(\frac{RT}{V_A^*}\right)x_B$$

$$x_B = \frac{n_B}{n_A+n_B} \approx \frac{n_B}{n_A} = \frac{W_B M_A}{W_A M_B}$$

$$\Pi = \frac{RT}{V_A^*}\frac{W_B M_A}{W_A M_B} \tag{6-100}$$

在已知 W_A、M_A 和 W_B 的情况下，测定了 Π 值，即可利用式(6-100)求算 M_B 值。

对于稀溶液来说，$n_A V_A^* = V$(溶液的体积)，故

$$\Pi = \frac{n_B}{V}RT = c_B RT \tag{6-101}$$

式中，c_B 代表溶质 B 的物质的量浓度。式(6-101)称为范特霍夫(van't Hoff)公式，它只适用于理想稀溶液。

例 6-2 试求算 25℃和 10^5 Pa 下 1.8016g 葡萄糖($C_6H_{12}O_6$)溶于 1000g 水中的溶液的渗透压。已知葡萄糖和水的摩尔质量分别为 180.16g · mol^{-1} 和 18.015g · mol^{-1}。

解 $n_A = \frac{1\ 000}{18.015} = 55.5(\text{mol})$　$n_B = \frac{1.8016}{180.16} = 0.01(\text{mol})$

已知 25℃和 10^5 Pa 下水的密度为 0.997 04g · cm^{-3}，因此 $V_A^* = 18.068 cm^3 \cdot mol^{-1}$，代入式(6-100)得

$$\Pi = \frac{82.06\times298.15}{18.068}\times\frac{0.01}{55.5} = 0.2439(\text{atm}) = 24\ 318(\text{Pa})$$

0.2439atm 相当于 185.4mmHg，也相当于 18.54 × 13.6 即 250cmH_2O 或 2.5mH_2O。对于一个 0.01mol · kg^{-1} 溶液，渗透压就有如此之大，这说明溶液中组分的化学势受压力的影响不大，必须要有很大的 Π 值，才能使溶液中溶剂 A 的化学势等于纯溶剂 A 的化学势。一个 0.01mol · kg^{-1} 非电解质水溶液的凝固点降低值 $\Delta T_f = 1.86\times0.01 = 0.0186(\text{K})$。如果浓度为 0.001mol · kg^{-1}，则 $\Delta T_f = 0.001\ 86\text{K}$，对如此小的温度降低值，在实验上要测准它是不容易的。相反，对这样的稀溶液，在 25℃和 10^5 Pa 下的 Π = 24 318Pa，在实验上比较容易测准。因此，渗透压测定法常用于求算高分子化合物的摩尔质量。

6.9 活度及活度系数的测定

知识点讲解视频

非电解质溶液中组分活度的测定（朱志昂）

6.9.1 蒸气压法

1. 非理想液体混合物

若与液体混合物相平衡的气相为实际气体，根据式(6-72)，任一组分 B 的活度为

$$a_B=\frac{f_B}{f_B^\ominus}=\frac{f_B}{p_B^\ominus}=\frac{f_B}{p_B^*} \tag{6-102}$$

若气相为理想气体，根据式(6-70)则有

$$a_B=\frac{p_B}{p_B^\ominus}=\frac{y_Bp}{p_B^*} \tag{6-103}$$

$$\gamma_B=\frac{y_Bp}{x_Bp_B^*} \tag{6-104}$$

测定气相蒸气压 p 及气相组成 y_B，液相组成 x_B，即可求得活度及活度系数。

2. 非电解质溶液

1) 溶剂

若气相为实际气体

$$a_A=\frac{f_A}{p_A^\ominus}=\frac{f_A}{p_A^*} \tag{6-105}$$

若气相为理想气体

$$a_A=\frac{p_A}{p_A^\ominus}=\frac{p_A}{p_A^*} \tag{6-106}$$

2) 溶质

若气相为实际气体，根据式(6-72)，在标准态时遵守亨利定律，$f_B^\ominus=p_B^\ominus=K_{x,B}x_B$，且 $x_B=1$，则有

$$a_{B,x}=\frac{f_B}{f_B^\ominus}=\frac{f_B}{K_{x,B}} \tag{6-107}$$

若气相为理想气体，则有

$$a_{B,x}=\frac{p_B}{p_B^\ominus}=\frac{p_B}{K_{x,B}} \tag{6-108}$$

$$\gamma_{B,x}=\frac{a_{B,x}}{x_B} \tag{6-109}$$

若溶质浓度标度为质量摩尔浓度时，根据式(6-89)分别有

$$a_{B,m}=\frac{f_B}{K_{m,B}} \quad 或 \quad a_{B,m}=\frac{p_B}{K_{m,B}} \tag{6-110}$$

$$\gamma_{B,m} = \frac{a_{B,m}}{\dfrac{m_B}{m^\ominus}} \tag{6-111}$$

6.9.2 溶质与溶剂活度的相互求算

通过吉布斯-杜安方程,溶质和溶剂的活度系数及活度可进行相互换算。对溶剂 A 和溶质 B 组成的二元体系,在 T,p 一定时吉布斯-杜安方程为

$$x_A d\mu_A + x_B d\mu_B = 0$$

$$x_A d\ln a_A + x_B d\ln a_B = 0$$

$$d\ln a_A = -\frac{x_B}{x_A} d\ln a_B \tag{6-112}$$

由于 $x_A + x_B = 1$,$dx_A = -dx_B$,故

$$\frac{dx_A}{x_A} = -\frac{dx_B}{x_A} = -\frac{x_B}{x_A}\frac{dx_B}{x_B}$$

$$d\ln x_A = -\frac{x_B}{x_A} d\ln x_B \tag{6-113}$$

式(6-112)减去式(6-113)得

$$d\ln\gamma_A = -\frac{x_B}{x_A} d\ln\gamma_B \tag{6-114}$$

从无限稀积分到某一浓度,无限稀时具有理想稀溶液性质。溶剂遵守拉乌尔定律,$a_A = x_A$,$\gamma_A = 1$。溶质遵守亨利定律,$a_B = x_B$,$\gamma_B = 1$。积分式(6-114)得

$$\ln\gamma_A = -\int_0^{\ln\gamma_B} \frac{x_B}{x_A} d\ln\gamma_B \tag{6-115}$$

作$\dfrac{x_B}{x_A}$-$\ln\gamma_B$ 图,由曲线下面积求得不同浓度下的 γ_A,进而求 a_A,实现由溶质活度求溶剂活度。

反过来,也可从式(6-113)求 γ_B

$$d\ln\gamma_B = -\frac{x_A}{x_B} d\ln\gamma_A \tag{6-116}$$

若积分下限仍为无限稀,但由于 $x_B \to 0$ 时,$\dfrac{x_A}{x_B} \to \infty$,直接积分有困难,为此在稀溶液范围内任选一参考点$x_B'$,且暂用下限 x_B'代替无限稀($x_B \to 0$)时的下限,积分式(6-116)得

$$\ln\frac{\gamma_B}{\gamma_B'} = -\int_{\ln\gamma_A'}^{\ln\gamma_A} \frac{x_A}{x_B} d\ln\gamma_A \tag{6-117}$$

用图解积分求得某一浓度下的$\dfrac{\gamma_B}{\gamma_B'}$值,要求得 γ_B 值,必须还得求出 γ_B'值,为此,固定 x_B'(任选),取一系列 x_B 时的 $\ln\dfrac{\gamma_B}{\gamma_B'}$值,以 $\ln\dfrac{\gamma_B}{\gamma_B'}$对 x_B 作图,外推至 $x_B = 0$ 时有

$$\ln\left(\frac{\gamma_B}{\gamma_B'}\right)_{x_B\to 0} = \ln\left(\frac{1}{\gamma_B'}\right) \qquad (x_B \to 0 \text{ 时}, \gamma_B = 1)$$

由直线截距求得 γ_B',进而求得 γ_B 及 $a_B = \gamma_B x_B$。

6.9.3 凝固点降低法

根据式(6-94)

$$\ln a_A = \frac{\Delta_s^l H_{m,A}^*}{R}\left(\frac{1}{T_f^*} - \frac{1}{T_f}\right)$$

从实验测得凝固点降低值，即可求得该浓度下的溶剂活度 a_A。

6.9.4 由分配定律求溶质活度

在恒温恒压条件下，如果一个物质溶解在两个同时存在互不相溶的液体中达到平衡时，该物质在两相中浓度之比为常数，称为能斯特分配定律，即在低浓度时有

$$\frac{c_i^\alpha}{c_i^\beta} = K(T)$$

式中，分配系数 K 仅是温度的函数，与浓度无关，可由实验测得。在高浓度时有

$$\mu_i^\alpha = \mu_i^\beta$$

$$\mu_i^\ominus(\alpha, T) + RT\ln a_i^\alpha = \mu_i^\ominus(\beta, T) + RT\ln a_i^\beta$$

$$\frac{a_i^\alpha}{a_i^\beta} = \exp\frac{\mu_i^\ominus(\beta, T) - \mu_i^\ominus(\alpha, T)}{RT} = K(T) \tag{6-118}$$

实验上通过低浓度时测得的分配系数 $K(T)$，根据式(6-118)，若已知 a_i^α，即可求得 a_i^β。

6.10 电解质溶液

对一定溶剂来说，在中等浓度下根据溶液的导电性，电解质又可分为弱电解质和强电解质两大类。例如，对以水作为溶剂来说，NH_3、CO_2、CH_3COOH 等是弱电解质，HCl、H_2SO_4、$MgSO_4$、NaCl、KCl 等是强电解质。有些物质在纯固态时就处于离子状态，如 NaCl、KCl 等晶体是由正离子和负离子构成的，称为真正电解质。但是也有一些电解质在纯态时不是处于离子状态，而是处于分子状态，如 HCl、CH_3COOH 等称为潜在电解质(potential electrolyte)，当它们溶于溶剂(水)后，与溶剂发生作用而形成正、负两种离子。例如，CH_3COOH 与 H_2O 作用形成氢离子和乙酸根离子。

$$CH_3COOH + H_2O \rightleftharpoons H_3O^+ + CH_3COO^-$$

6.10.1 电解质溶液理论简介

电解质溶液理论最早是由阿伦尼乌斯(Arrhenius)提出的弱电解质的电离理论，1903 年瑞典化学家阿伦尼乌斯因此而获得诺贝尔化学奖。1923 年，休克尔(Hückel)根据大量实验事实提出了强电解质的离子互吸理论。该理论认为，强电解质在水溶液中是完全解离的，强电解质溶液对理想溶液的偏差完全是离子间库仑作用力引起的，并得到电解质活度系数的德拜-休克尔极限公式。1927 年，昂萨格发展了德拜-休克尔理论，把它推广到不可逆过程，

称为昂萨格电导理论。此后，在德拜-休克尔-昂萨格理论的基础上发展了离子缔合理论和离子水化理论。特别是20世纪70年代由美国著名物理化学家皮策(Pitzer)提出的皮策-德拜-休克尔离子作用模型。该模型抛弃了离子间没有斥力的假设，认为在电解质溶液中离子之间除长程静电作用外，还存在短程"硬心效应"。同时在溶液中，三离子间存在相互作用。由此出发，在皮策模型中，将混合电解质溶液的渗透系数和活度系数看作是溶液中的各单独电解质参数(皮策参数)的函数。

6.10.2 电解质的活度及活度系数

为了简单起见，考虑由溶剂A和一种电解质B所组成的强电解质溶液，在这种电解质溶液中只存在一种正离子和一种负离子。令电解质B的分子式为$C_{\nu_+}A_{\nu_-}$，在溶液中完全电离而形成C^{z+}和A^{z-}两种正、负离子

$$C_{\nu_+}A_{\nu_-} \longrightarrow \nu_+ C^{z+} + \nu_- A^{z-}$$

式中，z是离子的电荷数；ν_+、ν_-分别是构成电解质B的正、负离子的数目。例如，对于NaCl、$Ba(NO_3)_2$和$BaSO_4$来说

NaCl：C=Na，A=Cl；$\nu_+=1$，$\nu_-=1$；$z_+=1$，$z_-=-1$

$Ba(NO_3)_2$：C=Ba，A=NO_3；$\nu_+=1$，$\nu_-=2$；$z_+=2$，$z_-=-1$

$BaSO_4$：C=Ba，A=SO_4；$\nu_+=1$，$\nu_-=1$；$z_+=2$，$z_-=-2$

根据z_+和z_-的数值，我们称NaCl、KCl等为1-1型电解质，$Ba(NO_3)_2$、$BaCl_2$、$CaCl_2$等为2-1型电解质，Na_2SO_4、K_2SO_4等为1-2型电解质，$MgSO_4$、$BaSO_4$等为2-2型电解质，Na_3PO_4等为1-3型电解质，……

上述溶液中在没有形成离子对的情况下，溶剂A、正离子、负离子的物质的量分别为n_A、n_+、n_-。根据吉布斯方程，应有

$$dG = -SdT + Vdp + \mu_A dn_A + \mu_+ dn_+ + \mu_- dn_-$$

如果没有形成离子对，则

$$n_+ = \nu_+ n_B \qquad n_- = \nu_- n_B$$

因此

$$dG = -SdT + Vdp + \mu_A dn_A + (\nu_+\mu_+ + \nu_-\mu_-)dn_B$$

电解质溶液中溶剂A的化学势μ_A的表达式仍为式(6-84)。溶质电解质B的化学势为

$$\mu_B = \left(\frac{\partial G}{\partial n_B}\right)_{T,p,n_A} = \nu_+\mu_+ + \nu_-\mu_- \qquad (6\text{-}119)$$

$$\mu_B = \mu_B^{\ominus}(T) + RT\ln a_B \qquad (6\text{-}120)$$

$$\mu_+(\text{正离子}, T, p, m_B) = \mu_+^{\ominus}(T) + RT\ln a_+ = \mu_+^{\ominus}(T) + RT\ln\left(\gamma_+ \frac{m_+}{m^{\ominus}}\right) \qquad (6\text{-}121)$$

$$\mu_-(\text{负离子}, T, p, m_B) = \mu_-^{\ominus}(T) + RT\ln a_- = \mu_-^{\ominus}(T) + RT\ln\left(\gamma_- \frac{m_-}{m^{\ominus}}\right) \qquad (6\text{-}122)$$

从式(6-121)和式(6-122)可看出，正离子(或负离子)的标准态是溶液温度

T，在标准压力 $p^\ominus$ 下，m_+（或 m_-）$=m^\ominus=1\text{mol}\cdot\text{kg}^{-1}$，$\gamma_+=\gamma_+^\infty=1$（或 $\gamma_-=\gamma_-^\infty=1$）遵守亨利定律的假想溶液。式中

$$m_+=\nu_+ m \qquad m_-=\nu_- m \tag{6-123}$$

式(6-119)可表示为

$$\mu_B=(\nu_+\mu_+^\ominus+\nu_-\mu_-^\ominus)+RT\ln\left[\left(\gamma_+\frac{m_+}{m^\ominus}\right)^{\nu_+}\left(\gamma_-\frac{m_-}{m^\ominus}\right)^{\nu_-}\right]$$

$$=\mu_B^\ominus+RT\ln\left[\left(\gamma_+\frac{m_+}{m^\ominus}\right)^{\nu_+}\left(\gamma_-\frac{m_-}{m^\ominus}\right)^{\nu_-}\right] \tag{6-124}$$

由于单个离子不能单独存在，γ_+，γ_- 不能从实验上单独求出。为此我们定义

$$\nu\equiv\nu_++\nu_- \qquad \nu_\pm^\nu\equiv\nu_+^{\nu_+}\nu_-^{\nu_-}$$

$$\gamma_\pm^\nu\equiv\gamma_+^{\nu_+}\gamma_-^{\nu_-} \qquad m_\pm^\nu\equiv m_+^{\nu_+}m_-^{\nu_-} \qquad a_\pm^\nu\equiv a_+^{\nu_+}a_-^{\nu_-}$$

式中，$\gamma_\pm$、$m_\pm$ 和 $a_\pm$ 分别是电解质的平均离子活度系数、平均离子质量摩尔浓度和平均离子活度。它们之间的关系仍为

$$a_\pm=\gamma_\pm\left(\frac{m_\pm}{m^\ominus}\right)$$

这样，式(6-124)可表示为

$$\mu_B=\mu_B^\ominus(T)+RT\ln\left[\gamma_\pm^\nu\left(\frac{m_\pm}{m^\ominus}\right)^\nu\right]=\mu_B^\ominus(T)+RT\ln a_\pm^\nu \tag{6-125}$$

比较式(6-120)和式(6-125)可得

$$a_B=a_\pm^\nu \tag{6-126}$$

从式(6-125)可看出，电解质溶液中电解质 B 的标准态是溶液温度 T，标准压力 $p^\ominus$ 下，$m_\pm=m^\ominus=1\text{mol}\cdot\text{kg}^{-1}$，$\gamma_\pm=\gamma_\pm^\infty=1$ 遵守亨利定律的假想溶液。从式(6-126)可看出，只要求出 $\gamma_\pm$，就能求得电解质的活度。强电解质在溶液中可以看作均以离子形式存在，所以电解质溶液中电解质的活度应以平均活度表示。由于电解质溶液中正、负离子间存在长距离的强作用力（库仑引力），故在极稀的溶液中也不能忽略这种作用力。因此，在研究电解质溶液时必须用到活度系数，理想稀溶液的概念不适用于电解质溶液。电解质溶液活度系数 $\gamma_\pm$ 的实验测定将在第 12 章中讨论。下面介绍半经验的德拜-休克尔极限公式求 $\gamma_\pm$ 的方法。

6.10.3 德拜-休克尔极限公式

1923 年德拜和休克尔用简单的模型，从统计力学导出电解质溶液中离子活度系数 γ_+ 和 γ_- 的理论表达式[式(6-159)]，进而得到电解质平均活度系数 $\gamma_\pm$ 的求算公式[式(6-162)～式(6-164)]。

*1. 理论模型

1923 年德拜和休克尔提出一个电解质溶液的简单模型，其基本假设如下：

(1) 强电解质在溶液中完全解离为离子。离子可看作不可穿透的带电圆球，其平均有效直径为 a，这也是正、负离子可接近的极限距离。在极稀溶液中，离子可视作点电荷。

(2) 在极稀溶液中，离子间的作用力只是静电引力，忽略离子间的斥力。静电引力只依赖于离子的电荷和离子间的距离，而与离子的化学性质无关。离子间的静电引力所产生的势能小于离子热运动能 kT。

(3) 在电解质溶液中,离子被其异号离子氛所包围。

(4) 电解质溶液偏离理想溶液完全是由离子间静电作用引起的,离子与溶剂分子间的作用力以及离子间除静电力以外的其他作用力均不引起溶液的非理想性。

对理想混合物,有

$$\mu_i(\text{理想}) = \mu_i^{\ominus} + RT\ln x_i$$

对电解质溶液,有

$$\mu_i(\text{电}) = \mu_i^{\ominus} + RT\ln x_i + RT\ln \gamma_i$$

两式相减得

$$\Delta\mu = \mu_i(\text{电}) - \mu_i(\text{理想}) = RT\ln\gamma_i \tag{6-127}$$

根据化学势的定义,μ_i(理想)是恒温恒压条件下,将 1mol 不带电的(假设)i 离子移到理想混合物中所引起的自由能变化;μ_i(电)是恒温恒压条件下,将 1mol 带电的 i 离子移到与理想混合物有相同组成的电解质溶液中所引起的自由能变化。$\Delta\mu$ 就是上述两过程的摩尔自由能之差。对后一过程,可以设想先将 1mol 不带电的离子加入电解质溶液中,由于不带电的离子与其他离子没有相互作用,这就好比将不带电的离子加入理想混合物中,然后再使溶液中不带电的离子荷电。这样,这两个过程的摩尔自由能之差就等于荷电过程所引起的自由能变化 ΔG_e,即

$$\Delta\mu = \Delta G_e \tag{6-128}$$

设第 i 种离子的电荷为 $z_i e$,并以它作为离子氛的中心离子。ΔG_e 应等于在离子氛存在条件下,使中心离子由电荷为零变为 $z_i e$ 所需做的电功 W_e,即

$$\Delta G_e = W_e \tag{6-129}$$

将式(6-127)和式(6-129)代入式(6-128)得

$$\ln\gamma_i = \frac{W_e}{RT} \tag{6-130}$$

要求算 W_e,必须首先求出离子氛的电势。

*2. 离子氛的电势

设电解质溶液中含有 $1,2,\cdots,j$ 种离子,相应的浓度分别为 $n_1^0, n_2^0, \cdots, n_j^0$,离子的电荷分别为 $z_1e, z_2e, \cdots, z_je$。选定溶液中 A 点的一个正离子 i 作为坐标的中心,i 离子的直径为 a,在距中心离子 r 处有一小体积元 $\mathrm{d}V$。A 点的正离子 i 及溶液中其他离子在 $\mathrm{d}V$ 处产生的电势为 ψ。我们先求 ψ 值。设溶液中单位体积内 j 种离子的平均数为 n_j^0,这相当于不存在离子氛的溶液中的离子数。n_j^0 处的电势可当作零。考虑到离子的热运动,假设在 $\mathrm{d}V$ 体积内,离子的分布遵守玻尔兹曼分布定律。在 $\mathrm{d}V$ 处的电势 ψ 作用下,单位体积内第 j 种离子的分布数应为

$$n_j = n_j^0 \exp\frac{-z_je\psi}{kT} \tag{6-131}$$

式中,$z_je\psi$ 是把一个具有 z_je 电荷的离子从电势等于零的地方(无穷远处)移到 $\mathrm{d}V$ 内所需做的功。在 $\mathrm{d}V$ 内,j 种离子的电荷密度为 z_jen_j。因此,$\mathrm{d}V$ 内的平均电荷密度 $\rho(r)$应是各种离子电荷密度的总和

$$\rho(r) = \sum_j z_jen_j \tag{6-132}$$

将式(6-131)代入式(6-132)得

$$\rho(r) = \sum_j z_jen_j^0 \exp\frac{-z_je\psi}{kT} \tag{6-133}$$

在极稀电解质溶液中,离子间平均距离较大,ψ 较小。根据假设,离子间相互吸引所产生的

势能小于离子的热运动能，即 $z_j e\psi \ll kT$，$\frac{z_j e\psi}{kT} \ll 1$。根据数学公式，当 x 很小时，e^{-x} 可展开成级数

$$e^{-x} = 1 - x + \frac{x^2}{2!} - \frac{x^3}{3!} + \cdots = 1 - x \tag{6-134}$$

因此，式(6-134)可表示为

$$\rho(r) = \sum_j z_j e n_j^0 \left(1 - \frac{z_j e\psi}{kT}\right) = \sum_j z_j e n_j^0 - \frac{e^2 \psi}{kT} \sum_j n_j^0 z_j^2 \tag{6-135}$$

由于整个电解质溶液是电中性的，应有

$$\sum_j z_j e n_j^0 = 0$$

故式(6-135)可写为

$$\rho(r) = -\frac{e^2 \psi}{kT} \sum_j n_j^0 z_j^2 \tag{6-136}$$

式(6-136)给出了某点电荷密度 $\rho(r)$与该点电势 ψ 之间的关系。

若令 m_j 为 j 种离子的质量摩尔浓度，d 是溶液的密度，则有

$$n_j^0 = m_j L d$$

根据离子强度 I 的定义式

$$I \equiv \frac{1}{2} \sum_j m_j z_j^2$$

则式(6-136)可表示为

$$\rho(r) = -\frac{2de^2 LI\psi}{kT} \tag{6-137}$$

由于中心离子是球状的，其周围的电荷分布是球形对称的。根据物理学中的泊松(Poisson)公式，某一点的电荷密度 $\rho(r)$与该点的电势 ψ 之间的关系为

$$\frac{\partial^2 \psi}{\partial x^2} + \frac{\partial^2 \psi}{\partial y^2} + \frac{\partial^2 \psi}{\partial z^2} = -\frac{\rho(r)}{\varepsilon_0 \varepsilon_A} \quad (r \geqslant a) \tag{6-138}$$

式中，ε_A 是溶剂的介电常数；ε_0 是真空电容率。电势 ψ 只是离子间距离 r 的函数，故可将直角坐标的泊松公式转变为球坐标方程

$$\frac{1}{r} \frac{d^2 (r\psi)}{dr^2} = -\frac{\rho(r)}{\varepsilon_0 \varepsilon_A} \quad (r \geqslant a) \tag{6-139}$$

将式(6-137)代入式(6-139)得

$$\frac{1}{r} \frac{d^2 (r\mu)}{dr^2} = \frac{2de^2 LI}{\varepsilon_0 \varepsilon_A kT} \psi \quad (r \geqslant a) \tag{6-140}$$

令 $\beta^2 = \frac{2de^2 LI}{\varepsilon_0 \varepsilon_A kT}$，则

$$\frac{d^2 (r\psi)}{dr^2} = \beta^2 (r\psi) \quad (r \geqslant a) \tag{6-141}$$

式(6-141)是一个二阶微分方程，它的通解是

$$r\psi = c_1 e^{-\beta r} + c_2 e^{\beta r}$$

或

$$\psi = \frac{c_1}{r} e^{-\beta r} + \frac{c_2}{r} e^{\beta r} \quad (r \geqslant a) \tag{6-142}$$

式中，c_1、c_2 均为常数，可从边界条件来确定。当 $r \to \infty$ 时，$\psi \to 0$，要满足这一边界条件，c_2 必为零。因此

$$\psi = \frac{c_1}{r} e^{-\beta r} \quad (r \geqslant a) \tag{6-143}$$

由于假设中心离子是正离子 ez_+，故距离中心离子为 $r \to r + dr$ 的球壳内的净电荷一定是负的，其电荷值为 $4\pi r^2 \rho(r) dr$。但整个电解质溶液是电中性的，围绕中心离子的球壳内的

所有正、负离子的净电荷应等于中心离子的电荷,但符号相反,即

$$\int_a^\infty 4\pi r^2\rho(r)\mathrm{d}r = -ez_+ \tag{6-144}$$

将式(6-143)代入式(6-137)得

$$\rho(r) = -\frac{2de^2LI}{kT}\frac{c_1}{r}\mathrm{e}^{-\beta r} \tag{6-145}$$

将 β^2 的定义式代入式(6-145)得

$$\rho(r) = -c_1\varepsilon_0\varepsilon_A\beta^2\frac{\mathrm{e}^{-\beta r}}{r} \tag{6-146}$$

将式(6-143)代入式(6-137)得

$$4\pi c_1\beta^2\varepsilon_0\varepsilon_A\int_a^\infty r\mathrm{e}^{-\beta r}\mathrm{d}r = ez_+ \tag{6-147}$$

利用分部积分公式 $\int u\mathrm{d}v = uv - \int v\mathrm{d}u$,令 $u = r, \mathrm{d}v = \mathrm{e}^{-\beta r}\mathrm{d}r = \mathrm{d}\left(-\frac{1}{\beta}\mathrm{e}^{-\beta r}\right)$,则

$$\begin{aligned}\int_a^\infty r\mathrm{e}^{-\beta r}\mathrm{d}r &= -\frac{r}{\beta}\mathrm{e}^{-\beta r}\Big|_a^\infty - \int_a^\infty\left(-\frac{1}{\beta}\mathrm{e}^{-\beta r}\right)\mathrm{d}r \\ &= \frac{a}{\beta}\mathrm{e}^{-\beta a}\mathrm{d}r - \int_a^\infty \mathrm{d}\left(\frac{1}{\beta^2}\mathrm{e}^{-\beta r}\right) \\ &= \frac{a}{\beta}\mathrm{e}^{-\beta a} + \frac{1}{\beta^2}\mathrm{e}^{-\beta a}\end{aligned} \tag{6-148}$$

将式(6-148)代入式(6-147)得

$$4\pi c_1\varepsilon_0\varepsilon_A\mathrm{e}^{-\beta a}(1+\beta a) = z_+e$$

$$c_1 = \frac{z_+e}{4\pi\varepsilon_0\varepsilon_A}\frac{\mathrm{e}^{\beta a}}{1+\beta a} \tag{6-149}$$

将式(6-149)代入式(6-143)得

$$\psi = \frac{z_+e}{4\pi\varepsilon_0\varepsilon_A}\frac{\mathrm{e}^{\beta a}}{1+\beta a}\frac{\mathrm{e}^{-\beta r}}{r} \tag{6-150}$$

式中,ψ 就是距离中心离子 r 的 $\mathrm{d}V$ 体积元处的电势。根据静电学中的电势叠加原理,电势 ψ 应是中心离子在该处引起的电势 ψ_i 与溶液中所有其他离子在该处引起的电势 ϕ 的总和

$$\psi = \psi_i + \phi \tag{6-151}$$

由物理学知道,中心离子 z_+e 在距离 r 处产生的电势为

$$\psi_i = \frac{z_+e}{4\pi\varepsilon_0\varepsilon_A r} \tag{6-152}$$

将式(6-150)减去式(6-152)得

$$\phi = \frac{z_+e}{4\pi\varepsilon_0\varepsilon_A r}\left(\frac{\mathrm{e}^{\beta a}\mathrm{e}^{-\beta r}}{1+\beta a} - 1\right) \tag{6-153}$$

ϕ 是溶液中除中心离子以外的所有其他离子在 r 处所产生的电势,式(6-153)在 r 从 $a\to\infty$ 均适用。因为离子不可能进入 $r<a$ 范围内,所以 $r<a$ 内的电势就等于 $r=a$ 处的电势。因此,溶液中所有其他离子在 $r=a$ 处产生的电势为

$$\phi(a) = \frac{z_+e}{4\pi\varepsilon_0\varepsilon_A a}\left(\frac{1}{1+\beta a} - 1\right) = -\frac{z_+e}{4\pi\varepsilon_0\varepsilon_A}\frac{\beta}{1+\beta a} = -\frac{z_+e}{4\pi\varepsilon_0\varepsilon_A}\frac{1}{\frac{1}{\beta}+a} \tag{6-154}$$

虽然 $\phi(a)$ 是溶液中所有其他离子在中心离子处产生的电势,但实际上只有包围中心离子的离子氛中的离子的贡献最大,更远离子的贡献很小,可忽略不计。因此,$\phi(a)$ 可看作围绕中心离子的离子氛的电势。$1/\beta$ 就是离子氛的厚度,称为德拜屏蔽长度(screening length)。

3. 德拜-休克尔极限公式①

有了离子氛电势的表达式,就能计算使中心离子带电过程所需做的电功 W_e。带电过程的始态是中心离子的电荷为零,末态是中心离子的电荷为 z_+e。

① 推导过程可不作要求。

在中心离子处的电势为 $\phi(a)$，设带电过程中使中心离子带有 dq 的电量所需做的电功为

$$dW_e = \phi(a)dq$$

使 1mol 离子带电 $z_+ e$ 所需做的电功为

$$W_e = L\int_0^{z_+ e}\phi(a)dq \tag{6-155}$$

将式(6-154)中的 $z_+ e$ 换成电量 q，代入式(6-155)得

$$W_e = L\int_0^{z_+ e}\left(-\frac{q}{4\pi\varepsilon_0\varepsilon_A}\frac{\beta}{1+\beta a}\right)dq = -\frac{e^2 z_+^2 L\beta}{8\pi\varepsilon_0\varepsilon_A(1+\beta a)} \tag{6-156}$$

将式(6-156)代入式(6-130)得

$$\ln\gamma_i = -\frac{Le^2 z_+^2 \beta}{8\pi RT\varepsilon_0\varepsilon_A(1+\beta a)} \tag{6-157}$$

在极稀溶液中，溶液密度 d 可近似地用溶剂密度 ρ_A 代替，则

$$\beta = \left(\frac{2\rho_A e^2 L}{\varepsilon_0\varepsilon_A kT}\right)^{1/2}\sqrt{I} \tag{6-158}$$

将式(6-158)代入式(6-130)，并令

$$B \equiv \left(\frac{2\rho_A e^2 L}{\varepsilon_0\varepsilon_A kT}\right)^{1/2}$$

$$A \equiv (2\pi L\rho_A)^{1/2}\left(\frac{e^2}{4\pi\varepsilon_0\varepsilon_A kT}\right)^{3/2}$$

则得

$$\ln\gamma_i = -\frac{Az_i^2\sqrt{I}}{1+Ba\sqrt{I}} \tag{6-159}$$

式(6-159)称为德拜-休克尔极限公式，虽然它给出了每个离子的活度系数的表示式，但因无法从实验上单独测定 γ_+ 或 γ_-，故还需将它变成用离子的平均活度系数 $\gamma_\pm$ 表示的形式。

$$\gamma_\pm \equiv (\gamma_+^{\nu_+}\gamma_-^{\nu_-})^{1/\nu}$$

$$\ln\gamma_\pm = \frac{\nu_+\ln\gamma_+ + \nu_-\ln\gamma_-}{\nu_+ + \nu_-} \tag{6-160}$$

因为电解质溶液是电中性的，所以

$$\nu_+ z_+ + \nu_- z_- = 0$$

$$\nu_+ z_+ = -\nu_- z_-$$

$$\nu_+ z_+^2 = -\nu_- z_- z_+$$

$$\nu_- z_-^2 = -\nu_+ z_- z_+$$

$$\nu_+ z_+^2 + \nu_- z_-^2 = -z_+ z_-(\nu_+ + \nu_-) = z_+|z_-|(\nu_+ + \nu_-)$$

因为 z_- 是负值。将式(6-159)代入式(6-160)得

$$\ln\gamma_\pm = -\frac{\nu_+ z_+^2 + \nu_- z_-^2}{\nu_+ + \nu_-}\left(\frac{A\sqrt{I_m}}{1+Ba\sqrt{I_m}}\right) = -z_+|z_-|\left(\frac{A\sqrt{I_m}}{1+Ba\sqrt{I_m}}\right) \tag{6-161}$$

若用 SI 单位，25℃ 和 101 325Pa，H_2O 的 $\varepsilon_A = 78.40$，$\rho(H_2O) = 0.997\ 05\times 10^3 kg\cdot m^{-3}$，则

$$A = 1.174(kg\cdot mol^{-1})^{1/2}$$

$$B = 3.284\times 10^9(kg\cdot mol^{-1})^{1/2}\cdot m^{-1}$$

平均离子直径 a 的数量级为 10^{-8}cm，因为

$$1\text{Å} \equiv 10^{-8}\text{cm} = 10^{-10}\text{m}$$

所以将 A 和 B 的数值代入式(6-161)，a 的单位用 Å，变自然对数为常用对数，则式(6-161)变为

$$\lg\gamma_{\pm} = -0.509z_{+}|z_{-}|\frac{\sqrt{I_m}}{1+0.328a\sqrt{I_m}} \tag{6-162}$$

实验结果表明，在 $I_m<0.01$ 情况下，式(6-162)的计算结果与实验值符合得较好。如果 a 值选得合适，则可适用至 $I_m=0.1$。在极稀溶液中，I_m 值很小，式(6-162)中的分母项 $0.328a\sqrt{I_m}$ 与 1 相比可忽略不计，因此式(6-162)可写成

$$\lg\gamma_{\pm} = -0.509z_{+}|z_{-}|\sqrt{I_m} \tag{6-163}$$

式(6-163)适用于 25℃和 101 325Pa 的极稀水溶液。

若选择标准态 $p^{\ominus}=10^5$Pa，在 25℃极稀水溶液中，式(6-163)将变为

$$\lg\gamma_{\pm} = -0.5115z_{+}|z_{-}|\sqrt{I_m} \tag{6-164}$$

例 6-3 利用式(6-163)计算 25℃和 101 325Pa 时 $0.001\text{mol}\cdot\text{kg}^{-1}$、$0.01\text{mol}\cdot\text{kg}^{-1}$ 和 $0.1\text{mol}\cdot\text{kg}^{-1}$ $CaCl_2$ 水溶液中 $CaCl_2$ 的 $\gamma_{\pm}$。

解 $I_m = \frac{1}{2}\sum_i z_i^2 m_i = \frac{1}{2}(2^2 m_{+} + 1^2 m_{-})$

由于 $CaCl_2$ 在水中完全电离，并且不形成离子对，因此 $m_{+}=m_B$，$m_{-}=2m_B$

$$I_m = \frac{1}{2}(4m_B + 2m_B) = 3m_B$$

代入式(6-163)得

$$\lg\gamma_{\pm} = -1.767\sqrt{m_B}$$

代入相应的 m_B 值得

$m_B = 0.001\text{mol}\cdot\text{kg}^{-1}$ $\gamma_{\pm}=0.885(0.89)$

$m_B = 0.01\text{mol}\cdot\text{kg}^{-1}$ $\gamma_{\pm}=0.707(0.73)$

$m_B = 0.1\text{mol}\cdot\text{kg}^{-1}$ $\gamma_{\pm}=0.435(0.52)$

括号内的数值为实验值。

知识点讲解视频

溶液中某一组分的热力学函数规定值（朱志昂）

*6.11 多组分体系中组分的热力学函数的规定值

6.11.1 组分 B 的偏摩尔量

第 4 章介绍了纯物质的热力学函数的规定值，本节着重讨论多组分体系中组分 B 的偏摩尔量 G_B、H_B 和 S_B 的规定值。对于混合物来说，混合物中组分的标准态就是纯组分，组分 B 的化学势 $\mu_B(T,p,x_C)$ 为

$$\mu_B(T,p,x_C) = \mu_B^*(T) + RT\ln(\gamma_B x_B)$$

这里假定 $p\approx p^{\ominus}$，忽略了式中的积分项。对于纯物质来说，$\mu_B^* = G_B^*$（纯组分 B 的摩尔吉布斯自由能）。纯物质的标准热力学函数的规定值已经确定，所以利用上式，就可以知道已知组成的混合物中组分 B 的 $\mu_B = G_B$ 值。通过热力学关系式 $S_B = -(\partial G_B/\partial T)_{p,n}$ 和 $H_B = G_B - TS_B$，也可以求出相应组成的 S_B 和 H_B 值。因此，混合物中组分的热力学函数的规定

值可以从纯物质的规定值求出。

对于溶液来说，溶液中组分的标准态有溶剂和溶质之分。对于溶剂来说，其标准态就是纯溶剂，所以其热力学函数 μ_A 等的规定值已如上所述，可按混合物中组分的求算方式求出。但是，对于溶质来说，欲求$\mu_B^\ominus(T)$的规定值，必须知道溶质在溶剂中的溶解度数据。对于一个饱和溶液来说，根据相平衡条件，应有

$$\mu_B^*(s,T,p)=G_B^*(s,T,p)=\mu_B(sat,T,p)$$

式中，$\mu_B(sat,T,p)$代表饱和溶液中组分 B 的化学势。根据溶液中溶质 B 的化学势公式，应有

$$\mu_B^*(s,T,p)=\mu_B(sat,T,p)=\mu_B^\ominus(T)+RT\ln\frac{\gamma_B m_B^{sat}}{m^\ominus} \tag{6-165}$$

式中，m_B^{sat} 和 γ_B 分别是在 T 和 p 下饱和溶液中溶质 B 的质量摩尔浓度（溶解度）和活度系数。这里假定 $p\approx p^\ominus$，忽略了式中的积分项。利用式(6-165)可求出 $\mu_B^\ominus(T)$值，它是溶液中溶质 B 的标准偏摩尔吉布斯自由能的规定值。

6.11.2　溶质 B 的标准偏摩尔生成函数

在热力学函数表中所列的数据均为标准摩尔生成热和标准摩尔生成吉布斯自由能的数值。为此，定义溶液中溶质 B 的标准偏摩尔生成吉布斯自由能 $\Delta_f G_m^\ominus(B,soln,T)$为在温度 T 和 $p^\ominus$下，溶质 B 在溶剂 A 中的标准偏摩尔吉布斯自由能$\mu_B^\ominus(T,p^\ominus)$减去形成 1mol 溶质 B 所需的纯单质的标准吉布斯自由能之和，即

$$\Delta_f G_m^\ominus(B,soln,T)\equiv\mu_B^\ominus(T)-G_e^\ominus(T) \tag{6-166}$$

式中，$G_e^\ominus(T)$代表形成 1mol 溶质 B 所需的纯单质的标准吉布斯自由能之和。同样，溶液中溶质 B 的标准偏摩尔生成焓 $\Delta_f H_m^\ominus(B,soln,T)$可定义为

$$\Delta_f H_m^\ominus(B,soln,T)\equiv H_B^\ominus(T)-H_e^\ominus(T) \tag{6-167}$$

对于纯态溶质（纯物质）B，已定义为

$$\Delta_f G_m^\ominus(B,T,p^\ominus)\equiv G_B^*(T,p^\ominus)-G_e^\ominus(T)$$

根据式(6-165)，$p=p^\ominus$，应有

$$G_B^*(S,T,p^\ominus)=\mu_B^\ominus(T)+RT\ln\frac{\gamma_B m_B^{sat}}{m^\ominus}$$

因此

$$\begin{aligned}\Delta_f G_m^\ominus(B,soln,T)&=\mu_B^\ominus(T)-G_e^\ominus(T)\\&=G_B^*(T)-RT\ln\frac{\gamma_B m_B^{sat}}{m^\ominus}-G_e^\ominus(T)\\&=\Delta_f G_m^\ominus(B,T)-RT\ln\frac{\gamma_B m_B^{sat}}{m^\ominus}\end{aligned} \tag{6-168}$$

利用式(6-168)，就可以用查得的纯物质 B 的标准摩尔生成吉布斯自由能数值和溶质 B 在溶剂 A 中的标准溶解度数据，求算溶液中溶质 B 的标准偏摩尔生成吉布斯自由能值。

溶液中溶质 B 的标准偏摩尔生成焓为

$$\begin{aligned}\Delta_f H_m^\ominus(B,soln,T)&\equiv H_B^\ominus(T)-H_e^\ominus(T)=H_B^\infty(T)-H_e^\ominus(T)=\Delta_{sol}H_{m,B}^{D,\infty}+H_B^*-H_e^\ominus\\&=\Delta_{sol}H_{m,B}^{D,\infty}(T)+\Delta_f H_m^\ominus(B,T)\end{aligned} \tag{6-169}$$

这里我们应用了式(6-54)和式(6-65)。利用式(6-169)，就可从查得的$\Delta_f H_m^\ominus(B,T)$和 $\Delta_{sol}H_{m,B}^{D,\infty}(T)$值求算 $\Delta_f H_m^\ominus(B,soln,T)$。

例 6-4 已知 25℃和 101 325Pa 下

$$\Delta_f H_m^\ominus(HCl,g,298.15K)=-92.3kJ\cdot mol^{-1}$$

$$\Delta_{sol} H_m^{D,\infty}(HCl,aq,298.15K)=-75.1kJ\cdot mol^{-1}$$

求算 $\Delta_f H_m^\ominus(HCl,aq,298.15K)$。

解 利用式(6-169)得

$$\Delta_f H_m^\ominus(HCl,aq,298.15K)=-92.3+(-75.1)=-167.4(kJ\cdot mol^{-1})$$

因为

$$\Delta_f G_m^\ominus(B,soln)=\Delta_f H_m^\ominus(B,soln)-T\Delta_f S_m^\ominus(B,soln)$$

$$\Delta_f S_m^\ominus(B,soln)\equiv S_m^\ominus(B,soln,T)-S_e^\ominus(T) \quad (6\text{-}170)$$

利用式(6-170),从查得的 $S_e^\ominus(T)$ 值计算溶液中溶质 B 的标准偏摩尔熵 $S_m^\ominus(B,soln,T)$。

例 6-5 25℃和 101 325Pa 下蔗糖在水中的溶解度 m^{sat} 为 $6.05mol\cdot kg^{-1}$;蔗糖的活度系数 $\gamma=2.87$;纯蔗糖的 $\Delta_f G_m^\ominus(298.15K)=-1544.3kJ\cdot mol^{-1}$;$\Delta_f H_m^\ominus(298.15K)=-2221.7kJ\cdot mol^{-1}$;$S_m^\ominus(298.15K)=360.24J\cdot mol^{-1}\cdot K^{-1}$;蔗糖在水中的无限稀微分溶解热 $\Delta_{sol} H_m^{D,\infty}(298.15K)=5.86kJ\cdot mol^{-1}$。试计算蔗糖在水溶液中的 $\Delta_f G_m^\ominus(B,aq,298.15K)$、$\Delta_f H_m^\ominus(B,aq,298.15K)$ 和 $S_m^\ominus(B,aq,298.15K)$。

解

$$\begin{aligned}\Delta_f G_m^\ominus(B,aq,298.15K)&=\Delta_f G_m^\ominus(B,298.15K)-RT\ln(\gamma_B m_B^{sat}/m^\ominus)\\&=-1544.3-RT\ln(2.87\times 6.05)\\&=-1551.4(kJ\cdot mol^{-1})\end{aligned}$$

$$\begin{aligned}\Delta_f H_m^\ominus(B,aq,298.15K)&=\Delta_{sol} H_m^{D,\infty}(B,aq,298.15K)+\Delta_f H_m^\ominus(B,298.15K)\\&=5.86+(-2221.7)\\&=-2215.84(kJ\cdot mol^{-1})\end{aligned}$$

$$\Delta_f S_m^\ominus(B,aq,298.15K)=\frac{(1551.4-2215.84)\times 10^3}{298.15}=-2228.54(J\cdot mol^{-1}\cdot K^{-1})$$

$$S_m^\ominus(B,aq,298.15K)=-1868.3(J\cdot mol^{-1}\cdot K^{-1})$$

6.11.3 单个离子的热力学函数规定值

对于电解质来说,同样有

$$\mu_B^*(T,p)=G_B^*(T,p)=\mu_B(sat,T,p)=\mu_B^\ominus(T)+RT\ln\frac{\gamma_B m_B^{sat\,\nu}}{m^\ominus}$$

$$\Delta_f G_m^\ominus(B,soln,T)=\Delta_f G_m^\ominus(B,T,p^\ominus)-RT\ln\frac{\gamma_B m_B^{sat\,\nu}}{m^\ominus} \quad (6\text{-}171)$$

因此,溶液中整个电解质的 $\Delta_f G_m^\ominus$、$\Delta_f H_m^\ominus$ 和 $S_m^\ominus$ 均可按非电解质的方法求出。

如何求出单个离子的热力学函数的规定值呢?由于无法从实验单独测定 $\mu_+^\ominus$ 或 $\mu_-^\ominus$,而只能求出整个电解质 B 的 $\mu_B^\ominus$,因此人们规定水溶液中 H^+ 的 $\Delta_f G_m^\ominus(H^+,aq,T)$ 在任何温度下均为零,即

$$\Delta_f G_m^\ominus(H^+,aq,T)\equiv 0 \quad (6\text{-}172)$$

这是下列反应的标准摩尔生成吉布斯自由能:

$$\frac{1}{2}H_2(\text{理想气体},T,p^\ominus)\longrightarrow H^+(aq,m=1,\gamma=1)+e^-(ss) \quad (6\text{-}173)$$

式中,$e^-(ss)$代表在某种特殊标准态下的 1mol 电子。上述反应的 $\Delta_f G_m^\ominus(T)$实际上并非真正为零,当确定了 $e^-(ss)$的 $G_m^\ominus(T)$值后,$\Delta_f G_m^\ominus(T)$有一确定值。但是,为了有利于处理水溶液中离子反应的热力学性质,我们简单地取 H^+ 的 $\Delta_f G_m^\ominus(T)$为 0。无论 $\Delta_f G_m^\ominus(H^+,aq,$

T)是否真正为零，在计算水溶液中离子反应的热力学函数变化时均将被抵消。

由于 $\mathrm{d}\Delta G^{\ominus}/\mathrm{d}T=-\Delta S^{\ominus}$，故

$$\Delta_f S_m^{\ominus}(H^+,aq,T)=0 \tag{6-174}$$

以及 $\Delta_f H_m^{\ominus}=\Delta_f G_m^{\ominus}+T\Delta_f S_m^{\ominus}$，故

$$\Delta_f H_m^{\ominus}(H^+,aq,T)=0 \tag{6-175}$$

在热力学函数表中，只列出 $\Delta_f G_m^{\ominus}$ 和 $\Delta_f H_m^{\ominus}$，而不列出 $\Delta_f S_m^{\ominus}$，列的是 $S_m^{\ominus}$。因此，必须确定 $S_m^{\ominus}(H^+,aq,T)$ 值。由式(6-173)和式(6-174)得

$$S_m^{\ominus}(H^+,aq,T)+S_m^{\ominus}(e^-,ss,T)=\frac{1}{2}S_m^{\ominus}(H_2,g,T)$$

规定

$$S_m^{\ominus}(H^+,aq,T)\equiv 0 \tag{6-176}$$

因此

$$S_m^{\ominus}(e^-,ss,T)=\frac{1}{2}S_m^{\ominus}(H_2,g,T)$$

同样规定

$$C_{p,m}^{\ominus}(H^+,aq,T)\equiv 0 \tag{6-177}$$

规定了 $H^+(aq)$的各个热力学函数值后，就可以确定相对于 $H^+(aq)$的水溶液中其他离子的热力学函数值如下：对于整个电解质 $B(C_{\nu+}A_{\nu-})$来说，$\mu_B^{\ominus}=\nu_+\mu_+^{\ominus}+\nu_-\mu_-^{\ominus}$，根据溶液中溶质 B 的标准偏摩尔生成吉布斯自由能的定义

$$\Delta_f G_m^{\ominus}(B,soln,T)=\mu_B^{\ominus}(T,p^{\ominus})-G_e^{\ominus}(T)$$

则

$$\begin{aligned}\Delta_f G_m^{\ominus}(B,aq,T)&=\nu_+[\mu_+^{\ominus}-G_{e(+)}^{\ominus}]+\nu_-[\mu_-^{\ominus}-G_{e(-)}^{\ominus}]\\&=\nu_+\Delta_f G_m^{\ominus}(C^{z+},aq,T)+\nu_-\Delta_f G_m^{\ominus}(A^{z-},aq,T)\end{aligned} \tag{6-178}$$

例如：

$$\Delta_f G_m^{\ominus}(BaCl_2,aq,T)=\Delta_f G_m^{\ominus}(Ba^{2+},aq,T)+2\Delta_f G_m^{\ominus}(Cl^-,aq,T)$$

将 $\mu_B^{\ominus}=\nu_+\mu_+^{\ominus}+\nu_-\mu_-^{\ominus}$对 T 微分得

$$S_m^{\ominus}(B,aq,T)=\nu_+S_m^{\ominus}(C^{z+},aq,T)+\nu_-S_m^{\ominus}(A^{z-},aq,T) \tag{6-179}$$

同样可得

$$\Delta_f S_m^{\ominus}(B,aq,T)=\nu_+\Delta_f S_m^{\ominus}(C^{z+},aq,T)+\nu_-\Delta_f S_m^{\ominus}(A^{z-},aq,T) \tag{6-180}$$

$$\Delta_f H_m^{\ominus}(B,aq,T)=\nu_+\Delta_f H_m^{\ominus}(C^{z+},aq,T)+\nu_-\Delta_f H_m^{\ominus}(A^{z-},aq,T)$$

如上所述，电解质水溶液中整个电解质 B 的$\Delta_f G_m^{\ominus}(B,aq,T)$、$\Delta_f H_m^{\ominus}(B,aq,T)$和$\Delta_f S_m^{\ominus}(B,aq,T)$的数值均可由实验测得。规定了 $H^+(aq,T)$的标准热力学函数值为零后，测定了电解质 $H_{\nu+}A_{\nu-}$的热力学函数值，就可利用上述这些公式，求出任何负离子 $A^{z-}(aq,T)$的热力学函数值。再测定电解质$C_{\nu+}A_{\nu-}(aq,T)$的热力学函数值，又可利用上述这些公式，求出正离子 C^{z+}的热力学函数值。在热力学函数表中所列的水溶液中离子的标准偏摩尔生成热、标准偏摩尔生成吉布斯自由能和标准偏摩尔熵就是按上述规定方法求出的。显然，这些离子的规定值只适用于水溶液，而不适用于非水溶液，这一点必须特别注意。

例 6-6 已知 25℃和 101 325Pa 下

$$\Delta_f H_m^\ominus(\text{NaCl,s})=-411.0\text{kJ}\cdot\text{mol}^{-1}$$

$\Delta_f H_m^\ominus(\text{HCl,aq})=-167.4\text{kJ}\cdot\text{mol}^{-1}$ $\quad\Delta_{sol} H_m^{D,\infty}(\text{NaCl,aq})=3.9\text{kJ}\cdot\text{mol}^{-1}$

试求算 Cl^- 和 Na^+ 的 $\Delta_f H_m^\ominus(\text{aq},298.15\text{K})$。

解 $\Delta_f H_m^\ominus(\text{NaCl,aq})=\Delta_f H_m^\ominus(\text{NaCl,s})+\Delta_{sol} H_m^{D,\infty}(\text{NaCl,aq})$

$$=-411.0+3.9=-407.1(\text{kJ}\cdot\text{mol}^{-1})$$

$$\Delta_f H_m^\ominus(\text{HCl,aq})=\Delta_f H_m^\ominus(\text{H}^+,\text{aq})+\Delta_f H_m^\ominus(\text{Cl}^-,\text{aq})=0+\Delta_f H_m^\ominus(\text{Cl}^-,\text{aq})$$

$$=-167.4(\text{kJ}\cdot\text{mol}^{-1})$$

$$\Delta_f H_m^\ominus(\text{Cl}^-,\text{aq})=-167.4(\text{kJ}\cdot\text{mol}^{-1})$$

$$\Delta_f H_m^\ominus(\text{NaCl,aq})=\Delta_f H_m^\ominus(\text{Na}^+,\text{aq})+\Delta_f H_m^\ominus(\text{Cl}^-,\text{aq})$$

$$\Delta_f H_m^\ominus(\text{Na}^+,\text{aq})=-407.1-(-167.4)=-239.7(\text{kJ}\cdot\text{mol}^{-1})$$

例 6-7 实验测得 $\Delta_f G_m^\ominus(\text{HCl,aq})=-131.29\text{kJ}\cdot\text{mol}^{-1}$，$\Delta_f H_m^\ominus(\text{HCl,aq})=-167.07\text{kJ}\cdot\text{mol}^{-1}$。已知 $S_m^\ominus(\text{H}_2,\text{g},298.15\text{K})=130.58\text{J}\cdot\text{mol}^{-1}\cdot\text{K}^{-1}$，$S_m^\ominus(\text{Cl}_2,\text{g},298.15\text{K})=222.96\text{J}\cdot\text{mol}^{-1}\cdot\text{K}^{-1}$。试求算 Cl^- 的 $\Delta_f G_m^\ominus(\text{Cl}^-,\text{aq},298.15\text{K})$、$\Delta_f H_m^\ominus(\text{Cl}^-,\text{aq},298.15\text{K})$和 $S_m^\ominus(\text{Cl}^-,\text{aq},298.15\text{K})$。

解 根据式(6-178)

$$\text{B}=\text{HCl}\qquad \text{C}^{z+}=\text{H}^+\qquad \text{A}^{z-}=\text{Cl}^-$$

$$\Delta_f G_m^\ominus(\text{Cl}^-,\text{aq},298.15\text{K})=-131.29\text{kJ}\cdot\text{mol}^{-1}$$

又根据式(6-100)

$$\Delta_f H_m^\ominus(\text{Cl}^-,\text{aq},298.15\text{K})=-167.07\text{kJ}\cdot\text{mol}^{-1}$$

$$T\Delta_f S_m^\ominus(\text{HCl,aq},298.15\text{K})=\Delta_f H_m^\ominus(\text{HCl,aq},298.15\text{K})-\Delta_f G_m^\ominus(\text{HCl,aq},298.15\text{K})$$

$$\Delta_f S_m^\ominus(\text{HCl,aq},298.15\text{K})=-120.00\text{J}\cdot\text{mol}^{-1}\cdot\text{K}^{-1}$$

$$\Delta_f S_m^\ominus(\text{HCl,aq},298.15\text{K})=S_m^\ominus(\text{HCl,aq},298.15\text{K})-\frac{1}{2}S_m^\ominus(\text{H}_2,\text{g},298.15\text{K})$$

$$-\frac{1}{2}S_m^\ominus(\text{Cl}_2,\text{g},298.15\text{K})$$

$$S_m^\ominus(\text{HCl,aq},298.15\text{K})=56.78\text{J}\cdot\text{mol}^{-1}\cdot\text{K}^{-1}$$

$$=S_m^\ominus(\text{H}^+,\text{aq},298.15\text{K})+S_m^\ominus(\text{Cl}^-,\text{aq},298.15\text{K})$$

$$S_m^\ominus(\text{Cl}^-,\text{aq},298.15\text{K})=56.78\text{J}\cdot\text{mol}^{-1}\cdot\text{K}^{-1}$$

习　　题

6-1 在 25℃、101 325Pa 下，1mol H_2SO_4(B)溶在 H_2O(A)中的 $\Delta_{mix}H$ 与水的物质的量(n_A)的函数关系如下：

n_A/mol	$\Delta_{mix}H$/kJ	n_A/mol	$\Delta_{mix}H$/kJ
0.50	−15.73	5.00	−58.03
1.00	−28.07	10.00	−67.03
2.00	−41.92	20.00	−71.50

试求算 25℃、101 325Pa 下，$x_B=0.20$ 的水溶液中 H_2SO_4 的积分溶解热和微分溶解热，H_2O 的微分溶解热。

〔答案：$-54\text{kJ}\cdot\text{mol}^{-1}$，$-5.15\text{kJ}\cdot\text{mol}^{-1}$，$-33.4\text{kJ}\cdot\text{mol}^{-1}$〕

6-2 在 20℃和 101 325Pa 下混合 100.0g 苯和 100.0g 甲苯。假定混合物是理想混合物，试计算 $\Delta_{mix}G$、$\Delta_{mix}V$、$\Delta_{mix}S$和 $\Delta_{mix}H$。

〔答案：$-3982.5J$，0，$13.6J\cdot K^{-1}$，0〕

6-3　在 20℃时 0.164mg H_2 溶于 100.0g 水中，水面上 H_2 平衡压力为 101 325Pa。(1) 试求 20℃时，H_2 在水中的亨利常数 K；(2) 当水面上 H_2 的平衡压力为 10×101 325Pa 时，在 20℃的 100.0g 水中最多能溶解多少 H_2？

〔答案：(1) 6.914×10^9 Pa；(2) 1.64mg〕

6-4　空气中含 O_2 21%(体积分数)和 N_2 78%，试求算 20℃时 100.0g 水中溶解的 O_2 和 N_2 的质量。水面上空气的平衡压力为 101 325Pa，20℃时 O_2 和 N_2 在水中的亨利常数 K 分别为 $K_{O_2}=393.29\times10^7$ Pa，$K_{N_2}=766.59\times10^7$ Pa。

〔答案：9.62×10^{-4} g，1.60×10^{-3} g〕

6-5　气体在液体中的溶解度通常用本森(Bunsen)吸收系数 α_i 表示，其定义为溶解的气体 i 的体积(换算成标准状况下)除以液体的体积，气体 i 的分压是 101 325Pa。令 ρ_A 和 M_A 分别为液体 A 的密度和摩尔质量，试证明

$$\alpha_i K_i \approx R(273.15\text{K})\rho_A/M_A$$

式中，K_i 是 0℃和 101 325Pa 下气体 i 在液体 A 中的亨利常数。试计算 20℃时 N_2 在水中的 α_{N_2}，已知 $K_{N_2}=766.59\times10^7$ Pa。

〔答案：0.0164〕

6-6　20℃和 30℃时 O_2 在水中的亨利常数分别为 393.29×10^7 Pa 和 469.29×10^7 Pa。(1) 温度由 20℃变为 30℃时，O_2 在水中的溶解度是增加还是降低？(2) 试求20～30℃ O_2 在水中的微分溶解热；(3) 计算 25℃时 O_2 溶于水中的 $\Delta G^\ominus$ 和 $\Delta S^\ominus$。25℃时 $K_{O_2}=431.96\times10^7$ Pa。

〔答案：(1) 降低；(2) $-13.05\text{kJ}\cdot\text{mol}^{-1}$；(3) $26.43\text{kJ}\cdot\text{mol}^{-1}$，$-132.4\text{J}\cdot\text{mol}^{-1}\cdot\text{K}^{-1}$〕

6-7　设有某一混合物，其中各组分的化学势为

$$\mu_i = \mu_i^*(T,p) + Tf(x_1,x_2,\cdots)$$

式中，μ_i^* 是纯组分 i 的化学势；f 是摩尔分数的某一函数。(1) 求 $\Delta_{mix}G$ 的表达式；(2) 证明：$\Delta_{mix}H=0$，$\Delta_{mix}V=0$(请注意，f 不一定是 $R\ln x_i$，此混合物不是理想混合物，但其 $\Delta_{mix}H$ 和 $\Delta_{mix}V$ 仍然等于零)；(3) 假定与混合物成平衡的蒸气是理想气体，证明混合物上面组分 i 的蒸气分压 $p_i=p_i^*\exp(f/R)$，p_i^* 是在混合物 T 和 p 下纯组分 i 的饱和蒸气压。

〔答案：略〕

6-8　对于偏摩尔量 G_B、H_B 和 S_B，只能求算其相对值，而不能求其绝对值。能否求偏摩尔恒压热容 $C_{p,B}$？

〔答案：能〕

6-9　某一个二组分混合物的自由能 G 为

$$G=n_A\mu_A^*(T,p)+n_B\mu_B^*(T,p)+RT(n_A\ln x_A+n_B\ln x_B)+C(T,p)\frac{n_An_B^2-n_A^2n_B}{(n_A+n_B)^2}$$

式中，C 是 T 和 p 的某一函数。试推导 μ_A 和 μ_B 的表达式。

〔答案：略〕

6-10　试证明理想混合物的 $\Delta_{mix}C_p=0$。

〔答案：略〕

6-11　考虑一个 T 和 p 下的理想气体混合物，证明其中组分 i 的化学势 μ_i 为

$$\mu_i = \mu_i^*(T,p) + RT\ln x_i$$

因此，理想气体混合物是理想混合物。注意：两者的标准态的选取是不同的，理想混合物不一定就是理想气体混合物。

〔答案：略〕

6-12　假设 α 相和 β 相均由液体 1 和液体 2 组成，两相彼此成平衡共存于一个体系中。证明：如果液体 1 和液体 2 能混合成理想混合物，则 $x_1^\alpha=x_1^\beta$，$x_2^\alpha=x_2^\beta$。因此，此两相的组成彼此相同，实际上是一相，即凡是能形成理想混合物的液体，彼此能无限混溶。

〔答案:略〕

6-13 某一个二组分非理想混合物中的组分 1 和 2 的化学势分别为

$$\mu_1 = \mu_1^{\ominus} + RT\ln x_1 + \omega T^2(1-x_1)^2$$

$$\mu_2 = \mu_2^{\ominus} + RT\ln(1-x_1) + \omega T^2 x_1^2$$

式中,x_1 是组分 1 的摩尔分数;ω 是常数。试计算形成此非理想混合物过程的 $\Delta_{\text{mix}}H$、$\Delta_{\text{mix}}S$ 和 $\Delta_{\text{mix}}V$。

〔答案:略〕

6-14 在 35℃时,纯乙醇的饱和蒸气压为13 705.30Pa,纯氯仿的饱和蒸气压为 39 342.73Pa。乙醇的摩尔分数为 0.20 的乙醇-氯仿混合物的总蒸气压为40 555.94Pa,混合蒸气中乙醇的摩尔分数为 0.138。试计算此混合物中乙醇和氯仿的活度系数以及摩尔超额吉布斯自由能。

〔答案:2.04,1.11,579.2J · mol^{-1}〕

6-15 在 25℃时,物质的量为 m 的 NaCl 溶于 1000g 水,NaCl 水溶液的体积 V 为

$$V/\text{cm}^3 = 1003 + 16.6m + 1.77m^{3/2} + 0.119m^2$$

试计算 m=0.1mol · kg^{-1}的溶液中 NaCl 和 H_2O 的偏摩尔体积。

〔答案:17.46cm^3 · mol^{-1},18.07cm^3 · mol^{-1}〕

6-16 在 20℃和 101 325Pa 下,$ZnCl_2$ 水溶液的质量分数与溶液密度的函数关系如下:

质量分数/%	8.000	10.000	12.000	14.000
密度 $\rho/(g \cdot cm^{-3})$	1.0715	1.0891	1.1085	1.1275

试利用截距法求算质量摩尔浓度 m=0.8000mol · kg^{-1}的 $ZnCl_2$ 水溶液中 $ZnCl_2$ 和 H_2O 的偏摩尔体积。

〔答案:28.20cm^3 · mol^{-1},17.96cm^3 · mol^{-1}〕

6-17 某一个二组分溶液由 2.0mol A 和 1.5mol B 混合而成,其体积 V=425cm^3。已知组分 B 的偏摩尔体积V_B=250cm^3 · mol^{-1},试求组分 A 的偏摩尔体积 V_A。

〔答案:25.0cm^3 · mol^{-1}〕

6-18 含 12%(质量分数)甲醇的甲醇-水混合物在 15℃和 101 325Pa 下的密度为 0.979 42 g · cm^{-3};13%该混合物在相同 T 和 p 下的密度为 0.977 99g · cm^{-3}。因为浓度变化不大,所以水的偏摩尔体积 V_A 可估算如下:

$$V_A \equiv \left(\frac{\partial V}{\partial n_A}\right)_{T,p,n_B} \approx \left(\frac{\Delta V}{\Delta n_A}\right)_{T,p,n_B}$$

试计算 12.5%甲醇-水混合物在 15℃和 101 325Pa 的甲醇和水的偏摩尔体积。

〔答案:36.7cm^3 · mol^{-1},18.1cm^3 · mol^{-1}〕

6-19 在 20℃和 101 325Pa 下,苯的饱和蒸气压为 9959.00Pa,甲苯的饱和蒸气压为 2973.04Pa。苯和甲苯能形成近似理想混合物。试计算:(1) 由 100.0g 苯和 100.0g 甲苯组成的混合物上方各组分的平衡分压;(2) 混合蒸气中各组分的摩尔分数。

〔答案:(1) 5389.81Pa,1364.03Pa;(2) 0.798,0.202〕

6-20 试证明亨利常数 K_i 与温度 T 和压力 p 的关系式分别为

$$\left(\frac{\partial \ln K_i}{\partial T}\right)_p = \frac{H_{i,\text{vap}}^{\ominus} - H_i^{\infty}}{RT^2}$$

$$\left(\frac{\partial \ln K_i}{\partial p}\right)_T = \frac{V_i^{\infty}}{RT}$$

〔答案:略〕

6-21 在 6.8 节中曾讨论过,当凝固出的固体是纯溶剂时(没有溶质),溶液的凝固点降低与溶液组成的关系。现在考虑稀液态溶液凝固成稀固态溶液,但两者的组成不同的情况。令固态溶液中和液态溶液中的浓度比值为 K,证明凝固点随溶质摩尔分数 x_B 的改

变速率为

$$\frac{dT_f}{dx_B}=(K-1)\frac{RT_f^{*2}}{\Delta_{fus}H_m^*}$$

式中，T_f 和 T_f^* 分别是溶液和纯溶剂的凝固点；$\Delta_{fus}H_m^*$ 是溶剂的摩尔熔化热。

〔答案：略〕

6-22　在 18℃和 101 325Pa 下，由 1kg 水组成的$MgSO_4$水溶液的体积 V 为

$$V/\text{cm}^3=1001.21+34.69[m/(\text{mol}\cdot\text{kg}^{-1})-0.07]^2$$

式中，m 是 $MgSO_4$ 的质量摩尔浓度，上式可适用至 $m=0.1\text{mol}\cdot\text{kg}^{-1}$。试求 $m=0.05\text{mol}\cdot\text{kg}^{-1}$溶液中$MgSO_4$和水的偏摩尔体积。

〔答案：$-1.39\text{cm}^3\cdot\text{mol}^{-1}$，$18.04\text{cm}^3\cdot\text{mol}^{-1}$〕

6-23　蒽的正常摩尔熔化热为 $28.87\text{kJ}\cdot\text{mol}^{-1}$，正常熔点为 217℃。试求算 25℃时蒽在苯中的理想溶解度（蒽视为溶剂）。

〔答案：$0.135\text{mol}\cdot\text{kg}^{-1}$〕

6-24　25℃时，聚苯乙烯在甲苯中的溶液的渗透压数据如下：

$c/(\text{g}\cdot\text{dm}^{-3})$	2.042	6.613	9.521	12.602
h/cm 甲苯	0.592	1.910	2.750	3.600

表中，c 是浓度；h 是以甲苯高度代表溶液的渗透压。甲苯的密度为 $1.004\text{g}\cdot\text{cm}^{-3}$。试求聚苯乙烯的平均摩尔质量。

〔答案：$86.5\text{kg}\cdot\text{mol}^{-1}$〕

6-25　假定苯和甲苯形成理想混合物。导出 50℃时下列关系式：

$$p/133.32\text{Pa}=179.2x_1+92.1$$

$$p/133.32\text{Pa}=\frac{24\ 986.7}{271.3-179.2y_1}$$

$$y_1=\frac{2.946\dfrac{x_1}{x_2}}{1+2.946\dfrac{x_1}{x_2}}$$

式中，p 是总蒸气压；x_1 和 y_1 分别是苯在液相和气相中的摩尔分数。已知 $p_1^*=36\ 169.72\text{Pa}$，$p_2^*=12\ 278.77\text{Pa}$。

〔答案：略〕

6-26　已知下列两式：

$$\mu_1^E=RT\ln\gamma_1=A_1x_2+B_1x_2^2+C_1x_2^3$$

$$\mu_2^E=RT\ln\gamma_2=A_2x_1+B_2x_1^2+C_2x_1^3$$

推导下列关系式：

$$A_1=A_2=0\qquad B_2=B_1+\frac{3}{2}C_1\qquad C_2=-C_1$$

〔答案：略〕

6-27　液体 A 和液体 B 形成理想混合物。在 50℃时，含 1mol A 和 2mol B 的混合物的总蒸气压为33 330Pa；在此混合物中再加入 1mol A，则总蒸气压升至 39 996Pa。试计算纯液体 A 和 B 的饱和蒸气压 p_A^* 和 p_B^*。

〔答案：59 994Pa，19 998Pa〕

6-28　设有两种混合物 1 和 2。混合物 1 中含 1mol A 和 3mol B，其总蒸气压为 101 325Pa。混合物 2 中含 2mol A 和 2mol B，其总蒸气压大于 101 325Pa；但是已知在混合物 2 中加入 6mol C，其总蒸气压降至101 325Pa。纯 C 的饱和蒸气压为 0.80×101 325Pa。假定混合物为理想混合物。上述所有数据均取自 25℃时。试求纯 A 和纯 B 的饱和蒸气压。

〔答案:1.9×101 325Pa,0.7×101 325Pa〕

6-29 含组分A和B的某一个二组分混合物的正常沸点是60℃,其中组分A和B的活度系数分别为1.3和1.6。A的活度是0.6,$p_A^*=53\ 328Pa$。试计算气相中A的摩尔分数以及p_B^*值。

〔答案:0.315,80 364.42Pa〕

6-30 1kg溶剂中含m mol溶质A的某稀溶液的摩尔沸点升高常数为K_b。溶质A在溶液中按下式二聚:$2A \rightleftharpoons A_2$,平衡常数为$K$。试证明

$$K=\frac{K_b(K_b m-\Delta T_b)}{(2\Delta T_b-K_b m)^2}$$

式中,ΔT_b是质量摩尔浓度为m的稀溶液的沸点升高值。

〔答案:略〕

6-31 试计算:(1) 从大量等物质的量的$C_2H_4Br_2$和$C_3H_6Br_2$混合物中分离出1mol纯$C_2H_4Br_2$所需的最小功;(2) 从各含2mol每一组分的该混合物中分离出1mol纯$C_2H_4Br_2$所需的最小功。假定混合物是理想混合物,温度为300K。

〔答案:(1) 1729J;(2) 2153J〕

6-32 蔗糖水溶液和NaCl水溶液并排置于一密闭容器中,使其达成平衡。在未达平衡前,水从一种溶液中迁移至另一种溶液中,直至两种溶液具有相同的蒸气压为止。然后分析这两种溶液,测得蔗糖水溶液含5%(质量分数)蔗糖,NaCl水溶液含1% NaCl。试计算蔗糖的摩尔质量。假定溶液是理想混合物。

〔答案:152g·mol^{-1}〕

6-33 试计算下列反应的$\Delta G_m^\ominus(298.15K)$、$\Delta H_m^\ominus(298.15K)$和$\Delta S_m^\ominus(298.15K)$:

$$CO_3^{2-}(aq)+2H^+(aq)\longrightarrow H_2O(l)+CO_2(g)$$

〔答案:−103.68kJ·mol^{-1},−2.20kJ·mol^{-1},340.37J·mol^{-1}·K^{-1}〕

6-34 假定含组分A和组分B的某一个二组分溶液中的A的偏摩尔体积V_A是A的摩尔分数x_A的函数,$V_A=f(x_A)$。试求以x_A表示的B的偏摩尔体积V_B的表达式。

〔答案:略〕

6-35 在丙酮的摩尔分数为0.531的丙酮-氯仿混合物中,丙酮的偏摩尔体积为74.2cm^3·mol^{-1},氯仿的偏摩尔体积为80.2cm^3·mol^{-1}。试求算100g此混合物的体积。纯丙酮的密度为7.85×10^{-1}g·cm^{-3},纯氯仿的密度为1.48g·cm^{-3}。试求未混合前100g此混合物的体积。

〔答案:88.64cm^3,88.76cm^3〕

6-36 在25℃时,有一种甲醇的摩尔分数为0.4的甲醇-水混合物。如果往大量的这种混合物中加入1mol水,则混合物的体积增加17.35cm^3;如果往大量的这种混合物中加入1mol甲醇,则混合物的体积增加39.01cm^3。将0.4mol甲醇和0.6mol水混合成一种混合物时,此混合物的体积为多少?此混合过程中体积变化为多少?已知25℃时甲醇的密度为0.7911g·cm^{-3},水的密度为0.9971g·cm^{-3}。

〔答案:26.014cm^3,1.028cm^3〕

6-37 已知在20℃时食盐水溶液中NaCl的偏摩尔体积随其质量摩尔浓度m的变化符合下式:

$$V(NaCl)/dm^3=17.25+1.9m/(mol\cdot dm^{-3})-0.15[m/(mol\cdot dm^{-3})]^2$$

水的密度为0.998 23g·cm^{-3}。试写出20℃时食盐水溶液中水的偏摩尔体积$V(H_2O)$与食盐的质量摩尔浓度m的关系式。

〔答案:略〕

6-38 试证明下列各式的值均为零:

(1) $\left(\frac{\partial U_B}{\partial V}\right)_{S,n}-\left(\frac{\partial A_B}{\partial V}\right)_{T,n}=0$

(2) $\left(\frac{\partial S_B}{\partial p}\right)_{T,n}+\left(\frac{\partial V_B}{\partial T}\right)_{p,n}=0$

(3) $\left(\frac{\partial \ln K_x}{\partial x_B}\right)_{T,p}=0$（$K_x$ 为亨利常数）

〔答案：略〕

6-39 试比较下列六种状态的水的化学势：

(i) 100℃、101 325Pa 液态；

(ii) 100℃、101 325Pa 气态；

(iii) 100℃、2×101 325Pa 液态；

(iv) 100℃、2×101 325Pa 气态；

(v) 101℃、101 325Pa 液态；

(vi) 101℃、101 325Pa 气态。

(1) μ(i)与 μ(ii)哪个大？

(2) μ(iii)与 μ(i)相差多少？

(3) μ(iv)与 μ(ii)哪个大？

(4) μ(iii)与 μ(iv)哪个大？由此可得关于变化方向的什么结论？

(5) S_m(i)与 S_m(ii)哪个大？

(6) 由上述(1)和(4)结果，推论 μ(v)与 μ(vi)哪个大，由此可得什么结论？

〔答案：略〕

6-40 若 H_2 服从状态方程 $pV_m=RT+\alpha p$，α=0.014 81dm³·mol⁻¹是与 T、p 无关的常数。试计算：(1) 10mol H_2 处于 300K、50×101 325Pa 和 300K、20×101 325Pa的两个状态的 ΔG；(2) 这两个状态的化学势差值。

〔答案：(1) 23304.3J；(2) 2330.43J·mol⁻¹〕

6-41 乙酸的摩尔分数为 0.02 的乙酸-苯混合物的凝固点是 4.4℃，乙酸有一部分是处于二聚态：

$$2CH_3COOH \rightleftharpoons (CH_3COOH)_2$$

试计算上述二聚作用的平衡常数，纯苯的凝固点是 5.4℃，熔化热是 10.04kJ·mol⁻¹，苯的摩尔质量是 78g·mol⁻¹。假定单体和二聚体形成的是理想混合物。

〔答案：42.816〕

6-42 凝固点为－1.9℃的海水，在 20℃时用反渗透法使其淡化，最少需要加多大的压力？水的熔化热是 6kJ·mol⁻¹，水的摩尔体积是 0.018dm³·mol⁻¹。

〔答案：2 486 335Pa〕

6-43 25℃时，平衡体系中，固态碘(I_2)的蒸气压为 40.66Pa，固态碘在水中的溶解度为 0.001 32mol·dm⁻³，而在 CCl_4 与 H_2O 两相中的分配系数等于 86.0。假定 25℃ 和 101 325Pa下固态碘的化学势为零。求算 25℃时，固态碘在气相、水、四氯化碳中的标准化学势。

〔答案：19.39kJ·mol⁻¹，16.43kJ·mol⁻¹，5.39kJ·mol⁻¹〕

6-44 25℃时，水(1)和丙醇(2)混合物的摩尔分数与蒸气压数据如下：

x_1	p_1/133.32Pa	p_2/133.32Pa	x_1	p_1/133.32Pa	p_2/133.32Pa
1.00	23.8	0	0.60	21.7	14.2
0.99	23.6	2.68	0.40	19.9	15.5
0.98	23.5	5.05	0.20	13.4	17.8
0.95	23.2	10.8	0.10	8.13	19.4
0.90	22.7	13.2	0.05	4.20	20.8
0.80	21.8	13.6	0.00	0.00	21.76

试分别在下列标准态下求出 $x_1=0.6$ 时混合物中水与丙醇的活度:(1) 以纯液体为标准态;(2) 以与具有亨利常数 K 的蒸气压成平衡的假想液体为标准态;(3) 以与蒸气压为 133.32Pa 成平衡的假想液体为标准态。

〔答案:(1) 0.9118,0.6526;(2) 0.2313,0.0503;(3) 21.7,14.2〕

6-45 在 -10.7℃时饱和 KCl 溶液(1000g 水中含有 3.30mol KCl)与纯冰平衡共存。已知水的凝固热是 $6\text{kJ}\cdot\text{mol}^{-1}$,以 0℃纯水为标准态计算饱和溶液中水的活度。

〔答案:0.898〕

6-46 25℃时,1,1-二氯乙烷在水中的溶解度为 $5.06\text{g}\cdot\text{dm}^{-3}$,在 $0.5\text{mol}\cdot\text{dm}^{-3}$ $MgSO_4$ 水溶液中的溶解度为 $3.16\text{g}\cdot\text{dm}^{-3}$。假定它在水中的活度系数是 1.0,求在 $MgSO_4$ 水溶液中 1,1-二氯乙烷的活度系数。

〔答案:1.6013〕

6-47 已知某二组分混合物中,$RT\ln\gamma_1=ax_2^2$,式中,γ_1 是组分 1 的活度系数;x_2 是组分 2 的摩尔分数;a 是常数。试导出在一定 T、p 下组分 2 的活度系数 γ_2 与 x_2 的函数关系。

〔答案:$\ln\gamma_2=\dfrac{a}{RT}x_2(x_2-2)$〕

6-48 计算下列溶液的离子强度:(1) $0.1\text{mol}\cdot\text{kg}^{-1}$ NaCl;(2) $0.3\text{mol}\cdot\text{kg}^{-1}$ $CuCl_2$;(3) $0.3\text{mol}\cdot\text{kg}^{-1}$ Na_3PO_4;(4) $0.1\text{mol}\cdot\text{kg}^{-1}$ Na_2HPO_4 $+0.1\text{mol}\cdot\text{kg}^{-1}$ NaH_2PO_4。

〔答案:(1) 0.1;(2) 0.9;(3) 1.8;(4) 0.4〕

6-49 应用德拜-休克尔极限公式,计算 25℃、$p^\ominus=10^5\text{Pa}$ 时 $0.002\text{mol}\cdot\text{kg}^{-1}$ $CaCl_2$ 溶液中 $\gamma(Ca^{2+})$、$\gamma(Cl^-)$ 和 $\gamma_\pm$。

〔答案:0.694,0.913,0.833〕

6-50 25℃、$p^\ominus=10^5\text{Pa}$ 时 $Ba(IO_3)_2$ 在纯水中的溶解度为 $5.46\times10^{-4}\text{mol}\cdot\text{dm}^{-3}$。假定可以应用德拜-休克尔极限公式,试计算该盐在 $0.01\text{mol}\cdot\text{dm}^{-3}$ $CaCl_2$ 溶液中的溶解度。

〔答案:$8.21\times10^{-4}\text{mol}\cdot\text{dm}^{-3}$〕

课外参考读物

陈国强,杨进元. 1984. 不同温度下气体溶解度的规律性. 化学通报,12:38
陈恕华. 1989. 适用于化学反应系统的分配定律. 大学化学,3:21
高建安. 1986. 关于稀溶液依数性公式 $\Delta T=Km$ 的讨论. 化学通报,9:42
郭润生. 1973. 逸度和活度. 北京:高等教育出版社
黄子卿. 1979. 气体在水和非水溶剂中的溶度的定标粒子理论. 化学通报,1:7
黄子卿. 1980. 电解质溶液——Debye-Hückel 理论的进展. 化学通报,5:257
贾世忠. 1982. 关于二组分非理想溶液对拉乌尔定律偏差一致的问题. 黄石师范学院学报(自然科学版),1:30
李建宇. 2001. 关于水合离子的标准生成焓的参比标准. 大学化学,16(6):55
李曼尼. 1989. 溶液冰点降低图的 p-T 图的讨论. 大学化学,6:50
李汝雄,李竞庆. 1985. 活度系数与压力的关系. 化学通报,2:48
林树西. 1988. 渗透压启发式讲授. 大学化学,2:25
屈松生. 1985. 关于二元混合物对 Raoult 定律偏差的问题. 教材通讯,1:36
沈报恩. 1980. 非电解质溶液理论(一)(二)(三). 化学通报,1:46;2:119;3:182
沈报恩,沈东明. 1984. 非理想溶液蒸气压 Raoult 定律的偏差——关于偏差符号问题的讨论. 化学教育,1:36
童沈阳. 1982. 可编程序计算器在溶液平衡处理中的应用. 化学通报,3:31
奚正平,冀春霖. 1989. 二元系溶液两组元活度系数的自洽性与对 Raoult 定律的偏差类型. 化学通报,

11:60
许海涵. 1987. 浅谈 GB 的逸度与活度的定义. 化学通报, 4:51
杨成祥. 1981. 关于"逸度"、"活度"问题的几点浅见. 化学通报, 9:53
杨永华. 1997. 关于电解质的化学势和活度. 大学化学, 12(5):14
姚天扬. 1995. 热力学标准态. 大学化学, 10(1):18
姚允斌. 1988. 热力学标准态和标准热力学函数. 大学化学, 3(4):40
姚允斌. 1991. 关于"溶液"内容的修订意见. 物理化学教学文集(二). 北京:高等教育出版社
曾道刚, 李锦珍, 木冠南. 1983. 怎样解释稀溶液凝固点降低. 化学教育, 5:18
张令芬. 1988. 物理化学教学中是否一定要定义 $a_{\pm}$? 大学化学, 3(4):29
赵传钧, 张常群. 1983. 二元混合物对 Raoult 定律的偏差类型的热力学分析. 化学通报, 1:49
郑锡胤. 1980. 缔合溶液热力学. 大连工学院学报, 4:59
周书天. 1987. 关于二元溶液对 Raoult Law 偏差的讨论. 化学通报, 7:36
周志华, 温元凯. 1981. 无机盐在水中溶解度的规律性. 化学通报, 5:17
朱志昂. 1991. 热力学标准态及化学反应的标准热力学函数. 物理化学教学文集(二). 北京:高等教育出版社
Caroll I J. 1993. Henry's law, a historical view. J Chem Educ, 70:91
Fanelli A. 1986. Explaining activity coefficients and standard state in the undergraduate physical chemistry. J Chem Educ, 63:112
Franzen H F. 1988. The freezing point depression law in physical chemistry. J Chem Educ, 65:1077
McIver R Jr. 1981. 无溶剂化作用的化学反应. 科学, 3:74
Nash L K. 1982. 稀溶液的依数定律. 谢高阳译. 化学通报, 10:49
Vincent A. 1996. Osmotic pressure and the effect of gravity on solution. J Chem Educ, 73:998

第7章 化学平衡

本章重点、难点

(1) 用化学反应等温式判别化学变化的方向和限度。

(2) $(\partial G/\partial \xi)_{T,p}$、$\Delta_r G_m$以及$A$(化学亲和势)各自的物理意义及其区别。

(3) 化学平衡等温式$\Delta_r G_m^\ominus(T)=-RT\ln K_p^\ominus$的意义与应用,应特别注意$\Delta_r G_m^\ominus(T)$与$K_p^\ominus(T)$各自所对应的体系状态。

(4) 标准平衡常数和经验平衡常数的定义、特征及相互关系。

(5) 对理想气体反应体系,根据$\Delta_r G_m^\ominus(T)=-RT\ln K_p^\ominus$,求得$K_p^\ominus$。对实际气体反应体系,根据$\Delta_r G_m^\ominus(T)=-RT\ln K_f^\ominus$,求得$K_f^\ominus$。

(6) 从实验测得的平衡转化率或平衡组成求算经验平衡常数。

(7) 用统计力学方法,从分子配分函数直接求算理想气体反应体系的$K_p^\ominus$。或从分子配分函数求得物质B的吉布斯自由能函数,进而求得理想气体反应体系的$K_p^\ominus$或实际气体反应体系的$K_f^\ominus$。

(8) 对实际气体反应体系,从$K_f^\ominus$求得K_f,进而求得K_p,从K_p再求得平衡组成。

(9) 温度对平衡常数的影响——范特霍夫方程的微分式、定积分式、不定积分式及不同温度下平衡常数的计算式。

(10) 压力、惰性气体对理想气体反应平衡的影响及组成变化的计算。

(11) 固体化合物分解压力的概念与计算。

(12) 从纯物质B的标准摩尔生成吉布斯自由能和饱和溶解度求算液体混合物或溶液中组分B的标准偏摩尔生成吉布斯自由能,进而求得化学反应的$\Delta_r G_m^\ominus(298.15\text{K})$以及标准活度平衡常数。

(13) 偶合反应平衡和同时反应平衡的意义及处理方法。

本章实际应用

(1) 应用化学等温式可判定在指定条件下能否由反应物变为产物。对能按指定方向进行的反应,改变温度、压力、浓度等因素可调控平衡产率。如果在给定条件下,某个反应根本不能发生或者可能发生的方向适得其反,则有可能通过调节温度、压力、浓度等外界因素使反应朝着既定的方向进行。实践证明,这两大问题的解决为如何选择新的合成路线、提高产量等提供了科学根据,从而减少盲目性,达到增产节约的目的。

(2) 对化学平衡的研究能得到平衡时温度、压力与体系组成的关系。

(3) 根据$\ln K^\ominus=-\Delta_r H_m^\ominus/(RT)+\Delta_r S_m^\ominus/R$,实验上测量出不同温度(至少四个温度)下的$K^\ominus$,以$\ln K^\ominus$对$1/T$作图,可求得反应的$\Delta_r H_m^\ominus$和

$\Delta_r S_m^{\ominus}$，判断反应的驱动力。

(4) 化学平衡研究对工业生产有重要意义。例如，在化工产品生产工艺的研究和设计时，需计算不同的配料、反应温度和压力下的最高产率(平衡产率或理论产率)作为判断实际过程效率的标准，并根据它们对反应方向和限度的影响，选择合适的操作条件与设备。

(5) 应强调指出，热力学虽然能提供数据预示化学反应的方向并计算反应的最大平衡产量，但其最终答案指出的仅仅是“有可能如此”，而可能发生则未必真能付诸实现，因为其中还有速率问题。热力学无法预示反应的快慢以及反应的历程，这是热力学的局限性。

化学工作者感兴趣的是反应物(原料)在一定条件下能否变成产物，反应的极限产率为多少，此极限产率怎样随条件变化以及在什么条件下可以得到较大的产率。这些化工生产的重要问题，从热力学上看都是化学平衡问题。化学反应的方向总是趋向平衡，化学反应的平衡状态是反应进行的限度。平衡产率就是极限产率。有了热力学计算得到的限度，就可以同现实生产进行对比，看看要想提高产率还有多大的潜力。如果二者已经十分接近，就不必白费精力去企图超越它，但因平衡状态与条件有关，因此却可以研究如何改变条件来提高这一限度。本章将讨论如何根据热力学原理判别化学变化的方向和限度，如何由热力学数据计算化学平衡常数以及温度、压力和浓度等条件如何影响平衡。我们将分别讨论理想气体、实际气体、理想液体混合物、理想稀溶液、非理想液体混合物和溶液的化学平衡问题。

7.1　理想气体混合物中的化学平衡

7.1.1　化学反应方向和限度的热力学判据

知识点讲解视频

化学反应等温式

(朱志昂)

1. 化学反应等温式

在只做体积功、组成可发生变化的封闭体系中，由于微扰而引起体系状态函数微变的吉布斯方程为

$$
\begin{aligned}
\mathrm{d}U &= T\mathrm{d}S - p\mathrm{d}V + \sum_{\mathrm{B}} \mu_{\mathrm{B}} \mathrm{d}n_{\mathrm{B}} \\
\mathrm{d}H &= T\mathrm{d}S + V\mathrm{d}p + \sum_{\mathrm{B}} \mu_{\mathrm{B}} \mathrm{d}n_{\mathrm{B}} \\
\mathrm{d}A &= -S\mathrm{d}T - p\mathrm{d}V + \sum_{\mathrm{B}} \mu_{\mathrm{B}} \mathrm{d}n_{\mathrm{B}} \\
\mathrm{d}G &= -S\mathrm{d}T + V\mathrm{d}p + \sum_{\mathrm{B}} \mu_{\mathrm{B}} \mathrm{d}n_{\mathrm{B}}
\end{aligned}
\tag{7-1}
$$

组成的不可逆变化是下列化学计量式引起的

$$0 = \sum_{\mathrm{B}} \nu_{\mathrm{B}} \mathrm{B} \tag{7-2}$$

式中，ν_B 是化学计量系数，是一个量纲为 1 的纯数，对反应物取负值，对产物取正值；B 是反应物质(反应物或产物)。

定义反应进度(extent of reaction)ξ 为

$$\xi = \frac{n_{\mathrm{B}}(\xi) - n_{\mathrm{B}}(0)}{\nu_{\mathrm{B}}} \tag{7-3}$$

ξ表示在反应进程中反应物消耗的物质的量$\Delta n = n_B(\xi) - n_B(0)$与其计量系数$\nu$的比值，或产物生成的物质的量$\Delta n$与其计量系数$\nu$的比值，它表示反应进行的程度。式(7-3)中$n_B(0)$是反应起始时刻($\xi=0$)物质B的物质的量，$n_B(\xi)$是反应进度为$\xi$时出现的物质B的物质的量。由于$n_B(0)$为常数，因此有

$$dn_B = \nu_B d\xi \tag{7-4}$$

对于有限的变化，有

$$\Delta n_B = \nu_B \Delta\xi \tag{7-5}$$

这种定义的ξ与从一组B中选择何种物质无关，ξ与物质的量n具有相同的量纲，其SI单位为摩尔。

反应进度(变)$\Delta\xi=\xi-0=\xi=1\text{mol}$表示反应物消耗(或产物生成)的物质的量是按其计量数进行的。例如，反应

$$aA + bB \longrightarrow cC + dD \tag{7-6}$$

$\xi=1\text{mol}$，意指a(mol)的A和b(mol)的B完全反应生成c(mol)的C和d(mol)的D。若$\xi=5\text{mol}$，意指$5a$(mol)的A和$5b$(mol)的B完全反应生成$5c$(mol)的C和$5d$(mol)的D。若$\xi=0.1$(mol)，意指$0.1a$(mol)的A和$0.1b$(mol)的B完全反应生成$0.1c$(mol)的C和$0.1d$(mol)的D。

将式(7-4)代入式(7-1)，并根据热力学第二定律可得到

$$\begin{aligned}
\left(\frac{\partial U}{\partial \xi}\right)_{S,V} &= \sum_B \nu_B\mu_B \leqslant 0 \\
\left(\frac{\partial H}{\partial \xi}\right)_{S,p} &= \sum_B \nu_B\mu_B \leqslant 0 \\
\left(\frac{\partial A}{\partial \xi}\right)_{T,V} &= \sum_B \nu_B\mu_B \leqslant 0 \\
\left(\frac{\partial G}{\partial \xi}\right)_{T,p} &= \sum_B \nu_B\mu_B \leqslant 0
\end{aligned} \tag{7-7}$$

式(7-7)是判断化学反应方向和限度的依据。对于给定的某一化学反应体系，选择S、V，S、p，T、V或T、p为独立变量都是等效的。在给定条件下，体系中任一组分B的化学势μ_B都有确定的值。式(7-7)中，"<"表示不可逆化学反应进行的方向，即在一定条件下，势函数$\left(\frac{\partial U}{\partial \xi}\right)_{S,V}$、$\left(\frac{\partial H}{\partial \xi}\right)_{S,p}$、$\left(\frac{\partial A}{\partial \xi}\right)_{T,V}$和$\left(\frac{\partial G}{\partial \xi}\right)_{T,p}$减小的方向就是化学反应进行的方向。"="表示化学反应已达到极限——平衡。这一势函数的负值称为化学反应亲和势$\boldsymbol{A}$，即

$$-\boldsymbol{A} = \left(\frac{\partial U}{\partial \xi}\right)_{S,V} = \left(\frac{\partial H}{\partial \xi}\right)_{S,p} = \left(\frac{\partial A}{\partial \xi}\right)_{T,V} = \left(\frac{\partial G}{\partial \xi}\right)_{T,p} = \sum_B \nu_B\mu_B \leqslant 0 \tag{7-8}$$

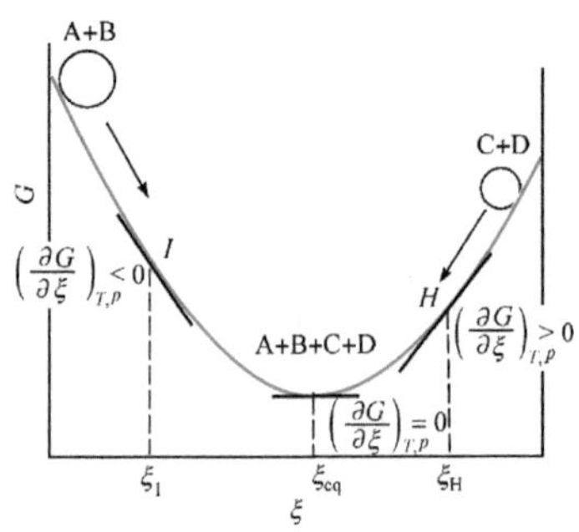

图7-1　恒温、恒压下体系的吉布斯自由能G随反应进度ξ的变化关系

这一势函数是体系在指定状态下的强度性质，它表示体系在此状态下反应能力的大小，如图7-1所示。在有限的反应体系[式(7-6)]中，在某一时刻处于图7-1中的I点，当反应进度增加$d\xi$时，在T、p不变的条件，体系的G随ξ的瞬时变化率$\left(\frac{\partial G}{\partial \xi}\right)_{T,p}$为负值。从微观看，此时刻有正向反应，也有逆向反应，但宏观的净结果是反应正向进行。若有限的反应体系在某一时刻处于图7-1中的H点，当反应进度增加$d\xi$时，$\left(\frac{\partial G}{\partial \xi}\right)_{T,p}$是正值，表示反应不能正向进行。而逆向进行时其$\left(\frac{\partial G}{\partial \xi}\right)_{T,p}$是负值，故反应能逆向进行。随着反应的进行，

$\left(\frac{\partial G}{\partial \xi}\right)_{T,p}$ 的绝对值是逐渐减小的，到达平衡时，反应体系的 G 达到最小值，$\left(\frac{\partial G}{\partial \xi}\right)_{T,p}=0$，这就是说，$\left(\frac{\partial G}{\partial \xi}\right)_{T,p}$ 是 ξ 的函数。

在恒温、恒压条件下，一些教材上习惯将式(7-8)写成

$$\Delta_r G_m = \sum_B \nu_B \mu_B \leqslant 0 \tag{7-9}$$

这就引起了混乱，这里的 $\Delta_r G_m$ 不能理解为体系从 t_1 时刻的 G_1 变化到 t_2 时刻的 G_2 的自由能变化值，而是代表反应体系在某一时刻的势函数

$$\Delta_r G_m = -\boldsymbol{A} = \left(\frac{\partial G}{\partial \xi}\right)_{T,p} = \sum_B \nu_B \mu_B \leqslant 0 \tag{7-10}$$

一些新的教材或专著均用化学反应亲和势 $\boldsymbol{A}$ 代替会引起混淆的 $\Delta_r G_m$。在恒温、恒压条件下，反应体系在 t_1 时刻的自由能为 G_1，在 t_2 时刻的自由能为 G_2，而体系在这两时刻的自由能之差为

$$\Delta G = G_2 - G_1 = \sum_B n_{B,2}\mu_{B,2} - \sum_B n_{B,1}\mu_{B,1}$$

从而可看出会引起混乱的式(7-10)中的 $\Delta_r G$ 不等于实际反应体系在两时刻的自由能之差 ΔG。式(7-10)中的 $\Delta_r G_m$ 也可理解为在指定 T、p、组成的条件下，无限大的反应体系中，反应进度变化 $\Delta\xi = 1\text{mol}$ 时体系自由能的变化，可用 $\Delta_r G_m^{\infty}$ 表示。

若反应体系[式(7-2)]是理想气体化学反应体系，在恒温、恒压条件下将组分 B 的化学势表达式

$$\mu_B = \mu_B^{\ominus}(T) + RT\ln\frac{p_B}{p^{\ominus}} \tag{7-11}$$

代入式(7-10)得

$$\left(\frac{\partial G}{\partial \xi}\right)_{T,p} = \sum_B \nu_B \mu_B^{\ominus} + RT\ln\prod_B\left(\frac{p_B}{p^{\ominus}}\right)^{\nu_B} \tag{7-12}$$

令

$$\sum_B \nu_B \mu_B^{\ominus} \equiv \Delta_r G_m^{\ominus} \tag{7-13}$$

$$\prod_B\left(\frac{p_B}{p^{\ominus}}\right)^{\nu_B} \equiv Q_p^{\ominus} \tag{7-14}$$

则式(7-12)可写成

$$\left(\frac{\partial G}{\partial \xi}\right)_{T,p} = \Delta_r G_m^{\ominus} + RT\ln Q_p^{\ominus} \tag{7-15}$$

对反应(7-6)，$\Delta_r G_m^{\ominus}$ 是指 $\xi = 1\text{mol}$ 时，即 a(mol)的温度为 T 处于标准态的 A 与 b(mol)的温度为 T 处于标准态的 B 完全反应后，生成 c(mol)温度为 T 处于标准态的 C 和 d(mol)温度为 T 处于标准态的 D，在各自单独存在下，这一假想过程的吉布斯自由能变化称为标准摩尔反应吉布斯自由能(变)。对于指定反应，它与温度和标准态的选取有关。对理想气体反应体系，理想气体在 T 的标准态已规定为压力 $p^{\ominus}=10^5\text{Pa}$，温度为 T 的纯理想气体状态，故 $\Delta_r G_m^{\ominus}$ 仅是温度的函数。对指定反应，在一定温度时，理想气体反应体系的 $\Delta_r G_m^{\ominus}$ 是一常数。式(7-15)中的 $Q_p^{\ominus}$ 是实际反应体系的压力商，它是可以人为改变的。当化学反应体系达到平衡时，式(7-15)为

$$\left(\frac{\partial G}{\partial \xi}\right)_{T,p} = \Delta_r G_m^{\ominus} + RT\ln\prod_B\left(\frac{p_{B,eq}}{p^{\ominus}}\right)^{\nu_B} = 0 \tag{7-16}$$

式中，$p_{B,eq}$是反应体系达平衡时组分B的平衡分压。令

$$\prod_B \left(\frac{p_{B,eq}}{p^\ominus}\right)^{\nu_B} = K_p^\ominus \tag{7-17}$$

则式(7-16)可写成

$$\Delta_r G_m^\ominus = -RT\ln K_p^\ominus \tag{7-18}$$

对指定计量反应式的理想气体反应体系，在一定的温度条件下，由于$\Delta_r G_m^\ominus$是一常数，故$K_p^\ominus$也是常数，称为标准压力平衡常数。将式(7-18)代入式(7-15)并应用式(7-10)，则得到

$$\left(\frac{\partial G}{\partial \xi}\right)_{T,p} = -RT\ln K_p^\ominus + RT\ln Q_p^\ominus \leqslant 0 \tag{7-19}$$

式(7-19)通常称为理想气体化学反应等温式。式(7-19)适用于恒温、恒压条件下的理想气体反应体系。同理，可推导出恒温、恒容条件下理想气体反应体系的等温式

$$\left(\frac{\partial A}{\partial \xi}\right)_{T,V} = -RT\ln K_p^\ominus + RT\ln Q_p^\ominus \leqslant 0 \tag{7-20}$$

因此，在恒温、恒压或恒温、恒容条件下，理想气体化学反应方向和限度的判据均可表示为

$$-RT\ln K_p^\ominus + RT\ln Q_p^\ominus \leqslant 0$$

$Q_p^\ominus < K_p^\ominus$时，反应正向进行；

$Q_p^\ominus > K_p^\ominus$时，反应逆向进行；

$Q_p^\ominus = K_p^\ominus$时，反应体系已达平衡。

对一给定的理想气体反应体系，在一定的温度T时，$\Delta_r G_m^\ominus$有确定的值，即$K_p^\ominus$有确定的值，而$Q_p^\ominus$可人为地调整，并随反应的进行而改变。例如，如图7-1所示，若反应体系中只有反应物，即$Q_p^\ominus = 0$，则

$$\left(\frac{\partial G}{\partial \xi}\right)_{T,p} = -\infty$$

此时体系进行正向反应的能力很大。一旦有产物生成后，即$Q_p^\ominus \neq 0$，且$Q_p^\ominus < 1$，此时$\left(\frac{\partial G}{\partial \xi}\right)_{T,p}$虽为负值但绝对值较小，因此体系的反应能力减小。其限度是化学反应达平衡，此时$\left(\frac{\partial G}{\partial \xi}\right)_{T,p} = 0$，$Q_p^\ominus = K_p^\ominus$。若反应体系只有产物而没有反应物，此时$Q_p^\ominus = \infty$，则$\left(\frac{\partial G}{\partial \xi}\right)_{T,p} = \infty$，正向反应不能进行。但对逆向反应来说，$Q_p^\ominus = 0$，$\left(\frac{\partial G}{\partial \xi}\right)_{T,p} = -\infty$，因此逆向反应进行的能力很大。

知识点讲解视频

化学反应体系几个物理量之间的区别

(朱志昂)

2. 化学反应的ΔG、$\Delta_r G_m$、$\Delta_r G_m^\infty$、$\Delta_r G_m^\ominus$和$\left(\frac{\partial G}{\partial \xi}\right)_{T,p}$之间的区别及相互关系

在恒温、恒压条件下，根据式(7-1)有

$$dG = \sum_B \nu_B \mu_B d\xi$$

$$\Delta G = \int \sum_B \nu_B \mu_B d\xi \tag{7-21}$$

在无限大量的体系中，反应进度从ξ_1变至ξ_2时，μ_B可视为常数，则式(7-21)可写成

专题讲座视频

化学平衡教学中化学反应的 ΔG、$\Delta_r G_m$、$\Delta_r G_m^{\infty}$、$\Delta_r G_m^{\ominus}$ 和 $(\partial G/\partial \xi)_{T,p^*}$ 的区别及相互关系

(朱志昂)

$$\Delta_r G^{\infty} = \left(\sum_B \nu_B \mu_B\right)(\xi_2 - \xi_1)$$

$$\Delta_r G_m^{\infty} = \frac{\Delta_r G^{\infty}}{\Delta \xi} = \sum_B \nu_B \mu_B \tag{7-22}$$

$\Delta_r G_m^{\infty}$ 可称为无限大量的体系中化学反应进度(变)为 1mol 的吉布斯自由能(变)。从而可看出，在恒温、恒压条件下，只有无限大量的反应体系中，才有

$$\Delta_r G_m^{\infty} = \left(\frac{\partial G}{\partial \xi}\right)_{T,p} \tag{7-23}$$

故式(7-9)应表示为

$$\Delta_r G_m^{\infty} = \sum_B \nu_B \mu_B \leqslant 0 \tag{7-24}$$

而在有限量的反应体系中，在指定 T、p 下，化学反应的摩尔吉布斯自由能(变) $\Delta_r G_m$ 与势函数 $\left(\frac{\partial G}{\partial \xi}\right)_{T,p}$ 是不相等的。

对某一有限量的理想气体化学反应体系，在某一 T、p、ξ 时刻，体系的自由能为

$$G(T,p,\xi) = \sum_B n_B(\xi)\mu_B(T,p,\xi) = \sum_B [n_B(0) + \nu_B \xi]\mu_B(T,p,\xi) \tag{7-25}$$

对理想气体，有

$$\begin{aligned}\mu_B(T,p,\xi) &= \mu_B^{\ominus}(T) + RT\ln\frac{p_B}{p^{\ominus}} \\ &= \mu_B^{\ominus}(T) + RT\ln x_B + RT\ln\frac{p}{p^{\ominus}} \\ &= \mu_B^{\ominus}(T) + RT\ln\frac{n_B(0)+\nu_B\xi}{\sum_B[n_B(0)+\nu_B\xi]} + RT\ln\frac{p}{p^{\ominus}}\end{aligned} \tag{7-26}$$

将式(7-26)代入式(7-25)得

$$\begin{aligned}G(T,p,\xi) = &\sum_B [n_B(0)+\nu_B\xi]\mu_B^{\ominus}(T) \\ &+ RT\sum_B [n_B(0)+\nu_B\xi]\ln\frac{n_B(0)+\nu_B\xi}{\sum_B[n_B(0)+\nu_B\xi]} \\ &+ RT\sum_B [n_B(0)+\nu_B\xi]\ln\frac{p}{p^{\ominus}}\end{aligned} \tag{7-27}$$

在一定的 T、p 下，由 ξ 变至 $\xi + d\xi$ 时，体系的组成 x_B 和物质 B 的化学势 μ_B 均可看作不变，则有

$$\begin{aligned}-A &= \left(\frac{\partial G}{\partial \xi}\right)_{T,p} \\ &= \sum_B \nu_B \mu_B^{\ominus}(T) + RT\sum_B \nu_B \ln\frac{n_B(0)+\nu_B\xi}{\sum_B[n_B(0)+\nu_B\xi]} + RT\sum_B \nu_B\ln\frac{p}{p^{\ominus}}\end{aligned} \tag{7-28}$$

在一定的 T、p 下，反应进度由 ξ_1 变至 ξ_2 时，体系自由能变化为

$$\begin{aligned}\Delta G &= G_2(T,p,\xi_2) - G_1(T,p,\xi_1) \\ &= \sum_B n_B(\xi_2)\mu_B(T,p,\xi_2) - \sum_B n_B(\xi_1)\mu_B(T,p,\xi_1) \\ &= \sum_B \nu_B(\xi_2-\xi_1)\mu_B^{\ominus}(T)\end{aligned}$$

$$+RT\sum_{B}[n_B(0)+\nu_B\xi_2]\ln\frac{n_B(0)+\nu_B\xi_2}{\sum_{B}[n_B(0)+\nu_B\xi_2]}$$

$$-RT\sum_{B}[n_B(0)+\nu_B\xi_1]\ln\frac{n_B(0)+\nu_B\xi_1}{\sum_{B}[n_B(0)+\nu_B\xi_1]}$$

$$+RT\sum_{B}\nu_B(\xi_2-\xi_1)\ln\frac{p}{p^{\ominus}} \tag{7-29}$$

在一定的 T、p 下，化应反应的摩尔吉布斯自由能(变)$\Delta_r G_m$ 为

$$\Delta_r G_m=\frac{\Delta G}{\Delta\xi}=\frac{G_2-G_1}{\xi_2-\xi_1}$$

$$=\sum_{B}\nu_B\mu_B^{\ominus}(T)+\frac{RT}{(\xi_2-\xi_1)}\sum_{B}[n_B(0)+\nu_B\xi_2]\ln\frac{n_B(0)+\nu_B\xi_2}{\sum_{B}[n_B(0)+\nu_B\xi_2]}$$

$$-\frac{RT}{(\xi_2-\xi_1)}\sum_{B}[n_B(0)+\nu_B\xi_1]\ln\frac{n_B(0)+\nu_B\xi_1}{\sum_{B}[n_B(0)+\nu_B\xi_1]}+RT\sum_{B}\nu_B\ln\frac{p}{p^{\ominus}} \tag{7-30}$$

式中，$\sum_{B}\nu_B\mu_B^{\ominus}(T)=\Delta_r G_m^{\ominus}$，对指定计量反应式的理想气体反应，$\Delta_r G_m^{\ominus}$仅是 T 的函数，而 ΔG、$\Delta_r G_m$、$\Delta_r G_m^{\infty}$、$\left(\frac{\partial G}{\partial \xi}\right)_{T,p}$ 是 T、p、ξ 的函数。

例如，理想气体反应

$$N_2(g)+3H_2(g)=\!=\!=2NH_3(g)$$

(1) 若起始物质的量为 $n_0(N_2)=1mol$，$n_0(H_2)=3mol$，$n_0(NH_3)=0$，已知$T=492K$，$p=500kPa$，$K_p^{\ominus}=0.15$，在 $\xi=0$ 时，有

$$\Delta G=0 \qquad \left(\frac{\partial G}{\partial \xi}\right)_{T,p}=-\infty$$

从式(7-30)得 $\Delta_r G_m=\frac{\Delta G}{\Delta\xi}=\frac{0}{0}$，根据洛必达法则，有

$$\Delta_r G_m=\lim_{\xi\to 0}\frac{(\Delta G)'}{\xi'}=-\infty$$

在 $\xi=0.2mol$ 时，由式(7-29)得

$$\Delta G=G_2(T,p,0.2mol)-G_1(T,p,0mol)=-4.38kJ$$

由式(7-30)得

$$\Delta_r G_m=\frac{\Delta G}{\xi-0}=\frac{-4.38kJ}{0.2mol}=-21.9kJ\cdot mol^{-1}$$

由式(7-28)得

$$\left(\frac{\partial G}{\partial \xi}\right)_{T,p}=-12.3kJ\cdot mol^{-1}$$

在 $\xi=\xi_{eq}$，平衡时

$$\left(\frac{\partial G}{\partial \xi}\right)_{T,p}=0$$

由式(7-28)得

$$-RT\ln K_p^{\ominus}=-RT\sum_{B}\nu_B\ln\frac{n_B(0)+\nu_B\xi_{eq}}{\sum_{m}[n_B(0)+\nu_B\xi_{eq}]}-RT\sum_{B}\nu_B\ln\frac{p}{p^{\ominus}}$$

从而可求得 $\xi_{eq}=0.47mol$。

由式(7-29)求得

$$\Delta G = G_2(T,p,0.47\text{mol}) - G_1(T,p,0\text{mol}) = -5.97\text{kJ}$$

$$\Delta_r G_m = \frac{\Delta G}{(\xi_{eq} - 0)} = -12.7\text{kJ} \cdot \text{mol}^{-1}$$

对指定反应，指定标准态情况下，$\Delta_r G_m^{\ominus}$仅是 T 的函数，与反应进度无关。

$$\Delta_r G_m^{\ominus} = -RT\ln K_p^{\ominus} = 7.8\text{kJ} \cdot \text{mol}^{-1}$$

应强调指出，在有限量的反应体系中，达到平衡时，$\left(\frac{\partial G}{\partial \xi}\right)_{T,p} = 0$，而 $\Delta_r G_m \neq 0$，但 $\Delta_r G_m$ 的绝对值达到最小值。此体系的 ΔG 随 ξ 的变化如图 7-2(a)所示。

(2) 若起始物质的量为 $n_0(N_2) = 1\text{mol}$，$n_0(H_2) = 2.7\text{mol}$，$n_0(NH_3) = 0.3\text{mol}$，其他条件同(1)。同理可求得

在 $\xi = 0$ 时

$$\Delta G = 0 \quad \Delta_r G_m = -\infty \quad \left(\frac{\partial G}{\partial \xi}\right)_{T,p} = -16.1\text{kJ} \cdot \text{mol}^{-1}$$

在 $\xi = 0.2\text{mol}$ 时

$$\Delta G = -2.14\text{kJ} \quad \Delta_r G_m = -10.7\text{kJ} \cdot \text{mol}^{-1}$$

$$\left(\frac{\partial G}{\partial \xi}\right)_{T,p} = -6.0\text{kJ} \cdot \text{mol}^{-1}$$

在 $\xi = \xi_{eq} = 0.35\text{mol}$ 时

$$\left(\frac{\partial G}{\partial \xi}\right)_{T,p} = 0 \quad \Delta G = -2.59\text{kJ} \quad \Delta_r G_m = -7.4\text{kJ} \cdot \text{mol}^{-1}$$

$$\Delta_r G_m^{\ominus} = 7.8\text{kJ} \cdot \text{mol}^{-1}$$

此情况下的 ΔG 随 ξ 的变化如图 7-2(b)所示。从上面的计算及图 7-2 可看出，$\Delta_r G_m$、ΔG、$\left(\frac{\partial G}{\partial \xi}\right)_{T,p}$不仅与 T、p、反应体系的起始组成有关，而且还与反应进度 ξ 有关。平衡反应进度 ξ_{eq}也与 T、p、反应物的起始摩尔分数有关。平衡转化率 α 与平衡反应进度 ξ_{eq}之间的关系为

$$\alpha = \frac{n_B(0) - n_B(\xi_{eq})}{n_B(0)} = \frac{-\nu_B \xi_{eq}}{n_B(0)} \tag{7-31}$$

只有当体系的 $\Delta_r G_m$ 或$\left(\frac{\partial G}{\partial \xi}\right)_{T,p} < 0$ 时，才能发生不可逆的化学反应。化学反应的方向就是 $\Delta_r G_m$ 或$\left(\frac{\partial G}{\partial \xi}\right)_{T,p}$降低的方向，化学反应的限度就是达到平衡，$\Delta_r G_m$、$\left(\frac{\partial G}{\partial \xi}\right)_{T,p}$达到最小值，即平衡时$\left(\frac{\partial G}{\partial \xi}\right)_{T,p} = 0$。

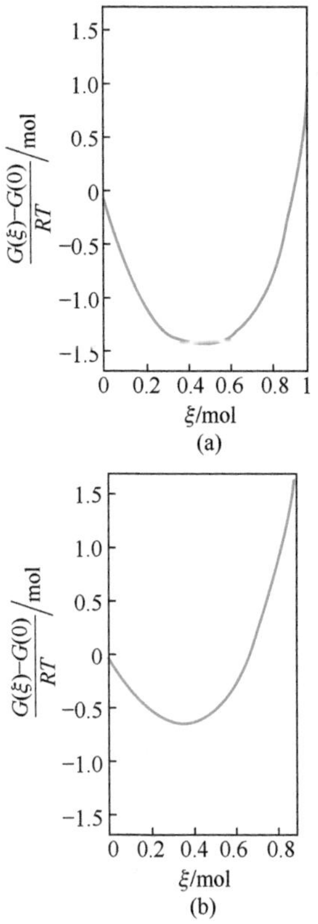

图 7-2 体系的 ΔG 随 ξ 的变化

例 7-1 银可能受到 $H_2S(g)$的腐蚀而发生下列反应：

$$H_2S(g) + 2Ag(s) \longrightarrow Ag_2S(s) + H_2(g)$$

在 25℃时，将 Ag 放入等体积的 H_2 和 H_2S 组成的混合气体中。

(1) 能否发生腐蚀而生成 Ag_2S?

(2) 在上述混合气体中，H_2S 的体积分数低于多少时才不致发生腐蚀?

已知 25℃时，$Ag_2S(s)$和 $H_2S(g)$的 $\Delta_f G_m^{\ominus}(298.15\text{K})$分别为$-40.25\text{kJ} \cdot \text{mol}^{-1}$和$-32.93\text{kJ} \cdot \text{mol}^{-1}$。

解 上述反应

$$\Delta_r G_m^\ominus(298.15\text{K}) = -40.25 + 32.93 = -7.32(\text{kJ} \cdot \text{mol}^{-1})$$

(1) 25℃时，两种气体等体积混合，即混合气体中 H_2 和 H_2S 的分压相等，$p_{H_2} = p_{H_2S}$，则

$$\left(\frac{\partial G}{\partial \xi}\right)_{T,p} = \Delta_r G_m^\ominus + RT\ln Q_p^\ominus = \Delta_r G_m^\ominus + RT\ln \frac{\frac{p_{H_2}}{p^\ominus}}{\frac{p_{H_2S}}{p^\ominus}} = -7.32\text{kJ} \cdot \text{mol}^{-1} + 0 < 0$$

$\left(\frac{\partial G}{\partial \xi}\right)_{T,p} < 0$，表明能发生腐蚀反应。

(2) 当 $\left(\frac{\partial G}{\partial \xi}\right)_{T,p} > 0$ 时，上述反应不能发生。

$$\left(\frac{\partial G}{\partial \xi}\right)_{T,p} = \Delta_r G_m^\ominus + RT\ln Q_p^\ominus > 0$$

$$\ln Q_p^\ominus > \frac{-\Delta_r G_m^\ominus}{RT} = \frac{7.32 \times 10^3}{8.314 \times 298.15} = 2.953$$

$$Q_p^\ominus = \frac{\frac{p_{H_2}}{p^\ominus}}{\frac{p_{H_2S}}{p^\ominus}} = \frac{p_{H_2}}{p_{H_2S}} > 19$$

$$\frac{p_{H_2S}}{p} = \frac{p_{H_2S}}{p_{H_2} + p_{H_2S}} < \frac{1}{19+1} = 5.0\%$$

即混合气体中 H_2S 的体积分数低于 5%，腐蚀不能发生。

7.1.2 平衡常数及其应用

1. 标准平衡常数

1) 标准压力平衡常数 $K_p^\ominus$

从式(7-17)可看出标准压力平衡常数 $K_p^\ominus$ 的量纲为 1，因为式(7-18)中只有纯数才能取对数。$K_p^\ominus$ 可从热力学函数 $\Delta_r G_m^\ominus$ 求得，故以前称为热力学平衡常数，通常简称为平衡常数。过去常将热力学平衡常数与一般化学中的经验平衡常数混淆，使热力学平衡常数在量纲上产生混乱。ISO 31-8:1992 采纳了 IUPAC 的推荐，将热力学平衡常数用标准平衡常数(standard equilibrium constant)这一名称来代替。标准压力平衡常数 $K_p^\ominus$ 不仅与温度，而且与标准态的选取有关。根据国家标准 GB 3102.8—1993，规定标准态压力 $p^\ominus = 1\text{atm} = 101\ 325\text{Pa}$。现在规定 $p^\ominus = 10^5\text{Pa}$。

$K_p^\ominus$ 是几个正数的乘积和商，它总是正值，即 $0 < K_p^\ominus < \infty$。如果 $K_p^\ominus$ 很大($K_p^\ominus \gg 1$)，则它的分子必定比分母大很多，这意味着产物的平衡分压大于反应物的平衡分压。反之，如果 $K_p^\ominus$ 很小($K_p^\ominus \ll 1$)，则它的分母必定比分子大很多，这意味着反应物的平衡分压大于产物的平衡分压。$K_p^\ominus$ 值很大，有利于产物；$K_p^\ominus$ 值小，有利于反应物。由式(7-18)可知，若 $K_p^\ominus$ 值很小，则 $\Delta_r G_m^\ominus$ 就是一个很大的正值($\Delta_r G_m^\ominus \gg 0$)；反之，若 $K_p^\ominus$ 很大，则 $\Delta_r G_m^\ominus$ 就是一个很大的负值($\Delta_r G_m^\ominus \ll 0$)；若 $K_p^\ominus = 1$，则 $\Delta_r G_m^\ominus = 0$。必须注意，$K_p^\ominus$ 是一个平衡性质，而 $\Delta_r G_m^\ominus$ 是一个客观不能实现的假想过程的非平衡性质，两者不能混为一谈。从热力

学导出两者间在数值上有式(7-18)的关系。严格地说,我们不能用$\Delta_r G_m^\ominus$的正或负来判断在指定条件下某一反应能否发生(反应的方向性),应根据化学反应等温式[式(7-19)]来判别反应的方向。但根据经验,一般来说,$\Delta_r G_m^\ominus < -40\text{kJ}\cdot\text{mol}^{-1}$时,正向反应可以自发进行,$\Delta_r G_m^\ominus > 40\text{kJ}\cdot\text{mol}^{-1}$时,正向反应不能自发发生。应注意,这仅是估算,并非一定如此。从式(7-17)可知,在指定反应条件下,若$K_p^\ominus$值越小,则反应完成的程度(反应进行的限度)越低;反之,若$K_p^\ominus$值越大,则反应完成的程度越高。因此,$K_p^\ominus$的大小可以作为反应进行的限度的标志。利用式(7-18)这一重要关系式,根据$\Delta_r G_m^\ominus$的正、负值的大小,可以估计反应进行的限度,从而决定反应是否有利用的价值或改进反应进行的条件。

2) 标准浓度平衡常数 $K_c^\ominus$

若选择$c^\ominus = 1\text{mol}\cdot\text{dm}^{-3}$为标准态,相应的标准浓度平衡常数为$K_c^\ominus$。应用$p_B = \dfrac{n_B RT}{V} = c_B RT$,则有

$$\begin{aligned} K_p^\ominus &= \prod_B \left(\frac{p_{B,eq}}{p^\ominus}\right)^{\nu_B} = \prod_B \left(\frac{c_{B,eq}RT}{c^\ominus}\frac{c^\ominus}{p^\ominus}\right)^{\nu_B} \\ &= \prod_B \left(\frac{c_{B,eq}}{c^\ominus}\right)^{\nu_B} \left(\frac{c^\ominus RT}{p^\ominus}\right)^{\sum_B \nu_B} \\ &= K_c^\ominus \left(\frac{c^\ominus RT}{p^\ominus}\right)^{\sum_B \nu_B} \end{aligned} \tag{7-32}$$

式中

$$K_c^\ominus = \prod_B \left(\frac{c_{B,eq}}{c^\ominus}\right)^{\nu_B} \tag{7-33}$$

同理,$K_c^\ominus$没有单位,但与标准态选取有关。在温度一定时,对指定化学反应,$K_c^\ominus$是一常数。但应强调指出,对理想气体反应体系,$\Delta_r G_m^\ominus \neq -RT\ln K_c^\ominus$,$\Delta_r G_m^\ominus$与$K_c^\ominus$之间只有间接的数学关系。

2. 经验平衡常数

1) 经验压力平衡常数

1879 年,古德贝格(Guldberg)与瓦格(Waage)在大量实验的基础上提出了质量作用定理。他们指出:"化学反应的速度(率)和反应物的有效质量成正比。"这里的有效质量实际上是指浓度,但是由于历史原因保留了"质量作用定理"一词。质量作用定理只对基元反应有效。

对于某一正、逆向都是基元反应的对峙反应

$$a\text{A} + b\text{B} \underset{k_-}{\overset{k_+}{\rightleftharpoons}} c\text{C} + d\text{D}$$

根据质量作用定理,正向反应速率为

$$r_+ = k_+[\text{A}]^a[\text{B}]^b \tag{7-34}$$

逆向反应速率为

$$r_- = k_-[\text{C}]^c[\text{D}]^d \tag{7-35}$$

此化学反应达到平衡时,有

$$r_+ = r_-$$

由式(7-34)和式(7-35)可得

$$K=\frac{k_+}{k_-}=\frac{[\mathrm{C}]^c[\mathrm{D}]^d}{[\mathrm{A}]^a[\mathrm{B}]^b} \tag{7-36}$$

对某一指定反应，在一定温度时，速率常数 k_+、k_- 为常数，故 K 也为常数，称为质量作用定理平衡常数。若浓度用分压表示，则得

$$K_p=\frac{k_+}{k_-}=\frac{(p_{\mathrm{C,eq}})^c(p_{\mathrm{D,eq}})^d}{(p_{\mathrm{A,eq}})^a(p_{\mathrm{B,eq}})^b}=\prod_{\mathrm{B}}(p_{\mathrm{B,eq}})^{\nu_{\mathrm{B}}} \tag{7-37}$$

由于 K_p 是从质量作用定理得来，故称为质量作用定理压力平衡常数。质量作用定理是一经验定律，所以 K_p 又称为经验压力平衡常数，通常简称为压力平衡常数。K_p 是有单位的，具体单位取决于选用的压力单位和化学计量方程，K_p 与标准态的选取无关，它可从实验测量化学平衡时各物质的平衡分压而求得。

2）经验浓度平衡常数 K_c

若式(7-36)中浓度用物质的量浓度 c 表示，则有

$$K_c=\frac{(c_{\mathrm{C,eq}})^c(c_{\mathrm{D,eq}})^d}{(c_{\mathrm{A,eq}})^a(c_{\mathrm{B,eq}})^b}=\prod_{\mathrm{B}}(c_{\mathrm{B,eq}})^{\nu_{\mathrm{B}}} \tag{7-38}$$

K_c 称为经验浓度平衡常数，简称浓度平衡常数。它也是有单位的，其单位取决于选用的浓度单位和化学计量方程，也与标准态选取无关，它可以从实验测量化学平衡时各物质的平衡浓度而求得。将 $p=cRT$ 代入式(7-37)，则得

$$K_p=K_c(RT)^{\sum_{\mathrm{B}}\nu_{\mathrm{B}}} \tag{7-39}$$

3）物质的量平衡常数 K_n

根据道尔顿分压定律，有

$$p_{\mathrm{B,eq}}=\frac{n_{\mathrm{B,eq}}}{\sum_{\mathrm{B}}n_{\mathrm{B,eq}}}p \tag{7-40}$$

将式(7-40)代入式(7-37)得

$$K_p=\left(\prod_{\mathrm{B}}n_{\mathrm{B,eq}}^{\nu_{\mathrm{B}}}\right)\left(\frac{p}{\sum_{\mathrm{B}}n_{\mathrm{B,eq}}}\right)^{\sum_{\mathrm{B}}\nu_{\mathrm{B}}}$$

则

$$K_n=\prod_{\mathrm{B}}n_{\mathrm{B,eq}}^{\nu_{\mathrm{B}}}=K_p\left(\frac{p}{\sum_{\mathrm{B}}n_{\mathrm{B,eq}}}\right)^{-\sum_{\mathrm{B}}\nu_{\mathrm{B}}} \tag{7-41}$$

从式(7-41)可看出 K_n 是有单位的，单位为 $\mathrm{mol}^{\sum_{\mathrm{B}}\nu_{\mathrm{B}}}$，此外 K_n 不仅与 T 有关，而且与平衡时体系的总压 p 有关。

4）摩尔分数平衡常数 K_x

理想气体反应体系中的平衡组成可以用平衡分压、平衡浓度或摩尔分数来表示，因此反应平衡常数 K 相应地就有 K_p、K_c 或 K_x。将 $p_{\mathrm{B,eq}}=x_{\mathrm{B,eq}}p$ 代入式(7-37)得

$$K_p=\left(\prod_{\mathrm{B}}x_{\mathrm{B,eq}}^{\nu_{\mathrm{B}}}\right)p^{\sum_{\mathrm{B}}\nu_{\mathrm{B}}}$$

或

$$K_x=\prod_{\mathrm{B}}x_{\mathrm{B,eq}}^{\nu_{\mathrm{B}}}=K_p p^{-\sum_{\mathrm{B}}\nu_{\mathrm{B}}} \tag{7-42}$$

可看出，K_x 是没有单位的，它是 T、p 的函数。

3. 标准平衡常数与经验平衡常数之间的关系

从式(7-17)和式(7-37)可得到

$$K_p^{\ominus}=K_p(p^{\ominus})^{-\sum_B \nu_B} \tag{7-43}$$

从式(7-33)和式(7-38)可得到

$$K_c^{\ominus}=K_c(c^{\ominus})^{-\sum_B \nu_B} \tag{7-44}$$

若规定 $p^{\ominus}=10^5\,\text{Pa}$,$c^{\ominus}=1\text{mol}\cdot\text{dm}^{-3}$,则$K_c^{\ominus}$与 K_c 之间在数值上是相等的,区别仅在于前者无单位而后者有单位,前者可由热力学数据直接求得,而后者可由直接实验测量求得。

最后应强调指出,平衡常数的数值与化学反应计量方程的写法有关,所以在说某反应的平衡常数时,除指明温度外,还需给出化学计量方程,同时还要说明是标准平衡常数还是经验平衡常数。

4. 利用平衡常数计算平衡组成及平衡转化率

若知道了平衡常数,即可计算出平衡时组成,若知道体系的原始组成,即可求平衡转化率、平衡产率。

1) 平衡转化率

平衡转化率又称理论转化率或最高转化率,它表示平衡后反应物转化为产品的百分数。平衡转化率依赖于平衡条件。它与转化率的含义不同,转化率是指实际情况下,反应结束后反应物转化的百分数。由于实际情况往往不能达到平衡,因此实际转化率常低于平衡转化率,而转化率的极限就是平衡转化率。但人们经常将平衡转化率简称为转化率。

$$\text{平衡转化率}=\frac{\text{某反应物消耗掉的数量}}{\text{该反应物原始数量}}\times 100\%$$

2) 平衡产率

在工业上常用产率(或称收率)来表示反应进行的程度。平衡转化率是以原料的消耗来衡量反应的限度。而平衡产率则是从产品的数量来衡量反应的限度。

$$\text{平衡产率}=\frac{\text{平衡时主要产品数量}}{\text{原料按化学反应式全部变为主要产品时所应得产品数量}}\times 100\%$$

当有副反应时,平衡产率总比平衡转化率低。本书只采用(平衡)转化率概念。

3) 计算程序

(1) 写出与所用平衡常数值相对应的化学计量方程。

(2) 列出反应起始时各物质的物质的量。

(3) 列出反应达平衡时各物质的物质的量。

(4) 列出平衡时各物质的分压或浓度。

(5) 将平衡分压(或浓度)代入相应的平衡常数表达式。

(6) 解方程。

例 7-2 设反应 $A(g)+3B(g) \longrightarrow 2C(g)$ 在温度 T 下的 $K_p=1.0\times10^{-4}(101\ 325\text{Pa})^{-2}$。今有一混合理想气体，含 A 30%(摩尔分数，下同)，B 30%，C 20%，D 20%(D 不参加反应)。求在温度 T 及 $4\times101\ 325\text{Pa}$ 压力下，反应达到平衡后各气体的分压。

解 在给定条件下先确定反应的方向

$$Q_p=\frac{p_C^2}{p_A p_B^3}=\frac{(0.2p)^2}{(0.3p)(0.3p)^3}=\frac{4.94}{p^2}=\frac{4.94}{(4\times101\ 325\text{Pa})^2}=0.309\times(101\ 325\text{Pa})^{-2}$$

由于 $Q_p>K_p$，故反应由右向左进行。取起始时 3mol A 为计算基准，设平衡时生成 α(mol)的 A。

	A(g) +	3B(g) ═	2C(g) +	D(g)
$t=0$	3mol	3mol	2mol	2mol
平衡时	$(3+\alpha)$mol	$(3+3\alpha)$mol	$(2-2\alpha)$mol	2mol

$$\sum_B n_{B,eq}=2(5+\alpha)\text{mol}$$

平衡时分压 $\quad \dfrac{3+\alpha}{2(5+\alpha)}p \quad \dfrac{3(1+\alpha)}{2(5+\alpha)}p \quad \dfrac{1-\alpha}{5+\alpha}p$

$$K_p=\frac{\left(\dfrac{1-\alpha}{5+\alpha}p\right)^2}{\dfrac{(3+\alpha)p}{2(5+\alpha)}\left[\dfrac{3(1+\alpha)p}{2(5+\alpha)}\right]^3}=1.0\times10^{-4}\times(101\ 325\text{Pa})^{-2}$$

将 $p=4\times101\ 325\text{Pa}$ 代入，用尝试法解出 $\alpha=0.952$。

$$p_{A,eq}=\frac{3+0.952}{2(5+0.952)}\times4\times101\ 325\text{Pa}=1.33\times101\ 325\text{Pa}$$

$$p_{B,eq}=\frac{3(1+0.952)}{2(5+0.952)}\times4\times101\ 325\text{Pa}=1.97\times101\ 325\text{Pa}$$

$$p_{C,eq}=\frac{1-0.952}{5+0.952}\times4\times101\ 325\text{Pa}=0.03\times101\ 325\text{Pa}$$

$$p_{D,eq}=p-(p_{A,eq}+p_{B,eq}+p_{C,eq})=0.67\times101\ 325\text{Pa}$$

例 7-3 反应 $H_2(g)+D_2(g) \longrightarrow 2HD(g)$ 的 $\Delta_r G_m^\ominus(298.15\text{K})=-2.93\text{kJ}\cdot\text{mol}^{-1}$。在 25℃时将 0.3mol H_2 和 0.1mol D_2 放入 2dm³ 容器中。试计算 H_2、D_2 和 HD 的平衡量。

解 设平衡时已反应掉的 H_2 的物质的量为 $x$mol。

	$H_2(g)$ +	$D_2(g)$ ═	2HD(g)
$t=0$	0.3mol	0.1mol	0mol
平衡时	$(0.3-x)$mol	$(0.1-x)$mol	$2x$mol

$$K_p^\ominus=\exp\left(-\frac{\Delta_r G_m^\ominus}{RT}\right)=\exp\left(-\frac{-2\ 930}{8.314\times298.15}\right)=3.26$$

$$K_p^\ominus=3.26=\frac{\left(\dfrac{p_{HD}}{p^\ominus}\right)^2}{\dfrac{p_{H_2}}{p^\ominus}\dfrac{p_{D_2}}{p^\ominus}}=\frac{(p_{HD})^2}{p_{H_2}p_{D_2}}=\frac{\left(\dfrac{n_{HD}RT}{V}\right)^2}{\dfrac{n_{H_2}RT n_{D_2}RT}{V\quad V}}=\frac{(n_{HD})^2}{n_{H_2}n_{D_2}}$$

$$3.26=\frac{(2x)^2}{(0.3-x)(0.1-x)}$$

$$0.227x^2+0.4x-0.03=0$$

$x=0.072$(-1.83 为不合理的解，舍去)，因此平衡量分别为

$$n_{H_2}=0.228\text{mol}\qquad n_{D_2}=0.028\text{mol}\qquad n_{HD}=0.144\text{mol}$$

7.1.3 平衡常数的求算

知识点讲解视频

平衡常数的求算

（朱志昂）

1. 平衡常数的直接测定

经验平衡常数可以由实验测定平衡组成来求算。实验测定平衡组成，就是测定平衡时各反应组分的浓度或换算成分压。测定平衡浓度时，视具体情况可以采用物理方法或化学方法。

(1) 物理方法：通过物理性质的测定求出平衡时的组成，如测定体系的折光率、电导率、旋光度、吸光度、色谱定量分析、压力或体积的改变等。用这些方法进行测定时一般不会扰乱体系的平衡。但要求这些物理性质与平衡时组分的浓度之间呈线性关系。只有测定的物理性质不再随时间改变时，方能表示平衡时某组分的浓度。

(2) 化学方法：利用化学分析的方法可测定平衡体系中各物质的浓度。但是加入试剂往往会发生平衡的移动而产生误差。为了避免这一误差，在分析时可采用降温使平衡“冻结”。若反应需有催化剂才能进行，可以移去催化剂使反应“停止”。对于溶液中进行的反应，可以采用加入大量的溶剂把溶液稀释等方法，使平衡移动的速度小到可忽略的程度。

平衡测定的前提是所测的组成必须确保是平衡时的组成。通常可采用下面几种方法判断所研究的体系是否确已达到平衡。

(1) 体系若已达平衡，只要外界条件不变，体系中各物质的浓度应不随时间变化。

(2) 温度一定，由正向或逆向反应的平衡组成算得的平衡常数应一致。

(3) 任意改变参加反应各物质的最初浓度，达平衡后所得到的平衡常数应相同。

例 7-4 在 0.500dm^3 的容器中装有 $1.588\text{g}\,N_2O_4$，在 25℃时按下式进行部分解离：

$$N_2O_4(g) \rightleftharpoons 2NO_2(g)$$

实验测得解离平衡时总压力为 101 325Pa。试求其解离度 α 及平衡常数 K_p。

解

$$N_2O_4(g) \rightleftharpoons 2NO_2(g)$$

$t=0$	n	0
平衡时	$n(1-\alpha)$	$2n\alpha$

$$\sum_B n_{B,eq} = n(1+\alpha)$$

$$pV = \sum_B n_{B,eq}RT = n(1+\alpha)RT$$

$$\alpha = \frac{pV}{nRT} - 1 = \frac{101\,325\text{N}\cdot\text{m}^{-2}\times 0.500\times 10^{-3}\text{m}^3}{\dfrac{1.588\times 10^{-3}\text{kg}}{92.02\times 10^{-3}\text{kg}\cdot\text{mol}^{-1}}\times 8.314\text{J}\cdot\text{mol}^{-1}\cdot\text{K}^{-1}\times 298.15\text{K}} - 1 = 0.184$$

$$K_p = \frac{\left[\dfrac{2n\alpha}{n(1+\alpha)}p\right]^2}{\dfrac{n(1-\alpha)}{n(1+\alpha)}p} = \frac{(2\alpha)^2}{(1-\alpha)^2}p = \frac{(2\times 0.184)^2}{1-0.184^2}\times 101\,325\text{Pa} = 14.2\text{kPa}$$

例 7-5 在 250℃、101 325Pa 下，1mol PCl_5 部分解离为 PCl_3 和 Cl_2，当达到平衡时，混合物的密度为 2.695g·dm^{-3}。试计算 PCl_5 的解离度 α 及反应的 K_p。

解

$$PCl_5(g) \rightleftharpoons PCl_3(g) + Cl_2(g)$$

	$PCl_5(g)$	$PCl_3(g)$	$Cl_2(g)$
$t=0$	1mol	0	0
平衡时	$(1-\alpha)\times 1$mol	$\alpha\times 1$mol	$\alpha\times 1$mol

$$\sum_B n_{B,eq}=(1+\alpha)\text{mol}$$

若不解离，$n_0=1$mol，则

$$\rho_0=\frac{W}{V_0}=\frac{Mp}{RT}=\frac{208.5\times10^{-3}\text{kg}\cdot\text{mol}^{-1}\times101\ 325\text{N}\cdot\text{m}^{-2}}{8.314\text{N}\cdot\text{m}\cdot\text{mol}^{-1}\cdot\text{K}^{-1}\times523.15\text{K}}$$
$$=4.857\text{kg}\cdot\text{m}^{-3}=4.857\text{g}\cdot\text{dm}^{-3}$$

解离平衡时，$\sum_B n_{B,eq}=(1+\alpha)$mol，密度 $\rho=2.695$g·dm^{-3}，则有

$$\frac{n_0}{\sum n_{B,eq}}=\frac{\rho}{\rho_0}=\frac{1}{1+\alpha}=\frac{2.695}{4.857}$$

$$\alpha=\frac{4.857-2.695}{2.695}=0.802$$

$$K_p=K_n\left(\frac{p}{\sum_B n_{B,eq}}\right)^{\sum_B \nu_B}=\frac{\alpha^2}{1-\alpha}\frac{p}{1+\alpha}=\frac{\alpha^2 p}{1-\alpha^2}=\frac{0.802^2}{1-0.802^2}\times101\ 325\text{Pa}=182.66\text{kPa}$$

2. 由热力学函数表册数据求 $K_p^\ominus$

由式(7-18)可得

$$K_p^\ominus=\exp(-\Delta_r G_m^\ominus/RT) \tag{7-45}$$

由 25℃时的热力学函数表册数据可求得化学反应的标准摩尔吉布斯自由能 $\Delta_r G_m^\ominus$(298.15K)，再用式(7-45)即可求算出化学反应的标准压力平衡常数 $K_p^\ominus$。下面介绍几种常用的求算 $\Delta_r G_m^\ominus$的方法。

1) 由标准生成吉布斯自由能 $\Delta_f G_m^\ominus$计算 $\Delta_r G_m^\ominus$

第 4 章已讨论过物质标准吉布斯生成自由能 $\Delta_f G_m^\ominus$的定义，从化学手册中能查到许多物质 25℃的 $\Delta_f G_m^\ominus$(B，298.15K)。化学反应的标准摩尔吉布斯自由能等于各反应组分的标准生成吉布斯自由能的代数和，即

$$\Delta_r G_m^\ominus(298.15\text{K})=\sum_B[\nu_B\Delta_f G_m^\ominus(\text{B},298.15\text{K})]_{产物}-\sum_B[|\nu_B|\Delta_f G_m^\ominus(\text{B},298.15\text{K})]_{反应物} \tag{7-46}$$

例 7-6 目前工业制备苯乙烯都是采用乙苯脱氢的方法，即

$$C_5H_6C_2H_5(g) \rightleftharpoons C_6H_5CH{=}CH_2(g)+H_2(g)$$

现有人建议用以下的方案：

(1) 乙苯氧化脱氢，即

$$C_6H_5C_2H_5(g)+\frac{1}{2}O_2(g) \rightleftharpoons C_6H_5CH{=}CH_2(g)+H_2O(g)$$

(2) 苯和乙炔直接合成苯乙烯，即

$$C_6H_6(g)+CH{\equiv}CH(g) \rightleftharpoons C_6H_5CH{=}CH_2(g)$$

试估计此二方案是否有实现的可能性。其标准平衡常数 $K_p^\ominus$将为多少？

解 由附录九数据查得在 25℃的 $\Delta_f G_m^\ominus(B)$ 如下：

物 质	乙苯	苯乙烯	乙炔	水(气)	苯
$\Delta_f G_m^\ominus(B)/(kJ \cdot mol^{-1})$	119.7	231.8	209.2	−228.6	129.08

对于稳定单质，$\Delta_f G_m^\ominus$(稳定单质)=0。

对反应(1)，则有

$$\Delta_r G_m^\ominus = [\Delta_f G_m^\ominus(\text{苯乙烯}) + \Delta_f G_m^\ominus(H_2O,g)] - \Delta_f G_m^\ominus(\text{乙苯})$$
$$= [213.8kJ \cdot mol^{-1} + (-228.6kJ \cdot mol^{-1})] - 119.7kJ \cdot mol^{-1}$$
$$= -134.5kJ \cdot mol^{-1}$$

根据 $\Delta_r G_m^\ominus = -RT\ln K_p^\ominus$，则有

$$\lg K_p^\ominus = \frac{134.5 \times 10^3}{8.314 \times 298.15 \times 2.303} = 23.56$$
$$K_p^\ominus = 3.63 \times 10^{23}$$

对反应(2)，有

$$\Delta_r G_m^\ominus = \Delta_f G_m^\ominus(\text{苯乙烯}) - [\Delta_f G_m^\ominus(\text{苯}) + \Delta_f G_m^\ominus(\text{乙炔})]$$
$$= [213.8 - (129.1 + 209.2)]kJ \cdot mol^{-1}$$
$$= -124.5kJ \cdot mol^{-1}$$

根据

$$\Delta_r G_m^\ominus = -RT\ln K_p^\ominus$$
$$\lg K_p^\ominus = \frac{124.5 \times 10^3}{8.314 \times 298.15 \times 2.303} = 21.81$$
$$K_p^\ominus = 6.44 \times 10^{21}$$

故以上两方案的反应 $\Delta_r G_m^\ominus$ 均小于 $-40kJ \cdot mol^{-1}$，而且所求得的平衡常数均很大，因此从热力学观点看是可以实现的。

2) 由 $\Delta_r H_m^\ominus$ 和 $\Delta_r S_m^\ominus$ 计算 $\Delta_r G_m^\ominus$

按定义，恒温下 $\Delta_r G_m^\ominus = \Delta_r H_m^\ominus - T\Delta_r S_m^\ominus$，所以已知标准摩尔反应焓 $\Delta_r H_m^\ominus$ 和标准摩尔反应熵 $\Delta_r S_m^\ominus$，即可按上式计算标准摩尔反应自由能 $\Delta_r G_m^\ominus$。在热力学中讲过标准摩尔反应焓 $\Delta_r H_m^\ominus$ 可由标准摩尔生成焓按式(7-47)计算：

$$\Delta_r H_m^\ominus = \sum_B [\nu_B \Delta_f H_m^\ominus(B)]_{\text{产物}} - \sum_B [|\nu_B| \Delta_f H_m^\ominus(B)]_{\text{反应物}}$$
$$= \sum_B \nu_B \Delta_f H_m^\ominus(B) \tag{7-47}$$

标准摩尔反应熵 $\Delta S_m^\ominus$ 可按式(7-48)计算：

$$\Delta_r S_m^\ominus = \sum_B \nu_B S_m^\ominus(B) = \sum_B [\nu_B S_m^\ominus(B)]_{\text{产物}} - \sum_B [|\nu_B| S_m^\ominus(B)]_{\text{反应物}} \tag{7-48}$$

例 7-7 已知有关物质在 298.15K 时的热力学数据如下：

物 质	$\Delta_f H_m^\ominus(B)/(kJ \cdot mol^{-1})$	$S_m^\ominus(B)/(J \cdot mol^{-1} \cdot K^{-1})$
$CH_4(g)$	−74.81	187.9
$H_2O(g)$	−241.82	188.72
$CO_2(g)$	−393.51	213.6
$H_2(g)$	0	130.57

求 25℃时反应 $CH_4(g)+2H_2O(g)\rightleftharpoons CO_2(g)+4H_2(g)$ 的 $\Delta_r G_m^\ominus$ 及 $K_p^\ominus$。

解 根据式(7-47),有

$$\Delta_r H_m^\ominus=\Delta_f H_m^\ominus(CO_2,g)+4\Delta_f H_m^\ominus(H_2,g)-[\Delta_f H_m^\ominus(CH_4,g)+2\Delta_f H_m^\ominus(H_2O,g)]$$
$$=[(-393.51)-(-74.81-2\times 241.82)]kJ\cdot mol^{-1}$$
$$=164.94kJ\cdot mol^{-1}$$

由式(7-48),有

$$\Delta_r S_m^\ominus=S_m^\ominus(CO_2,g)+4S_m^\ominus(H_2,g)-[S_m^\ominus(CH_4,g)+2S_m^\ominus(H_2O,g)]$$
$$=[213.6+4\times 130.57-(187.9+2\times 188.72)]J\cdot mol^{-1}\cdot K^{-1}$$
$$=170.54J\cdot mol^{-1}\cdot K^{-1}$$

于是

$$\Delta_r G_m^\ominus=\Delta_r H_m^\ominus-T\Delta_r S_m^\ominus$$
$$=(164.94-298.15\times 170.54\times 10^{-3})kJ\cdot mol^{-1}$$
$$=114.093kJ\cdot mol^{-1}$$
$$\ln K_p^\ominus=\frac{-\Delta_r G_m^\ominus}{RT}=\frac{-114.093\times 10^3}{8.314\times 298.15}=-46.027$$
$$K_p^\ominus=1.025\times 10^{-20}$$

3) 由有关反应计算 $\Delta_r G_m^\ominus$

由于 $\Delta_r G_m^\ominus$是状态函数的改变量,只由始、末态决定而与变化所经过的途径无关,因此和反应的热效应 ΔH 可以通过有关反应的已知热效应求得一样,$\Delta_r G_m^\ominus$也可通过有关反应的已知 $\Delta_r G_m^\ominus$而求得。

例 7-8 求 25℃时反应(1) $2CO_2(g)\rightleftharpoons 2CO(g)+O_2(g)$ 的 $\Delta_r G_{m,1}^\ominus$。已知下列反应的 $\Delta G_m^\ominus$:

反应(2)

$$2H_2O(g)\rightleftharpoons 2H_2(g)+O_2(g)$$
$$\Delta_r G_{m,2}^\ominus=457.3kJ\cdot mol^{-1}$$

反应(3)

$$CO_2(g)+H_2(g)\rightleftharpoons H_2O(g)+CO(g)$$
$$\Delta_r G_{m,3}^\ominus=28.5kJ\cdot mol^{-1}$$

解 由于(2)+2×(3)=(1),因此

$$\Delta_r G_{m,1}^\ominus=\Delta_r G_{m,2}^\ominus+2\Delta_r G_{m,3}^\ominus=457.3+2\times 28.5=514.3(kJ\cdot mol^{-1})$$

由于 $\Delta_r G_m^\ominus$和标准平衡常数 $K_p^\ominus$是对数关系,有关 $\Delta_r G_m^\ominus$的相加或相减对应 $K_p^\ominus$的相乘或相除,因此对上述例子来说应有

$$-RT\ln K_{p,1}^\ominus=-RT\ln K_{p,2}^\ominus-2RT\ln K_{p,3}^\ominus$$

故

$$K_{p,1}^\ominus=K_{p,2}^\ominus(K_{p,3}^\ominus)^2$$

即反应(1)的 $K_{p,1}^\ominus$可由反应(2)和(3)的 $K_p^\ominus$求算。

*3. 用统计力学方法从分子结构数据求算 $K_p^\ominus$

从热力学的观点看,化学平衡是任意两种以上的物质或状态之间达成的宏观平衡。从统计力学看,化学平衡是体系中不同的粒子运动状态之间达成的平衡。粒子的不同不再以它们的化学特性为特征,而是以它们各种运动能量的不同为特征。宏观状态的改变必定伴随着能量的变化,而能量的变化是以粒子运动状态的改变为依据的。因此,化学平

衡的计算在统计力学中归结为计算粒子的各种运动状态和能量的问题。由于化学平衡体系是复杂的力学体系，因此只有在理想化的条件下，统计力学计算才能获得圆满的结果。下面我们用统计力学方法，从分子的结构数据计算近独立非定域粒子体系(理想气体)化学反应的平衡常数。

知识点讲解视频

公共能量零点

(朱志昂)

1) 化学反应体系的公共能量零点

在第 5 章中计算各种分子的配分函数时，是以分子各种运动形式的基态作为能量零点的。各种分子各有自己的能量坐标原点，但我们规定分子在基态时的能量为零，从而得到全部热力学函数在 0K 时均为零。

在有几种物质共存的化学平衡体系中，不能各种物质各自有一个能量零点，而必须有一个公共的能量标度，才能表示出各种物质间的能量差，表示出各种物质参加化学反应能力的大小。公共的能量标度是任意选取的，选择任一能值规定它为零，作为计算各种物质能量的起点。在这公共的能量标度下，一个分子在基态时相对于公共能量零点的能值为 ε_0，ε_0 称为分子的零点能。在 0K 时，分子一定在基态，1mol 物质在 0K 时的能值为 $U_{m,0}=L\varepsilon_0$，$U_{m,0}$ 称为物质的摩尔零点能。

在第 5 章中定义的分子配分函数是以分子各种运动形式的最低能级为能量零点的。

$$q=\sum_j g_j\exp\frac{-\varepsilon_j}{kT}$$

现在选用公共的能量标度后，一个分子的配分函数为

$$\begin{aligned}q_{U_0}&=\sum_j g_j\exp\frac{-(\varepsilon_0+\varepsilon_j)}{kT}\\&=\exp\frac{-\varepsilon_0}{kT}\sum_j g_j\exp\frac{-\varepsilon_j}{kT}=\exp\frac{-\varepsilon_0}{kT}q\\&=\exp\frac{-U_m(0K)}{RT}q\end{aligned}\tag{7-49}$$

式(7-49)代表能量坐标变换时粒子配分函数的变化，即能量坐标原点由分子基态变到公共能量零点时，配分函数前面乘上玻尔兹曼因子 $\exp\left[\frac{-U_m(0K)}{RT}\right]$，将式(7-49)取对数后得

$$\ln q_{U_0}=\ln q-\frac{U_m(0K)}{RT}\tag{7-50}$$

对 T 微分得

$$\frac{\partial\ln q_{U_0}}{\partial T}=\frac{\partial\ln q}{\partial T}+\frac{U_m(0K)}{RT^2}\tag{7-51}$$

对 1mol 物质，由于这种变换，全部能量函数均要多出一个常数项 $U_m(0K)$，而熵和热容不受这种能量坐标变换的影响。对近独立非定域粒子体系来说，选用公共能量标度后，各摩尔热力学函数的表达式分别为

$$U_m=RT^2\left(\frac{\partial\ln q}{\partial T}\right)_{V,N}+U_m(0K)\tag{7-52}$$

$$S_m=R+R\ln\frac{q}{L}+RT\left(\frac{\partial\ln q}{\partial T}\right)_{V,N}\tag{7-53}$$

$$A_m=-RT-RT\ln\frac{q}{L}+U_m(0K)\tag{7-54}$$

$$G_m=-RT\ln\frac{q}{L}+U_m(0K)\tag{7-55}$$

$$H_m=RT^2\left(\frac{\partial\ln q}{\partial T}\right)_{p,N}+U_m(0K)\tag{7-56}$$

$$\mu_m=-RT\ln\frac{q}{L}+U_m(0K)\tag{7-57}$$

$$C_{V,\mathrm{m}}=\left(\frac{\partial}{\partial T}\right)\left[RT^2\left(\frac{\partial \ln q}{\partial T}\right)_{V,N}\right] \tag{7-58}$$

式中,L 是阿伏伽德罗常量。单个分子的化学势为

$$\mu=-kT\ln\frac{q}{N}+\frac{U_\mathrm{m}(0\mathrm{K})}{L} \tag{7-59}$$

知识点讲解视频

统计力学方法求平衡常数

(朱志昂)

2) 化学平衡常数的统计表达式

对于理想气体化学反应

$$a\mathrm{A}+b\mathrm{B}=\!=\!=c\mathrm{C}+d\mathrm{D}$$

其化学平衡的条件为

$$a\mu_\mathrm{A}+b\mu_\mathrm{B}=c\mu_\mathrm{C}+d\mu_\mathrm{D} \tag{7-60}$$

将式(7-59)代入式(7-60)得

$$a\left[-kT\ln\frac{q_\mathrm{A}}{N_\mathrm{A}}+\frac{U_\mathrm{m}(0\mathrm{K,A})}{L}\right]+b\left[-kT\ln\frac{q_\mathrm{B}}{N_\mathrm{B}}+\frac{U_\mathrm{m}(0\mathrm{K,B})}{L}\right]$$
$$=c\left[-kT\ln\frac{q_\mathrm{C}}{N_\mathrm{C}}+\frac{U_\mathrm{m}(0\mathrm{K,C})}{L}\right]+d\left[-kT\ln\frac{q_\mathrm{D}}{N_\mathrm{D}}+\frac{U_\mathrm{m}(0\mathrm{K,D})}{L}\right]$$

或

$$a\left[-\ln\frac{q_\mathrm{A}}{N_\mathrm{A}}+\frac{U_\mathrm{m}(0\mathrm{K,A})}{LkT}\right]+b\left[-\ln\frac{q_\mathrm{B}}{N_\mathrm{B}}+\frac{U_\mathrm{m}(0\mathrm{K,B})}{LkT}\right]$$
$$=c\left[-\ln\frac{q_\mathrm{C}}{N_\mathrm{C}}+\frac{U_\mathrm{m}(0\mathrm{K,C})}{LkT}\right]+d\left[-\ln\frac{q_\mathrm{D}}{N_\mathrm{D}}+\frac{U_\mathrm{m}(0\mathrm{K,D})}{LkT}\right] \tag{7-61}$$

以式(7-61)为依据,分别推导出以分子配分函数表示的各种平衡常数的表达式。

(1) 浓度平衡常数表达式。利用化学平衡条件式(7-61),并令

$$\Delta_\mathrm{r}U_\mathrm{m}(0\mathrm{K})=cU_\mathrm{m}(0\mathrm{K,C})+dU_\mathrm{m}(0\mathrm{K,D})-aU_\mathrm{m}(0\mathrm{K,A})-bU_\mathrm{m}(0\mathrm{K,B})$$

$\Delta_\mathrm{r}U_\mathrm{m}(0\mathrm{K})$表示物质的量为化学计量数的处于基态的反应物完全反应变为物质的量为化学计量数的处于基态的产物的零点能的差值,在 0K 时,物质一定处于基态,故$\Delta_\mathrm{r}U_\mathrm{m}(0\mathrm{K})$又称为化学反应体系 0K 时摩尔热力学能的变化,简称化学反应的摩尔零点能。

将式(7-61)整理得

$$\frac{\dfrac{q_\mathrm{A}^a}{N_\mathrm{A}^a}\dfrac{q_\mathrm{B}^b}{N_\mathrm{B}^b}}{\dfrac{q_\mathrm{C}^c}{N_\mathrm{C}^c}\dfrac{q_\mathrm{D}^d}{N_\mathrm{D}^d}}=\exp\left[\frac{-\Delta_\mathrm{r}U_\mathrm{m}(0\mathrm{K})}{LkT}\right] \tag{7-62}$$

式中的每种物质的分子配分函数 q 是以分子的基态为能量零点。q 可表示为

$$q=q_\mathrm{t}q_\mathrm{r}q_\mathrm{v}q_\mathrm{e}=q_\mathrm{t}q_\mathrm{int}=q'_\mathrm{t}Vq_\mathrm{int}$$

在化学反应前后,分子的核运动状态一般不会发生变化,故常不考虑核运动配分函数。令 $f=q'_\mathrm{t}q_\mathrm{int}$,它表示除体积因子外的一个分子的配分函数,其单位为 V^{-1}。在恒容反应体系中,则有 $q_\mathrm{A}=f_\mathrm{A}V$,$q_\mathrm{B}=f_\mathrm{B}V$,$q_\mathrm{C}=f_\mathrm{C}V$,$q_\mathrm{D}=f_\mathrm{D}V$。

将这些分子配分函数代入式(7-62),整理后得

$$\frac{\left(\dfrac{N_\mathrm{C}}{V}\right)^c\left(\dfrac{N_\mathrm{D}}{V}\right)^d}{\left(\dfrac{N_\mathrm{A}}{V}\right)^a\left(\dfrac{N_\mathrm{B}}{V}\right)^b}=\frac{f_\mathrm{C}^c f_\mathrm{D}^d}{f_\mathrm{A}^a f_\mathrm{B}^b}\exp\left[-\frac{\Delta_\mathrm{r}U_\mathrm{m}(0\mathrm{K})}{LkT}\right] \tag{7-63}$$

式中,右方对于指定反应仅是 T 的函数,与参加反应的物质的数量无关,在 T 一定时,式(7-63)右方是常数,故左方也是一常数,可用常数 $K_N(T)$表示,则就得到用浓度$\left(\text{单位体积内的分子数}\dfrac{N}{V}\right)$表示的平衡常数$K_N(T)$的统计表达式

$$K_N(T)=\frac{\left(\dfrac{N_\mathrm{C}}{V}\right)^c\left(\dfrac{N_\mathrm{D}}{V}\right)^d}{\left(\dfrac{N_\mathrm{A}}{V}\right)^a\left(\dfrac{N_\mathrm{B}}{V}\right)^b}=\frac{f_\mathrm{C}^c f_\mathrm{D}^d}{f_\mathrm{A}^a f_\mathrm{B}^b}\exp\left[-\frac{\Delta_\mathrm{r}U_\mathrm{m}(0\mathrm{K})}{RT}\right] \tag{7-64}$$

(2) 标准压力平衡常数。将式(7-62)中$\frac{q_A}{N_A}$表示为

$$\frac{q_A}{N_A}=\frac{f_A V}{N_A}=\frac{f_A kT}{p_A}$$

等式右方分子和分母同乘上选择的标准态压力 $p^\ominus$,则可写成

$$\frac{q_A}{N_A}=\frac{f_A kT}{p^\ominus}\frac{p^\ominus}{p_A} \tag{7-65}$$

同理有

$$\frac{q_B}{N_B}=\frac{f_B kT}{p^\ominus}\frac{p^\ominus}{p_B} \tag{7-66}$$

$$\frac{q_C}{N_C}=\frac{f_C kT}{p^\ominus}\frac{p^\ominus}{p_C} \tag{7-67}$$

$$\frac{q_D}{N_D}=\frac{f_D kT}{p^\ominus}\frac{p^\ominus}{p_D} \tag{7-68}$$

将式(7-65)～式(7-68)代入式(7-62),整理后得

$$K_p^\ominus=\frac{\left(\frac{p_C}{p^\ominus}\right)^c\left(\frac{p_D}{p^\ominus}\right)^d}{\left(\frac{p_A}{p^\ominus}\right)^a\left(\frac{p_B}{p^\ominus}\right)^b}=\frac{\left(\frac{f_C kT}{p^\ominus}\right)^c\left(\frac{f_D kT}{p^\ominus}\right)^d}{\left(\frac{f_A kT}{p^\ominus}\right)^a\left(\frac{f_B kT}{p^\ominus}\right)^b}\exp\left[-\frac{\Delta_r U_m(0\text{K})}{RT}\right] \tag{7-69}$$

或表示为

$$K_p^\ominus=\prod_B f_B^{\nu_B}\left(\frac{kT}{p^\ominus}\right)^{\sum_B \nu_B}\exp\left[-\frac{\Delta_r U_m(0\text{K})}{RT}\right] \tag{7-70}$$

式(7-69)中右方与分子性质、温度、标准态压力 $p^\ominus$有关,对于给定反应体系,确定标准态后,在 T一定时为一常数,故等式左方 $K_p^\ominus$也为一常数。这就得到标准压力平衡常数$K_p^\ominus$的表达式。

若将式(7-69)中$\frac{kT}{p^\ominus}$应用理想气体状态方程$\frac{kT}{p^\ominus}=\frac{V^\ominus}{L}$,则有$\frac{f_A kT}{p^\ominus}=\frac{f_A V^\ominus}{L}=\frac{q_A^\ominus}{L}$,$\frac{f_B kT}{L}=\frac{q_B^\ominus}{L}$,$\frac{f_C kT}{L}=\frac{q_C^\ominus}{L}$,$\frac{f_D kT}{L}=\frac{q_D^\ominus}{L}$。将这些关系式代入式(7-69)得

$$K_p^\ominus=\frac{\left(\frac{q_C^\ominus}{L}\right)^c\left(\frac{q_D^\ominus}{L}\right)^d}{\left(\frac{q_A^\ominus}{L}\right)^a\left(\frac{q_B^\ominus}{L}\right)^b}\exp\left[-\frac{\Delta_r U_m(0\text{K})}{RT}\right]$$

$$=\prod_B\left(\frac{q_B^\ominus}{L}\right)^{\nu_B}\exp\left[-\frac{\Delta_r U_m(0\text{K})}{RT}\right] \tag{7-71}$$

式中,$q_B^\ominus$是一个B分子在标准态时的全配分函数。式(7-70)与式(7-71)是等效的。

从上面的讨论可看出,只要知道反应物与产物的分子的配分函数,利用上述统计力学表达式,就能从理论上计算化学平衡常数。求理想气体分子的配分函数的方法已在第5章讨论过。要计算化学平衡常数,还需知道 $\Delta_r U_m(0\text{K})$。下面介绍求 $\Delta_r U_m(0\text{K})$的方法。

3) 求算 $\Delta_r U_m(0\text{K})$的方法

求 $\Delta_r U_m(0\text{K})$最简便的方法是反应物和产物不仅在基态,而且各自均在标准态 $p^\ominus$,以 $\Delta_r U_m^\ominus(0\text{K})$代替 $\Delta_r U_m(0\text{K})$,则有

$$\Delta_r U_m^\ominus(0\text{K})=[cU_m^\ominus(0\text{K},\text{C})+dU_m^\ominus(0\text{K},\text{D})]-[aU_m^\ominus(0\text{K},\text{A})+bU_m^\ominus(0\text{K},\text{B})]$$

$$=\sum_B \nu_B U_m^\ominus(0\text{K},\text{B})$$

$\Delta_r U_m^\ominus(0\text{K})$称为0K时化学反应的标准摩尔热力学能。下面介绍几种求 $\Delta_r U_m^\ominus(0\text{K})$的方法。

(1) 量热法。对1mol理想气体,在标准态时,有

$$H_m^\ominus(T)=U_m^\ominus(T)+pV=U_m^\ominus(T)+RT$$

所以标准反应热为

$$\Delta_r H_m^\ominus(\mathrm{T})=\Delta_r U_m^\ominus(T)+\sum_B \nu_B RT$$

在 0K 时，$\Delta_r H_m^\ominus(0\mathrm{K})=\Delta_r U_m^\ominus(0\mathrm{K})$。根据基尔霍夫定律，则有

$$\Delta_r U_m^\ominus(0\mathrm{K})=\Delta_r H_m^\ominus(T)-\int_0^T \sum_B \nu_B C_{p,m}^\ominus(\mathrm{B},T)\mathrm{d}T$$

只要知道某一温度下的标准反应热 $\Delta_r H_m^\ominus(T)$，再有充分的各物质的 $C_{p,m}^\ominus$ 数据，即可求得 $\Delta_r U_m^\ominus(0\mathrm{K})$。

(2) 表册法。在标准态时，由式(7-56)得

$$H_m^\ominus(T)=RT^2\left(\frac{\partial \ln q^\ominus}{\partial T}\right)_p+U_m^\ominus(0\mathrm{K})$$

$$H_m^\ominus(T)-U_m^\ominus(0\mathrm{K})=RT^2\left(\frac{\partial \ln q^\ominus}{\partial T}\right)_p$$

或

$$\frac{H_m^\ominus(T)-U_m^\ominus(0\mathrm{K})}{T}=RT\left(\frac{\partial \ln q^\ominus}{\partial T}\right)_p \tag{7-72a}$$

根据光谱数据求出标准态时各物质的分子配分函数 $q^\ominus$，再计算出各种物质在不同温度下的$[H_m^\ominus(T)-U_m^\ominus(0\mathrm{K})]/T$ 值，此值称为焓函数(enthalpy function)，已列成表册(见附录十四)，可以查用[对理想气体，在 0K 时，$U_m^\ominus(0\mathrm{K})=H_m^\ominus(0\mathrm{K})$]。若查得$\Delta_r H_m^\ominus(T)$和$[H_m^\ominus(T)-U_m^\ominus(0\mathrm{K})]/T$值，则

$$\Delta_r U_m^\ominus(0\mathrm{K})=\Delta_r H_m^\ominus(T)-T\Delta\left[\frac{H_m^\ominus(T)-U_m^\ominus(0\mathrm{K})}{T}\right] \tag{7-72b}$$

(3) 由分子的解离能求 $\Delta_r U_m^\ominus(0\mathrm{K})$。若选取参加反应的各分子 A、B、C、D 完全解离成原子时原子的基态能量作为计算配分函数的公共能量零点，则 $\Delta_r U_m^\ominus(0\mathrm{K})$可由各分子的解离能数据来计算。分子的解离能是组成分子的各原子都处于基态时能量与分子基态的能量之差。例如，对 A 分子来说，若其解离能为 D_A，则 D_A 是以解离后的原子基态为能量零点的。根据 D_A 的定义可表示为

$$D_A=0-\varepsilon_{0,A}^\ominus=-\varepsilon_{0,A}^\ominus$$

式中，0 表示解离后的原子基态的能量，$\varepsilon_{0,A}^\ominus$表示一个 A 分子在标准态下，在 0K 时(分子的基态)以原子基态为能量零点的能量。同理有

$$D_B=-\varepsilon_{0,B}^\ominus \qquad D_C=-\varepsilon_{0,C}^\ominus \qquad D_D=-\varepsilon_{0,D}^\ominus$$

根据 $\Delta_r U_m^\ominus(0\mathrm{K})$的定义，则有

$$\begin{aligned}\Delta_r U_m^\ominus(0\mathrm{K})&=[cU_m^\ominus(0\mathrm{K},\mathrm{C})+dU_m^\ominus(0\mathrm{K},\mathrm{D})]-[aU_m^\ominus(0\mathrm{K},\mathrm{A})+bU_m^\ominus(0\mathrm{K},\mathrm{B})]\\&=(cL\varepsilon_{0,C}^\ominus+dL\varepsilon_{0,D}^\ominus)-(aL\varepsilon_{0,A}^\ominus+bL\varepsilon_{0,B}^\ominus)\\&=L[c(-D_C)+d(-D_D)-a(-D_A)-b(-D_B)]\\&=L(aD_A+bD_B-cD_C-dD_D)\end{aligned} \tag{7-73}$$

由式(7-73)求 $\Delta_r U_m^\ominus(0\mathrm{K})$，至少为双原子分子气体反应提供了切实可行的途径，因为双原子分子的解离能已积累了比较丰富的数据。

4) 由分子结构数据求平衡常数

(1) 分子数不变的反应。对于 AB+CD══AC+BD 这类反应，$\sum_B \nu_B=0$，且 $a=b=c=d=1$。式(7-69)可写成

$$K_p^\ominus=\frac{f_{AC}f_{BD}}{f_{AB}f_{CD}}\exp\left[-\frac{\Delta_r U_m^\ominus(0\mathrm{K})}{RT}\right]=\frac{(q_t' q_{int})_{AC}(q_t' q_{int})_{BD}}{(q_t' q_{int})_{AB}(q_t' q_{int})_{CD}}\exp\left[-\frac{\Delta_r U_m^\ominus(0\mathrm{K})}{RT}\right] \tag{7-74}$$

式中，$q_t'=\frac{(2\pi MkT)^{3/2}}{h^3}=\frac{(2\pi mkT)^{3/2}}{L^{3/2}h^3}$，其中只有摩尔质量 M 与物质种类有关，其他各物理量对各物质都相同，可在$K_p^\ominus$中消去。在式(7-74)中，平动配分函数项成为

$$\left(\frac{M_{AC}M_{BD}}{M_{AB}M_{CD}}\right)^{3/2}$$

在内配分函数 q_{int} 中，核状态在反应前后不变，所以核自旋配分函数 q_n 在化学平衡常数计

算中可不考虑，$q_{int}=q_r q_v q_e$。大多数双原子分子中的电子在基态，且 $g_{e,0}=1$，所以 $q_e=1$。双原子分子的转动配分函数为

$$q_r=\frac{8\pi^2 IkT}{\sigma h^2}=\frac{T}{\sigma \Theta_r}$$

式中，只有 I(或 Θ_r)和 σ 与物质种类有关，其他量在 $K_p^\ominus$式中可消去，所以式(7-74)中的转动配分函数部分是

$$\frac{\sigma_{AB}\sigma_{CD}}{\sigma_{AC}\sigma_{BD}}\frac{I_{AC}I_{BD}}{I_{AB}I_{CD}} \quad 或 \quad \frac{\sigma_{AB}\sigma_{CD}}{\sigma_{AC}\sigma_{BD}}\frac{\Theta_{r,AB}\Theta_{r,CD}}{\Theta_{r,AC}\Theta_{r,BD}}$$

双原子分子的振动配分函数 q_v 为

$$q_v=\left(1-\exp\frac{-h\nu}{kT}\right)^{-1}=(1-e^{-10})^{-1}=1$$

故可作下列近似，误差不致太大

$$\frac{q_{v,AC}q_{v,BD}}{q_{v,AB}q_{v,CD}}=1$$

将这些结果代入式(7-74)得

$$K_p^\ominus=\left(\frac{M_{AC}M_{BD}}{M_{AB}M_{CD}}\right)^{3/2}\left(\frac{I_{AC}I_{BD}}{I_{AB}I_{CD}}\right)\left(\frac{\sigma_{AB}\sigma_{CD}}{\sigma_{AC}\sigma_{BD}}\right)\exp\left[-\frac{\Delta_r U_m^\ominus(0K)}{RT}\right] \tag{7-75}$$

或

$$K_p^\ominus=\left(\frac{M_{AC}M_{BD}}{M_{AB}M_{CD}}\right)^{3/2}\left(\frac{\sigma_{AB}\sigma_{CD}}{\sigma_{AC}\sigma_{BD}}\right)\left(\frac{\Theta_{r,AB}\Theta_{r,CD}}{\Theta_{r,AC}\Theta_{r,BD}}\right)\exp\left[-\frac{\Delta_r U_m^\ominus(0K)}{RT}\right] \tag{7-76}$$

所以，只要从转动光谱数据求出转动惯量 I 的数值，知道摩尔质量 M 和$\Delta_r U_m^\ominus(0K)$，对异核双原子分子 $\sigma=1$，同核双原子分子 $\sigma=2$，利用式(7-75)和式(7-76)就可求出 $K_p^\ominus$。对一些同位素交换反应都可进行这样的计算，只要温度不是很高，误差是不大的。

例 7-9 计算反应 $H_2+D_2 \rightleftharpoons 2HD$ 在 500K 时的 $K_p^\ominus$值。已有下列数据：

	$M/(10^{-3}kg\cdot mol^{-1})$	σ	Θ_r/K	D/eV
H_2	2.015	2	85.4	4.476
D_2	4.028	2	42.7	4.553
HD	3.022	1	64.0	4.511

解 先求 $\Delta_r U_m^\ominus(0K)$

$$\Delta_r U_m^\ominus(0K)=L(D_{H_2}+D_{D_2}-2D_{HD})=6.023\times10^{23}\times(4.476+4.553-2\times4.511)eV$$
$$=0.007\times6.023\times10^{23}eV$$

$$1eV=1.602\times10^{-19}J$$

所以

$$\Delta_r U_m^\ominus(0K)=0.007\times6.023\times10^{23}\times1.602\times10^{-19}J\cdot mol^{-1}=675.4J\cdot mol^{-1}$$

根据式(7-76)得

$$K_p^\ominus=\left(\frac{3.022^2}{2.015\times4.028}\right)^{3/2}\times\frac{2\times2}{1^2}\times\frac{85.4\times42.7}{64.0^2}\times\exp\left(\frac{-675.4}{8.314\times500}\right)$$
$$=1.194\times4\times0.890\times0.850=3.614$$

从计算可以看出，$K_p^\ominus$值几乎完全由分子对称数的比值所决定。

(2) 解离反应。当反应的分子数有变化时，计算要注意 $K_p^\ominus$表达式中 $p^\ominus$值的单位。当所有微观量均用 SI 单位时，$p^\ominus$值的单位是 $Pa(N\cdot m^{-2})$；若均用 c.g.s 单位，则$p^\ominus$值的单位是 $dyn\cdot cm^{-2}$。

例 7-10 计算金属铯蒸气的电离反应：

$$Cs \rightleftharpoons Cs^+ + e^-$$

在 3000K 时的 $K_p^\ominus$值。已知：

(1) 铯的电离势是 3.893eV，所以 $\Delta U_m^\ominus(0K) = 3.893 \times 1.602 \times 10^{-19} \times 6.023 \times 10^{23} J \cdot mol^{-1}$。

(2) 电子的质量 $m_e = 9.109 \times 10^{-31}$kg。

(3) 自由电子和 Cs 原子中的电子总角动量量子数均为 $J = \frac{1}{2}$，所以 $g_{e,0}(Cs) = g_{e,0}(e^-) = 2J + 1 = 2$。$Cs^+$ 的 $J = 0$，所以 $g_{e,0}(Cs^+) = 1$。

解 Cs 和 Cs^+ 都是单原子气体，e^- 是气相中的自由电子，也可当作单原子气体。近似地用修正的玻尔兹曼统计处理。由于是单原子气体，只需考虑平动配分函数和电子配分函数。又由于 Cs 和 Cs^+ 的质量没有什么差别，故在 $K_p^\ominus$ 表达式中的平动配分函数部分 q'_t 可约去，则

$$K_p^\ominus = \frac{\dfrac{f_{Cs^+}kT}{p^\ominus}\dfrac{f_{e^-}kT}{p^\ominus}}{\dfrac{f_{Cs}kT}{p^\ominus}}\exp\left[-\frac{\Delta_r U_m^\ominus(0K)}{RT}\right]$$

$$= \frac{f_{Cs^+}f_{e^-}kT}{f_{Cs}p^\ominus}\exp\left[-\frac{\Delta_r U_m^\ominus(0K)}{RT}\right]$$

$$= \frac{(q'_t g_{e^-,0})_{Cs^+}(q'_t g_{e^-,0})_{e^-}}{(q'_t g_{e,0})_{Cs}}\frac{kT}{p^\ominus}\exp\left[-\frac{\Delta_r U_m^\ominus(0K)}{RT}\right]$$

$$= \frac{g_{e^-,0}(Cs^+)g_{e^-,0}(e^-)}{g_{e^-,0}(Cs)}\frac{(2\pi m_{e^-}kT)^{3/2}}{h^3}\frac{kT}{p^\ominus}\exp\left[-\frac{\Delta_r U_m^\ominus(0K)}{RT}\right] \tag{7-77}$$

若选取 $p^\ominus = 1atm = 1.013\ 25 \times 10^5 N \cdot m^{-2}$，$R = 8.314 J \cdot mol^{-1} \cdot K^{-1}$，$k = 1.3805 \times 10^{-23} J \cdot K^{-1}$，$h = 6.6256 \times 10^{-34} J \cdot s$，则代入式(7-77)得

$$K_p^\ominus = (2 \times 3.1416 \times 9.109 \times 10^{-31})^{3/2} \times \frac{(1.3805 \times 10^{-23} \times 3000)^{5/2}}{(6.6256 \times 10^{-34})^3 \times 1.013\ 25 \times 10^5}$$

$$\times \exp\left(-\frac{3.893 \times 96\ 487}{8.314 \times 3000}\right) = 4.65 \times 10^{-5}$$

5) 求算平衡常数的另一种方法

1mol 物质在标准态下的标准摩尔自由能为

$$G_m^\ominus = -RT\ln\frac{q^\ominus}{L} + U_m^\ominus(0K) = -RT\ln\frac{fV}{L} + U_m^\ominus(0K) = -RT\ln\frac{fkT}{p^\ominus} + U_m^\ominus(0K) \tag{7-78}$$

式中，$q^\ominus$是在标准态下一个分子的全配分函数，可简称为标准配分函数。式(7-78)可写成

$$-\left[\frac{G_m^\ominus(T) - U_m^\ominus(0K)}{T}\right] = R\ln\frac{q^\ominus}{L} \tag{7-79}$$

式中，$-\left[\frac{G_m^\ominus(T) - U_m^\ominus(0K)}{T}\right]$称为标准摩尔自由能函数(standard molar free energy function)。因为 $q^\ominus$ 可由光谱数据算出，所以自由能函数也可由光谱数据求得，不同温度下的各种物质的标准摩尔自由能函数已列成表册(见附录十四)，可供查用。

从热力学知道，对于任一理想气体化学反应

$$aA + bB \rightleftharpoons cC + dD$$

在平衡时，均应有

$$-\Delta_r G_m^\ominus = RT\ln K_p^\ominus \tag{7-80}$$

式(7-80)可写成

$$R\ln K_p^{\ominus}=-\frac{\Delta_r G_m^{\ominus}}{T}=-\frac{\Delta[G_m^{\ominus}(T)-U_m^{\ominus}(0K)]}{T}-\frac{\Delta_r U_m^{\ominus}(0K)}{T}$$

$$=c\left[-\frac{G_m^{\ominus}(T)-U_m^{\ominus}(0K)}{T}\right]_C+d\left[-\frac{G_m^{\ominus}(T)-U_m^{\ominus}(0K)}{T}\right]_D$$

$$-a\left[-\frac{G_m^{\ominus}(T)-U_m^{\ominus}(0K)}{T}\right]_A-b\left[-\frac{G_m^{\ominus}(T)-U_m^{\ominus}(0K)}{T}\right]_B-\frac{\Delta_r U_m^{\ominus}(0K)}{T} \tag{7-81}$$

式中的自由能函数$\left[-\frac{G_m^{\ominus}(T)-U_m^{\ominus}(0K)}{T}\right]$均可由表册中查得，而$\Delta U_m^{\ominus}(0K)$的求法前面已交代。这样，应用式(7-81)可求出平衡常数$K_p^{\ominus}$。

用统计力学方法也可推导出式(7-80)。对于任一化学反应$aA+bB \rightleftharpoons cC+dD$，其平衡条件为

$$a\mu_{m,A}+b\mu_{m,B}=c\mu_{m,C}+d\mu_{m,D}$$

A 物质的摩尔化学势为

$$\mu_{m,A}=-RT\ln\frac{q_A}{L}+U_m^{\ominus}(0K,A)$$

$$=-RT\ln\frac{f_A V}{L}+U_m^{\ominus}(0K,A)$$

$$=-RT\ln\frac{f_A kT}{p_A}+U_m^{\ominus}(0K,A)$$

$$\mu_{m,A}=-RT\ln\left(\frac{f_A kT}{p^{\ominus}}\frac{p^{\ominus}}{p_A}\right)+U_m^{\ominus}(0K,A)$$

$$=-RT\ln\frac{f_A kT}{p^{\ominus}}+U_m^{\ominus}(0K,A)+RT\ln\frac{p_A}{p^{\ominus}}$$

$$=\mu_{m,A}^{\ominus}+RT\ln\frac{p_A}{p^{\ominus}} \tag{7-82}$$

式中，$\mu_{m,A}^{\ominus}\equiv-RT\ln\frac{f_A kT}{p^{\ominus}}+U_m^{\ominus}(0K,A)$称为 A 物质的标准摩尔化学势。对于纯物质来说，$\mu_m^{\ominus}=G_m^{\ominus}$，因此

$$\mu_{m,A}=G_{m,A}^{\ominus}+RT\ln\frac{p_A}{p^{\ominus}}$$

同理有

$$\mu_{m,B}=G_{m,B}^{\ominus}+RT\ln\frac{p_B}{p^{\ominus}}$$

$$\mu_{m,C}=G_{m,C}^{\ominus}+RT\ln\frac{p_C}{p^{\ominus}}$$

$$\mu_{m,D}=G_{m,D}^{\ominus}+RT\ln\frac{p_D}{p^{\ominus}}$$

代入化学平衡条件式得

$$aG_{m,A}^{\ominus}+bG_{m,B}^{\ominus}-cG_{m,C}^{\ominus}-dG_{m,D}^{\ominus}=RT\ln\frac{\left(\frac{p_C}{p^{\ominus}}\right)^c\left(\frac{p_D}{p^{\ominus}}\right)^d}{\left(\frac{p_A}{p^{\ominus}}\right)^a\left(\frac{p_B}{p^{\ominus}}\right)^b}$$

$$-\Delta_r G_m^{\ominus}=RT\ln K_p^{\ominus}$$

例 7-11 计算 600K 和 1000K 时下列反应的 $K_p^\ominus$ 值：

$$CO+H_2O \rightleftharpoons CO_2+H_2$$

解 先求 $\Delta_r U_m^\ominus(0K)$

$$\Delta_r U_m^\ominus(0)=\Delta_r H_m^\ominus(T)-T\Delta\left[\frac{H_m^\ominus(T)-U_m^\ominus(0K)}{T}\right]$$

$$=\Delta_r H_m^\ominus(T)-T\left\{\left[\frac{H_m^\ominus(T)-U_m^\ominus(0K)}{T}\right]_{CO_2}+\left[\frac{H_m^\ominus(T)-U_m^\ominus(0K)}{T}\right]_{H_2}-\left[\frac{H_m^\ominus(T)-U_m^\ominus(0K)}{T}\right]_{H_2O}-\left[\frac{H_m^\ominus(T)-U_m^\ominus(0K)}{T}\right]_{CO}\right\}$$

在 298.15K 时

$$\Delta_r H_m^\ominus=\Delta_f H_m^\ominus(CO_2)+\Delta_f H_m^\ominus(H_2)-\Delta_f H_m^\ominus(H_2O)-\Delta_f H_m^\ominus(CO)$$

$$=(-393.51-0+241.83+110.52)kJ\cdot mol^{-1}$$

$$=-41.16kJ\cdot mol^{-1}$$

查表册得 298.15K 时

$$\left[\frac{H_m^\ominus(T)-U_m^\ominus(0K)}{T}\right]_{CO_2}=31.41J\cdot mol^{-1}\cdot K^{-1}$$

$$\left[\frac{H_m^\ominus(T)-U_m^\ominus(0K)}{T}\right]_{H_2}=28.40J\cdot mol^{-1}\cdot K^{-1}$$

$$\left[\frac{H_m^\ominus(T)-U_m^\ominus(0K)}{T}\right]_{H_2O}=33.20J\cdot mol^{-1}\cdot K^{-1}$$

$$\left[\frac{H_m^\ominus(T)-U_m^\ominus(0K)}{T}\right]_{CO}=29.09J\cdot mol^{-1}\cdot K^{-1}$$

所以

$$\Delta U_m^\ominus(0K)=[-41\,160-298.15\times(31.41+28.40-33.20-29.09)]J\cdot mol^{-1}$$

$$=-40\,420.6J\cdot mol^{-1}$$

查表册得 600K 时

$$-\left[\frac{G_m^\ominus(T)-U_m^\ominus(0K)}{T}\right]_{CO_2}=206.02J\cdot mol^{-1}\cdot K^{-1}$$

$$-\left[\frac{G_m^\ominus(T)-U_m^\ominus(0K)}{T}\right]_{H_2}=122.19J\cdot mol^{-1}\cdot K^{-1}$$

$$-\left[\frac{G_m^\ominus(T)-U_m^\ominus(0K)}{T}\right]_{H_2O}=178.94J\cdot mol^{-1}\cdot K^{-1}$$

$$-\left[\frac{G_m^\ominus(T)-U_m^\ominus(0K)}{T}\right]_{CO}=189.21J\cdot mol^{-1}\cdot K^{-1}$$

代入式(7-81)得

$$R\ln K_p^\ominus=\left(206.02+122.19-178.94-189.21+\frac{40\,420.6}{600}\right)J\cdot mol^{-1}\cdot K^{-1}$$

$$=27.328J\cdot mol^{-1}\cdot K^{-1}$$

$$K_p^\ominus=26.76$$

同样地，将表册中查得的 1000K 时各物质的标准摩尔自由能函数代入式(7-81)，可得

$$R\ln K_p^\ominus=\left(226.39+136.98-196.74-204.43+\frac{40\,420.6}{1000}\right)J\cdot mol^{-1}\cdot K^{-1}$$

$$=2.6206J\cdot mol^{-1}\cdot K^{-1}$$

$$\ln K_p^\ominus=\frac{2.6206}{8.314}=0.3152 \qquad K_p^\ominus=1.37$$

7.1.4　各种因素对理想气体反应平衡的影响

本节我们考虑各种条件的变化对理想气体反应的平衡位置的影响。假定理想气体反应已达平衡，改变某一热力学变量，观察此变化对化学平衡的影响。

1. 温度对化学平衡的影响

1）范特霍夫方程

理想气体的 $K_p^\ominus$ 仅是温度的函数，根据式(7-18)

$$\ln K_p^\ominus = \frac{-\Delta_r G_m^\ominus}{RT}$$

对 T 微分得

$$\frac{\mathrm{d}\ln K_p^\ominus}{\mathrm{d}T} = \frac{\Delta_r G_m^\ominus}{RT^2} - \frac{1}{RT}\frac{\mathrm{d}(\Delta_r G_m^\ominus)}{\mathrm{d}T}$$

$$\frac{\mathrm{d}}{\mathrm{d}T}(\Delta_r G_m^\ominus) = \frac{\mathrm{d}}{\mathrm{d}T}\sum_B \nu_B G_m^\ominus(B) = \sum_B \nu_B \frac{\mathrm{d}G_m^\ominus(B)}{\mathrm{d}T} = \sum_B \nu_B[-S_m^\ominus(B)] = -\Delta_r S_m^\ominus$$

$$\frac{\mathrm{d}\ln K_p^\ominus}{\mathrm{d}T} = \frac{\Delta_r G_m^\ominus}{RT^2} + \frac{\Delta_r S_m^\ominus}{RT} = \frac{\Delta_r G_m^\ominus + T\Delta_r S_m^\ominus}{RT^2} = \frac{\Delta_r H_m^\ominus}{RT^2} \tag{7-83}$$

式(7-83)称为范特霍夫方程，又称为化学反应的等压方程。范特霍夫是荷兰物理化学家，1901 年获诺贝尔化学奖，以表彰他发现了溶液中的化学动力学法则和渗透压的规律以及对立体化学和化学平衡理论作出的贡献。

2）范特霍夫方程的应用

(1) 定性地判断温度对化学平衡的影响。保持反应体系的压力不变，改变反应温度。式(7-83)可表示为

$$\frac{\mathrm{d}K_p^\ominus}{\mathrm{d}T} = \frac{K_p^\ominus \Delta_r H_m^\ominus}{RT^2} \tag{7-84}$$

因为 $K_p^\ominus$ 和 RT^2 均为正值，所以 $\mathrm{d}K_p^\ominus/\mathrm{d}T$ 与 $\Delta_r H_m^\ominus$ 有相同的正、负号。如果 $\Delta_r H_m^\ominus>0$（吸热反应），则 $\mathrm{d}K_p^\ominus/\mathrm{d}T>0$，即升高温度，$K_p^\ominus$ 值增加，这意味着产物的平衡分压增加，反应物的平衡分压降低。因为 $p_B = x_B p$，所以在 p 恒定条件下，p_B 增加，表明 x_B 增加。因此对于一个吸热反应来说，在恒压下升高温度，反应平衡位置移向产物一方（右方）。如果 $\Delta_r H_m^\ominus<0$（放热反应），则 $\mathrm{d}K_p^\ominus/\mathrm{d}T<0$。因此，在恒压下升高放热反应的温度，导致平衡位置移向反应物一方（左方）。

(2) 从 T_1 时的 $K_p^\ominus(T_1)$ 求 T_2 时的 $K_p^\ominus(T_2)$。将式(7-83)积分得

$$\ln\frac{K_p^\ominus(T_2)}{K_p^\ominus(T_1)} = \int_{T_1}^{T_2}\frac{\Delta_r H_m^\ominus(T)}{RT^2}\mathrm{d}T \tag{7-85}$$

若温度变化范围不大，$\Delta_r H_m^\ominus$ 近似地当作常数，则式(7-85)可写成

$$\ln\frac{K_p^\ominus(T_2)}{K_p^\ominus(T_1)} = \frac{\Delta_r H_m^\ominus}{R}\left(\frac{1}{T_1} - \frac{1}{T_2}\right) \tag{7-86}$$

若知道 $\Delta_r H_m^\ominus$，利用式(7-86)即可从 T_1 时的 $K_p^\ominus(T_1)$ 求 T_2 时的 $K_p^\ominus(T_2)$。式(7-85)还可表示为

$$\ln K_p^\ominus = -\frac{\Delta_r H_m^\ominus}{RT} + B \tag{7-87}$$

或

$$\ln K_p^\ominus = -\frac{\Delta_r G_m^\ominus}{RT} = -\frac{\Delta_r H_m^\ominus}{RT} + \frac{\Delta_r S_m^\ominus}{R} \tag{7-87'}$$

以 $\ln K_p^\ominus$ 对 $1/T$ 作图得一直线，从直线斜率可求得 $\Delta_r H_m^\ominus$，从截距可求 $\Delta_r S_m^\ominus$。这也是实验上求化学反应的标准摩尔反应焓 $\Delta_r H_m^\ominus$ 和标准摩尔反应熵 $\Delta_r S_m^\ominus$ 的方法之一。

例 7-12 利用热力学函数表册数据，试求在 $0.5\times101\ 325$Pa 下、298K 和 400K 时，理想气体反应 $N_2O_4 \rightleftharpoons 2NO_2$ 达平衡后 N_2O_4 和 NO_2 的平衡摩尔分数。

解 从附录九中查得各物质的 $\Delta_f G_m^\ominus$(B, 298.15K)，算出上述反应的 $\Delta_r G_m^\ominus = 4796.76\text{J}\cdot\text{mol}^{-1}$。又 $\ln K_p^\ominus = -\Delta_r G_m^\ominus/RT$，求得 $K_p^\ominus = 0.146$。

$$K_p^\ominus = \frac{\left(\dfrac{p_{NO_2}}{p^\ominus}\right)^2}{\dfrac{p_{N_2O_4}}{p^\ominus}} = \frac{p_B^2}{p_A p^\ominus} = \frac{(x_B p)^2}{x_A p p^\ominus} = \frac{x_B^2}{x_A}\frac{p}{p^\ominus} = \frac{x_B^2}{1-x_B}\frac{p}{p^\ominus}$$

式中，$A=N_2O_4$；$B=NO_2$。令 $Z \equiv \dfrac{K_p^\ominus}{p/p^\ominus}$，则

$$x_B^2 + Zx_B - Z = 0$$

$$x_B = \frac{1}{2}[-Z \pm (Z^2+4Z)^{1/2}]$$

已知 $K_p^\ominus = 0.146$，$p = 0.5\times101\ 325$Pa，$p^\ominus = 101\ 325$Pa，$Z = \dfrac{0.146}{0.5} = 0.292$，代入上式得

$$x_B = 0.414 \qquad x_A = 1 - x_B = 0.586$$

利用式(7-86)，从 298K 的 $K_p^\ominus$(298K)求 400K 的 $K_p^\ominus$(400K)。假定 $\Delta_r H_m^\ominus$ 在 298～400K 为常数。从附录九中查得各物质的 $\Delta_f H_m^\ominus$(B, 298.15K)后，算出上述反应的 $\Delta_r H_m^\ominus(298.15\text{K}) = 57.20\text{kJ}\cdot\text{mol}^{-1}$。

$$\ln\frac{K_p^\ominus(400\text{K})}{K_p^\ominus(298\text{K})} = \ln\frac{K_p^\ominus(400\text{K})}{0.146} = 5.87$$

$$K_p^\ominus(400\text{K}) = 52.0$$

再利用上式，算得 $x_B = 0.99$，$x_A = 0.01$，表明提高温度对 N_2O_4 分解成 NO_2 有利。

若反应前后热容有明显变化，则反应热 $\Delta_r H_m^\ominus$ 不能按常数处理，尤其温度变化的范围较大时，更应考虑 $\Delta_r H_m^\ominus$ 随温度的变化，这时必须先找出 $\Delta_r H_m^\ominus$ 对 T 的函数关系，然后才能积分

$$\Delta_r H_m^\ominus = \Delta H_0 + \int \sum_B \nu_B C_{p,m}^\ominus(B)\,dT$$

$$= \Delta H_0 + \Delta aT + \frac{1}{2}\Delta bT^2 + \frac{1}{3}\Delta cT^3 + \cdots \tag{7-88}$$

式中，ΔH_0 是积分常数，将某一定温度 T 下的 $\Delta_r H_m^\ominus$ 代入式(7-88)，即可求得 ΔH_0。再将式(7-88)代入式(7-83)得

$$\frac{d\ln K_p^\ominus}{dT} = \frac{\Delta H_0}{RT^2} + \frac{\Delta a}{RT} + \frac{\Delta b}{2R} + \frac{\Delta c}{3R}T + \cdots$$

移项积分，得

$$\ln K_p^\ominus = -\frac{\Delta H_0}{RT} + \frac{\Delta a}{R}\ln T + \frac{\Delta b}{2R}T + \frac{\Delta c}{6R}T^2 + I \tag{7-89}$$

代入已知某温度 T 时的 $K_p^\ominus$，即可求得积分常数 I。求得的 ΔH_0 及 I 再代回式(7-89)，即可进而求出任一温度 T 时的 $K_p^\ominus$。又因 $\Delta_r G_m^\ominus = -RT\ln K_p^\ominus$，故将

式(7-89)两边乘以$-RT$，得$\Delta_r G_m^\ominus$与T的关系式

$$\Delta_r G_m^\ominus = \Delta H_0 - \Delta a T \ln T - \frac{\Delta b}{2}T^2 - \frac{\Delta c}{6}T^3 - IRT \tag{7-90}$$

利用298.15K时化学反应的$\Delta_r G_m^\ominus$值，代入式(7-90)即可求得积分常数I。$\Delta_r G_m^\ominus$可由298.15K时物质的标准摩尔生成吉布斯自由能$\Delta_f G_m^\ominus$(B，298.15K)求得。

例 7-13 利用下列数据，将甲烷转化反应

$$CH_4(g)+H_2O(g) \longrightarrow CO(g)+3H_2(g)$$

的$K_p^\ominus$表示成温度的函数关系式，并求1000K时的$K_p^\ominus$值。已知

物质	$\Delta_f H_m^\ominus$ (B，298.15K) /(kJ·mol^{-1})	$\Delta_f G_m^\ominus$ (B，298.15K) /(kJ·mol^{-1})	$S_m^\ominus$ (B，298.15K) /(J·mol^{-1}·K^{-1})	$C_{p,m}^\ominus = a+bT+cT^2$ /(J·mol^{-1}·K^{-1})		
				a	$b\times10^3$	$c\times10^6$
$CH_4(g)$	−74.81	−50.75	187.90	14.15	75.496	−17.99
$H_2O(g)$	−241.82	−228.59	188.72	29.16	14.49	−2.022
$CO(g)$	−110.52	−137.15	197.56	26.537	7.6831	−1.172
$H_2(g)$	0	0	130.57	26.88	4.347	−0.3265

解 在298.15K时

$$\Delta_r H_m^\ominus = \Delta_f H_m^\ominus(CO,g)+3\Delta_f H_m^\ominus(H_2,g)-[\Delta_f H_m^\ominus(CH_4,g)+\Delta_f H_m^\ominus(H_2O,g)]$$
$$=206.11\text{kJ}\cdot\text{mol}^{-1}$$

$$\Delta_r G_m^\ominus = \Delta_f G_m^\ominus(CO,g)+3\Delta_f G_m^\ominus(H_2,g)-[\Delta_f G_m^\ominus(CH_4,g)+\Delta_f G_m^\ominus(H_2O,g)]$$
$$=142.19\text{kJ}\cdot\text{mol}^{-1}$$

或由

$$\Delta S_m^\ominus = S_m^\ominus(CO,g)+3S_m^\ominus(H_2,g)-[S_m^\ominus(CH_4,g)+S_m^\ominus(H_2O,g)]=212.65\text{J}\cdot\text{mol}^{-1}\cdot\text{K}^{-1}$$

得

$$\Delta G_m^\ominus = \Delta H_m^\ominus - T\Delta S_m^\ominus = 142.70\text{kJ}\cdot\text{mol}^{-1}$$

又

$$\Delta a = a(CO,g)+3a(H_2,g)-[a(CH_4,g)+a(H_2O,g)]=63.867$$

$$\Delta b = b(CO,g)+3b(H_2,g)-[b(CH_4,g)+b(H_2O,g)]=-69.2619\times10^{-3}$$

$$\Delta c = c(CO,g)+3c(H_2,g)-[c(CH_4,g)+c(H_2O,g)]=17.8605\times10^{-6}$$

将$T=298.15\text{K}$、$\Delta H_m^\ominus(298.15\text{K})=206.11\times10^3\text{J}\cdot\text{mol}^{-1}$代入式(7-88)得

$$\Delta H_0 = \Delta_r H_m^\ominus - \Delta a T - \frac{\Delta b}{2}T^2 - \frac{\Delta c}{3}T^3$$

$$=\left(206.11\times10^3-63.867\times298.15+\frac{69.2619\times10^{-3}}{2}\times298.15^2\right.$$
$$\left.-\frac{17.8605\times10^{-6}}{3}\times298.15^3\right)\text{J}\cdot\text{mol}^{-1}$$

$$=189\,989\text{J}\cdot\text{mol}^{-1}$$

再将$T=298.15\text{K}$、$\Delta_r G_m^\ominus(298.15\text{K})=142.19\times10^3\text{J}\cdot\text{mol}^{-1}$、$\Delta H_0=189\,989\text{J}\cdot\text{mol}^{-1}$及$\Delta a$、$\Delta b$、$\Delta c$代入式(7-90)得

$$I=\frac{1}{RT}\left(-\Delta G_{\mathrm{m}}^{\ominus}+\Delta H_0-\Delta aT\ln T-\frac{\Delta b}{2}T^2-\frac{\Delta c}{6}T^3\right)$$

$$=\frac{1}{8.314\times298.15}\times\left(-142.19\times10^3+189\ 989-63.867\times298.15\times\ln298.15\right.$$

$$\left.+\frac{69.2619\times10^{-3}}{2}\times298.15^2-\frac{17.8605\times10^{-6}}{6}\times298.15^3\right)$$

$$=-23.2751$$

于是得

$$\ln K_p^{\ominus}=-\frac{\Delta H_0}{RT}+\frac{\Delta a}{R}\ln T+\frac{\Delta b}{2R}T+\frac{\Delta c}{6R}T^2+I$$

$$=-\frac{22\ 851.7}{T/\mathrm{K}}+7.681\ 86\ln(T/\mathrm{K})-4.165\ 38\times10^{-3}(T/\mathrm{K})$$

$$+0.358\ 041\times10^{-6}(T/\mathrm{K})^2-23.2751$$

及

$$\Delta_{\mathrm{r}}G_{\mathrm{m}}^{\ominus}=[189\ 989-63.867(T/\mathrm{K})\ln(T/\mathrm{K})+34.631\times10^{-3}(T/\mathrm{K})^2$$

$$-2.976\ 75\times10^{-6}(T/\mathrm{K})^3+193.509(T/\mathrm{K})]\mathrm{J\cdot mol^{-1}}$$

当 $T=1000\mathrm{K}$ 时

$$\ln K_p^{\ominus}=-\frac{22\ 851.7}{1000}+7.681\ 86\times\ln1000-4.165\ 38\times10^{-3}\times1000$$

$$+0.358\ 041\times10^{-6}\times1000^2-23.2751$$

$$=3.130\ 27$$

$$K_p^{\ominus}=22.88$$

3）化学反应的等容方程

由式(7-32)

$$K_p^{\ominus}=K_c^{\ominus}\left(\frac{c^{\ominus}RT}{p^{\ominus}}\right)^{\sum_{\mathrm{B}}\nu_{\mathrm{B}}}$$

取对数后再对 T 取导数得

$$\frac{\mathrm{d}\ln K_p^{\ominus}}{\mathrm{d}T}=\frac{\mathrm{d}\ln K_c^{\ominus}}{\mathrm{d}T}+\sum_{\mathrm{B}}\nu_{\mathrm{B}}\frac{\mathrm{d}\ln(RT)}{\mathrm{d}T}$$

结合式(7-83)得

$$\frac{\Delta_{\mathrm{r}}H_{\mathrm{m}}^{\ominus}}{RT^2}=\frac{\mathrm{d}\ln K_c^{\ominus}}{\mathrm{d}T}+\frac{\sum_{\mathrm{B}}\nu_{\mathrm{B}}}{T}$$

故

$$\frac{\mathrm{d}\ln K_c^{\ominus}}{\mathrm{d}T}=\frac{\Delta_{\mathrm{r}}H_{\mathrm{m}}^{\ominus}}{RT^2}-\frac{\sum_{\mathrm{B}}\nu_{\mathrm{B}}RT}{RT^2}$$

又因

$$\Delta_{\mathrm{r}}H_{\mathrm{m}}^{\ominus}-\sum_{\mathrm{B}}\nu_{\mathrm{B}}RT=\Delta_{\mathrm{r}}U_{\mathrm{m}}^{\ominus}$$

由此得到

$$\frac{\mathrm{d}\ln K_c^{\ominus}}{\mathrm{d}T}=\frac{\Delta_{\mathrm{r}}U_{\mathrm{m}}^{\ominus}}{RT^2}\tag{7-91}$$

式(7-91)称为化学反应的等容方程。

2. 压力对化学平衡的影响

保持理想气体反应体系的温度不变，改变反应体系的体积，体系的总压

$p(p=nRT/V)$和各组分气体的分压 $p_B(p_B=n_BRT/V)$都将发生变化。因为 $K_p^\ominus$与$K_c^\ominus$均与 p 无关，所以 p 发生变化对 $K_p^\ominus$、$K_c^\ominus$均无影响，即

$$\left(\frac{\partial \ln K_p^\ominus}{\partial p}\right)_T=0 \tag{7-92}$$

$$\left(\frac{\partial \ln K_c^\ominus}{\partial p}\right)_T=0 \tag{7-93}$$

但是 K_x 与 p 有关($\sum_B \nu_B=0$ 的情况除外)。根据式(7-42)和式(7-43)有

$$K_x=K_p^\ominus\left(\frac{p}{p^\ominus}\right)^{-\sum_B \nu_B} \tag{7-94}$$

$$\left(\frac{\partial \ln K_x}{\partial p}\right)_T=-\frac{\sum_B \nu_B}{p} \tag{7-95}$$

如果 $\sum_B \nu_B>0$，增加 p，则 K_x 就减小，平衡位置移向反应物一方，即大家熟知的勒夏特列(Le Chatelier)原理，增大压力，平衡点移向使体系压力降低的方向。反之，降低 p，则 K_x 就增加，平衡位置(摩尔分数的比值)移向产物一方。如果 $\sum_B \nu_B<0$，则情况正相反。

3. 恒温、恒容下加入惰性气体

在一定温度下，体系达到化学平衡时，有 $Q_p^\ominus=K_p^\ominus$。保持反应体系的温度和体积不变，在体系中加入惰性气体(与体系内各组分气体不发生化学反应的气体)。因为 $p_B=n_BRT/V$，所以加入惰性气体对 p_B 无影响，仍保持 $Q_p^\ominus=K_p^\ominus$，即对平衡无影响，既不影响平衡常数，又不影响平衡组成(平衡位置)。

4. 恒温、恒压下加入惰性气体

恒温、恒压下加入惰性气体，并不影响平衡常数 K_p，但能影响平衡组成，即能使平衡位置发生移动。根据式(7-41)

$$K_n=K_p\left(\frac{p}{\sum_B n_{B,eq}}\right)^{-\sum_B \nu_B}$$

式中，$\sum_B n_{B,eq}$ 代表平衡时各物质的物质的量的总和，对于 $\sum_B \nu_B>0$ 的反应，加入惰性气体使 $\sum_B n_{B,eq}$ 增大，K_n 增大，即平衡位置移向产物一方。如果 $\sum_B \nu_B<0$，加入惰性气体使 K_n 减小，即平衡位移向反应物一方。如果 $\sum_B \nu_B=0$，则平衡不受影响。应该指出，在恒温、恒压条件下，平衡位置的移动不是与加入惰性气体直接有关，而是体积增大的缘故。在恒温、恒压条件下加入惰性气体，其效果相当于降低反应物的浓度，降低各物质的分压与降低总压的效果相同。注意，此处的平衡位置是指产物的物质的量与反应物的物质的量的比值。

例 7-14 常压下乙苯脱氢制苯乙烯的反应，已知 873K 时 $K_p^\ominus=0.178$。若原料气中乙苯和水蒸气的比例 1∶9，求乙苯的最大转化率。若不添加水蒸气，则乙苯的转化率为多少？

解 在标准压力 $p^\ominus$ 下，设通入 1mol 乙苯和 9mol 水蒸气，并设 x 为乙苯转化了的物质的量。

	$C_6H_5C_2H_5 \rightleftharpoons$	$C_6H_5CH=CH_2+$	H_2	H_2O
$t=0$	1mol	0	0	9mol
平衡时	$(1-x)$mol	$x$mol	$x$mol	9mol

平衡时的总物质的量

$$\sum_B n_{B,eq}=(1-x+x+x+9)\text{mol}=(10+x)\text{mol}$$

$$K_p^\ominus=K_n\left[\frac{\dfrac{p}{p^\ominus}}{\sum\limits_B n_{B,eq}}\right]^{\sum_B \nu_B}$$

$$K_p^\ominus=\left(\frac{x^2}{1-x}\right)\left[\frac{\dfrac{p}{p^\ominus}}{\sum\limits_B n_{B,eq}}\right]^{\sum_B \nu_B}=\frac{x^2}{(1-x)(10+x)}$$

$$x=0.728\text{mol}$$

$$\alpha=\frac{0.728\text{mol}}{1\text{mol}}\times 100\%=72.8\%$$

如果不加水蒸气，则平衡时各物质的物质的量总和

$$\sum_B n_{B,eq}=(1+x)\text{mol}$$

$$0.178=\frac{x^2}{(1-x)(1+x)}$$

$$x=0.389\text{mol}$$

$$\alpha=\frac{0.389\text{mol}}{1\text{mol}}\times 100\%=38.9\%$$

从而可看出，加入水蒸气后，乙苯的最大转化率从 38.9%增加到 72.8%。在恒温、恒压的条件下，加入惰性气体使 $\sum\limits_B n_{B,eq}$ 增大，由于 $\sum\limits_B \nu_B>0$，故 K_n 增大，平衡向右移，平衡转化率增大。

5. 恒温、恒容下加入反应物

保持反应平衡体系的温度和体积不变，在体系中加入反应物。例如，在恒温、恒容条件下，在反应 $A+B \rightleftharpoons 2C+D$ 的平衡体系中加入一些 A。因为 $p_B=n_BRT/V$，T 和 V 固定不变，所以增加 A 即增加 A 的分压 p_A，但 B、C、D 的分压不变。因为 p_A 出现在 $Q_p^\ominus$ 的分母中，所以 p_A 增加，$Q_p^\ominus$ 就减小，平衡受到破坏，$Q_p^\ominus \neq K_p^\ominus$。欲使平衡重新恢复，必须增加 $Q_p^\ominus$，途径就是增加产物的分压，降低反应物的分压，即平衡位置移向产物一方。这就是说，消耗所加入的 A 的同时多消耗 B，生成更多的产物 C 和 D(与原平衡相比)。

6. 恒温、恒压下加入反应物

保持反应平衡体系的温度和压力不变，在体系中加入反应物。例如，在恒温、恒压条件下，在 $N_2+3H_2 \rightleftharpoons 2NH_3$ 的平衡体系中加入一些 N_2。假定在

给定温度和压力下，上述反应的$K_x=8.33$，即

$$K_x=\frac{x_{NH_3}^2}{x_{N_2}x_{H_2}^3}=8.33$$

令平衡时 $n_{N_2}=3.0mol$，$n_{H_2}=1.0mol$，$n_{NH_3}=1.0mol$。定义 $Q_x=\prod_B(x_B)\nu_B$。在平衡时 $Q_x=K_x$，即

$$Q_x=\frac{\left(\frac{1}{5.0}\right)^2}{\frac{3}{5.0}\times\left(\frac{1}{5.0}\right)^3}=8.33=K_x$$

现在若在上述平衡体系中，在恒温、恒压条件下加入 0.1mol N_2。因为 T 和 p 未变，所以 K_x 不变，仍为 8.33。加入 0.1mol N_2，引起平衡的破坏，Q_x 值不再等于 K_x 值，即

$$Q_x=\frac{\left(\frac{1}{5.1}\right)^2}{\frac{3.1}{5.1}\times\left(\frac{1}{5.1}\right)^3}=8.39\neq K_x$$

欲使体系恢复平衡，必须减小 Q_x 值，使它重新等于 K_x 值，途径就是降低产物的摩尔分数和增加反应物的摩尔分数，即平衡位置移向反应物一方(左方)。这就是说，在恒温、恒压条件下，在反应平衡体系中加入 N_2，平衡位置移向生成更多的 N_2 的一方。虽然加入 N_2 后，增加了 x_{N_2}，但降低了 x_{H_2} 和 x_{NH_3}。x_{H_2} 以三次方处在 Q_x 的分母中，抵消了 x_{N_2} 的增加和 x_{NH_3} 的减小，结果是 Q_x 由于 N_2 的加入而增加。一般情况下，在恒温、恒压条件下，加入某一反应物，平衡位置移向生成更多该物质的一方，但必须同时满足下列两个条件：①如果加入的反应物为 j，则出现 j 的反应计量方程式的一方的化学计量系数之和必须大于另一方的化学计量系数之和，如在上述反应计量方程式中，出现 N_2 的一方的化学计量系数之和为 $1+3=4$，大于另一方的化学计量系数之和为 2；②j 的平衡摩尔分数 $x_{j,eq}$ 必须大于 $\frac{\nu_j}{\Delta|\nu|}$。例如，$N_2$ 的 $x_{N_2,eq}$ 为 $0.6>\frac{1}{2}$（这里 $\nu_{N_2}=1$，$\Delta|\nu|=4-2=2$）。加入反应物 H_2，虽满足条件①，但不满足条件②，如加入 0.1mol H_2，$Q_x=6.53<K_x$，使原平衡向右移动；加入产物 NH_3，两个条件都不能满足，如加入 0.1mol NH_3，$Q_x=10.49>K_x$，使原平衡向左移动。因此，在恒温、恒压下向平衡体系中加入反应物，平衡的移动要视计量方程具体情况而定。

7. *反应物配比对平衡转化率的影响*

对于化学反应

$$aA+bB=\!=\!=lL+mM$$

若原料气中只有反应物而无产物，可以用数学上求极大的方法证明：反应物的配比等于化学计量比，即 $n_{A,0}/n_{B,0}=a/b$ 时，产物 L、M 在混合气体中的含量(摩尔分数)为最大。因此，如合成氨反应，总是使原料气中氢与氮的体积比为 3∶1，以使氨的含量最高。

如果两种原料气中，B 气体较便宜且容易从混合气体中分离，则根据平衡移动原理，为了充分利用 A 气体，可以使 B 气体大大过量，以尽量提高 A 的转化率。这样做虽然在混合气体中产物的含量低了，但经过分离便得到更多

的产物，在经济上是有益的。

专题讲座视频

平衡常数与平衡移动的关系

(朱志昂)

*8. 勒夏特列原理

勒夏特列原理通常表述为：若改变平衡体系的一个状态函数，则平衡就向着尽量缩小该变化所产生的影响的方向移动。这个原理只限用于在恒压下变温和在恒温下变压的化学反应平衡体系。我们可从热力学公式证明此原理。

$$\mathrm{d}G=-S\mathrm{d}T+V\mathrm{d}p+\sum\mu_{\mathrm{B}}\mathrm{d}n_{\mathrm{B}}=-S\mathrm{d}T+V\mathrm{d}p+\sum\nu_{\mathrm{B}}\mu_{\mathrm{B}}\mathrm{d}\xi$$

在恒温、恒压下反应达平衡时

$$\left(\frac{\partial G}{\partial\xi}\right)_{T,p}=0=\sum\nu_{\mathrm{B}}\mu_{\mathrm{B}}$$

$$-\boldsymbol{A}\equiv\left(\frac{\partial G}{\partial\xi}\right)_{T,p}$$

其全微分式为

$$-\mathrm{d}\boldsymbol{A}=\mathrm{d}\left(\frac{\partial G}{\partial\xi}\right)_{T,p}=-\left(\frac{\partial S}{\partial\xi}\right)_{T,p}\mathrm{d}T+\left(\frac{\partial V}{\partial\xi}\right)_{T,p}\mathrm{d}p+\left(\frac{\partial^2 G}{\partial\xi^2}\right)_{T,p}\mathrm{d}\xi$$

在反应平衡时

$$-\mathrm{d}\boldsymbol{A}=\mathrm{d}\left(\frac{\partial G}{\partial\xi}\right)_{T,p}=0$$

因此

$$\left(\frac{\partial\xi_{\mathrm{eq}}}{\partial T}\right)_p=\frac{\left(\frac{\partial S}{\partial\xi}\right)_{T,p}}{\left(\frac{\partial^2 G}{\partial\xi^2}\right)_{T,p}}=\frac{T\left(\frac{\delta Q}{\mathrm{d}\xi}\right)_{T,p}}{\left(\frac{\partial^2 G}{\partial\xi^2}\right)_{T,p}}$$

$$\left(\frac{\partial\xi_{\mathrm{eq}}}{\partial p}\right)_T=-\frac{\left(\frac{\partial V}{\partial\xi}\right)_{T,p}}{\left(\frac{\partial^2 G}{\partial\xi^2}\right)_{T,p}}$$

式中，ξ_{eq}是反应进度的平衡值；Q是可逆热交换。根据稳定平衡条件$\left(\frac{\partial^2 G}{\partial\xi^2}\right)_{T,p}>0$，所以欲使$\left(\frac{\partial\xi_{\mathrm{eq}}}{\partial T}\right)_p>0$，即在恒压条件下升高温度使反应朝有利的方向进行，$T\left(\frac{\delta Q}{\mathrm{d}\xi}\right)_{T,p}$必须大于零，即$\delta Q>0$，反应向吸热方向进行。同样，欲使$\left(\frac{\partial\xi_{\mathrm{eq}}}{\partial p}\right)_T>0$，即在恒温条件下，增加压力使反应朝有利的方向进行，$\left(\frac{\partial V}{\partial\xi}\right)_{T,p}$必须小于零，即$\mathrm{d}V<0$，反应向反应体系的体积缩小方向进行。

知识点讲解视频

同时平衡

(朱志昂)

*7.1.5 同时平衡

以上讨论的平衡体系中只限于一个化学反应。实际的反应体系特别是有机化学反应中，除了主反应外，常伴有或多或少的副反应，即有几个反应同时发生(如石油裂解反应有几十个或甚至更多的反应同时发生)。此时，首先要知道有几个独立的化学反应。所谓独立的化学反应，是指那些不能用线性组合的方法由其他反应导出的反应。例如

$$\mathrm{C+O_2 = CO_2} \qquad \text{(i)}$$

$$\mathrm{C+\frac{1}{2}O_2 = CO} \qquad \text{(ii)}$$

$$\mathrm{CO+\frac{1}{2}O_2 = CO_2} \qquad \text{(iii)}$$

这三个反应中，无论选择哪两个，第三个即可由线性组合而得，如(iii)=(i)−(ii)，我们就说有两个独立的化学反应。当体系达到平衡时，有几个独立的化学反应，就有几个独立的标准平衡常数，其余的均可由之推导出。例如，上述反应不难得出 $\Delta_r G_m^{\ominus}$(iii)$=\Delta_r G_m^{\ominus}$(i)−

$\Delta_r G_m^\ominus$(ii)，$K_p^\ominus$(iii)$=K_p^\ominus$(i)$/K_p^\ominus$(ii)。同时平衡是指所有存在于反应体系中的各个化学反应都同时达到平衡。但应注意，任一反应组分，无论它同时参加几个反应，其浓度（或分压）只有一个，即任一种物质的平衡浓度或分压必定同时满足每一个化学反应的标准平衡常数式。

例 7-15 甲烷和水蒸气（1∶5）的混合气体，在 600℃、101 325Pa 下通过催化剂，以生产合成氨用的氢气。设同时发生以下反应：

(1) $CH_4(g)+H_2O(g) \longrightarrow CO(g)+3H_2(g)$　$K_p^\ominus(1)=0.574$

(2) $CO(g)+H_2O(g) \longrightarrow CO_2(g)+H_2(g)$　$K_p^\ominus(2)=2.21$

求平衡组成。

解 体系中只有一个 CO 浓度，故 $K_p^\ominus(1)$、$K_p^\ominus(2)$两个表达式中 $p_{CO,eq}$是一样的，对 $H_2O(g)$、$H_2(g)$也是如此。$CH_4(g)$的消耗全部由反应(1)造成，CO_2 的生成全由反应(2)产生。反应(1)和(2)均消耗 $H_2O(g)$，产生 $H_2(g)$。反应(1)生成 CO。反应(2)消耗 CO。

设原料混合气体中含 $CH_4(g)$1mol，含 $H_2O(g)$5mol。设体系达到平衡时，$CH_4(g)$减少了 $x$mol，$CO_2(g)$增加了 $y$mol，则有

	$CH_4(g)$	$H_2O(g)$	$CO(g)$	$CO_2(g)$	$H_2(g)$
$t=0$ 时	1mol	5mol	0	0	0
平衡时	$(1-x)$mol	$(5-x-y)$mol	$(x-y)$mol	$y$mol	$(3x+y)$mol

$$\sum_B n_{B,eq}=1-x+5-x-y+x-y+y+3x+y=(6+2x)\text{mol}$$

$$K_p^\ominus(1)=\frac{\left(\frac{p_{CO,eq}}{p^\ominus}\right)\left(\frac{p_{H_2,eq}}{p^\ominus}\right)^3}{\left(\frac{p_{CH_4,eq}}{p^\ominus}\right)\left(\frac{p_{H_2,eq}}{p^\ominus}\right)}=\frac{\left(\frac{x-y}{6+2x}\frac{p}{p^\ominus}\right)\left(\frac{3x+y}{6+2x}\frac{p}{p^\ominus}\right)^3}{\left(\frac{1-x}{6+2x}\frac{p}{p^\ominus}\right)\left(\frac{5-x-y}{6+2x}\frac{p}{p^\ominus}\right)}$$

$$=\frac{(x-y)(3x+y)^3}{(1-x)(5-x-y)}\left(\frac{1}{6+2x}\frac{p}{p^\ominus}\right)^2=0.574$$

$$K_p^\ominus(2)=\frac{\left(\frac{y}{6+2x}\frac{p}{p^\ominus}\right)\left(\frac{3x+y}{6+2x}\frac{p}{p^\ominus}\right)}{\left(\frac{x-y}{6+2x}\frac{p}{p^\ominus}\right)\left(\frac{5-x-y}{6+2x}\frac{p}{p^\ominus}\right)}=\frac{y(3x+y)}{(x-y)(5-x-y)}=2.21$$

两个未知数，两个方程。解此联立方程，即可求出 x 及 y。

这里可采用试差法，因为已知 $0<x<1$ 及 $0<y<x$。给一个 x 值，通过 $K_p^\ominus(2)$式，可以解出一个 y 值。把这一组 x、y 值代入 $K_p^\ominus(1)$式，看结果等于多少（一般不等于 0.574）。这样给出几个 x 值，就有几个对应的 y 值及 $K_p^\ominus(1)$值。将 $K_p^\ominus(1)$对 x 作图，找出 $K_p^\ominus(1)=0.574$ 时的 x 值即为所求之值。然后计算出 y 值。

举例如下：

$$\frac{y(3x+y)}{(x-y)(5-x-y)}=2.21$$

整理后得

$$1.21y^2-(3x+11.05)y-2.21x(x-5)=0$$

若 $x=0.900$，上式简化为

$$1.21y^2-13.75y+8.155=0$$

解得

$$y=0.628$$

将 $x=0.900$，$y=0.628$ 代入

$$K_p^\ominus(1)=\frac{(x-y)(3x+y)^3}{(1-x)(5-x-y)(6+2x)^2}$$

得 $K_p^\ominus(1)=0.474$。如此试算可得到一系列的 x、y 和 $K_p^\ominus(1)$值。计算结果列表如下：

x	0.900	0.905	0.910	0.915	0.920	0.925
y	0.628	0.630	0.632	0.634	0.636	0.638
$K_p^\ominus(1)$	0.474	0.513	0.555	0.603	0.657	0.718

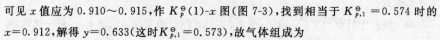

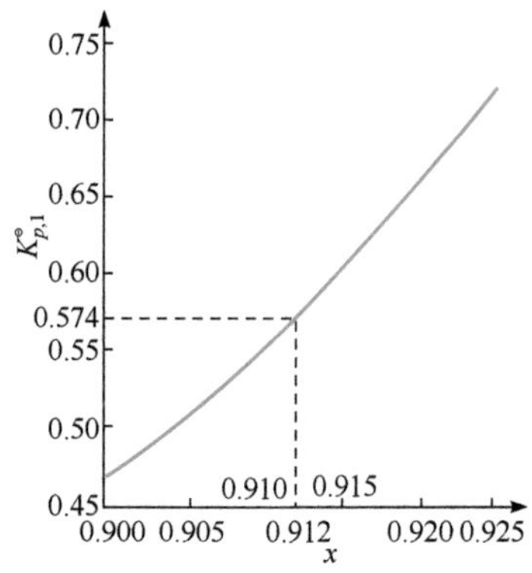

图 7-3　例 7-15 图解

可见 x 值应为 0.910～0.915，作 $K_p^\ominus(1)$-x 图(图 7-3)，找到相当于 $K_{p,1}^\ominus=0.574$ 时的 $x=0.912$，解得 $y=0.633$(这时$K_{p,1}^\ominus=0.573$)，故气体组成为

$$x_{CH_4}=\frac{1-x}{6+2x}=\frac{0.088}{7.824}\times100\%=1.12\%$$

$$x_{H_2O}=\frac{5-x-y}{6+2x}=\frac{3.455}{7.824}\times100\%=44.16\%$$

$$x_{CO}=\frac{x-y}{6+2x}=\frac{0.279}{7.824}\times100\%=3.57\%$$

$$x_{H_2}=\frac{3x+y}{6+2x}=\frac{3.369}{7.824}\times100\%=43.06\%$$

$$x_{CO_2}=\frac{y}{6+2x}=\frac{0.633}{7.824}\times100\%=8.09\%$$

根据同时平衡的原理，某一反应平衡点偏于反应物一方，但偶合另一很易进行的反应，则可以使前一反应得以进行。例如，某反应

$$A+B \rightleftharpoons M+D$$

其 $\Delta_r G_{m,1}^\ominus>0$，则 $K_{p,1}^\ominus<1$。从热力学观点 $\left(\frac{\partial G}{\partial \xi}\right)_{T,p}=\Delta_r G_p^\ominus(T)+RT\ln Q_p^\ominus\leqslant0$ 来看，若投料 A、B 时，只有很少的 A 和 B 生成很少量的 M 和 D 即达平衡，平衡点离反应物很近。若偶合一个$\Delta_r G_{m,2}^\ominus\ll0$，能消耗该反应某一产物的反应

$$M+R \rightleftharpoons S+T$$

$$\Delta_r G_{m,2}^\ominus\ll0\quad K_{p,2}^\ominus\gg1$$

若两反应同时在一个体系中进行，由于后一个反应很易进行，平衡点偏于右方，大量消耗 M，使前一个反应中 $M\rightarrow0$，$Q_p^\ominus=0$，$RT\ln Q_p^\ominus\rightarrow-\infty$，使 $\left(\frac{\partial G}{\partial \xi}\right)_{T,p}<0$，前一个反应能不断进行。

偶合反应在工业有机合成、生物体内核酸的水解等方面得到广泛的应用。

例如，目前制取丙烯腈最经济的方法就是根据偶合反应设计获得的。若直接从丙烯按反应

$$CH_2=CH-CH_3+NH_3 \rightleftharpoons CH_2=CH-CN+3H_2$$

生产丙烯腈的产率是很低的，但将反应

$$3H_2+\frac{3}{2}O_2 \rightleftharpoons 3H_2O$$

与上述反应偶合成反应

$$CH_2=CH-CH_3+NH_3+\frac{3}{2}O_2 \rightleftharpoons CH_2=CH-CN+3H_2O$$

则丙烯腈的产率变得很高。

又如,人体葡萄糖的代谢过程:

$$葡萄糖 + H_2PO_4^- \longrightarrow 6\text{-}磷酸葡萄糖 + H_2O(l) \qquad (i)$$

$$\Delta_r G^{\ominus}_{m,(i)}(310K) = 12.6kJ \cdot mol^{-1}$$

该反应在标准状态下正向不能进行。但在人体内还存在 ATP(腺苷三磷酸)水解成 ADP(腺苷二磷酸)的反应:

$$ATP + H_2O \longrightarrow ADP + H_2PO_4^- \qquad (ii)$$

$$\Delta_r G^{\ominus}_{m,(ii)}(310K) = -30.54kJ \cdot mol^{-1}$$

将两个反应偶合,可得

$$ATP + 葡萄糖 \longrightarrow ADP + 6\text{-}磷酸葡萄糖 \qquad (iii)$$

$$\Delta_r G^{\ominus}_{m,(iii)} = \Delta_r G^{\ominus}_{m,(i)} + \Delta_r G^{\ominus}_{m,(ii)} = -17.9kJ \cdot mol^{-1} < 0$$

反应(iii)能自发进行。

7.2 非理想气体混合物中的化学平衡

知识点讲解视频

实际气体的化学平衡

(朱志昂)

7.2.1 逸度平衡常数

1. 标准逸度平衡常数 $K_f^{\ominus}$

非理想气体化学平衡的条件为

$$\left(\frac{\partial G}{\partial \xi}\right)_{T,p} = \sum_B \nu_B \mu_B = 0$$

非理想气体混合物中组分 B 的化学势 μ_B 为

$$\mu_B = \mu_B^{\ominus}(T) + RT\ln\frac{f_B}{p^{\ominus}}$$

代入上式得

$$\sum_B \nu_B \mu_B^{\ominus}(T) + RT\sum_B \nu_B \ln\frac{f_{B,eq}}{p^{\ominus}} = 0$$

$$\Delta_r G_m^{\ominus}(T) + RT\ln\prod_B\left(\frac{f_{B,eq}}{p^{\ominus}}\right)^{\nu_B} = 0$$

式中,$p^{\ominus}$是标准态压力,通常选择 $p^{\ominus} = 10^5 Pa$;$f_{B,eq}$是化学平衡时组分 B 的逸度,即平衡逸度。

定义

$$\prod_B\left(\frac{f_{B,eq}}{p^{\ominus}}\right)^{\nu_B} = K_f^{\ominus} \qquad (7\text{-}96)$$

则有

$$\Delta_r G_m^{\ominus}(T) = -RT\ln K_f^{\ominus} \qquad (7\text{-}97)$$

$\Delta_r G_m^{\ominus}(T)$是非理想气体化学反应的标准摩尔吉布斯自由能,它只是温度 T 的函数,所以给定反应的$K_f^{\ominus}$也只是 T 的函数。在一定温度下,给定反应的$K_f^{\ominus}$是一常数,它是一个纯数,但与标准态压力 $p^{\ominus}$的选取有关,故称为标准逸度平衡常数。由于 $f = \gamma p$,故

$$K_f^{\ominus} = \prod_B\left(\frac{f_{B,eq}}{p^{\ominus}}\right)^{\nu_B} = \prod_B\left(\frac{\gamma_B p_{B,eq}}{p^{\ominus}}\right)^{\nu_B}$$

$$=\prod_B(\gamma_B)^{\nu_B}\prod_B\left(\frac{p_{B,eq}}{p^\ominus}\right)^{\nu_B}=K_\gamma K_p^\ominus \tag{7-98}$$

虽然 $K_f^\ominus$ 只是 T 的函数，但由于 γ 与 T 和 p 有关，因此 K_γ 和 $K_p^\ominus$ 均与 T 和 p 有关。在计算非理想气体反应(高压下的气体反应)的平衡时，应该利用第 3 章介绍过的有关逸度系数 γ 的求算方法。表 7-1 列出利用牛顿图求 450℃和 1000×101 325Pa 下的 NH_3、N_2 和 H_2 的 γ 值和计算得的 K_γ 值。表 7-2 列出气体反应 $\frac{1}{2}N_2+\frac{3}{2}H_2$ ═══ NH_3 在 450℃时的平衡数据，由表可知 $K_p^\ominus$ 随压力而变，不是常数，但 $K_f^\ominus$ 是常数[压力很高的情况除外，这是路易斯-兰德尔近似规则引起的]。

表 7-1 反应混合物 NH_3、N_2 和 H_2 在 1000×101 325Pa 和 450℃下的 γ 值和 K_γ 的计算

物 质	p_c/101 325Pa	T_c/K	p_r	T_r	γ
NH_3	111.5	405.6	8.97	1.78	0.85
N_2	33.5	126.1	29.8	5.73	1.62
H_2	12.8	33.3	78.1	21.7	1.47
$K_\gamma=\frac{\gamma_{(NH_3)}}{\gamma_{(N_2)}^{1/2}\gamma_{(H_2)}^{3/2}}=0.31$					

表 7-2 反应 $\frac{1}{2}N_2+\frac{3}{2}H_2$ ═══ NH_3 在 450℃时的平衡数据

总压/101 325Pa	NH_3 平衡/%	$K_p^\ominus$	K_γ	$K_f^\ominus$
10	2.04	0.006 59	0.995	0.006 55
30	5.80	0.006 76	0.975	0.006 59
50	9.17	0.006 90	0.945	0.006 50
100	16.36	0.007 25	0.880	0.006 36
300	35.5	0.008 84	0.688	0.006 08
600	53.6	0.012 94	0.497	0.006 42
1 000	69.4	0.024 96	0.434	0.010 10
2 000	89.8	0.133 7	0.342	0.045 8
3 500	97.2	1.075 1		

2. 经验逸度平衡常数 K_f

由实验测得非理想气体化学平衡时组分 B 的逸度 $f_{B,eq}$，得到经验逸度平衡常数 K_f

$$K_f=\prod_B(f_{B,eq})^{\nu_B}=\prod_B(\gamma_B)^{\nu_B}\prod_B(p_{B,eq})^{\nu_B}=K_\gamma K_p \tag{7-99}$$

与式(7-96)相比得

$$K_f=K_f^\ominus(p^\ominus)^{\sum_B\nu_B} \tag{7-100}$$

在温度 T 一定时，对指定反应，K_f 为一常数，它是有单位的，且与标准态选取无关，根据实验测出 K_γ、K_p，即可求得 K_f，故 K_f 称为经验逸度平衡常数。

应该强调指出，非理想气体(高压下气体)反应的平衡常数是逸度平衡常数 K_f 或 $K_f^\ominus$，而不是压力平衡常数 K_p 或 $K_p^\ominus$。非理想气体反应的 $\Delta_rG_m^\ominus(T)$ 与 $K_f^\ominus$ 有直接关系[式(7-97)]，与 $K_p^\ominus$ 的关系是间接的，即 $\Delta_rG_m^\ominus(T)\neq-RT\ln K_p^\ominus$。但在计算非理想气体化学反应的平衡转化率时直接应用的是 K_p。由于实际

气体的标准态是温度为 T、压力为 $p^\ominus$ 且具有理想气体性质的假想的纯实际气体，因此热力学及统计力学中求算 $\Delta_r G_m^\ominus(T)$ 的方法仍可适用，并根据 $\Delta_r G_m^\ominus(T) = -RT\ln K_f^\ominus$，可求出实际气体的 $K_f^\ominus$。

例 7-16　已知反应

$$\frac{1}{2}N_2(g) + \frac{3}{2}H_2(g) = NH_3(g)$$

在 500℃、低压下的 $K_p^\ominus = 3.80\times10^{-3}$，试计算 500℃、$300\times10^5$ Pa 下，氮、氢比为 1∶3 时的平衡组成(含 NH_3%)，并与实际值 26.44%(NH_3)比较。

(1) 按理想气体计算；

(2) 按实际气体计算，且 $K_\gamma = 0.773$。

解　(1) 按理想气体计算，设平衡转化率为 α

	$\frac{1}{2}N_2$	+ $\frac{3}{2}H_2$	= NH_3
$t=0$	1mol	3mol	0
平衡时	1mol×(1−α)	3mol×(1−α)	1mol×2α

$$\sum_B n_{B,eq} = (4-2\alpha)\text{mol}$$

$$K_p = K_n\left(\frac{p}{\sum_B n_{B,eq}}\right)^{\sum_B \nu_B} = \frac{2\alpha}{(1-\alpha)^{1/2}[3(1-\alpha)]^{3/2}}\left(\frac{p}{4-2\alpha}\right)^{1-1/2-3/2} = \frac{2^2\alpha(2-\alpha)}{3^{3/2}p(1-\alpha)^2}$$

$$3^{3/2}pK_p(1-\alpha)^2 2^{-2} = \alpha(2-\alpha) = 1-(1-\alpha)^2$$

$$(1-\alpha)^2 = \frac{1}{1+3^{3/2}2^{-2}K_p p}$$

$$\alpha = 1-(1+1.299K_p p)^{-1/2}$$

将 $K_p = 3.80\times10^{-3}\times(10^5\,\text{Pa})^{-1}$，$p = 300\times10^5$ Pa 代入得

$$\alpha = 1-(1+1.299\times3.80\times10^{-3}\times300)^{-1/2} = 0.365$$

故平衡组成为

$$NH_3\% = \frac{2\alpha}{4-2\alpha} = \frac{0.365}{1.635}\times100\% = 22.32\%$$

此结果与实验值的相对误差为

$$\frac{26.44-22.32}{26.44}\times100\% = 16.0\%$$

(2) 按实际气体计算。在同一温度 500℃时，低压下 $K_p = K_f$，在高压时，由于温度相同，K_f 不随压力变化，$K_f = 3.80\times10^{-3}\times(10^5\,\text{Pa})^{-1}$，则

$$K_p = \frac{K_f}{K_\gamma} = \frac{3.80\times10^{-3}\times(10^5\,\text{Pa})^{-1}}{0.773} = 4.92\times10^{-3}\times(10^5\,\text{Pa})^{-1}$$

于是

$$\alpha = 1-(1+1.299\times4.92\times10^{-3}\times300)^{-1/2} = 0.414$$

故平衡组成为

$$NH_3\% = \frac{2\alpha}{4-2\alpha} = \frac{0.414}{1.586}\times100\% = 26.10\%$$

此结果与实验值的相对误差为

$$\frac{26.44-26.10}{26.44}\times100\% = 1.3\%$$

可见考虑 K_γ 后，计算准确得多。

7.2.2 化学反应等温式

非理想气体化学反应体系在某一状态时，化学反应的方向和限度的化学势判据为

$$\left(\frac{\partial G}{\partial \xi}\right)_{T,p}=\sum_{B}\nu_B\mu_B\leqslant 0$$

将非理想气体化学势表达式 $\mu_B=\mu_B^{\ominus}(T)+RT\ln\frac{f_B}{p^{\ominus}}$代入上式得

$$\left(\frac{\partial G}{\partial \xi}\right)_{T,p}=\sum_{B}\nu_B\mu_B^{\ominus}(T)+RT\ln\prod_{B}\left(\frac{f_B}{p^{\ominus}}\right)^{\nu_B}\leqslant 0$$

$$\left(\frac{\partial G}{\partial \xi}\right)_{T,p}=\Delta_r G_m^{\ominus}(T)+RT\ln Q_f^{\ominus}\leqslant 0$$

或

$$\left(\frac{\partial G}{\partial \xi}\right)_{T,p}=-RT\ln K_f^{\ominus}+RT\ln Q_f^{\ominus}\leqslant 0 \tag{7-101}$$

式(7-101)即为非理想气体的化学等温式。

7.2.3 各种因素对非理想气体化学平衡的影响

1. 温度的影响

用与讨论理想气体相同的方法，可得到非理想气体的范特霍夫方程

$$\frac{d\ln K_f^{\ominus}}{dT}=\frac{\Delta_r H_m^{\ominus}(T)}{RT^2} \tag{7-102}$$

2. 压力的影响

压力对 $K_f^{\ominus}$没有影响，但对 K_γ、$K_p^{\ominus}$有影响。

$$\left(\frac{\partial \ln K_f^{\ominus}}{\partial p}\right)_T=\left[\frac{\partial \ln(K_\gamma K_p^{\ominus})}{\partial p}\right]_T=0$$

$$\left(\frac{\partial \ln K_\gamma}{\partial p}\right)_T+\left(\frac{\partial \ln K_p^{\ominus}}{\partial p}\right)_T=0$$

$$\left(\frac{\partial \ln K_p^{\ominus}}{\partial p}\right)_T=-\left(\frac{\partial \ln K_\gamma}{\partial p}\right)_T \tag{7-103}$$

$$\left\{\frac{\partial \ln\left[K_x\left(\frac{p}{p^{\ominus}}\right)^{\sum_B \nu_B}\right]}{\partial p}\right\}_T=-\left(\frac{\partial \ln K_\gamma}{\partial p}\right)_T$$

$$\left(\frac{\partial \ln K_x}{\partial p}\right)_T=-\frac{\sum_B \nu_B}{p}-\left(\frac{\partial \ln K_\gamma}{\partial p}\right)_T \tag{7-104}$$

7.3 液体混合物中的化学平衡

液体混合物是指混合物中各物质均为液态，而且将这些物质均按相同的方法来研究，没有溶质、溶剂之分，各组分是完全互溶的，仅各组分的相对量不同而已。液体混合物又可分为理想液体混合物和非理想液体混合物。

7.3.1 理想液体混合物中的化学平衡

1. 标准平衡常数

所谓理想液体混合物就是液体混合物中任一组分在全部浓度范围内都遵守拉乌尔定律。理想液体混合物中物质B的化学势表达式为

$$\mu_B=\mu_B^\ominus(T)+RT\ln x_B+\int_{p^\ominus}^{p}V_B^*(T,p)\mathrm{d}p \tag{7-105}$$

代入化学平衡的准则

$$\left(\frac{\partial G}{\partial \xi}\right)_{T,p}=\sum_B \nu_B\mu_B=0$$

得

$$\sum_B \nu_B\mu_B^\ominus(T)+RT\ln\prod_B(x_{B,eq})^{\nu_B}+\sum_B\nu_B\int_{p^\ominus}^{p}V_B^*\,\mathrm{d}p=0 \tag{7-106}$$

在 $p\approx p^\ominus$ 条件下,式中积分项很小,可忽略不计。令

$$\prod_B(x_{B,eq})^{\nu_B}=K_x^\ominus \tag{7-107}$$

式(7-106)表示为

$$\Delta_r G_m^\ominus(T)=-RT\ln K_x^\ominus \tag{7-108}$$

从而可看出 $K_x^\ominus$ 仅是温度 T 的函数,与压力及各组分浓度无关,但与选取的标准态有关(人为地规定温度为 T,压力 $p^\ominus=10^5\,\mathrm{Pa}$ 的纯液体B为标准态),故 $K_x^\ominus$ 称为标准摩尔分数平衡常数。应强调指出,对于理想液体混合物的化学平衡体系,只有 $\Delta_r G_m^\ominus(T)=-RT\ln K_x^\ominus$,而 $\Delta_r G_m^\ominus(T)\neq -RT\ln K_m^\ominus$,$\Delta_r G_m^\ominus(T)\neq -RT\ln K_c^\ominus$。

2. 化学反应等温式

在 $p\approx p^\ominus$ 的条件下,式(7-105)中的积分项可忽略不计,式(7-105)可改写成

$$\mu_B=\mu_B^\ominus(T)+RT\ln x_B \tag{7-109}$$

将式(7-109)代入化学反应的化学势判据

$$\left(\frac{\partial G}{\partial \xi}\right)_{T,p}=\sum_B \nu_B\mu_B\leqslant 0$$

得到判别化学反应方向和限度的化学反应等温式

$$-RT\ln K_x^\ominus+RT\ln Q_x^\ominus\leqslant 0 \tag{7-110}$$

3. 温度的影响

与推导式(7-83)相同的方法,可推得

$$\frac{\mathrm{d}\ln K_x^\ominus}{\mathrm{d}T}=\frac{\Delta_r H_m^\ominus(T)}{RT^2} \tag{7-111}$$

式中

$$\Delta_r H_m^\ominus(T)=\sum_B \nu_B H_m^\ominus(B,T)=\sum_B \nu_B\Delta_f H_m^\ominus(B,T)$$

7.3.2 非理想液体混合物中的化学平衡

所谓非理想液体混合物是指液体混合物中任一组分均不遵守拉乌尔定律。在一定状态下某一物质 B 的化学势表达式为

$$\mu_B=\mu_B^{\ominus}(T)+RT\ln(x_B\gamma_B)+\int_{p^{\ominus}}^{p_B^*}V_B^*\,dp \tag{7-112}$$

在 $p\approx p^{\ominus}$ 的条件下，式中积分项很小可忽略不计，则有

$$\mu_B=\mu_B^{\ominus}(T)+RT\ln(x_B\gamma_B)=\mu_B^{\ominus}(T)+RT\ln a_B \tag{7-113}$$

式中，γ_B 是非理想液体混合物中物质 B 的活度系数。将式(7-113)代入化学平衡判据

$$\sum_B \nu_B\mu_B=0$$

得

$$\sum_B \nu_B\mu_B^{\ominus}(T)+RT\ln\prod_B(a_{B,eq})^{\nu_B}=0 \tag{7-114}$$

令

$$K_a^{\ominus}=\prod_B(a_{B,eq})^{\nu_B} \tag{7-115}$$

式(7-114)可写成

$$\Delta_r G_m^{\ominus}(T)=-RT\ln K_a^{\ominus} \tag{7-116}$$

可看出 $K_a^{\ominus}$ 仅是温度 T 的函数，但与选取的标准态有关(仍然规定温度为 T，压力为 $p^{\ominus}=10^5$ Pa 的纯液体 B 为标准态)，故 $K_a^{\ominus}$ 称为标准活度平衡常数，它是没有单位的。

7.4 溶液中的化学平衡

7.4.1 非电解质溶液中的化学平衡

知识点讲解视频

非电解质溶液中的化学平衡

(朱志昂)

1. 标准活度平衡常数

由于溶液中对溶剂 A 和对溶质 B、C、… 的处理方法不同，故将溶液中化学计量方程写成

$$0=\nu_A A+\sum_{B\neq A}\nu_B B \tag{7-117}$$

化学平衡判据为

$$\nu_A\mu_A(T,p,m_c^{eq})+\sum_{B\neq A}\nu_B\mu_B(T,p,m_c^{eq})=0 \tag{7-118}$$

在 $p\approx p^{\ominus}$ 的条件下，溶液中溶剂、溶质的化学势分别为

$$\mu_A(T,p,m_c^{eq})=\mu_A^{\ominus}(T)+RT\ln a_A^{eq}=\mu_A^{\ominus}(T)+RT\ln(\gamma_A^{eq}x_A^{eq}) \tag{7-119}$$

$$\mu_B(T,p,m_c^{eq})=\mu_B^{\ominus}(T)+RT\ln a_{m,B}^{eq}=\mu_B^{\ominus}(T)+RT\ln\frac{\gamma_{m,B}^{eq}m_B^{eq}}{m^{\ominus}} \tag{7-120}$$

式中，γ_A^{eq}、x_A^{eq}、$a_{m,B}^{eq}$ 分别是化学平衡体系中溶剂的活度系数、摩尔分数、溶质的活度。将式(7-119)和式(7-120)代入式(7-118)得

$$\nu_A\mu_A^{\ominus}(T)+\sum_{B\neq A}\nu_B\mu_B^{\ominus}(T)+RT\ln(\gamma_A^{eq}x_A^{eq})^{\nu_A}+RT\ln\prod_{B\neq A}(a_{m,B}^{eq})^{\nu_B}=0 \tag{7-121}$$

根据标准平衡常数的定义，则有

$$K_a^\ominus(T)=\exp\frac{-\left[\nu_A\mu_A^\ominus(T)+\sum_B\nu_B\mu_B^\ominus(T)\right]}{RT}$$

$$=\exp\frac{-\Delta_r G_m^\ominus}{RT}=(\gamma_A^{eq}x_A^{eq})^{\nu_A}\prod_{B\neq A}(a_{m,B}^{eq})^{\nu_B}$$

$$=(\gamma_A^{eq}x_A^{eq})^{\nu_A}\prod_{B\neq A}\left(\frac{\gamma_{m,B}^{eq}m_B^{eq}}{m^\ominus}\right)^{\nu_B} \tag{7-122}$$

式中，$K_a^\ominus(T)$称为标准活度平衡常数。

当溶剂 A 不参加反应时，$\nu_A=0$，式(7-122)变为

$$K_{a,m}^\ominus(T)=\exp\frac{-\left[\sum_{B\neq A}\nu_B\mu_B^\ominus(T)\right]}{RT}$$

$$=\prod_{B\neq A}(a_{m,B}^{eq})^{\nu_B}=\prod_{B\neq A}\left(\frac{\gamma_{m,B}^{eq}m_B^{eq}}{m^\ominus}\right)^{\nu_B} \tag{7-123}$$

若溶剂参加反应，但大量过量，即为稀溶液时，$x_A\to1$，$\gamma_A\to1$，式(7-122)变为

$$K_{a,m}^\ominus(T)=\exp\frac{-\left[\nu_A\mu_A^\ominus(T)+\sum_{B\neq A}\nu_B\mu_B^\ominus(T)\right]}{RT}=\prod_{B\neq A}(a_{m,B}^{eq})^{\nu_B} \tag{7-124}$$

在第 6 章中已讨论过，标准态的选择除规定压力为$p^\ominus$外，还与溶液的组成表示方法有关，溶质浓度表示不同，a_B 数值也不同。在溶剂不参加反应的条件下，同理有

$$K_{a,c}^\ominus(T)=\prod_{B\neq A}(a_{c,B}^{eq})^{\nu_B}=\prod_{B\neq A}\left(\frac{\gamma_{c,B}^{eq}c_B^{eq}}{c^\ominus}\right)^{\nu_B} \tag{7-125}$$

$$K_{a,x}^\ominus(T)=\prod_{B\neq A}(a_{x,B}^{eq})^{\nu_B}=\prod_{B\neq A}(\gamma_{x,B}^{eq}x_B^{eq})^{\nu_B} \tag{7-126}$$

$K_{a,m}^\ominus(T)$、$K_{a,c}^\ominus(T)$、$K_{a,x}^\ominus(T)$只是温度的函数，但与标准态的选取有关，它们均是量纲为 1 的量。对于指定计量方程的化学反应，在同一温度下，它们均为常数，但彼此间是不相等的。

对于理想稀溶液，因为 $\gamma_{m,B}^{eq}=1$，$\gamma_{c,B}^{eq}=1$，$\gamma_{x,B}^{eq}=1$，则式(7-124)～式(7-126)变为

$$K_{a,m}^\ominus=\prod_B\left(\frac{m_B^{eq}}{m^\ominus}\right)^{\nu_B}=K_m^\ominus \tag{7-127}$$

$$K_{a,c}^\ominus=\prod_B\left(\frac{c_B^{eq}}{c^\ominus}\right)^{\nu_B}=K_c^\ominus \tag{7-128}$$

$$K_{a,x}^\ominus=\prod_B(x_B^{eq})^{\nu_B}=K_x^\ominus \tag{7-129}$$

同样，$K_m^\ominus$、$K_c^\ominus$、$K_x^\ominus$仅是温度的函数，且无单位，由于依赖于标准态的选择，因此，即使对同一反应，在同一温度下，三者数值也不相等。式中 $m^\ominus=1\text{mol}\cdot\text{kg}^{-1}$，$c^\ominus=1\text{mol}\cdot\text{dm}^{-3}$。

同理有相应的经验平衡常数

$$K_m=\prod_B(m_B^{eq})^{\nu_B} \tag{7-130}$$

$$K_c=\prod_B(c_B^{eq})^{\nu_B} \tag{7-131}$$

$$K_x=\prod_B(x_B^{eq})^{\nu_B} \tag{7-132}$$

它们与标准态的选取无关，而且是有单位的。

2. 标准活度平衡常数 $K_a^{\ominus}$ 的求算

在溶剂不参加反应的条件下，实验中测得化学平衡体系各物质的 n_B^{eq}、m_B^{eq} 或 c_B^{eq}，同时测得 $\gamma_{x,B}^{eq}$、$\gamma_{m,B}^{eq}$ 或 $\gamma_{c,B}^{eq}$，分别代入式(7-123)、式(7-125)或式(7-126)即可求得相应的标准活度平衡常数 $K_a^{\ominus}(T)$。

根据式(7-116)有

$$\Delta_r G_m^{\ominus}(T) = -RT\ln K_a^{\ominus}(T) \tag{7-133}$$

在溶剂不参加反应的条件下，有

$$\Delta_r G_m^{\ominus}(T) = \sum_{B\neq A}[\nu_B \Delta_f G_m^{\ominus}(B,soln,T)] \tag{7-134}$$

式中，$\Delta_f G_m^{\ominus}(B,soln,T)$ 是溶液中溶质B的标准偏摩尔生成吉布斯自由能，可由式(6-168)求得，这样利用热力学手册数据求得 $K_a^{\ominus}$。但要注意 $K_a^{\ominus}(T)$ 与 $\Delta_f G_m^{\ominus}(B,soln,T)$ 的浓度标度应一致，所取标准态也应一致。

例 7-17 试求 25℃时下列水溶液中反应丙氨酸(aq)+甘氨酸(aq)⟶丙氨酰甘氨酸(aq)+H_2O 的 $K_{a,m}^{\ominus}$，已知：

$\Delta_f G_m^{\ominus}(H_2O,l,298.15K) = -273.2kJ\cdot mol^{-1}$

$\Delta_f G_m^{\ominus}$(丙氨酸,aq,$m^{\ominus}=1mol\cdot kg^{-1}$)$=-373.6kJ\cdot mol^{-1}$

$\Delta_f G_m^{\ominus}$(甘氨酸,aq,$m^{\ominus}=1mol\cdot kg^{-1}$)$=-372.8kJ\cdot mol^{-1}$

$\Delta_f G_m^{\ominus}$(丙氨酰甘氨酸,aq,$m^{\ominus}=1mol\cdot kg^{-1}$)$=-491.6kJ\cdot mol^{-1}$

解 $\Delta_r G_m^{\ominus}(298.15K) = (-491.6-273.2)-(-373.6-372.8)$

$$= -18.4(kJ\cdot mol^{-1})$$

$$K_{a,m}^{\ominus} = \exp\frac{-\Delta_r G_m^{\ominus}}{RT} = 1680$$

3. 化学反应等温式

在 $p\approx p^{\ominus}$ 的条件下，将溶液中溶剂、溶质的化学势表达式代入化学势判据

$$\left(\frac{\partial G}{\partial \xi}\right)_{T,p} = \sum_B \nu_B\mu_B \leqslant 0$$

得

$$\left(\frac{\partial G}{\partial \xi}\right)_{T,p} = \Delta_r G_m^{\ominus} + RT\ln Q_a^{\ominus} = -RT\ln K_a^{\ominus} + RT\ln Q_a^{\ominus} \leqslant 0 \tag{7-135}$$

式(7-135)称为化学反应等温式，式中，$Q_a^{\ominus}$ 是反应体系处于非平衡态时反应物质的活度商，是一个非平衡性质，它可以用来判断化学反应的方向和限度。在恒温、恒压只做体积功的反应体系中：

$Q_a^{\ominus} < K_a^{\ominus}$，$\left(\frac{\partial G}{\partial \xi}\right)_{T,p} < 0$，反应能正向进行；

$Q_a^{\ominus} > K_a^{\ominus}$，$\left(\frac{\partial G}{\partial \xi}\right)_{T,p} > 0$，反应不能正向进行；

$Q_a^{\ominus} = K_a^{\ominus}$，$\left(\frac{\partial G}{\partial \xi}\right)_{T,p} = 0$，反应达平衡。

7.4.2　弱电解质溶液中的化学平衡

知识点讲解视频

弱电解质溶液中的化学平衡
（朱志昂）

1. 水的电离平衡

研究电解质溶液中的化学平衡经常是研究水溶液中的离子反应平衡。离子反应在无机化学和生物化学中尤为重要。在大多数的无机反应和生化反应中都有离子态物质参加。许多离子反应是酸碱反应，按照布朗斯特（Brönsted）定义，酸是质子给予体，碱是质子接受体。水分子是两性的，它既可以作为酸，也可以作为碱。在纯水或水溶液中存在下列电离反应：

$$H_2O + H_2O \rightleftharpoons H_3O^+ + OH^-$$

一个水分子将质子给予另一个水分子。上述电离反应的标准活度平衡常数为

$$K_a^\ominus = K_w^\ominus = \frac{a_{H_3O^+}\, a_{OH^-}}{a_{H_2O}^2} \tag{7-136}$$

式中，$K_w^\ominus$称为水的标准离子积常数。因为溶剂水的标准态已规定为 $p^\ominus$下的纯水，在标准态下，$a_{H_2O}=1$，所以纯水的 $a_{H_2O}=1$。在水溶液中，$a_{H_2O}=\gamma_{H_2O}x_{H_2O}$，对于极稀水溶液，$\gamma_{H_2O}\to 1$，$x_{H_2O}\to 1$，$a_{H_2O}\to 1$。

由于热力学函数表中列出的热力学函数值通常都采用质量摩尔浓度作基准，因此用$K_{a,m}^\ominus(T)$来表示离子的反应平衡。由于纯水的 $a_{H_2O}=1$，故

$$K_w^\ominus = K_{a,m}^\ominus = a_{H_3O^+}\, a_{OH^-} = \frac{\gamma_{H_3O^+} m_{H_3O^+}}{m^\ominus}\,\frac{\gamma_{OH^-} m_{OH^-}}{m^\ominus} = \gamma_\pm^2\, m_{H_3O^+}\,\frac{m_{OH^-}}{(m^\ominus)^2} \tag{7-137}$$

实验表明，25℃ 时 $K_w^\ominus = 1.00\times10^{-14}$，在纯水中 $\gamma_\pm = 1$，所以 $m_{H_3O^+} = m_{OH^-} = 1.00\times10^{-7}\,\text{mol}\cdot\text{kg}^{-1}$，纯水中的离子强度 $I_m = \frac{1}{2}\sum_B z_B^2 m_B = 1.00\times10^{-7}\,\text{mol}\cdot\text{kg}^{-1}$，代入德拜-休克尔极限公式，算得 $\gamma_\pm = 0.9996$，基本上接近于1。如果水溶液不是极稀的，则 $\gamma_\pm \neq 1$。

2. 弱酸的电离平衡

对于弱酸 HX 水溶液中的电离平衡

$$HX + H_2O \rightleftharpoons H_3O^+ + X^-$$

$$K_{a,m}^\ominus = \frac{\dfrac{\gamma_{H_3O^+} m_{H_3O^+}}{m^\ominus}\,\dfrac{\gamma_{X^-} m_{X^-}}{m^\ominus}}{\dfrac{\gamma_{HX} m_{HX}}{m^\ominus}} \tag{7-138}$$

式中，$K_{a,m}^\ominus$称为酸解离标准活度平衡常数。将稀溶液中的水的活度近似地取为1。在稀溶液中，m_{HX}相当小，可以近似地取 γ_{HX}为1。但是，如前指出，即使在极稀溶液中，离子的 γ 也不能近似地取为1，它可以偏离1很大。因此

$$K_{a,m}^\ominus = \frac{\gamma_\pm^2\,\dfrac{m_{H_3O^+}}{m^\ominus}\,\dfrac{m_{X^-}}{m^\ominus}}{\dfrac{m_{HX}}{m^\ominus}} \tag{7-139}$$

假设有 0.100mol・kg^{-1} 乙酸（HX）水溶液，实验测得 25℃ 时乙酸的 $K_{a,m}^\ominus = 1.75\times10^{-5}$，令 $m_X/m^\ominus = x$，$m_{HX}/m^\ominus = 0.100 - x$，$m_{H_3O^+}/m^\ominus = x$（由水的电离所形成的 H_3O^+ 可忽略不计），$\gamma_\pm = 1$，则

$$1.75\times10^{-5}=\frac{x^2}{0.100-x}$$

由于乙酸的解离度较小，故

$$0.100-x\approx0.100$$

$$1.75\times10^{-5}=\frac{x^2}{0.100}$$

$$x=1.32\times10^{-3}$$

$$m_{H_3O^+}=m_{X^-}=1.32\times10^{-3}\,mol\cdot kg^{-1}$$

$$I_m\approx1.32\times10^{-3}\,mol\cdot kg^{-1}$$

由德拜-休克尔极限公式算得 $\gamma_{\pm}=0.960$，代入式(7-139)得

$$1.75\times10^{-5}=\frac{(0.960)^2x^2}{0.100-x}$$

$$x=1.37\times10^{-3}$$

由此可见，令 $\gamma_{\pm}=1$ 是合理的，这是因为 I_m 相当小，$\gamma_{\pm}$ 包括与否对 x 值影响不大。但是，如果求算 25℃时，$m_{HX}=0.100mol\cdot kg^{-1}$ 和 $m_{NaX}=0.100mol\cdot kg^{-1}$ 缓冲水溶液中的 $m_{H_3O^+}$，则由于 NaX(1-1)型强电解质完全电离，HX 的解离度降低

$$I_m=\frac{1}{2}\times(0.100+0.100)=0.100(mol\cdot kg^{-1})$$

计算得 $\gamma_{\pm}=0.69$，代入式(7-139)得

$$1.75\times10^{-5}=\frac{(0.69)^2\dfrac{m_{H_3O^+}}{m^{\ominus}}\times0.100}{0.100}$$

解得

$$m_{H_3O^+}=3.67\times10^{-5}\,mol\cdot kg^{-1}$$

由于共离子效应(common-ion effect)(加入 NaX)，HX 的解离度显著降低。此时如果取 $\gamma_{\pm}$ 为 1，则得 $m_{H_3O^+}=1.75\times10^{-5}\,mol\cdot kg^{-1}$。这样引起误差就较大(约 39%)，因此是不合理的。由此可知，除非溶液中的离子强度相当低，在离子平衡计算中不能随便取 $\gamma_{\pm}$ 为 1，否则所得结果是近似的。

下面再讨论 $1.0\times10^{-4}\,mol\cdot kg^{-1}$ 弱酸 HIO 水溶液中的电离平衡。在 25℃时实验得到酸解离常数 $K_{a,m}^{\ominus}=2.3\times10^{-11}$。

$$HIO+H_2O \rightleftharpoons H_3O^++IO^- \tag{7-140}$$

$$K_{a,m}^{\ominus}=\frac{\gamma_{\pm}^2\dfrac{m_{H_3O^+}}{m^{\ominus}}\dfrac{m_{IO^-}}{m^{\ominus}}}{\dfrac{m_{HIO}}{m^{\ominus}}} \tag{7-141}$$

这里 γ_{HIO} 和 a_{H_2O} 均取为 1。因为 $K_{a,m}^{\ominus}$ 相当小，离子强度 I_m 很低，故可以取 $\gamma_{\pm}=1$。如果照乙酸解离情况那样来处理，则令 $m_{H_3O^+}/m^{\ominus}=m_{IO^-}/m^{\ominus}=x$，$m_{HIO}/m^{\ominus}=0.0001-x=0.0001$。因此

$$2.3\times10^{-11}=\frac{x^2}{0.0001}$$

$$x=4.8\times10^{-8}$$

这个答案是不正确的，因为纯水中的 $m_{H_3O^+}/m^\ominus=1.0\times10^{-7}$，现在的答案小于这个数值，表明 HIO 水溶液是碱性的，但是众所周知，HIO 是一弱酸。造成错误的原因在于没有考虑水溶液中水的电离。在乙酸水溶液的情况中，由于乙酸的解离超过水的解离很多，故水的解离可忽略不予考虑。而在本例中必须同时考虑 HIO 和 H_2O 的电离。

在 HIO 水溶液中有下列五种物质：H_2O、H_3O^+、OH^-、HIO 和 IO^-。在稀水溶液的情况中，$a_{H_2O}=1$，因此

$$K_w^\ominus=\frac{m_{H_3O^+}}{m^\ominus}\frac{m_{OH^-}}{m^\ominus} \tag{7-142}$$

$$K_{a,m}^\ominus=\frac{m_{H_3O^+}}{m^\ominus}\frac{\dfrac{m_{IO^-}}{m^\ominus}}{\dfrac{m_{HIO}}{m^\ominus}} \tag{7-143}$$

因为离子强度很低，所以所有离子活度系数均可取 1。为了保持溶液的电中性，所以有

$$m_{H_3O^+}=m_{OH^-}+m_{IO^-} \tag{7-144}$$

令 m 为 HIO 的计量浓度，即 $m=1.0\times10^{-4}\text{mol}\cdot\text{kg}^{-1}$，它等于未解离的 HIO 和 IO^- 的质量摩尔浓度之和。根据物质平衡，溶液中 IO 原子团存在于未解离的 HIO 和 IO^- 之中。因此

$$m=m_{HIO}+m_{IO^-}=1.0\times10^{-4}\text{mol}\cdot\text{kg}^{-1} \tag{7-145}$$

现在有四个方程式(7-142)～式(7-145)，可以求出四个未知的 $m_{H_3O^+}$、m_{OH^-}、m_{HIO}和 m_{IO^-} 的值。

$$K_{a,m}^\ominus=\frac{\dfrac{m_{H_3O^+}}{m^\ominus}\dfrac{m_{IO^-}}{m^\ominus}}{\dfrac{m}{m^\ominus}-\dfrac{m_{IO^-}}{m^\ominus}}\qquad(m_{HIQ}=m-m_{IO^-}) \tag{7-146}$$

$$\frac{m_{H_3O^+}}{m^\ominus}=\frac{K_w^\ominus}{\dfrac{m_{H_3O^+}}{m^\ominus}}+\frac{m_{IO^-}}{m^\ominus}$$

$$\frac{m_{OH^-}}{m^\ominus}=\frac{K_w^\ominus}{\dfrac{m_{H_3O^+}}{m^\ominus}} \tag{7-147}$$

将式(7-147)代入式(7-146)得

$$\left(\frac{m_{H_3O^+}}{m^\ominus}\right)^3+\left(\frac{m_{H_3O^+}}{m^\ominus}\right)^2K_{a,m}^\ominus-\left(K_w^\ominus+\frac{m}{m^\ominus}K_{a,m}^\ominus\right)\frac{m_{H_3O^+}}{m^\ominus}-K_{a,m}^\ominus K_w^\ominus=0$$

此三次方程可以写成下列 m 与 $m_{H_3O^+}$ 的函数关系式：

$$\frac{m}{m^\ominus}=\frac{\left(\dfrac{m_{H_3O^+}}{m^\ominus}\right)^2}{K_{a,m}^\ominus}+\frac{m_{H_3O^+}}{m^\ominus}-\frac{K_w^\ominus}{K_{a,m}^\ominus}-\frac{K_w^\ominus}{\dfrac{m_{H_3O^+}}{m^\ominus}}$$

以($m_{H_3O^+}/m^\ominus$)的假定值对($m/m^\ominus$)的计算值作图，由图可查出任何给定的($m/m^\ominus$)值所对应的($m_{H_3O^+}/m^\ominus$)值。如果用简化方法来求算($m_{H_3O^+}/m^\ominus$)值，则可认为在此例中，$K_{a,m}^\ominus<(m/m^\ominus)$，$m_{IO^-}\ll m$，因此

$$K_{a,m}^{\ominus}=\frac{\dfrac{m_{H_3O^+}}{m^{\ominus}}\dfrac{m_{IO^-}}{m^{\ominus}}}{\dfrac{m}{m^{\ominus}}}$$

$$\frac{m_{H_3O^+}}{m^{\ominus}}=\left[K_w^{\ominus}+\left(\frac{m}{m^{\ominus}}\right)K_{a,m}^{\ominus}\right]^{1/2}$$

代入已知值后，算得 $m_{H_3O^+}=1.1\times10^{-7}\,mol\cdot kg^{-1}$，表明 HIO 水溶液是弱酸性的。

计量质量摩尔浓度为 m 的弱酸 HX 水溶液中 HX 的解离度 α 定义为

$$\alpha\equiv\frac{m_{X^-}}{m}=\frac{m_{X^-}}{m_{HX}+m_{X^-}}=\frac{1}{1+\dfrac{m_{HX}}{m_{X^-}}}=\frac{1}{1+\dfrac{\gamma_{\pm}^2\dfrac{m_{H_3O^+}}{m^{\ominus}}}{K_{a,m}^{\ominus}}}$$

由于 $m\to0,\gamma_{\pm}\to1$，由 HX 解离所形成的 H_3O^+ 可忽略不计，全部 H_3O^+ 可认为由 H_2O 解离而形成。因此，在无限稀水溶液中

$$\frac{m_{H_3O^+}}{m^{\ominus}}=(K_w^{\ominus})^{1/2}$$

在 25℃时

$$\alpha^{\infty}=\frac{1}{1+\dfrac{(K_w^{\ominus})^{1/2}}{K_{a,m}^{\ominus}}}=\frac{1}{1+\dfrac{10^{-7}}{K_{a,m}^{\ominus}}}$$

式中，α^{∞} 代表无限稀水溶液中酸解离常数为 $K_{a,m}^{\ominus}$ 的弱酸 HX 的解离度。如果某一弱酸的 $K_{a,m}^{\ominus}=10^{-5}$，则 $\alpha^{\infty}\approx0.99$；但是，如果另一弱酸的 $K_{a,m}^{\ominus}=10^{-7}$，则 $\alpha^{\infty}=0.5$。HIO 酸的 $K_{a,m}^{\ominus}=2.3\times10^{-11}$，$\alpha^{\infty}=0.0002$，这是由于 H_2O 电离所形成的 H_3O^+ 抑制了无限稀 HIO 水溶液中 HIO 的解离。

其他类型的水溶液中的离子反应平衡有：阳离子和阴离子酸碱(如 NH_4^+、$C_2H_3O_2^-$、CO_3^{2-} 等)与水的反应平衡，如 $C_2H_3O_2^-+H_2O\rightleftharpoons HC_2H_3O_2+OH^-$；溶解平衡；配位平衡，如 $Ag^++NH_3\rightleftharpoons Ag(NH_3)^+$，$Ag(NH_3)^++NH_3\rightleftharpoons Ag(NH_3)_2^+$；缔合平衡(形成离子对)，如 $Sr^{2+}+IO_3^-\rightleftharpoons SrIO_3^+$ 等。离子反应平衡常数(如酸和碱的解离常数、溶度积常数、配合物稳定常数和离子对形成常数等)的实验值可从有关手册和专著中查得。平衡常数 $K_a^{\ominus}$ 值通常用 pK 值表示，p$K=-\lg K_a^{\ominus}$。

例 7-18 求 25℃和 101 325Pa 下苯甲酸在水溶液中的酸解离常数 $K_{a,m}^{\ominus}$。已知：

$\Delta_fG_m^{\ominus}(C_6H_5COOH,s,298.15K)=-245.27kJ\cdot mol^{-1}$

$\Delta_fG_m^{\ominus}(C_6H_5COO^-,aq,m^{\ominus}=1mol\cdot kg^{-1},298.15K)=-223.84kJ\cdot mol^{-1}$

$\Delta_fG_m^{\ominus}(C_6H_5COOH,aq,m^{\ominus}=1mol\cdot kg^{-1},298.15K)=?$

25℃时苯甲酸在水中的溶解度为 $0.027\,87mol\cdot kg^{-1}$。

解 $C_6H_5COOH(aq)\rightleftharpoons C_6H_5COO^-(aq)+H^+(aq)$

方法 1

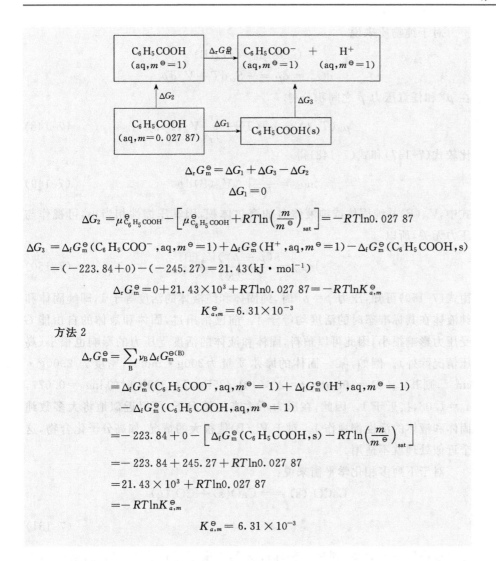

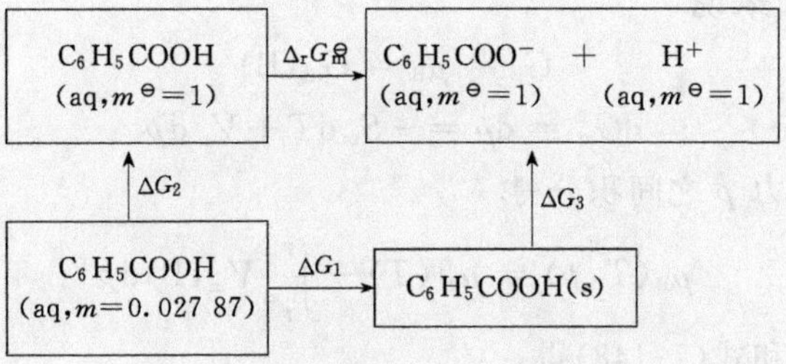

$$\Delta_r G_m^\ominus = \Delta G_1 + \Delta G_3 - \Delta G_2$$

$$\Delta G_1 = 0$$

$$\Delta G_2 = \mu^\ominus_{C_6H_5COOH} - \left[\mu^\ominus_{C_6H_5COOH} + RT\ln\left(\frac{m}{m^\ominus}\right)_{sat}\right] = -RT\ln 0.027\ 87$$

$$\Delta G_3 = \Delta_f G_m^\ominus(C_6H_5COO^-, aq, m^\ominus=1) + \Delta_f G_m^\ominus(H^+, aq, m^\ominus=1) - \Delta_f G_m^\ominus(C_6H_5COOH, s)$$

$$= (-223.84 + 0) - (-245.27) = 21.43(kJ \cdot mol^{-1})$$

$$\Delta_r G_m^\ominus = 0 + 21.43\times 10^3 + RT\ln 0.027\ 87 = -RT\ln K^\ominus_{a,m}$$

$$K^\ominus_{a,m} = 6.31\times 10^{-3}$$

方法 2

$$\Delta_r G_m^\ominus = \sum_B \nu_B \Delta_f G_m^{\ominus(B)}$$

$$= \Delta_f G_m^\ominus(C_6H_5COO^-, aq, m^\ominus = 1) + \Delta_f G_m^\ominus(H^+, aq, m^\ominus = 1)$$

$$- \Delta_f G_m^\ominus(C_6H_5COOH, aq, m^\ominus = 1)$$

$$= -223.84 + 0 - \left[\Delta_f G_m^\ominus(C_6H_5COOH, s) - RT\ln\left(\frac{m}{m^\ominus}\right)_{sat}\right]$$

$$= -223.84 + 245.27 + RT\ln 0.027\ 87$$

$$= 21.43\times 10^3 + RT\ln 0.027\ 87$$

$$= -RT\ln K^\ominus_{a,m}$$

$$K^\ominus_{a,m} = 6.31\times 10^{-3}$$

7.4.3 多相化学平衡

知识点讲解视频

多相化学平衡

(朱志昂)

上面各节所讨论的都是均相化学平衡，即发生化学反应的体系是均相体系。但是，许多化学反应体系中可以包含一个以上的纯固体或纯液体，即反应物质处于不同相，反应体系是多相体系。

1. 气-固或气-液多相化学平衡

例如，下列反应

$$CaCO_3(s) \rightleftharpoons CaO(s) + CO_2(g)$$

是一个多相反应，其中包含两个不同的纯固态和一个纯气体。化学平衡条件 $\sum_B \nu_B\mu_B = 0$ 适用于任何化学平衡，无论是均相的还是多相的。

纯固体和纯液体的活度定义为

$$a_B \equiv \exp\frac{\mu_B - \mu_B^\ominus}{RT}$$

两边取对数得

$$\mu_B = \mu_B^\ominus + RT\ln a_B$$

纯固体和纯液体的标准态已规定为 $p^\ominus = 10^5$ Pa，温度为反应体系的温度，因此上式中的 $\mu_B^\ominus$ 只是温度的函数。

对于纯物质来说

$$G_B = \mu_B = G_m(B)$$

$$dG_m = d\mu = -S_m dT + V_m dp$$

在 $p^\ominus$ 和任意压力 p 之间积分得

$$\mu_B(T,p) = \mu_B^\ominus(T) + \int_{p^\ominus}^{p} V_m(B)dp \tag{7-148}$$

比较式(7-147)和式(7-148)得

$$\ln a_B = \frac{1}{RT}\int_{p^\ominus}^{p} V_m(B)dp \tag{7-149}$$

式中，$V_m(B)$是纯固体或纯液体 B 的摩尔体积，因其压缩性相当小，可视作与压力无关，所以

$$\ln a_B = \frac{(p-p^\ominus)V_m(B)}{RT} \tag{7-150}$$

由式(7-150)可知，压力 $p=p^\ominus$时，纯固体和纯液体的活度等于 1，即纯固体和纯液体在其标准态时的活度均等于 1。前已指出过，固体和液体的自由能 G 受压力影响很小，因此可以预料，固体和液体的活度受压力的影响也很小(高压情况除外)。例如，某一固体的摩尔质量为200g·mol^{-1}，密度为 2.00g·cm^{-3}，则其$V_m(B)=100cm^3$，$p=20\times101\ 325Pa$，$T=300K$ 时的 $\ln a_B=0.077$，$a_B=1.08$，接近于 1。因此，在压力不太高的情况下，可以近似地将大多数纯固体和液体的活度都视作 1。对于 $V_m(B)$值很大的情况，如高分子化合物，这个近似处理就不适用。

对于下列多相化学平衡来说：

$$CaCO_3(s) \rightleftharpoons CaO(s) + CO_2(g)$$

$$K_a^\ominus = \frac{a_{CaO(s)}a_{CO_2(g)}}{a_{CaCO_3(s)}} \tag{7-151}$$

如果反应压力不太高，则每一种纯固体的平衡活度均为 1，气体的活度等于 $p_{CO_2(g)}/p^\ominus$(假定气体为理想气体)。因此

$$K_a^\ominus = p_{CO_2(g)}/p^\ominus$$

式中，$p_{CO_2(g)}$是平衡反应体系中 CO_2 气体的压力，即 CO_2 的平衡分压。这就是说，在一定温度下，$CaCO_3(s)$上面的 CO_2 的压力是恒定的，这个压力又称为$CaCO_3(s)$的分解压力。若分解的气态产物不止一种，则气态的总压称为分解压力。例如

$$NH_4HS(s) \rightleftharpoons NH_3(g) + H_2S(g) \qquad \text{总压 } p = p_{NH_3} + p_{H_2S}$$

必须注意，从 $\Delta_r G_m^\ominus$ 计算 $K_a^\ominus$，根据 $\Delta_r G_m^\ominus(T) = \sum_B \nu_B G_m^\ominus(B,T) = \sum_B \nu_B \Delta_f G_m^\ominus(B,T)$ 求算 $\Delta_r G_m^\ominus(T)$ 时，不能忽略 $CaCO_3(s)$ 和 $CaO(s)$ 的 $G_m^\ominus(B)$ 或 $\Delta_f G_m^\ominus(B)$，即必须把纯固体或纯液体的 $G_m^\ominus(B)$、$\Delta_f G_m^\ominus(B)$ 包括在 $\Delta_r G_m^\ominus$之中。上面的讨论只限于纯固体和纯液体，不适用于固态溶液和液态溶液。

综上所述，当有纯固体或纯液体参加反应时，平衡常数 $K_a^\ominus$的表示式中均不出现固体或液体的平衡活度，因为在压力不太高的情况下，纯固体和纯液体的活度均可取为 1。这样，在平衡常数的表示式中只出现气态反应物质的平衡分压，平衡常数用 $K_p^\ominus$或 K_p 表示。

在均相反应中，如气相或液相反应

$$N_2(g) + 3H_2(g) \rightleftharpoons 2NH_3(g)$$

$$HCN(aq)+H_2O(l) \rightleftharpoons H_3O^+(aq)+CN^-(aq)$$

平衡时每一种参加反应的物质总是或多或少地存在于平衡体系中。相反地，在含有纯固体的多相反应中，反应有可能全部完成，即纯固体全部被反应掉。例如，下列反应

$$CaCO_3(s) \rightleftharpoons CaO(s)+CO_2(g)$$

的 $K_p^\ominus = p_{CO_2(g)}/p^\ominus$。在 800℃时，实验测此反应的 $K_p=0.22\text{atm}$。假设在 800℃的抽空容器内置有 CaO(s)，并通入一些 CO_2 气体。如果容器内 CO_2 的起始压力低于 0.22atm，则没有 $CaCO_3$(s)的形成。如果 CO_2 的起始压力高于 0.22atm，则 CaO(s)与 CO_2(g)反应生成 $CaCO_3$(s)，直至压力降至 0.22atm。如果有足够量的 CO_2 气体存在于容器中，则在 CO_2 压力降至 0.22atm 以前，所有 CaO(s)都会反应掉而生成 $CaCO_3$(s)。这就是说，在 CO_2 压力低于 0.22atm 下，容器中不可能有 $CaCO_3$(s)存在；高于 0.22atm 下，不可能有 CaO(s)存在。假设在 800℃时，抽空容器内起始时置有 $CaCO_3$(s)，则 $CaCO_3$(s)会分解成 CaO(s)和 CO_2(g)，直至 CO_2 压力达 0.22atm 为止。如果容器的体积可以任意扩大，则所有置入的 $CaCO_3$(s)可以全部分解成 CaO(s)和 CO_2(g)，此时 CO_2 压力低于 0.22atm。由此可知，在 800℃时，只有当 CO_2 压力为平衡压力 0.22atm 下，$CaCO_3$(s)、CaO(s)和 CO_2(g)三者能平衡共存于一定体积的容器中。

2. 难溶盐在水中的平衡

对于难溶盐 $M_{\nu_+}X_{\nu_-}$ 在水中的溶解平衡，即纯固态盐与其饱和水溶液之间的平衡，有

$$M_{\nu_+}X_{\nu_-}(s) \rightleftharpoons \nu_+ M^{z+}(aq)+\nu_- X^{z-}(aq)$$

$$K_a^\ominus = \frac{(a_+)^{\nu_+}(a_-)^{\nu_-}}{a_s} = \frac{\left(\gamma_+ \frac{m_+}{m^\ominus}\right)^{\nu_+}\left(\gamma_- \frac{m_-}{m^\ominus}\right)^{\nu_-}}{a_s} \tag{7-152}$$

式中，a_s 代表纯固态盐 $M_{\nu_+}X_{\nu_-}$ 的平衡活度，在压力不太高的情况下，可以视作 1。则有

$$K_a^\ominus = K_{sp}^\ominus = (\gamma_\pm)^{(\nu_+ + \nu_-)}\left(\frac{m_+}{m^\ominus}\right)^{\nu_+}\left(\frac{m_-}{m^\ominus}\right)^{\nu_-} \tag{7-153}$$

式中，$K_{sp}^\ominus$称为标准溶度积常数。同理有经验溶度积常数 K_{sp}，简称溶度积常数

$$K_{sp} = (\gamma_\pm)^{(\nu_+ + \nu_-)}(m_+)^{\nu_+}(m_-)^{\nu_-} \tag{7-154}$$

式(7-153)也适用于任何盐类与其饱和溶液之间的平衡。但是在溶解度较大的情况下，$\gamma_\pm$ 与 1 的偏差较大，不能近似地取为 1。

例 7-19 25℃时、$p^\ominus$，AgCl(s)在水中的 K_{sp} 已测得为 $1.78\times10^{-10}(\text{mol}\cdot\text{kg}^{-1})^2$。试求 25℃时、$p^\ominus$下，AgCl(s)在下列溶液中的溶解度：(1) 纯水；(2) $0.100\text{mol}\cdot\text{kg}^{-1}$ KNO_3 水溶液；(3) $0.100\text{mol}\cdot\text{kg}^{-1}$ KCl 水溶液。

解 (1) $AgCl(s) \rightleftharpoons Ag^+(aq)+Cl^-(aq)$

$$K_{sp} = \gamma_\pm{}^2 m_{Ag^+} m_{Cl^-}$$

因为 AgCl(s)在水中的 K_{sp} 值很小，AgCl 饱和水溶液的离子强度很低，所以 $\gamma_\pm$ 可近似地取为 1。因为溶液中只含一种溶质，所以 $m_{Ag^+}=m_{Cl^-}$，则有

$$1.78\times10^{-10}(mol\cdot kg^{-1})^2=(m_{Ag^+})^2$$

$$m_{Ag^+}=1.33\times10^{-5}\,mol\cdot kg^{-1}$$

25℃时 AgCl(s)在纯水中的溶解度为 $1.33\times10^{-5}\,mol\cdot kg^{-1}$。

(2) $0.100mol\cdot kg^{-1}\,KNO_3$ 水溶液中的离子强度 $I_m=0.100mol\cdot kg^{-1}$，根据德拜-休克尔极限公式，$\gamma_\pm=0.69$，$m_{Ag^+}=m_{Cl^-}$，则有

$$1.78\times10^{-10}(mol\cdot kg^{-1})^2=(0.69)^2(m_{Ag^+})^2$$

$$m_{Ag^+}=1.94\times10^{-5}\,mol\cdot kg^{-1}$$

AgCl(s)在 $0.100mol\cdot kg^{-1}\,KNO_3$ 水溶液中的溶解度为 $1.94\times10^{-5}\,mol\cdot kg^{-1}$，比在纯水中的溶解度增加 29%。这是由于 KNO_3 的加入引起 $\gamma_\pm$ 的降低，溶解度增加，这种现象称为盐效应(salt effect)。

(3) 同理，$0.100mol\cdot kg^{-1}$ KCl 水溶液的 $I_m=0.100mol\cdot kg^{-1}$，$\gamma_\pm=0.69$。从 AgCl 溶解所形成的 Cl^- 可忽略不计，因此 $m_{Cl^-}=0.100mol\cdot kg^{-1}$(可视作全部从 KCl 溶解所形成的)，则有

$$1.78\times10^{-10}(mol\cdot kg^{-1})^2=(0.69)^2(m_{Ag^+})(0.100mol\cdot kg^{-1})$$

$$m_{Ag^+}=3.75\times10^{-9}\,mol\cdot kg^{-1}$$

AgCl(s)在 $0.100mol\cdot kg^{-1}$ KCl 水溶液中的溶解度为 $3.75\times10^{-9}\,mol\cdot kg^{-1}$。AgCl(s)的溶解度显著降低，这是由共离子效应造成的。

在例 7-19 中，我们假定所有溶解的 AgCl 都以 Ag^+ 和 Cl^- 形式存在于溶液中，不形成离子对。这个假定对 1-1 型电解质的稀溶液还可以说是合理的，但对于其他价型电解质就不一定合理了。如果考虑离子对的形成，则计算就比较麻烦。虽然在本例中不考虑离子对的形成，但是 Ag^+ 与 Cl^- 在水溶液中可以形成以下几种配离子：

$$Ag^+ + Cl^- \rightleftharpoons AgCl(aq)$$

$$AgCl(aq) + Cl^- \rightleftharpoons AgCl_2^-$$

$$AgCl_2^- + Cl^- \rightleftharpoons AgCl_3^{2-}$$

$$AgCl_3^{2-} + Cl^- \rightleftharpoons AgCl_4^{3-}$$

若考虑配离子的形成，则(1)和(2)的结果仍是正确的，但是(3)的结果是不正确的。

同样，如果将 AgCl 晶体加入足够大量的水中，则所有 AgCl 晶体会在 $(\gamma_\pm^2 m_{Ag^+} m_{Cl^-})$ 值达到 K_{sp} 以前全部溶解在水中，形成不饱和 AgCl 水溶液。

*3. 杂平衡常数

无论反应是气相、液相或多相的，化学平衡条件均为 $\sum_B \nu_B\mu_B=0$。但是根据采用的化学势 μ_B 的表达式不同，平衡常数 K 的表示式和数值可以不同。在反应平衡时

$$\Delta_r G_m^\ominus(T)=-RT\ln K_a^\ominus$$

上式是化学反应在温度 T 时的标准摩尔自由能变化与反应的平衡常数之间的重要关系式。根据定义：$\Delta_r G_m^\ominus(T)\equiv\sum_B \nu_B\mu_B^\ominus$。各反应物质的标准态的规定可以是不同的，在利用这个定义式求算 $\Delta_r G_m^\ominus(T)$ 时，必须用各反应物质所规定的标准态的自由能值，然后通过关系式求出平衡常数 K。在一个反应体系中，若各反应物质的标准态规定不同，则各用

各的标准自由能值来求算 $\Delta_r G_m^\ominus(T)$ 值，由此而算得的 K 称为“杂”平衡常数。这是最方便的办法，因为各个 $\mu_B^\ominus$ 值所指的状态正是热力学函数表中所列的标准态。

例 7-20 从各物质的 $\Delta_f G_m^\ominus(\mathrm{B}, 298.15\mathrm{K})$ 值（可从附录九查得）求下列反应的 $K^\ominus(298.15\mathrm{K})$：

$$CO_2(g) + 2NH_3(g) \rightleftharpoons H_2O(l) + CO(NH_2)_2(aq)$$

已知各物质的 $\Delta_f G_m^\ominus(\mathrm{B}, 298.15\mathrm{K})$ 分别为 $CO_2(g)$：$-394.38\mathrm{kJ \cdot mol^{-1}}$；$NH_3(g)$：$-16.64\mathrm{kJ \cdot mol^{-1}}$；$H_2O(l)$：$-237.19\mathrm{kJ \cdot mol^{-1}}$；$CO(NH_2)_2(aq, m=1\mathrm{mol \cdot kg^{-1}})$：$-203.85\mathrm{kJ \cdot mol^{-1}}$。

各物质的化学势表达式如下：

$$\mu_{CO_2} = \mu_{CO_2}^\ominus + RT\ln\frac{f_{CO_2}}{p^\ominus}$$

$$\mu_{NH_3} = \mu_{NH_3}^\ominus + RT\ln\frac{f_{NH_3}}{p^\ominus}$$

$$\mu_{H_2O} = \mu_{H_2O}^\ominus + RT\ln(\gamma_{H_2O} x_{H_2O})$$

$$\mu_u = \mu_u^\ominus + RT\ln\frac{\gamma_u m_u}{m^\ominus}$$

解 将上述各化学势表达式代入 $\sum_B \nu_B \mu_B = 0$，得

$$-RT\ln K^\ominus = \sum_B \nu_B \mu_B^\ominus = -RT\ln\frac{\left(\gamma_u \frac{m_u}{m^\ominus}\right)(\gamma_{H_2O} x_{H_2O})}{\frac{f_{CO_2}}{p^\ominus}\left(\frac{f_{NH_3}}{p^\ominus}\right)^2}$$

$$= \mu_u^\ominus + \mu_{H_2O}^\ominus - \mu_{CO_2}^\ominus - 2\mu_{NH_3}^\ominus$$

$$= \Delta_f G_m^\ominus(\mathrm{u}, 298.15\mathrm{K}) + \Delta_f G_m^\ominus(H_2O, 298.15\mathrm{K}) - \Delta_f G_m^\ominus(CO_2, 298.15\mathrm{K}) - 2\Delta_f G_m^\ominus(NH_3, 298.15\mathrm{K})$$

$$= (-203.85) + (-237.19) - (-394.38) - 2\times(-16.64)$$

$$= -13.38(\mathrm{kJ \cdot mol^{-1}})$$

若压力不高，又是稀溶液，则 $f_B = p_B$，$x_{H_2O} \to 1$，$\gamma_{H_2O} \to 1$，$\gamma_u \to 1$，有

$$-8.314\times 298.15\times\ln\frac{\frac{m_u}{m^\ominus}}{\frac{p_{CO_2}}{p^\ominus}\left(\frac{p_{NH_3}}{p^\ominus}\right)^2} = -13\,380$$

$$\ln K = 5.398$$

$$K = 220.90$$

这样的 K 就是“杂”平衡常数，“杂”的含义就是反应体系中各反应物质所取的标准态不同。

习 题

7-1 已知四氧化二氮的分解反应

$$N_2O_4(g) \rightleftharpoons 2NO_2(g)$$

在 25℃时，$\Delta_r G_m^\ominus = 4.78\mathrm{kJ \cdot mol^{-1}}$。试判断在此温度及下列条件下反应的方向：

(1) N_2O_4(101 325Pa)，NO_2(10×101 325Pa)；

(2) N_2O_4(10×101 325Pa)，NO_2(101 325Pa)；

(3) N_2O_4(3×101 325Pa)，NO_2(2×101 325Pa)。

前沿拓展：溶液中的分子构象平衡

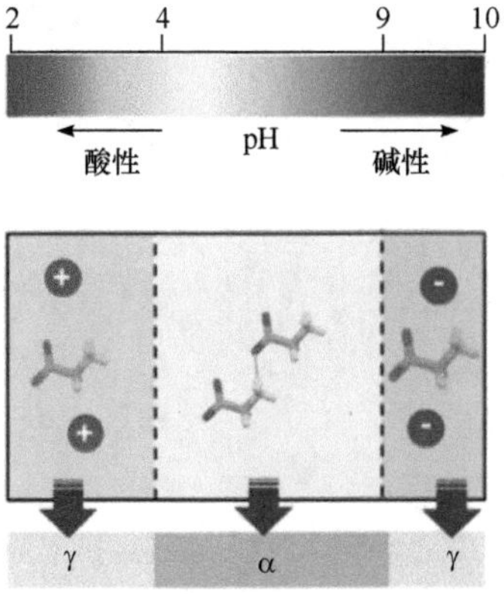

附图 7-1 甘氨酸溶液的 pH 与分子构象、晶体晶形的关系

有机分子在溶液中结晶时，其固态晶体结构与溶液中的分子构象密切相关。研究分子在溶液中的不同构象之间的关系及构象平衡的影响因素，对于预测不同条件下的分子结晶行为具有指导意义。以甘氨酸分子为例，在 pH 接近中性的水溶液中，分子倾向于以两性离子的形式存在，同时易于形成氢键二聚体，进一步影响到结晶时形成含有类似氢键二聚体结构的 α 晶形；而在强酸或强碱性溶液中，甘氨酸分子以阳离子或阴离子的形式存在，不利于形成氢键二聚体，从而在结晶时形成以链式结构为主的 γ 晶形（附图 7-1）。根据量子化学方法计算得出不同环境下各种构象的能量，并根据玻尔兹曼分布得出不同构象的平衡分布比例，可建立起溶液中分子构象与晶体结晶结构之间的联系（Cryst Growth Des，2017，17：5028）。（张明涛）

扫描右侧二维码观看视频

〔答案：(1) 向左；(2) 向右；(3) 向左〕

7-2　反应 $C(s)+2H_2(g)\rightleftharpoons CH_4(g)$ 的 $\Delta_r G_m^\ominus(1000K)=19\ 280J\cdot mol^{-1}$，现有与碳反应的气体是由 10%（体积分数，下同）CH_4、80% H_2 及 10% N_2 组成的。(1) 在 $T=1000K$ 及 $p=101\ 325Pa$ 时，甲烷能否形成？(2) 在(1)的条件下，在多大压力下甲烷合成反应才是可能的？

〔答案：(1) 不能形成；(2) $>1.61\times10^5 Pa$〕

7-3　反应 $2CO(g)+O_2(g)\rightleftharpoons 2CO_2(g)$ 在 2000K 时的 $K_p^\ominus=3.27\times10^7$，设在此温度下有由 CO、O_2、CO_2 组成的混合气体，它们的分压分别为 1013.25Pa、5066.25Pa、101 325Pa，试计算此条件下的 $\left(\frac{\partial G}{\partial \xi}\right)_{T,p}$。反应向哪个方向进行？如果 CO、CO_2 的分压不变，要使反应逆向进行，O_2 的分压应是多少？设气体服从理想气体状态方程。

〔答案：$-84.75kJ\cdot mol^{-1}$，向右，<31Pa〕

7-4　已知下列反应：

$$H_2(g)+\frac{1}{2}O_2(g)=\!=\!=H_2O(g)$$

在 25℃时，$\Delta_r G_m^\ominus=-228.59kJ\cdot mol^{-1}$。25℃时水的饱和蒸气压为 3.1663kPa，水的密度为 $997kg\cdot m^{-3}$。求在 25℃时反应 $H_2(g)+\frac{1}{2}O_2(g)=\!=\!=H_2O(l)$ 的 $\Delta_r G_m^\ominus$。

〔答案：$-237.18kJ\cdot mol^{-1}$〕

7-5　设有气相反应平衡

$$H_2+I_2\rightleftharpoons 2HI$$

在温度为 T、体积为 V 的容器中加入 1mol H_2 和 3mol I_2，反应平衡时生成 $x$mol HI。在上述平衡混合物中再加入 2mol H_2，则平衡时生成 $2x$mol HI。计算 K_p。

〔答案：4〕

7-6　在 700K 的 $2dm^3$ 容器中加入 0.1mol CO 和催化剂，通入 H_2 后发生下列反应：

$$CO(g)+2H_2(g)=\!=\!=CH_3OH(g)$$

反应达平衡后，总压为 709 275Pa，生成 0.06mol CH_3OH。(1) 计算 K_p；(2) 若不存在催化剂，则加入与(1)相同量的 CO 和 H_2，最后压力为多少？

〔答案：(1) $8.57\times10^{-12}Pa^{-2}$；(2) $1.059\times10^6 Pa$〕

7-7　反应 $LiCl\cdot 3NH_3(s)=\!=\!=LiCl\cdot NH_3(s)+2NH_3(g)$，在 40℃时 $K_p=9.24\times10^{10}Pa^2$。40℃时，$5dm^3$ 容器内含 0.1mol $LiCl\cdot NH_3$。需要通入多少摩 NH_3，才能使 $LiCl\cdot NH_3$ 全部变成 $LiCl\cdot 3NH_3$？

〔答案：0.784mol〕

7-8　在 929K 时，硫酸亚铁按下式分解：

$$2FeSO_4(s)=\!=\!=Fe_2O_3(s)+SO_2(g)+SO_3(g)$$

反应达平衡后，在两种固体均存在下的气体总压为91 192.5Pa。(1) 计算 929K 时的 K_p；(2) 如果开始时，在 929K 的容器中含有过量的硫酸亚铁和压力为 60 795Pa 的 SO_2，试计算最后平衡总压力。

〔答案：(1) $2.08\times10^9 Pa^2$；(2) 109 600Pa〕

7-9　反应 $NH_4HS(s)=\!=\!=NH_3(g)+H_2S(g)$ 在 20℃时 $K_p=5.13\times10^8 Pa^2$。在 20℃，$2.4dm^3$ 容器内含 $NH_4HS(s)$ 0.06mol。(1) 计算平衡时 $NH_4HS(s)$ 的分解百分数；(2) 计算 $NH_4HS(s)$ 的分解百分数为 1%时 NH_3 的物质的量；(3) 在反应平衡体系中加入更多的 $NH_4HS(s)$，对 NH_3 的平衡分压有无影响？

〔答案：(1) 37.17%；(2) 6.0×10^{-4}mol；(3) 无影响〕

7-10　在一定温度下，在含过量硫的容器中通过202 650Pa 的 CO，发生下列反应：

$$S(s)+2CO(g)=\!=\!=SO_2(g)+2C(s)$$

反应达平衡时总压为 104 364.75Pa，试计算 K_p。

〔答案：$2.66\times10^{-3}\,Pa^{-1}$〕

7-11 反应 $Cl_2(g)$ ══ $2Cl(g)$ 在 1000K 时 $K_p^{\ominus}=2.45\times10^{-7}$，假定气体为理想气体，计算在此温度下 Cl_2 的解离度。设平衡时体系总压为 101 325Pa。

〔答案：$2.47\times10^{-2}\%$〕

7-12 反应 $CO_2(g)$ ══ $CO(g)+\frac{1}{2}O_2(g)$ 在 1000K 和总压 101 325Pa 下，CO_2 的平衡转化率为 $2.0\times10^{-7}\%$。试计算反应在此温度下的 K_p 及反应 $2CO_2(g)$ ══ $2CO(g)+O_2(g)$ 的 K_p。

〔答案：$2.01\times10^{-11}\,Pa^{1/2}$，$4.04\times10^{-22}\,Pa$〕

7-13 反应 $C_2H_4(g)+H_2O(g)\rightleftharpoons C_2H_5OH(g)$ 在 250℃ 的 $K_p^{\ominus}=5.92\times10^{-3}$。在 250℃ 和 3.45MPa 下，若 C_2H_4 与 H_2O 的物质的量之比为 1∶5，求 C_2H_4 的平衡转化率。已知纯 C_2H_4、H_2O、C_2H_5OH 的逸度系数分别为 0.98、0.89、0.82，并假设混合物可应用路易斯-兰德尔规则。

〔答案：15.1%〕

7-14 在一抽空的容器中放有 $NH_4Cl(s)$，当加热至 340℃ 时，固态的 NH_4Cl 部分分解，平衡总压为 104.6kPa。如果换成 NH_4I，在同样情况下的平衡总压为 18.8kPa。如果把 NH_4Cl 和 NH_4I 固体放在一起，340℃ 时的平衡总压是多少？假设 NH_4Cl 和 NH_4I 不生成固溶体，气体服从理想气体状态方程。

〔答案：106.3kPa〕

7-15 试从平衡的角度分析下列三条由苯生产苯胺的路线的现实性（设温度为 25℃）：

(1) $C_6H_6(l)+NH_3(g)\rightleftharpoons C_6H_5NH_2(l)+H_2(g)$

(2) $C_6H_6(l)+Cl_2(g)\rightleftharpoons C_6H_5Cl(l)+HCl(g)$

$C_6H_5Cl(l)+2NH_3(g)\rightleftharpoons C_6H_5NH_2(l)+NH_4Cl(s)$

(3) $C_6H_6(l)+HNO_3(l)\rightleftharpoons C_6H_5NO_2(l)+H_2O(l)$

$C_6H_5NO_2(l)+3H_2(g)\rightleftharpoons C_6H_5NH_2(l)+2H_2O(l)$

已知 $C_6H_5NO_2(l)$ 的 $\Delta_f G_m^{\ominus}(298.15K)=146.23kJ\cdot mol^{-1}$，其他物质的 $\Delta_f G_m^{\ominus}(298.15K)$ 查附录九。

〔答案：路线(2)、(3)有现实意义〕

7-16 已知反应 $\frac{1}{2}N_2(g)+\frac{1}{2}O_2(g)\longrightarrow NO(g)$ 的 $\Delta_r H_m^{\ominus}(298.15K)=90.37kJ\cdot mol^{-1}$。试利用附录九中各物质的标准摩尔熵，计算此反应在 25℃ 时的标准平衡常数。

〔答案：6.5×10^{-16}〕

7-17 在 25℃ 和 101 325Pa 下进行下列反应：

$$\frac{1}{2}N_2+\frac{3}{2}H_2\rightleftharpoons NH_3$$

反应从物质的量之比为 1∶3 的 N_2 和 H_2 的混合气体开始。画出此反应的 $G(\xi)$-ξ 图，并求出 $K_p^{\ominus}$。已知 $\Delta_f G_m^{\ominus}(NH_3)=-16.5kJ\cdot mol^{-1}$。

〔答案：777.74〕

7-18 25℃ 时氯化铵在抽空的容器中按下式分解并建立平衡：

$$NH_4Cl(s)\rightleftharpoons NH_3(g)+HCl(g)$$

试利用附录九中各物质的标准摩尔生成吉布斯自由能，计算 25℃ 时 NH_3 的平衡分压。设气体服从理想气体状态方程。

〔答案：$1.054\times10^{-3}\,Pa$〕

7-19 气态 HNO_3 可按下式分解：

$$4HNO_3(g)\rightleftharpoons 4NO_2(g)+2H_2O(g)+O_2(g)$$

如果反应用纯 $HNO_3(g)$ 开始，试证明

$$K_p = \frac{1024 p_{O_2}^7}{(p - 7p_{O_2})^4}$$

式中，p 是平衡总压；p_{O_2} 是 $O_2(g)$ 的平衡分压。

〔答案：略〕

7-20　已知下列数据(25℃)：

物　质	$S_m^\ominus$ /(J · mol^{-1} · K^{-1})	$\Delta_c H_m^\ominus$ /(kJ · mol^{-1})	$\Delta_f G_m^\ominus$ /(kJ · mol^{-1})
C(石墨)	5.740	−393.51	
$H_2(g)$	130.57	−285.83	
$N_2(g)$	191.5	0	
$O_2(g)$	205.03	0	
$CO(NH_2)_2(s)$	104.6	−631.66	
$NH_3(g)$			−16.5
$CO_2(g)$			−394.36
$H_2O(g)$			−228.59

求 25℃下 $CO(NH_2)_2(s)$ 的标准摩尔生成吉布斯自由能 $\Delta_f G_m^\ominus$ 以及反应

$$CO_2(g) + 2NH_3 \rightleftharpoons H_2O(g) + CO(NH_2)_2(s)$$

的标准平衡常数 $K_p^\ominus$。

〔答案：$-197.47 kJ \cdot mol^{-1}$，0.59〕

7-21　已知 25℃时，$CO(g)$ 和 $CH_3OH(g)$ 的标准摩尔生成焓 $\Delta_f H_m^\ominus$ 分别为 $-110.52 kJ \cdot mol^{-1}$ 和 $-200.7 kJ \cdot mol^{-1}$，$CO(g)$、$H_2(g)$、$CH_3OH(l)$ 的标准摩尔熵 $S_m^\ominus$ 分别为 $197.56 J \cdot mol^{-1} \cdot K^{-1}$、$130.57 J \cdot mol^{-1} \cdot K^{-1}$、$127.0 J \cdot mol^{-1} \cdot K^{-1}$。又知 25℃甲醇的饱和蒸气压为16 586.90Pa，摩尔气化热 $\Delta_{vap} H_m^\ominus = 38.0 kJ \cdot mol^{-1}$，蒸气可视为理想气体。利用上述数据，求 25℃时反应 $CO(g) + 2H_2(g) \rightleftharpoons CH_3OH(g)$ 的 $\Delta_r G_m^\ominus$ 及 $K_p^\ominus$。

〔答案：$-24.8 kJ \cdot mol^{-1}$，2.21×10^4〕

7-22　(1) 计算反应 $H_2(g) \rightleftharpoons 2H(g)$ 在 3000K 时的 $K_p^\ominus$ 值，已知 $m_H = 1.637 \times 10^{-27} kg$，$g_{e,0}(H) = 2$，$g_{e,0}(H_2) = 1$，$\sigma\Theta_r(H_2) = 2 \times 85.4K$，$q_v(H_2) = 1$，$\Delta_r U_m^\ominus(0K) = 432.2 kJ \cdot mol^{-1}$；

(2) 计算 H_2 在 101 325Pa 和 3000K 时的解离度。

〔答案：(1) 3.06×10^{-2}；(2) 0.087〕

7-23　计算同位素交换反应

$$O_2^{16} + O_2^{18} \rightleftharpoons 2O^{16}O^{18}$$

在 25℃时的 $K_p^\ominus$ 值。已知 $\Delta_r U_m^\ominus(0K)/RT = 0.029$，各振动配分函数的比值为 1，各同位素分子间核间距相同。

〔答案：3.91〕

7-24　推导反应 $2HI \rightleftharpoons H_2 + I_2$ 的 $K_p^\ominus$ 的统计表达式，并计算 273K 和 1500K 时的 $K_p^\ominus$ 值。有关数据如下：

物　质	$I/(10^{-4} g \cdot cm^2)$	$\nu/10^{-12} s^{-1}$	$D_0/(kJ \cdot mol^{-1})$
HI	4.284	69.24	294.97
H_2	0.4544	132.4	431.96
I_2	741.6	6.424	148.74

〔答案：6.4×10^{-4}，5.2×10^{-2}〕

7-25 计算 $F_2 \rightleftharpoons 2F$ 在 900K 时的 $K_p^\ominus$值。已知

(1) F 原子的电子基态是四重简并的，而较高电子能级是二重简并的，波数为 $404cm^{-1}$，则其电子配分函数为

$$q_e = 4 + 2\exp\left(\frac{-581}{T/K}\right)$$

F_2 分子的电子基态是非简并的，在 900K 时不激发；

(2) F_2 分子的核间距离为 $1.418\times10^{-10}m$，F 原子的摩尔质量为 $18.99\times10^{-3}kg\cdot mol^{-1}$，转动惯量 I 为 $31.714\times10^{-47}kg\cdot m^2$；

(3) F_2 分子的基本振动波数为 $892cm^{-1}$，故$\Theta_v=1279K$；

(4) F_2 分子在 0K 时解离能为 $154kJ\cdot mol^{-1}$。

〔答案：1.15×10^{-3}〕

7-26 (1) 利用表册数据，计算 $H_2 \rightleftharpoons 2H$ 反应在 1500K 时的 $K_p^\ominus$值；(2) 利用习题 7-22 中求出的 3000K 时的 $K_p^\ominus$值，计算反应在 1500～3000K 的 $\Delta_r H_m^\ominus$值。

〔答案：(1) 3.23×10^{-10}；(2) $458.1kJ\cdot mol^{-1}$〕

7-27 在没有空气的条件下，乙炔通过灼热管子，很容易转变为苯。利用表册数据，计算 $3C_2H_2 \rightleftharpoons C_6H_6$ 在 1000K 时的 $K_p^\ominus$值，并证实这一途径是可行的。

〔答案：1.13×10^{13}〕

7-28 在 101 325Pa 下，气态 I_2 在 600℃时有 1%解离成 I，在 800℃有 25%解离成 I。试求此解离反应在 600～800℃的 $\Delta_r H_m^\ominus$。

〔答案：$253.25kJ\cdot mol^{-1}$〕

7-29 设有下列反应平衡：

$$2NOCl \rightleftharpoons 2NO + Cl_2$$

(1) 在 200℃的容器中通入一定量 NOCl，反应达平衡后，总压为 101 325Pa，NOCl 的分压为 $0.64\times101\ 325Pa$，试计算 $K_p^\ominus$；(2) 200℃时温度每升高 1℃，$K_p^\ominus$增加 1.5%，计算 $\Delta_r H_m^\ominus$；(3) 假定 200℃时的 K_p 为$0.1\times101\ 325Pa$，计算 NOCl 的解离度为 0.2 时的总压。

〔答案：(1) 0.0169；(2) $27.92kJ\cdot mol^{-1}$；(3) 1 783 320Pa〕

7-30 反应 $2NaHCO_3(s) \rightleftharpoons Na_2CO_3(s) + H_2O(g) + CO_2(g)$ 的平衡压力与温度的关系经实验测定如下：

t/℃	30	50	70	90	100	110
p/133.32Pa	6.2	30.0	120.4	414.3	731.1	1252.6

求：(1) 反应的 $K_p^\ominus$与温度 T 的函数关系；(2) 碳酸氢钠的分解温度（分解压力为 101 325Pa的温度）；(3) 反应的 $\Delta_r H_m^\ominus$。

〔答案：(1) $\ln K_p^\ominus = 39.84 - \frac{15\ 412.6}{T/K}$；(2) 373.8K；(3) $128.1kJ\cdot mol^{-1}$〕

7-31 反应 $C_6H_{12}(g) \rightleftharpoons C_5H_9CH_3(g)$ 的 $K_p^\ominus$与 T 的关系为

$$\ln K_p^\ominus = 4.184 - \frac{2059}{T/K}$$

计算 25℃时反应的标准摩尔熵变 $\Delta_r S_m^\ominus$。

〔答案：$34.79J\cdot mol^{-1}\cdot K^{-1}$〕

7-32 反应 $COCl_2(g) \rightleftharpoons CO(g) + Cl_2(g)$ 在 100℃时 $K_p = 8\times10^{-9}\times101\ 325Pa$，$\Delta_r S_m^\ominus(373K) = 125.52J\cdot mol^{-1}\cdot K^{-1}$。(1) 计算 100℃，$p_{总} = 2\times101\ 325Pa$ 时的解离度；(2) 计算反应的 $\Delta_r H_m^\ominus(373K)$；(3) 设 $\sum_B \nu_B C_{p,m}^\ominus(B) = 0$，当 $p_{总} = 2\times101\ 325Pa$ 时，在什么温度下光气的解离度为 0.1%？

〔答案：(1) 6.30×10^{-5}；(2) $104.64kJ\cdot mol^{-1}$；(3) 446K〕

7-33 A(g)按下式分解：$A(g) = 2B(g)$。在 25℃时，$0.5dm^3$ 容器中装有 1.588g

A(g),实验测得解离平衡时总压力为 101 325Pa。在 45℃时,0.5dm^3 容器中装有 1.35g A(g),解离度为 37%,平衡时总压力为 1.05×101 325Pa。已知该反应的 $\Delta_r H_m^\ominus$ 与温度的关系为 $\Delta_r H_m^\ominus = a + bT$;$S_m^\ominus$(A,g,298.15K)=304.3J·$mol^{-1}$·$K^{-1}$;A(g)的相对分子质量为 92.02;$S_m^\ominus$(B,g,298.15K)=240.45J·$mol^{-1}$·$K^{-1}$。气体可当作理想气体。假定反应的 $\Delta_r S_m^\ominus$ 与 T 无关。

(1) 在 25℃,A(g)、B(g)分压均为 1.5×101 325Pa 时,反应进行的方向;

(2) 求 a 及 b 的数值。

〔答案:(1) 反应向左进行;(2) −57 586.57J·mol^{-1},386.015J·mol^{-1}·K^{-1}〕

7-34 在 1000K,1dm^3 容器内含过量碳,通入 4.25g CO_2 后发生下列反应:

$$C(s) + CO_2(g) = 2CO(g)$$

反应平衡时的气体密度相当于平均摩尔质量为 36g·mol^{-1}的气体的密度。(1) 计算平衡总压和 K_p;(2) 若在恒容下加入惰性气体 He,使总压加倍,则 CO 的平衡量是增加、减少还是不变?(3) 若加入 He,使容器体积加倍,而总压维持不变,则 CO 的平衡量将怎样变化?

〔答案:(1) 1075×10^3Pa,536 291.53Pa;(2) 无影响;
(3) CO 平衡量由 0.065mol 增大至 0.0823mol〕

7-35 合成甲醇反应 $CO(g) + 2H_2(g) = CH_3OH(g)$ 的一个重要副反应是

$$CH_3OH(g) + H_2(g) = CH_4(g) + H_2O(g)$$

已知 $\Delta_r G_{m,1}^\ominus = (-90\ 642.18 + 221.33T)$J·$mol^{-1}$,$\Delta_r G_{m,2}^\ominus = (-115\ 507.69 - 6.69T)$J·$mol^{-1}$。(1) 求 700K 时体系达平衡时的产物;(2) 提高反应体系压力,对此反应体系有无影响?

〔答案:(1) $CH_4(g) + H_2O(g)$;(2) 提高转化率〕

7-36 (1) 应用路易斯-兰德尔规则及逸度系数图,求在 250℃、200×101 325Pa 下,合成甲醇反应 $CO(g) + 2H_2(g) \rightleftharpoons CH_3OH(g)$ 的 K_γ;

(2) 已知在上述条件下,此反应的 $\Delta_r G_m^\ominus$=25 784J·mol^{-1},求此反应的 $K_f^\ominus$ 及 $K_p^\ominus$;

(3) 化学计量比的原料气在上述条件下达平衡时,求混合物中甲醇的摩尔分数。

〔答案:(1) 0.266;(2) 0.002 66,0.010;(3) 0.766〕

7-37 用丁烯脱氢制丁二烯,反应如下:

$$CH_3CH_2CHCH_2(g) = CH_2CHCHCH_2(g) + H_2(g)$$

为了增加丁烯的转化率,加入惰性气体水蒸气,C_4H_8 与 H_2O 的物质的量之比为 1∶15。操作压力为 202.7kPa。在什么温度下,丁烯的平衡转化率可达到 40%?所需的 $\Delta_f G_m^\ominus$(298.15K)及 $\Delta_f H_m^\ominus$(298.15K)的数据可查附录九,并假设该反应的 $\Delta_r H_m^\ominus$ 不随温度而变,气体服从理想气体状态方程。

〔答案:834.48K〕

7-38 一种制取甲醛的工业方法是使甲醇和空气的混合气通过银催化剂,反应是在 500℃、0.1MPa 的条件下进行的。在生产过程中发现银渐渐失去光泽,且有一部分成为粉末状。试判断此现象是否系 Ag_2O 生成所致。已知 Ag、O_2、Ag_2O 的恒压摩尔热容分别为 26.8J·mol^{-1}·K^{-1}、31.4J·mol^{-1}·K^{-1}、65.7 J·mol^{-1}·K^{-1},Ag 的 $S_m^\ominus$(298.15K)为 42.70J·mol^{-1}·K^{-1}。所需的其他数据查附录。

〔答案:不是〕

7-39 反应 $\frac{1}{2}N_2(g) + \frac{3}{2}H_2(g) \rightleftharpoons NH_3(g)$ 在 450℃时的标准平衡常数为 6.55×10^{-3}。已知 25℃时 NH_3 的标准摩尔生成焓为−45.69kJ·mol^{-1},各组分的恒压摩尔热容如下(单位为J·mol^{-1}·K^{-1}):

N_2:$C_{p,m}^\ominus = 26.98 + 5.91 \times 10^{-3}T$

H_2:$C_{p,m}^\ominus = 29.07 - 0.84 \times 10^{-3}T$

NH_3：$C_{p,m}^{\ominus}=25.89+32.58\times10^{-3}T$

假定气体服从理想气体状态方程，试计算此反应在 327℃时的标准平衡常数。

〔答案：3.80×10^{-2}〕

7-40　计算 25℃时 $0.2mol\cdot kg^{-1}$ NaCl 水溶液中的 $m_{H_3O^+}$。

〔答案：$1.69\times10^{-7}mol\cdot kg^{-1}$〕

7-41　纯水的离子积常数与温度的关系式为

$$\lg K_w^{\ominus}=948.8760-\frac{24\ 746.26}{T/K}-405.8639\lg(T/K)$$
$$+0.487\ 96(T/K)-0.2371\times10^{-3}(T/K)^2$$

计算 25℃时纯水的电离反应的 $\Delta_rG_m^{\ominus}$、$\Delta_rS_m^{\ominus}$和 $\Delta_rH_m^{\ominus}$。

〔答案：$79.90kJ\cdot mol^{-1}$，$-75.26J\cdot mol^{-1}\cdot K^{-1}$，$57.46kJ\cdot mol^{-1}$〕

7-42　求算 25℃时 $0.1mol\cdot kg^{-1}$ $NaC_2H_3O_2$ 水溶液中的 m_{H^+}，已知 25℃时 $HC_2H_3O_2$ 的 $K_{a,m}^{\ominus}=1.75\times10^{-5}$（提示：乙酸根离子是碱，与水发生反应 $C_2H_3O_2^-+H_2O\rightleftharpoons HC_2H_3O_2+OH^-$）。

〔答案：$1.32\times10^{-9}mol\cdot kg^{-1}$〕

7-43　证明：$\Delta_rG_m^{\ominus\prime}=\Delta_rG_m^{\ominus}-16.118\nu_{H^+}RT$，式中，$\Delta_rG_m^{\ominus}=\sum\limits_{i\neq H^+}\nu_i\mu_i^{\ominus}+\nu_{H^+}\mu(H^+,a_{H^+}=10^{-7})$，在生化反应中用 $\Delta_rG_m^{\ominus\prime}$，因为反应体系中 m_{H^+} 接近 $10^{-7}mol\cdot kg^{-1}$。

〔答案：略〕

7-44　气态正戊烷和异戊烷的 $\Delta_fG_m^{\ominus}(298.15K)$ 分别为 $-194.4kJ\cdot mol^{-1}$ 和 $-200.8kJ\cdot mol^{-1}$，液体的饱和蒸气压分别为

正戊烷：

$$\lg(p/101\ 325Pa)=3.9714-\frac{1065}{T/K-41}$$

异戊烷：

$$\lg(p/101\ 325Pa)=3.9089-\frac{1024}{T/K-40}$$

计算 25℃时异构化反应：正戊烷$\rightleftharpoons$异戊烷的气相中的 K_p 和液相中的 K_x。假定气相为理想气体混合物，液相为理想液态混合物。

〔答案：13.22，10.21〕

7-45　蒸馏水放在开口容器中，溶解的气体（主要是 CO_2）将改变水的 pH 使其偏离 7.00。

(1) 试计算饱和了 CO_2 的蒸馏水的 pH。已知在 25℃和 CO_2 的压力为 101 325Pa 时，100g 水中含 0.145g CO_2，假定只存在下列一种反应：

	$CO_2(aq)$	+	H_2O	$=H^+(aq)+$	$HCO_3^-(aq)$
$\Delta_fG_m^{\ominus}(298.15K)/(kJ\cdot mol^{-1})$	-386.02		-237.178	0	-586.848

(2) 若溶液中 CO_2 的浓度可用 $c_{CO_2}=kp_{CO_2}$ 表示，k 为常数。试计算 $p_{CO_2}=4\times10^{-2}\times101\ 325Pa$时蒸馏水的 pH。

〔答案：(1) 3.93；(2) 4.62〕

7-46　试证明：反应 $A+B=2C$ 在气相中进行的平衡常数 K_p 与在溶液中进行的平衡常数 K_x 的关系为

$$\frac{K_p}{K_x}=\frac{k_C^2}{k_Ak_B}$$

式中，k_A、k_B、k_C 分别是 A、B、C 溶于溶剂中的亨利常数。

〔答案：略〕

课外参考读物

蔡经炳.1983.关于温度对化学反应方向的影响.化学通报,9:53

蔡经炳.1987.关于浓度对化学平衡的影响.大学化学,5:23

陈鸿贤.1980.关于van't Hoff公式与温度对化学反应方向的影响的讨论.化学通报,10:609

陈子唐.1988.溶剂化效应对有机反应平衡和立体化学的影响.大学化学,3:27

程洪奎.1981.关于多重平衡的平衡常数的计算和应用.大连铁道学院学报,3:11

丁勇,袁履冰.1989.高压液相化学平衡.大学化学,3:37

高执棣.1987.关于$\Delta H^{\ominus}$和$\Delta G^{\ominus}$的一些问题.大学化学,2:48

侯建武.1989.化学反应等温方程各种表示式之异同.教材通讯,2:37

胡教平.1984.$N_2O_4 \rightleftharpoons 2NO_2$反应过程的物理化学分析.化学教育,5:6

黎松强.1985.不参加反应的气体对化学平衡的影响.化学教育,3:52

李崇虎.1987.关于平衡判据的讨论.大学物理,9:27

李大唐,郭军.2003.刍议化学平衡移动方向的判断.大学化学,18(1):51

李家玉.1982.论吕-查得原理应用的局限性.上海师范学院学报(自然科学版),1:81

李振林.1987.化学反应进行的方向及能量的变化.化学教育,5:30

李志伟.2003.萘-苯体系平衡浓度与温度的关系的三种计算方法精确度的比较.大学化学,18(6):53

刘士荣,杨爱云.1988.关于化学反应等温式的几个问题.化学通报,7:50

刘亚勋,张有福.1986.对化学反应中$\Delta H^{\ominus}$和$\Delta G^{\ominus}$单位的讨论.大学化学,2:55

陆大钧.1964.应用图表计算化学反应的最大平衡产率.化学通报,10:53

施印华.1986.理想溶液反应$\Delta G^{\ominus}$与平衡常数K的关系.化学通报,1:44

施印华.1989.矩阵法配平化学计量方程式.化学通报,7:50

陶祖贻.1988.离子交换平衡.化学通报,7:12

童祐嵩.1986.$\Delta G^{\ominus}=-RT\ln K$的推导与惰性物种在决定反应平衡中的作用.化学通报,12:46

王季陶.2002.反应耦合现象的现代热力学分类系统.大学化学,17(2):29

王鉴,朱元海.2000.反应进度概念与化学反应体系.大学化学,15(3):47

王智民,韩基新.1984.也谈ΔG与$\Delta G^{\ominus}$的差别及相互关系.化学通报,3:59

徐洁,侯建武.1986.关于化学平衡的某些问题.教材通讯,4:36

杨永华.1984.关于本刊"ΔG与$\Delta G^{\ominus}$的差别及相互关系是什么"一文的意见.化学通报,3:59

殷福珊.1988.反应体系中的独立变量问题.化学通报,8:46

余世鑫.1980.关于化学平衡常数有无单位的看法.化学教育,4:25

袁天佑.1989.Cu^{+}和Cu^{2+}相互转化的热力学讨论.大学化学,5:51

张索林,魏雨,童汝亭.1986.物质数量(或浓度)对化学平衡的新描述.大学化学,3:25

张索林,张光宇,刘晓地.1994.对《浓度影响化学平衡描述》的几点补充.大学化学,9(3):37

张仲仪.1983.关于化学反应的ΔH和ΔG的单位.化学教育,4:17

赵梦月,吕灵翠.1985.化学反应吉布斯函数与系统吉布斯函数变化的关系.化学通报,11:64

赵慕愚.1982.复杂化学平衡计算中的自由能最小化方法.化学通报,1:34

郑燕升.1999.氨基酸不对称化学合成的热力学分析.大学化学,14(5):28

朱如曾.1982.假想分子与化学平衡.力学学报,2:180

朱志昂.1987.关于化学反应教学中的几个问题.化学通报,7:38

邹仁鋆.1980.论裂解反应系统热力学和动力学因素的综合作用.河北工学院学报,3:1

邹仁鋆.1982.再论裂解反应系热力学和动力学因素的综合作用.河北工学院学报,1:100

Denbigh K G.1985.化学平衡原理.4版.戴冈夫,谭曾振,韩德刚译.北京:化学工业出版社

Guenther W B.1989.化学平衡.戴明,冯颖铎,冯成武译.东营:中国石油大学出版社

Treptow R S. 1996. Free energy versus extent of reaction, understanding the difference between ΔG and $\partial G/\partial \xi$. J Chem Educ, 73(1):51

附　　录

附录一　国际单位制

国际单位制（Le Système International d′ Unités）是我国法定计量单位的基础，一切属于国际单位制的单位都是我国的法定计量单位。国际单位制的国际简称为 SI。

国际单位制的构成：

- 国际单位制（SI）
  - SI 单位
    - SI 基本单位（附表 1）
    - SI 导出单位
      - 包括 SI 辅助单位在内的具有专门名称的 SI 导出单位（附表 2、附表 3）
      - 组合形式的 SI 导出单位
  - SI 单位的倍数单位

国际单位制以附表 1 中的 7 个基本单位为基础。

附表 1　国际单位制基本单位

量的名称	单位名称	单位符号	单位定义
时间	秒	s	国际单位制中的时间单位，符号 s。当铯频率 $\Delta\nu(\mathrm{Cs})$，也就是铯-133 原子不受干扰的基态超精细跃迁频率以单位 Hz 即 s^{-1} 表示时，将其固定数值取为 9 192 631 770来定义秒
长度	米	m	国际单位制中的长度单位，符号 m。当真空中光速 c 以单位 $\mathrm{m\cdot s^{-1}}$ 表示时，将其固定数值取为 299 792 458 来定义米，其中秒用 $\Delta\nu(\mathrm{Cs})$ 定义
质量	千克（公斤）	kg	国际单位制中的质量单位，符号 kg。当普朗克常量 h 以单位 $\mathrm{J\cdot s}$ 即 $\mathrm{kg\cdot m^2\cdot s^{-1}}$ 表示时，将其固定数值取为 $6.626\ 070\ 15\times10^{-34}$ 来定义千克，其中米和秒用 c 和 $\Delta\nu(\mathrm{Cs})$ 定义
电流	安[培]	A	国际单位制中的电流单位，符号 A。当基本电荷 e 以单位 C 即 $\mathrm{A\cdot s}$ 表示时，将其固定数值取为 $1.602\ 176\ 634\times10^{-19}$ 来定义安培，其中秒用 $\Delta\nu(\mathrm{Cs})$ 定义
热力学温度	开[尔文]	K	国际单位制中的热力学温度单位，符号 K。当玻尔兹曼常量 k 以单位 $\mathrm{J\cdot K^{-1}}$ 即 $\mathrm{kg\cdot m^2\cdot s^{-2}\cdot K^{-1}}$ 表示时，将其固定数值取为 $1.380\ 649\times10^{-23}$ 来定义开尔文，其中千克、米和秒分别用 h、c 和 $\Delta\nu(\mathrm{Cs})$ 定义
物质的量	摩[尔]	mol	国际单位制中的物质的量单位，符号 mol。1mol 精确包含 $6.022\ 140\ 76\times10^{23}$ 个基本单元。该数称为阿伏伽德罗数，为以单位 $\mathrm{mol^{-1}}$ 表示的阿伏伽德罗常量 N_A 的固定数值 一个系统的物质的量，符号 n，是该系统包含的特定基本单元数的量度。基本单元可以是原子、分子、离子、电子及其他任意粒子或粒子的特定组合
发光强度	坎[德拉]	cd	国际单位制中的沿指定方向发光强度单位，符号 cd。当频率为 540×10^{12} Hz 的单色辐射的光视效能 K_{cd} 以单位 $\mathrm{lm\cdot W^{-1}}$ 即 $\mathrm{cd\cdot sr\cdot W^{-1}}$ 或 $\mathrm{cd\cdot sr\cdot kg^{-1}\cdot m^{-2}\cdot s^3}$ 表示时，将其固定数值取为 683 来定义坎德拉，其中千克、米和秒分别用 h、c 和 $\Delta\nu(\mathrm{Cs})$ 定义

注：本表摘自“全国科学技术名词审定委员会发布国际单位制 7 个基本单位中文新定义”，2019-05-14。

附表 2　国际单位制辅助单位

量的名称	单位名称	单位符号	单位定义
平面角	弧度	rad	等于一个圆内两条半径之间的平面角，这两条半径在圆周上截取的弧长与半径相等
立体角	球面度	sr	等于一个立体角，其顶点位于球心，而它在球面上所截取的面积等于以球半径为边长的正方形面积

附表 3　国际单位制中具有专门名称的导出单位

量的名称	单位名称	单位符号	其他表示示例
频率	赫[兹]	Hz	s^{-1}
力；重力	牛[顿]	N	$kg\cdot m\cdot s^{-2}$
压力、压强；应力	帕[斯卡]	Pa	$N\cdot m^{-2}$
能量；功；热	焦[耳]	J	$N\cdot m$
功率；辐射通量	瓦[特]	W	$J\cdot s^{-1}$
电荷量	库[仑]	C	$A\cdot s$
电位；电压；电动势	伏[特]	V	$W\cdot A^{-1}$
电容	法[拉]	F	$C\cdot V^{-1}$
电阻	欧[姆]	Ω	$V\cdot A^{-1}$
电导	西[门子]	S	$A\cdot V^{-1}$
磁通量	韦[伯]	Wb	$V\cdot s$
磁通量密度，磁感应强度	特[斯拉]	T	$Wb\cdot m^{-2}$
电感	亨[利]	H	$Wb\cdot A^{-1}$
摄氏温度	摄氏度	℃	
光通量	流[明]	lm	$cd\cdot sr$
光照度	勒[克斯]	lx	$lm\cdot m^{-2}$
放射性活度	贝可[勒尔]	Bq	s^{-1}
吸收剂量	戈[瑞]	Gy	$J\cdot kg^{-1}$
剂量当量	希[沃特]	Sv	$J\cdot kg^{-1}$

附表 4　国家选定的非国际单位制单位

量的名称	单位名称	单位符号	换算关系和说明
时间	分	min	1min=60s
	[小]时	h	1h=60min=3600s
	天(日)	d	1d=24h=86 400s
平面角	[角]秒	(″)	1″=(π/648 000)rad(π 为圆周率)
	[角]分	(′)	1′=60″=(π/10 800)rad
	度	(°)	1°=60′=(π/180)rad
旋转速度	转每分	r/min	$1r/min=(1/60)s^{-1}$
长度	海里	n mile	1n mile=1852m(只用于航程)
速度	节	kn	$1kn=1n\ mile\cdot h^{-1}=0.514\ 444m\cdot s^{-1}$(只用于航行)
质量	吨	t	$1t=10^3kg$
	原子质量单位	u	$1u\approx1.660\ 565\ 5\times10^{-27}kg$
体积	升	L(l)	$1L=1dm^3=10^{-3}m^3$

续表

量的名称	单位名称	单位符号	换算关系和说明
能量	电子伏	eV	$1eV \approx 1.602\,189\,2 \times 10^{-19} J$
级差	分贝	dB	
线密度	特[克斯]	tex	$1tex = 1g \cdot km^{-1}$

注:(1) 周、月、年(年的符号为 a),为一般常用时间单位。

(2) [　]内的字是在不致混淆的情况下可以省略的字。

(3) (　)内的字为前者的同义语。

(4) 角度单位度分秒的符号不处于数字后时,用括弧。

(5) 升的符号中,小写字母 l 为备用符号。

(6) r 为“转”的符号。

(7) 人民生活和贸易中,质量习惯称为重量。

(8) 公里为千米的俗称,符号为 km。

(9) 10^4 称为万,10^8 称为亿,10^{12} 称为万亿,这类数词的使用不受词头名称的影响,但不应与词头混淆。

附表 5　用于构成十进倍数和分数单位的词头

因　数	词头名称		符　号
	英　文	中　文	
10^{24}	yotta	尧[它]	Y
10^{21}	zetta	泽[它]	Z
10^{18}	exa	艾[可萨]	E
10^{15}	peta	拍[它]	P
10^{12}	tera	太[拉]	T
10^{9}	giga	吉[咖]	G
10^{6}	mega	兆	M
10^{3}	kilo	千	k
10^{2}	hecto	百	h
10^{1}	deca	十	da
10^{-1}	deci	分	d
10^{-2}	centi	厘	c
10^{-3}	milli	毫	m
10^{-6}	micro	微	μ
10^{-9}	nano	纳[诺]	n
10^{-12}	pico	皮[可]	p
10^{-15}	femto	飞[母托]	f
10^{-18}	atto	阿[托]	a
10^{-21}	zepto	仄[普托]	z
10^{-24}	yocto	幺[科托]	y

附录二 希腊字母表

名 称	正 体		斜 体	
	大 写	小 写	大 写	小 写
alpha	Α	α	A	α
beta	Β	β	B	β
gamma	Γ	γ	Γ	γ
delta	Δ	δ	Δ	δ
epsilon	Ε	ε	E	ε
zeta	Ζ	ζ	Z	ζ
eta	Η	η	H	η
theta	Θ	ϑ,θ	Θ	ϑ,θ
iota	Ι	ι	I	ι
kappa	Κ	κ	K	κ
lambda	Λ	λ	Λ	λ
mu	Μ	μ	M	μ
nu	Ν	ν	N	ν
xi	Ξ	ξ	Ξ	ξ
omicron	Ο	ο	O	o
pi	Π	π	Π	π
rho	Ρ	ρ	P	ρ
sigma	Σ	σ	Σ	σ
tau	Τ	τ	T	τ
upsilon	Υ	υ	Υ	υ
phi	Φ	φ,ϕ	Φ	φ,ϕ
chi	Χ	χ	X	χ
psi	Ψ	ψ	Ψ	ψ
omega	Ω	ω	Ω	ω

附录三 基本常数

量的名称	符 号	数值及单位
自由落体加速度,重力加速度	g	9.806 65m · s^{-2}(准确值)
真空介电常量(真空电容率)	ε_0	8.854 188×10^{-12}F · m^{-1}
电磁波在真空中的速度	c,c_0	299 792 458m · s^{-1}
阿伏伽德罗常量	L,N_A	(6.022 136 7±0.000 003 6)×10^{23}mol^{-1}
摩尔气体常量	R	(8.314 510±0.000 070)J · mol^{-1} · K^{-1}
玻尔兹曼常量	k,k_B	(1.380 658±0.000 012)×10^{-23}J · K^{-1}
元电荷	e	(1.602 177 33±0.000 000 49)×10^{-19}C
法拉第常量	F	(9.648 530 9±0.000 002 9)×10^{4}C · mol^{-1}
普朗克常量	h	(6.626 075 5±0.000 004 0)×10^{-34}J · s

附录四　换 算 因 数

非 SI 制单位名称	符　号	换算因数
磅力每平方英寸	$lbf \cdot in^{-2}$	$1lbf \cdot in^{-2}=6894.757Pa$
标准大气压	atm	1atm=101.325kPa(准确值)
千克力每平方米	$kgf \cdot m^{-2}$	$1kgf \cdot m^{-2}=9.806\ 65Pa$(准确值)
托	Torr	1Torr=133.3224Pa
工程大气压	at	1at=98 066.5Pa(准确值)
毫米汞柱	mmHg	1mmHg=133.3224Pa
巴	bar	$1bar=10^5Pa$
英制热单位	Btu	1Btu=1055.056J
15℃卡	cal_{15}	$1cal_{15}=4.1855J$
国际蒸气表卡	cal_{IT}	$1cal_{IT}=4.1868J$(准确值)
热化学卡	cal_{th}	$1cal_{th}=4.184J$(准确值)
标准大气压升	$atm \cdot L$	$1atm \cdot L=101.325J$(准确值)
尔格	erg	$1erg=10^{-7}J$
达因	dyn	$1dyn=10^{-5}N$
泊	P	$1P=0.1Pa \cdot s$
埃	Å	$1Å=10^{-10}m$

附录五　元素的相对原子质量表(1997 年)

$[A_r(^{12}C)=12]$

元素符号	元素名称	相对原子质量	元素符号	元素名称	相对原子质量
Ac	锕		C	碳	12.010 7(8)
Ag	银	107.868 2(2)	Ca	钙	40.078(4)
Al	铝	26.981 538(2)	Cd	镉	112.411(8)
Am	镅		Ce	铈	140.116(1)
Ar	氩	39.948(1)	Cf	锎	
As	砷	74.921 60(2)	Cl	氯	35.452 7(9)
At	砹		Cm	锔	
Au	金	196.966 55(2)	Co	钴	58.933 20(9)
B	硼	10.811(7)	Cr	铬	51.996 1(6)
Ba	钡	137.327(7)	Cs	铯	132.905 43(2)
Be	铍	9.012 182(3)	Cu	铜	63.546(3)
Bh	铍		Db	钳	
Bi	铋	208.980 38(2)	Dy	镝	162.50(3)
Bk	锫		Er	铒	167.26(3)
Br	溴	79.904(1)	Es	锿	

续表

元素符号	元素名称	相对原子质量	元素符号	元素名称	相对原子质量
Eu	铕	151.964(1)	Pb	铅	207.2(1)
F	氟	18.998 403 2(5)	Pd	钯	106.42(1)
Fe	铁	55.845(2)	Pm	钷	
Fm	镄		Po	钋	
Fr	钫		Pr	镨	140.907 65(2)
Ga	镓	69.723(1)	Pt	铂	195.078(2)
Gd	钆	157.25(3)	Pu	钚	
Ge	锗	72.61(2)	Ra	镭	
H	氢	1.007 94(7)	Rb	铷	85.467 8(3)
He	氦	4.002 602(2)	Re	铼	186.207(1)
Hf	铪	178.49(2)	Rf	𬬻	
Hg	汞	200.59(2)	Rh	铑	102.905 50(2)
Ho	钬	164.930 32(2)	Rn	氡	
Hs	𬭶		Ru	钌	101.07(2)
I	碘	126.904 47(3)	S	硫	32.066(6)
In	铟	114.818(3)	Sb	锑	121.760(1)
Ir	铱	192.217(3)	Sc	钪	44.955 910(8)
K	钾	39.098 3(1)	Se	硒	78.96(3)
Kr	氪	83.80(1)	Sg	𬭳	
La	镧	138.905 5(2)	Si	硅	28.085 5(3)
Li	锂	6.941(2)	Sm	钐	150.36(3)
Lr	铹		Sn	锡	118.710(7)
Lu	镥	174.967(1)	Sr	锶	87.62(1)
Md	钔		Ta	钽	180.9479(1)
Mg	镁	24.305 0(6)	Tb	铽	158.925 34(2)
Mn	锰	54.938 049(9)	Tc	锝	
Mo	钼	95.94(1)	Te	碲	127.60(3)
Mt	鿏		Th	钍	232.038 1(1)
N	氮	14.006 74(7)	Ti	钛	47.867(1)
Na	钠	22.989 770(2)	Tl	铊	204.383 3(2)
Nb	铌	92.906 38(2)	Tm	铥	168.934 21(2)
Nd	钕	144.24(3)	U	铀	238.028 9(1)
Ne	氖	20.179 7(6)	V	钒	50.941 5(1)
Ni	镍	58.693 4(2)	W	钨	183.84(1)
No	锘		Xe	氙	131.29(2)
Np	镎		Y	钇	88.905 85(2)
O	氧	15.999 4(3)	Yb	镱	173.04(3)
Os	锇	190.23(3)	Zn	锌	65.39(2)
P	磷	30.973 761(2)	Zr	锆	91.224(2)
Pa	镤	231.035 88(2)			

注：相对原子质量后面括号中的数字表示末位数的误差范围。

附录六　某些物质的临界参数

物质		临界温度 t_c/℃	临界压力 p_c/MPa	临界密度 ρ_c/(kg·m^{-3})	临界压缩因子 Z_c
He	氦	−267.96	0.227	69.8	0.301
Ar	氩	−122.4	4.87	533	0.291
H_2	氢	−239.9	1.297	31.0	0.305
N_2	氮	−147.0	3.39	313	0.290
O_2	氧	−118.57	5.043	436	0.288
F_2	氟	−128.84	5.215	574	0.288
Cl_2	氯	144	7.7	573	0.275
Br_2	溴	311	10.3	1260	0.270
H_2O	水	373.91	22.05	320	0.23
NH_3	氨	132.33	11.313	236	0.242
HCl	氯化氢	51.5	8.31	450	0.25
H_2S	硫化氢	100.0	8.94	346	0.284
CO	一氧化碳	−140.23	3.499	301	0.295
CO_2	二氧化碳	30.98	7.375	468	0.275
SO_2	二氧化硫	157.5	7.884	525	0.268
CH_4	甲烷	−82.62	4.596	163	0.286
C_2H_6	乙烷	32.18	4.872	204	0.283
C_3H_8	丙烷	96.59	4.254	214	0.285
C_2H_4	乙烯	9.19	5.039	215	0.281
C_3H_6	丙烯	91.8	4.62	233	0.275
C_2H_2	乙炔	35.18	6.139	231	0.271
$CHCl_3$	氯仿	262.9	5.329	491	0.201
CCl_4	四氯化碳	283.15	4.558	557	0.272
CH_3OH	甲醇	239.43	8.10	272	0.224
C_2H_5OH	乙醇	240.77	6.148	276	0.240
C_6H_6	苯	288.95	4.898	306	0.268
$C_6H_5CH_3$	甲苯	318.57	4.109	290	0.266

附录七　某些气体的范德华常数

气体		$10^3a/(\mathrm{Pa\cdot m^6\cdot mol^{-2}})$	$10^6b/(\mathrm{m^3\cdot mol^{-1}})$
Ar	氩	136.3	32.19
H_2	氢	24.76	26.61
N_2	氮	140.8	39.13
O_2	氧	137.8	31.83
Cl_2	氯	657.9	56.22
H_2O	水	553.6	30.49
NH_3	氨	422.5	37.07
HCl	氯化氢	371.6	40.81
H_2S	硫化氢	449.0	42.87
CO	一氧化碳	150.5	39.85
CO_2	二氧化碳	364.0	42.67
SO_2	二氧化硫	680.3	56.36
CH_4	甲烷	228.3	42.78
C_2H_6	乙烷	556.2	63.80
C_3H_8	丙烷	877.9	84.45
C_2H_4	乙烯	453.0	57.14
C_3H_6	丙烯	849.0	82.72
C_2H_2	乙炔	444.8	51.36
$CHCl_3$	氯仿	1537	102.2
CCl_4	四氯化碳	2066	138.3
CH_3OH	甲醇	964.9	67.02
C_2H_5OH	乙醇	1218	84.07
$(C_2H_5)_2O$	乙醚	1761	134.4
$(CH_3)_2CO$	丙酮	1409	99.4
C_6H_6	苯	1824	115.4

附录八　一些物质在 101 325Pa 时的标准摩尔恒压热容 $C_{p,m}^{\ominus}$

物　质	a /(J·mol^{-1}·K^{-1})	$b\times10^{3}$ /(J·mol^{-1}·K^{-2})	$c\times10^{6}$ /(J·mol^{-1}·K^{-3})	$c'\times10^{-5}$ /(J·K·mol^{-1})	使用的温度范围/K
H_2(g)	29.07	−0.836	2.01		273～1500
O_2(g)	25.72	12.98	−3.86		273～1500
Cl_2(g)	31.70	10.14	−0.272		273～1500
Br_2(g)	35.24	4.075	−1.49		273～1500
N_2(g)	27.30	5.23	−0.004		273～1500
CO(g)	26.86	6.97	−0.820		273～1500
HCl(g)	28.17	1.82	1.55		273～1500
HBr(g)	27.52	4.00	0.661		273～1500
H_2O(g)	30.36	9.61	1.18		273～1500
CO_2(g)	26.00	43.5	−14.83		273～1500
C_6H_6(苯)	−1.18	32.6	−110.0		273～1500
n-C_6H_{14}(正己烷)	30.60	438.9	−135.5		273～1500
CH_4	14.15	75.5	−18.0		273～1500
Al(s)	20.67	12.38			273～931.7
C(s)金刚石	9.12	13.22		−6.19	298～1200
C(s)石墨	17.15	4.27		−8.79	298～2300
Cu(s)	22.64	6.28			298～1357
F_2(g)	34.69	1.84		−3.35	273～2000
α-Fe(s)	14.10	29.71		−1.80	273～1033
I_2(s)	40.12	49.79			298～386.8
I_2(g)	36.90				456～1500
Pb(s)	25.82	6.69			273～600.5
S_2(g)	35.73	1.17		−3.31	298～2000
H_2S(g)	29.37	15.40			298～1800
NH_3(g)	25.895	32.999	−3.046		291～1000
N_2O_4(g)	83.89	39.75		−14.90	298～1000
NaCl(s)	45.94	16.32			298～1073
$NaClO_3$(s)	54.68	154.81			298～528
PCl_3(g)	83.365	1.209		−11.322	298～1000
PCl_5(g)	19.828	449.060	−498.73		298～500
SO_2(g)	43.43	10.63		−5.94	298～1800
SO_3(g)	57.32	26.86		−13.05	298～1200
TiC(s)	49.50	3.35		−14.98	298～1800
$TiCl_4$(g)	106.48	1.00		−9.87	298～2000
TiO_2(s)金红石	75.19	1.17		−18.20	298～1800

续表

物　质	a /(J·mol^{-1}·K^{-1})	$b\times10^{3}$ /(J·mol^{-1}·K^{-2})	$c\times10^{6}$ /(J·mol^{-1}·K^{-3})	$c'\times10^{-5}$ /(J·K·mol^{-1})	使用的温度范围/K
		气体(温度范围 298～2000K)			
He,Ne,Ar,Kr,Xe	+20.79	0		0	
S	+22.01	-0.42×10^{-3}		$+1.51\times10^{5}$	
H_2	+27.28	+3.26		+0.50	
O_2	+29.96	+4.18		−1.67	
N_2	+28.58	+3.76		−0.50	
S_2	+36.48	+0.67		−3.76	
CO	+28.41	+4.10		−0.46	
F_2	+34.56	+2.51		−3.51	
Cl_2	+37.03	+0.67		−2.84	
Br_2	+37.32	+0.50		−1.25	
I_2	+37.40	+0.59		−0.71	
CO_2	+44.22	+8.79		−8.62	
H_2O	+30.54	+10.29		0	
H_2S	+32.68	+12.38		−1.92	
NH_3	+29.75	+25.10		−1.55	
CH_4	+23.64	+47.86		−1.92	
TeF_6	+148.66	+6.78		−29.29	
		液体(从熔点到沸点)			
I_2	+80.33	0		0	
H_2O	+75.48	0		0	
NaCl	+66.9	0		0	
$C_{10}H_8$	+79.5	$+407.5\times10^{-3}$		0	
		固体(从 298K 到熔点或 2000K)			
C(石墨)	+16.86	$+4.77\times10^{-3}$		-8.54×10^{5}	
Al	+20.67	+12.38		0	
Cu	+22.63	+6.28		0	
Pb	+22.13	+11.72		+0.96	
I_2	+40.12	+49.79		0	
NaCl	+45.94	+16.32		0	
$C_{10}H_8$	−115.9	+937		0	

注:$C^{\ominus}_{p,\mathrm{m}}=a+bT+cT^{2}$,$C^{\ominus}_{p,\mathrm{m}}=a+bT+c'T^{-2}$,单位 J·mol^{-1}·K^{-1}。

附录九 热力学数据

($p^{\ominus}=100kPa$)

物 质	$\Delta_f H_m^{\ominus}$(298K) /(kJ·mol^{-1})	$S_m^{\ominus}$(298K) /(J·mol^{-1}·K^{-1})	$\Delta_f G_m^{\ominus}$(298K) /(kJ·mol^{-1})	$C_{p,m}^{\ominus}$/(J·mol^{-1}·K^{-1})								
				298K	300K	400K	500K	600K	700K	800K	900K	1000K
Ag(s)	0	42.55	0	25.351								
AgBr(s)	−100.37	107.1	−96.90	52.38								
AgCl(s)	−127.068	96.2	−109.789	50.79								
AgI(s)	−61.84	115.5	−66.19	56.82								
$AgNO_3$(s)	−124.39	140.92	−33.41	93.05								
Ag_2CO_3(s)	−505.8	167.4	−436.8	112.26								
Ag_2O(s)	−31.05	121.3	−11.20	65.86								
Al_2O_3(s,刚玉)	−1675.7	50.92	−1582.3	79.04								
Br_2(l)	0	152.231	0	75.689	75.63							
Br_2(g)	30.907	245.463	3.110	36.02		36.71	37.06	37.27	37.42	37.53	37.62	37.70
C(s,石墨)	0	5.740	0	8.527	8.72	11.93	14.63	16.86	18.54	19.87	20.84	21.51
C(s,金刚石)	1.895	2.377	2.900	6.113								
CO(g)	−110.525	197.674	−137.168	29.142	29.16	29.33	29.79	30.46	31.17	31.38	32.59	33.18
CO_2(g)	−393.509	213.74	−394.359	37.11	37.20	41.30	44.60	47.32	49.54	51.42	52.97	54.27
CS_2(g)	117.36	237.84	67.12	45.40	45.61	49.45	52.22	54.27	55.86	57.07	57.99	58.70
CaC_2(s)	−59.8	69.96	−64.9	62.72								
$CaCO_3$(s,方解石)	−1 206.92	92.9	−1 128.79	81.88								
$CaCl_2$(s)	−795.8	104.6	−748.1	72.59								
CaO(s)	−635.09	39.75	−604.03	42.80								
Cl_2(g)	0	223.066	0	33.907	33.97	35.30	36.08	36.57	36.91	37.15	37.33	37.47
CuO(s)	−157.3	42.63	−129.7	42.30								
$CuSO_4$(s)	−771.36	109.0	−661.8	100.0								

续表

物质	$\Delta_f H_m^\ominus$(298K) /(kJ·mol^{-1})	$S_m^\ominus$(298K) /(J·mol^{-1}·K^{-1})	$\Delta_f G_m^\ominus$(298K) /(kJ·mol^{-1})	$C_{p,m}^\ominus$/(J·mol^{-1}·K^{-1})								
				298K	300K	400K	500K	600K	700K	800K	900K	1000K
Cu_2O(s)	−168.6	93.14	−146.0	63.64								
F_2(g)	0	202.78	0	31.30	31.37	33.05	34.34	35.27	35.94	36.46	36.85	37.17
$Fe_{0.974}O$(s,方铁矿)	−266.27	57.49	245.12	48.12								
FeO(s)	−272.0											
FeS_2(s)	−178.2	52.93	−166.9	62.17								
Fe_2O_3(s)	−824.2	87.40	−742.2	103.85								
Fe_3O_4(s)	−1 118.4	146.4	−1 015.4	143.43								
H_2(g)	0	130.684	0	28.824	28.85	29.18	29.26	29.32	29.43	29.61	29.87	30.20
HBr(g)	−36.40	198.695	−53.45	29.142	29.16	29.20	29.41	29.79	30.29	30.88	31.51	32.13
HCl(g)	−92.307	186.908	−95.299	29.12	29.12	29.16	29.29	29.58	30.00	30.50	31.05	31.63
HF(g)	−271.1	173.779	−273.2	29.12	29.12	29.16	29.16	29.25	29.37	29.54	29.83	30.17
HI(g)	26.48	206.594	1.70	29.158	29.16	29.33	29.75	30.33	31.05	31.08	32.51	33.14
HCN(g)	135.1	201.78	124.7	35.86	36.02	39.41	42.01	44.18	46.15	47.91	49.50	50.96
HNO_3(l)	−174.10	155.60	−80.71	109.87								
HNO_3(g)	−135.06	266.38	−74.72	53.35	53.85	63.64	71.50	77.70	82.47	86.36	89.41	91.84
H_2O(l)	−285.830	69.91	−237.129	75.291								
H_2O(g)	−241.818	188.825	−228.572	33.577	33.60	34.27	35.23	36.32	37.45	38.70	39.96	41.21
H_2O_2(l)	−187.78	109.6	−120.35	89.1								
H_2O_2(g)	−136.31	232.7	−105.57	43.1	43.22	48.45	52.55	55.69	57.99	59.83	61.46	62.84
H_2S(g)	−20.63	205.79	−33.56	34.23	34.23	35.61	37.24	38.99	40.79	42.59	44.31	45.90
H_2SO_4(l)	−813.989	156.904	−690.003	138.91	139.33	153.55	161.92	167.36	171.96			
$HgCl_2$(s)	−224.3	146.0	−178.6									
HgO(s,正交)	−90.83	70.29	−58.539	44.06								
Hg_2Cl_2(s)	−265.22	192.5	−210.745									
Hg_2SO_4(s)	−743.12	200.66	−625.815	131.96								
I_2(s)	0	116.135	0	54.438	54.51							
I_2(g)	62.438	260.69	19.327	36.90			37.44	37.57	37.68	37.76	37.84	37.91

续表

物　质	$\Delta_f H_m^\ominus$(298K) /(kJ·mol⁻¹)	$S_m^\ominus$(298K) /(J·mol⁻¹·K⁻¹)	$\Delta_f G_m^\ominus$(298K) /(kJ·mol⁻¹)	$C_{p,m}^\ominus$/(J·mol⁻¹·K⁻¹)								
				298K	300K	400K	500K	600K	700K	800K	900K	1000K
KCl(s)	−436.747	82.59	−409.14	51.30								
KI(s)	−327.900	106.32	−324.892	52.93								
KNO_3(s)	−494.63	133.05	−394.86	96.40								
K_2SO_4(s)	−1 437.79	175.56	−1 321.37	130.46								
$KHSO_4$(s)	−1 160.6	138.1	−1 031.3									
N_2(g)	0	191.61	0	29.12	29.12	29.25	29.58	30.11	30.76	31.43	32.10	32.70
NH_3(g)	−46.11	192.45	−16.45	35.06	35.69	38.66	42.01	45.23	48.28	51.17	53.85	56.36
NH_4Cl(s)	−314.43	94.6	−202.87	84.1								
$(NH_4)_2SO_4$(s)	−1 180.85	220.1	−901.67	187.49								
NO(g)	90.25	210.761	86.55	29.83	29.83	29.96	30.50	31.25	32.05	32.76	33.43	33.97
NO_2(g)	33.18	240.06	51.31	37.07	37.11	40.33	43.43	46.11	48.37	50.2[illegible]	51.67	52.84
N_2O(g)	82.05	219.85	104.20	38.45	38.70	42.68	45.81	48.37	50.46	52.22	53.64	54.85
N_2O_4(g)	9.16	304.29	97.89	77.28								
N_2O_5(g)	11.3	355.7	115.1	84.5								
NaCl(s)	−411.153	72.13	−384.138	50.50								
$NaNO_3$(s)	−467.85	116.52	−367.00	92.88								
NaOH(s)	−425.609	64.455	−379.494	59.54								
Na_2CO_3(s)	−1 130.68	134.98	−1 044.44	112.30								
$NaHCO_3$(s)	−950.81	101.7	−851.0	87.61								
Na_2SO_4(s,正交)	−1 387.08	149.58	−1 270.16	128.20								
O_2(g)	0	205.138	0	29.355	29.37	30.10	31.08	32.09	32.99	33.74	34.36	34.87
O_3(g)	142.7	238.93	163.2	39.20	39.29	43.64	47.11	49.66	51.46	52.30	53.81	54.56
PCl_3(g)	−287.0	311.78	−267.8	71.84								
PCl_5(g)	−374.9	364.58	−305.0	112.80								
S(s,正交)	0	31.80	0	22.64	22.64							
SO_2(g)	−296.830	248.22	−300.194	39.87	39.96	43.47	46.57	49.04	50.96	52.43	53.60	54.48
SO_3(g)	−395.72	256.76	−371.06	50.67	50.75	58.83	65.52	70.71	74.73	78.86	80.46	82.68

续表

物质	$\Delta_f H_m^\ominus$(298K) /(kJ·mol^{-1})	$S_m^\ominus$(298K) /(J·mol^{-1}·K^{-1})	$\Delta_f G_m^\ominus$(298K) /(kJ·mol^{-1})	$C_{p,m}^\ominus$/(J·mol^{-1}·K^{-1})								
				298K	300K	400K	500K	600K	700K	800K	900K	1000K
SiO_2(s,α-石英)	−910.94	41.84	−856.64	44.43								
ZnO(s)	−348.28	43.64	−318.30	40.25								
CH_4(g)甲烷	−74.81	186.264	−50.72	35.309	35.77	40.63	46.53	52.51	58.20	63.51	68.37	72.80
C_2H_6(g)乙烷	−84.68	229.60	−32.82	52.63	52.89	65.61	78.07	89.33	99.24	108.07	115.85	122.72
C_3H_8(g)丙烷	−103.85	270.02	−23.37	73.51	73.89	94.31	113.05	129.12	143.09	155.14	165.73	175.02
C_4H_{10}(g)正丁烷	−126.15	310.23	−17.02	97.45	97.91	123.85	147.86	168.62	186.40	201.79	215.22	226.86
C_4H_{10}(g)异丁烷	−134.52	294.75	−20.75	96.82	97.28	124.56	149.03	169.95	187.65	202.88	216.10	227.61
C_5H_{12}(g)正戊烷	−146.44	349.06	−8.21	120.21	120.79	152.84	183.47	207.69	229.41	248.11	264.35	278.45
C_5H_{12}(g)异戊烷	−154.47	343.20	−14.65	118.78	119.41	152.67	182.88	208.74	230.91	249.83	266.35	280.83
C_6H_{14}(g)正己烷	−167.19	388.51	−0.05	143.09	143.80	181.88	216.86	246.81	272.38	294.39	313.51	330.08
C_7H_{16}(g)庚烷	−187.78	428.01	8.22	165.98	166.77	210.96	251.33	285.89	315.39	340.70	362.67	381.58
C_8H_{18}(g)辛烷	−208.45	466.84	16.66	188.87	189.74	239.99	285.85	324.97	358.40	387.02	411.83	433.46
C_2H_4(g)乙烯	52.26	219.56	68.15	43.56	43.72	53.97	63.43	71.55	73.49	84.52	89.79	94.43
C_3H_6(g)丙烯	20.42	267.05	62.79	63.89	64.18	79.91	94.64	107.53	118.70	128.37	136.82	144.18
C_4H_8(g)1-丁烯	−0.13	305.71	71.40	85.65	86.06	108.95	129.41	147.03	161.96	174.89	186.15	195.89
C_4H_6(g)1,3-丁二烯	110.16	278.85	150.74	79.54	79.96	101.63	119.33	133.22	144.56	154.14	162.38	159.54
C_2H_2(g)乙炔	226.73	200.94	209.20	43.93	44.06	50.08	54.27	57.45	60.12	62.47	64.64	66.61
C_3H_4(g)丙炔	185.43	248.22	194.46	60.67	60.88	72.51	82.59	91.21	98.66	105.19	110.92	115.94
C_3H_6(g)环丙烷	53.30	237.55	104.46	55.94	56.23	76.61	94.77	109.41	121.42	131.59	140.46	148.07
C_6H_{12}(g)环己烷	−123.14	298.35	31.92	106.27	107.03	149.87	190.25	225.22	254.68	279.32	299.91	317.15
C_6H_{10}(g)环己烯	−5.36	310.86	106.99	105.02	105.77	144.93	178.99	206.90	229.79	248.91	265.01	278.74
C_6H_6(l)苯	49.04	173.26	124.45									
C_6H_6(g)苯	82.93	269.31	129.73	81.67	82.22	111.88	137.24	157.90	174.68	188.53	200.12	209.87
C_7H_8(l)甲苯	12.01	220.96	113.89									
C_7H_8(g)甲苯	50.00	320.77	122.11	103.64	104.35	140.08	171.46	197.48	218.95	236.86	252.00	264.93
C_8H_{10}(l)乙苯	−12.47	255.18	119.86									
C_8H_{10}(g)乙苯	29.79	360.56	130.71	128.41	129.20	170.54	206.48	236.14	260.58	280.96	298.19	312.84

续表

物 质	$\Delta_f H_m^{\ominus}$(298K) /(kJ·mol^{-1})	$S_m^{\ominus}$(298K) /(J·mol^{-1}·K^{-1})	$\Delta_f G_m^{\ominus}$(298K) /(kJ·mol^{-1})	$C_{p,m}^{\ominus}$/(J·mol^{-1}·K^{-1})								
				298K	300K	400K	500K	600K	700K	800K	900K	1000K
C_8H_{10}(l)间二甲苯	−25.40	252.17	107.81									
C_8H_{10}(g)间二甲苯	17.24	357.80	119.00	127.57	128.28	167.49	202.63	232.25	257.02	277.86	295.52	310.58
C_8H_{10}(l)邻二甲苯	−24.43	246.02	110.62									
C_8H_{10}(g)邻二甲苯	19.00	352.86	122.22	133.26	133.97	171.67	205.48	234.22	258.40	278.82	296.23	311.08
C_8H_{10}(l)对二甲苯	−24.43	247.69	110.12									
C_8H_{10}(g)对二甲苯	17.95	352.53	121.26	126.86	127.57	166.10	201.08	230.79	255.73	276.73	294.51	309.70
C_8H_8(l)苯乙烯	103.89	237.57	202.51									
C_8H_8(g)苯乙烯	147.36	345.21	213.90	122.09	122.80	160.33	192.21	218.15	239.37	256.90	271.67	284.18
$C_{10}H_8$(s)萘	78.07	166.90	201.17									
$C_{10}H_8$(g)萘	150.96	335.75	223.69	132.55	133.43	179.20	218.11	249.66	275.18	296.10	313.42	327.94
C_2H_6O(g)甲醚	−184.05	266.38	−112.59	64.39	66.07	79.58	93.01	105.27	116.15	125.69	134.06	141.38
C_3H_8O(g)甲乙醚	−216.44	310.73	−117.54	89.75	90.08	109.12	127.74	144.68	159.45	172.34	183.55	193.22
$C_4H_{10}O$(l)乙醚	−279.5	253.1	−122.75									
$C_4H_{10}O$(g)乙醚	−252.21	342.78	−112.19	122.51	112.97	138.11	162.21	183.76	202.46	218.66	232.67	244.81
C_2H_4O(g)环氧乙烷	−52.63	242.53	−13.01	47.91	48.53	62.55	75.44	86.27	95.31	102.93	109.41	114.93
C_3H_6O(g)环氧丙烷	−92.76	286.84	−25.69	72.34	72.72	92.72	110.71	125.81	138.53	149.29	158.53	166.48
CH_4O(l)甲醇	−238.66	126.8	−166.27	81.6								
CH_4O(g)甲醇	−200.66	239.81	−161.96	43.89	44.02	51.42	59.50	67.03	73.72	79.66	84.89	89.45
C_2H_6O(l)乙醇	−277.69	160.7	−174.78	111.46								
C_2H_6O(g)乙醇	−235.10	282.70	−168.49	65.44	65.73	81.00	95.27	107.49	117.95	126.90	134.68	141.54
C_3H_8O(l)丙醇	−304.55	192.9	−170.52									
C_3H_8O(g)丙醇	−257.53	324.91	−162.86	87.11	87.49	108.20	127.65	144.60	59.12	171.71	182.63	192.17
C_3H_8O(l)异丙醇	−318.0	180.58	−180.26									
C_3H_8O(g)异丙醇	−272.59	310.02	−173.48	88.74	89.16	112.05	133.43	149.62	164.05	176.27	186.73	195.89
$C_4H_{10}O$(l)丁醇	−325.81	225.73	−160.00									
$C_4H_{10}O$(g)丁醇	−274.42	363.28	−150.52	110.50	111.67	137.24	162.17	183.68	202.13	218.03	231.79	243.76
$C_2H_5O_2$(l)乙二醇	−454.80	166.9	−323.08	149.8								

续表

物质	$\Delta_f H_m^\ominus$(298K) /(kJ·mol^{-1})	$S_m^\ominus$(298K) /(J·mol^{-1}·K^{-1})	$\Delta_f G_m^\ominus$(298K) /(kJ·mol^{-1})	$C_{p,m}^\ominus$/(J·mol^{-1}·K^{-1}) 298K	300K	400K	500K	600K	700K	800K	900K	1000K
$C_2H_5O_2$(g)乙二醇					97.40	113.22	125.94	136.90	146.44	154.39	158.99	166.86
CH_2O(g)甲醛	−108.57	218.77	−102.53	35.40	35.44	39.25	43.76	48.20	52.26	56.36	59.25	61.97
C_2H_4O(l)乙醛	−192.30	160.2	−128.12									
C_2H_4O(g)乙醛	−166.19	250.3	−128.86	54.64	54.85	65.81	76.44	85.86	94.14	101.25	107.45	112.80
C_3H_6O(l)丙酮	−248.1	200.4	−133.28									
C_3H_6O(g)丙酮	−217.57	295.04	−152.97	74.89	75.19	92.05	108.32	122.76	135.31	146.15	155.60	163.80
CH_2O_2(l)甲酸	−424.72	128.95	−361.35	99.04								
CH_2O_2(g)甲酸	−378.57				45.35	53.76	61.17	67.03	72.47	76.78	80.37	83.47
$C_2H_4O_2$(l)乙酸	−484.5	159.8	−389.9	124.3								
$C_2H_4O_2$(g)乙酸	−432.25	282.5	−374.0	66.53	66.82	81.67	94.56	105.23	114.43	121.67	128.03	133.85
$C_4H_6O_3$(l)乙酐	−624.00	268.61	−488.67									
$C_4H_6O_3$(g)乙酐	−575.72	390.06	−476.57	99.50	100.04	129.12	153.89	174.14	191.38	204.64	216.06	226.40
$C_3H_4O_2$(l)丙烯酸	−384.1											
$C_3H_4O_2$(g)丙烯酸	−336.23	315.12	−285.99	77.78	78.12	95.98	111.13	123.43	133.89	141.96	148.99	155.31
$C_7H_6O_2$(s)苯甲酸	−385.14	167.57	−245.14									
$C_7H_6O_2$(g)苯甲酸	−290.20	369.10	−210.31	103.47	104.01	138.36	170.54	196.73	217.82	234.89	248.95	260.66
$C_2H_4O_2$(l)甲酸甲酯	−379.07			121								
$C_2H_4O_2$(g)甲酸甲酯	−350.2				66.94	81.59	94.56	105.44	114.64	121.75	128.87	133.89
$C_4H_8O_2$(l)乙酸乙酯	−479.03	259.4	−332.55									
$C_4H_8O_2$(g)乙酸乙酯	−442.92	362.86	−327.27	113.64	113.97	137.40	161.92	182.63	199.53	213.43	224.89	234.51
C_6H_6O(s)苯酚	−165.02	144.01	−50.31									
C_6H_6O(g)苯酚	−96.36	315.71	−32.81	103.55	104.18	135.77	161.67	182.17	198.49	211.79	222.84	232.17
C_7H_8O(l)间甲酚	−193.26											
C_7H_8O(g)间甲酚	−132.34	356.88	−40.43	122.47	125.14	162.09	198.80	218.66	239.28	256.35	271.67	286.60
C_7H_8O(s)邻甲酚	−204.35											
C_7H_8O(g)邻甲酚	−128.62	357.72	−36.96	130.33	131.00	166.27	196.27	220.79	240.83	257.53	273.01	287.94
C_7H_8O(s)对甲酚	−199.20											

续表

物质	$\Delta_f H_m^\ominus$(298K) /(kJ·mol^{-1})	$S_m^\ominus$(298K) /(J·mol^{-1}·K^{-1})	$\Delta_f G_m^\ominus$(298K) /(kJ·mol^{-1})	$C_{p,m}^\ominus$/(J·mol^{-1}·K^{-1})								
				298K	300K	400K	500K	600K	700K	800K	900K	1000K
C_7H_8O(g)对甲酚	−125.39	347.76	−30.77	124.47	125.14	161.71	192.76	217.99	238.61	255.68	271.33	286.19
CH_5N(l)甲胺	−47.3	150.21	35.7									
CH_5N(g)甲胺	−22.97	243.41	32.16	53.1	50.25	60.17	70.00	78.91	86.86	93.89	100.16	105.69
C_2H_7N(l)乙胺	−74.1			130								
C_2H_7N(g)乙胺	−47.15			69.9	72.97	90.58	106.44	120.00	131.67	141.80	150.71	158.49
$C_4H_{11}N$(l)二乙胺	−103.73											
$C_4H_{11}N$(g)二乙胺	−72.38	352.32	72.25	115.73	116.27	145.94	173.59	197.23	217.78	234.97	250.25	263.22
C_5H_5N(l)吡啶	100.0	177.90	181.43									
C_5H_5N(g)吡啶	140.16	282.91	190.27	78.12	78.66	106.36	130.16	149.45	165.02	177.78	188.45	197.36
C_6H_7N(l)苯胺	31.09	191.29	149.21									
C_6H_7N(g)苯胺	86.86	319.27	166.79	108.41	109.08	142.97	162.84	170.75	210.54	225.06	237.27	247.61
C_2H_3N(l)乙腈	31.38	149.62	77.22	91.46								
C_2H_3N(g)乙腈	65.23	245.12	82.58	52.22	52.38	61.17	69.41	76.78	83.26	88.95	93.93	98.32
C_3H_3N(l)丙烯腈	150.2											
C_3H_3N(g)丙烯腈	184.93	274.04	195.34	63.76	64.02	76.82	87.65	96.69	104.18	110.58	116.11	120.83
CH_3NO_2(l)硝基甲烷	−113.09	171.75	−14.42	105.98								
CH_3NO_2(g)硝基甲烷	−74.73	274.96	−6.84	57.32	57.57	70.29	81.84	91.71	100.00	106.94	112.84	117.86
$C_6H_5NO_2$(l)硝基苯	12.5			185.8								
CH_3F(g)一氟甲烷		222.91		37.49	37.61	44.18	51.30	57.86	63.72	68.83	73.26	77.15
CH_2F_2(g)二氟甲烷	−446.9	246.71	−419.2	42.89	43.01	51.13	58.99	65.77	71.46	76.23	80.21	83.60
CHF_3(g)三氟甲烷	−688.3	259.68	−653.9	51.04	51.21	62.26	69.25	75.86	81.00	85.06	87.82	90.96
CF_4(g)四氟化碳	−925	261.61	−879	61.09	61.63	72.84	81.30	87.49	92.01	95.56	97.99	100.04
C_2F_6(g)六氟乙烷	−1 297	332.3	−1 213	106.7	106.82	125.48	139.16	148.70	155.44	160.33	163.89	166.44
CH_3Cl(g)一氯甲烷	−80.83	234.58	−57.37	40.75	40.88	48.20	55.19	61.34	66.65	71.30	75.35	78.91
CH_2Cl_2(l)二氯甲烷	−121.46	177.8	−67.26	100.0								
CH_2Cl_2(g)二氯甲烷	−92.47	270.23	−65.87	50.96	51.30	61.46	66.40	72.63	77.28	81.09	84.31	87.03
$CHCl_3$(l)氯仿	−134.47	201.7	−73.66	113.8								

续表

物质	$\Delta_f H_m^\ominus$(298K) /(kJ·mol^{-1})	$S_m^\ominus$(298K) /(J·mol^{-1}·K^{-1})	$\Delta_f G_m^\ominus$(298K) /(kJ·mol^{-1})	$C_{p,m}^\ominus$/(J·mol^{-1}·K^{-1})								
				298K	300K	400K	500K	600K	700K	800K	900K	1000K
$CHCl_3$(g)氯仿	−103.14	295.71	−70.34	65.69	65.94	74.60	80.92	85.52	88.99	91.67	93.85	95.65
CCl_4(l)四氯化碳	−135.44	216.40	−65.21	131.75								
CCl_4(g)四氯化碳	−102.9	309.85	−60.59	83.30	84.01	92.22	97.40	100.71	102.97	104.60	105.81	106.78
C_2H_5Cl(l)氯乙烷	−136.52	190.79	−59.31	104.35								
C_2H_5Cl(g)氯乙烷	−112.17	276.00	−60.39	62.80	62.97	77.66	90.71	101.71	111.00	118.91	125.77	131.71
$C_2H_4Cl_2$(l)1,2-二氯乙烷	−165.23	208.53	−79.52	129.3								
$C_2H_4Cl_2$(g)1,2-二氯乙烷	−129.79	308.39	−73.78	78.7	79.50	92.05	103.34	112.55	120.50	127.19	133.05	138.07
C_2H_3Cl(g)氯乙烯	35.6	263.99	51.9	53.72	53.93	65.10	74.48	82.05	88.28	93.51	98.11	101.88
C_6H_5Cl(l)氯苯	10.79	209.2	89.30									
C_6H_5Cl(g)氯苯	51.84	313.58	99.23	98.03	98.62	128.11	152.67	172.21	187.69	200.37	210.87	219.58
CH_3Br(g)溴甲烷	−35.1	246.38	−25.9	42.43	42.55	49.92	56.74	62.63	67.74	72.17	76.11	79.50
CH_3I(g)碘甲烷	13.0	254.12	14.7	44.10	44.27	51.71	58.37	64.06	68.95	73.26	76.99	80.33
CH_4S(g)甲硫醇	−22.34	255.17	−9.30	50.25	50.42	58.74	66.57	73.51	79.62	85.02	89.79	94.06
C_2H_6S(l)乙硫醇	−73.35	207.02	−5.26	117.86								
C_2H_6S(g)乙硫醇	−45.81	296.21	−4.33	72.68	72.97	88.20	101.92	113.85	134.18	133.18	141.04	148.03

注：无机物质和 C_1 与 C_2 有机物质的数据取自 Wagman D D,等. 1998. NBS 化学热力学性质表. 刘天和,赵梦月译. 北京：中国标准出版社。

C_3 与 C_3 以上有机物质的数据取自 Stull D R, Westrum E F, Sinke G C. 1969. The Chemical Thermodynamics of Organic Compounds. New York: John Wiley & Sons Inc.。

附录十 水溶液中某些溶质的标准摩尔生成焓、标准摩尔生成吉布斯函数及标准摩尔熵

（标准压力 $p^{\ominus}=100\text{kPa}$，25℃）

物质		$\Delta_f H_m^{\ominus}/(\text{kJ}\cdot\text{mol}^{-1})$	$\Delta_f G_m^{\ominus}/(\text{kJ}\cdot\text{mol}^{-1})$	$S_m^{\ominus}/(\text{J}\cdot\text{mol}^{-1}\cdot\text{K}^{-1})$
H_2	氢	−4.2	17.6	57.7
O_2	氧	−11.7	16.4	110.9
O_3	臭氧	125.9	174.1	146
Cl_2	氯	−23.4	6.94	121
Br_2	溴	−2.59	3.93	130.5
I_2	碘	22.6	16.40	137.2
H_2O_2	过氧化氢	−191.17	−134.03	143.9
NH_3	氨	−80.29	−26.50	111.3
H_2S	硫化氢	−39.7	−27.83	121
CO	一氧化碳	−120.96	−119.90	104.6
CO_2	二氧化碳	−413.80	−385.98	117.6
SO_2	二氧化硫	−322.980	−300.676	161.9
$HClO$	次氯酸	−120.9	−79.9	142
H_2SO_3	亚硫酸	−608.81	−537.81	232.2
HCN	氰化氢	107.1	119.7	124.7
NH_4OH	氢氧化铵	−366.121	−263.65	181.2
H_2CO_3	碳酸	−699.65	−623.08	187.4
H_3BO_3	硼酸	−1072.32	−968.75	162.3
CH_4	甲烷	−89.04	−34.33	83.7
C_2H_6	乙烷	−102.09	−17.01	118.4
C_2H_4	乙烯	36.36	81.36	122.2
CH_3OH	甲醇	−245.931	−175.31	133.1
C_2H_5OH	乙醇	−288.3	−181.64	148.5
$HCOOH$	甲酸	−425.43	−372.3	163
CH_3COOH	乙酸	−485.76	−396.46	178.7
CH_3NH_2	甲胺	−70.17	20.77	123.4

附录十一 水溶液中某些离子的标准偏摩尔生成焓、标准偏摩尔生成吉布斯函数、标准偏摩尔熵及标准偏摩尔恒压热容

(标准压力 $p^{\ominus}=100\text{kPa}$,25℃)

离子	$\Delta_f H_m^{\ominus}/(\text{kJ}\cdot\text{mol}^{-1})$	$\Delta_f G_m^{\ominus}/(\text{kJ}\cdot\text{mol}^{-1})$	$S_m^{\ominus}/(\text{J}\cdot\text{mol}^{-1}\cdot\text{K}^{-1})$	$C_{p,m}^{\ominus}/(\text{J}\cdot\text{mol}^{-1}\cdot\text{K}^{-1})$
H^+	0	0	0	0
Li^+	−278.49	−293.31	13.4	68.6
Na^+	−240.12	−261.905	59.0	46.4
K^+	−252.38	−283.27	102.5	21.8
NH_4^+	−132.51	−79.31	113.4	79.9
Tl^+	5.36	−32.40	125.5	
Ag^+	105.579	77.107	72.68	21.8
Cu^+	71.67	49.98	40.6	
Hg_2^{2+}	172.4	153.52	84.5	
Mg^{2+}	−466.85	−454.8	−138.1	
Ca^{2+}	−542.83	−553.58	−53.1	
Ba^{2+}	−537.64	−560.77	9.6	
Zn^{2+}	−153.89	−147.06	−112.1	46
Cd^{2+}	−75.90	−77.612	−73.2	
Pb^{2+}	−1.7	−24.43	10.5	
Hg^{2+}	171.1	164.40	−32.2	
Cu^{2+}	64.77	65.49	−99.6	
Fe^{2+}	−89.1	−78.90	−137.7	
Ni^{2+}	−54.0	−45.6	−128.9	
Co^{2+}	−58.2	−54.4	−113	
Mn^{2+}	−220.75	−228.1	−73.6	50
Al^{3+}	−531	−485	−321.7	
Fe^{3+}	−48.5	−4.7	−315.9	
La^{3+}	−707.1	−683.7	−217.6	−13
Ce^{3+}	−696.2	−672.0	−205	
Ce^{4+}	−537.2	−503.8	−301	
Th^{4+}	−769.0	−705.1	−422.6	
VO^{2+}	−486.6	−446.4	−133.9	
$[Ag(NH_3)_2]^+$	−111.29	−17.12	245.2	
$[Co(NH_3)]^{2+}$	−145.2	−92.4	13	
$[Co(NH_3)_6]^{3+}$	−584.9	−157.0	14.6	
$[Cu(NH_3)]^{2+}$	−38.9	15.60	12.1	
$[Cu(NH_3)_2]^{2+}$	−142.3	−30.36	111.3	
$[Cu(NH_3)_3]^{2+}$	−245.6	−72.97	199.6	
$[Cu(NH_3)_4]^{2+}$	−348.5	−111.07	273.6	
F^-	−332.63	−278.79	−13.8	−106.7
Cl^-	−167.159	−131.228	56.5	−136.4
Br^-	−121.55	−103.96	82.4	−141.8
I^-	−55.19	−51.57	111.3	−142.3

续表

离　子	$\Delta_f H_m^\ominus$/(kJ·mol^{-1})	$\Delta_f G_m^\ominus$/(kJ·mol^{-1})	$S_m^\ominus$/(J·mol^{-1}·K^{-1})	$C_{p,m}^\ominus$/(J·mol^{-1}·K^{-1})
S^{2-}	33.1	85.8	−14.6	
OH^-	−229.994	−157.244	−10.75	−148.5
ClO^-	−107.1	−36.8	42	
ClO_2^-	−66.5	17.2	101.3	
ClO_3^-	−103.97	−7.95	162.3	
ClO_4^-	−129.33	−8.52	182.0	
SO_3^{2-}	−635.5	−486.5	−29	
SO_4^{2-}	−909.27	−744.53	20.1	−293
$S_2O_3^{2-}$	−648.5	−522.5	67	
HS^-	−17.6	12.08	62.8	
HSO_3^-	−626.22	−527.73	139.7	
NO_2^-	−104.6	−32.2	123.0	−97.5
NO_3^-	−205.0	−108.74	146.4	−86.6
PO_4^{3-}	−1277.4	−1018.7	−222	
CO_3^{2-}	−677.14	−527.81	−56.9	
HCO_3^-	−691.99	−586.77	91.2	
CN^-	150.6	172.4	94.1	
SCN^-	76.44	92.71	144.3	−40.2
$HC_2O_4^-$	−818.4	−698.34	149.4	
$C_2O_4^{2-}$	−825.1	−673.9	45.6	
HCO_2^-	−425.55	−351.0	92	−87.9
CH_3COO^-	−486.01	−369.31	86.6	−6.3

附录十二　某些有机化合物的标准摩尔燃烧焓

（标准压力 $p^\ominus$=100kPa，25℃）

物　质		$-\Delta_c H_m^\ominus$/(kJ·mol^{-1})	物　质		$-\Delta_c H_m^\ominus$/(kJ·mol^{-1})
$C_{10}H_8$(s)	萘	5153.9	C_3H_7COOH(l)	正丁酸	2183.5
$C_{12}H_{22}O_{11}$(s)	蔗糖	5640.9	C_3H_7OH(l)	正丙醇	2019.8
C_2H_2(g)	乙炔	1299.6	C_3H_8(g)	丙烷	2219.9
C_2H_4(g)	乙烯	1411.0	C_4H_8(l)	环丁烷	2720.5
C_2H_5CHO(l)	丙醛	1816.3	C_4H_9OH(l)	正丁醇	2675.8
C_2H_5COOH(l)	丙酸	1527.3	C_5H_{10}(l)	环戊烷	3290.9
C_6H_5COOH(s)	苯甲酸	3226.9	C_5H_{12}(g)	正戊烷	3536.1
$C_2H_5NH_2$(l)	乙胺	1713.3	$(C_2H_5)_2O$(l)	二乙醚	2751.1
C_2H_5OH(l)	乙醇	1366.8	$(CH_3)_2CO$(l)	丙酮	1790.4
C_2H_6(g)	乙烷	1559.8	$(CH_3CO)_2O$(l)	乙酸酐	1806.2
C_3H_6(g)	环丙烷	2091.5	$(CH_2COOH)_2$(s)	丁二酸	1491.0

续表

物质		$-\Delta_c H_m^\ominus/(kJ \cdot mol^{-1})$	物质		$-\Delta_c H_m^\ominus/(kJ \cdot mol^{-1})$
$C_5H_{12}(l)$	正戊烷	3509.5	$CH_3CHO(l)$	乙醛	1166.4
$C_5H_5N(l)$	吡啶	2782.4	$CH_3COC_2H_5(l)$	甲乙酮	2444.2
$C_6H_{12}(l)$	环己烷	3919.9	$CH_3COOH(l)$	乙酸	874.54
$C_6H_{14}(l)$	正己烷	4163.1	$CH_3NH_2(l)$	甲胺	1060.6
$C_6H_4(COOH)_2(s)$	邻苯二甲酸	3223.5	$CH_3OC_2H_5(g)$	甲乙醚	2107.4
$C_6H_5CHO(l)$	苯甲醛	3527.9	$CH_3OH(l)$	甲醇	726.51
$C_6H_5COCH_3(l)$	苯乙酮	4148.9	$CH_4(g)$	甲烷	890.31
$C_6H_5COOCH_3(l)$	苯甲酸甲酯	3957.6	$HCHO(g)$	甲醛	570.78
$C_6H_5OH(s)$	苯酚	3053.5	$HCOOCH_3(l)$	甲酸甲酯	979.5
$C_6H_6(l)$	苯	3267.5	$HCOOH(l)$	甲酸	254.6
$CH_2(COOH)_2(s)$	丙二酸	861.15	$(NH_2)_2CO(s)$	尿素	631.66

附录十三 在无限稀释水溶液中离子的标准偏摩尔生成焓

(标准压力 $p^\ominus=100kPa$)

离子	$\Delta_f H_m^\ominus(298K)/(kJ \cdot mol^{-1})$	离子	$\Delta_f H_m^\ominus(298K)/(kJ \cdot mol^{-1})$
H^+	0	Br^-	−121.55
NH_4^+	−132.51	I^-	−55.19
Li^+	−278.49	S^{2-}	33.1
Na^+	−240.12	SO_3^{2-}	−635.5
K^+	−252.38	SO_4^{2-}	−909.27
Ag^+	105.579	HS^-	−17.6
Fe^{2+}	−89.1	HSO_3^-	−626.22
Fe^{3+}	−48.5	HSO_4^-	−887.34
Mg^{2+}	−466.85	NO_3^-	−205.0
Ca^{2+}	−542.83	PO_4^{3-}	−1277.4
Sr^{2+}	−545.80	HPO_4^{2-}	−1292.14
Ba^{2+}	−537.64	$H_2PO_4^-$	−1296.29
Zn^{2+}	−153.89	CO_3^{2-}	−677.14
OH^-	−229.994	HCO_3^-	−691.99
F^-	−332.63	CH_3COO^-	−486.01
Cl^-	−167.159		

注:数据取自 Wagman D D,等. 1998. NBS 化学热力学性质表. 刘天和,赵梦月译. 北京:中国标准出版社。

附录十四　物质的自由能函数

（标准压力 $p^{\ominus}=101.325\mathrm{kPa}$）

物质	$-\frac{[G_m^{\ominus}(T)-H_m^{\ominus}(0K)]}{T}/(J\cdot mol^{-1}\cdot K^{-1})$					$\Delta H_m^{\ominus}(298.15K)$ /(kJ·mol⁻¹)	$H_m^{\ominus}(298.15K)-H_m^{\ominus}(0K)$ /(kJ·mol⁻¹)	$\Delta H_m^{\ominus}(0K)$ /(kJ·mol⁻¹)
	298K	500K	1000K	1500K	2000K			
Br(g)	154.14	164.89	179.28	187.82	193.97		6.197	112.93
Br_2(g)	212.76	230.08	254.39	269.07	279.62		9.728	35.02
Br_2(l)	104.6						13.556	0
C(石墨)	2.22	4.85	11.63	17.53	22.51		1.050	0
Cl(g)	144.06	155.06	170.25	179.20	185.52		6.272	119.41
Cl_2(g)	192.17	208.57	231.92	246.23	256.65		9.180	0
F(g)	136.77	148.16	163.43	172.21	178.41		6.519	77.0±4
F_2(g)	173.09	188.70	211.01	224.85	235.02		8.828	0
H(g)	93.81	104.56	118.99	127.40	133.39		6.197	215.98
H_2(g)	102.17	117.13	136.98	148.91	157.61		8.468	0
I(g)	159.91	170.62	185.06	193.47	199.49		6.197	107.15
I_2(g)	226.69	244.60	269.45	284.34	295.06		8.987	65.52
I_2(s)	71.88						13.196	0
N_2(g)	162.42	177.49	197.95	210.37	219.58		8.669	0
O_2(g)	175.98	191.13	212.13	225.14	234.72		8.660	0
S(斜方)	17.11	27.11					4.406	0
CO(g)	168.41	183.51	204.05	216.65	225.93	−110.525	8.673	−113.81
CO_2(g)	182.26	199.45	226.40	244.68	258.80	−393.514	9.364	−393.17
CS_2(g)	202.00	221.92	253.17	273.80	289.11	115.269	10.669	114.60±8
CH_4(g)	152.55	170.50	199.37	221.08	238.91	−74.852	10.029	−66.90
CH_3Cl(g)	198.53	217.82	250.12	274.22		−82.0	10.414	−74.1
$CHCl_3$(g)	248.07	275.35	321.25	352.96		−100.42	14.184	−96

续表

物质	$-[G_m^\ominus(T)-H_m^\ominus(0K)]/T$ /(J·mol⁻¹·K⁻¹)					$\Delta H_m^\ominus(298.15K)$ /(kJ·mol⁻¹)	$H_m^\ominus(298.15K)-H_m^\ominus(0K)$ /(kJ·mol⁻¹)	$\Delta H_m^\ominus(0K)$ /(kJ·mol⁻¹)
	298K	500K	1000K	1500K	2000K			
$CCl_4(g)$	251.67	285.01	340.62	376.39		−106.7	17.200	−104
$COCl_2(g)$	240.58	264.97	304.55	331.08	351.12	−219.53	12.866	−217.82
$CH_3OH(g)$	201.38	222.34	257.65			−201.17	11.427	−190.25
$CH_2O(g)$	185.14	203.09	230.58	250.25	266.02	−115.9	10.012	−112.13
$HCOOH(g)$	212.21	232.63	267.73	293.59	314.39	−378.19	10.883	−370.91
$HCN(g)$	170.79	187.65	213.43	230.75	243.97	130.5	9.25	130.1
$C_2H_2(g)$	167.28	186.23	217.61	239.45	256.60	226.73	10.008	227.32
$C_2H_4(g)$	184.01	203.93	239.70	267.52	290.62	52.30	10.565	60.75
$C_2H_6(g)$	189.41	212.42	255.68	290.62		−84.68	11.950	−69.12
$C_2H_5OH(g)$	235.14	262.84	314.97	356.27		−236.92	14.18	−219.28
$CH_3CHO(g)$	221.12	245.48	288.82			−165.98	12.845	−155.44
$CH_3COOH(g)$	236.40	264.60	317.65	357.10		−434.3	13.81	−420.5
$C_3H_6(g)$	221.54	248.19	299.45	340.70		20.42	13.544	35.44
$C_3H_8(g)$	220.62	250.25	310.03	359.24		−103.85	14.694	−81.50
$(CH_3)_2CO(g)$	240.37	272.09	331.46	378.82		−216.40	16.272	−199.74
n-$C_4H_{10}(g)$	244.93	284.14	362.33	426.56		−126.15	19.435	−99.04
i-$C_4H_{10}(g)$	234.64	271.94	348.86	412.71		−134.52	17.891	−105.86
n-$C_5H_{12}(g)$	269.95	317.73	413.67	492.54		−146.44	13.162	−113.93
i-$C_5H_{12}(g)$	269.28	314.97	409.86	488.61		−154.47	12.083	−120.54
$C_6H_6(g)$	221.46	252.04	320.37	378.44		82.93	14.230	100.42
$C_6H_{12}(g)$环己烷	238.78	277.78	371.29	455.2		−123.14	17.728	−83.72
$Cl_2O(g)$	228.11	248.91	280.50	300.87		75.7	11.380	77.86
$ClO_2(g)$	215.10	234.72	264.72	284.30		104.6	10.782	107.07
$HF(g)$	144.85	159.79	179.91	191.92	200.62	−268.6	8.598	−268.6
$HCl(g)$	157.82	172.84	193.13	205.35	214.35	−92.312	8.640	−92.127
$HBr(g)$	169.58	184.60	204.97	217.41	226.53	−36.24	8.650	−33.9

续表

物质	$-[G_m^\ominus(T)-H_m^\ominus(0K)]/T$ /(J·mol^{-1}·K^{-1})					$\Delta H_m^\ominus(298.15K)$ /(kJ·mol^{-1})	$H_m^\ominus(298.15K)-H_m^\ominus(0K)$ /(kJ·mol^{-1})	$\Delta H_m^\ominus(0K)$ /(kJ·mol^{-1})
	298K	500K	1000K	1500K	2000K			
HI(g)	177.44	192.51	213.02	225.57	234.82	25.9	8.659	28.0
HClO(g)	201.84	220.05	246.92	264.20	269.5		10.220	
PCl_3(g)	258.05	288.22	335.09			−278.7	16.07	−275.8
H_2O(g)	155.56	172.80	196.74	211.76	223.14	−241.885	9.910	−238.993
H_2O_2(g)	196.49	216.45	247.54	269.01		−136.14	10.84	−129.90
H_2S(g)	172.30	189.75	214.65	230.84	243.1	−20.151	9.981	16.36
NH_3(g)	158.99	176.94	203.52	221.93	236.70	−46.20	9.92	−39.21
NO(g)	179.87	195.69	217.03	230.01	239.55	90.40	9.182	89.89
N_2O(g)	187.86	205.53	233.36	252.23		81.57	9.588	85.00
NO_2(g)	205.86	224.32	252.06	270.27	284.08	33.861	10.316	36.33
SO_2(g)	212.68	231.77	260.64	279.64	293.8	−296.97	10.542	−294.46
SO_3(g)	217.16	239.13	276.54	302.99	322.7	−395.27	11.59	−389.46

附录十五　25℃时水溶液中一些电极的标准电极电势

(标准压力 $p^\ominus=100\text{kPa}$)

电　极	电极反应	$\varphi^\ominus$/V
	第一类电极	
$Li^+\mid Li$	$Li^+ + e^- \rightleftharpoons Li$	−3.045
$K^+\mid K$	$K^+ + e^- \rightleftharpoons K$	−2.924
$Ba^{2+}\mid Ba$	$Ba^{2+} + 2e^- \rightleftharpoons Ba$	−2.90
$Ca^{2+}\mid Ca$	$Ca^{2+} + 2e^- \rightleftharpoons Ca$	−2.76
$Na^+\mid Na$	$Na^+ + e^- \rightleftharpoons Na$	−2.7111
$Mg^{2+}\mid Mg$	$Mg^{2+} + 2e^- \rightleftharpoons Mg$	−2.375
$H_2O,OH^-\mid H_2(g)\mid Pt$	$2H_2O + 2e^- \rightleftharpoons H_2(g) + 2OH^-$	−0.8277
$Zn^{2+}\mid Zn$	$Zn^{2+} + 2e^- \rightleftharpoons Zn$	−0.7630
$Cr^{3+}\mid Cr$	$Cr^{3+} + 3e^- \rightleftharpoons Cr$	−0.74
$Cd^{2+}\mid Cd$	$Cd^{2+} + 2e^- \rightleftharpoons Cd$	−0.4028
$Co^{2+}\mid Co$	$Co^{2+} + 2e^- \rightleftharpoons Co$	−0.28
$Ni^{2+}\mid Ni$	$Ni^{2+} + 2e^- \rightleftharpoons Ni$	−0.23
$Sn^{2+}\mid Sn$	$Sn^{2+} + 2e^- \rightleftharpoons Sn$	−0.1366
$Pb^{2+}\mid Pb$	$Pb^{2+} + 2e^- \rightleftharpoons Pb$	−0.1265
$Fe^{3+}\mid Fe$	$Fe^{3+} + 3e^- \rightleftharpoons Fe$	−0.036
$H^+\mid H_2(g)\mid Pt$	$2H^+ + 2e^- \rightleftharpoons H_2(g)$	0.0000
$Cu^{2+}\mid Cu$	$Cu^{2+} + 2e^- \rightleftharpoons Cu$	+0.3400
$H_2O,OH^-\mid O_2(g)\mid Pt$	$O_2(g) + 2H_2O + 4e^- \rightleftharpoons 4OH^-$	+0.401
$Cu^+\mid Cu$	$Cu^+ + e^- \rightleftharpoons Cu$	+0.522
$I^-\mid I_2(s)\mid Pt$	$I_2(s) + 2e^- \rightleftharpoons 2I^-$	+0.535
$Hg_2^{2+}\mid Hg$	$Hg_2^{2+} + 2e^- \rightleftharpoons 2Hg$	+0.7959
$Ag^+\mid Ag$	$Ag^+ + e^- \rightleftharpoons Ag$	+0.7994
$Hg^{2+}\mid Hg$	$Hg^{2+} + 2e^- \rightleftharpoons Hg$	+0.851
$Br^-\mid Br_2(l)\mid Pt$	$Br_2(l) + 2e^- \rightleftharpoons 2Br^-$	+1.065
$H_2O,H^+\mid O_2(g)\mid Pt$	$O_2(g) + 4H^+ + 4e^- \rightleftharpoons 2H_2O$	+1.229
$Cl^-\mid Cl_2(g)\mid Pt$	$Cl_2(g) + 2e^- \rightleftharpoons 2Cl^-$	+1.3580
$Au^+\mid Au$	$Au^+ + e^- \rightleftharpoons Au$	+1.68
$F^-\mid F_2(g)\mid Pt$	$F_2(g) + 2e^- \rightleftharpoons 2F^-$	+2.87

续表

电 极	电极反应	$\varphi^{\ominus}$/V
	第二类电极	
SO_4^{2-} | $PbSO_4(s)$ | Pb	$PbSO_4(s)+2e^- \rightleftharpoons Pb+SO_4^{2-}$	−0.356
I^- | AgI(s) | Ag	$AgI(s)+e^- \rightleftharpoons Ag+I^-$	−0.1521
Br^- | AgBr(s) | Ag	$AgBr(s)+e^- \rightleftharpoons Ag+Br^-$	+0.0711
Cl^- | AgCl(s) | Ag	$AgCl(s)+e^- \rightleftharpoons Ag+Cl^-$	+0.2221
	氧化还原电极	
Cr^{3+},Cr^{2+} | Pt	$Cr^{3+}+e^- \rightleftharpoons Cr^{2+}$	−0.41
Sn^{4+},Sn^{2+} | Pt	$Sn^{4+}+2e^- \rightleftharpoons Sn^{2+}$	+0.15
Cu^{2+},Cu^{+} | Pt	$Cu^{2+}+e^- \rightleftharpoons Cu^{+}$	+0.158
H^+,醌,氢醌 | Pt	$C_6H_4O_2+2H^++2e^- \rightleftharpoons C_6H_4(OH)_2$	+0.6993
Fe^{3+},Fe^{2+} | Pt	$Fe^{3+}+e^- \rightleftharpoons Fe^{2+}$	+0.770
Tl^{3+},Tl^{+} | Pt	$Tl^{3+}+2e^- \rightleftharpoons Tl^{+}$	+1.247
Ce^{4+},Ce^{3+} | Pt	$Ce^{4+}+e^- \rightleftharpoons Ce^{3+}$	+1.61
Co^{3+},Co^{2+} | Pt	$Co^{3+}+e^- \rightleftharpoons Co^{2+}$	+1.808

注:数据取自 Weast R C. 1980～1981. CRC Handbook of Chemistry and Physics. 61st ed. Florida:CRC Press Inc.。

科学出版社 高等教育出版中心

教学支持说明

科学出版社高等教育出版中心为了对教师的教学提供支持，特对教师免费提供本教材的电子课件，以方便教师教学。

获取电子课件的教师需要填写如下情况的调查表，以确保本电子课件仅为任课教师获得，并保证只能用于教学，不得复制传播用于商业用途。否则，科学出版社保留诉诸法律的权利。

微信关注公众号“科学 EDU”，可在线申请教材课件。也可将本证明签字盖章、扫描后，发送到 chem@mail.sciencep.com，我们确认销售记录后立即赠送。

如果您对本书有任何意见和建议，也欢迎您告诉我们。意见一旦被采纳，我们将赠送书目，教师可以免费选书一本。

证　明

兹证明____________大学____________学院/______系第______学年□上□下学期开设的课程，采用科学出版社出版的____________ /____________（书名/作者）作为上课教材。任课教师为____________共____________人，学生______个班共________人。

任课教师需要与本教材配套的电子教案。

电 话：______________________________

传 真：______________________________

E-mail：______________________________

地 址：______________________________

邮 编：______________________________

院长/系主任：__________ （签字）

（学院/系办公室章）

____年___月___日